BERICHTE 7/97

UMWELTFORSCHUNGSPLAN DES
BUNDESMINISTERIUMS FÜR UMWELT,
NATURSCHUTZ UND REAKTORSICHERHEIT
- Luftreinhaltung -

Forschungsbericht 104 01 101
UBA-FB 97-040 - im Auftrag des Umweltbundesamtes

Joint Implementation - Projektsimulation und Organisation

Operationalisierung eines neuen Instruments der internationalen Klimapolitik

von

Dr. Hans-Jochen Luhmann
Dr. Hermann E. Ott
Christiane Beuermann
Dr. Manfred Fischedick
Prof. Dr. Peter Hennicke
Liesbeth Bakker

Wuppertal Institut für Klima, Umwelt, Energie GmbH
im Wissenschaftszentrum Nordrhein-Westfalen

ERICH SCHMIDT VERLAG BERLIN

Herausgeber: Umweltbundesamt
Postfach 33 00 22
14191 Berlin

Tel.: 030/89 03-0
Telex: 183 756
Telefax: 030/89 03 22 85
Internet: http://www.umweltbundesamt.de

Redaktion: Fachgebiet II 4.1
Bernd Schärer

Die Deutsche Bibliothek - CIP-Einheitsaufnahme

Joint Implementation - Projektsimulation und Organisation :
Operationalisierung eines neuen Instruments der internationalen
Klimapolitik ; Forschungsbericht 104 01 001 / [Hrsg.:
Umweltbundesamt. Durchführende Inst. Wuppertal-Institut für Klima,
Umwelt, Energie GmbH]. Von Hans-Jochen Luhmann ... [Red.:
Fachgebiet II 4.1]. - Berlin : Erich Schmidt, 1997
(Berichte / Umweltbundesamt ; 97,7) (Umweltforschungsplan des
Bundesministeriums für Umwelt, Naturschutz und Reaktorsicherheit :
Luftreinhaltung)
ISBN 3-503-04315-2
Report Nr. UBA FB 97 040

ISBN 3 503 04315 2

Druck: Mercedes-Druck GmbH, Berlin

Berichts-Kennblatt

1. Berichtsnummer UBA-FB	2.	3.

4. Titel des Berichts
Joint Implementation - Projektsimulation und Organisation
Operationalisierung eines neuen Instruments der internationalen Klimapolitik

5. Autor(en), Name(n), Vorname(n)
Luhmann, Hans-Jochen/Ott, Hermann E./Beuermann, Christiane/Fischedick, Manfred/Hennicke, Peter/Bakker, Liesbeth

6. Durchführende Institution (Name, Anschrift)

Wuppertal Institut für Klima, Umwelt, Energie GmbH
Döppersberg 19
42103 Wupertal

7. Fördernde Institution (Name, Anschrift)

Umweltbundesamt, Postfach 33 00 22, D-14191 Berlin

8. Abschlußdatum
23.12.1996

9. Veröffentlichungsdatum

10. UFOPLAN-Nr.
104 01 101

11. Seitenzahl
438

12. Literaturangaben
227

13. Tabellen und Diagramme
53

14. Abbildungen
80

15. Zusätzliche Angaben

16. Kurzfassung

Die Studie analysiert die praktischen Aspekte der „gemeinsamen Durchführung" von Maßnahmen zur Verminderung von Treibhausgasemissionen durch mehrere Staaten (Joint Implementation-JI) unter der Klimarahmenkonvention. Hierzu wurden zunächst potentielle Maßnahmen zum Klimaschutz im Hinblick auf ihre Eignung für JI bewertet und ein Überblick über die mögliche JI-Projektlandschaft erstellt. In einem weiteren Schritt wurden mit Partnern aus der Privatwirtschaft vier konkrete Projekte (Kohlekraftwerk, solar-thermisches Kraftwerk, Zementwerk, Integrierte Ressourcenplanung) als JI-Projekte simuliert. Dabei wurden Lösungen erarbeitet für die Bestimmung der vermiedenen Treibhausgas-Emissionen und die Projekt-Berichterstattung. Ferner wurden Vorschläge für die organisatorische und institutionelle Ausgestaltung eines internationalen JI-Mechanismus gemacht.

17. Schlagwörter
Klimaschutz, Klimarahmenkonvention, gemeinsame Durchführung, Joint Implementation, Treibhausgase

18. Preis	19.	20.

Report Cover Sheet

1. Report No. UBA-FB	2.	3.
4. Report Title Joint Implementation - Project Simulation and Organisation Operationalization of a New Instrument of International Climate Policy		
5. Autor(s), Family Name(s), First Name(s) Luhmann, Hans-Jochen / Ott, Hermann E. / Beuermann, Christane / Fischedick, Manfred / Hennicke, Peter / Bakker, Liesbeth	8. Report Date 23 December 1996	
6. Performing Organisation (Name, Address) Wuppertal Institut für Klima, Umwelt, Energie GmbH Döppersberg 19 42103 Wuppertal	9. Publication Date 10. UFOPLAN-Ref. No. 104 01 101	
7. Sponsoring Agency (Name, Address) Umweltbundesamt, Postfach 33 00 22, D-14191 Berlin	11. No. of Pages 438 12. No. of Reference 227 13. No. of Tables, Diagrams 53 14. No. of Figures 80	
15. Supplementary Notes		
16. Abstract The study served to analyze the practical aspects of „Joint Implementation" (JI) under the Framework Convention on Climate Change, in which measures to reduce greenhouse gas emissions are carried out jointly by several countries. As a first step, possible climate protection measures were assessed with respect to their suitability for JI and an overview of suitable JI projects was compiled. In a further step, carried out in cooperation with partners from industry, four specific projects (coal-fired power plant, solar-thermal power plant, cement factory, least-cost planning) were used to simulate JI. In this work, solutions were developed for the calculation of greenhouse gas emissions avoided as well as for project reporting. In addition, proposals were made with respect to the organizational and institutional design of an international JI mechanism.		
17. Keywords climate protection, Framework Convention on Climate Change, joint implementation, greenhouse gases		
18. Price	19.	20.

Inhaltsverzeichnis

Teil I: Aufbau, Zielsetzung und Hintergrund des Forschungsprojektes

Teil II : Die Eignung von Maßnahmen zum Klimaschutz für Joint Implementation

Teil III.1: Praktische Durchführung von Joint Implementation im Bereich fossiler Kraftwerke am Beispiel eines 300 MW-Steinkohle-Kraftwerks in der Volksrepublik China

Teil III.2: Praktische Durchführung von Joint Implementation im Bereich der Energieerzeugung durch Regenerative Energieträger

Teil III.3: Chancen und Hemmnisse für die praktische Durchführung von DSM-Maßnahmen im Rahmen von Joint Implementation

Teil IV: Die organisatorische und institutionelle Ausgestaltung von Joint Implementation

Zusammenfassung

Abkürzungen

AGBM	Ad hoc Group on the Berlin Mandate
AIJ	Activities Implemented Jointly
BAFA	Bundesausfuhramt
BAW	Bundesamt für Wirtschaft
BDI	Bundesverband der Deutschen Industrie
BMA	Bundesministerium für Arbeit und Sozialordnung
BMBau	Bundesministerium für Raumordnung, Bauwesen und Städtebau
BMBF	Bundesministerium für Bildung, Wissenschaft, Forschung und Technologie
BMF	Bundesministerium der Finanzen
BML	Bundesministerium für Ernährung, Landwirtschaft und Forsten
BMU	Bundesministerium für Umwelt, Naturschutz und Reaktorsicherheit
BMV	Bundesministerium für Verkehr
BMWi	Bundesministerium für Wirtschaft
BMZ	Bundesministerium für wirtschaftliche Zusammenarbeit
CER	Centre de Developpement des Energies Renouvables
CITES	Washingtoner Artenschutzabkommen
COMECON	Council for Mutual Economic Assistance
COP	Conference of Parties
DEG	Deutsche Investitions- und Entwicklungsgesellschaft mbH
DENOX	„Ent-Stickung" ($DeNO_x$)
DLR	Deutsche Forschungsanstalt für Luft- und Raumfahrt e.V.
DSM	Demand Side Management
EDL	Energiedienstleistung
EDU	Energiedienstleistungsunternehmen
EP	Energetyka Poznanzka
ESL	Energiesparlampen
EU	Europäische Union
EVU	Energieversorgungsunternehmen

FCCC	Framework Convention on Climate Change
FEWE	Polish Foundation for Energy Efficiency
FLAGSOL	Flachglas Solartechik
GEF	Global Environment Facility (der Weltbank)
GHG	Greenhouse Gas
GJ	Gigajoule
GLR	geschlossener Luftreceiver
GS	Gastgebender Staat
GTZ	Gesellschft für Technische Zusammenarbeit
GuD	Gas- und Dampfturbinen
GW	Gigawatt
HEL	leichtes Heizöl
HS	schweres Heizöl
ICC	International Chamber of Commerce
IEA	International Energy Agency
IFC	International Finance Corporation
IGH	Internationaler Gerichtshof
IKARUS	Instrumente für Klima-Reduktions-Strategien
IMA	Interministerielle Arbeitsgruppe
INC	Intergovernmental Negotiating Committee
IPCC	Intergovernmental Panel on Climate Change
IRP	Integrated Resource Planning
IS	Investierender Staat
ISCCS	Integrated Solar and Combined Cycle System
JI	Joint Implementation
KfW	Kreditanstalt für Wiederaufbau
kJ	Kilojoule
KRK	Klimarahmenkonvention
kV	Kilovolt
kW	Kilowatt
KWK	Kraft-Wärme-Kopplung
LCP	Least-Cost-Planning
LNG	liquified natural gas

MOE	Mittel- und Osteuropa
MW	Megawatt
NGO	Nongovernmental Organisation
OECD	Organisation für wirtschaftliche Zusammenarbeit und Entwicklung
ONE	Office National de'l Electricité
PELP	Poland Efficient Lighting Project
PLP	Philips Lighting Poland
REA	Rauchgasentschwefelungsanlage
SBI	Subsidiary Body for Implementation
SBSTA	Subsidiary Body for Scientific and Technological Advice
SCR	Faculté de Sciences de Rabat
SEGS	Solar Electricity Generating System
SKE	Steinkohle-Einheit
TES	Thermischer Energiespeicher
THG	Treibhausgas
TÜV	Technischer Überwachungs-Verein
UBA	Umweltbundesamt
UMPLIS	Umweltplanungs- und -informationssystem
UNCTAD	United Nations Conference on Trade and Development
UNEP	United Nations Environment Programme
UVP	Umweltverträglichkeitsprüfung
VORBREC	Volumetric Brayton Receiver
WBGU	Wissenschaftlicher Beirat der Bundesregierung Globale Umweltveränderungen
WEC	World Energy Council
WRI	World Resources Institute
ZSW	Zentrum für Sonnenenergie und Wasserstoff-Forschung Baden-Württemberg

Vorwort

Klimaschutz ist eine der dringlichsten Aufgaben der Umweltpolitik. Das Intergovernmental Panel on Climate Change (IPCC) hat sich - als das für diesen Bereich zuständige UN-Gremium - Ende 1995 der Ansicht vieler führender Klimawissenschaftler angeschlossen indem es einen „nachweisbaren menschlichen Einfluß" auf das Klima festgestellt hat. Seit dem Ende des letzten Jahrhunderts hat sich die globale Mitteltemperatur um 0,3 bis 0,6 ° C erhöht, während der Meerespiegel um ca. 20 cm angestiegen ist. Für das nächste Jahrhundert sagen die Wissenschaftler des IPCC voraus, daß sich voraussichtlich die globale Mitteltemperatur zwischen 1 und 3,5 °C erhöhen wird - abhängig davon, welche Schritte zur Verminderung dieser globalen Gefahr unternommen werden. Die Folge dieser Erwärmung wäre vor allem eine deutliche Erhöhung des Meeresspiegels, die Verschiebung von Klimazonen und eine Häufung extremer Wetterereignisse mit unkalkulierbaren Folgen für Mensch und Natur.

Trotz dieser Warnungen ist der Wille zur Bekämpfung des Klimawandels zur Zeit in den meisten Staaten sehr verhalten. Einer der Gründe liegt in den vermuteten hohen Kosten für klimawirksame Maßnahmen. Einige Ökonomen gehen davon aus, daß eine wirksame Klimaschutzpolitik die wirtschaftliche Entwicklung behindern würde. Daß dies nicht so sein muß, sondern daß im Gegenteil eine effektive Klimapolitik den Weg aus der Strukturkrise weisen könnte, ist von vielen Wissenschaftlern im Wuppertal Institut und anderswo beschrieben worden.

Dennoch gilt es, auch diesen Befürchtungen ihren Stachel zu nehmen und die internationalen Vereinbarungen zum Klimaschutz so zu gestalten, daß ein hohes Maß an Klimaschutz auch mit einem hohen Maß an Flexibilität verbunden wird. Der kosteneffektiven Allokation finanzieller Mittel kommt dabei eine große Bedeutung zu, wie sich auch gerade bei den Klimaverhandlungen der letzten Monate gezeigt hat. Ein mögliches Instrument zur Erhöhung des Effizienz des Klimaschutzes ist unter dem Begriff der „Gemeinsamen Umsetzung" bzw. „Joint Implementation" von Verpflichtungen unter der Klimarahmenkonvention bekannt geworden. Doch ist dieses internationale Kompensationsmodell noch sehr neu und bisher kaum praktisch erprobt.

Aus diesem Grund ist durch das Wuppertal Institut für Klima, Umwelt und Energie im Auftrag des Umweltbundesamtes (UBA) - im Rahmen des UFOPLANs des Bundesministeriums für Umwelt - eine Studie zu praktischen Aspekten von Joint Implementation erstellt worden (Simulation von Joint

Implementation innerhalb der Klimarahmenkonvention anhand ausgewählter Projekte). Mit Hilfe von vier realitätsnahen JI-Simulationen anhand konkreter Investitionsprojekte sind pragmatische Lösungen für einige der wichtigsten Probleme bei der Umsetzung dieses Konzepts entwickelt worden. Dies betrifft das Design der Projekte, die Kalkulation und die Verifikation der vermiedenen Emissionen sowie Verfahren des Monitoring. Ferner wurden eine Vielzahl möglicher Minderungsmaßnahmen auf ihre JI-Eignung untersucht und schließlich konkrete Vorschläge für die internationale Ausgestaltung eines JI-Mechanismus, also dessen Institutionen und Verfahren, gemacht.

Mit der Veröffentlichung dieser Studie geben wir der Hoffnung Ausdruck, daß sie durch Analyse und Aufklärung dem Klimaschutz dient. Denn die Zeit drängt, und weitreichende Klimaschutzvereinbarungen bzw. deren Implementierung sind längst überfällig. Im Dezember 1997 werden sich die Umweltminister in Kyoto (Japan) treffen. Hier sollen, möglichst durch den Abschluß eines Klimaprotokolls, verbindliche Reduktionsverpflichtungen für Treibhausgase vereinbart werden. Ein sorgfältig gestalteter Mechanismus für die „Gemeinsame Umsetzung" der Verpflichtungen zum Klimaschutz könnte die Bereitschaft vieler Staaten der industrialisierten Welt erhöhen, derartige Pflichten einzugehen. Dazu soll diese Untersuchung beitragen.

Die vier JI-Projektsimulationen konnten, in der vorliegenden realitätsnahen Form, nur mit der Unterstützung von privaten Partnern durchgeführt werden. Wir sind deshalb Prof. Dr. Holger Ann und Dr. Peter Voigtländer (Siemens AG, KWU), Dr. Franz Trieb und Dr. Joachim Nitsch (Deutsche Forschungsanstalt für Luft- und Raumfahrt e.V.), Dieter Seifried, sowie H.S. Erhard und Dr. A Scheuer (Heidelberger Zement AG) zu besonderem Dank verpflichtet.

Den Autoren haben während der Durchführung dieser Untersuchung viele Helfer mit Rat und Tat zur Seite gestanden. Wir danken an erster Stelle Herrn Bernd Schärer (UBA) für seine engagierte fachliche Betreuung der Studie, ferner Dr. Sebastian Oberthür (ecologic Berlin) für die Übernahme von Erstentwürfen zur Geschichte von JI und Herrn Bisanz (Fichtner Beratende Ingenieure, Stuttgart) für seine Beratung bei der Simulationsstudie zu fossil befeuerten Kraftwerken. Die Autoren danken ferner den Praktikanten und Praktikantinnen Christoph Holtwisch (Münster), Monika Tönnies (Solingen) und Roda Verheyen (Hamburg) für ihre hervorragende Mitarbeit an dem vierten Kapitel über die institutionelle und organisatorische Ausgestaltung von Joint Implementation. Schließlich gilt unser Dank auch Susanne Schwarte, die im Sekretariat nicht nur die Texte in die richtige Form brachte, sondern auch die vielen Fäden in der Hand behielt und zum Gelingen des Projekts in nicht unwesentlicher Weise beigetragen hat.

Teil I Aufbau, Zielsetzung und Hintergrund des Forschungsprojekts

1 Einleitung

Das Wuppertal Institut für Klima, Umwelt, Energie GmbH hat im Auftrag des Bundesministeriums für Umwelt, Naturschutz und Reaktorsicherheit, vertreten durch das Umweltbundesamt, ein Forschungsvorhaben zu operationellen Aspekten des Konzepts der Gemeinsamen Umsetzung (Joint Implementation, JI) durchgeführt. Drei Themen standen im Mittelpunkt: Erstens eine Untersuchung, welche Typen von Projekten bzw. Maßnahmen der Gemeinsamen Umsetzung unter der Klimarahmenkonvention (Framework Convention on Climate Change, FCCC) als besonders geeignet gelten können; zweitens die Entwicklung von Verfahren für die Bestimmung der vermiedenen Emissionen sowie Verfahren der Berichterstattung und drittens die institutionelle und organisatorische Ausgestaltung eines JI-Mechanismus auf nationaler und inter-nationaler Ebene.

Um für die empirische Unterfütterung eines solchen Auftrags nicht auf die Umsetzung von Pilotprojekten warten zu müssen, sah der Untersuchungsauftrag vor, die praktische Durchführung von Joint Implementation anhand von vier Projekten mit Partnern aus Industrie und Wissenschaft zu "simulieren". Auf diese Weise sollte ein frühzeitiger Zugang zu den vielfältigen Problemen dieses speziellen Kompensationskonzepts auf der operationellen Ebene ermöglicht werden. Die in den Simulationsprojekten (s. Teil III) gefundenen Problemlösungen wurden sodann soweit wie möglich verallgemeinert, indem jedes dieser Projekte als Vertreter eines möglichen Projekttyps analysiert worden ist.

In der vorliegenden Untersuchung werden einige Schwierigkeiten und Fallstricke bei der Operationalisierung des Konzepts "Joint Implementation" bearbeitet und pragmatische Lösungen angeboten. Eine allumfassende Analyse und die endgültige Lösung aller Probleme sollte nicht erwartet werden. Doch kann diese Studie vielleicht dazu beitragen, das in der Öffentlichkeit vorhandene große Ausmaß an Hoffnung und auch Kritik in eine realistische Perspektive zu rücken. Die gewonnenen Erkenntnisse sollen dazu dienen, den internationalen Verhandlungsprozeß zu fördern und bei der Erarbeitung eines endgültigen zwischenstaatlichen JI-Mechanismus in den Organen des Klimaregimes verwendet zu werden. Teile der Untersuchung sollen auch bei der weiteren Entwicklung des deutschen (Pilot-) Programms zu gemeinsam umgesetzten Aktivitäten verwendet werden[1]. Die Zusammenfassung der Projektergebnisse ist anläßlich des Terra Tec Forum am 5. und 6. März 1997, einer internationalen Messe für Umwelttechnik, in deutscher[2] und englischer Sprache[3] durch das Bundesumweltministerium veröffentlicht worden.

Bei der Ausgestaltung des internationalen Pilotprogramms für "Gemeinsam Umgesetzte Aktivitäten" (Activities Implemented Jointly, AIJ) durch die Organe der Klimarahmenkonvention waren die Ergebnisse des Teils IV dieser Studie über institutionelle und organisatorische Rahmenbedingungen bereits hilfreich: Die in einem Zwischenbericht des Projekts erarbeiteten vorläufigen Formate konnten von der Bundesregierung verwendet werden, einen eigenen Vorschlag für den Rahmen eines Berichtsverfahrens zu unterbreiten[4]. Schließlich hat das Sekretariat der Klimarahmenkonvention gegen Ende des Jahres 1996 die (vorab zugänglich gemachten) Vorschläge für das Berichtswesen zur Gestaltung der internationalen AIJ-Berichtsformate genutzt, die zu Beginn des Jahres 1997 durch das Unterorgan für wissenschaftliche und technologische Beratung der Klimarahmenkonvention angenommen worden sind[5].

Im einzelnen hat die Gesamtuntersuchung den im folgenden skizzierten Aufbau. In Teil I wird zunächst die Geschichte des Verhandlungsgangs zu JI dargestellt und vor diesem Hintergrund der projektbezogene JI-Ansatz geklärt und präzisiert. Mit diesem Ansatz können auch JI-Projekte zwischen Industrieländern und Entwicklungsländern realisiert werden, die nicht zu Emissionsbegrenzungen verpflichtet sind. In einem Anhang wird, ausgehend von der ökonomischen Idee von Joint Implementation, vertieft auf jene Aspekte des Konzepts eingegangen, die im projektbezogenen Ansatz problematisch sind.

Die Ausgangsfrage für den Teil II der Untersuchung hatte gelautet: "Welche Projekttypen sind für Joint Implementation geeignet und welche weniger geeignet[6]?" Das Ergebnis sollte eine Einschätzung der prinzipiellen Eignung von Maßnahmen zur Minderung von Treibhausgasen für Joint Implementation bieten. Ziel war es, zu einer Art "Projektlandschaft" mehr oder weniger geeigneter Projekttypen zu gelangen, um damit die in Wissenschaft und Öffentlichkeit erforderliche Transparenz herzustellen. Ferner sollten die teilweise geäußerten

1 Dazu BMU (1996)
2 Joint Implementation - Projektsimulation und Organisation, Bundesministerium für Umwelt, Naturschutz und Reaktorsicherheit, Januar 1997.
3 Joint Implementation - Project Simulation and Organisation, Bundesministerium für Umwelt, Naturschutz und Reaktorsicherheit, Januar 1997.
4 Vgl. FCCC/SBSTA/1996/MISC.1: Views from Parties on a framework for reporting, submissions from the US and Germany.
5 Vgl. FCCC/SBSTA/1996/15.
6 Vgl.a. Luhmann (1996).

Vorbehalte gegen JI aufgrund der besonderen Eignung bestimmter Projekttypen bzw. bestimmter Maßnahmen gemildert werden. In diesem Kapitel konnten, neben der abstrakten Analyse, vor allem auch die praktischen Erfahrungen aus den Simulationsstudien des dritten Teils genutzt werden.

Diese vier praxisnahen Simulationen von JI-Projekten sollten exemplarisch und möglichst realitätsnah sein. Deshalb wurden sie jeweils zusammen mit einem Partner durchgeführt, der sowohl die nötige technische Kompetenz als auch die Marktkompetenz in einem möglichen Gaststaat des Projekts einbrachte. Aus diesem Grund wurden Partner mit Projekten im Status zumindest abgeschlossener Feasibility-Studien an einem konkreten Standort und mit Erfahrungen an diesem Standort bzw. in der Region ausgewählt.

Simuliert wurden unter den genannten Randbedingungen die folgenden Fälle, die in Teil III ausführlich dargestellt sind:

- Steinkohle-Kraftwerk in China – mit Siemens-KWU;
- Solarthermisches Kraftwerk in Marokko – mit DLR;
- Sanierung eines Zementwerks bzw. Neubau eines Zementwerks als Ersatz für eine bestehende Anlage, beides in Tschechien – mit Heidelberger Zement; sowie
- Demand-Side-Management-Projekt (energieeffiziente Lampen) in Polen – mit den Stadtwerken Hannover.

Primäre Ziele der Simulationen waren die Entwicklung von Verfahren zur Bestimmung der durch das Projekt vermiedenen Emissionen, die Verallgemeinerung dieser Verfahren auf einen übergeordneten Projekttyp sowie die Erarbeitung von Berichtsformaten für JI-Projekte.

"Überdacht" sind sowohl die Basis-Fragestellung als auch die vier Simulationen durch den Untersuchungsteil IV, in dem ein geeigneter institutioneller Aufbau (national wie international) eines JI-Mechanismus und dazugehörige Verfahren der Berichterstattung und der Verifikation entwickelt werden (s. Abb. 1). Ziel war es, die auf den ersten Blick widerstreitenden Forderungen nach effektiver Kontrolle und gleichzeitig niedrigen Transaktionskosten miteinander in Einklang zu bringen. Dieser Teil IV enthält außerdem zusammengefaßt die Entwicklung von Formaten für die Antragstellung und Berichterstattung von JI-Projekten. Diese Formate sind im Anhang A2 zu Teil IV enthalten.

Simulation von Joint Implementation innerhalb der Klimarahmenkonvention

Zweck:
- Erkenntnisgewinnung für JI-Verhandlungsprozeß
- Vertrauensbildung zur Förderung von JI

Effiziente Organisation und institutionelle Ausgestaltung

- Verfahren und Institutionen zur Annerkennung von JI-Projekten und Emissionskrediten
- Berichtswesen im internationalen Rahmen

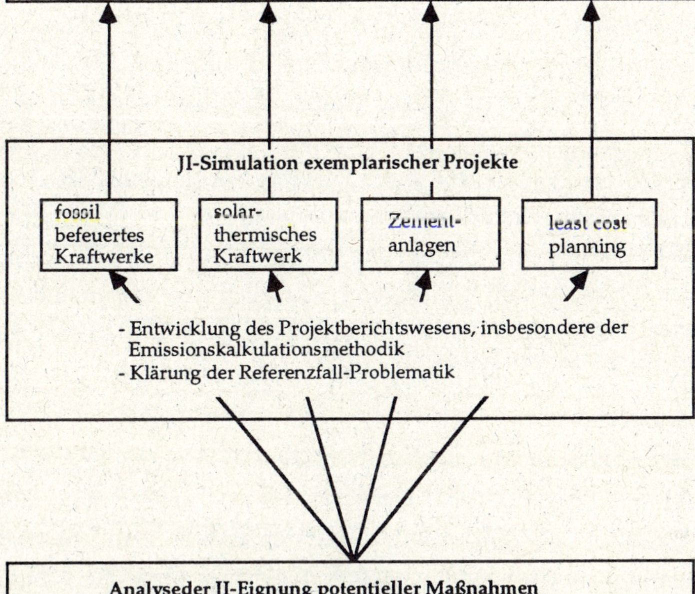

Analyseder JI-Eignung potentieller Maßnahmen

Bewertung möglicher Maßnahmen zum Klimaschutz.
Eignungskriterien:
- reale meßbare Langzeitemissionsminderung,
- Kompatibilität mit Umwelt- und Entwicklungszielen

Abb. I.1: Das Arbeitsprogramm im Überblick

2 Die Ursprünge von Joint Implementation

Die Idee der "Gemeinsamen Umsetzung" (Joint Implementation, JI) von Klimaschutzmaßnahmen beruht auf einer zunächst sehr einfachen Feststellung: Maßnahmen zur Minderung von Treibhausgasemissionen sowie zur Ausweitung von Treibhausgassenken und zur Erhaltung von Treibhausgasspeichern sind in verschiedenen Staaten ganz unterschiedlich schwierig und kostenträchtig[7]. Wie hoch die Kosten der Maßnahmen jeweils sind, ist nicht zuletzt von der Verfügbarkeit von Kapital und Technologie sowie von der derzeitigen sozio-ökonomischen Situation abhängig, im Falle des wichtigsten Treibhausgases CO_2 insbesondere von der jeweiligen Struktur der Energieversorgung. Da es für die Klimawirksamkeit von Treibhausgasen unerheblich ist, wo sie in die Atmosphäre entlassen oder aus dieser wieder absorbiert werden, liegt es unter wirtschaftlichen Gesichtspunkten nahe, Emissionen von CO_2, Methan, Lachgas und anderen Treibhausgasen bzw. ihrer Vorläufersubstanzen dort zu vermeiden, wo dies am kostengünstigsten erreicht werden kann. Mit einer vorgegebenen Menge an Mitteln, die zum Klimaschutz eingesetzt werden soll, kann auf diese Art und Weise grundsätzlich ein höherer Klimaschutzeffekt erzielt werden, als wenn Staaten mit unterschiedlichen Vermeidungskosten gleiche proportionale Minderungsziele auf ihrem jeweiligen Territorium realisieren.

Angenommen den Fall, zwei Staaten mit gleichhohen Emissionen von Treibhausgasen müßten, etwa aufgrund international eingegangener Verpflichtungen, diese jeweils um 10% verringern, der eine der beiden hätte aber doppelt so hohe spezifische Vermeidungskosten wie der andere. Dann betrügen die gesamten Vermeidungskosten beider Staaten zusammen ohne die Möglichkeit der Kompensation drei Einheiten (Staat A: 1 plus Staat B: 2). Im Idealfall mit Kompensation könnten die gesamten Minderungspflichten im Staat mit den geringeren Vermeidungskosten erfüllt werden, so daß die Summe der Vermeidungskosten zwei wäre. Insgesamt könnten die beiden Staaten zusammen damit ein Drittel der Kosten einsparen. Die damit freiwerdenden Ressourcen stünden nun wiederum für weitere Klimaschutzmaßnahmen sowie eventuell für Zahlungen an den klimapolitisch besonders aktiven Staat zur

7 Um die Darstellung zu vereinfachen, wird im folgenden nur von der Minderung von Treibhausgasemissionen die Rede sein. Sofern dies nicht explizit unterschieden wird, bezieht sich das Folgende jedoch entsprechend auf die Ausweitung von Senken und Erhaltung von Speichern.

Verfügung[8]. Solche klimapolitischen Kompensationen können generell dazu beitragen, zu gegebenen Kosten eine im globalen Maßstab maximale Emissionsminderung zu realisieren – oder gesetzte Ziele zu minimalen Kosten zu erreichen.

Kompensationslösungen auf internationaler Ebene erscheinen so lange als relativ unproblematisch, wie beide daran beteiligten Partner Verpflichtungen zur Begrenzung von Emissionen eingegangen sind. Damit bestünde eine gemeinsame Obergrenze der erlaubten Emissionen. Gegen diese Obergrenze könnten die Übererfüllung des einen wie die Untererfüllung des anderen Staates ähnlich einem System handelbarer Emissionszertifikate verrechnet werden. Partner in einem derartigen Kompensationssystem könnten die jeweiligen Staaten sein.

Schon als die ersten JI-Vorschläge im Jahre 1991 unterbreitet wurden, war aber absehbar, daß verbindliche Begrenzungen von Treibhausgasemissionen zunächst und auf absehbare Zeit allenfalls für Industriestaaten verhandelbar und vereinbar waren[9]. Zumindest für JI-Projekte mit Entwicklungsländern war damit keine feste Bezugsgröße in Form einer gemeinsamen Emissionsbegrenzung zu erwarten. Schon die ersten Vorschläge der norwegischen Regierung und der deutschen Bundesregierung im internationalen Verhandlungsprozeß, die Möglichkeit der Joint Implementation in der Klimarahmenkonvention zu verankern, zielten allerdings auf eine weltweite Anwendbarkeit dieses Instruments, um bei der klimapolitisch angestrebten Minderung der Emissionen von CO_2 und anderen Treibhausgasen ein Höchstmaß an Flexibilität, auch im Umgang mit nichtverpflichteten Staaten, zu gewährleisten.

Zwar wurden auch in den wirtschaftlich fortgeschrittensten Staaten unterschiedlich hohe Minderungspotentiale und Vermeidungskosten errechnet, doch kommt hier vergleichsweise effiziente Technologie zum Einsatz. Demgegenüber wurden von Anfang an in vielen Entwicklungsländern sowie in den ehemaligen COMECON-Staaten Mittel- und Osteuropas, die sich im Übergang zu marktwirtschaftlichen Strukturen befinden (MOE-Staaten), kostengünstige Minderungspotentiale ausgemacht, die wegen der mangelnden Verfügbarkeit von Kapital und Technologie in diesen Gesellschaften kaum genutzt würden[10]. Aus einer rein ökonomischen Perspektive betrachtet kamen deshalb diese beiden

---

8 Aus Gründen der vereinfachten Darstellung bleibt dabei hier unberücksichtigt, daß die Grenzvermeidungskosten in der Regel mit Zunahme der absoluten Minderung *ceteris paribus* steigen.

9 Vgl. zur historischen Entwicklung auch Loske/Oberthür (1994); Arquit-Niederberger (1996); Torvanger (1994); Jepma (1995); Loske (1996); Ott (1997).

10 Norwegian Non-Paper, in: UN-Dok. A/AC.237/Misc.1/Add.2, S. 19, Federal Republic of Germany, Joint Implementation of Commitments Contained in a Global Climate Convention (Emission Reduction Crediting System), 12 December 1991.

Staatengruppen als typische und aussichtsreiche Gaststaaten für JI-Maßnahmen in Frage. Entsprechend führte Norwegen 1991 aus, daß das vorgeschlagene JI-Konzept auch unter Beteiligung von Ländern ohne quantitative Verpflichtungen zur Emissionsbegrenzung umgesetzt werden könnte.

Vor diesem Hintergrund wurde JI von Anfang an weniger als ein System der Kompensation klimapolitischer Verpflichtungen zwischen Staaten mit festen Emissionsbegrenzungen konzipiert (staatenbezogener Ansatz), sondern vielmehr als ein Instrument zur grenzüberschreitenden gemeinsamen Umsetzung von spezifischen "Projekten" mit berechenbaren Minderungen (projektbezogener Ansatz).[11]

Zu diesem Ansatz paßte ein weiteres wesentliches, auf internationaler Ebene verfolgtes Ziel des JI-Konzepts, nämlich zusätzliches Know-how und zusätzliche finanzielle Mittel aus dem privatwirtschaftlichen Bereich zu aktivieren.

Dieser ursprünglichen Bestimmung des Begriffs "Joint Implementation" wird in der vorliegenden Untersuchung gefolgt. JI wird demnach allein als Kompensation im projektbezogenen Ansatz zwischen einem verpflichteten und einem nicht verpflichteten Staat verstanden. Diese Begrenzung wird jedoch durch die im Rahmen der Pilotphase stattfindenden Verhandlungen gestützt, die vor allem auf ein projektbezogenes Konzept von JI unter Beteiligung von Entwicklungsländern gerichtet sind. Dieser Ansatz erscheint auch politisch besonders dringlich, weil er, neben dem Transfer von Finanzmitteln über die Global Environment Facility (GEF), eine wichtige Form der Kooperation zwischen Industrieländern und Entwicklungsländern unter der Klimarahmenkonvention ist, die zu einer erheblichen Steigerung der Energieeffizienz in den Letzteren führen kann.

3 Joint Implementation unter der Klimarahmenkonvention

In den schwierigen Verhandlungen zum Abschluß der Klimarahmenkonvention gelang es den JI-Befürwortern, den Gedanken der Gemeinsamen Umsetzung im Vertragstext zu verankern, ohne daß dabei eine genauere Begriffsbestimmung

---

[11] Norwegen schlug 1991 die Einrichtung eines Clearing-House-Mechanismus vor, über den spezifische Projektvorschläge zur Emissionsminderung gesammelt sowie geeignete Kooperationspartner vermittelt werden sollten. Die jeweils durch ein spezifisches Projekt netto vermiedenen Emissionen sollten dem investierenden Staat gutgeschrieben werden. Im deutschen Vorschlag vom Dezember 1991 war bereits explizit die Rede davon, daß im Rahmen einer Übereinkunft zwischen den beteiligten Vertragsstaaten JI-Projekte durch die internationale Zusammenarbeit geeigneter Industrien realisiert werden könnten.

vorgenommen worden wäre. So ist in Artikel 3.3 der Klimarahmenkonvention festgehalten: "Bemühungen zur Bewältigung der Klimaveränderungen können von interessierten Vertragsparteien gemeinsam umgesetzt werden". In Artikel 4.2 (a) wurde darüber hinaus vereinbart, daß Annex-I-Staaten (OECD- und MOE-Staaten) Politiken und Maßnahmen zur Minderung von Treibhausgas-emissionen gemeinsam mit anderen Vertragsstaaten durchführen können.

Die mangelnde Präzision der genannten Bestimmungen war der Preis für die Tatsache, daß JI in der Klimarahmenkonvention verankert werden konnte. In der Klimarahmenkonvention ist daher weder festgelegt, welche "Politiken und Maßnahmen" gemeinsam umgesetzt werden können, noch wer mit wem dabei kooperieren kann. Die Initiatoren der Gemeinsamen Umsetzung hatten jedoch von Anfang an betont, daß JI-Maßnahmen unter der Klimarahmenkonvention bestimmten, zu vereinbarenden Kriterien genügen müßten, um die durchaus anerkannten Probleme des Konzepts zu entschärfen und eine Operationalisierung zu ermöglichen. Da solche Kriterien in der Klimarahmenkonvention noch nicht enthalten waren, wurden sie zum Gegenstand der Verhandlungen bis zur ersten Vertragsstaatenkonferenz in Berlin im Frühjahr 1995 gemacht.

Der Widerstand gegen JI auf Seiten der Entwicklungsländer wie auf Seiten von Umweltverbänden hat vor allem drei Gründe[12]. Es besteht die Befürchtung, daß durch Joint Implementation (1) die Anstrengungen der Industrieländer nachlassen könnten, auf ihrem eigenen Gebiet klimapolitische Maßnahmen zu ergreifen; (2) der gegenwärtige Vorteil der Entwicklungsländer aus JI sich für sie nach der Übernahme eigener Verpflichtungen in einen Nachteil verwandeln könnte (dazu ausführlicher im Anhang zu Teil I); und daß (3) die praktischen Probleme kaum lösbar seien, die sich aus der Notwendigkeit der glaubwürdigen Bestimmung des Referenzfalls sowie des Monitorings der faktischen Emissionen eines Projekts ergeben[13].

Angesichts der fehlenden Präzision der Vertragsbestimmungen, die unterschiedlichste Auslegungen zuließ[14], wurden ab 1993 die Verhandlungen über die Ausgestaltung von JI unter der Klimarahmenkonvention intensiviert. Verhandlungsthema waren u.a. die Kriterien zur Beurteilung der JI-Eignung von Projekten sowie die Art und das Ausmaß der Emissionsgutschriften für Investoren. Ferner kam es zu Auseinandersetzungen über die Beteiligung von

---

12 Vgl. z.B. Ghosh u.a. (1994); Loske/Oberthür (1994).
13 Bodansky (1995), S. 452-3.
14 Für eine rechtliche Analyse der Konvention und ihrer Bestimmungen vgl. Bodansky (1995); Ott (1996b).

Entwicklungsländern an einem JI-Mechanismus. Während Entwicklungsländer die Auffassung vertraten, daß JI nur zwischen Annex-I-Ländern zulässig sei, drängten die OECD-Staaten gemäß den oben dargestellten ursprünglichen Überlegungen zur Gemeinsamen Umsetzung darauf, daß JI-Projekte - mit deren Zustimmung - auch in Entwicklungsländern durchgeführt werden können[15].

Diese Meinungsverschiedenheiten wurden auch auf der Ersten Vertragsstaatenkonferenz in Berlin im Frühjahr 1995 nicht geklärt – vielmehr wurde ihnen durch einen Formelkompromiß Rechnung getragen. Zunächst wurde auf Drängen der Entwicklungsländer das Instrument von "Joint Implementation" in "Activities Implemented Jointly" (AIJ) umbenannt. Durch Beschluß 5/CP.1 der Berliner Konferenz der Vertragsparteien wurde eine AIJ-Pilotphase bis zum Ende des Jahrtausends vereinbart, in deren Rahmen erzielte Emissionsminderungen von Treibhausgasen nicht angerechnet werden[16]. An dieser Pilotphase können auf freiwilliger Basis auch die Entwicklungsländer teilnehmen. Über die Fortschritte der Pilotphase wurde durch das Sekretariat anläßlich der zweiten Vertragsstaatenkonferenz im Juli 1996 in Genf[17] und später berichtet[18]. Verschiedene Industrieländer einschließlich der Bundesrepublik haben eigene AIJ-Programme unter der Pilotphase etabliert, in deren Rahmen Projekte sowohl in MOE-Staaten als auch in Entwicklungsländern durchgeführt werden.

Während ein Großteil der Entwicklungsländer bisher auf ihrem Standpunkt beharrt haben, daß JI mit der Möglichkeit der Kreditierung von Emissionsminderungen nur zwischen Annex-I-Ländern zulässig sei, dient die vereinbarte AIJ-Pilotphase dazu, Erfahrungen mit dem Instrument der Gemeinsamen Umsetzung auf Projektebene zu sammeln und die Akzeptanz insbesondere in den Entwicklungsländern zu fördern. Dies soll die Vertragsparteien in die Lage versetzen, nach Beendigung der Pilotphase einen JI-Mechanismus unter weltweiter Beteiligung zu etablieren, durch den mit Hilfe der Gewährung von Emissionskrediten Flexibilität beim globalen Klimaschutz gewonnen werden kann[19].

AIJ ist somit eine spezifische, zeitlich befristet geltende Ausprägung von JI ohne Anrechnung vermiedener Emissionen. Aus diesem Grund wird in der vorliegenden Untersuchung durchgehend der Begriff "Joint Implementation"

---

15 Vgl. etwa Oberthür (1993).

16 Vgl. UN-Dok. FCCC/CP/1995/7/Add.1; zur Berliner Vertragsstaatenkonferenz s. Oberthür/Ott (1995).

17 FCCC/CP/1996/14 und 14 Add.1.

18 Vgl.a. FCCC/SBSTA/1996/17 und FCCC/SBSTA/1997/INF.1.

19 Vgl. BMU (1996).

verwandt, auch wenn unklar ist, unter welcher Bezeichnung ein entsprechendes internationales Kompensationssystem möglicherweise errichtet werden wird.

Da die Entwicklungsländer auf absehbare Zeit keine Verpflichtungen zur Begrenzung der von ihren Staatsgebieten ausgehenden Emissionen von Treibhausgasen übernehmen werden, bietet JI eine wichtige Möglichkeit, diese Länder in die internationalen Bemühungen um eine Begrenzung der Treibhausgasemissionen einzubeziehen. Joint Implementation soll deshalb nach Ansicht vieler Industriestaaten - so auch der Untersuchungsauftrag für diese Studie - auf eine solche Weise konzipiert werden, daß es Maßnahmen zwischen verpflichteten und nicht verpflichteten Staaten ermöglicht. Dieses ist nur mit dem projektbezogenen Ansatz möglich. Das bedeutet, daß als Basis für die Berechnung der Emissionsminderungen durch Joint Implementation nicht die Gesamtemissionsbilanz der beiden kooperierenden Staaten herangezogen wird, sondern ein konkretes JI-Projekt. Der Projektansatz verlagert demnach die notwendigen Regelungen und Kontrollen auf das Einzelprojekt, während die Emissionsbilanz des gastgebenden (Entwicklungs-) Landes unbeachtet bleibt.

Das bedeutet jedoch, daß ein erhöhtes Kontrollbedürfnis der internationalen Gemeinschaft hinsichtlich der tatsächlich vermiedenen Emissionen besteht. Führt die Feststellung "vermiedener Emissionen" zu einer Kreditierung dieser Menge zugunsten eines verpflichteten Staates, so mindert jede fälschlicherweise bzw. irrtümlich festgestellte Emissionsminderung die Verpflichtung des investierenden Staates um diesen Betrag "zu Unrecht". Denn die nicht erzielten Emissionsminderungen werden nicht durch einen Abzug bei den erlaubten Emissionen des Gaststaates kompensiert. Der Gesamtausstoß klimawirksamer Gase ist demnach möglicherweise größer als er ohne eine JI-Maßnahme gewesen wäre. Aus diesem Grunde ist an die Mißbrauchsresistenz der Feststellung vermiedener Emissionen im Verhältnis von verpflichteten Staaten und nicht verpflichteten Staaten eine besonders hohe Anforderung zu stellen[20].

Im Verhältnis zwischen beidseitig verpflichteten Staaten ist JI weniger mißbrauchsanfällig. Kommt es zu Kompensationsprojekten zwischen Annex-II-Staaten untereinander (OECD-Staaten) oder mit MOE-Staaten (unterstellt, daß letztere auch nach dem Jahre 2000 Begrenzungsverpflichtungen eingegangen sein werden), so werden festgestellte vermiedene Emissionen in Höhe von X nach dem Prinzip der doppelten Buchführung gehandhabt: Was dem investierenden (OECD-) Staat auf seine Verpflichtung zur Emissionsbegrenzung gutgeschrieben wird (*ceiling* + X), wird dem gastgebenden MOE-Staat abgezogen

20 Vgl. zu diesen Problemen auch Schärer (1997).

(*ceiling* – X). Kommt es also in diesem Verhältnis zu einer irrtümlichen oder gar mißbräuchlichen Bestimmung der Höhe der durch ein bestimmtes Projekt vermiedenen Emissionen, so hat das keine negativen Auswirkungen auf die Höhe der Begrenzungsverpflichtungen und ihre Realisierung insgesamt.

Allerdings behält die projektbezogene Bestimmung vermiedener Emissionen auf innerstaatlicher Ebene eine wichtige Funktion zur Festlegung der Kompensationsleistung für einen Projektträger. Der projektbezogene Ansatz hat ferner auf internationaler Ebene eine Funktion, wenn ein gastgebender Staat mit mehreren investierenden Staaten gleichzeitig kooperiert. In diesem Fall muß die Differenz zwischen dem *ceiling* und den faktischen Emissionen eines gastgebenden Staates verteilt werden – und das gemäß den jeweiligen Minderungserfolgen der investierenden Staaten. Dafür bietet sich ebenfalls die projektbezogene Kalkulation an. Abweichungen zwischen Anspruch und Wirklichkeit müssen von den beteiligten Staaten ausgeglichen werden, sie tragen das Risiko einer Fehlkalkulation bei der Bestimmung der vermiedenen Emissionen unter sich aus. Das ist bei gastgebenden Staaten ohne Verpflichtung anders. Hier trägt die internationale Staatengemeinschaft bzw. die Umwelt das Risiko der Fehlkalkulation.

Für JI im projektförmigen Ansatz ist ein weiteres Charakteristikum von Bedeutung, in welchem sich MOE-Staaten und Entwicklungsländer deutlich voneinander unterscheiden. Während MOE-Staaten hohe spezifische Pro-Kopf-Emissionen aufweisen (10,5 t CO_2/P in 1990, ca. 8 in 1994), sind die Pro-Kopf-Emissionen von Entwicklungsländern im Schnitt recht niedrig (1,6 t CO_2/P). Daher besteht in den MOE-Staaten ein erhebliches Minderungspotential für Treibhausgasemissionen bei der Sanierung bzw. beim Ersatz bestehender Anlagen. Das Minderungspotential in Entwicklungsländern liegt dagegen überwiegend in der Realisierung eines modernen Standes neu erbauter Anlagen, die im Zuge des wirtschaftlichen Wachstumsprozesses zugebaut werden.

Dieser Unterschied ist vor allem für die Bestimmung des Referenzfalls von Bedeutung. Ein naheliegender Ansatzpunkt für diese Bestimmung ist natürlicherweise das Bestehende, also z.B. eine sanierungswürdige Altanlage. Der Versuch der Referenzfallbestimmung für einen Neubau, ohne das eine Altanlage stillgelegt wird, wirft anders geartete Probleme auf und muß pragmatisch gelöst werden. Darauf wird im Verlaufe des Berichts verschiedentlich zurückzukommen sein[21].

---

21 S. den Anhang dieses Teils; zu verschiedenen Referenzszenarien vgl.a. Michaelowa (1995), S.62ff, 77ff.

	Industrieländer Annex I		**Entwicklungsländer**
Länderkategorien	OECD (Annex II)	MOE (Annex I ohne Annex II)	G 77 u. China
CO_2-Emissionen pro Kopf	10		1,6
Verpflichtungen zur Emissionsbegrenzung nach 2000	ja	wahrscheinlich	nein
Schwerpunkt des Minderungspotentials	unterschiedlich	Sanierung/ Ersatzbau	Zubau
Formen der Kompensation	**untereinander:** handelbare Emissionslizenzen bilaterale Kompensation ohne Handel		Joint Implementation i.e.S. = unilaterale Kompensation ohne Handel

Abb. I.2: Verschiedene Verständnisse von JI

In Abb. I 2 sind diese Unterschiede zusammengefaßt und die verschiedenen Kategorien von Ländern sowie ihre im Zusammenhang mit JI wichtigen Charakteristika dargestellt. Der im vorliegenden Bericht gebrauchte Begriff entspricht der Definition von Joint Implementation im engeren Sinne; also der "unilateralen Kompensation" ohne Handel zwischen einem verpflichteten Staat einerseits und einem nicht verpflichteten Staat andererseits. Davon abzuheben sind solche Kompensationsformen, bei denen die Verpflichtung zur Emissionsbegrenzung beider Partner Bedingung für die Teilnahme ist und die den projektbezogenen Ansatz entbehrlich machen.

Anhang: Die ökonomische Idee von JI im projektförmigen Ansatz

a) Einleitung

JI-Maßnahmen sind per definitionem grenzüberschreitende Maßnahmen, die zu einer Minderung der Emission von Treibhausgasen führen, zu der es ohne die internationale Zusammenarbeit im Rahmen von JI nicht gekommen wäre. Der Effekt von JI-Maßnahmen besteht also in der Realisierung eines "zusätzlichen", eines additiven Minderungspotentials.

JI-Maßnahmen werden i.d.R. als Transfer einer Kombination von Kapital, Know-how und Technologie von einem Land, dem investierenden Staat, in ein anderes Land, den gastgebenden Staat verstanden. Sollen die durch JI-Maßnahmen vermiedenen Emissionen bestimmt werden, muß geklärt werden, welches die Barrieren sind, die verhindern, daß es ohne JI-Maßnahmen zu Transfer und Implementation entsprechender Anlagen bzw. Anlagenkonzepte kommt. Nur wenn es Indikatoren für die Existenz entsprechender Barrieren gibt, kann glaubwürdig und verallgemeinerbar behauptet werden, daß Minderungspotentiale ohne JI nicht realisiert würden. Nur dann kann erwartet werden, daß der Transfer der jeweiligen Kombination von Ressourcen "zusätzlich" zu demjenigen Transfer von Ressourcen ist, der in einer arbeitsteiligen Weltwirtschaft "von alleine" stattfindet.

Im folgenden werden jene Stellen der Argumentation vertieft, bei denen sich im Laufe der Bearbeitung des Projekts gezeigt hat, daß Bedarf an einer ausführlicheren Darstellung besteht.

b) Ökonomische Grundgedanken

Die ökonomische Idee von JI wurde in Kap. I 2.1 in Kurzform eingeführt. Dort wurde allerdings noch unterstellt, daß es um eine Kooperation zwischen zwei verpflichteten Staaten gehe, die unterschiedliche Grenzkosten der CO_2-Reduktion haben, die beide Reduktionspflichten unterliegen und die Erfüllung dieser Pflicht durch Kooperation beider Länder zu optimieren suchen. Dies ist, so wurde weiter deutlich gemacht, aber gerade nicht der typische Fall, der Gegenstand der vorliegenden Untersuchung ist[22].

Die ökonomische Idee von JI im projektbezogenen Ansatz wird üblicherweise an einem Schema wie in Abb. I.3 gezeigt veranschaulicht[23]. In einer solchen Darstellung geht es um zwei Investoren, die mit zwei Staaten gleichgesetzt werden. In Abb. I.3 ist auf der Abszisse die zu vermeidende Menge an Treibhausgasen dargestellt. Auf der Ordinate sind die Grenzvermeidungskosten abgebildet. Diese Darstellung veranschaulicht die gesamten Vermeidungskosten als Fläche, nämlich als Integral über die mit den jeweiligen Grenzvermeidungskosten bewerteten Emissionsreduktionen. Wie in Lehrbüchern der Ökonomie üblich, steht q für die Menge (Quantität); C' für die Grenzkosten. Die beiden Staaten sind über Indizes unterschieden: i steht für Inland oder investierenden Staat, a für Ausland oder Gaststaat.

Die Staaten werden üblicherweise vorgestellt als rein ökonomisch motiviert. Ziel ihrer Kooperation ist die Minimierung der Vermeidungskosten. Da die Kosten als Flächen sichtbar sind, besteht das Ziel darin, die schraffierten Flächen möglichst klein werden zu lassen. Wollte der Staat I das gegebene Minderungsziel q alleine, ohne Kooperation, erreichen, müßte er Kosten in Höhe des gesamten Integrals unter seiner Grenzkostenkurve C'_i tragen. Würden die Emissionen, so der andere Extremfall, vollständig durch Maßnahmen im Staate A reduziert, so würden Kosten in Höhe des gesamten Integrals unter der Grenzkostenkurve C'_a anfallen. Die Grenzkostenkurven beider Staaten werden hier in einem einzigen Diagramm gezeigt – sie sind deshalb gegenläufig zu lesen: die Grenzkosten des Staates I steigen mit steigender Menge von rechts nach links; die des Staates A von links nach rechts.

---

22 Auch das von der Bundesregierung in ihrer Broschüre (BMU 1996) gewählte Beispiel ist in dieser Hinsicht nicht eindeutig. In Abb. 1 (S. 5) wird der Eindruck erweckt, daß beide beteiligte Vertragsstaaten einer Verpflichtung zur Reduktion ihrer Emissionen in Höhe von 25 % unterliegen. Demnach ginge es also um ein JI-Projekt zwischen Annex-I-Staaten untereinander, bei dem der projektbezogene Ansatz mit seinen spezifischen Schwierigkeiten vermeidbar wäre. Im begleitenden Text wird das Beispiel in der Abbildung jedoch so kommentiert, daß zwar von einer Gutschrift für den investierenden Staat (Vertragsstaat B) die Rede ist, nicht aber von der unter diesen Bedingungen erforderlichen Gegenbuchung zulasten des gastgebenden Vertragsstaates A.

23 Wir folgen hier der Darstellung von Cansier/ Krumm (1996). Entsprechende Darstellungen werden auch benutzt z. B. von Bohm (1994a) und Bohm (1994b).

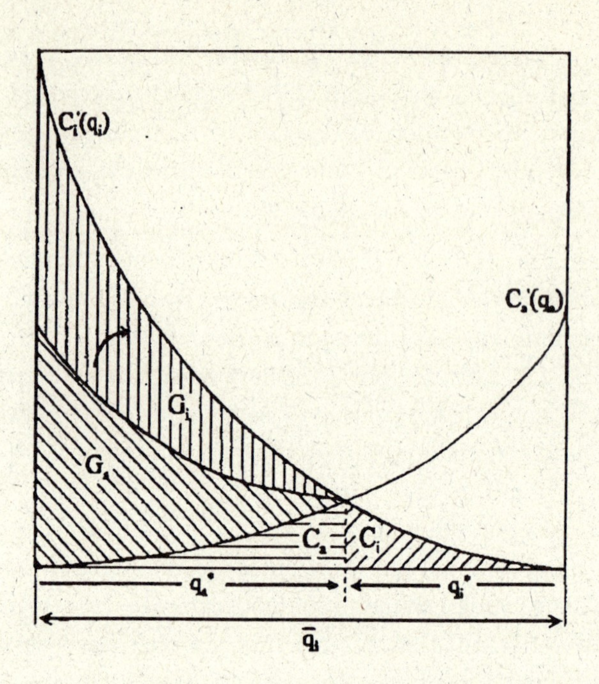

Abb. I 3: *Minimierung der Vermeidungskosten mit zwei Partnern; Quelle: Cansier/ Krumm 1996*

Hier wird – zu recht – angenommen, daß die Grenzkostenkurven mit steigender Menge nicht linear, sondern überproportional steigen[24]. Diese Gestalt der Grenzkostenkurven (C">0) bringt es mit sich, daß in Situationen, in denen zwei Staaten auf ganz unterschiedlichen Niveaus der jeweiligen Grenzkostenkurven angesiedelt sind, sich erhebliche Differenzen bei den spezifischen Kosten ergeben. Es ist in der Abbildung also eine Situation unterstellt, bei der die jeweiligen (regionalen) Grenzkosten deutlich unterschiedlich sind. Sie werden auch nicht von alleine zum Ausgleich gebracht. Zum Ausgleich gebracht werden sie vielmehr erst durch einen Markteingriff, durch ein klimapolitisches Instrument, eben JI. Was sind die Gründe, die Barrieren, die den interregionalen Ausgleich 'von alleine' ver- bzw. behindern?

Die unterstellten Hemmnisse für einen Ausgleich "von alleine" bestehen in einem Mangel, den die üblicherweise angeführten Ziele von JI gerade beseitigen sollen. Diese Ziele sind der Transfer von Kapital und technischem Fortschritt, wobei der technische Fortschritt meist kapitalgebunden vorgestellt wird[25]. JI-

---

24 Vgl. beispielsweise die empirisch ermittelten Kostenfunktionen in Swisher/Villavicencio (1995) oder in Jackson (1994).

25 Manche in der theoretischen Literatur zu JI vorzufindenden Bemerkungen zum Techniktransfer durch JI-Projekte haben sich den Autoren der vorliegenden Untersuchung als nicht reali-

Bedingungen sind demnach dann gegeben, wenn in einer Region Kapitalmangel herrscht oder die Realisierung des Standes der Technik aus anderen Gründen behindert ist.

c) Analyse der Barrieren für ein interregional gleichmäßiges Effizienzniveau und ihre Indikatoren

JI-Maßnahmen werden im Normalfall als Transfer einer Kombination von Kapital, Know-how und Technologie dargestellt. Barrieren gegen den interregionalen Fluß dieser drei Faktoren in verschiedenen Kombinationen bestehen in der Tat. Und sie sind in der Lage, zumindest eine vollständige Angleichung der Effizienzniveaus bei der Umwandlung und Anwendung von Energie zu verhindern.

Dominant unter den Barrieren ist die Knappheit an Kapital. Sie führt zu regional unterschiedlichen Niveaus des Preises für Kapital. Eine solche Situation ist i.d.R. mit einer Knappheit an Devisen verbunden. Da der Bezug moderner energie-effizienter Technik aber Devisenverfügbarkeit voraussetzt, ist eine solche Konstellation ungünstig. Eine solche Devisenknappheit ist leicht "objektiv" feststellbar. Überwunden werden kann sie aber nicht durch JI-Maßnahmen alleine, sondern i.d.R. entweder durch Entwicklungspolitik, die zusätzliches Kapital zu besonders günstigen Bedingungen zuführt, oder durch Außenwirtschaftspolitik, indem Bürgschaften gewährt werden. Dadurch wird die Aversion Privater gegenüber speziellen Länderrisiken überwunden und ein "zusätzlicher" Kapitalzufluß induziert. Auch JI-Maßnahmen werden eine vergleichbare Flankierung erfordern.

Ein zweites Hindernis ist die mangelnde Verfügbarkeit von Technologien, sofern sie nicht anlagengebunden, sondern in Form von Lizenzen vorgestellt sind. In reiner Form ist der Ausgleich dieser Knappheit unter der FCCC getrennt geregelt (Art. 4.5), so daß diese Transferform nicht als JI-Projekt thematisiert werden muß.

---

tätsgerecht erschlossen. Techniktransfer als Anlagentransfer nach neuestem Stand der Technik vorzustellen, ist nach den hier gemachten Erfahrungen nicht der Regelfall. In den Simulationsstudien wurde festgestellt, daß i.d.R. andere Bedingungen, die zudem nicht regelmäßig mit JI-Maßnahmen herstellbar sind, für die erfolgreiche Einführung, Verbreitung und dauerhafte Nutzung eines fortgeschrittenen Standes der Technik von entscheidender Bedeutung sind. Hervorzuheben ist die Bedeutung des Transfers von Betreiber-Know-how, welches auch noch den Vorteil hat, mit JI systemgerecht übermittelbar zu sein. Vgl. dazu insbesondere die Simulationsstudie III.4 (Zementwerksanierung).

Die eigentliche Chance von JI im projektbezogenen Ansatz liegt in der Zusammenfassung von Kapital, Betreiber-Know-how und Technologie und ihrem Transfer durch einen (privaten) kooperationsbereiten Partner aus einem investierenden Staat, der dazu in der Lage ist und der ohne JI keinen Anreiz hätte, in eine Kooperationsbeziehung (*joint venture*) mit einem gastgebenden Staat einzutreten.

Die soeben genannten Barrieren, also das "Länderrisiko", welches sich in einem nationalen Zinsniveau oberhalb des Weltmarktniveaus ausdrückt, sowie "mangelndes (Betreiber-)Know-how" wirken sich auf das Kalkül eines Investors im gastgebenden Land aus. Sie führen dazu, daß gewisse Maßnahmen in diesen Ländern ohne JI finanziell nicht durchgeführt werden. Daraus wäre zu schließen, daß die Frage nach der Zusätzlichkeit von Maßnahmen über das hinaus, was "von alleine" geschehen würde, weitgehend durch Einblick in das Kalkül der Investoren beantwortet werden kann.

Finanzielle Hemmnisse sind aber nicht die ganze Erklärung. Es gibt das Phänomen der sog. "No-regret"-Optionen. "No-regret"-Optionen sind definitorisch wirtschaftlich, sie werden aber trotz ihrer Wirtschaftlichkeit nicht realisiert. Allerdings wird in dieser Sprechweise nicht zwischen "betriebswirtschaftlich" und "volkswirtschaftlich" unterschieden. Ein erheblicher Teil der "No-regret"-Optionen ergibt sich daraus, daß der jeweilige Staat verzerrte Anreizstrukturen erzeugt, so daß sich betriebswirtschaftlich nicht rentiert, was volkswirtschaftlich effizient ist. JI im projektbezogenen Ansatz ist offensichtlich nicht in der Lage, solche Hemmnisse zu überwinden und entsprechende Potentiale zu realisieren.

Ein anderer Teil von "No-regret"-Optionen wird dagegen aus mangelnder Kenntnis, bzw. weil das für eine Umsetzung benötigte Know-how nicht verfügbar ist, nicht realisiert. Hier liegt ein geeignetes Einsatzfeld für JI im projektbezogenen Ansatz, auf dem zudem nicht unbedingt viel Kapital erforderlich ist. Unter den durchgeführten Simulationsprojekten steht das DSM-Projekt, aber auch das Zement-Projekt für diesen Projekttyp.

d) Die Interessenlage eines gastgebenden Landes

Das oben benutzte Darstellungsschema wird üblicherweise für die Analyse eines kurzfristigen Phänomens verwendet: eines funktionierenden Marktes, der Angebot und Nachfrage zum Ausgleich bringt. Der Markt steht zunächst als Inbegriff des Ortes des Handels; der verwendete Grenzkostenbegriff ist deshalb üblicherweise kurzfristig angesetzt. Im hier gewählten Zusammenhang ist jedoch ein in seiner zeitlichen Dimension ganz anders zu verstehender Grenzkostenbegriff gemeint. Der Investor kommt ist hier ja jeweils aus dem Staat, der sich seine langfristigen Handlungsoptionen in einem ökonomischen Kalkül klarmacht. Um die Grenzvermeidungskosten eines Investitionsprojektes in der Dimension Geldeinheit/t CO_2 ausdrücken zu können, benötigt man ein intertemporales Kalkül, das über etwa 20 Jahre reicht. Der Staat A aber, der hier als gegenwärtig nicht verpflichtetes Entwicklungsland vorgestellt wird, hat in Betracht zu ziehen, daß er nicht auf ewig wird unverpflichtet bleiben können, sondern daß in etwa maximal zwanzig bis dreißig Jahren Verpflichtungen auf ihn zukommen werden[26]. Dies haben die Partnerstaaten von JI-Maßnahmen bei der Bestimmung ihrer Grenzvermeidungskosten ins Kalkül zu ziehen: Projekte mit niedrigen Vermeidungskosten, die sie heute realisieren, werden ihnen zu dem Zeitpunkt, da sie selbst zu Vermeidungsmaßnahmen verpflichtet sind, nicht mehr offenstehen. Solche 'Renten' sind bereits abgeschöpft.

Das bedeutet: Werden in der Gegenwart Vermeidungspotentiale für Kooperationszwecke vergeben bzw. 'verkauft', so führt dies zu höheren Vermeidungskosten für die gastgebenden Staaten bereits innerhalb des Zeithorizontes, über den sie die Vermeidungskosten der JI-Projekte kalkulieren. Dies wird in der Grafik, mit der das JI-Kalkül üblicherweise veranschaulicht wird, nicht berücksichtigt. Die dargestellten Vermeidungskosten für die gastgebenden Länder sind daher begrifflich unvollständig. Der positive Effekt aus JI-Maßnahmen für Entwicklungsländer ist insoweit lediglich ein intertemporaler Effekt, ein Zinseffekt: Entwicklungsländer können die 'Rente' aus Vermeidungsmaßnahmen bereits heute realisieren, und nicht erst zu demjenigen Zeitpunkt, da sie sie aufgrund eigener Begrenzungsverpflichtungen realisieren würden. Gegenüber der üblichen Darstellung bedeutet diese Berücksichtigung des sogenannten "cream skimming effects" eine erhebliche *Verringerung des wirtschaftlichen Anreizes* für JI im projektbezogenen Ansatz zwischen Industrie- und Entwicklungsländern.

e) Anreizstruktur bei der Feststellung der vermiedenen Emissionen

Die vermiedenen Emissionen festzustellen ist ebenfalls nicht ohne weiteres möglich. Hier kommt das Phänomen des strategischen Verhaltens ins Spiel. Es hat zur Folge, daß die Feststellung vermiedener Emissionen Gegenstand von

26 Zwar ist davon auszugehen, daß lediglich die Annex-I-Staaten Reduktionsverpflichtungen einzugehen haben; das Ziel der FCCC impliziert aber unmißverständlich, daß eines Tages auch die bislang nicht verpflichteten Staaten, die Entwicklungsländer, Begrenzungsverpflichtungen unter der FCCC einzugehen haben.

Täuschungsmanövern mit erheblichen Auswirkungen werden können. Auch hier klärt eine allgemeine, theoretisch abgeleitete Darstellung dessen, was erwartet werden kann, die Probleme, die bei der hier verfolgten Aufgabenstellung auftreten können.

Wir folgen der Darstellung von Walker und Wirl (1994). Sie verdeutlichen die Aufgabenstellung anhand eines Beispiels: dem Problem der Auswahl einer kostenminimalen (energieeffizienten) Kraftwerksvariante. Die zur Auswahl stehenden Kraftwerksvarianten und die Nebenbedingung der Entscheidung sind in Tab I.3.1 angegeben.

Kraftwerke	**1**	**2**	**3**
Investition in Bio $	10	12	15
Nutzungsgrad in %	**28**	**35**	**42**
Brennstoffkosten p.a. in Bio $	2.8	2	1.67
Nutzungsdauer in Jahren	20	20	20
Länder			
Opportunitätskosten des Kapitals ("Zinssätze") in %	50	20	5

Tab. I.3.1: Charakterisierung der Kraftwerke und Ländersituationen (Quelle: Walker / Wirl 1994)

Nach Walker/Wirl ist die energetische Effizienz einer Anlage positiv korreliert mit ihren Investitionsaufwendungen: In Tab. I.3.1 ist gezeigt, daß der Kraftwerksnutzungsgrad von 28 % auf 42 % steigt, wenn der Investitionsaufwand von 10 auf 15 Einheiten hinaufgesetzt wird. Die Entscheidung eines potentiellen JI-Gaststaates für einen bestimmten Kraftwerkstyp wird durch den je regional unterschiedlichen Zins, die unterschiedlichen Opportunitätskosten, gesteuert. Dies ist der maßgebliche Faktor für die Entscheidung eines Unternehmens über die Durchführungsmodalitäten eines Projektes.

Mangelnde Effizienz liegt vor bzw. ein Minderungspotential steht in diesem Beispiel genau deswegen zur Verfügung, weil es regional unterschiedliche Grade der Kapitalknappheit gibt. Tab. I.3. 2 zeigt dieses Ergebnis: Jedes Land entscheidet sich für eine andere Kraftwerksvariante, und zwar für diejenige, deren Kosten für dieses Land jeweils am geringsten sind (fettgedruckte Werte der Spalten).

Kraftwerke/Wirkungsgrad	Länder/Zinssatz		
	1/50%	2/20%	3/5%
1/25%	**15.6**	23.7	45.4
2/35%	16.0	**21.8**	37.3
3/42%	18.3	23.2	**36.1**

Tab. I.3.2: Tatsächliche Kosten der verschiedenen Kraftwerke, abhängig von den spezifi schen Ländereigenschaften (Zinssatz) in bio US-$. Die optimale (kostenmini male) Lösung ist fettgedruckt.

Die Analyse, die hier nicht weiter im Detail beschrieben wird, zeigt weiter, welche Gewinne Gaststaaten allein dadurch machen können, daß sie lediglich vorgeben, ihrer Entscheidung über die Kraftwerkseffizienz höhere Zinssätze zu Grunde zu legen, als sie es in Wirklichkeit tun. Denkt man diesen Gedanken zu Ende, kommt man im Ergebnis auf – in der Spitze – Gewinne (in NPV[27]) für Entwicklungsländer im Höhe von 8,6 Mrd. US-$ bzw. etwa 30 % der Gesamtkosten und für investierende Staaten in Höhe von 3,5 Mrd. US-$ bzw. etwa 10 % der Gesamtkosten[28]. Es kann für den Zweck unserer Untersuchung davon ausgegangen werden, daß dadurch ein drohendes (Fehl-)Verhalten von Teilnehmerstaaten bzw. privaten Investoren/durchführenden Unternehmen unter einem JI-Regime korrekt dargestellt ist. Das Resultat sind sog. *Mitnahmeeffekte*: Ein privates Unternehmen läßt sich eine Maßnahme unter JI-Bedingungen finanzieren, die es in "Wirklichkeit" ohnehin vornehmen würde. Das betreffende Unternehmen "nimmt" also eine Prämie "mit", ohne dafür einen tatsächlichen Klimaschutzbeitrag zu leisten. Die Herausforderung, JI im projektförmigen Ansatz als Instrument mißbrauchsresistent und damit praktisch einsetzbar zu machen, ist somit beschrieben.

Diese Darstellung kann weiterhin dazu genutzt werden, zu zeigen, daß die in Wirklichkeit auftretenden Probleme noch gravierender sind als in der theoretischen Analyse angenommen. Nach Walker und Wirl ist die Energieeffizienz eine stetige Funktion der Kapitalintensität der Anlage: Für die Kraftwerke 1 bis 3 steigt mit der Effizienz (zweite Zeile in Tab. I.3.1) die Investitionssumme (erste

27 NPV = net present value = Gegenwartswert.

28 "Gesamtkosten" steht für den NPV von Investitionsaufwendungen und Betriebskosten. Der Anteil der Gewinne durch strategisches Verhalten bei der Referenzfallbestimmung an den Investitionsaufwendungen liegt deshalb deutlich höher als die genannten Werte von 30 bzw. 10 %.

Zeile in Tab. I.3.1). Dieses 'Gesetz' läßt sich in den in der vorliegenden Arbeit untersuchten Fällen nicht generell bestätigen[29]. Die beiden quantitativ bedeutsamsten Untersuchungsfälle, das fossil befeuerte Kraftwerk und das Zementwerk, repräsentieren zusammen etwa 30 % der weltweiten anthropogenen CO_2-Emissionen, und ihr Anteil am Minderungspotential dürfte noch höher sein. In diesen beiden Fälle gilt der genannte einfache funktionale Zusammenhang nicht. Im Kraftwerksfall ist es vielmehr so, daß das eigentliche Maß nicht die Energieeffizienz, sondern die Kohlenstoff-Effizienz[30] zu sein hat. Ein Brennstoffwechsel (z.B. von Kohle auf Gas), der für sich alleine schon zu einer deutlichen Steigerung der Kohlenstoff-Effizienz führt, ist mit der Möglichkeit eines Technologiewechsels verbunden. Beides zusammen führt aber nicht zu einer Erhöhung, sondern zu einer Verringerung der Kapitalintensität des Kraftwerks[31]. Das bedeutet, daß die Problembeschreibung von Walker/Wirl zumindest im Falle dieses wichtigen Projekttyps unzutreffend ist. Wäre sie zutreffend, so beschränkte sich die praktische Aufgabe unter JI-Gesichtspunkten lediglich darauf, eine allgemeine Kontroll-Prozedur einzuführen, mit der sichergestellt werden kann, daß Mitnahmeeffekte aus irreführender Selbsteinschätzung hinsichtlich der "wahren" Knappheit des Kapitals in einem Lande, hinsichtlich des "wahren" Zinssatzes, nicht Überhand nehmen.

In Wirklichkeit, so zeigt das Beispiel des Zementwerkes in Kap. III.4, darf und kann man sich bei diesem Controlling nicht auf den Parameter "Kapital" beschränken. Man muß für jeden Projekttyp die je spezifischen Formen, in denen sich strategisches Verhalten maskieren kann, identifizieren und mögliche Gegenmaßnahmen suchen. Die Antwort auf die Frage, ob man erfolgversprechende Gegenmaßnahmen gegen strategisches Verhalten entwerfen kann, beeinflußt dann das Urteil darüber, ob der Referenzfall glaubwürdig bestimmbar und also der jeweilige Projekttyp für JI geeignet erscheint.

---

29 Bestätigt ist sie allerdings in den Fällen "energieeffiziente Lampen" sowie "solarthermisches Kraftwerk".

30 Dies bezeichnet die Nutzenergie pro Einheit emittierten Kohlenstoffs bzw. Kohlendioxids. Um den Effekt des Brennstoffwechsels zu erfassen, muß und kann man dieses Maß wählen, da die verschiedenen fossilen Energieträger sich dadurch unterscheiden, welchen Anteil der Energie in ihnen durch Wasserstoff (statt C) gebunden ist.

31 Diese Aussage gilt lediglich für das Kraftwerk. Über die Kapitalintensität der energetischen Vorleistung, z.B. der Infrastruktur zur Förderung und zum Transport von Gas, ist damit nichts gesagt. Ob man solche Infrastrukturinvestitionen aber zu einem (privatwirtschaftlich betreibbaren) geeigneten JI-Projekttyp entwickeln kann, ist eine offene Frage.

Literatur

Arquit-Niederberger, Anne (1996): Activities Implemented Jointly. Review of Issues for the Pilot Phase, Bern, July 1996.

Banholzer, Kai (1996): Joint Implementation: Ein nützliches Instrument des Klimaschutzes in Entwicklungsländern? (WZB FS 96-405), Berlin.

BMU (1996): Bundesministerium für Umwelt, Naturschutz und Reaktorsicherheit: Gemeinsam umgesetzte Aktivitäten zur globalen Klimavorsorge ("Activities Implemented Jointly" - AIJ), Bonn, März.

Bodansky, Daniel M. (1995): The Emerging Climate Change Regime, in: 20 Annual Review of Energy and the Environment, (1995), S. 425-461.

Bohm, Peter (1994a): Making Carbon Emission Quota Agreements More Efficient: Joint Implementation versus Quota Tradability, in: Ger Klaassen und Finn R. Førsund (Hrsg.): Economic Instruments for Air Pollution Control. Dordrecht (Kluwer), S. 187-208.

Bohm, Peter (1994b): On the Feasibility of Joint Implementation of Carbon Emissions Reductions, in: Akihiro Amano et al. (Hrsg.): Climate Change: Policy Instruments and their Implications. Proceedings of the Tsukuba Workshop of IPCC Working Group III, 17-20 January 1994 , S. 181-198.

Cansier, Dieter/Krumm, Raimund (1996): Joint Implementation: Regimespezifisches Optimalverhalten im Kontext umweltpolitischer Grundprinzipien, in: Zeitschrift für Umweltpolitik und Umweltrecht, 1996:2; S. 161-181.

Ghosh, Prodipto/Mittal, Mamta/Puri, Jyotsna/Soni, Preeti (1994): Perspectives of Developing Countries on Joint Implementation: An Economists Approach, in: Ghosh, Prodipto/Puri, Jyotsna (Hrsg.), Joint Implementation of Climate Change Commitments. Opportunities and Apprehensions, Tata Energy Research Institute, S. 27ff.

Hanisch, Ted/Selrod, Rolf/Torvanger, Asbjørn/AAheim, Asbjørn (1993): Study to develop Practical Guidelines for "Joint Implementation" under the UN Framework convention on Climate Change, CICERO Report 1993:2.

Jackson,Tim (1994): Assessing the Cost-Effectiveness of Joint Implementation under the Climate Convention, in: Climate Network Europe (Hrsg.): Joint Implementation from a European NGO Perspective, Brussels, S. 25-47.

Jepma, Catrinus C. (Ed.) (1995): The Feasibility of Joint Implementation, Dordrecht/Boston/London (1995).

Loske, Reinhard/Oberthür, Sebastian (1994): Joint Implementation under the Climate Change Convention, 6 International Environmental Affairs (1994), S. 45ff.

Loske, Reinhard (1996): Klimapolitik. Im Spannungsfeld von Kurzzeitinteressen und Langzeiterfordernissen, Marburg.

Luhmann, Hans-Jochen (1996): Die relative Eignung von Projekttypen für Joint Implementation; in: Rentz, O./Wietschel, M./Fichtner, W./Ardone, A./ (Hrsg.): Joint Implementation in Deutschland, Frankfurt a.M. (Peter Lang), S. 33-47.

Michaelowa, Axel (1995): Internationale Kompensationsmöglichkeiten zur CO_2-Reduktion unter Berücksichtigung steuerlicher Anreize und ordnungsrechtlicher Maßnahmen, BMWi Studienreihe Nr.87 (März 1995).

Nordic Council (1995): Joint Implementation as a Measure to Curb Climate Change - Nordic perspectives and priorities. A report prepared by the ad hoc group on climate strategies in the energy sector under the Nordic Council of Ministers, Stockholm/Oslo, February 1995 (TemaNord 1995:534).

Oberthür, Sebastian (1993): Discussions on Joint Implementation and the Financial Mechanism, in: 23Environmental Policy and Law(1993), S. 245-249.

Oberthür, Sebastian/Ott,Hermann (1995): Stand und Perspektiven der internationalen Klimapolitik, in: Internationale Politik und Gesellschaft1994:4, S. 399-415.

Ott, Hermann (1996a): Völkerrechtliche Aspekte der Klimarahmenkonvention, in: Brauch, Hans Günter (Hrsg.), Klimapolitik. Naturwissenschaftliche Grundlagen, internationale Regimebildung und Konflikte, ökonomische Analysen sowie nationale Problemerkennung und Politikumsetzung; Heidelberg, S.61ff.

Ott, Hermann (1997): Das internationale Regime zum Schutz des Klimas, in: Gehring, Thomas/Oberthür, Sebastian (1997): Internationale Umweltregime. Umweltschutz durch Verhandlungen und Verträge; Opladen (Leske & Budrich).

Schärer, Bernd (1997): Joint Implementation gemäß der Klimarahmenkonvention - Diskussion zur Gestaltung im internationalen Bereich, in: Elektrizitätswirtschaft Heft 1-2/1997, S.9ff.

Swisher, Joel/Villavicencio, Arturo (1995): The UNEP Greenhouse Gas Abatement Costing Study – Implications for Joint Implementation, in: Jepma, Catrinus J. (Hrsg.): The Feasibility of Joint Implementation. Dordrecht (Kluwer), S. 249-266.

Torvanger, A./Fuglestvedt, J.S./Hagem, C./Ringius, L./Selrod, R./Aaheim, H.A. (1994): Joint Implementation Under the Climate Convention: Phases, Options and Incentives, CICERO Report 1994:6.

Walker, I.O./Wirl, Franz (1994): How effective would Joint Implementation be in stabilizing CO_2 emissions?, in: OPEC Bulletin, Nov./Dec. 1994, S. 16-19 und 63.

WBGU (1994): Wissenschaftlicher Beirat der Bundesregierung Globale Umweltveränderungen: Welt im Wandel: Die Gefährdung der Böden – Jahresgutachten 1994, Bonn , insbes. S. 19-27.

Teil II Die Eignung von Maßnahmen zum Klimaschutz für Joint Implementation

Teil II Die Eignung von Maßnahmen zum Klimaschutz für Joint Implementation

1 Einleitung

"Welche Projekttypen sind für Joint Implementation geeignet und welche weniger geeignet?" So formulierte die 2. Klima-Enquête-Kommission in ihrem Abschlußbericht eine der offenen Fragen, deren Beantwortung Vorbedingung für die Handhabbarkeit von JI als einem klimapolitischen Instrument sei. Die Identifizierung von geeigneten Projekttypen liege dabei "jenseits der grundsätzlichen Auseinandersetzungen über das Instrument der Gemeinsamen Umsetzung" und sei eher dem Problem der praktischen Ausgestaltung und Umsetzung von JI-Maßnahmen unter der Klimarahmenkonvention zuzurechnen.

Es gibt eine Vielzahl möglicher Maßnahmen zum Klimaschutz die als JI-Projekte in Frage kämen. Doch nicht alle sind gleich geeignet, entweder weil sie den Anforderungen dieses Instruments nicht entsprechen oder weil sie nicht im erforderlichen Maße klimawirksam sind. Andere Maßnahmen sind vielleicht deshalb relativ wenig geignet, weil sie gewisse unerwünschte Nebenwirkungen zeigen und daher auf politische Inakzeptanz stoßen. Dennoch müssen, bereits jetzt und verstärkt in der Zukunft, Entscheidungen über die Zulassung bestimmter Projekte zu einem JI- oder AIJ-Programm gemacht werden. Auch potentielle Investoren wünschen Klarheit über mögliche Projekte mit den größten Aussichten auf Erfolg.

Um eine schnelle Entscheidung über die Eignung von Projekten für Joint Implementation und auch für die AIJ-Pilotphase treffen zu können, wären - wie es die Enquête-Kommission formuliert - Aussagen über die grundsätzliche Eignung bestimmter Projekttypen wünschenswert. Deshalb soll in diesem Kapitel zunächst eine Herleitung von Projekttypen vorgenommenen werden. Die anschließende Bewertung im Hinblick auf ihre Eignung für Joint Implementation könnte dann einen Beitrag zur Transparenz und Praktikabilität des JI-Konzepts leisten. Denn durch die vorläufige Einschätzung der Geeignetheit bestimmter Gruppen von Projekten wäre die Chance größer, daß vorrangig solche JI- (bzw. AIJ-) Projekte realisiert werden, durch die das in der FCCC vorgegebene Ziel der Minderung des Treibhauseffekts zweifelsfrei erreicht wird[1]. Indem vorrangig diejenigen Projekte mit den größten Erfolgschancen durchgeführt werden (Minimierung der Mißerfolgsquote), könnte vielleicht auch die funda-

1 Zum Ziel der Klimarahmenkonvention vgl. Bodansky (1995); Ott (1996a) und (1997).

mentale Skepsis vieler Entwicklungsländer und Umweltverbände gegenüber Joint Implementation überwunden werden. Zudem würden Zeit und finanzielle Ressourcen eingespart, da weniger geeignete Projekte bzw. Projekttypen frühzeitig erkannt werden können.

Mit Hilfe der zum Schluß des Kapitels vorgelegten "Projektlandschaft" mehr oder weniger geeigneter Projekttypen soll die Meinungsbildung der mit Joint Implementation befaßten Akteure auf allen Ebenen unterstützt werden:

- Vor allem diejenigen Institutionen, die über Projektanträge bzw. über Kriterien für die Auswahl von Projekten zu entscheiden haben, können die Einschätzungen nutzen um vorläufige Aussagen über die wahrscheinlichen Erfolgsaussichten von Projekten zu treffen[2]. Derartige Entscheidungen über geeignete Projekttypen stehen kurzfristig auch für die Koordinierungsstelle für gemeinsam umgesetzte Aktivitäten der Bundesregierung an; längerfristig können auf internationaler Ebene Leitlinien für die nationalen JI-Programme entwickelt werden.
- Der Bundesregierung kann die Bewertung der Entscheidung über die voraussichtlichen Schwerpunkte von Joint Implementation dazu dienen, strategische Entscheidungen für die weiteren internationalen Verhandlungen zu JI unter der FCCC abzuleiten.
- Einer breiteren Fachöffentlichkeit in Wissenschaft, Umweltverbänden und Wirtschaft kann die Bewertung dabei helfen, den Beitrag einzuschätzen, den JI als ein klimapolitisches Handlungsinstrument voraussichtlich wird bieten können.
- Den an Joint Implementation interessierten Unternehmen kann die Bewertung Hilfestellung dazu leisten, ihre Produkt- und Geschäftspolitik im Hinblick auf den kommenden, durch JI geförderten Markt für Klimaschutzprojekte zu überprüfen.

Der vorliegende Teil des Forschungsvorhabens ist ergebnisorientiert. Es sollen bei der praktischen Umsetzung von Joint Implementation konkrete Bewertungshilfen gegeben werden. Aus Gründen der Praktikabilität mußten die hier untersuchten Projekttypen allerdings zum Teil hoch aggregiert werden, da ansonsten der Katalog den Rahmen dieser Untersuchung gesprengt hätte. Die Bewertung dieser hoch aggregierten Projekttypen kann deshalb nur eine vorläufige sein und eine Beurteilung gilt selbstverständlich nicht für jedes im Rahmen eines Projekttyps realisierbare Projekt. Sehr viel hängt, wie nicht anders zu erwarten, von der konkreten Ausgestaltung eines Vorhabens ab.

2 Vgl. dazu Teil IV des vorliegenden Berichts.

Für die Bewertung der JI-Eignung eng definierter, spezifischer Projekttypen (wie z.B. „solarthermisches Kraftwerk" oder „Zementwerk" etc.) hat sich im Verlauf der Untersuchung gezeigt, daß zu diesem Zweck die praktische Erprobung oder zumindest die äquivalente Simulation erforderlich ist. Der abstrakten Bewertung sind hier relativ enge Grenzen gesetzt. Vier solcher JI-Simulationen sind in Kooperation mit privatwirtschaftlichen Projektpartnern durchgeführt worden, die Ergebnisse können in Kapitel III eingesehen werden. Die Kapitel II und III der Studie sind daher komplementär: Während in diesem Kapitel die Gesamtheit möglicher Treibhausgasminderungsoptionen anhand zuvor ermittelter Kriterien auf die grundsätzliche Eignung für JI-Maßnahmen untersucht werden, wird in Kapitel III eine begrenzte Zahl eng definierter Projekttypen analysiert im Hinblick auf ihre Operationalisierung für Joint Implementation.

Allerdings konnten die Erfahrungen in den Simulationsprojekten auch für dieses Kapitel genutzt werden, indem sie so weit wie möglich verallgemeinert wurden. Die Simulationserfahrungen konnten so zum Teil in die Bewertungen der hoch aggregierten Projekttypen einfließen. Daher sollten die Teile II und III im funktionalen Zusammenhang gelesen werden.

Um die Eignung der Vielzahl möglicher Maßnahmen zum Klimaschutz für Joint Implementation beurteilen zu können, wird im folgenden Kapitel II.2 zunächst ein möglichst übersichtlicher und transparenter Katalog von Projekttypen erstellt[3]. Anschließend werden in Kapitel II.3 die für die Beurteilung der JI-Eignung erforderlichen Kriterien gewonnen, die in Kapitel II.4 schließlich auf diese Projekttypen im Hinblick auf ihre (relative) Eignung für Joint Implementation angewendet werden. Im Anhang zu diesem Teil II werden ergänzende Überlegungen zur Referenzfallbestimmung vorgestellt.

---

[3] Dabei sollte beachtet werden, daß in dieser Studie Aspekte der Kosteneffizienz von Projekten bzw. Investitionen bei der Untersuchung der JI-Eignung keine Rolle spielen sollten. Andernfalls ergäbe sich ein völlig anderes Spielfeld der Bewertung.

2 Die Zusammenfassung klimawirksamer Maßnahmen zu Projekttypen

2.1 Anforderungen an eine Gliederung

Ziel dieses Kapitels ist es, Projekte sachgerecht zu Typen zusammenzufassen, um damit die Grundlage für die angestrebte Beurteilung von Projekttypen nach ihrer Eignung für JI im projektbezogenen Ansatz bereitzustellen. Nur durch eine Aggregierung der großen Vielfalt möglicher JI-Projekte kann es gelingen, generalisierende Aussagen darüber zu machen, welche Arten von Projekten mehr oder minder JI-geeignet sind.

Dieses Vorgehen ist auch bisher schon in der fachwissenschaftlichen Literatur verfolgt worden. Allerdings ist in der zu Joint Implementation geführten Diskussion bei der Typenbildung keine gemeinsame Vorgehensweise zu erkennen. Für die Entwicklung einer praktikablen Gliederung von Projekten in Projekttypen kann deshalb nicht auf eine allgemeingültige Definition des Begriffs "Projekttyp" bzw. auf ein allgemein akzeptiertes Verfahren zurückgegriffen werden.

Im Prinzip sind zur Herleitung von Projekttypen zwei Vorgehensweisen denkbar:

(1) Eine "Zusammenfassung" "gleichartiger" Projekte "von unten" durch eine technisch orientierte Analyse.

(2) Eine Gliederung der Menge aller theoretisch denkbaren Projekttypen nach einheitlichen Gesichtspunkten, wodurch hoch aggregierte Projekttypen gewonnen werden. Unterteilt man diese weiter, so kann "von oben" durch Untergliederung auf differenziertere Projekttypen geschlossen werden.

In der Regel werden Projekttypen technisch definiert, d.h. die Projekte sollen in möglichst vielen technischen Charakteristika einander "ähnlich" sein. Diese Art der Bündelung liegt auch der vorliegenden Untersuchung zugrunde, ausgehend von den konkret simulierten Projekten (Kap. III.1 bis III.4). Wie es auch bei allen anderen Gliederungen der Fall ist, kann die hier entwickelte Liste von Projekttypen aus Gründen der Praktikabilität natürlich nicht abschließend sein, doch ist sie differenzierter als die bisher verwendeten Gliederungen.

An die Gliederung von Projekttypen wurden, neben dem Kriterium der technischen Ähnlichkeit der zusammengefaßten Projekte, die folgenden Anforderungen gestellt:

- (1) Vollständigkeit der Übersicht:

  Es sollten alle unter das Mandat der FCCC fallenden Projektarten aufgenommen werden können. Das bedeutet die Verwendung eines "multi-gas-Ansatzes" (jedoch ohne Vorläufersubstanzen) sowie die Berücksichtigung von Senken-Projekten. Unter der FCCC wird zum einen nach Treibhausgasen (bzw. ihren Vorläufersubstanzen) kategorisiert. Zum anderen wird eine sektorale Gliederung vollzogen, die im Kern von Kategorien der Energiebilanz ausgeht. Mit einem Ansatz in Anlehnung an das Berichtswesen im Rahmen der FCCC, das Verfahren der sog. "national communications"[4], soll die Vollständigkeit der Gliederung gewährleistet werden.

- (2) Hinreichende Tiefe der Untergliederung:

  Die Projekttypen dürfen nicht zu hoch aggregiert sein, weil dann das Problem einer zu großen Abstraktheit auftritt. Sie dürfen aber auch nicht zu detailliert sein, weil dann der arbeitsökonomische Nutzen der Zusammenfassung von Projekten zu Projekttypen gemindert wird. Es wird demnach nicht eine vollständig elaborierte Liste von Projekttypen gesucht, sondern es wird mit "Auf-" bzw. "Abblendungen" gearbeitet und bei Bedarf wird ein hoch aggregierter Projekttyp weiter ausdifferenziert.

- (3) Schwerpunkt bei der CO_2-Minderung:

  Der Schwerpunkt sollte bei den energiebedingten Emissionen liegen, deshalb sollte dort die relativ tiefste Untergliederung erfolgen.

- (4) Bezogenheit auf soziale Aspekte:

  Die JI-Eignung von Projekttypen wird nicht nur von technischen Eigenschaften bestimmt, sondern auch durch bestimmte soziale Rahmenbedingungen und Anforderungen (z.B. soziale Homogenität und Möglichkeit der Bündelung bei der Anwendung einer Technologie).

  Die Grundunterscheidung im normierten Berichtswesen unter der FCCC z.B. verläuft zwischen energiebedingten und nichtenergiebedingten Emissionen. Diese sektorale Gliederung ist eigentlich keine technologische Gliederung - sie ist vielmehr eine Gliederung nach Feldern der Anwendung bzw. des Einsatzes von Energieträgern, und daraus abgeleitet dann auch von anderen Stoffen. Im Hintergrund steht die

---

4 Siehe zum Berichtswesen unter der FCCC Ott (1996b) und Kap. IV.3.1.1; dazu auch die IPCC Greenhouse Gas Inventory Reporting Instructions - Revised IPCC Guidelines for National Greenhouse Gas Inventories 1996.

Strukturierung der Energiebilanz, der zwei soziale Voraussetzungen zugrundeliegen, die dann wiederum Schlüsse auf technische Homogenitäten zulassen. Dies sind

(1) die Strukturierung der wirtschaftlichen Aktivitäten in der Wirtschaftsstatistik nach dem Schema Primär-, Sekundär- und Tertiärproduktion; sowie

(2) die Strukturierung nach abrechnungstechnischen Gegebenheiten, welche die Verfügbarkeit differenzierter Statistiken für Großgrup pen sicherstellt (Leitungsgebundenheit führt zur Gruppe "Haushalte" und zu Teilen des "Kleinverbrauchs"; Steuertatbestände und Steuerstatistik führen zum Sektor "Verkehr", also zum (Straßen-) Individualverkehr).

Diese energiestatistische Gliederungsweise ist heute weltweit ähnlich vollzogen, sie ist demnach auch in typischen JI-Gaststaaten anwendbar. Ein Ansatz bei den Kategorien der Energiebilanz bietet eine Vielzahl sozialer Aspekte und ist deshalb als Ausgangspunkt besonders geeignet.

- (5) Bezogenheit auf typische Einsatzgebiete in gastgebenden Staaten:

  Die Schwerpunkte der Gliederung sollen sich nicht zu sehr an den typischen ökonomischen Strukturen der Industrieländer orientieren.

2.2 Herleitung einer geeigneten Gliederung von Projekttypen

Im folgenden werden zunächst einige Kataloge von Projekttypen aus der allgemeinen JI-Diskussion herangezogen und kommentiert. Es wird ausdrücklich kein Anspruch auf Vollständigkeit erhoben, vielmehr sind die folgenden Beispiele lediglich ein, wenn auch repräsentativer, Ausschnitt. Anschließend wird anhand der oben aufgeführten Kriterien ein eigener Katalog erstellt.

Den in Abb. II.2.2 und in Abb. II.2.3 abgebildeten Listen von Projekttypen (Jepma und IPCC = Intergovernmental Panel on Climate Change) liegt eine Abschätzung von Minderungspotentialen und ihrer Kosten zugrunde. Die "Ähnlichkeit" der Technologien bezieht sich in diesen Fällen auf den Einsatzsektor und auf die Kostenstruktur der Projekte. Die Kriterien, die offenbar zur Wahl des jeweiligen Gliederungsschemas geführt haben, können relativ einfach erschlossen werden. Die Typen 1 bis 6 bei Jepma beziehen sich auf das Treibhausgas CO_2, während die beiden übrigen Typen die anderen direkten Treibhausgase betreffen, die unter das Mandat der FCCC fallen. Getrennt wird nach den direkten Treibhausgasen Methan einerseits und Distickstoffoxid sowie

PFC u.a. andererseits. Die indirekten Treibhausgase sind entweder implizit (NO_x bei den energiebedingten Emissionen) oder gar nicht berücksichtigt worden (VOC).

1.	Energieeinsparung und Effizienzsteigerung
2.	Brennstoffwechsel
3.	CO_2-Entsorgung
4.	Nuklearenergie
5.	Erneuerbare Energiequellen
6.	Aufforstung
7.	Methan
8.	Sonstige GHG

Abb.II.2.2:Projekttypen nach Jepma (1995)

1.	Steigerung der Energieeffizienz
2.	Erneuerbare Energien
3.	Brennstoffwechsel
4.	Schutz und Qualitätsverbesserung von Wäldern
5.	Aufforstung
6.	Fassung von Treibhausgasen
7.	Lösemittel
8.	Landwirtschaft
9.	Abfallwirtschaft

Abb. II.2.3: Projekttypen nach IPCC

In der Gliederung von Projekttypen nach der Methodologie des IPCC (Abb. II.2.3) werden die Schwerpunkte anders gesetzt. Die von Jepma vorgenommene stärkere Entfaltung im Energie-/CO_2-bezogenen Teil der Gliederung ist bei IPCC auf einen Rest von drei Kategorien kondensiert, stattdessen ist der Nicht-Energie-/Nicht-CO_2-bezogene Teil der Gliederung mit sechs Kategorien deutlich stärker ausdifferenziert.

Das Verweben von technischen Charakteristika und Anwendungsaspekten bei der Wahl einer Gliederungsform von Projektkategorien wird auch an dem in Abb. II.2.4 gezeigten Beipiel deutlich.

1.	Einsparung fossiler Energieträger •fuel switch •Verbesserung der Energieeffizienz
2.	Verbesserung industrieller Technologien
3.	Ausfstockung von Kohlenstoffsenken
4.	Umstrukturierung landwirtschaftlicher Produktion /Prozesse

Abb. II.2.4:Projekttypen nach Torvanger et al. (1994)

Die in der Literatur verwendeten Kataloge sind für die in dieser Untersuchung verfolgten Zwecke nicht direkt verwendbar[5]. Insbesondere sind die sozialen Komponenten nur unzureichend berücksichtigt. Daher wird im folgenden versucht, eine anwendungsbezogene und den o.g. Anforderungen entsprechende Typisierung herzuleiten. Dazu bietet sich die Verbindung verschiedener Kataloge an. Deshalb wurde eine Technologieliste (die dem deutschen IKARUS-Projekt zugrunde lag) mit der Gliederung nach der (deutschen) Energiebilanz "gekreuzt". Das Ergebnis ist zunächst in Abb. II.2.5 dargestellt (Grobgliederung) und wird in den Abbildungen II.2.6 und II.2.7 untergliedert in "Energiebereitstellung" und "Energieträgerverbrauch"[6].

I. Energiebereitstellung
1.) Primärenergiegewinnung
2.) Umwandlung (z.B. Stromerzeugung , Raffinerien)
3.) Transport und Verteilung von Energie

II. Energieträgerverbrauch
1.) Haushalte
2.) Industrie
3.) Kleinverbrauch
4.) Verkehr
5.) Fortbildung (1-5 -->Sektoren)
6.) Heizwärme
7.) Lichttechnik (6-7 --> Querschnittstechnologien)

III. Senken
1.) Aufforstung
2.) CO_2-Entsorgung

Abb. II.2.5: Liste der Projekttypen, Einteilung nach Energiebilanz und IKARUS

Abb. II.2.5 zeigt die "gekreuzte" Gliederung auf der höchsten Aggregationsstufe. Die Gliederung entspricht im wesentlichen der der Energiebilanz, ist also allein an den Anwendungsbereichen von Technologien orientiert. Die Unter-

5 Durchgeführt ergibt sich für die in den Abb. II.2.2 und 3 gezeigten Gliederungen: Beschränkt man sich auf CO_2, so hat man zwar in einigen Kategorien klar abgegrenzte Projektbereiche, so bei "Aufforstung" wie auch bei "Nuklearenergie", die heutzutage allein in (Groß-) Kraftwerken eingesetzt wird und die deshalb als Projekt(typ) klar abgrenzbar ist. Bei den übrigen Kategorien kann man zwar 'reinrassige' Projekte als Beispiele anführen. Die in den Simulationsstudien des hier vorgestellten Vorhabens gewählten Beispiele für Projekte erscheinen aber unter der von Jepma gewählten Kategorisierung nicht als reine Fälle, sondern als Mischformen. Das simulierte solarthermische Kraftwerk ist ein Hybrid. Das Kraftwerks-Projekt zeigt, daß Brennstoffwechsel und Erhöhung der Energieeffizienz unauflösbar verwoben sind. Bei beiden Gliederungsarten fehlt ein sozialer Bezug, ein Anwendungsbezug. Das ist bei der Herkunft dieser Gliederungen auch verständlich – um aggregierte Kostenvergleichsrechnungen machen zu können, muß nicht nach Einsatzbereichen von Technologien/ Projekttypen differenziert werden.

6 Ein vergleichbarer Ansatz liegt der Liste der Emittentengruppen in den nationalen Berichten nach Art. 12 der FCCC zugrunde· Allerdings sind hier andere Untergliederungen zu wählen. Im Wesentlichen überlappen sich die Projekttypen des Endkataloges jedoch mit den Emittentengruppen, da beide Gliederungen an das Schema der Energiebilanz angelehnt sind.

scheidung zwischen Energiebereitstellung (Energiegewinnung und -umwandlung) und verschiedenen Arten der Energienutzung ist jedoch auch eine Unterscheidung nach technologischen Gesichtspunkten, denn in diesen Bereichen sind die Technologien i.d.R. sehr unterschiedlich. Über die Energiebilanz hinaus geht lediglich die Kategorie III. Die technologischen Typen selbst kommen auf dieser Ebene nur dadurch zum Vorschein, daß die traditionellen Sektoren des "Endenergieverbrauchs" um drei Sektoren erweitert sind: um "Fortbildung" sowie um zwei "Querschnittstechnologien".

Die beiden folgenden Abbildungen (II.2.6 und II.2.7) zeigen Untergliederungen dieses Katalogs gemäß Energiebereitstellung und Energieträgerverbrauch.

I. Energiebereitstellung
1.) Primärenergiegewinnung
2.) Umwandlung (z.B. Stromerzeugung, Raffinerien)
- Steigerung der Effizienz bestehender Anlagen
- Neubau von fossilen Kraftwerken, dabei insbesondere
- Neubau ohne Substitution (der verwendete Energieträger ist der gleiche wie im "Referenz fall")
- Neubau mit Substitution eines fossilen Energieträgers für einen anderen
- Kraft-Wärme-Kopplung (Verbrennungsmotor- Blockheizkraftwerke)
- Substitution fossiler Energieträger durch regenerative Energien

3.) Transport und Verteilung von Energie
- Transport von Primärenergieträgern, z.B. Gasleitungen
- Stromnetz
- Fernwärme
- Nahwärme

Abb. II.2.6: Ikarus und Energiebilanz Feingliederung I: Energiebereitstellung

II. Energieverbrauch
<u>Sektoren:</u>
1.) Haushalte
- vor allem Haushaltsgeräte

2.) Industrie
- Prozeßwärme
- Kraftbedarfsdeckung
- Arbeitsmaschinen
- neue Produktionsverfahren

3.) Kleinverbrauch
- vor allem Arbeitsgeräte; nach ökonomischen und organisatorischen Gesichtspunkten ist eine Unterteilung in öffentliche Einrichtungen und gewerblichen Kleinverbrauch sinnvoll.
- Energiemanagement

4.) Verkehr
- Steigerung der Emissionseffizienz bestehender Verkehrsmittel
- Substitution von Treibstoffen
- Verkehrsverlagerung/Rolle des öffentlichen Personenverkehrs
- Verkehrsvermeidung

5.) Fortbildung
- Verhaltensänderung

<u>Querschnittstechnologien:</u>
6.) Heizwärme
- Geothermie
- Substitution und Effizienzsteigerung bei konventionellen Wärmeerzeugern zur Raumheizung und Warmwasserbereitung
- Bauliche Maßnahmen/Wärmeisolation

7.) Lichttechnik

Abb. II.2.7: Ikarus und Energiebilanz Feingliederung II:Energieverbrauch

Im Hinblick auf die in Kapitel II.3 diskutierten Kriterien für die Beurteilung der JI-Eignung von Projekttypen hat diese Gliederung jedoch noch zwei entscheidende Nachteile:

- Unter "Energiebereitstellung" werden nicht alle diejenigen Technologien bzw. Projekttypen versammelt, die technologisch ähnlich sind. Hier stehen lediglich die Grundprozesse der Energieerzeugung, -bereitstellung und -umwandlung selbst, nicht aber die ihnen ähnlichen Prozesse aus der nicht-energiebezogenen Industrie wie dem mineralischen Bergbau und der Grundstoffindustrie. Entsprechendes gilt für Transportprozesse. Diese Beobachtung legt es nahe, eine andere Zuordnung vorzunehmen, nun nach technologischer Ähnlichkeit .
- Zu wünschen wäre ferner eine stärkere Kohärenz der Gliederung nach einem sozialen bzw. ökonomischen Gesichtspunkt: Offensichtlich bedarf ein JI-Projekt der effektiven Kontrolle, um sicherzustellen, daß es wirklich zu einer Emissionsminderung führt. Werden die Kosten dieser Überwachung zu hoch (Transaktionskosten), ist ein Projekt nicht mehr durchzuführen.

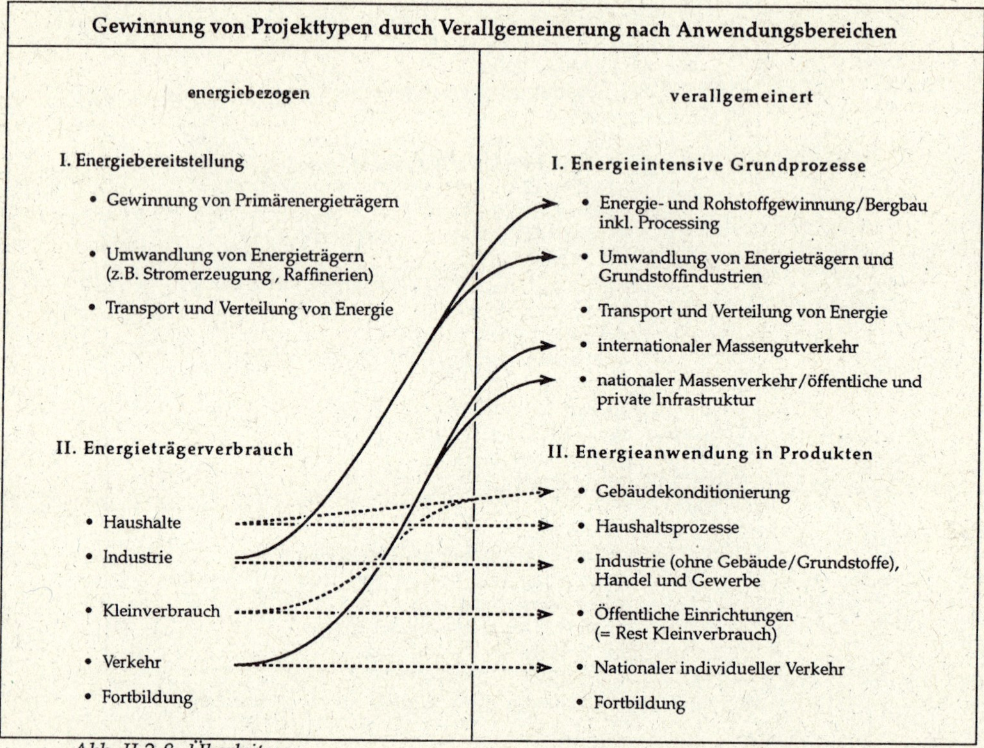

Abb. II.2.8: Überleitung

Diese Schwächen haben dazu geführt, daß eine nochmalige Umstellung von Elementen dieser Gliederung vorgenommen wurde, die in Abb. II.2.8 zum Ausdruck kommt.

Unter ökonomischen Gesichtspunkten kann weiterhin unterschieden werden (1) nach der Projektgröße (Implikationen für Transaktionskosten), (2) nach Projektträgern (Bündelungsfunktion) und (3) nach Marktstruktur (ebenfalls Bündelungsfunktion).

Das Ergebnis ist die in Abb. II.2.9 gezeigte Gliederung nach Projekttypen. Weitere Projekttypen unterhalb der in Abb. II.2.9 gezeigten Ebene ergeben sich aus den Untergliederungen der Abb. II.2.6 und II.2.7.

A. Energiebedingte Emissionen
I. Energieintensive Grundprozesse
  1.) Energiebereitstellung
    • Energieträgergewinnung
    • Umwandlung von Energieträgern
    • Transport und Verteilung von Energie
  2.) Grundstoffindustrie i.w.S.
    • Gewinnung miner. Rohstoffe mit -processing
    • Grundstoffbearbeitung
  3.) Verkehr von Flottenbetreibern
    • intern. Massenverkehr (Fracht- u. Personen)
    • nationaler Massenverkehr (öff. und privat) und Infrastruktur
II. Energieanwendung in Produkten
  1.) Gebäudekonditionierung
  2.) Haushaltsprozesse
  3.) Industrie (ohne Gebäude/Grundstoffe), Handel und Gewerbe
  4.) öffentliche Einrichtungen
  5.) Nationaler individueller Verkehr
  6.) Fortbildung
B. Nicht energiebedingte Emissionen bzw. Senken
I.) Biotische Produktionsfelder
  1.) Landwirtschaft (Methan, N_2O)
  2.) Viehwirtschaft (Methan, NH_3)
  3.) Forstwirtschaft (CO_2-Senken)
  4.) Abfallwirtschaft (Methan)
II.) CO_2-Entsorgung sowie Fassung und Vernichtung anderer Treibhausgase

Abb. II. 2.9: JI-Projekttypen, abgeleitet und hoch aggregiert

Die Änderungen, die bei der Überleitung (s. Abb. II.2.8) zu Abb. II.2.9 vorgenommen wurden, betreffen vor allem zwei Bereiche:

1. Die Hauptgliederung wurde umgewandelt in "energiebedingte" und "nicht-energiebedingte Emissionen". Außerdem wurden die unter dem letzten Gliederungspunkt (B statt III) berücksichtigten Fälle erweitert und verändert.

Die nicht-energiebedingten Emissionen wurden zusammengefaßt und dabei die Unterscheidung zwischen biotischen und technischen Prozessen beibehalten. Die biotischen Prozesse sind auf weitere Treibhausgase neben CO_2 ausgeweitet worden. Die biotischen Prozesse zusammenzuhalten erscheint deswegen erfolgversprechend, weil ihnen zwei Eigenschaften gemeinsam sind, die für die JI-Eignung wichtig sind:

- sie sind räumlich dispers;
- da sie nicht technisch dominierte Prozesse sind, ist die exakte Feststellung von Emissionen oder Einbindungsraten mit besonderen Schwierigkeiten belastet.

2. Die Zuordnung und Schwerpunktsetzung unter den energiebedingten Emissionen wurden verändert, d.h. es wurde unterschieden zwischen energieintensiven Grundprozessen (I) und der Energieanwendung in Produkten (II).

Diese Unterscheidung macht es möglich, jeweils diejenigen technischen Prozesse zusammenzufassen, die als JI-Projekte entweder als Einzelprojekte möglich sind oder aber durch eine Vielzahl (kleiner) Einzelprozesse. Ein Beispiel dafür ist das DSM-Simulationsprojekt (Kap. III.3) bzw. allgemein eine Beeinflussung der Energieeffizienz in der (massenhaften) Produktverwendung (Haushaltsgeräte, KfZ, Motoren in der Industrie) über Lizenzen.

Dieser Maxime gemäß sind die bisher unter II (Energieträgerverbrauch) versammelten Prozesse auf I und II (neu) verteilt worden. Die unter I genannten Prozesse gewinnen dabei insofern eine verallgemeinerte Bedeutung, als die Beschränkung auf Energie (unter 3.2) aufgehoben wird. Die Gewinnung von Primärenergieträgern z.B. wird im Sinne der Wirtschaftsstatistik verallgemeinert zu Rohstoffgewinnung. Dahinter steht die Auffassung, daß sich die Prozesse im Rohstoffgewinnungsbereich technisch und auch sozial in Projektzuschnitt und -management ähnlich sind.

Dasselbe gilt für die Umwandlung von Energieträgern, für die in Deutschland Kraftwerke und Raffinerien stehen. Deren Prozesse sind denen der Grundstoffindustrien in dem Sinne ähnlich, daß es um energieintensive, weltweit standardisierte Großprozesse geht. Sowohl bei den Rohstofförderungsprozessen wie bei den Grundstoffumwandlungsprozessen muß bei Bedarf für die Bewertung der JI-Eignung im einzelnen weiter unterschieden werden.

3 Kriterien für die Bestimmung der JI-Eignung von Projekttypen

3.1 Einleitung

Seit das JI-Konzept in der Klimarahmenkonvention eingeführt wurde, rankt sich um die Auswahl geeigneter JI-Kriterien ein breiter wissenschaftlicher Diskurs. Spezielle Bewertungsmaßstäbe sind notwendig, um JI-Projekte auf eine feste Basis zu stellen und um global Akzeptanz für JI als ein wirksames Instrument des Klimaschutzes zu schaffen. Die Anforderungen an diese Kriterien für Projekte werden im allgemeinen recht unterschiedlich formuliert. Vertreter pragmatischer Ansätze wollen einige grundlegende Kriterien (zumindest für die Pilotphase) genügen lassen, während Kritiker auf die Komplexität der ausgelösten Wirkungen und die Prognoseschwierigkeiten im JI-Zusammenhang hinweisen und für sehr differenzierte Kriterienkataloge plädieren, um allen Unwägbarkeiten Rechnung zu tragen.

An dieser Stelle soll nicht die internationale Diskussion um Kriterien für JI-Projekte nachvollzogen werden. Vielmehr sollen solche Kriterien identifiziert werden, mit deren Hilfe eine pauschale Bewertung der JI-Eignung von Projekttypen möglich ist. Diese Kriterien müssen allgemein und relativ abstrakt gehalten sein, da sie nicht auf konkrete Projekte Anwendung finden sollen.

Zur Herleitung dieser Kriterien werden verschiedene Quellen herangezogen. Zunächst sind die auf der Ersten Vertragsstaatenkonferenz der Klimarahmenkonvention (COP 1) vereinbarten Kriterien für die AIJ-Pilotphase relevant, denn diese sind das Ergebnis einer intensiven Diskussion unter den Vertragsstaaten über den gesamten Themenkomplex "Joint Implementation". Sie sollen zu einer konsensualen Lösung der dem JI-Konzept inhärenten Probleme beitragen und sind deshalb für den in der vorliegenden Untersuchung verfolgten Zweck von zentraler Bedeutung. Darüber hinaus werden weitere in Wissenschaft und Politik diskutierte Kriterien erörtert und ausgewählt[7], die nicht in die AIJ-Kriterien eingegangen sind, die aber dennoch für die Akzeptanz von JI eine große Bedeutung haben.

---

7 Dies ist keinesfalls eine abschließende Diskussion. Wir verweisen auf einschlägige Literatur, z.B. Jones (1993); Loske/Oberthür (1994); Kuik/Peters/Schrijvers (1994); Herold (1995); Matthes (1994); Jepma (1995); Michaelowa (1995); Nordic Council (1995); Arquit-Niederberger (1996).

3.2 Die AIJ-Kriterien der ersten Vertragsstaatenkonferenz

Die Vertragsstaaten der Klimarahmenkonvention haben, nach intensiver Diskussion im vorbereitenden INC, auf der ersten Konferenz der Vertragsstaaten (COP 1) im März/April 1995 in Berlin Kriterien für die Pilot-Phase von "Gemeinsam umgesetzten Aktivitäten" (Activities Implemented Jointly, AIJ) vereinbart (siehe dazu auch Kap. I.2). Diese Kriterien sind zwar als vorläufig zu betrachten, da sie zunächst nur für die Pilotphase bis zum Ende dieses Jahrzehnts gelten. Doch handelt es sich bei dem Beschluß um einen Minimalkonsens, um den in den internationalen Klimaverhandlungen seit 1991 heftig gerungen worden ist. Deshalb kann davon ausgegangen werden, daß die von COP 1 verabschiedeten Kriterien auch für eine endgültige JI-Regelung im wesentlichen Gültigkeit behalten werden.

Durch die erste Konferenz der Vertragsstaaten wurden die folgenden Kriterien für die Pilotphase angenommen[8]:

- 1(a): Die Pilotphase für gemeinsam umgesetzte Aktivitäten ist gleichermaßen offen für Annex-I- und Nicht-Annex-I-Staaten (also auch für Entwicklungsländer).

- 1(b): Gemeinsam umgesetzte Aktivitäten sollten mit den nationalen Umwelt- und Entwicklungsstrategien kompatibel sein bzw. diese unterstützen.

  Die Aktivitäten sollten zur Kosteneffizienz bei der Verfolgung globalen Nutzens beitragen und alle relevanten Quellen, Senken und Reservoire von Treibhausgasen umfassen.

- 1(c): Alle gemeinsam umgesetzten Aktivitäten erfordern die vorherige Zustimmung, Genehmigung oder Billigung der jeweiligen Regierungen.

- 1(d): Gemeinsam umgesetzte Aktivitäten müssen zu tatsächlichen, meßbaren und langfristigen Umweltvorteilen in Bezug auf die Abschwächung von Klimaveränderungen führen, also einen Nutzen erbringen, der ohne diese Aktivitäten nicht eingetreten wäre.

- 1(e): Die Finanzierung gemeinsam umgesetzter Aktivitäten muß zusätzlich zu den finanziellen Verpflichtungen der Annex-II-Staaten (OECD und EU) aus Art. 4.3 FCCC im Rahmen des finanziellen Mechanismus und auch zur gegenwärtigen offiziellen Entwicklungshilfe erfolgen.

---

8 UN Doc.FCCC/CP/1995/7/Add.1, Dec.5/CP.1: Kriterien für gemeinsam während einer Pilotphase umgesetzte Aktivitäten (Activities Implemented Jointly, AIJ). Die folgende Aufzählung und Numerierung ist dem Beschluß direkt entnommen.

- 1(f): Während der Pilotphase gemeinsam umgesetzter Aktivitäten erwachsen den Vertragsparteien keine Kredite als Ergebnis reduzierter oder absorbierter Treibhausgasemissionen.

Im folgenden werden diese AIJ-Kriterien im Hinblick auf ihre Eignung als generelle Auswahlkriterien für JI-Projekttypen beleuchtet.

3.2.1 Nicht anwendbare Kriterien

Die Kriterien 1(a), 1(c) und 1(f) können für die Bewertung der JI-Eignung von Projekttypen nicht verwendet werden: Kriterium 1(c) spiegelt z.B. die staatenorientierte Grundkonzeption von JI unter der Klimarahmenkonvention wider; Kriterium 1(a) ist Grundlage des dieser Untersuchung zugrundeliegenden projektbezogenen Ansatzes von JI zwischen verpflichteten und nicht verpflichteten Staaten. Kriterium 1(f) wiederum ist konstitutiv für die AIJ-Pilotphase, während Joint Implementation definitionsgemäß Anreize in Form von Emissionskrediten für die beteiligten Vertragsparteien bereitstellen soll.

Die Forderung nach Vereinbarkeit von JI-Maßnahmen mit nationalen umwelt- und entwicklungspolitischen Zielen und Strategien (Kriterium 1(b) des AIJ Beschlusses) zielt darauf ab, die Gefahr negativer Auswirkungen auf die gastgebenden Staaten soweit wie möglich zu mindern. Zusammen mit dem in 1(c) verankerten Erfordernis, daß geplante Projekte der Zustimmung oder Bestätigung durch die beteiligten Regierungen bedürfen, wird dadurch Befürchtungen eines "Öko-Imperialismus" vor allem durch viele Entwicklungsländer Rechnung getragen. Beide Kriterien sind zwar für die Akzeptanz von Joint Implementation durch die potentiellen gastgebenden (Entwicklungs-) Länder von großer Bedeutung, können jedoch nur auf einzelne Projekte und nicht auf abstrakte Projekttypen angewendet werden.

Das Erfordernis der "Zusätzlichkeit" der finanziellen Mittel für AIJ-Projekte in Kriterium 1(e) ist Ausdruck einer heftig geführten Kontroverse zwischen Entwicklungsländern und Industrieländern um das Verhältnis von JI-Maßnahmen zur öffentlichen Entwicklungshilfe und den finanziellen Verpflichtungen der Annex-II-Staaten nach Art. 4.3 FCCC[9]. Die Zusätzlichkeit gegenüber bestehenden Verpflichtungen der investierenden Staaten ist Grundvoraussetzung für die Durchführung des AIJ-Programms und wird voraussichtlich auch für einen endgültigen JI-Mechanismus gelten. Das Kriterium ist jedoch für die Bewertung der JI-Eignung von Projekttypen ebenfalls nicht operationalisierbar, da es sich auf konkrete Projekte bezieht.

---

[9] Dazu ausführlich z.B. Jones (1993), S. 58ff.

3.2.2 Anwendbare Kriterien

Das Kriterium 1(d) der ersten Konferenz der Vertragsparteien für die AIJ-Pilotphase enthält allerdings konkrete Anknüpfungspunkte auch für die Beurteilung der JI-Eignung von Projekttypen und ist deshalb von zentraler Bedeutung für den hier entwickelten Kriterienkatalog.

Quantifizierung der vermiedenen Emissionen und Referenzfall

Nach dem Beschluß der ersten Konferenz der Vertragsparteien gilt, daß JI-Projekte

- "zu tatsächlichen (*real*), meßbaren (*measureable*) und langfristigen (*long-term*)" Umweltvorteilen in Bezug auf die Abschwächung von Klimaänderungen führen sollen.

Dieses "Zentralkriterium" des AIJ-Beschlusses ist eine Konsensformel, dessen Bedeutung demgemäß abgeleitet werden muß. Aus den Diskussionen und Verhandlungen vor der Annahme dieser Formulierung wird deutlich, daß damit die Bestimmbarkeit der beiden Terme einer Emissionsdifferenz gemeint ist. Zur Beurteilung der JI-Eignung eines Projekts - und auch, soweit möglich, eines Projekttyps - müssen demnach zwei grundlegende Bedingungen erfüllt sein:

- die Möglichkeit der glaubwürdigen und quantifizierbaren Referenzfall-bildung; und
- die Möglichkeit der exakten Quantifizierung der Emissionen des JI-Projekts (bzw. der in Senken und Speichern gebundenen Menge an Treibhausgasen).

Zwar ist die verläßliche Bestimmung eines Referenzfalls zum Teil abhängig von stark differierenden regionalen und nationalen Vorbedingungen. Doch gilt, daß für einige Projekttypen der Referenzfall generell leichter bestimmt werden kann als für andere. Deshalb kann dieses Kriterium auch für die Beurteilung der JI-Eignung von Projekttypen genutzt werden. Ähnliches gilt für die exakte Quantifizierung der Emissionen bei bestimmten Projekttypen. Obwohl naturgemäß eine konkrete Aussage darüber von der Auslegung und dem Design eines spezifischen Projekts abhängig ist (vgl. Kap. IV.3.1.2), können die Möglichkeiten der Quantifizierung und der Kontrolle der tatsächlichen Emissionen auch für Projekttypen abgeschätzt werden.

Klimawirksamkeit

Aus dem AIJ-Beschluß der ersten Vertragsstaatenkonferenz, insbesondere aus der Interpretation des Kriteriums der "glaubwürdigen und quantifizierbaren Referenzfallbestimmung", läßt sich indirekt ein weiteres Kriterium ableiten. Durch JI Maßnahmen sollen Treibhausgasemissionen "tatsächlich" verringert werden. Die Bestimmung des Referenzfalls für ein JI-Projekt oder einen Projekttyp ist jedoch immer mit Unsicherheiten behaftet. Diese sind je nach Projekttyp verschieden ausgeprägt. So haben z.B. Null-Emissions-Projekte oder reine Vermeidungsprojekte einen Vermeidungseffekt gegenüber jeglichem "fossilen" Referenzfall. Die Klimawirksamkeit dieser Projekttypen ist somit in höherem Maße gesichert, sie liegt oberhalb des "statistischen Rauschens" der Referenzfallbestimmung und ihrer Irrtumsmöglichkeiten. Besonders klimawirksam sind demnach grundsätzlich alle Projekte, die nur eine geringe Eigenemission mit sich bringen (z.B. die meisten erneuerbaren Energien und Demand-Side-Management). Ferner sind alle diejenigen Projekttypen besonders klimawirksam, die eine besonders hohe Emissionsdifferenz zum Referenzfall aufweisen[10], da die Unsicherheiten der Referenzfallbestimmung und der exakten Quantifizierung der tatsächlichen Emissionen im Zweifel durch den Vermeidungserfolg ausgeglichen werden.

Zusätzlichkeit der Maßnahme

Aus dem Kriterium 1 (d) des AIJ-Beschlusses ergibt sich ein weiteres mögliches Kriterium für die Beurteilung von JI-Projekttypen: Eine JI-Maßnahme soll einen "realen Umweltnutzen" haben, "der ohne diese Aktivitäten nicht eingetreten wäre". Diese Formulierung ist Ausdruck einer Diskussion über die Forderung nach der "Zusätzlichkeit" einer Maßnahme im Hinblick auf ein business-as-usual-Szenario. Dies bezieht sich auf die sog. 'no-regret'-Problematik[11], also auf die Frage, ob ein Projekt auch ohne den JI-Anreiz durchgeführt worden wäre. Da dieses Kriterium jedoch nur auf der Ebene eines konkreten Projekts angewendet werden kann, ist es für die Zwecke der vorliegenden Untersuchung nicht geeignet.

Langfristigkeit

Weiterer Bestandteil des Kriteriums 1 (d) ist die Forderung nach der "Langfristigkeit des Umweltnutzens". Diese Forderung bezieht sich zum Teil auf die indirekten Auswirkungen von JI-Projekten: Die Durchführung eines Projektes kann z.B. technologische Innovationen zum Nutzen des Klimaschutzes fördern. Darüber hinaus bezieht sich dieser Bestandteil des Kriteriums auf die Gefahr, daß ein JI-Projekt im Gast- oder Investorland andere klimaschützende Projekte substituiert. Das Kriterium der Langfristigkeit soll demnach auch "Leakage"-Effekte eines AIJ-Projekts verhindern.

10 Z.B. bei der Umstellung von Kohle auf Gas.

11 Z.B. Jones (1993); Loske/Oberthür (1994); Matthes (1994); Bedi (1994).

Drittens bezieht sich dieses Kriterium auf die Möglichkeit des Scheiterns von Projekten. Politische und wirtschaftliche Instabilitäten, wie sie insbesondere in Entwicklungsländern häufiger anzutreffen sind, können dafür ebenso verantwortlich sein wie Naturkatastrophen. So können Aufforstungsprojekte durch Brände oder mangelnde Pflege ebenso scheitern wie Kraftwerksprojekte aufgrund eines politischen Umsturzes, eines Anschlages oder durch unsachgemäßen Betrieb. Insgesamt kann dieses Kriterium in allen seinen Bedeutungen jedoch nur auf der Ebene eines konkreten, individuellen Projekts Anwendung finden und ist daher für die Beurteilung der JI-Eignung von Projekttypen nicht nutzbar.

3.3 Kriterien aus der wissenschaftlichen und politischen Diskussion

In der internationalen Diskussion um die Kriterien für die AIJ-Pilotphase wird ausdrücklich auf die Bedeutung ökologischer und sozio-ökonomischer Nebeneffekte von JI-Projekten hingewiesen. Auch die Klimarahmenkonvention fordert in Art.4.1 (f), bei der Implementierung von Klimaschutzmaßnahmen die möglichen ökonomischen, ökologischen und sozialen Wirkungen zu berücksichtigen. JI-Projekte sollten deshalb so konzipiert werden, daß die negativen Nebenwirkungen möglichst gering, der positive Nebennutzen dagegen möglichst groß ist. Hier besteht eine Beziehung zu dem Kriterium der Vereinbarkeit von JI-Maßnahmen mit den jeweiligen nationalen Umwelt- und Entwicklungsprioritäten (Kriterium 1(b) des AIJ-Beschlusses). Während das AIJ-Kriterium auf die subjektiv von den jeweiligen Gaststaaten wahrgenommenen Vor- und Nachteile eines Projekts abhebt, kann die Beurteilung der Nebenwirkungen objektiviert auch für die Ermittlung der JI-Eignung von Projekttypen genutzt werden.

3.3.1 Ökologische Nebeneffekte

Die Beurteilung der JI-Eignung von Projekttypen soll sich auch daran orientieren, ob positive oder negative ökologische Nebenwirkungen zu erwarten sind. Die Forderung, daß JI-Projekte möglichst über den Klimaschutz hinaus als Neben- oder Folgewirkungen einen weiteren Nutzen in Bezug auf andere Umweltmedien haben sollten, fand im INC[12] und darüber hinaus[13] breite Unterstützung. Zumindest sollten JI-Projekte nicht zu Problemverschiebungen

[12] INC 1994: Criteria for Joint Implementation, and comments from Member States on criteria for Joint Implementation, papers prepared and compiled by the INC secretariat, Geneva 1994; vgl.a. UN Doc. A/AC.237.35, Criteria for Joint Implementation, Note by the secretariat.

[13] Vgl. z.B. Hanisch u.a. (1993); s.a. das statement der europäischen Nichtregierungsorganisationen, CNE (1994).

führen. Allein dem Klimaschutz dienende Projekte sind relativ selten. Umweltpolitisch gesehen ist ein JI-Projekt zumeist mit anderen, i.d.R. positiven zusätzlichen Wirkungen in anderen Bereichen verbunden. Diese positiven Umwelt-"Nebenwirkungen" sind aus der Sicht typischer gastgebender Staaten zum Teil das wichtigste Motiv für ihr Interesse an Joint Implementation[14].

Denn JI-Projekte können lokale Umweltprobleme wie Luft-, Wasser- und Bodenverschmutzung dadurch bewältigen helfen, daß sie zur Minderung des Ausstoßes von begleitenden Emissionen (SO_2, NO_X, VOC und wasserverunreinigenden Stoffen) führen. Sie können auch dazu beitragen, eine neue Technologie einzuführen, der ein emissionsmindernder technischer Fortschritt inhärent ist. Allerdings müssen auch mögliche negative Umweltauswirkungen eines Projekttyps (Abfallprobleme, Luftverschmutzung, Flächenverbrauch u.a.) bei der Bewertung berücksichtigt werden. Dies ist zwar zum Teil abhängig von den lokalen Gegebenheiten, kann aber dennoch sinnvoll für einzelne Projekttypen verallgemeinert werden, so daß es als Auswahlkriterium geeignet ist.

3.3.2 Sozio-ökonomische Nebeneffekte

Ebenfalls Unterstützung erfuhr im INC zum Teil die Einbeziehung der sozialen und wirtschaftlichen Verträglichkeit geplanter Projekte, bzw. deren potentielle soziale und wirtschaftliche Neben- und Folgewirkungen[15]. Dieses Kriterium muß ebenfalls im Zusammenhang mit dem Kriterium 1(b) des AIJ-Beschlusses über die Verträglichkeit mit nationalen Umwelt- und Entwicklungsprioritäten gesehen werden. Daher ist es sinnvoll, positive und negative Nebeneffekte der JI-Projekttypen auf die nationale Volkswirtschaft und auf die jeweilige Gesellschaft zu erfassen. Zu solchen sozio-ökonomischen Auswirkungen zählen z.B. Auswirkungen auf den Arbeitsmarkt, auf die Handelsbilanz, Produktivitätsveränderungen, kulturelle Wirkungen, Verbesserung der Infrastruktur, Capacity Building und Know how-Transfer etc.

3.4 Ergebnis

Aus der Vielzahl der auf Einzelprojekte anwendbaren Kriterien sind zusammenfassend die folgenden für die Beurteilung der JI-Eignung von Projekttypen ausgewählt worden:

---

14 Vgl. Perlack u.a. (1993).

15 Vgl. INC 1994: Criteria for Joint Implementation, and comments from Member States on criteria for Joint Implementation, papers prepared and compiled by the INC secretariat, Geneva 1994; vgl.a. UN Doc. A/AC.237.35, Criteria for Joint Implementation, Note by the secretariat.

I. Kriterien aus dem internationalen Verhandlungsprozeß (COP)

- "tatsächlicher, meßbarer Umweltnutzen", d.h:

1. Möglichkeit der glaubwürdigen und quantifizierbaren Referenzfallbildung
2. Möglichkeit der exakten Quantifzierung der Emissionen des JI-Projekts (bzw. der in Senken und Speichern gebundenen Menge an Treibhausgasen)
3. Minderungspotential/Klimawirksamkeit

II. Kriterien aus der internationalen wissenschaftlichen und politischen Diskussion:

1. Ökologische Nebeneffekte
2. Sozio-ökonomische Nebeneffekte

Abb. II.3.1: Eignung von Projekttypen für JI: Auswahlkriterien

4 Diskussion der JI-Eignung von Projekttypen

4.1 Einleitung

Die in Kapitel II.2 hergeleiteten Projekttypen werden im folgenden nach den in Kapitel II.3 erarbeiteten Kriterien im Hinblick auf ihre JI-Eignung bewertet. Ziel ist die Darstellung einer "Projektlandschaft" für Joint Implementation, d.h. eine Einordnung der Vielzahl möglicher Maßnahmen hinsichtlich ihrer relativen Eignung für die gemeinsame Umsetzung von Klimaschutzmaßnahmen.

Die Bewertung erfolgt auf einer relativ hohen Aggregationsebene von Projekttypen. Dieses Vorgehen erwies sich als erforderlich, um die große Bandbreite potentieller JI-Projekte abzudecken. Durch dieses Vorgehen wird u.a. verhindert, daß einzelne interessante Projekttypen vorschnell verworfen werden. Dies hat jedoch zur Folge, daß pauschalierende Aussagen getroffen werden mußen und Einzelfragen (z.B. bezogen auf eng definierte Projekttypen) nicht im Detail behandelt werden konnten.

Die Bewertung in diesem Kapitel kann deshalb nur vorläufig sein und ist offen für die Falsifikation. Auch eine positive Einschätzung hinsichtlich der Erfüllung eines bestimmten Kriteriums durch einen Projekttyp steht deshalb unter dem Vorbehalt der weiteren Prüfung. Ferner gilt, daß die Beurteilung einer relativ großen und inhomogenen Gruppe möglicher Maßnahmen natürlich nicht jedem Einzelprojekt gerecht werden kann, das unter diesen Projekttyp fällt. Hier hängt, wie allgemein auch, sehr viel von der konkreten Ausgestaltung einer Maßnahme ab.

Wie sich gezeigt hat, ist für eine Bewertung eng definierter bzw. spezifischer Projekttypen die praktische Erprobung, zumindest aber eine praxisnahe Simulation erforderlich, wie sie in dieser Untersuchung durchgeführt worden sind. Die Ergebnisse dieser Simulationen hinsichtlich der Operationalisierung von Joint Implementation liegen für vier Projekttypen vor (fossiles Kraftwerk, solarthermisches Kraftwerk, DSM-Maßnahmen, Zementwerk) und können in Teil III eingesehen werden.

Die zu bewertenden Projekttypen wurden in Kapitel II.2 hergeleitet. Sie sind im folgenden nochmals im Überblick dargestellt.

A. Energiebedingte Emissionen	B. Nicht energiebedingte Emissionen bzw. Senken
I. Energieintensive Grundprozesse 1.) Energiebereitstellung • Energieträgergewinnung • Umwandlung von Energieträgern • Transport und Verteilung von Energie 2.) Grundstoffindustrie i.w.S. • Gewinnung miner. Rohstoffe mit -processing • Grundstoffbearbeitung 3.) Verkehr von Flottenbetreibern • intern. Massenverkehr (Fracht- u. Personen) • nationaler Massenverkehr (öff. und privat) • Infrastruktur II. Energieanwendung in Produkten 1.) Gebäudekonditionierung 2.) Haushaltsprozesse 3.) Industrie (ohne Gebäude/ Grund stoffe), Handel und Gewerbe 4.) öffentliche Einrichtungen 5.) Nationaler individueller Verkehr 6.) Fortbildung	I.) Biotische Produktionsfelder 1.) Landwirtschaft (Methan, N_2O) 2.) Viehwirtschaft (Methan, NH_3) 3.) Forstwirtschaft (CO_2-Senken) 4.) Abfallwirtschaft (Methan) II.) CO_2-Entsorgung sowie Fassung und Vernichtung anderer Treibhausgase

Die folgenden Bewertungskriterien für die JI-Eignung von Projekttypen wurden in Kapitel II.3 hergeleitet:

Kriterium I.1	Möglichkeit der glaubwürdigen und quantifizierbaren Referenzfallbildung
Kriterium I.2	Möglichkeit der exakten Quantifzierung der Emissionen des JI-Projekts
Kriterium I.3	Minderungspotential/Klimawirksamkeit
Kriterium II.1	Ökologische Nebeneffekte
Kriterium II.2	Sozio-ökonomische Nebeneffekte

4.2 Energiebedingte Emissionen

4.2.1 Energieintensive Grundprozesse

In diesem hoch aggregierten Projekttyp werden neben den klassischen Prozessen der Energiebereitstellung auch die energieintensiven Industrieprozesse sowie die durch einen hohen spezifischen Energieverbrauch gekennzeichneten Verkehrsträger zusammengefaßt.

Mit Ausnahme des Simulationsprojektes "Demand Side Management" (Kap. III.3) können alle in Kapitel III betrachteten Fallbeispiele diesem übergeordneten Projekttyp zugeordnet werden. Auf die Erfahrungen aus diesen Simulationsprojekten konnte daher bei der Bewertung im folgenden zurückgegriffen werden.

1. Energiebereitstellung

Unter Energiebereitstellung werden die Prozesse der Gewinnung, Umwandlung sowie des Transports und der Verteilung von Energieträgern verstanden. Dabei handelt es sich häufig um Projekttypen (z.B. fossil befeuerte Kraftwerke) mit einer hohen Energiedichte, einem hohen Energieumsatz und i.d.R. hohen finanziellen Volumina. Daher kann der Aufwand, der notwendig ist, um im Einzelfall oder für jeden Projekttyp den Referenzfall glaubwürdig zu bestimmen und die vermiedenen Emissionen zu ermitteln, von Großprojekten dieser Art i.d.R. getragen werden. Die Kriterien I.1 und I.2 werden für diese Projekttypen daher zumeist einzuhalten sein und die Transaktionskosten – bei ausreichender Emissionsminderung – im allgemeinen nicht so hoch ausfallen, daß das Projekt daran scheitern muß.

Diese Aussage kann jedoch nicht generell auf die Vielzahl kleinerer Techniken, die heute zunehmend an Bedeutung gewinnen, übertragen werden. Hierzu zählen vor allem die meisten Optionen zur Nutzung erneuerbarer Energien sowie die zumeist dezentral und verbrauchernah eingesetzten Kraft-Wärme-Kopplungs-Anlagen. Obwohl die Transaktionskosten für derartige Projekte u.U. eine nennenswerte Größenordnung annehmen können, dürften sie allerdings auch für diese Projekttypen i.d.R. tragbar sein. Denn gerade diese Projekte zeichnen sich durch ein sehr hohes Emissionsminderungspotential (Kriterium I.3) aus. Somit können hohe Transaktionskosten kompensiert werden.

Bei der "Gewinnung von Energieträgern" handelt es sich in erster Linie um die Prozesse der Förderung von Erdöl und Erdgas sowie um die bergbaulichen Prozesse der Kohleförderung (im Tage- und Untertagebergbau). Die

Minderungsmöglichkeiten liegen hier vor allem in der Steigerung der Effizienz von Fördertechniken und der Nutzung bzw. Beseitigung von Neben- und Abfallprodukten (z.B. von Grubengas im Kohlebergbau). Die Ausgangsposition für die Durchführung von JI-Maßnahmen erscheint gerade in diesem Bereich besonders günstig. Denn Prozesse zur Energieträgergewinnung kommen in sehr vielen Ländern – und damit auch in typischen Gastländern – zum Einsatz, das Know-how bezüglich ihrer modernen und möglichst umweltverträglichen technischen Ausgestaltung ist dagegen in den Industrieländern konzentriert.

Besondere Bedeutung hat die Erfassung und weitergehende Nutzung (bzw. bei Fehlen geeigneter Anwendungsmöglichkeiten die Abfacklung) förderbegleitend freigesetzter treibhausrelevanter Gase. Dies gilt für die Freisetzung von Methan und anderen Kohlenwasserstoffen bei der Erdöl- und Erdgasförderung und für die Grubengasfreisetzung im Kohlebergbau. Zumeist gelangen diese Gase, die durch ein gegenüber Kohlendioxid deutlich höheres Treibhausgaspotential gekennzeichnet sind, in einem mengenmäßig bedeutsamen Umfang ungehindert in die Atmosphäre. Sie können unter heutigen Gegebenheiten in vielen Förderegionen keiner wirtschaftlichen Verwendung zugeführt werden, so daß JI-Maßnahmen in diesem Bereich im allgemeinen als "zusätzlich" einzustufen sind[16]. Der Referenzfall ist damit explizit vorgegeben, und die vermiedenen Emissionen sind über eine Gaserfassung leicht zu ermitteln, die Kriterien I.1 und I.2 damit als erfüllt anzusehen. Dies gilt gleichermaßen auch für das Kriterium I.3, denn unabhängig von der exakten Größenordnung der Emissionsminderung ist die Zielsicherheit der Maßnahmen auf jeden Fall gegeben. Bezüglich der Kriterien II.1 und II.2, also den zu erwartenden ökologischen und sozio-ökonomischen Nebeneffekten, sind zumindest keine nennenswerten negativen Einflüsse zu erwarten.

Eine ähnliche Bewertung ergibt sich hinsichtlich der Effizienzsteigerung bei der Förderung fossiler Brennstoffe. Im Vergleich zur Nutzung oder umweltverträglichen Beseitigung von Begleitgasen dürfte das Potential jedoch spezifisch gesehen deutlich niedriger liegen, wenngleich z.B. im Bereich der Pumpenregelungen z.T. Effizienzsteigerungen von mehr als 50% erreichbar sind. Die Zielsicherheit der Emissionsminderung (Kriterium I.3) ist aber auch hier gegeben, da es sich um klassische Vermeidungsmaßnahmen für den Energieverbrauch handelt.

Neben der Förderung und Bereitstellung fossiler Energieträger kann auch die Bereitstellung anderer Energieträger unter diesen hoch aggregierten Projekttyp

16 Selbst wenn eine energetische Nutzung der Begleitgase erreicht wird, wie es bei einigen Energieträgern und in einigen Förderregionen der Welt untersucht wird, ist dies heute zumeist noch mit deutlichen Zusatzkosten verbunden.

eingeordnet werden. Dies sind z.B. die verschiedenen Möglichkeiten zur Erzeugung biogener Brennstoffe oder anderer alternativer Brennstoffe (z.B. Methanolsynthese, Wasserstofferzeugung auf der Basis von Wasserkraft oder Solarstrom). Mit Ausnahmen (z.B. klassische Holzwirtschaft, Holzkohleerzeugung) haben diese Optionen heute noch keine wirtschaftlich relevante Bedeutung erlangt. JI-Projekte in diesem Bereich wären vor diesem Hintergrund im allgemeinen als zusätzlich einzustufen und das Kriterium der Klimawirksamkeit (I.3), insbesondere bei der Nutzung erneuerbarer Energien als Ausgangsbasis, in besonderem Maße erfüllt. Ausgehend von den Zusatzkosten und den erschließbaren Potentialen können weltweit mittelfristig vor allem die biogenen Energieträger zur Emissionsminderung beitragen. JI kann dabei in Teilbereichen als Instrument zur Markteinführung genutzt werden, um die noch bestehende Lücke zur Wirtschaftlichkeit zu schließen. Dies gilt in eingeschränktem Maße auch für die Wasserstofferzeugung auf der Basis von Wasserkraft[17], während Solarwasserstoff voraussichlich erst in einigen Jahrzehnten von größerem Interesse sein wird.

Zusammenfassend läßt sich feststellen, daß die Kriterien für die JI-Eignung von den Prozessen aus dem Bereich der Energieträgergewinnung in der Regel erfüllt werden und daß dieser Projekttyp aus den genannten Gründen prima facie in besonderem Maße JI-geeignet zu sein scheint.

Die "Umwandlung von Energieträgern" ist unter den durchgeführten Simulationsprojekten in Kapitel III durch die - eng definierten - Projekttypen "fossiles Kraftwerk" und "solarthermisches Kraftwerk" vertreten, d.h. durch Prozesse der Umwandlung der Primärenergieträger Kohle bzw. Solarenergie in den Sekundärenergieträger Elektrizität. Neben der reinen Stromerzeugung ist auch die sog. Kraft-Wärme-(Kälte-)Kopplung, d.h. die Kuppelproduktion von Strom und Wärme (bzw. Kälte) in einem Kraftwerk, sowie die gesamte Palette der Nutzung erneuerbarer Energien zur Strom- und Wärmeerzeugung dem Umwandlungsbereich zuzuordnen. Zu den weiteren wichtigen Prozessen der Umwandlung von Energieträgern zählen außerdem der Raffinerieprozeß, der Kokereiprozeß und schließlich auch die Prozesse der Gewinnung fester Endenergieträger wie Briketts und Kohlenstaub. Während bei der Strom- und Wärmeerzeugung sowohl zentrale Großanlagen als auch verbrauchernahe Kleinanlagen eingesetzt werden, treten in den anderen genannten Bereichen zumeist größere Einheiten auf.

Die Minderungsmöglichkeiten klimarelevanter Spurengase im Bereich der Energieumwandlung sind vielfältiger Natur. Sie reichen von der Erhöhung der Energieeffizienz bei den Umwandlungsprozessen (Steigerung des Wirkungs-

---

17 Entsprechende Programme laufen derzeit im Rahmen des Euro-Quebec-Programms.

bzw. Nutzungsgrades bei bestehenden Anlagen sowie im Falle des Neubaus) über die Brennstoffsubstitution bis zum Einsatz erneuerbarer Energien. Die Ausgangsposition für JI ist hier im gleichen Maße günstig wie bei der Gewinnung von Energieträgern, da das technische Know-how im wesentlichen in den Industrieländern konzentriert ist, die Einsatzpotentiale aber in hohem Maße in den potentiellen Gastländern gegeben sind, die insbesondere in Hinblick auf die Elektrifizierung und damit auf die Stromerzeugung noch einen Nachholbedarf haben. Die Internationale Energieagentur (IEA) geht in ihren neuesten Abschätzungen allein im Kraftwerksbereich für den Zeitraum von 1993 bis 2010 von einem Zubaubedarf – je nach Randbedingungen – von 1.093 bis 1.535 GW aus. Deutlich mehr als die Hälfte davon soll in den Nicht-OECD-Ländern realisiert werden. Der Ertüchtigungsbedarf bei bestehenden Kraftwerken liegt zusätzlich in der Größenordnung von 500 bis 700 GW.

Aufgrund dieses extrem hohen Zubau- und Ertüchtigungsbedarfs und unter Zugrundelegung der Möglichkeiten, im JI-Zusammenhang einen höheren Wirkungsgrad realisieren zu können, ist das absolute Emissionsminderungspotential im Kraftwerksbereich als sehr hoch einzustufen. Dies gilt selbst dann, wenn man berücksichtigt, daß die in der JI-Diskussion häufig genannten Verbesserungsmöglichkeiten von bis zu 20 Wirkungsgradpunkten – wie das Simulationsbeispiel "fossiles Kraftwerk" (Kap. III.1) gezeigt hat – um rund eine Größenordnung zu hoch eingeschätzt werden. Höhere spezifische Wirkungsgradsteigerungen wären aber dann möglich, wenn heute in der Entwicklung befindliche Technologien erschlossen werden könnten (z.B. Brennstoffzellen, Kohlekraftwerke mit vorgeschalteter Kohlevergasung). Hier könnte Joint Implementation einen wichtigen Beitrag leisten. Darüber hinaus ermöglicht die Brennstoffsubstitution (z.B. von Steinkohle durch Erdgas) ein CO_2-Minderungspotential von bis zu 50%. Dies resultiert zum einen aus der geringeren spezifischen Kohlenstoffintensität des Brennstoffes Erdgas, zum anderen aus der Möglichkeit, mit Erdgas effizientere Technologien anzuwenden.

Noch höhere Emissionsminderungen sind naturgemäß mit der Nutzung erneuerbarer Energien zu realisieren. Dies betrifft im Bereich der Stromerzeugung insbesondere die Wasserkraft, die Windenergie, die Stromerzeugung in Solarzellen oder solarthermischen Kraftwerken sowie die Nutzung biogener Energieträger. Bei der Wärmeerzeugung kommen vor allem solare Heizungssysteme, die Erdwärme sowie die biogenen Energieträger zur Anwendung. Die weltweit erschließbaren Potentiale erneuerbarer Energien sind insbesondere in den potentiellen Gastländern außerordentlich hoch. Mit JI könnten hier riesige Märkte erschlossen und die sich heute bereits abzeichnenden Tendenzen (von der Windenergie erwartet man z.B. in Indien mittelfristig eine Erschließung von rund 20 GW) beschleunigt werden. Bei vielen Technologien aus diesem Bereich, die heute noch nicht unter wirtschaftlichen Bedingungen genutzt werden können, ist das Erfordernis der Zusätzlichkeit grundsätzlich gegeben. Generell gilt, insbesondere auch bei bestimmten Formen der Nutzung erneuerbarer Energien, daß die gesamte Prozeßkette in die Bewertung der Emissionsminderung eingehen sollte.

Spezifisch hohe Minderungspotentiale durch Effizienzsteigerung sind auch in anderen Bereichen der Energieumwandlung, nämlich beim energieintensiven Kokereiprozeß, realisierbar. Darüber hinaus liegen hier Nutzungsmöglichkeiten der Begleitgase vor, die heute nur zum Teil ausgeschöpft werden. Im Gegensatz dazu sind die Emissionsminderungspotentiale im Bereich Raffinerien und bei der weniger energieintensiven Erzeugung von festförmigen Brennstoffen eher gering. Bei Raffinerien hat die internationale Handelbarkeit der Produkte, der hier bereits gegebene hohe Stand der internationalen Kooperation sowie das branchenweit übliche Instrument des *bench-markings* dazu geführt, daß die Unterschiede in der Energieeffizienz zwischen den verschiedenen Ländern nur vergleichsweise gering sind.

Die Kriterien "Referenzfallbestimmung" (I.1) und "Ermittlung der vermiedenen Emissionen" (I.2) sind für diese Projekte grundsätzlich erfüllbar. Die Untersuchung der Simulationsfälle hat dies bestätigt und aufgezeigt, daß operable methodische Vorgehensweisen entwickelt werden können, um Referenzfall und Emissionsdifferenz glaubwürdig zu ermitteln sowie die Zusätzlichkeit der JI-Maßnahme herauszustellen[18]. Es hat sich aber auch gezeigt, daß in Abhängigkeit von dem Projekttyp und dem verwendeten Brennstoff Manipulationsmöglichkeiten auf beiden Ebenen gegeben sind, die zu einem z.T. nicht unerheblichen Prüfaufwand führen. Insbesondere bei großen – ohnehin kapitalintensiven – Projekten ergibt sich aber aus den hieraus resultierenden und durchaus nennenswerte Größenordnung annehmenden Transaktionskosten in der Regel kein Ausschlußgrund.

Die Wirksamkeit der Emissionsminderung potentieller JI-Projekte aus dem Bereich "Energieumwandlung" ist in hohem Maße abhängig vom jeweiligen Projekttyp und von den im Gastland jeweils vorliegenden Rand- und Rahmenbedingungen. Hohe spezifische und absolute Minderungspotentiale sowie eine hohe Zielsicherheit gewährleisten Projekte unter Einsatz erneuerbarer Energien.

---

[18] Die Zusätzlichkeit muß insbesondere beim Ersatz von bestehenden Anlagen mit besonderer Sorgfalt bewertet werden. In einigen Fällen kann ein Neubaubedarf allein aus anderen Gründen angezeigt sein (z.B. Minderung von SO_2- oder NOx-Emissionen) oder sich als wirtschaftlich sinnvoll herausstellen. Andererseits zeigt die Erfahrung in den potentiellen Gastländern, daß energietechnische Anlagen in den seltensten Fällen stillgelegt werden, sondern aufgrund unzureichender Kapitalverfügbarkeit und noch bestehender Deckungsdefizite weiter betrieben werden.

Ähnliches gilt für einen Brennstoffwechsel, wenn hinreichend genau nachgewiesen werden kann, daß dieser nicht auch ohne den JI-Zusammenhang erfolgt wäre. Bei der Steigerung der Energieeffizienz muß hingegen zwischen Projekten unterschieden werden, bei denen nennenswerte Minderungen der Emissionen möglich sind (z.B. Ersatz eines bestehenden Kraftwerks mit niedrigem Wirkungsgrad) und solchen, bei denen die spezifischen Einsparungen eher gering sind (Errichtung eines Kraftwerkes mit leicht erhöhter Effizienz gegenüber den im Gaststaat vorliegenden Möglichkeiten im Rahmen des ohnhin anstehenden Kraftwerkszubaus). Vor allem bei letztgenannten Projekten spielt die exakte Erfaßbarkeit der vermiedenen Emissionen eine entscheidende Rolle für die Umsetzung.

Kriterium II.1 erscheint im Bereich der Energieumwandlung – mit Ausnahme der Kernenergie[19] – ebenso in nahezu idealer Form erfüllbar zu sein. Dies gilt vor allem für den Kraftwerksbereich, wenn der Ausstoß der klassischen Schadstoffe (z.B. Schwefeldioxid, Stickoxide) über Rauchgasreinigungsanlagen oder den Einsatz von erneuerbaren Energien deutlich vermindert wird und für Kokereiprozesse, die heute in vielfältiger Form organische Verbindungen freisetzen und in vielen Ländern der Welt allein aus diesem Grund sanierungsbedürftig sind. In Ausnahmefällen können jedoch auch negative Umwelteffekte mit bestimmten Projekten verbunden sein, die eine JI-Eignung ausschließen. Beispielhaft sind hier sehr große Wasserkraftwerke zu nennen, die nur realisiert werden können, wenn weite Landstriche überflutet werden. Verzichtet man auf derartige Projekte im JI-Rahmen, dann können JI-Projekte im Bereich der Energieumwandlung in der Regel so konzipiert werden, daß sie mit positiven ökologischen Nebeneffekten verbunden sind. Nachteilige sozioökonomische Nebeneffekte (Kriterium II.2) sind generell eher nicht zu erwarten. Positiv wirkt sich ein mit JI verbundener Technologietransfer aus.

Zusammenfassend kann festgestellt werden, daß die genannten Kriterien von den Projekten im Bereich der "Umwandlung von Energieträgern" in der Regel in hinreichendem Maße erfüllt werden können. Klar ist aber auch, daß der tatsächliche Nutzen für das Klima in sehr hohem Maße projektabhängig ist und daß es eine Reihe von Projekten aus diesem Bereich gibt, die hinsichtlich der Kriterienerfüllung, ihres hohen Minderungspotentials und ihres additiven Charakters besonders für JI geeignet erscheinen. Zu diesen Projekten gehören vor allem die vielfältigen Formen der Nutzung erneuerbarer Energien.

---

19 Die Kernenergie, die hier bisher nicht explizit behandelt wurde, erfüllt die Kriterien II.1 und II.2 nicht. Maßgeblich hierfür sind die Risiken, die mit ihrem Betrieb sowie auf der vor- und nachgelagerter Prozeßkette verbunden sind und die in zahlreichen Ländern bereits zu einem Verzicht auf diese Form der Energiebereitstellung geführt haben.

Zur dem Bereich "Transport und Verteilung von Energieträgern" werden diejenigen Transportmodi gezählt, die auf den Transport von Energieträgern spezialisiert sind. Aus diesem Grunde umfaßt dieser Projekttyp den Transport und die Weiterleitung (auf den unterschiedlichen Verteilerstufen) von Elektrizität, Wärme (als Nah- und Fernwärme) und von gasförmigen oder flüssigen Energieträgern in Rohrleitungen.

Bei Transport- und Verteilungsprozessen ist zwischen direkten und indirekten Emissionsminderungen zu unterscheiden. Möglichkeiten zur direkten Beeinflussung des Ausstoßes klimarelevanter Spurengase liegen beim Erdgastransport vor. Bekanntermaßen haben Projekte der Sanierung von Erdgastransport- und -verteilungssystemen und damit der Verringerung von Leckagen aufgrund der hohen Klimawirksamkeit von Methan (die Verluste beim Transport von Erdgas liegen z.B. in Rußland bei einigen Prozent) eine hohe Relevanz. Indirekte Emissionsminderungen können durch Effizienzsteigerungen beim Transportvorgang (z.B. Erdgasverdichter, Gasentspannungsanlagen), durch den Einsatz neuer Materialien oder durch eine Sanierung und Modernisierung elektrischer Netze erzielt werden (während die Verluste des westdeutschen Netzes in der Größenordnung von 4,6% liegen, weisen einige Länder Osteuropas heute noch Netzverluste von deutlich mehr als 10% auf).

In vielen Ländern sind allein aus wirtschaftlichen Erwägungen heraus bereits Sanierungsprogramme begonnen worden und werden in Zukunft fortgesetzt. Bei der grundsätzlich möglichen Referenzfallbestimmung (Kriterium I.1) und der Diskussion über die Zusätzlichkeit der jeweiligen Maßnahme ist dies zu berücksichtigen. Explizite Aussagen über die aus diesem Grund zu erwartenden Schwierigkeiten bei der Bestimmung des Referenzfalls können erst im Rahmen von Simulationsstudien, die denen in dieser Studie durchgeführten vergleichbar sind, aufgezeigt werden. Dies gilt gleichermaßen auch für die Bestimmung der vermiedenen Emissionen (Kriterium I.2), die bei Maßnahmen im Bereich des Stromtransportes im Vergleich z.B. zum einzelnen Kraftwerk komplexer ist, da die Netzzusammenhänge (und damit der gesamte Kraftwerkspark) zu berücksichtigen sind. Das Maß der Erfüllung von Kriterium I.3 (Klimawirksamkeit) hängt von den jeweiligen Randbedingungen vor Ort ab. Grundsätzlich und vor allem bei der Beseitigung von Leckagen ist die Zielsicherheit bei der Emissionsminderung aber hoch.

Auch die Kriterien aus der internationalen wissenschaftlichen und politischen Diskussion (II.1 und II.2) sind durch Projekte aus dieser Projektkategorie in der Regel erfüllbar. Negative ökologische bzw. sozio-ökonomische Nebeneffekte sind nicht zu erwarten. Die Projektkategorie erscheint unter Berücksichtigung aller Kriterien daher generell JI-geeignet.

2. *Prozesse der Grundstofförderung und -bearbeitung*

Bei der Gewinnung mineralischer Rohstoffe und den sich hieran anschließenden Weiterverarbeitungsprozessen handelt es sich im wesentlichen um Projekte, die hinsichtlich einer Bewertung grundsätzlich vergleichbar mit Projekten der Energieträgergewinnung sind. Die hier getroffenen Aussagen gelten also in übertragener Weise und dieser Projekttyp kann grundsätzlich als JI-geeignet eingestuft werden. Die Maßnahmen in diesem Bereich konzentrieren sich aber im wesentlichen auf die Effizienzsteigerung (durch Sanierung und Einsatz von Technologien nach neuerem Stand der Technik) bei den Fördertechniken und führen häufig auch zu einer Verringerung der regionalen Umweltbelastung. Probleme mit klimarelevanten Begleitgasen, wie z.B. beim Kohlebergbau, treten hier nicht auf.

Unter dem Projekttyp "industrielle Grundstoffbearbeitung" werden vor allem Prozesse aus den Bereichen Steine und Erden, der eisenschaffenden Industrie, der Giessereien, Ziehereien und Kaltwalzwerke, der Nichteisenmetalle, der chemischen Industrie, der Zellstoff- und Papierindustrie sowie der Gummiverarbeitung subsumiert. Diese Prozesse sind häufig sehr energieintensiv und bieten verschiedene Möglichkeiten der Emissionsminderung. In dieser Studie ist der Bereich durch den Simulationsfall "Zementwerk" (Kap. III.4) repräsentiert.

Möglichkeiten zur Minderung klimarelevanter Treibhausgase ergeben sich – je nach Branche – vor allem durch eine Prozeßumstellung (neue Produktionsverfahren), eine Verbesserung der Prozeß- und Betriebsführung, eine Sanierung und damit Steigerung der Effizienz (des spezifischen Energieverbrauchs) der Prozeßtechniken, den Einsatz effizienter Technologien zur Deckung des Bedarfs an Wärme und Kälte (z.B. Kraft-Wärme-(Kälte-)Kopplungsanlagen), einen Einsatz von erneuerbaren Energien (z.B. Biomasse) als Sekundärbrennstoff sowie indirekt durch eine Änderung der Produktzusammensetzung und einen Einsatz nachwachsender Rohstoffe als Rohstoffsubstitut. Hinsichtlich des Einsatzes nachwachsender Rohstoffe können sich vor allem Projekttypen in der Chemischen Industrie als aussichtsreich erweisen, in denen erdölbasierte Produktionsweisen durch Formen der Naturstoffchemie substituiert werden.

Wie die Simulationsstudie "Zementwerksanierung" gezeigt hat, ist die Referenzfallbestimmung (Kriterium I.1) für Projekte aus dem Bereich der industriellen Grundstoffbearbeitung grundsätzlich möglich. Sie ist jedoch aufgrund der Vielzahl an unterschiedlichen Eingriffsmöglichkeiten häufig komplexer als etwa bei einem Kraftwerksprozeß. Dies gilt gleichermaßen auch für die Feststellung und Verifizierung der vermiedenen Emissionen (Kriterium I.2). (Überwindbare) Probleme treten hier vor allen Dingen bei der mißbrauchsfreien

Dokumentation und Erfassung der Qualität der eingesetzten Primär- und Sekundärbrennstoffe auf.

Hinsichtlich der Referenzfallbestimmung und der Bestimmung der vermiedenen Emissionen ist bei konkreten Anlagen der Vergleich mit anderen Anlagen und dem jeweiligen Stand der Technik auf der Ebene der Produkte maßgeblich. Ein Vergleich zwischen verschiedenen Anlagen kann aber nur auf der Basis spezifischer Werte erfolgen (z.B. spezifischer Energieverbrauch). Dies ist insbesondere bei industriellen Prozessen, die mehrere Produkte (z.B. in Kuppelproduktion) herstellen, mit Problemen behaftet. Es liegt daher nahe, sich bei JI-Projekten aus diesem Bereich in erster Linie auf diejenigen grundstoffindustriellen Prozesse zu beschränken, die zu relativ homogenen Produkten führen. Das sind (neben Zement) weitere Prozesse der Baustoffindustrie sowie die Herstellung von Glas, Zellstoff, Zucker und einzelner Metalle, möglicherweise ausgewählte Prozesse der Herstellung chemischer Grundstoffe.

Bei geeigneter Auswahl der potentiellen JI-Maßnahmen kann eine nennenswerte Klimawirkung und damit die Erfüllung des Kriteriums I.3 erzielt werden. In Idealfällen führen Projekte aus diesem Bereich zu einer wesentlichen Verminderung der regionalen Umweltbelastung. Nachdrücklich konnte dies am Beispiel der Zementindustrie in der Simulationsstudie gezeigt werden. Bei der Verwendung von Sekundärbrennstoffen ist darauf zu achten, negative ökologische Nebenwirkungen zu vermeiden. Das Kriterium II.1 kann dann in der Regel eingehalten werden. Aus sozio-ökonomischer Sichtweise (Kriterium II.2) sind bei den meisten Projekten positive Nebeneffekte aus dem Know-how-Transfer zu erwarten. Vor allem kann sich auch die Arbeitssituation der Beschäftigten in den Betrieben verbessern.

Nach diesem ersten *screening* kann zusammenfassend festgestellt werden, daß zumindest diejenigen Prozesse, die zu relativ homogenen Produkten führen und für die in ausreichendem Maße spezifische Kennwerte gebildet werden können, JI-geeignet erscheinen. Für die Bewertung von komplexeren Prozessen mit mehreren Produkten sind hingegen noch zusätzliche Erfahrungen erforderlich. Diesbezüglich wäre z.B. zu untersuchen, inwieweit vereinfachte Gutschriftverfahren für Nebenprodukte zum Einsatz kommen können. Ebenso können aufgrund der Komplexität (für die Bestimmung der vermiedenen Emissionen sind die jeweiligen Prozeßketten der Produktionsformen miteinander zu vergleichen) definitive Aussagen hinsichtlich der Eignung von Projekttyen aus dem Bereich nachwachsender Rohstoffe erst dann gemacht werden, wenn Untersuchungen in ähnlichem Detail und mit ähnlicher Genauigkeit angestellt werden, wie es in der vorliegenden Untersuchung in vier Simulationsfällen geschehen ist.

3) *Güter- und Personentransport von Flottenbetreibern*

a) Internationaler Massenverkehr (Fracht und Personen-)

Bei diesem Projekttyp handelt es sich im wesentlichen um See- und Luftfrachtverkehre auf internationalem Territorium. Emissionsminderungen sind hier durch eine Verringerung des spezifischen Energieverbrauchs (Effizienzsteigerung der Motoren und Turbinen) und durch einen Einsatz alternativer Treibstoffe möglich. Die Kriterien I.1 und I.2 erscheinen erfüllbar, wenn die Emissionsminderung nicht auf das einzelne Verkehrsmittel, sondern auf Flotten bezogen wird. In diesem Fall kommen projektspezifisch hinreichende Größenordnungen zusammen, um die Transaktionskosten tragen zu können. Flotten bilden dabei gerade auch die organisatorische Einheit, in der die genannten Transportmittel zum Einsatz kommen und für die Berichtspflichten wenig aufwendig installiert werden können. Der Verkehr im internationalen Bereich ist in besonderer Weise für JI im projektbezogenen Ansatz geeignet. Denn die dabei auftretenden Emissionen werden nach bisheriger Rechtslage unter der FCCC keinem Vertragsstaat zugerechnet, da sie überwiegend von internationalem Territorium ausgehen. Insofern sind sie den Emissionen unverpflichteter Staaten ähnlich (vgl. dazu Kap I.2.3).

Kriterium I.3 ("Klimaverträglichkeit") kann im Luft- und Seeverkehr erfüllt werden, sofern moderne Technologien zum Einsatz kommen. Spezifisch sehr hohe Minderungen sind unter Nutzung regenerativer Energien realisierbar. Dies ist derzeit noch nicht Stand der Technik. Interessant könnte diesbezüglich aber die Zumischung biogener Energieträger im Seeverkehr und mittel- bis langfristig die Nutzung von (solargewonnenem) Wasserstoff im Luftverkehr sein. Die Prozeßkette für die Herstellung dieser Energieträger ist dabei zu berücksichtigen. Die Kriterien der Gruppe II (ökologische und sozioökonomische Nebeneffekte) erscheinen für Maßnahmen in diesem Bereich damit generell erfüllbar zu sein. Negative Nebeneffekte sind nicht zu erwarten. Damit ist eine JI-Eignung grundsätzlich gegeben, die erreichbare CO_2-Minderung ist aber zunächst vor allem auf Effizienzsteigerungen begrenzt.

b) Nationaler Massenverkehr (öffentlich und privat)

Hierunter fallen vor allem staatliche und private Speditions- und Fuhrunternehmen. An Verkehrsträgern betrifft dies insbesondere LKW, Busse und Bahnen. Ansatzpunkte für die Minderung der Emission von Treibhausgasen im nationalen Massenverkehr können generell sein:

(1) Veränderungen des *modal split* einerseits und

(2) Maßnahmen (pro Verkehrsträger) an der Infrastruktur und am Fahrzeugpark andererseits.

Die Veränderung des *modal split* ist eine der erfolgsträchtigsten Formen der Minderung von Treibhausgasen, die aber sehr kapitalintensiv und nur in Ausnahmefällen im projektförmigen Ansatz JI-geeignet ist. Der Grund hierfür ist, daß die Maßnahme und insbesondere der Erfolg i.d.R. nicht in der Hand eines einzelnen (privatwirtschaftlichen) Akteurs liegen. In Ausnahmefällen sind aber Projekte vorstellbar, die JI-geeignet sind. Ein Beispiel ist eine Punkt-zu-Punkt--Güterverkehrsverbindung, z.B. zwischen einem Rohstoffvorkommen einerseits und einem Distributions- oder Verarbeitungszentrum andererseits. Der staatliche Ausbau eines Schienensystems ist ein komplexerer Fall. Inwieweit er ebenfalls JI-geeignet ist, wäre in konkreten Simulationsstudien zu prüfen.

Es verbleibt die Beeinflussung der Eigenschaften und damit der Emissionen von Fahrzeugen selbst. Dieses ist im Prinzip für alle vier Verkehrsträger (Bahn; Straßenfahrzeuge; Binnen- bzw. Küstenschiffahrt; Luftfahrt) möglich, und zwar sowohl für die Personenbeförderung als auch für den Gütertransport. Als JI-Projekte vorstellbar sind in diesem Bereich – vor allem aufgrund der Transaktionskosten – i.d.R. nur Großprojekte in Zusammenarbeit mit einem Flottenbetreiber. Sehr große Flotten (der öffentlichen Hand) sind traditionell bei den Verkehrsträgern "Luftfahrt" und "Bahn" vorhanden. Relativ große Flotten sind z.B. auch bei Kurierdiensten (Post), insbesondere im Güterverkehr oder im öffentlichen Personenverkehr (Nah- und Fernverkehr) anzutreffen. Es wird demnach möglich sein, geeignete Partner für JI-Projekte in diesem Bereich zu finden.

In den damit herausgefilterten Unterfällen dieses Projekttyps ist die Bestimmbarkeit des Referenzfalls (I.1) allgemein und die Quantifizierbarkeit der vermiedenen Emissionen (I.2) mit Einschränkungen gegeben. Die Einhaltung des Kriteriums I.3 ("Klimawirksamkeit") ist bei ausgewählten Projektfällen (moderne Motorengeneration in Busflotten; Ablösung von Dampfloks durch Dieselloks sowie Einführung von Leichtbauwaggons; modernere Flugzeuge) möglich, die deshalb besonders attraktive Projekttypen darstellen. Zukünftig könnte dies auch vermehrt für den Einsatz alternativer Treibstoffe (z.B. Biodiesel) gelten.

Technischer Fortschritt bei Straßenfahrzeugen zielt unter dem Gesichtspunkt regionaler Umweltprobleme vor allem auf die Minderung der Emission von Ozon-Vorläufersubstanzen (NO_X, VOC) und anderer unverbrannter Spurenstoffe. Moderne Verkehrsmitteltechnik könnte deshalb i.d.R. in einem deutlichen Maße positive ökologische Nebeneffekte (Kriterium II.1) haben. Dies bedingt, aufgrund des damit verbundenen Abbaus von Gesundheitsrisiken, gleichzeitig positive sozioökonomische Nebeneffekte (Kriterium II.2). In diesem Fall tritt eine Konstellation ein, die der des Kraftwerks mit Rauchgasreinigung entspricht: die positiven ökologischen Nebeneffekte sind überproportional zur Minderung von Treibhausgasen[20]. Dies dürfte die Kooperationsbereitschaft in gastgebenden Staaten bei solchen Projekten deutlich anheben. Zusammenfassend wird festgestellt, daß sich Projekte aus diesem Bereich in bezug auf die Änderung des *modal split* im Einzelfall und in bezug auf technische Effizienzsteigerungen in zahlreichen Fällen als JI-geeignet erweisen können.

c) Infrastruktur

Investitionen in die Infrastruktur werden i.d.R. von der öffentlichen Hand vorgenommen. Bei denjenigen Verkehrsmodi, bei denen der Besitz von Fahrzeugen und Infrastruktur nicht in einer Hand liegt (vor allem im Straßenverkehr), kann eine Bewertung, ob die Kriterien I.1 und I.2 erfüllt sind, nur für die Infrastrukturinvestitionen selbst erfolgen. Maßnahmen zur Beeinflussung des rollenden Materials sind getrennt zu betrachten (vgl. Projekttyp II.5). Infrastrukturprojekte sind gut zur Erfüllung des Kriteriums I.1 geeignet, weil sie als Projekte der öffentlichen Hand in besonderer Weise Gegenstand öffentlicher bzw. öffentlich zugänglicher Planungskalküle sind und deshalb eine glaubwürdige Bestimmung des realen Referenzfalls möglich erscheint.

Wenn auch der Referenzfall vergleichsweise gut bestimmt werden kann, so erscheint die Bestimmbarkeit der resultierenden Emissionen (Kriterium I.2) problematisch (z.B. von verkehrsmindernder Infrastrukturverbesserung). Deshalb wird sich eine JI-Eignung von Projekten in diesem Bereich auf einige wenige Sonderfälle beschränken.

4.2.2 Energieanwendung in Produkten

Die Energieanwendung in Produkten umfasst die folgenden Unterfälle:

- 1) Gebäudekonditionierung
- 2) Haushaltsprozesse
- 3) Industrie (ohne Gebäude/Grundstoffe), Handel und Gewerbe
- 4) öffentliche Einrichtungen (Rest Kleinverbrauch)
- 5) nationaler individueller Verkehr
- 6) Fortbildung

---

20 Sie sind darüber hinaus von der Bevölkerung direkt als Verbesserungen zu spüren (nicht räumlich und zeitlich verschoben).

Die Möglichkeit, den Kriterien I.1 und I.2 zu genügen, ist bei den hier versammelten dispersen relativen "Kleinanwendungen" nach den im Verlauf der vorliegenden Untersuchung gewonnenen Einsichten auf drei Fälle begrenzt:

- (1) entweder ein JI-Projekttyp ist von der Art, daß eine Bündelung diverser Kleinanwendungen möglich ist, wie z.B. im DSM-Simulationsprojekt ("DSM-Analogon");

- (2) oder es existiert bereits eine Institution, die die dispersen Kleinanwendungen bündelt, wie z.B. bei der Projekttyp Nr. 4 durch die Klammer einer staatlichen Institution ("Staat als Kleinprojektbündler");

- (3) oder es gelingt, bereits bei der Herstellung der verschiedenen Energieanwendungstechnologien (z.B. Kühlschränke) auf die Produktgestaltung und ihre energetischen Charakteristika selbst und damit indirekt auf die Emission von Treibhausgasen bei der *Verwendung* des Produktes, Einfluß zu nehmen ("Lizenzierung als JI-Projektform").

Da letzterer Gedanke in den Simulationsstudien in Teil III dieser Untersuchung nicht vertreten ist, können zu der JI-Eignung hier nur begrenzte Aussagen gemacht werden.

1) Gebäudekonditionierung

Der Begriff "Gebäudekonditionierung" steht hier zusammenfassend für Heizung einerseits und Klimatisierung andererseits. Er ist sozusagen eine klimazonenneutrale Benennung von Techniken zur Befriedigung des Bedürfnisses nach einem angenehmen Raumklima. Für diesen Bereich gilt, daß ein äußerst hohes Vermeidungspotential vorliegt, welches durch eine Sanierung der bestehenden Gebäudesubstanz (z.B. Wärmedämmung, Einbau superisolierender Fenster, passive Sonnenenergienutzung), die Errichtung von Neubauten in Niedrigenergie- oder Passivenergiehausbauweise, eine Effizienzsteigerung und den Einsatz neuer Technologien (z.B. Absorptionskälteanlagen, Brennwertkessel) ausgeschöpft werden kann.

Die Techniken und Materialien der Gebäudekonditionierung selbst sind dabei in sehr hohem Maße von regionalen Besonderheiten geprägt. Dies gilt sowohl für die klimatischen Verhältnisse wie auch für die Verfügbarkeit von Baustoffen. Technologisch (weltweit) einheitlich geprägte Lösungen sind daher nur schwer vorstellbar. Diese wären aber erforderlich, um eine für den projektförmigen JI-Rahmen ausreichende Projektgröße gewährleisten zu können. Zudem sind die Erfahrungen mit industrieller Vorfertigung von Baukörpern nicht immer unproblematisch. Es erscheint angesichts der überragenden Bedeutung dieses Bereichs aller Mühe wert, in Pilot- bzw. Simulationsprojekten zu eruieren, ob Technologien zur Gebäudekonditionierung in eine projektförmige JI-Form zu bringen sind bzw. welche Teile davon. Von Bedeutung ist dabei auch die organisatorische Ausgestaltung. Diesbezüglich interessant sind vor allem Vorhaben, bei denen private oder staatliche Wohnungsbaugesellschaften als Träger der Projekte auftreten können. Unter diesen Voraussetzungen können die Kriterien I.1 (Bestimmung des Referenzfalls) und I.2 (Ermittlung der vermiedenen Emissionen) erfüllt werden. Ansatzpunkt zur Bestimmung des Referenzfalls könnte dabei eine nationale/regionale Festlegung von Wohnungsbaustandards, vergleichbar der deutschen Wärmeschutzverordnung, sein.

Die Klimawirksamkeit von Projekten aus dem Bereich "Gebäudekonditionierung" ist in vielen Fällen sehr hoch. Zielsicherheit ist in der Regel gegeben. Kriterium I.3 ist damit in ausgewählten und zugleich wichtigen Fällen erfüllbar. Im Bereich Klimatisierung gilt dies ganz besonders, wenn mit solaren Technologien gearbeitet wird. Außerdem würde hier, wie bei fast keinem anderen Projekttyp, der in der Formulierung des AIJ-Zentralkriteriums benutzte Begriff "langfristig" zum Tragen kommen. Denn bei diesem Projekttyp geht es um Investitionsgüter mit extrem langer Lebensdauer. Damit wären erhebliche 'stille Reserven' von vermiedenen Emissionen vorprogrammiert.

Die Kriterien II.1 und II.2 (ökologische und sozio-ökonomische Nebeneffekte) werden im allgemeinen ebenfalls erfüllt. Denn eine Verringerung des Energieverbrauchs für Raumheizung und Klimatisierung führt in der Regel auch zu einer Verringerung anderer Luftschadstoffe und damit zu einer Verbesserung der lokalen Umweltbelastung.

Damit erweisen sich Projekttypen im Bereich "Gebäudekonditionierung" grundsätzlich als JI-geeignet. Die ausschöpfbaren Minderungspotentiale sind in Abhängigkeit von den jeweiligen klimatischen Gegebenheiten zum Teil sehr hoch. Die Bestimmung des Referenzfalls erfordert jedoch noch eingehendere Überlegungen, die im Rahmen einer weiteren Simulationsstudie durchgeführt werden könnten.

2) und 3): Haushaltsprozesse und Industrie (ohne Gebäude/Grundstoffe)

Der Bereich "Haushaltsprozesse und Industrie" umfaßt eine große Bandbreite diverser Energieanwendungen. Hierzu gehören die elektrischen und mit gasförmigen Brennstoffen betriebenen Haushaltsgeräte ebenso wie die Warmwasserbereitung und die Technologien zur Deckung des Bedarfs an Kraft, Kühlung, Lüftung, Licht sowie Prozeßwärme bei Industrie (ohne Grundstoffindustrie) und Kleinverbrauchern. Ebenso sind die Minderungsmöglichkeiten treibhausrelevanter Spurengase vielfältiger Natur. Sie reichen vom Einsatz hocheffizienter und energiesparender Geräte und Technologien (z.B. geregelte Antriebe für Lüfter und Pumpen, elektronische Vorschaltgeräte, hocheffiziente

Geräte aus dem Bereich "weiße Ware"), über den Einsatz erneuerbarer Energien (z.B. solarthermische Warmwasserbereitung, solares Kochen und Kühlen) und die Nutzung von Systemlösungen (z.B. Energiemanagementsysteme) bis hin zu der Änderung von Produktionsweisen. Für die Vielzahl der genannten Optionen liegen in fast allen Ländern sehr hohe Minderungsmöglichkeiten vor (selbst in den alten Bundesländern liegen nach Berechnungen der Enquête-Kommission "Schutz der Erdatmosphäre" die Minderungsmöglichkeiten im Mittel noch bei bis zu 45 %).

Die möglichen Projekte aus diesem Bereich unterscheiden sich grundsätzlich von den zuvor unter Punkt I dargestellten und diskutierten Projekten und Projekttypen. Die Durchführung von Einzelmaßnahmen ist hier in nahezu allen Fällen nicht möglich. Aufgrund der nur geringen Projektgröße und der damit verbundenen absolut nur vergleichsweise geringen Emissionsminderung wären die Transaktionskosten voraussichtlich zu hoch. Hinsichtlich der Kriterien I.1 und I.2 gelten demnach die einleitenden Bemerkungen: Sie sind nur einzuhalten, wenn Projekte in diesem Bereich gebündelt werden können. Ein Beispiel für einen erfolgreichen projektförmigen Zugang ist mit dem Simulationsfall "Demand Side Management" (Kap. III.3) dargestellt worden. Zudem liegen auf nationaler und internationaler Ebene - außerhalb des JI-Zusammenhangs (z.B. im Rahmen von LCP-Maßnahmen) - zahlreiche Erfahrungen über "Massenprojekte" mit Kleintechnologien vor. Die Bündelung einer Vielzahl von Kleintechnologien führt dabei zwar zu einer zu berücksichtigenden Vielzahl von möglichen Referenzfällen und damit naturgemäß zu hohen Unsicherheiten bei der Bestimmung der vermiedenen Emissionen. Von entscheidender Bedeutung ist dabei, ob die (statistische) Datenlage vor Ort eine hinreichend genaue Referenzfallbestimmung erlaubt. Diese Unsicherheiten können aber aufgrund der meist hohen erreichbaren Einsparpotentiale häufig getragen werden.

Ein signifikantes und hohes spezifisches Minderungspotential (Kriterium I.3) ist bei einer Vielzahl ausgewählter Technologien zu erwarten. Neben der Effizienzsteigerung ist dies insbesondere auch in solchen Fällen von Belang, bei denen der Umstieg auf erneuerbare Energieträger in den Projekttyp inkorporiert ist (z.B. solarthermische Warmwasserbereitstellung). Da es in diesen Fällen immer um die relative Verbesserung desselben Produkts geht, ist die Konformität mit den Kriterien II.1 und II.2 generell gegeben. Unter Berücksichtigung der Vorleistungskette (z.B. Stromerzeugung) sind die ökologischen Nebeneffekte positiv zu werten. In Hinblick auf die sozio-ökonomischen Nebeneffekte kann die verstärkte Nutzung neuer Technologien Arbeitsmarkteffekte im gastgebenden Staat mit sich bringen, wenn ein Großteil der Produktion vor Ort erfolgt. Zudem sind mit der Anwendung effizienterer Geräte häufig auch Komfortgewinne zu realisieren.

Projekte aus dem Bereich "Haushaltsprozesse und Industrie" sind damit grundsätzlich dann JI-geeignet, wenn eine Bündelung der Einzelmaßnahmen möglich ist. Dies erfordert entsprechend organisierte Projektpartner (z.B. Energieversorgungsunternehmen). Wenngleich der Aufwand für die Referenzfallbestimmung sowie die Unsicherheiten bei der Ermittlung der vermiedenen Emissionen höher sind als bei anderen Projekttypen, bilden die hier aufgeführten Projekte und Projekttypen aufgrund der hohen Zielsicherheit der Maßnahmen hochinteressante Anwendungsmöglichkeiten für Joint Implementation.

4) Öffentliche Einrichtungen (Rest Kleinverbrauch)

Die Bestimmung des Referenzfalls (Kriterium I.1) bei der Anwendung von Kleintechnologien wird in diesem Bereich organisatorisch erleichtert. Staatliche Institutionen übernehmen die Funktionen des Projektbündlers und garantieren zumindest auf innerstaatlicher Ebene eine geringere Manipulationsneigung. Den wesentlichen technologischen Schwerpunkt bilden die Gebäude der öffentlichen Einrichtungen sowie verschiedene zuvor für Haushalt und Industrie betrachtete Anwendungstechnologien. Insofern gelten hier auch alle für die zuvor unter II.1 bis II.3 genannten Beurteilungen hinsichtlich der Konformität mit den Kriterien in gleicher Weise.

Darüber hinaus können aber auch noch andere Effekte erwartet werden. Bei einer sinnvollen Auswahl von Projekttypen mit einem staatlichen Partner im gastgebenden Staat ist davon auszugehen, daß die im staatlichen Bereich durchgeführten Projekte eine "Ausstrahlung" auf die Fähigkeit nationaler Betriebe haben, die ausgewählten Projekttypen / Technologien über die staatlichen Abnehmer hinaus aufgrund eines Lernprozesses selbständig zu implementieren. Dies bedeutet, daß das Kriterium II.2 ("positive sozio-ökonomische Nebeneffekte") und möglicherweise auch das Kriterium I.3 in besonderer Weise erfüllt werden. Letzteres gilt selbstverständlich nur, wenn man den nur schwer oder kaum zu quantifizierenden Effekt der "Ausstrahlung" auf das Know-how regionaler Betriebe berücksichtigt.

5) Nationaler individueller Verkehr

Hier handelt es sich im wesentlichen um das Automobil, insbesondere für die individuelle Personenbeförderung. Hinsichtlich der Erfüllung der Kriterien gelten die anfangs gemachten Bemerkungen zur Projektbündelung, um die hier gegebenen technischen Potentiale für JI erschließen zu können. Die Beeinflussung von Flottenverbräuchen ist in unterschiedlichen Formen vorstellbar. Technische Potentiale hinsichtlich der Effizienzsteigerung und des Einsatzes erneuerbarer Energien sind hier in größerem Umfang gegeben als beim Güterstraßenverkehr. Besonders attraktiv ist dieser Bereich wegen der bereits bei den Güterstraßenfahrzeugen erwähnten Möglichkeit, zu positiven ökologischen Nebeneffekten zu kommen. Es bleibt jedoch abzuwarten, ob geeignete Projektpartner gefunden werden können. Möglichkeiten bieten sich unter Umständen bei den zunehmend Verbreitung findenden Unternehmen, die Kraftfahrzeugparks im Rahmen von gemeinschaftlichen Nutzungskonzepten (*outsourcing*) oder für Vermietungen bereitstellen.

6) Fortbildung

Der Projekttyp "Fortbildung" kann in die Unterfälle

(a) Fortbildung zur Förderung energiebewußten Verhaltens in der Produktnutzung und für Konsumaktivitäten (Steigerung der "Konsumeffizienz") und

(b) Fortbildung für die fachgemäße Errichtung von Anlagen mit erhöhter Energieeffizienz bzw. zur Nutzung dezentraler regenerativer Energien (Steigerung der Professionalität durch z.B. Handwerkerschulungen)

unterschieden werden. Obwohl eine wirksame Minderung klimarelevanter Emissionen ohne begleitende Fortbildung, Motivation und Schulung nicht möglich ist, erscheint die Fortbildung aufgrund der nicht eindeutig bestimmbaren vermiedenen Emissionen (Kriterium I.2) einem projektförmigen Ansatz von JI nicht zugänglich. Die Zurechnung der durch solche Aktivitäten vermiedenen Emissionen kann allenfalls nur mit großen Bandbreiten erfolgen. Zudem erscheint die Abgrenzung zu Aktivitäten der unter II.2 bis 6 behandelten Projekttypen kaum möglich. Darüber hinaus liegen Überschneidungen mit staatlichen Aufgabenbereichen auf der Hand. Den Bereich der "Fortbildung" für Joint Implementation weiterzuentwickeln, erscheint deshalb nicht aussichtsreich.

4.3 Nicht-energiebedingte Emissionen bzw. Senken

Die hier zu behandelnden und zu bewertenden Projekttypen könnten für JI von erheblicher Bedeutung sein. Da im Verlauf der vorliegenden Untersuchung sehr frühzeitig die Entscheidung getroffen wurde, Simulationsprojekte lediglich aus dem Bereich der Vermeidung und für das Treibhausgas CO_2 auszuwählen, liegen in dem hier zu behandelnden Bereich keine in die Tiefe reichenden Erfahrungen und Einsichten vor. Das geäußerte Urteil basiert auf den beiden folgenden Beobachtungen:

- Bei Maßnahmen im nicht-energiebedingten Bereich handelt es sich im allgemeinen um "zusätzliche" Maßnahmen, also um Maßnahmen, hinter denen kein ökonomisches Motiv steht und für die daher nicht die Schwierigkeiten entstehen, die bei der Anwendung der Kriterien I.1 und I.2 generell auftreten ("gemeinnützige Projekttypen").

- Unter der FCCC wurde die Entscheidung getroffen, gerade in diesem Bereich bei den Berichtspflichten für AIJ-Projekte sehr stark zu differenzieren. Diese Projekttypisierung mit deutlichem Schwerpunkt im nicht-energetischen Bereich läßt darauf schließen, daß hier der Schwerpunkt entsprechender Aktivitäten erwartet wird.

Die Projekttypen im nicht-energetischen Bereich werden zunächst nach den Charakteristika "biotisch" und "nicht-biotisch" unterschieden, was in etwa zusammenfällt mit den Charakteristika "keine Punktquelle" und "Punktquelle". Die biotischen Produktionsfelder (abiotische Senken werden im nachfolgenden Kapitel behandelt) können wie gezeigt unterteilt werden in:

1.) Landwirtschaft (Methan, N_2O);

2.) Viehwirtschaft (Methan, NH_3);

3.) Forstwirtschaft (CO_2-Senken); und

4.) Abfallwirtschaft (Methan).

Die biotischen Projekttypen sind dadurch charakiterisiert, daß die Messung der faktischen Emissionen (bzw. 'negativen' Emissionen im Bereich "Forstwirtschaft") kaum möglich ist, zumindest gibt es erhebliche Erfassungsprobleme. Im Bereich "Forstwirtschaft" z.B. ist der Kohlenstoffvorrat in der lebenden "Dendromasse" (*living biomass*) noch einigermaßen genau bestimmbar; bei der Erfassung der Biomasse in der Humusauflage dagegen ergeben sich erheblich schwerer wiegende Meßprobleme. Auch ist in vielen Fällen, die 'Produktionsfunktion' der Entstehung und Freisetzung von Treibhausgasen nicht wirklich bekannt. Die Erfüllung des Kriteriums I.2 ist daher generell schwer möglich.

Die Konformität mit dem Kriterium I.1 (Bestimmbarkeit des realen Referenzfalls) ist differenziert einzuschätzen. Im Falle der Landwirtschaft als einer traditionalen Wirtschaftsweise kann generell davon ausgegangen werden, daß die jeweils bestehende Wirtschaftsweise der Referenzfall im einzelnen Projekt ist. Im Bereich der Viehwirtschaft kann das nicht mehr so generell gelten. Häufiger gibt es bereits heute einen (ökonomischen) Anreiz zur energetischen Verwendung dieser Stoffe, so daß das Motiv der Minderung nicht leicht abgrenzbar und damit die "Zusätzlichkeit" nicht gesichert ist. Die Emissionsraten sind zudem stark beeinflußbar durch die Fütterung bzw. die zum Einsatz kommenden Futtermittel. Bei der Herstellung und beim Transport von Futtermitteln, also in der

Vorleistungskette, entstehen jedoch ebenfalls erhebliche Treibhausgasemissionen. Die Abschätzung des Nettoeffekts einer Futtermittelsubstitution ist somit erforderlich, und sie ist nur im Einzellfall (pro Region) aussagekräftig. Die Einhaltung des Kriteriums I.1 kann deshalb für den hier diskutierten Projekttyp "Futtermittelsubstitution in der Viehwirtschaft" nicht generell bestätigt werden. Dies gilt gleichermaßen für züchterische Maßnahmen. Sie können zwar zu einer deutlichen Produktivitätssteigerung (z.B. der Milchproduktion) führen, womit eine entsprechende Emissionsreduktion in der Viehhaltung eines gastgebenden Staates verbunden ist. Es können damit aber auch Veränderungen der Vorleistungskette verbunden sein (z.B. verstärkter Einsatz energieintensiv hergestellten Zukauffutters), die kompensatorisch wirken.

Für die Landwirtschaft gilt im übrigen, wie bei industriellen Prozessen auch, daß ein Know-how-Transfer an sich spezifisch zwar deutlich wirksamer wäre, aber gleichzeitig den Nachteil gegenüber einer rein 'technischen' Lösung hat, daß er schwerer in eine für JI geeignete Form zu bringen ist.

Bei forstwirtschaftlichen Projekten ist die Einhaltung des Kriteriums I.1 generell schwierig, weil zur Bestimmung der vermiedenen Emissionen die Konkurrenzsituation der alternativen Formen der Landnutzung beurteilt werden muß. Bei Landnutzungsprojekten ist eine weiträumige Substitution möglich, die aus einer projektbezogenen Perspektive kaum nachvollziehbar erscheint und auch generell, d.h. auf der Ebene von Projekttypen, schwer zu entscheiden ist.

Bei abfallwirtschaftlichen Projekten handelt es sich im wesentlichen um die Projekttypen "Gaserfassung und -vernichtung/-verwendung", und zwar zu energetischen Zwecken auf Deponien. Hier könnte man, ähnlich wie bei der Landwirtschaft, von der Nullhypothese eines Weiterbetriebs der bestehenden, landesüblichen Deponieformen als Referenzfall ausgehen. Ob man dagegen andere Formen der Abfallinertisierung und -verwendung als vermiedene Deponierung auffassen kann, erscheint fraglich. Die Einhaltung des Kriteriums I.1 ist also sehr projektspezifisch zu beurteilen. Eine volle Entfaltung aller möglichen Projekttypen unter der Kategorie "Abfallwirtschaft" würde den Rahmen der vorliegenden Untersuchung verlassen.

4.4 CO_2-Entsorgung und Fassung bzw. Vernichtung anderer Treibhausgase aus Produktionsprozessen, d.h. aus Punktquellen

Im vorliegenden Kapitel werden im wesentlichen zwei Projekttypen behandelt, die in eine Vielzahl von Unterfällen untergliedert werden können. Zum einen handelt es sich um die vielfältigen und in vielen Forschungsprogammen vorangetriebenen Formen der CO_2-Entsorgung bis hin zur CO_2-Verwertung. Zum anderen geht es um die verschiedenen Nicht-CO_2- und nicht-biogenen Treibhausgase wie PFC, SF_6, HFC, aber auch um N_2O aus industriellen Produktionsprozessen bzw. aus der Freisetzungen bei der Produktnutzung.

Unter dem Bereich der CO_2-Entsorgung werden zahlreiche unterschiedliche Verfahren subsummiert, die einen langfristigen Ausschluß von CO_2 aus der Atmosphäre zum Ziel haben. Dies sind beispielhaft die CO_2-Entsorgung in leergeförderten Erdgasfeldern sowie die Einleitung von flüssigem oder festem CO_2 in die Tiefsee. Kennzeichnend für diese Projekte ist, daß CO_2 an der Punktquelle aufgenommen und gesammelt werden muß, um dann an zentraler Stelle eingelagert zu werden. Die genannten Entsorgungsoptionen sind deshalb auf große Punktquellen (z.B. Kraftwerke) beschränkt.

Die CO_2-Entsorgung ist, sofern sie nicht Verwertungscharakter hat, kommerziell unattraktiv und deshalb generell konform mit Kriterium I.1. Ausgeführt als industrieller Großprozeß mit neuer Technologie ist zudem die Konformität mit dem Kriterium I.2 gesichert. Das spezifische Minderungspotential (I.3) ist hoch. Die ökologischen und sozialen Nebenwirkungen sind nicht generell einzuschätzen. Sie hängen von der gewählten Technologie im speziellen Projektfall, den Deponiemedien und den Ableitungsformen ab. Zu diesem Kriterium ist deshalb keine definitive Entscheidung auf der hier gewählten Aggregationsebene möglich. Zudem sind Einzelfragen (z.B. über die Diffussionsgeschwindigkeit von CO_2 in der Tiefsee und die Folgen der CO_2-Einlagerung auf die Mikroorganismen) heute noch weitgehend ungeklärt.

Formen der CO_2-Nutzung, die Verwertungscharakter haben (z.B. Methanolsynthese aus CO_2 und Wasserstoff), bringen zum einen Schwierigkeiten beim Nachweis der Konformität mit Kriterium I.1, zum anderen ist die Betrachtung der gesamten Prozeßkette hier unerläßlich. Diese Formen können hier keiner tiefergehenden Betrachtung unterzogen werden.

Die Minderung der Emission von Treibhausgasen wie PFC, SF_6, HFC und N_2O erscheint generell konform mit den Kriterien I.1 und I.2, da es sich bei allen möglichen Projekttypen um Großanwendungen handelt. Dies gilt auch für die Produktenutzung, da in diesen Fällen Rücknahmesysteme aus einer (logistischen) Hand aufgebaut werden müßten, die wiederum angemessenen kontrollierbar wären. Die spezifische Minderung kann, muß aber nicht hoch sein (Kriterium I.3).

Die Frage der Verträglichkeit mit Umwelt und Gesellschaft (Kriterienebene II) ist im Einzelfall zu entscheiden, eine generelle Antwort auf der hier betrachteten Aggregationsebene ist nicht möglich.

4.5 Zusammenfassende Bewertung

Dieses erste *Screening* von Maßnahmen zum Klimaschutz erbrachte, wie erwartet, als Ergebnis unterschiedliche Grade an JI-Eignung für verschiedene Projekttypen. Allerdings hat die Bewertung der JI-Eignung auf einer hoch aggregierten Ebene lediglich vorläufigen Charakter und sollte nicht verabsolutiert werden. Deshalb ist im vorstehenden Kapitel an geeigneter Stelle auf die Notwendigkeit weiterer Prüfung im Einzelfall verwiesen worden. Als Ergänzung zu diesem Ansatz hat sich die Simulationsstudie als eine erfolgreiche Form erwiesen, die JI-Eignung eng definierter, spezifischer Projekttypen zu überprüfen und zu konstruktiven Lösungen in bisher offenen praktischen Fragen zu kommen. Sie könnte in der wissenschaftlichen Begleitung von JI-Pilotprojekten ihre Fortsetzung finden.

Bei der Beurteilung der vielfältigen Maßnahmen ist in besonderem Maße das Kriterium der glaubwürdigen und möglichst einfachen Bestimmbarkeit des Referenzfalls und die Möglichkeit der mißbrauchsresistenten Ermittlung der tatsächlichen Emissionen berücksichtigt worden. Diese Wertung entspricht der Bedeutung dieses Kriteriums, da alle Maßnahmen bzw. Projekte (und Projekttypen) dem letztendlichen Ziel der Klimarahmenkonvention dienen müssen, nämlich die Treibhausgasemissionen auf einem Niveau zu stabilisieren, auf dem eine gefährliche anthropogene Störung des Klimasystems verhindert wird (Artikel 2). Nur wenn dieses Ziel zweifelsfrei durch JI-Projekte erreicht werden kann, wird Joint Implementation die erforderliche Glaubwürdigkeit erlangen, um zu einem erfolgreichen Instrument der Klimapolitik zu werden.

Als ebenfalls sehr bestimmend für die Bewertung der JI-Eignung erwies sich die Klimawirksamkeit. Denn dieses Kriterium greift dann, wenn die absolute Höhe der mit Hilfe eines Projekts erreichbaren Emissionsminderung groß ist bzw. die Maßnahmen reine Vermeidungsprojekte und Null-Emissionsprojekte sind (erneuerbare Energien und DSM-Maßnahmen). In diesem Fall liegt die Wirksamkeit oberhalb des „statistischen Rauschens" möglicher Fehlerquellen und sichert in jedem Fall einen gewissen Minderungserfolg. Dies dient in hohem Maße der Akzeptanz durch Umweltverbände, potentielle Gaststaaten und auch durch potentielle Investoren, für deren zum Teil weitreichende Investitionsentscheidungen eine größtmögliche Erfolgsgarantie wesentlicher Faktor ist.

Insbesondere aufgrund des Kriteriums der „exakten Quantifizierbarkeit von Emissionen" kann für bestimmte Projekttypen mit wenigen Ausnahmen davon ausgegangen werden, daß Projekte in diesem Bereich in hohem Maße geeignet sind für JI-Projekte (z.B. Energieträgerumwandlung), für andere ist bereits absehbar, daß sie sich für JI generell nicht eignen (z.B. Fortbildung). Bei einigen Maßnahmen hat sich gezeigt, daß die Potentiale klein sind, da nur geringe organisatorische Zugriffsmöglichkeiten vorliegen (z.B. nationaler individueller Verkehr), oder daß tiefergehende Prüfungen erforderlich sind. Andererseits gibt es erfolgversprechende, JI-geeignete Projekttypen, die klimapolitisch gesehen bisher Randbereiche betreffen und die vom absoluten Vermeidungsvolumen her relativ kleine Potentiale darstellen, deren Klimawirksamkeit aber andererseits als sehr sicher einzuschätzen ist (z.B. manche Formen der Nutzung erneuerbarer Energien).

Bezüglich der Klimawirksamkeit erwiesen sich einige der in der JI-Diskussion vor allem diskutierten bzw. bereits in der Erprobungsphase befindlichen Projekttypen als nicht so minderungswirksam wie gemeinhin erwartet. Dies ergab ganz konkret die Simulationsstudie zum Neubau eines fossil befeuerten Kraftwerks in der Volksrepublik China (Kap. III.1). An diesem Beispiel werden auch die Grenzen eines projektförmigen Ansatzes von Joint Implementation deutlich, denn erst eine Einbeziehung der politischen und wirtschaftlichen Rahmenbedingungen ermöglicht die Feststellung tatsächlich bestehender Minderungspotentiale und die realistische Einschätzung der JI-Eignung bestimmter Projekttypen. Daraus läßt sich der Schluß ziehen, daß auf jeden Fall international abgestimmte Verfahren vereinbart werden sollten, die auf das Umfeld von JI-Projekten abstellen und klimafreundliche Rahmenbedingungen in einem Gaststaat herbeiführen.

Das Kriterium "Klimawirksamkeit" wird in besonderer Weise durch innovative Minderungstechnologien erfüllt, wie in Kapitel III.2 am Beispiel des Solarthermischen Kraftwerks dargestellt. Hier liegt eine doppelte Vermeidungswirkung vor. Zum einen der Minderungseffekt des konkreten Projekts, zum anderen die Markteinführungshilfe für die innovative Technologie. Dieser Durchbruch in die Marktgängigkeit übersteigt den Effekt des Einzelprojekts um ein Vielfaches.

Am Beipiel der Simulationsstudie "Zement" wurde die Problematik der Neuanlagen diskutiert, die sich gerade in den Entwicklungsländern stellt, während in Staaten mit Ökonomien im Übergang des ehemaligen COMECON, in denen hauptächlich bereits bestehende ineffiziente Altanlagen ersetzt werden müssen. An die Referenzfallbestimmung für JI-Projekte im Bereich des Zubaus von Anlagen in Entwickungs-ländern müssen daher besondere Anforderungen gestellt werden. Hier ist in jedem Fall weitere Forschung und Erprobung erforderlich. In den Simulationsstudien des Kapitels III sind konkrete Lösungen für spezifische JI-Projekte bzw. Projekttypen gefunden worden. Einige grundsätzliche Überlegungen werden im Anhang zu Kapitel II angestellt.

Ferner läßt sich nach dieser ersten Beurteilung von Projekttypen feststellen, daß es eine breite Palette technologisch attraktiver Vermeidungsmöglichkeiten gibt, die im JI-Zusammenhang zu Unrecht bisher nicht zur Sprache gebracht wurden. Dies liegt vor allem daran, daß diese Maßnahmen bisher nicht unter dem Aspekt der JI-Eignung geprüft wurden (z.B. Gebäudesanierung). Mit dem in dieser Studie verfolgten Ansatz der Prüfung hoch aggregierter Projekttypen auf ihre Eignung für JI-Maßnahmen konnten solche Potentiale aufgedeckt werden. Auch in diesem Bereich ist die Notwendigkeit weiterer Forschung deutlich. Konkreten Erkenntnisgewinn bringt diese Studie schon für die AIJ-Pilotphase. Sie kann als Entscheidungshilfe für die Prüfung weiterer Projekttypen durch Simulationsprojekte im Hinblick auf ihre JI-Eignung.

Zusammenfassend lassen sich die Ergebnisse dieses ersten *Screening* klimawirksamer Maßnahmen unter Einbeziehung der Erfahrungen aus den vier JI-Simulationsstudien wie folgt darstellen:

Grundsätzlich JI-geeignete Projekttypen:

(vorbehaltlich der Einzelfallprüfung)

- Gewinnung von Energieträgern (vor allem Erfassung und Nutzung von förderbegleitend auftretenden Treibhausgasen);
- Umwandlung von Energieträgern (mit Ausnahme der Kernenergie); vor allem geeignet sind: Effizienzsteigerung, Brennstoffsubstitution, Einsatz erneuerbarer Energien. JI ist in diesem Bereich auch als Hilfsmittel zur Markteinführung interessant (z.B. solarthermische Kraftwerke, Brennstoffzellen);
- Transport- und Verteilung von Energieträgern (vor allem Beseitigung von Leckagen im Erdgastransportnetz);
- Gewinnung mineralischer Rohstoffe;
- Grundstoffbearbeitung (bei Erzeugung homogener Produkte);
- nationaler Massenverkehr (Effizienzsteigerungen, alternative Brennstoffe);
- Gebäudekonditionierung (vor allem Gebäudesanierung in Kooperation mit Wohnungsbaugesellschaften, passive Solarenergienutzung, effiziente Techniken zur Raumwärmebereitstellung und Klimatisierung);
- Haushaltsprozesse und Industrie (unter Zugrundelegung einer Projektbündelung; vor allem: Licht, geregelte Antriebe, solare Anwendungen);
- Öffentliche Einrichtungen (vor allem Gebäudesanierung, Licht etc.);
- Viehwirtschaft (unter Berücksichtigung der Vorleistungskette);

- Abfallwirtschaft; und
- CO_2-Entsorgung (unter Berücksichtigung der ökologischen Nebeneffekte).

Nur mit Einschränkung JI-geeignete Projekttypen:

(mit Detaillierungs- und Überprüfungsbedarf)

- Grundstoffbearbeitung (bei Erzeugung inhomogener Produkte);
- internationaler Massenverkehr (Effizienzsteigerungen im Flottenverband);
- nationaler Massenverkehr (Änderungen des *modal split*); und
- nationaler individueller Verkehr.

Nur in Sonderfällen JI-geeignete Projekttypen:

- nationaler Massenverkehr (Infrastruktur) sowie
- Land- und Forstwirtschaft.

Nicht JI-geeigneter Projekttyp:

- Fortbildung.

Die in diesem Kapitel dargestellten Einschätzungen stellen erste Ansatzpunkte für weitere Untersuchungen dar. Für die weitere Forschung zu Joint Implementation bietet sich insbesondere das im nächsten Kapitel verfolgte Vorgehen der JI-Simulationsstudie an. Die mit diesem Instrument gemachten Erfahrungen sind rundweg positiv. Ergänzend bietet es sich an, weitere geeignete AIJ-Pilotprojekte zu initiieren und sie wissenschaftlich zu begleiten.

Folgende Fragen sollten für die weitere Forschung zum projektförmigen Konzept von Joint Implementation im Vordergrund stehen:

(1) die Untersuchung der folgenden Projekttypen auf ihre JI-Eignung:

- Projekte im Bereich Verkehr;
- Projekte im Bereich Bergbau;
- Projekte im Bereich weiterer Grundstoffindustrien;
- Projekte im Bereich Nicht-CO_2-Emissionen aus Punktquellen; und
- Projekte im Bereich Gebäudekonditionierung;

(2) die Untersuchung der folgenden JI-Projektformen:

- DSM-Analogon;
- Staat als Kleinprojektbündler; und
- Lizenzierung als Form von Joint Implementation;

(3) die Klärung des Verhältnisse der Technologieförderung unter einem JI-Mechanismus zu allgemeinen Verpflichtungen zum Technologietransfer unter der Klimarahmenkonvention.

Literatur

Banholzer, Kai (1996): Joint Implementation: Ein nützliches Instrument des Klimaschutzes in Entwicklungsländern? (WZB FS 96-405), Berlin.

Bedi, C. (1994): No regrets under JI, in: JI of climate change commitments. Tata Energy Research Institute.

BMU (1996): Bundesministerium für Umwelt, Naturschutz und Reaktorsicherheit: Gemeinsam umgesetzte Aktivitäten zur globalen Klimavorsorge ("Activities Implemented Jointly" - AIJ), Bonn, März 1996.

Bodansky, Daniel M. (1995): The Emerging Climate Change Regime; in: 20 Annual Review of Energy and the Environment (1995), S. 425ff.

Bohm, Peter (1994a): Making Carbon Emission Quota Agreements More Efficient: Joint Implementation versus Quota Tradability; in:Klaassen, Ger/ Førsund, Finn R.(Hrsg.): Economic Instruments for Air Pollution Control, Dordrecht (Kluwer), S. 187ff.

Bohm, Peter (1994b): On the Feasibility of Joint Implementation of Carbon Emissions Reductions; in: Amano, Akihiro et al. (Hrsg.): Climate Change: Policy Instruments and their Implications. Proceedings of the Tsukuba Workshop of IPCC Working Group III, 17-20 January 1994, S. 181ff.

Cansier, Dieter/Krumm, Raimund (1996): Joint Implementation: Regimespezifisches Optimalverhalten im Kontext umweltpolitischer Grundprinzipien; in: Zeitschrift für Umweltpolitik und Umweltrecht, S. 161ff.

CNE (1994): Joint Implementation from a European NGO Perspective; Climate Network Europe, Brussels.

Energiewirtschaftliche Tagesfragen, 46 Jg. (1996) Heft 6, Interview mit Angela Merkel.

Gehring, Thomas/Oberthür, Sebastian (1997): Internationale Umweltregime. Umweltschutz durch Verhandlungen und Verträge; Opladen (Leske & Budrich).

Hanisch, Ted/Selrod, Rolf/Torvanger, Asbjørn/AAheim, Asbjørn (1993): Study to develop Practical Guidelines for "Joint Implementation" under the UN Framework convention on Climate Change, CICERO Report 1993:2.

Herold, A. (1995): Joint Implementation im Klimaschutz: Analyse der ersten Projekte, Robin Wood-Diskussionen, Bremen.

International Energy Agency (IEA) (1996): World Energy Outlook – 1996 edition. Paris.

Jackson, Tim (1994): Assessing the Cost-Effectiveness of Joint Implementation under the Climate Convention, in: Climate Network Europe (Hrsg.): Joint Implementation from a European NGO Perspective, Brussels, S. 25ff.

Jepma, Catrinus C. (Ed.) (1995): The Feasibility of Joint Implementation, Dordrecht/Boston/London (1995).

Jones, Tom (1993): OECD/GD (93)88: International Conference on the economies of climate change: 'Operational criteria for JI', Paris.

Kuik, Onno/Peters, Paul/Schrijvers, Nico (1994): Joint Implementation to curb climate change, Dordrecht.

Loske, Reinhard/Oberthür, Sebastian (1994): Joint Implementation under the Climate Change Convention, 6 International Environmental Affairs (1994), S. 45ff.

Loske, Reinhard (1996): Klimapolitik. Im Spannungsfeld von Kurzzeitinteressen und Langzeiterfordernissen, Marburg.

Luhmann, Hans-Jochen (1996): Die relative Eignung von Projekttypen für Joint Implementation; in: Rentz, O./Wietschel, M./Fichtner, W./Ardone, A./ (Hrsg.): Joint Implementation in Deutschland, Frankfurt a.M. (Peter Lang), S. 33-47.

Matthes, F.C. (1994):Necessary incentives for JI projects from an investor's perspective, in: Climate Network Europe (Hrsg.): Joint Implementation from a European NGO Perspective, Brussels.

Michaelowa, Axel (1995): Internationale Kompensationsmöglichkeiten zur CO_2-Reduktion unter Berücksichtigung steuerlicher Anreize und ordnungsrechtlicher Maßnahmen, BMWi Studienreihe Nr.87 (März 1995).

Nordic Council (1995): Joint Implementation as a Measure to Curb Climate Change - Nordic perspectives and priorities. A report prepared by the ad hoc group on climate strategies in the energy sector under the Nordic Council of Ministers, Stockholm/Oslo, February 1995 (TemaNord 1995:534).

Oberthür, Sebastian (1993): Discussions on Joint Implementation and the Financial Mechanism, in: 23 Environmental Policy and Law, S. 245ff.

Oberthür, Sebastian/Ott,Hermann (1995): Stand und Perspektiven der internationalen Klimapolitik, in: Internationale Politik und Gesellschaft1994:4, S. 399-415.

Ott, Hermann (1996a): Völkerrechtliche Aspekte der Klimarahmenkonvention, in: Brauch, Hans Günter (Hrsg.), Klimapolitik. Naturwissenschaftliche Grundlagen, internationale Regimebildung und Konflikte, ökonomische Analysen sowie nationale Problemerkennung und Politikumsetzung; Heidelberg, S. 61-74.

Ott, Hermann (1996b): Elements of a Supervisory Procedure for the Climate Regime, in: Zeitschrift für ausländisches öffentliches Recht und Völkerrecht 56/3 (ZaöRV) (1996), S. 732-749.

Ott, Hermann (1997): Das internationale Regime zum Schutz des Klimas, in: Gehring, Thomas/Oberthür, Sebastian (1997): Internationale Umweltregime. Umweltschutz durch Verhandlungen und Verträge; Opladen (Leske & Budrich), S. 201-218.

Perlack, Robert D./Russel, Milton/Shen, Zhongmin (1993): Reducing greenhouse gas emissions in China. Institutional, legal and cultural constraints and opportunities, in: Global Environmental Change, March 1993, S.79ff.

Schärer, Bernd (1997): Joint Implementation gemäß der Klimarahmenkonvention - Diskussion zur Gestaltung im internationalen Bereich, in: Elektrizitätswirtschaft Heft 1-2/1997, S.9ff.

Swisher, Joel/Villavicencio, Arturo (1995): The UNEP Greenhouse Gas Abatement Costing Study – Implications for Joint Implementation, in: Jepma, Catrinus J. (Hrsg.): The Feasibility of Joint Implementation. Dordrecht, S. 249ff.

Torvanger, A./Fuglestvedt, J.S./Hagem, C./Ringius, L./Selrod, R./Aaheim, H.A. (1994): Joint Implementation Under the Climate Convention: Phases, Options and Incentives, CICERO Report 1994:6.

Walker, I.O./Wirl, Franz (1994): How effective would Joint Implementation be in stabilizing CO2 emissions? in: OPEC Bulletin, November/December 1994, S. 16-19 und 63.

WBGU (1994): Wissenschaftlicher Beirat der Bundesregierung Globale Umweltveränderungen: Welt im Wandel: Die Gefährdung der Böden – Jahresgutachten, Bonn.

Anhang: Überlegungen zur Bestimmung des Referenzfalls

a) Einführung

Ein JI-Projekt soll der Minderung der Emission von Treibhausgasen zu dienen. Eine Minderung ist die Differenz zwischen einem hypothetischen Referenzfall ohne JI und dem Zustand mit JI. Vermiedene Emissionen sind nicht ohne Bestimmung eines Referenzfalls zu ermitteln. Die Bestimmung des Referenzfalls ist somit von großer Bedeutung für die Bestimmung der vermiedenen Emissionen in den Simulationsstudien, den daraus abgeleiteten Berichtsformaten sowie für die Beurteilung der JI-Eignung von Projekttypen.

An verschiedenen Stellen der vorliegenden Untersuchung ist das Bedürfnis entstanden, auf grundsätzliche Überlegungen zur Frage der Bestimmung des Referenzfalls zurückgreifen zu können. Sie werden deshalb zusammengefaßt in diesem Anhang behandelt. Methodisch wird in mehreren Schritten das Verhältnis zwischen einer angestrebten pragmatischen Bestimmung des Referenzfalls und einem "idealen" Referenzfall untersucht.

Im Prinzip gibt es zwei Wege, die Bestimmung des Referenzfalls zu vereinheitlichen: (1) die Überweisung der Fragestellung an ein geeignet besetztes Gremium ("best available judgement"); und (2) die Rückführung der Fragestellung und ihrer Schlüsselbegriffe auf methodisch einheitlich bestimmbare, "operationalisierte" Begriffe. Hier ist der Methode (2) gefolgt worden um die (einfache) Bestimmbarkeit des Referenzfalls zu einem Kriterium der JI-Eignung eines Projekttyps zu machen und dadurch die Transaktionskosten für JI-Projekte zu minimieren.

b) Hintergrund: Die Entscheidung für den anlagenförmigen Referenzfall

Als erstes ist der grundsätzlichen Frage nachzugehen, worauf sich der Referenzfall bezieht. Werden zwei Zustände einer Volkswirtschaft miteinander verglichen und ein Element darin ausgetauscht (JI-Anlage), so ändern sich auch andere Elemente: Ein saniertes Kraftwerk z.B. wird im Kraftwerksverbund anders eingesetzt als ein nicht saniertes. Der Effekt einer JI-Maßnahme ist also im Grunde auf der Ebene der Volkswirtschaft (oder eben des Kraftwerksparks eines Netzes) zu bestimmen. Die so formulierte Genauigkeitsanforderung würde sich aber nicht mit dem projektförmigen Ansatz von JI vertragen[21]. In diesem Fall muß deshalb der Referenzfall mit Hilfe einer Referenzanlage bestimmt werden[22]. Als Konsequenz dieser Entscheidung muß im konkreten Fall geprüft werden, wie hoch die Differenz zwischen dem "wirklichen", dem umfassend definierten Referenzfall und dem anlagenförmig definierten, "vereinfachten" Referenzfall ist[23]. Ist diese Differenz zu groß, so ist der Referenzfall nicht zu bestimmen.

Nach dieser Entscheidung, die allen Simulationsprojekten zugrunde lag, war weiter der Umfang der Definition des Referenzfalls zu klären und zu entscheiden. Der Referenzfall ist definiert, wenn vier Komponenten bestimmt sind:

- die Referenzanlage;
- die Qualität der Produkte, die in der Anlage hergestellt werden;
- die Einsatzweise der Anlage bzw. die Menge der Produkte, die mit der Anlage hergestellt werden; sowie
- die Nutzungsdauer der Anlage.

Die *Referenzanlage* ist nicht etwa schon dadurch bestimmt, daß der technische Typ einer Anlage angegeben wird. Erforderlich ist vielmehr die Angabe der spezifischen Emissionen (z.B. an CO_2) pro Produkteinheit. Dies ist nur möglich, wenn das hergestellte Produkt bzw. die Produktpalette, d.h. die *Produktqualität*, definiert ist. An dieser Stelle wird deutlich, daß die Homogenität des Produktes eines JI-Projekts für die Bestimmbarkeit des Referenzfalls und damit für seine JI-Eignung eine entscheidende Bedeutung besitzt[24].

Die *Einsatzweise der Anlage* bzw. die Menge der Produkte, die in der Anlage hergestellt werden, ist im wesentlichen von zwei Faktoren abhängig:

(1) der Konjunktur insgesamt bzw. der Nachfrage- und Wettbewerbssituation der Branche; sowie

---

21 Vgl. oben, Kap.I.2.3.

22 Ein JI-Projekt ist nicht zwingend anlagenförmig. Um der erforderlichen Abstraktheit der Fragestellung zu genügen und doch nicht in lauter neue Definitionen ausweichen zu müssen, was die Verständlichkeit des Textes erschweren würde, wird hier, wie an anderen Stellen auch, bewußt mit 'Pars-pro-toto'-Begriffen gearbeitet.

23 Diese Differenz wird in der JI-Literatur in bildlicher Sprache als "leakage-effect" bezeichnet.

24 Die faktische Konzentrierung bisheriger JI-Pilotprojekte auf Kraftwerksanlagen könnte hierin ihre verborgene Rationalität haben.

(2) der Entscheidung des Anlagenbetreibers über die Auslastung der Anlage (wobei unterstellt wird, daß der typische Betreiber über eine überregionale Gruppe gleicher Anlagen in dem Sinne verfügt, so daß er interregionale Auslastungsverschiebungen veranlassen kann).

Auf die exakte Bestimmbarkeit der *Nutzungsdauer der Anlage* konnte weitgehend verzichtet werden. Es wurde davon ausgegangen, daß im JI-Zusammenhang nicht die Nutzungsdauer selbst, sondern allein die Kreditierungszeit von Interesse ist. Sie sollte und wird i.d.R. auch geringer sein als die tatsächliche Nutzungszeit von Anlagen. Das gilt zumindest für industrielle Großanlagen mit einer faktischen Nutzungsdauer von mehr als 20 Jahren. Über die anzurechnende Nutzungsdauer muß politisch entschieden werden, die exakte Bestimmbarkeit der Nutzungsdauer ist deswegen im hier betrachteten Zusammenhang nur von geringem Belang[25].

Darüber hinaus muß aus Gründen des Vertrauenschutzes für den Investor über den Referenzfall von der JI-Genehmigungsstelle spätestens zu dem Zeitpunkt entschieden werden, wenn der Investor seine Projektentscheidung trifft. Ohne eine solche Planungssicherheit ist die Realisierung eines JI-Projekts nicht zu erreichen.

Würden die vermiedenen Emissionen eines JI-Projekts durch einen Vergleich der absoluten Emissionen in Form der folgenden Formel

$$Emiss_{verm} = Prod.Menge_{Ref} * spez.Emiss_{Ref} - Prod.Menge_{JI} * spez.Emiss_{JI}$$

bestimmt, so würde dieses Verfahren eine Prognose der absoluten Emissionen einer Anlage und damit der produzierten Menge im Referenzfall erfordern. Je nachdem zu wessen Gunsten bei einer solchen Prognose entschieden wird, würde das konjunkturelle Auslastungsrisiko entweder zu Lasten des Betreibers oder zu Lasten des Klimaschutzes gehen. Dieses Risiko sollte jedoch von keiner Seite getragen, sondern möglichst ausgeschlossen werden. Dies ist dadurch möglich, daß die vermiedenen Emissionen nicht durch einen Vergleich der absoluten Emissionen, bestimmt werden, sondern indem die Differenz der spezifischen Emissionen mit der faktischen Auslastung im JI-Fall multipliziert wird. Dies stellt eine Vereinfachung in pragmatischer Absicht dar und ist in der folgenden Formel gezeigt:

$$Emiss_{verm} = Prod.Menge_{JI} * (spez.Emiss_{Ref} - spez.Emiss_{JI})$$

Diese Entscheidung hat Bedeutung für die Bestimmbarkeit des Referenzfalls und damit für die JI-Eignung von Projekttypen. Die Notwendigkeit, im JI-Zusammenhang mit vereinfachten, auf die (enge) Ebene des Projekts beschränkten

---

25 Dies ist der Fall, wenn es um die Sanierung bestehender Anlagen geht und in diesem Zusammenhang die voraussichtliche Restnutzung der Altanlage zu bestimmen ist.

operationalisierten Parametern zu arbeiten, schafft Spielräume für strategisches Verhalten von Investoren bzw. von Anlagenbetreibern. Das nun eliminierte Risiko aus der Auslastungsschwankung ist, wie gezeigt wurde, nicht in allen Fällen gänzlich unbeeinflußbar durch den Betreiber einer JI-Anlage. Die Möglichkeit, das damit geschaffene Potential für Mitnahmeeffekte zu nutzen, ist aber (1) möglicherweise durch die Berichtspflichten begrenzbar und (2) bei verschiedenen Projekttypen unterschiedlich. Diese Tatsache fließt in die Bewertung der JI-Eignung von Projekten ein.

c) Die Wahl der konkreten Referenzanlage

Im folgenden wird zunächst die idealtypische Definition der Referenzanlage ermittelt. Der entscheidende Nachteil dieser Definition ist, daß sie prinzipiell die genaue Einzelprüfung eines jeden JI-Projektes erforderlich machen würde. Dieses ist im Hinblick auf die erwartete Menge von Projekten zu aufwendig und damit wenig zweckmäßig. Daher werden, ausgehend von der idealtypischen Definition, im folgenden weitere mögliche, pragmatische Definitionen der Referenzanlage betrachtet. Es sollte diejenige pragmatische Definition ausgewählt werden, die am wenigsten von der idealtypischen Definition abweicht, da in diesem Fall die Mitnahmeeffekte am geringsten und die Wirkungen für den Klimaschutz am größten sind.

aa) Idealtypische Definition: Wirtschaftliche Investitionsvariante eines Einzelprojektes (Feasibility-Studie)

Die zentrale Frage zur Bestimmung des Referenzfalls lautet: Welches Projekt wäre realisiert worden, wenn es das Instrument "Joint Implementation" und die dadurch ausgelösten Initiativen von Unternehmen oder Staaten nicht gäbe? Es muß demnach zur Bestimmung der Referenzanlage mit einer Hypothese gearbeitet werden.

Für die Bestimmung dieses hypothetischen Referenzprojekts sind i.d.R. wirtschaftliche Kriterien heranzuziehen. Dies gilt zumindest für die als Regelfall unterstellte Situation, in der die drei folgenden Bedingungen erfüllt sind:

- Das JI-Projekt ist typischerweise ein Projekt im Bereich der Produktion von Gütern (meist privat betrieben), nicht dagegen ein (staatliches) Infrastrukturprojekt (siehe dazu die Gliederung der Projekttypen in Kap. II.2).

- Das JI-Projekt nutzt keine fortgeschrittene Technologie, die als solche nicht marktgängig ist (wie z.B. solarthermische Kraftwerke).

- Das JI-Projekt ist als Projekttyp nicht offensichtlich lediglich "gemeinnützig", d.h. es besteht die Möglichkeit, daß es einen ökonomischen Ertrag abwirft. Ein offensichtlich lediglich gemeinnütziges Projekt wären z.B. die CO_2-Deponierung bzw. die Methanabfackelung an Steinkohlebergwerken bzw. Deponien.

Bei diesen Projekten handelt es sich um typisch privatwirtschaftliche Unternehmungen, die eine spezifische Kompetenz erwarten lassen. Kommerzielle Projekte werden jedoch in großem Umfang und mit erheblichem Finanzvolumen sowie mit grenzüberschreitender Finanzierung in beinahe allen potentiellen gastgebenden Staaten verwirklicht. Es ist demnach zu entscheiden, wann ein kommerzielles Projekt "zusätzlich" ist, um Mitnahmeeffekte zu vermeiden.

Idealtypisch möglich ist eine solche Unterscheidung durch Einblick in das wirtschaftliche Kalkül eines jeweiligen potentiellen Investors. Aus diesen Überlegungen heraus ergibt sich die folgende idealtypische Definition der Referenzanlage:

Die Referenzanlage für JI-Projekte ist diejenige Investitionsvariante, die ein potentieller Investor ohne Joint Implementation aufgrund wirtschaftlicher Kalkulation errichtet hätte und betreiben würde ("Business-as-usual"-Fall).

Wirtschaftlich kalkulierend ist ein Investor, der in ökonomisch rationaler Art und Weise unter den gegebenen Randbedingungen, den technischen Optionen sowie den gegenwärtigen und für die Zukunft erwarteten Preisen seine Entscheidung für ein Projekt und eine bestimmte Projektvariante trifft. Idealerweise wird für die Bestimmung der Referenzanlage Einblick in das Kalkül des individuellen Investors genommen. Im folgenden sollen kurz die Möglichkeiten dieser Einsichtnahme dargestellt werden, um sodann die praktischen Schwierigkeiten zu erläutern.

Über die Realisierung großer Investitionsvorhaben wird grundsätzlich auf der Basis von ausführlichen und aufwendigen Machbarkeitsstudien (*Feasibility-Studien*) entschieden. Die Kosten für solche Studien liegen in der Größenordnung von einstelligen Millionenbeträgen (in DM). Ziel einer Feasibility-Studie ist (1) die Identifizierung derjenigen Projektvariante, deren Errichtung und Betrieb über die betrachtete Nutzungsdauer kostenminimal sind sowie (2) die Bestimmung der absoluten Wirtschaftlichkeit und Finanzierbarkeit.

In einer Feasibility-Studie werden deshalb verschiedene Varianten des geplanten Projekts vorprojektiert. Die Investitionsaufwendungen, die Einsatzweise und die Betriebskosten der betrachteten Varianten werden abgeschätzt und auf ihre Wirtschaftlichkeit hin verglichen. Der Gesamtkostenvergleich berücksichtigt dabei sowohl die fixen als auch die variablen Kosten (z.B. Brennstoffkosten), deren

Anteile sich von Variante zu Variante während der betrachteten Nutzungszeit voneinander deutlich unterscheiden können. Aufwendungen zu unterschiedlichen Zeitpunkten werden auf die Gegenwart abdiskontiert.

In die Betrachtung in einer Feasibility-Studie sind also auch diejenigen energieeffizienteren Projektvarianten eingeschlossen, deren Realisierung mit Hilfe des Instruments JI angestrebt wird, unter gegebenen Rahmenbedingungen und bei gegenwärtig herrschenden Erwartungen aber nicht erfolgt, da ihre Kosten zu hoch liegen. Aus dem internen Kalkül eines potentiellen Investors kann daher – im Prinzip – ersehen werden, welche Projektvariante bzw. welches Projekt zum Zuge käme, wenn sich die Rahmenbedingungen, z.B. aufgrund eines JI-Mechanismus, änderten.

Referenzfälle könnten demnach projektindividuell über eine Feasibility-Studie ermittelt werden. Die Erstellung von Feasibility-Studien ist das Standardverfahren zur Bewertung von Projekten in der entwicklungspolitischen Kooperation. Auch hier, auf dem Feld der Realisierung von Investitionsvorhaben zur Entwicklungsförderung, bestehen die Probleme der Ineffizienz, des Mißbrauchs und der Kollusion sowie des strategischen Verhaltens. Die nicht unerheblichen Transaktionskosten für die Auswahl und die Realisierung dieser öffentlichen Projekte wurden in Kauf genommen.

Wenn in einfacher Weise in das Kalkül eines Investors Einblick genommen werden könnte, so wäre die Bestimmung desjenigen Projekts (bzw. derjenigen Projektvariante), das im Referenzfall realisiert werden würde, kein großes Problem. Ein Problem entsteht erst dadurch, daß das Kalkül eines Investors, insbesondere eines privatwirtschaftlichen Investors, i.d.R. nicht offen liegt. Entscheidend für die mangelnde Verfügbarkeit des wahrhaftigen Kalküls eines privatwirtschaftlichen Investors ist, daß mit "strategischem Verhalten" der beteiligten Akteure gerechnet werden muß.

Die vermiedenen Emissionen sind die Differenz zwischen den faktischen Emissionen eines tatsächlich betriebenen JI-Projektes und den hypothetischen Emissionen eines Referenzfall-Projektes. Das strategische Verhalten zielt darauf ab, bei der Quantifizierung von Größen, die in die Bemessungsgrundlage von Emissionskrediten eingehen, die gemeldeten Daten von den tatsächlichen Daten abweichen zu lassen. Beide Terme der Differenz "vermiedene Emissionen" sind manipulierbar. Der Aufwand für eine solche Manipulation ist bei den beiden Termen aber deutlich verschieden. Scheinbar vermiedene Emissionen lassen sich mit dem geringsten Aufwand dadurch erreichen, daß der Referenzfall unsachgemäß angesetzt wird. Die Angaben über die tatsächlichen Emissionen während des Betriebs eines JI-Projekts zu manipulieren ist demgegenüber aufwendiger.

Die projektindividuelle Bestimmung des Referenzfalls in eigens angefertigten Feasibility-Studien wäre zwar die beste Lösung. Sie hat aber den entscheidenden Nachteil hoher Transaktionskosten und möglichen strategischem Verhalten der Projektbetreiber. Aus diesem Grunde wurde für die vorliegende Untersuchung entschieden, das Referenzfallproblem anders zu lösen.

bb) Pragmatische Definitionen der Referenzanlage

Aus den oben angeführten Gründen ist es die Funktion der idealtypischen Definition, als Richtschnur für die Güte einer zu wählenden pragmatischen Definition zu dienen. Benötigt werden pragmatische Definitionen für eine vielzahl von Fällen, wie sich in den Simulationsstudien gezeigt hat[26]. Hier galt es, diejenige Investitionsvariante sowie diejenige Betriebsweise eines Projekts (Kraftwerk, Zementwerk, Beleuchtung in Haushalten) zu bestimmen, die ohne Joint Implementation realisiert worden wären. Dieser hypothetische Fall war über die gesamte Zeitspanne zu bestimmen, über die ein Projekt als JI Projekt anerkannt werden soll.

Auch die pragmatischen, zweitbesten Definitionen werden ausgehend von einer wirtschaftlichen Betrachtungsweise bestimmt. Es gibt eine Reihe von Projekttypen, die sich dadurch auszeichnen, daß das Kalkül des potentiellen Investors gleichsam öffentlich vorliegt. In diesen Fällen besteht die Aufgabe also lediglich darin, in dieses Kalkül Einblick zu nehmen und daraus sachgerechte Schlüsse zu ziehen. Zu den Projekttypen, die diesen eleganten Ausweg bieten, gehören Projekte der öffentlichen Hände und Entwicklungshilfeprojekte, also im klimapolitischen Zusammenhang insbesondere Kraftwerks-, aber auch Verkehrsprojekte und abfallwirtschaftliche Vorhaben. Dies wurde im Rahmen der vorliegenden Untersuchung anhand der Simulation des solarthermischen Kraftwerks näher untersucht und scheint ein gangbarer Weg zur realitätsgerechten Festlegung der Referenzanlage.

Dabei wurde eine identifizierbare Einzelanlage als Referenzfall bestimmt, um eine drohende weitreichende Komplikation zu vermeiden. Im Prinzip wäre nämlich die Fahrweise netzgekoppelter Anlagen im Kraftwerksverbund zu simulieren, da sich bei Austausch einer Anlage i.d.R. die Einsatzweise aller anderen Kraftwerke im Netzverbund verändert. Im Fall des betrachteten Projekttyps "solarthermisches Kraftwerk" konnte die Referenzanlage aus der (bestehenden)

---

26 In den Simulationsstudien wurde, um die Referenzanlage zu bestimmen, die Methodik der Referenzfallbestimmung nicht qua Richtlinie durch den Koordinator des Projekts vorgegeben. Es wurde vielmehr Raum gelassen für eigenständige Versuche der Referenzfallbestimmung, die sich im Laufe der Erarbeitung für die Bearbeiter als möglich und angemessen ergaben. Die dadurch gemachten Erfahrungen und die dazu geführten Diskussionen sind in die nachfolgenden Ausführungen eingeflossen.

Kraftwerksausbauplanung der Region heraus ermittelt werden. Der langfristig vermiedene Kraftwerkstyp der jeweiligen Region wurde dabei „verdrängt". Dies ist i.d.R. ein fossil befeuertes Kraftwerk auf Basis weltmarktgängiger Energieträger.

Im Falle des Zementwerks (vgl. Kap. III.4) wurde die Referenzanlage unter Zuhilfenahme einer speziellen Kasuistik bestimmt, die im folgenden erläutert wird. Grundlegend ist dabei die Unterscheidung zwischen

- der Sanierung (einer bestehenden Anlage); und
- dem Neubau einer Anlage, letzteres mit den Unterfällen
  - Ersatzbau und
  - Zubau.

Die Kategorie "Ersatzbau" entspricht der Kategorie "Sanierung". In beiden Fällen geht es um die Substitution einer bestehenden einzelnen Anlage. Im Simulationsfall "Zementwerke in Tschechien" waren Werke vorhanden. Die substituierte Anlage, also die Referenzanlage, wurde als die Anlage im Betriebszustand der letzten drei Jahre bestimmt. Naheliegende Möglichkeiten von Mitnahmeeffekten konnten bei dieser Lösung des Referenzfallproblems durch Einblick in ein generalisiertes Wirtschaftlichkeitskalkül glaubwürdig ausgeschlossen werden. Die bei diesem Projekttyp vorliegenden speziellen Bedingungen waren (1) die engen Grenzen, die der Auslastungsverschiebung im Unternehmensverbundwegen der Transportkostenintensität des Produktes "Zement" gesetzt sind, sowie (2) die i.d.R. durch die Rohstoffverfügbarkeit definierte Nutzungsdauer eines Zementwerks.

Für andere Fälle der o.a. Kasuistik dagegen konnte die generelle Bestimmbarkeit einer realistischen Referenzanlage nicht erreicht werden. Im Fall des DSM-Projektes spielt die Frage des wirtschaftlichen Kalküls der Nachfrager nach Lampen von vornherein eine viel geringere Rolle, da es hier um statistisch zu beschreibende Gesamtheiten ging.

Die Probleme der unzweideutigen, oder mindestens nur in engen Grenzen verzerrten Feststellung des Referenzfalls als wirtschaftlicher Variante, könnten sich auch auf ein durch die Typisierung vereinfachtes Verfahren der Referenzfallbestimmung übertragen. Daher liegt es nahe, weitere alternative Möglichkeiten der Definition des Referenzfalls zu untersuchen. Insbesondere solche Verfahren sind dabei von Interesse, in denen versucht wird, auf etwas "Vorhandenes" als Referenzfall zu setzen. Denn Tatsachen sind einfacher festzustellen und zu kontrollieren als rein hypothetische Fälle.

Das einfachste Beispiel für eine pragmatische, auf vorhandenen Angaben beruhende Festlegung des Referenzfalles ist die Definition, daß der Weiterbetrieb des bestehenden Kraftwerks in unveränderter Form über die gesamte Lebensdauer des Neubaus eines Ersatzkraftwerkes (oder der Nachrüstung einer Altanlage) angenommen wird. Dabei könnten weitere, tatsächlich gegebene Größen als alternative pragmatische Definitionen der Referenzanlage in Betracht gezogen werden:

(1) die durchschnittlichen spezifischen Emissionen des in Rede stehenden Anlagentyps, z.B. des fossilen Kraftwerksparks im gastgebenden Staat; oder

(2) der "Stand der Technik" des betreffenden Anlagentyps, z.B. fossil befeuerter Kondensationskraftwerke, möglicherweise untergliedert nach Anlagenkonfiguration und eingesetztem Brennstoff, in fortschrittlichen OECD-Staaten abzüglich eines Abschlags von x Prozent[27]. Dieser Abschlag gibt den Spielraum der den Investoren offenstehenden Effizienzverbesserung an.

Die Unterstellung allerdings, daß die in (1) und (2) verwendeten Größen vergleichsweise einfach definierbar und feststellbar seien, erwies sich bei näherer Betrachtung als nicht selbstverständlich. Auch hier stellen sich Probleme ein, u.a. bei den folgenden Parametern[28]:

- Werden unter "Kraftwerkspark" lediglich die Kraftwerke der "öffentlichen Stromversorgung" verstanden, so ist dieser Kraftwerkspark von den Industriekraftwerken u.a. abzugrenzen.
- Da die Effizienzstandards anlagen- und brennstoffbezogen anzugeben sind, müssen die Kraftwerksstandards aus Teilen des Parks ermittelt werden. Die tatsächliche Brennstoffausnutzung der Kraftwerkstypen hängt aber stark von der Einsatzcharakteristik im Verbund ab. Auch wäre die Frage zu klären, wie mit Reserveanlagen bei der geforderten Durchschnittsbildung umgegangen wird.
- Der Stand der Technik von Einzelanlagen im Detail liegt zunächst als ein öffentlich nicht zugängliches Hersteller- und Betreiber-Know-how vor. Der Stand der Technik kann faktisch nur regionalspezifisch (und dabei in Deutschland z.B. anders als in den USA) ermittelt werden. Dies geschieht in komplizierten Aushandlungsprozessen zwischen Staat, Technikanbietern,

---

[27] Für die Festlegung des Referenzfalls gemäß einem "Stand der Kraftwerkstechnik" wären die Werte in Tabelle 1 aus Kapitel III 1 ein geeigneter Ausgangspunkt. Die dort angegebenen Spannbreiten von Werten wären zu eliminieren. Bei unterschiedlichen Anlagekonfigurationen und gleichem Brennstoff wäre ein einfacher Wert pro Brennstoffart zu ermitteln. Relativ zu diesem Stand der Technik wäre in internationalen Verhandlungen ein Abschlag zu bestimmen. Dieser kann relativ oder absolut definiert sein.

[28] Die folgende Argumentation ist auf den Kraftwerksfall beschränkt, um die Sprechweise nicht unnötig allgemein und damit unanschaulich halten zu müssen.

Technikanwendern und anderen gesellschaftlichen Gruppen (vgl. die diskussionsintensive Erarbeitung des Entwurfs für die Wärmenutzungsverordnung in Deutschland). Der Versuch einer weltweit einheitlichen Definition des "Standes der Kraftwerkstechnik" ist also ein sehr aufwendiges Unterfangen.

- Nach den obigen alternativen pragmatischen Definitionen werden die zu erreichenden Mindestwirkungsgrade je nach Anlagenkonfiguration und eingesetztem Brennstoff festgesetzt. Ungeklärt ist jedoch, wie vorgegangen werden sollte, um den Fall des Brennstoffwechsels handzuhaben, der immer auch ein Wechsel der Anlagenkonfiguration ist.

Im folgenden werden die dargestellten alternativen pragmatischen Definitionen der Referenzanlage an der zuvor eingeführten idealtypischen Definition der Referenzanlage als wirtschaftlicher Investitionsvariante gemessen. Der Vergleich zeigt die Höhe des Abstands der alternativen Definitionsvorschläge zum wirklichen Referenzfall auf. Dies gilt insbesondere für die Festlegung des Referenzfalls "Neubau eines Kraftwerks".

(1) *Durchschnittlicher Wirkungsgrad des Kraftwerksparks des gastgebenden Landes*: Aufgrund von Lizenzverträgen entspricht der Wirkungsgrad eines neu gebauten Kraftwerks in einem typischen Entwicklungsland häufig der unteren Bandbreite des in den investierenden Ländern erreichten Standes der Technik von Neuanlagen. Der durchschnittliche Wirkungsgrad des bestehenden Kraftwerksparks liegt aufgrund des technischen Fortschritts und des Vintage-Effekts sowie aufgrund weiterer, länderspezifischer Einflüsse deutlich, oft um mehr als 5 Prozentpunkte, unter diesem Wert. Würde die hier erwogene alternative Definition gewählt, so würde der finanzielle Gegenwert dieser 5 Prozentpunkte Emissionsminderung aus investierenden Staaten in die investierenden Länder fließen, ohne daß dem wirklich eine zusätzliche Emissionsminderung gegenüberstünde.

(2) *Durchschnittlicher Wirkungsgrad des Kraftwerksparks des investierenden Landes*: Es gilt im Prinzip das gleiche wie unter (1) gesagt. Der Unterschied besteht lediglich darin, daß die quantitative Differenz geringer sein dürfte, da i.d.R. der durchschnittliche Wirkungsgrad des Kraftwerksparks in einem typischen investierenden Staat höher liegen dürfte als in einem Entwicklungsland. Dies gilt, solange der Anteil der modernen Neubauten im Kraftwerksbestand der gastgebenden Staaten noch gering ist. Angesichts hoher Wachstumsraten im Ausbau dieser Kraftwerksparks könnte sich diese Relation aber schon in absehbarer Zeit in einigen Nicht-Annex-II-Staaten ändern.

(3) *Wirkungsgrad nach dem Stand der Technik mit x Prozent Abschlag*: Hier stellt sich die Frage, nach welchen Kriterien der Abschlag bestimmt wer-

den soll. Um Mitnahmeeffekte gering zu halten, müßten mindestens länderspezifisch oder sogar in regionaler Aufgliederung Festlegungen für die Wirkungsgradabschläge erfolgen. Demnach unterscheidet sich dieser alternative Definitionsvorschlag vom Aufwand her faktisch nicht mehr von dem auf Feasibility-Studien aufbauenden Verfahren. Der Unterschied resultiert lediglich darin, daß in dem einen Fall der Stand der Kraftwerkstechnik in OECD-Staaten Ausgangspunkt der Betrachtungen ist, während dies in dem anderen Fall der Stand der Kraftwerkstechnik in den gastgebenden Staaten ist. Im Fallbeispiel für die VR China könnte z.B. bei einem Abschlag in der Größenordnung von 3 Prozentpunkten gerade der als wirtschaftliche Variante des Kraftwerktyps "konventionelles Kohlekraftwerk" definierte Referenzfall getroffen werden.

Das Problem der exakten Bestimmbarkeit des Referenzfalls für JI-Projekte ist der Grund für die Befürchtung von Mitnahmeeffekten. Diese haben in der Regel weitreichende Konsequenzen, entweder auf die Haltung zu JI insgesamt oder auf das Urteil über die Eignung bestimmter Projekttypen für JI. Im letzten Abschnitt wurden Lösungen für die Bestimmung des Referenzfalls beschrieben, bei denen Mitnahmeeffekte bewußt zugelassen werden. Die folgende Diskussion des Mitnahmeeffekts und der Befürchtungen, die sich an ihn knüpfen, zielt darauf, diesen dominant erscheinenden Nachteil von standardisierten Lösungen der Referenzfallproblematik in den größeren klimapolitischen Zusammenhang einzuordnen und Kompensationsmöglichkeiten auf dieser Ebene aufzuzeigen. Denn tolerabel sind Mitnahmeeffekte aus klimapolitischer Sicht nur, wenn sie kompensiert werden können.

Der finanzielle Umfang von Mitnahmeeffekten kann beträchtlich sein. JI-Maßnahmen sind im Regelfall von den Heimatländern der Investoren veranlaßte oder geförderte Projekte. Die Größenordnung des Volumens, das hier zur Debatte steht, läßt sich recht gut bestimmen, wenn man von den folgenden Voraussetzungen ausgeht:

- Die "typischen" Grenz-CO_2-Vermeidungskosten in Industrieländern liegen in der Größenordnung von etwa 100 DM/t CO_2 * a.
- Die Emissionen der OECD-Länder liegen in der Größenordnung von etwa 10 Mrd. t CO_2 (1990) und werden nach Angaben der IEA bis zum Jahr 2010 auf etwa 13 Mrd. t CO_2 ansteigen[29].
- Der Minderungsbedarf der OECD-Länder wird durch das unterstellte Ziel einer Stabilisierung in 2010 auf dem Niveau des Jahres 1990 bestimmt. Die "Spitze" von etwa 10 % des Minderungsbedarfs kommt für JI-Maßnahmen in Frage.
- Es besteht ein Verhältnis von CO_2-Vermeidungskosten (pro Jahr) zu Investitionen in CO_2-Vermeidung von 1 zu 7.

[29] Nach IEA (1996), Tab. 2.2

Unter diesen Voraussetzungen kommt muß mit einem jährlichen Volumen von etwa 30 Mrd DM_{90}/a Vermeidungskosten und auf ein finanzielles Investitionsvolumen bis zum Jahr 2010 in Höhe von gut 200 Mrd. DM_{90} gerechnet werden, das für Mitnahmeeffekte durch unzureichend konzipierte und unzureichend überwachte JI-Maßnahmen auf dem Spiel steht.

Es gibt grundsätzlich zwei Möglichkeiten, Mitnahmeeffekte zu kompensieren.

Zum einen kann es bei bestimmten JI-Maßnahmen CO_2-Minderungseffekte geben, die, bei geeigneter Ausgestaltung, als "Neben"-Effekte entstehen, aber nicht in die bestimmten vermiedenen Emissionen eingehen. Diese Nebeneffekte sind in der Lage, den Mitnahmeeffekt scheinbarer Emissionsminderungen tendenziell aufzuheben.

Solche Nebeneffekte können im einzelnen sein:

(1) der CO_2-mindernde technische Fortschritt, der selbstverständlich über die berechnete CO_2-Minderung der Einzelanlage hinaus emissionsmindernd wirkt (siehe als Beispiel die Simulationsstudie zur solarthermischen Stromerzeugung, in der dieser Effekt des technischen Fortschritts zum Thema gemacht worden ist);

(2) die CO_2-mindernden Effekte des Projekts über das Ende der Projektlaufzeit, der in der Regel bestehen sollte.

Zweitens gibt es die Möglichkeit, die Verhandlungen um Begrenzungsverpflichtungen im Wissen um die erheblichen, wenn auch im einzelnen ausgestaltungsabhängigen, Mitnahmeeffekte bei JI zu führen und dieses Phänomen dadurch kollektiv auszugleichen.

Teil III.1*
Praktische Durchführung von Joint Implementation im Bereich fossiler Kraftwerke am Beispiel eines 300 MW-Steinkohle-Kraftwerks in der Volksrepublik China

---

* Dieses Kapitel wurde in Zusammenarbeit mit Siemens AG, KWU: Professor Dr. Holger Ann und Dr. Peter Voigländer erstellt.

1 Einleitung

Der technische Fortschritt hat zur Entwicklung einer Vielzahl verschiedener fossiler Kraftwerkskonzepte geführt, deren Wirkungsgrad und spezifische CO_2-Emissionen sich je nach verwendeter Technologie und genutztem Brennstoff voneinander unterscheiden. Diese verschiedenen Konzepte werden hier als Projekttyp "fossile Kraftwerke" zusammengefaßt.

Der Stand der Kraftwerkstechnik ist weltweit nicht einheitlich, und die Kraftwerkskonzepte sind in den verschiedenen Staaten in ganz unterschiedlichem Maße verfügbar. Damit bestehen im Bereich des Kraftwerksbaus grundsätzlich Möglichkeiten zur Durchführung erfolgversprechender JI-Projekte. Diese betreffen im wesentlichen die Verringerung des Ausstoßes von CO_2, das im Kraftwerksbereich in großem Umfang freigesetzt wird. Andere klimarelevante Spurengase spielen bei der Stromerzeugung nur eine untergeordnete Rolle. Grundsätzlich können die CO_2-Emissionen dabei durch die Verwendung effizienter, d. h. durch einen hohen Wirkungsgrad gekennzeichneter Kraftwerkstechnologie und/oder einen Brennstoffwechsel von einem spezifisch kohlenstoffreichen (z. B. Kohle) zu einem kohlenstoffarmen Energieträger (z. B. Erdgas) gesenkt werden.

Die Technik fossiler Kraftwerke ist in den Industrieländern am weitesten entwickelt. Im weltweiten Vergleich befinden sich die deutschen Anbieter an der Spitze der technologischen Entwicklung. Insofern stellt die Übertragung moderner, effizienter Technik fossiler Kraftwerke in Länder mit einem niedrigeren Standard der technologischen Entwicklung grundsätzlich eine Möglichkeit zur Verwirklichung von Projekten der „Gemeinsamen Umsetzung" unter deutscher Beteiligung dar. JI-Projekte, die zu einem Brennstoffwechsel führen, sind dabei vor allem an die Bedingungen vor Ort gebunden, d. h. die Verfügbarkeit der Energieträger im Gastland.

Der folgende Bericht konzentriert sich zunächst im wesentlichen auf die Untersuchung der JI-Eignung von Projekten zur Übertragung moderner Kraftwerkstechnik. Die Untersuchung erfolgt dabei am Beispiel der Errichtung eines 300 MW-Steinkohle-Kraftwerks in der Volksrepublik China und beruht auf der konkreten Kraftwerkssimulation eines deutschen Anbieters. An diesem Beispiel soll zum einen geprüft werden, inwieweit das Problem der Bestimmung des Referenzfalls und der glaubwürdigen Ermittlung der vermiedenen Emissionen gelöst werden kann. Zum anderen sollen Anforderungen entwickelt werden, die sich in bezug auf die Berichterstattung und die Überwachung ergeben. Letztlich soll auch aufgezeigt werden, in welcher Form sich die Ergebnisse dieses konkreten Fallbeispiels auf andere potentielle JI-Projekte im Bereich "Fossile Kraftwerke" übertragen lassen.

Zu diesem Zweck wird in Kapitel 2 zunächst der Stand der Technik fossiler Kraftwerke aufgearbeitet. Kapitel 3 versucht prinzipiell zu beschreiben, wie für den Projekttyp "fossiles Kraftwerk" aus der Gesamtheit der gegebenen Möglichkeiten ein Referenzfall bestimmt werden kann. Nach einer Diskussion der energiepolitischen, energiewirtschaftlichen und sonstigen Rahmenbedingungen für die Volksrepublik China wird in Kapitel 4 ein 300 MW-Steinkohlekraftwerk als konkretes Fallbeispiel für JI untersucht. Für die diesbezügliche Bestimmung des Referenzfalls kommen die zuvor allgemein abgeleiteten Richtlinien zur Anwendung. Dementsprechend wird unterstellt, daß im Referenzfall der Kraftwerksbau durch einen heimischen chinesischen Anbieter erfolgt. Alternativ zu dieser Anlage wird, ausgehend von den konkreten, am ausgewählten Standort vorliegenden Rahmenbedingungen, die technische Simulation (Fahrweise, Nutzungsgrad, CO_2-Emissionen) eines potentiellen JI-Kraftwerkes durchgeführt. In der Simulation wird unterstellt, daß dieses Kraftwerk in China mit dem Know-how eines deutschen Anbieters errichtet wird. Kapitel 5 beschreibt die Methodik und die Anrechnungsmodalitäten für die Bestimmung der durch das JI-Kraftwerk vermiedenen Emissionen. Schlußfolgerungen für die Antragstellung, die Berichterstattung und die Überwachung eines solchen Projektes werden in Kapitel 6 gezogen. Letztlich wird in Kapitel 7 versucht, die für das Fallbeispiel gewonnenen Erkenntnisse auf andere Rahmenbedingungen und Kraftwerkskonzepte zu übertragen und grundsätzlich die JI-Eignung des simulierten Falles sowie des Projekttyps "fossiles Kraftwerk" zu bewerten.

2 Stand der Technik fossiler Kraftwerke

"Fossile Kraftwerke" ist eine Kurzbezeichnung für Wärmekraftwerke, die mit fossilen Brennstoffen befeuert werden. Dabei existiert eine Vielzahl unterschiedlicher Konzepte. Sie unterscheiden sich in der Art des verwendeten Brennstoffs und weichen in der Brennstoffausnutzung und dem Ausstoß von Treibhausgasen voneinander ab. Tabelle 1 gibt beispielhaft einen Überblick über den derzeitigen Stand der Kraftwerkstechnik in Deutschland und zeigt für die unterschiedlichen Kraftwerkstypen die Kenngrößen, die im Kontext von JI besondere Bedeutung besitzen. In der zweiten Spalte von Tabelle 1 wird über die Leistung in Megawatt (MW) typischer Anlagen oder Blöcke der aufgeführten Kraftwerkskonzepte Auskunft gegeben. Spalte 3 enthält Informationen zum „Nettowirkungsgrad", d. h. zum Verhältnis von elektrischer Nettoleistung und korrespondierendem Brennstoffeinsatz im optimalen Betriebspunkt („Bestpunkt"). Angaben zu den spezifischen, auf die Bereitstellung einer kWh elektrischer Energie bezogenen CO_2-Emissionen finden sich in Spalte 4. Die in der ersten Spalte aufgeführten Kraftwerkskonzepte sind zeilenweise nach der Art des eingesetzten Brennstoffs gegliedert. Um absehbare Tendenzen der technologischen Entwicklung einzubeziehen, werden zudem Kraftwerkskonzepte nachrichtlich aufgeführt, die erst zukünftig verfügbar sein werden ("zukünftig verfügbare Kraftwerke").

Wie aus den Angaben in Tabelle 1 ersichtlich ist, haben bereits die heute verfügbaren Kraftwerkskonzepte deutlich voneinander abweichende Wirkungsgrade. Sie reichen von etwa 33 bis 35% in mit Erdgas oder leichtem Heizöl (HEL) befeuerten Gasturbinen, über 40 bis 45% in kohlebefeuerten Dampfkraftwerken, bis zu 52 bis 55% in ebenfalls mit Erdgas oder HEL befeuerten Gas- und Dampfturbinen-Kraftwerken (GUD-Kraftwerke). Aufgrund des unterschiedlichen Kohlenstoffgehalts der verschiedenen Brennstoffe variieren dabei die mit der Stromerzeugung verbundenen CO_2-Emissionen zwischen den einzelnen Konzepten nicht nur proportional zu den Wirkungsgradunterschieden, sondern noch darüber hinaus (vgl. die Erläuterungen in Anhang A1). Mit 0,36 kg CO_2 pro kWh elektrischer Energie weisen die erdgasbefeuerten Gas- und Dampfturbinen-Kraftwerke von den dargestellten Optionen die geringsten spezifischen CO_2-Emissionen auf. Diese sind um mehr als 60% niedriger als die heute verfügbaren braunkohlebefeuerten Dampfkraftwerke, die pro kWh elektrischer Energie 0,93-0,99 kg CO_2 ausstoßen.

Kraftwerkskonzept	Anlagen- bzw. Blockleistung (MW)	Nettowirkungsgrad (%)	spez. CO_2-Emissionen (kg/kWh_{el})
BRAUNKOHLEBEFEUERTE KRAFTWERKE:			
heute verfügbare Kraftwerke			
- mit Staubfeuerung	800	40,1	0,99
- mit Staubfeuerung und erhöhten Dampfparametern	800	43,0	0,93
zukünftig verfügbare Kraftwerke			
- mit intgegrierter Kohlevergasung	800	48,0 - 50,5	0,79 - 0,83
STEINKOHLEBEFEUERTE KRAFTWERKE:			
heute verfügbare Kraftwerke			
- mit Staubfeuerung	200 - 600	41,2 - 43,0	0,78 - 0,82
- mit atm. Wirbelschichtfeuerung	200	41,0	0,82
- mit Druckwirbelschichtfeuerung	200	42,8	0,79
- mit Staubfeuerung und erhöhten Dampfparametern	600 - 800	45,5	0,74
zukünftig verfügbare Kraftwerke			
- mit intgegrierter Kohlevergasung	600 - 800	46,0 - 48,5	0,69 - 0,73
- mit Druckwirbelschichtfeuerung und Zusatzfeuerung	200	48,5	0,69
VERBUND-/KOMBI-KRAFTWERKE	800	44,0 - 46,5**	0,65 - 0,68
ERDGAS- BZW. HEL-BEFEUERTE KRAFTWERKE:			
heute verfügbare Kraftwerke			
- Gasturbine	100 - 200	33,2 - 35,0	0,56 - 0,6
- Gas- und Dampfturbinen-Kraftwerk (GUD)	200 - 600	51,4 - 55,1	0,36 - 0,39
zukünftig verfügbare Kraftwerke*			
- Gasturbine	100 - 200	38,0	0,52
- Gas- und Dampfturbinen-Kraftwerke (GUD)	200 - 800	55,0 - 57,5	0,34 - 0,36

* mit erhöhten Gasturbineneintrittstemperaturen

** Verbund- und Kombikraftwerke bestehen aus einem Gasturbinen- und einem Dampfturbinenanteil (mit Kesselfeuerung) in Parallel- bzw. Reihenschaltung. In Abhängigkeit der Feuerung des Dampfkessels können sie ausschließlich mit Erdgas oder HEL betrieben werden oder mit Erdgas bzw. HEL und Kohle.

Tab. III.1.1: *Kenngrößen fossiler Wärmekraftwerke nach gegenwärtigem und zu erwartendem zukünftigen Stand der Technik*[1]

Für die fossilen Kraftwerke werden in Zukunft noch Steigerungen des erreichbaren Wirkungsgrades um mehrere Prozentpunkte erwartet. Hiermit wird auch eine weitere Minderung der spezifischen CO_2-Emissionen verbunden sein. Dies kann im Falle kohlebefeuerter Kraftwerke insbesondere dadurch erreicht werden, daß der GUD-Prozeß, der bisher nur auf der Grundlage der Brennstoffe Erdgas und HEL einsetzbar ist, auch für Kohlekraftwerke (z. B. Kohlekraftwerke mit integrierter Kohlevergasung)

1 Fischedick, M.: Stand und Entwicklungsperspektiven fossiler Kraftwerkskonzepte. In: Instrumente für Klima-Reduktions-Strategien (IKARUS); Teilprojekt 4 "Daten Umwandlungssektor", Fossile Kraftwerke, Erlangen, Stuttgart, 1995.

realisiert werden kann. Dies wird jedoch frühestens in einem Jahrzehnt möglich sein. Für gas- und ölbefeuerte Kraftwerke sind Wirkungsgradsteigerungen ähnlichen Ausmaßes vor allem mit dem Übergang auf höhere Gasturbineneintrittstemperaturen zu erwarten, so daß die heute bestehende, aus Tabelle 1 ersichtliche Wirkungsgraddifferenz zwischen kohle- und erdgasbefeuerten Kraftwerken von etwa acht bis zehn Prozentpunkten auch mittelfristig erhalten bleiben wird.

Angesichts der Vielfalt der Kraftwerkskonzepte bestehen in diesem Bereich Ansatzpunkte für JI. Ein besonders hohes CO_2-Minderungspotential kann beispielsweise durch einen Brennstoffwechsel von Kohle (z. B. Steinkohle) zu Erdgas oder HEL erreicht werden. Dabei kommen zwei Effekte zum Tragen (vgl. Tabelle 1 und Anhang A1):

1. Aufgrund des unterschiedlichen Kohlenstoffgehalts der Brennstoffe können die CO_2-Emissionen bei einer Umstellung von Steinkohle auf Erdgas um etwa 40% und bei einem Wechsel zu HEL um etwa 22% verringert werden.

2. Zugleich wird häufig ein Wechsel zu einer effizienteren Kraftwerkstechnik möglich. Die dadurch erzielte Steigerung des Wirkungsgrades um bis zu zehn Prozentpunkte zieht eine Verringerung des spezifischen Energiebedarfs und damit auch der korrespondierenden CO_2-Emissionen um etwa 18% nach sich.

Insgesamt führt ein Brennstoffwechsel von Steinkohle zu Erdgas bzw. HEL zu einer spezifischen, auf die Stromerzeugung bezogenen CO_2-Minderung von mehr als 50% bei Erdgas bzw. 36% bei HEL, also zu einer Halbierung bzw. einer Reduzierung um mehr als ein Drittel. Um den durch JI-Maßnahmen für einen Referenzfall "Kohlekraftwerk" zu erzielenden CO_2-Minderungseffekt zu maximieren, müßten deshalb JI-Kraftwerksprojekte mit Brennstoffwechsel durchgeführt werden. Das spezifische Minderungspotential ist bei derartigen JI-Maßnahmen um Größenordnungen höher als ohne Brennstoffwechsel.

Allerdings ist die Verfügbarkeit der für einen Brennstoffwechsel attraktiven Brennstoffe nicht in allen Staaten und Regionen in gleichem Maße gegeben. Ob eine konkrete JI-Maßnahme im Kraftwerksbereich einen Brennstoffwechsel einschließen kann, ist also von den spezifischen Umständen des jeweiligen Falls abhängig. Ähnliches gilt für die Realisierungschancen des jeweils höchsten technischen Standards. Nicht in allen Ländern kann eine optimale Kraftwerkskonzeption mit dem höchsten technischen Stand im JI-Zusammenhang vorausgesetzt werden. Beispielhaft sei hier nur auf die erforderliche technische Infrastruktur (Know-how der Betriebs- und Wartungsmannschaft) verwiesen, die notwendig ist, um hochkomplexe

Kraftwerke sicher und zuverlässig zu betreiben. Es gibt also einen landesspezifischen Stand der Anwendbarkeit von Technik, der infrastrukturgebunden ist. Dementsprechend ergibt sich länderspezifisch eine Differenz zwischen den Wirkungsgraden der liefer- und betreibbaren Kraftwerkstechnologie einerseits und der effizientesten verfügbaren Technologie andererseits.

Der in Tabelle 1 gezeigte Vergleich der mit verschiedenen Kraftwerkskonzepten nach dem Stand der Kraftwerkstechnik erreichbaren Wirkungsgrade ist zunächst eine auf Deutschland bezogene Angabe. Deutschland steht dabei im internationalen Vergleich mit an der Spitze. Die für Deutschland gegebenen Verhältnisse können nicht auf alle Industrieländer übertragen werden. Dennoch gibt es in der öffentlichen Debatte zu JI die Tendenz, generell die AnnexII-Staaten (westliche Industrieländer) mit energieeffizienter Technik (der Tabelle 1 vergleichbaren Standards) und die anderen Staaten (Entwicklungsländer und Staaten Mittel- und Osteuropas [MOE]) mit einem weniger energieeffizienten Stand der Technik in Verbindung zu bringen. Eine solche generelle Gleichsetzung ist nicht sachgemäß. Vielmehr ist sowohl nach den Technikbereichen wie auch nach Ländern bzw. Ländergruppen zu differenzieren. Letzteres gilt nicht nur für die Gruppe der Entwicklungsländer und mittel- und osteuropäischen Staaten, sondern z. T. auch für die westlichen Industrieländer. So sind die Aktivitäten im Bereich der Wirkungsgradverbesserung in den Industrieländern in Abhängigkeit von den Rahmenbedingungen (z. B. niedrige Brennstoffpreise etwa in den USA oder einseitige Ausrichtung der Stromerzeugung auf einen Energieträger wie in Frankreich) unterschiedlich ausgeprägt.

Es gibt somit keinen Grund, warum JI-Projekte im Kraftwerksbereich grundsätzlich nur zwischen AnnexII-Staaten als Land des Investors und Entwicklungs- und MOE-Staat als Gastland vorstellbar sein sollten. Vielmehr können JI-Projekte auch zwischen AnnexII-Staaten durchgeführt werden[2]. Darüber hinaus können auch die anderen Staaten freien Zugang zum Weltmarkt haben oder über Lizenzen verfügen und somit über einen hohen Stand der Technik, wodurch sie als Gaststaaten für JI-Projekte unter Umständen ausscheiden.

JI-Projekte scheinen im Kraftwerksbereich also grundsätzlich möglich und zwischen verschiedenen Ländern durchführbar. In Hinblick auf das erreichbare CO_2-Minderungspotential für den Projekttyp "fossile Kraftwerke" stellt sich darüber hinaus die Frage, ob aktive Maßnahmen zur Minderung der Emissionen "klassischer" luftverschmutzender Stoffe wie Staub (Leitsubstanz

2 Dies legt gleichzeitig den Schluß nahe, daß in potentiellen JI-Investorländern CO2-Minderungspotentiale exisiteren, die von diesen Staaten selber realisiert werden können.

für Schwermetallemissionen), Schwefeldioxid (SO_2) und Stickoxide (NO_x), die in Deutschland bzw. Westeuropa zum Stand der Technik gehören, auch international als Stand der Technik definiert werden können. Betrachtet man diesbezüglich nur REA- und DENOX-Maßnahmen im engeren Sinne (Rauchgasreinigung)[3], sind diese Maßnahmen sowohl in der Errichtungs- wie in der Betriebsphase mit relativ hohen Kosten und einem zusätzlichen Energieaufwand verbunden. Sie sind weiterhin stark abhängig von der Wahl des Kraftwerkstyps sowie des eingesetzten Brennstoffs. Da sie Energie erfordern, führen diese Maßnahmen zu einer Erhöhung der spezifischen CO_2-Emissionen: Der Wirkungsgrad des Kraftwerks wird um etwa einen Prozentpunkt verringert. Als Folge reduziert sich auch das CO_2-Minderungspotential, das durch den Ersatz herkömmlicher durch effizientere Kraftwerkstechnologie erschlossen werden könnte.

Einen internationalen Konsens in der Frage, ob Rauchgasreinigungsanlagen aus Vorsorgegründen generell vorzuschreiben sind, gibt es nicht. Sowohl in Westeuropa als auch in Nordamerika und Ostasien bestehen hierüber verschiedene Auffassungen und eine unterschiedlich große Bereitschaft, im jeweils eigenen Lande Rauchgasentschwefelungsanlagen (REA) vorzuschreiben und Maßnahmen zur "Ent-Stickung" (DENOX = "DeNO_x")[4] zu ergreifen. Die Techniken zur effizienten Minderung sind jedoch verfügbar. Eine Analyse europäischer Kraftwerksneubauten der letzten Jahre hat gezeigt, daß sowohl die derzeit gültigen, als auch die für 1999 geplanten verschärften EU-Standards heute bereits mit konventionellen Techniken erfüllt werden können[5]. Deutschland liegt hinsichtlich der gesetzten Standards mit an der Spitze der

---

3 Unter Kostenaspekten lassen sich drei Arten der Emissionsminderung unterscheiden:

(1) Maßnahmen der Feuerungstechnik, die bei Neuanlagen vergleichsweise kostengünstig sind - sogenannte primärseitige Maßnahmen (betrifft vor allem NO_x);

(2) Maßnahmen der Brennstoffwahl oder -präparierung (z.B. Waschen und Entpyritisierung von Kohle; Wassereinspritzung in Gasturbinen), die zwar keinen wesentlichen Einfluß auf die Kraftwerkskosten haben, aber die Brennstoffkosten erhöhen. Bei einem Teil dieser Maßnahmen (z.B. bei der Brennstoffvorbehandlung) steigen die CO_2-Emissionen des Kraftwerks nicht, bei einem anderen Teil (z.B. Wassereinspritzung) ist dies dagegen der Fall.

(3) Relativ teure, nachgeschaltete Maßnahmen zur Reinigung der Rauchgase, d.h. REA- und DENOX-Anlagen.

4 Die Klimarahmenkonvention erfaßt lediglich die Verringerung der Emission von Treibhausgasen und ihren Vorläufersubstanzen. In dieser Hinsicht besteht ein gewichtiger Unterschied zwischen Schwefeldioxid und Stickoxiden. Im Gegensatz zum zumindest nicht positiv klimawirksamen SO_2 tragen NO_x zur troposphärischen Ozonbildung bei und sind damit Vorläufersubstanzen für die Bildung klimawirksamer Spurengase. Für die Durchführung von JI-Projekten kann damit eine Reduzierung des NO_x-Austoßes aus Klimaschutzgründen gefordert werden.

5 Standards shown to be easily met, Acid News 3, 1996

Industrienationen[6]. Kraftwerksanlagen und deren Nachrüstung mit umwelttechnischen Maßnahmen im Ausland werden hier nur dann gefördert, wenn diese den im Inland geltenden Standards entsprechen. Ob diese Kriterien für JI von der Vertragsstaatenkonferenz übernommen werden, ist nicht sicher.

6 Vgl. Hildebrand, M.: Emissionsbilanzen der deutschen EVU im Spiegel europaweiter Vorschriften, Elektrizitätswirtschaft 94 (1995), Heft 1/2, S. 37-48.

3 Die Wahl des Referenzfalls und die Zuordnung geeigneter JI-Kraftwerkstypen

3.1 Ein Filtermodell zur Bestimmung zugehöriger Referenzfall- und JI-Kraftwerkstypen

Um die für die Beurteilung der JI-Eignung eines Kraftwerksprojekts und zur Abschätzung der vermiedenen Emissionen unerläßlichen Referenzfall- und JI-Kraftwerke ableiten zu können, wird hier ein Filtermodell angewandt (vgl. Abbildung 1). Aus der Gesamtheit aller vorhandenen Technikoptionen im Bereich fossiler Kraftwerke wird dabei in den ersten Filterschritten unter Berücksichtigung der landes- und standortspezifischen Rahmenbedingungen die Menge der möglichen Referenzfallkraftwerkskonzepte abgeleitet. Im hier zunächst behandelten Fall des Neubaus eines Kraftwerks ist dabei die in der Regel verfügbare Kraftwerksausbauplanung eines Landes von entscheidender Bedeutung. Erst nach der so erfolgten Festsetzung eines oder mehrerer möglicher Kraftwerkskonzepte für den Referenzfall sind im dritten Filter JI-Kraftwerkskonzepte - im Idealfall nur einer - bestimmbar, die im Vergleich zum Referenzfall zu einer Minderung der CO_2-Emissionen führen. Dabei sind wiederum die landes- und standortspezifischen Rahmenbedingungen zu berücksichtigen. Denn nicht jedes mögliche JI-Kraftwerksprojekt kann unter den vorherrschenden Rahmenbedingungen jeden Referenzfall ersetzen. Letztlich können damit bestimmte JI-Kraftwerken bestimmten Referenzfällen zugeordnet werden.[7]

Als Ergebnis des entwickelten Filtermodells kann eine landesspezifische, jeweils nur zeitlich begrenzt gültige Liste von JI-Kraftwerken bzw. -kraftwerkskonzepten und zugehörigen Referenzfall-Kraftwerken bzw. -kraftwerkskonzepten erstellt werden. Aus dieser läßt sich die grundsätzliche JI-Eignung bestimmter Kraftwerkskonzepte in einem Land ablesen. Besonders zu betonen ist, daß im dargestellten Filtermodell nicht einzelne Referenzfall- und JI-Kraftwerke, sondern jeweils Klassen der oben vorgestellten Kraftwerkskonzepte einander zugeordnet werden. Dies erleichtert wesentlich die im Einzelfall zu treffende Entscheidung über die grundsätzliche JI-Eignung eines konkreten Projekts. Indem das Projekt ein bestimmtes

7 Im Rahmen der durchgeführten Simulation wurde von einem Kraftwerksneubau ausgegangen. Die vorgetragenen Überlegungen sind ebenso auf die Möglichkeit einer Kraftwerksnachrüstung übertragbar. Potentielle Investoren müssen prinzipiell beim zweiten Filter je nach Sachlage zwischen Kraftwerksnachrüstung und Kraftwerksneubau unterscheiden. Zu den Auswahlmöglichkeiten und dem Auswahlprozeß für die Volksrepublik China siehe Anhang A2.

Kraftwerkskonzept repräsentiert, kann die Beurteilung anhand der gebildeten Liste vorgenommen werden.

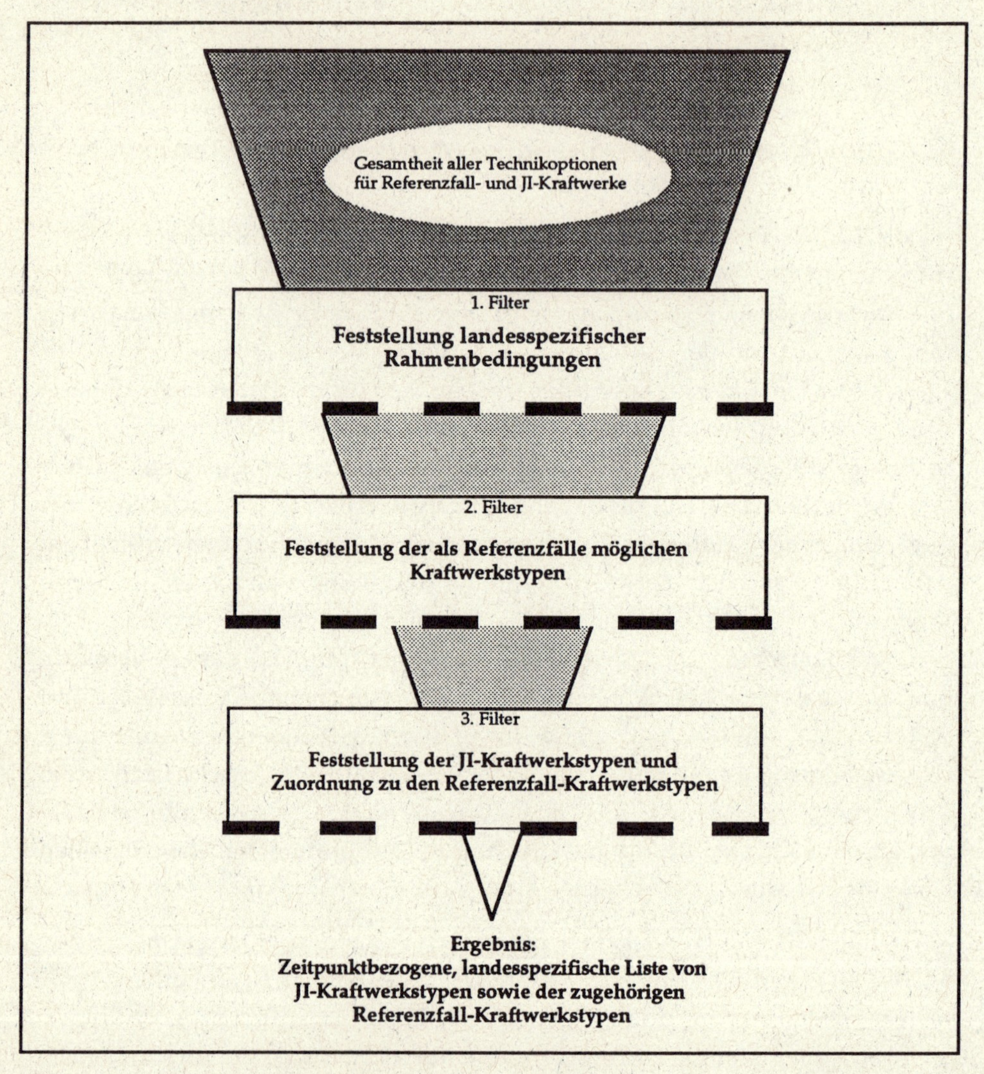

Abb. III.1.1: Entscheidungsverfahren zur Bestimmung von Referenzfall-Kraftwerkstypen sowie zugehöriger JI-fähiger Kraftwerkstypen.

Als relativ unproblematisch erscheint dabei die Bestimmung der grundsätzlich in Frage kommenden JI-Kraftwerkskonzepten, die sich aus den am spezifischen Standort realisierbaren technischen Optionen ergeben. Ob ein Kraftwerkskonzept allerdings JI-geeignet ist, ergibt sich dann jedoch aus der Abgrenzung zum Referenzfallkraftwerkskonzept. Nur wenn ein Kraftwerkstyp im Vergleich zum Referenzfall zu einer Emissionsminderung führt[8], kann er als landesspezifisch JI-geeignet bezeichnet werden. Die Bestimmung eines JI-Kraftwerkstyps ist damit abhängig von der Bestimmung des Referenzfalls. Damit stellt sich auch im Fall des Neubaus von Kraftwerken die im Rahmen von JI grundlegende Problematik der verläßlichen Referenzfalldefinition, die im folgenden bezogen auf den Kraftwerksbereich diskutiert wird. In Abgrenzung zu anderen Möglichkeiten der Referenzfallbildung besteht im hier behandelten Fall in der Regel die Möglichkeit, auf die Kraftwerksausbauplanung eines Landes zurückzugreifen (Kap. 3.2). Weitere mögliche pragmatische Definitionen des Referenzfalls, die ebenfalls behandelt werden, weisen demgegenüber verschiedene Nachteile auf (Kap. 3.3).

3.2 Herleitung von Referenzfall-Kraftwerkstypen aus der Kraftwerksausbauplanung

Im Idealfall ist der Referenzfall eines konkreten JI-Kraftwerksprojekts dasjenige Kraftwerk, das ohne Joint Implementation realisiert würde bzw. worden wäre.[9] Investitionen im Kraftwerksbereich werden dabei unter gegebenen politischen und sozio-ökonomischen Rahmenbedingungen sowie vor dem Hintergrund der verfügbaren technischen Optionen in erster Linie unter wirtschaftlichen Gesichtspunkten getätigt. Um den Referenzfall bestimmen zu können, müßte deshalb idealerweise Einblick in das Kalkül des Investors genommen werden. Investoren im Kraftwerksbereich bedienen sich zur Identifizierung der insgesamt kostenminimalen Kraftwerksvariante grundsätzlich ausführlicher und aufwendiger Machbarkeitsstudien (*Feasibility-Studien*). Mit einem Kostenaufwand in der Größenordnung von einstelligen Millionenbeträgen (in DM) werden dabei verschiedene Varianten von Kraftwerken vorprojektiert. Die Investitionsaufwendungen, Einsatzweisen und Betriebskosten dieser Varianten werden abgeschätzt und im Hinblick auf ihre Wirtschaftlichkeit verglichen. Ausgeführt wird in der Regel die im Rahmen eines Gesamtkostenvergleichs unter Berücksichtigung der fixen wie auch der variablen Kosten (z.B. für Brennstoff), deren Anteile sich von Fall zu Fall deutlich voneinander unterscheiden können, kostenminimale Variante.

Wenn die Informationen solcher Feasibility-Studien "objektiv" und zugänglich wären, wäre die Bestimmung des Referenzfall-Kraftwerks wenig problematisch. Die benötigten Informationen und damit das Kalkül eines Investors liegen aber nicht offen. Zugleich hat der Investor einen Anreiz,

8 Der Nachweis der Emissionsminderung sollte idealerweise nicht auf die direkten CO2-Emissionen beschränkt bleiben, sondern sowohl die gesamte Prozeßkette als auch die anderen Treibhausgase einbeziehen.

9 Vgl. die Diskussion der Referenzfall-Problematik in Kapitel II.

durch eine unsachgemäße Ansetzung des Referenzfalls die vermiedenen Emissionen, die sich aus der Emissionsdifferenz von JI- und Referenzfall-Kraftwerk ergeben, höher erscheinen zu lassen, als sie tatsächlich sind.[10] Damit wäre zusätzlich zu der Machbarkeitsstudie des jeweiligen Investors prinzipiell eine genaue Einzelprüfung eines jeden JI-Projektes erforderlich. Dies ist zwar in Anlehnung an die Vorgehensweise bei Entwicklungshilfeprojekten grundsätzlich möglich (vgl. AP2), führt aber zu einem sehr hohen Aufwand. Durch die im folgenden dargestellte pragmatischere Definition der „Business-as-usual"-Variante eines konkreten Kraftwerksprojekts kann dieser Aufwand - allerdings zu Lasten der Genauigkeit und der Gefahr von Mitnahmeeffekten - vermieden werden.

Grundlage für die Entwicklung dieser pragmatischen Definition ist die Erkenntnis, daß es eindeutig bestimmbare Klassen von Kraftwerken gibt, die sich - wie in Kapitel 2 dargestellt - durch den verwendeten Brennstoff und die Ausnutzung dieses Brennstoffes voneinander unterscheiden. Es besteht deshalb die Möglichkeit, sowohl das JI-Kraftwerk als auch das Referenzfall-Kraftwerk einer dieser Kategorien/einem dieser Klassen zuzuordnen und auf diese Weise die Vielzahl möglicher geringfügig voneinander abweichender Einzelprojekte auf eine überschaubare Anzahl von Projektklassen zu reduzieren, für die auch das Verfahren der Bestimmung der vermiedenen Emissionen bereits ausgearbeitet und geklärt ist (s. unten Kapitel 5). Die Tabelle verfügbarer Kraftwerkstypen gemäß verschiedenen Kraftwerkskonzepten in Kapitel 2 gilt spezifisch für Deutschland, für andere Staaten bzw. Regionen können ähnliche Tabellen erstellt werden. Die Kraftwerkstypen selbst werden sich dabei nur wenig unterscheiden, doch gibt es regionale Unterschiede in der Effizienz bzw. dem Nutzungsgrad sowie der durch die Brennstoffverfügbarkeit gegebenen Einsetzbarkeit dieser Kraftwerkstypen.

Die Ermittlung von Referenzfall-Kraftwerkstypen orientiert sich also nicht an dem Investitionskalkül eines individuellen, ein konkretes Kraftwerksprojekt planenden Investors, wie es eine Einzelfallbetrachtung vorsieht. Die Referenzfall-Kraftwerkstypen werden vielmehr allgemein aus dem unterstellten Investitionskalkül eines potentiellen Investors abgeleitet. Die der Referenzfallbildung zugrundeliegende Frage ist demnach: Welchen

10 Bei unterschiedlichen Kraftwerkskonzepten ist der Auslegungswirkungsgrad aufgrund einer Vielzahl beeinflussender Parameter (z.B. Hersteller, Brennstoffqualität, Kühlwasserverhältnisse) nicht fix, sondern bewegt sich innerhalb einer gewissen Bandbreite. Dies gilt gleichermaßen für das Referenzfall- und das JI-Kraftwerk. Damit könnte für den Referenzfall ein Wirkungsgrad an der unteren Grenze der Bandbreite angegeben werden, während dem normalen Standard entsprechende, ohnehin geplante und beim JI-Kraftwerk verwirklichte Maßnahmen unberücksichtigt bleiben. Eine solche Maßnahme wäre z.B. die Absenkung des Kondensatordrucks durch direkten Kühlwasserdurchlauf. Als Folge würden eine ungerechtfertigt hohe Wirkungsgraddifferenz und damit zu hohe vermiedene Emissionen ausgewiesen.

Kraftwerkstyp - und nicht welches explizite Kraftwerk - würde ein potentieller Investor in einem "Business-as-usual"-Szenario wählen?

Diese Frage läßt sich nun speziell im Bereich des Kraftwerksneubaus relativ verläßlich beantworten. Als Hilfsmittel dazu dient die prinzipiell in den meisten (Gastgeber-)Staaten verfügbare und vorab festgesetzte Kraftwerksausbauplanung. Darin ist festgeschrieben, welche Kraftwerkstypen in welcher Größenordnung mittel- bis langfristig in einem Land realisiert werden sollen. Aus der Kraftwerksausbauplanung eines Landes läßt sich damit - ohne daß dadurch bereits alle Manipulationsmöglichkeiten ausgeschaltet würden[11] - glaubwürdig die Menge möglicher Referenzfall-Kraftwerkstypen ableiten. Damit kann zugleich die Schwierigkeit ausgeschaltet werden, für ein vorgeschlagenes JI-Projekt nachträglich einen Referenzfall bestimmen zu müssen. Unter Rückgriff auf die Kraftwerksausbauplanung kann vielmehr ex ante, vor der Antragstellung und -bearbeitung bestimmt werden, welche Kraftwerkstypen einen glaubwürdigen und eindeutigen Referenzfall darstellen. Auf dieser Grundlage kann vorab entschieden werden, welche Projekte im Rahmen von JI prinzipiell antragsfähig sind.

Für den Einzelfall (eines JI-Vorhabens) ist aus der Liste der über das Filtermodell zur Verfügung stehenden Referenzfall-Kraftwerkstypen mit Hilfe der Kraftwerksausbauplanung ein konkreter Referenzfall-Kraftwerkstyp auszuwählen. Dabei sollte als konkreter Kraftwerkstyp aus dem Planungsstadium die Anlage ausgewählt werden, für die nachfolgende Bedingungen am weitestgehenden erfüllt werden.

- Der Referenzkraftwerkstyp muß Bestandteil der aktuellen Ausbauplanung des nationalen Kraftwerkparks sein und einen vergleichbaren Inbetriebnahmezeitpunkt aufweisen. In der Regel existiert eine solche Ausbauplanung und ist den einschlägigen Behörden zugänglich. Die Ausbauplanung stellt idealtypisch eine anhand technisch-ökonomischer Kriterien ermittelte Rangliste von Anlagentypen dar.

- Der Referenzkraftwerkstyp muß eine ähnliche Einsatzcharakteristik wie die entsprechende JI-Anlage haben (Grundlast, Mittellast oder Spitzenlast). Andernfalls würden im Rahmen des ökonomischen Kalküls der Einsatzplanung durch den Betrieb der JI-Anlage grundsätzlich andere Anlagen als die gewählte Referenz substituiert werden.

- Es ist sicherzustellen, daß das gewählte Referenzkraftwerk oder zumindest ein entsprechender Teil des in ihm produzierten Stroms

[11] Diese Art der Bestimmung des Referenzfalls basiert auf der Entscheidungs- und Planungsebene des Staates. Die diesbezüglichen Manipulationsgefahren sind geringer zu bewerten als von Seiten potentieller privatwirtschaftlicher Investoren.

tatsächlich durch das JI-Projekt ersetzt wird. Dies erfordert eine Zugriffsmöglichkeit des potentiellen Investors auf die Referenzanlage.

- Die JI-Anlage sollte nach Möglichkeit einen Anlagentyp mit hohen spezifischen Emissionen substituieren, um den ökologischen Nutzen des JI-Projekts zu maximieren.

Darüber hinaus sind folgende Punkte zu beachten:

- Die Definition eines Referenzkraftwerkstyps zur Berechnung der vermiedenen Emissionen sollte für ein bestimmtes JI-Projekt für dessen gesamte Kreditierungsdauer gelten.
- Referenzkraftwerkstypen können je nach der aktuellen regionalen Zubauplanung für verschiedene JI-Projekte unterschiedlich definiert sein. Sollte z.B. der ursprünglich gewählte Referenztyp infolge einer oder mehrerer JI-Maßnahmen ganz aus der Ausbauplanung entfallen, muß für nachfolgende JI-Maßnahmen ein neuer Referenzfall definiert werden. Spätere Referenzfälle müssen einen höheren oder mindestens den gleichen Stand der Technik darstellen.
- Für gleichzeitig konkurrierende JI-Projekte sollte die gleiche Referenz gelten bzw. muß die Reihenfolge der zu ersetzenden Anlagentypen festgelegt werden.

Die Auswahl des Referenzkraftwerkstyps aus der Kraftwerksausbauplanung wird dementsprechend durch verschiedene Faktoren eingegrenzt (z. B. Leistung, Einsatzcharakteristik, Inbetriebnahmezeitpunkt, Zugriffsmöglichkeiten des Investors, politische Rahmenbedingungen (z.B. Diversifizierungsgebot) im Gastland). Dennoch besteht die Möglichkeit, daß der Auswahlprozeß zu keinem eindeutigen Ergebnis kommt und verschiedene Referenzkraftwerkstypen als Referenz angenommen werden könnten. Die Entscheidung über den tatsächlichen Referenzkraftwerkstyp und damit auch letztlich über ein Kraftwerk, daß durch die JI-Anlage ganz oder zumindest teilweise substituiert wird, muß dann in Verhandlungen zwischen den beteiligten Partnern und der Genehmigungsbehörde getroffen werden. Dabei können je nach Kalkül unterschiedliche Kriterien bestimmend sein.

Volkswirtschaftliches Optimum: Aus volkswirtschaftlichen Gründen ist es sinnvoll, das teuerste und in der Ausbauplanungspriorotät unter Berücksichtigung der Einsatzmöglichkeiten und -notwendigkeiten der Kraftwerke an letzter Stelle stehende Kraftwerk zu ersetzen. Da das tatsächliche Kalkül des Investors bzw. der jeweiligen Investoren nicht manipulationsfrei offenliegt, muß hierzu mit analagentypbezogenen Durchschnittswerten gerechnet werden.

CO_2-Minimierung: Aus der Sichtweise der Minimierung der klimarelevanten Emissionen erscheint die Anlage ersetzenswert, die die höchsten spezifischen CO_2-Emissionen aufweist. Eine derartige Rangfolge der Kraftwerke kann mit Kenntnis des Anlagentyps und des verwendeten Brennstoffs leicht erstellt werden.

Minimale CO_2-Vermeidungskosten: Aus Gründen der Ressourcenallokation erscheint es zweckmäßig, vorrangig die Optionen in den JI-Mechanismus einzubeziehen, die die geringsten CO_2-Vermeidungskosten aufweisen. Bezogen auf den Kapitaleinsatz erfolgt dann die höchste Minderung an klimarelevanten Spurengasen. Die für den Auswahlprozeß erforderlichen Daten können aus analagentypbezogenen Durchschnittswerten für die Stromgestehungskosten und CO_2-Emissionen generiert werden.

Betriebswirtschaftliches Optimum: Aus betriebswirtschaftlichen Gründen wird der potentielle Investor versuchen, seine Gewinnperspektiven zu maximieren. Für seinen Auswahlprozeß ist eine Gesamtkostenrechnung unter Einbeziehung einer - wie auch immer ausgestalteten - Emissionsgutschrift maßgeblich. Seine Auswahl wird dabei im entscheidenden Maße von der zum Zuge kommenden Kreditierung abhängen. Das tatsächliche Kalkül des Investors liegt dabei nur eingeschränkt offen.

In den meisten Fällen (und idealerweise) werden die verschiedenen Kriterien zu der gleichen Auswahl des Referenzkraftwerkstyps führen. Ist dies nicht der Fall, muß eine Entscheidung auf dem Verhandlungswege getroffen werden. Die Genehmigungsbehörde sollte dabei die Minimierung der CO_2-Vermeidungskosten in den Mittelpunkt ihrer Verhandlungsposition stellen.

Dieses Auswahlverfahren bildet die Grundlage für die im späteren Verlauf erforderliche konkrete Bestimmung der Emissionsdifferenz von JI-Kraftwerk und Referenzfall-Kraftwerk.

Zur Bestimmung des für die erreichbare Emissionsdifferenz grundlegenden Auslegungswirkungsgrades des Referenzkraftwerkstyps steht dabei folgende Methode zur Verfügung. Die Genehmigungsbehörde schätzt den Auslegungswirkungsgrad ab, indem für den betreffenden Referenzfall-Kraftwerkstyp ein mittlerer Wirkungsgrad festgelegt wird. Liegen diesbezüglich keine eindeutigen Werte vor (z. B. gemäß offenliegender Lizenzen) kann dieser in Anlehnung an die Abnahmemessungen (oder Garantiewerte der Hersteller) der in den zurückliegenden 2 bis 5 Jahren in Betrieb gegangenen Kraftwerke desselben Typs im betreffenden Land gewonnen werden. Dieser mittlere Wirkungsgrad bezieht sich jedoch auf Kraftwerke, deren Planungsbeginn bereits bis zu 10 Jahre zurückliegt. Zur

Berücksichtigung des in dieser Zeit erfolgten technischen Fortschritts, wäre der zuvor ermittelte mittlere Wirkungsgrad über pauschale Faktoren nach oben zu korrigieren. Der Vorteil dieser Vorgehensweise ist, daß real existierende Kraftwerke als Basis herangezogen werden und nicht hypothetische Konzeptüberlegungen.

Das JI-Vorhaben führt dabei nur dann zu einer realen Emissionsminderung, wenn auf den ursprünglich geplanten Zubau des Referenzkraftwerks verzichtet wird. Dafür ist von wesentlicher Bedeutung, ob im gastgebenden Staat ein gesättigter oder ungesättigter Strommarkt vorliegt. Liegt ein gesättigter Strommarkt vor, dann erfolgt der Zubau eines Kraftwerks als sogenannter Ersatzbau, d. h. ein bestehendes Kraftwerk wird außer Betrieb genommen. Unter diesen Marktverhältnissen gibt es keine Notwendigkeit weitere Kapazitäten zu errichten, die ursprünglich geplante und unter JI-Bedingungen dann zusätzliche Installation des Referenzkraftwerkes ist auszuschließen. Von Bedeutung ist jedoch das Verhältnis der elektrischen Leistungen von JI-Kraftwerk und Referenzkraftwerk. Sind beide Leistungen nicht identisch, ist die Zuordnung von JI-Kraftwerk und Referenzanlage nicht mehr eindeutig. So kann es im Rahmen einer JI-Maßnahme z. B. zu der Errichtung eines gegenüber der ursprünglich geplanten und in der Kraftwerksausbauplanung ausgewiesenen Anlage leistungsmäßig kleineren aber deutlich effizienteren Kraftwerks kommen (z. B. 300 MW GUD-Anlage im JI-Fall und 800 MW Kohlekraftwerk als Referenzanlage). Die verbleibende Deckungslücke würde dann durch den Bau eines anderen Kraftwerks (z. B. 500 MW Kohlekraftwerk) oder den teilweisen Weiterbetrieb der bereits bestehenden Anlage geschlossen. Der Nutzungsgrad dieser zusätzlichen Anlage weicht in aller Regel von dem des Referenzkraftwerks ab (so reduziert sich z.B. der Wirkungsgrad einer Anlage mit der Leistungsgröße). Eine korrekte Bilanzierung der durch das JI-Vorhaben vermiedenen Emissionen müßte dann durch einen Vergleich des Verbundes von JI-Kraftwerk und Zusatzanlage mit dem Referenzkraftwerk erfolgen.

Im Fall eines ungesättigten Marktes besteht grundsätzlich die Möglichkeit, daß zusätzlich zu der Errichtung des JI-Kraftwerkes zeitgleich (oder kurze Zeit später) die ursprünglich geplante Anlage in Betrieb geht. Die JI-Anlage würde dann absolut gesehen zu einem vermehrten CO_2-Ausstoß beitragen. Für den Fall der Genehmigung eines JI-Vorhabens müßte die Genehmigungsbehörde vor diesem Hintergrund sicherstellen (z. B. durch Verordnung), daß auf die Errichtung der Referenzanlage verzichtet wird. In der Realität dürfte diese Problemlage jedoch von untergeordneter Bedeutung sein, da in ungesättigten Märkten die Lücke zwischen Stromangebot und -nachfrage in der Regel aus Gründen fehlender freier Mittel nicht geschlossen wird. An den im gastgebenden Staat für den Kraftwerksbau zur Verfügung stehenden Mitteln sollte aber auch eine JI-Maßnahme nichts ändern, da in der Regel kaum mehr als die zusätzlichen Kosten (gegenüber der Referenzanlage) durch das JI-Vorhaben gedeckt werden dürften. Darüber hinaus verringert sich die Problemlage, wenn auch die gastgebenden Staaten eine Reduktionsverpflichtung eingegangen sind.

3.3 Alternative pragmatische Definitionen des Referenzfalls

Auch die Ermittlung von Referenzfall-Kraftwerkstypen mit Hilfe der jeweiligen Kraftwerksausbauplanung bietet allerdings keine Gewähr für eine 100%ig verläßliche Ermittlung der "tatsächlich" vermiedenen Emissionen. Daher werden hier weitere alternative Möglichkeiten der Referenzfallbestimmung untersucht, die sich stärker an tatsächlich vorhandenen und damit leichter feststell- und kontrollierbaren Kraftwerken als Maßstab orientieren. Vorliegend und relativ unzweideutig feststellbar scheinen beispielsweise zu sein:

(1) der durchschnittliche Wirkungsgrad des bestehenden fossilen Kraftwerksparks im gastgebenden Staat;

(2) der durchschnittliche Wirkungsgrad des bestehenden fossilen Kraftwerksparks im investierenden Staat;

(3) der „Stand der Technik" fossil befeuerter Kondensationskraftwerke, untergliedert nach Anlagenkonfiguration und eingesetztem Brennstoff in wesentlichen OECD-Staaten abzüglich eines Abschlags von x Prozent.[12] Im Ausmaß dieses Abschlags bestünden dann Spielräume für den Investor, Effizienzsteigerungen zu erzielen und Emissionen zu vermeiden.

Wie aus Tabelle 1 in Kapitel 2 ersichtlich ist, unterscheiden sich die Wirkungsgrade von Kraftwerkskonzepten insbesondere je nach eingesetztem Brennstoff ganz erheblich, so daß eine Durchschnittsbildung über den gesamten Kraftwerkspark eines Landes unzulässig erscheint. Die Ermittlung des durschnittlichen Wirkungsgrads in den Alternativen (1) und (2) hätte sich demnach jeweils auf den Teil des fossilen Kraftwerksparks zu beschränken, in

[12] Für die Festlegung des Referenzfalls gemäß eines „Standes der Kraftwerkstechnik" wären die Werte in Tabelle 1 aus Kapitel 2 ein geeigneter Ausgangspunkt. Die dort angegebenen Spannbreiten von Werten wären zu eliminieren. Bei unterschiedlichen Anlagekonfigurationen und gleichem Brennstoff wäre ein einfacher Wert pro Brennstoffart zu ermitteln. Relativ zu diesem Stand der Technik wäre in internationalen Verhandlungen ein Abschlag zu bestimmen. Dieser kann relativ oder absolut definiert sein.

dem der jeweils relevante Brennstoff eingesetzt wird. Auch mit dieser Modifikation sind allerdings die in (1) bis (3) verwendeten Größen keineswegs so problemlos zu bestimmen, wie es den Anschein hat. Probleme bestehen unter anderem bei folgenden Begriffen:

- Werden unter „Kraftwerkspark" lediglich die Kraftwerke der „öffentlichen Stromversorgung" verstanden, so ist dieser Park der „öffentlichen" Stromversorgung von den Industriekraftwerken u.a. abzugrenzen.
- Da die Effizienzstandards anlagen- und brennstoffbezogen anzugeben sind, müssen die Kraftwerksstandards aus Teilen des Parks ermittelt werden. Die tatsächliche Brennstoffausnutzung der Kraftwerkstypen hängt aber sehr von der Einsatzcharakteristik im Verbund ab. Auch ist die Frage zu klären, wie man mit Reserveanlagen bei der geforderten Durchschnittsbildung umgeht.
- Nach den obigen alternativen pragmatischen Definitionen werden die zu erreichenden Mindestwirkungsgrade je nach Anlagenkonfiguration und eingesetztem Brennstoff festgesetzt (vgl. dazu Tab. 1). Ungeklärt ist, wie vorgegangen werden sollte, um den Fall des Brennstoffwechsels, der immer auch ein Wechsel der Anlagenkonfiguration ist, handhaben zu können.

Darüber hinaus besitzen die vorgestellten alternativen Definitionsvorschläge folgende wesentliche Nachteile:

(1) Durchschnittlicher Wirkungsgrad des bestehenden Kraftwerksparks des gastgebenden Landes: Aufgrund von Lizenzverträgen entspricht der Wirkungsgrad eines neu gebauten Kraftwerks in einem typischen Entwicklungsland häufig der unteren Bandbreite des in den investierenden Ländern erreichten Standes der Technik von Neuanlagen. Der durchschnittliche Wirkungsgrad des bestehenden Kraftwerksparks liegt aufgrund des technischen Fortschritts und des vintage-Effekts sowie aufgrund weiterer, länderspezifischer Einflüsse deutlich, oft um mehr als 5 Prozentpunkte, unter diesem Wert. Würde diese alternative Definition gewählt, so würden Emissionsminderungen im Gegenwert dieser 5 Prozentpunkte ausgewiesen, ohne daß dem wirklich eine „zusätzliche" Emissionsminderung entspräche. Aus diesem Grund kann allenfalls eine Orientierung an dem durchschnittlichen Wirkungsgrad der in den letzten Jahren errichteten Kraftwerke erfolgen. Diese Vorgehensweise wird bei der im Rahmen dieser Untersuchung gewählten Methodik zur Bestimmung des Auslegungswirkungsgrades des Referenzkraftwerkstyps aufgegriffen (vgl. Kapitel 3.2).

(2) Durchschnittlicher Wirkungsgrad des bestehenden Kraftwerksparks des investierenden Landes: Es gilt im Prinzip das gleiche wie unter (1) gesagt. Der Unterschied besteht lediglich darin, daß die quantitative Differenz geringer sein dürfte, da der durchschnittliche Wirkungsgrad des Kraftwerksparks in einem typischen investierenden Staat in der Regel höher liegen dürfte als in einem Entwicklungsland. Dies gilt, solange der Anteil der modernen Neubauten im Kraftwerksbestand der gastgebenden Staaten noch gering ist. Angesichts hoher Wachstumsraten im Ausbau des Kraftwerksparks könnte sich diese Relation aber schon in absehbarer Zeit in einigen Nicht-Annex-II-Staaten ändern.

(3) Wirkungsgrad nach Stand der Technik mit x Prozent Abschlag: Der Stand der Technik von Anlagentypen ist im Detail zunächst einmal ein nicht öffentlich zugängliches Hersteller- und Betreiberwissen. Der Stand der Technik kann faktisch nur regionalspezifisch (und dabei in Deutschland z.B. anders als in den USA) ermittelt werden. Dies geschieht in jeweils komplizierten Aushandlungsprozessen zwischen Staat, Technikanbietern, Technikanwendern und anderen gesellschaftlichen Gruppen (vgl. die diskussionsintensive Erarbeitung des Entwurfs für die Wärmenutzungsverordnung in Deutschland). Der Versuch einer weltweit einheitlichen Definition des „Standes der Kraftwerkstechnik" ist ein sehr aufwendiges Unterfangen. Zudem stellt sich die Frage, nach welchen Kriterien der Abschlag bestimmt wird. Um Mitnahmeeffekte zu verhindern, müßten mindestens länderspezifisch oder sogar in regionaler Aufgliederung Festlegungen für die Wirkungsgradabschläge erfolgen. Die dafür notwendigen Informationen sind nur schwer zu ermitteln und die abgeleiteten Abschläge mit Ungenauigkeiten behaftet. Damit ist dieser alternative Definitionsvorschlag mit größerem Aufwand verbunden und führt zu ungenaueren Ergebnissen als die Festsetzung des Referenzfalles mit Hilfe der Kraftwerksausbauplanung.

Aus diesen Gründen werden die vorgestellten Alternativen zur Bestimmung des Referenzfalls beim Neubau eines fossilen JI-Kraftwerks für das im folgenden untersuchte Projekt eines 300 MW-Steinkohlekraftwerks in der Volksrepublik China verworfen. Die Bestimmung des Referenzfalls erfolgt statt dessen unter Rückgriff auf die Ermittlung von Referenzfall-Kraftwerkstypen anhand der Kraftwerksausbauplanung. Damit ist allerdings noch nichts über die relative Eignung der untersuchten Alternativen als dritt- oder viertbeste Lösungen für den Fall ausgesagt, daß andere Optionen nicht zur Verfügung stehen.

4 Rahmenbedingungen, Referenzfall und Simulationsfall eines fossilen Kraftwerks in der Volksrepublik China

Im folgenden wird am Fallbeispiel einer Simulation des Neubaus eines 300 MW-Kohlekraftwerks an einem Standort in der Volksrepublik China zunächst der dafür maßgebliche Referenzfall abgeleitet. Es werden die für den Kraftwerksbereich relevanten landesspezifischen Rahmenbedingungen dargestellt (Kap. 4.1), bevor daraus der Referenzfall-Kraftwerkstyp "konventionelles Kohlekraftwerk chinesischer Bauart" ermittelt wird (Kap. 4.2). Der Referenzfall erscheint dabei über den Einzelfall hinaus in technisch und sozio-ökonomischer Hinsicht für die Situation in weiten Teilen Chinas repräsentativ. Darauf aufbauend kann in Kapitel 4.3 der ebenfalls simulierte Neubau eines JI-Kraftwerks der Klasse "Kohlekraftwerk mit erhöhten Dampfparametern westeuropäischer Bauart" dargestellt werden.

4.1 Energiewirtschaftliche und energiepolitische Rahmenbedingungen: Landesspezifikation und Kraftwerksausbauplanung in der Volksrepublik China

Relevante Rahmenbedingungen für Investitionen im Kraftwerksbereich sind insbesondere die klimatischen Bedingungen, die Ressourcenverfügbarkeit, die häufig auch politisch beeinflußten Brennstoffpreise, der Zustand der Energieversorgung (insbesondere der Versorgung mit Elektrizität) und der Stand der für den gastgebenden Staat verfügbaren Kraftwerkstechnik. Unter diesen Gegebenheiten wird in vielen potentiellen Gastländern für JI-Projekte im Kraftwerksbereich eine Kraftwerksausbauplanung betrieben, in der unter Berücksichtigung der genannten Faktoren festgelegt wird, welche Kraftwerkskonzepte zukünftig zu realisieren sind. Grundsätzlich kann es dabei erforderlich sein, innerhalb eines Landes regionale Unterschiede (z.B. Verfügbarkeit von Kühlwasser) zu berücksichtigen. Die wichtigsten der Gründe dafür, daß nicht automatisch immer die beste verfügbare Technik zur Anwendung kommt, sind in der Regel Kapitalmangel, Mangel an verfügbarer Technik und nicht erschlossene Ressourcen (aber auch Preissubventionen). Für alle größeren potentiellen gastgebenden Staaten gibt es bereits Studien internationaler Entwicklungsbanken oder auch private Studien über die jeweilige Kraftwerksausbauplanung und die zugrundeliegenden Rahmenbedingungen, oder es wird solche Studien in absehbarer Zeit geben. Daraus ist ableitbar, welche Kraftwerkstypen grundsätzlich errichtet werden könnten, welche Kraftwerkstypen üblicherweise realisiert werden (Referenzfall) sowie ob und aus welchen Gründen im betrachteten Land Kraftwerke mit der besten verfügbaren Technologie nicht von alleine, ohne JI-Maßnahmen, realisiert werden.

Die VR China erstreckt sich von 18° bis 54° nördlicher Breite über 4.200 km und von 71° bis 135° östlicher Länge über 4.500 km und bedeckt damit als drittgrößter Staat der Erde einen Großteil Ost- und Zentralasiens. Mit einer Gesamtfläche von 9.572.900 km^3 ist die VR China fast siebenundzwanzigmal so groß wie die Bundesrepublik Deutschland. Das Klima ist entsprechend der großen Ausdehnung sehr verschiedenartig, von gemäßigt über wüstenhaft trocken bis feuchtheiß. China ist das bevölkerungsreichste Land der Erde. Ende 1993 lebten hier mit knapp 1,2 Milliarden Menschen ca. 22% der Weltbevölkerung. Das Bevölkerungswachstum schwächte sich in den 80er Jahren auf unter 2% ab. Dennoch wird die chinesische Bevölkerungszahl auch in Zukunft anwachsen. Wegen der aktiven Familienpolitik erscheint die weitere Entwicklung mit großen Unsicherheiten behaftet. In derzeitigen Prognosen wird aber ab 2000 mit einem Absinken des Bevölkerungswachtums auf unter 1% pro Jahr erwartet.[13]

Energieverbrauch und Stromversorgung der VR China befinden sich derzeit in stetigem und schnellem Wachstum. Der Primärenergieverbrauch stieg zwischen 1980 und 1990 durchschnittlich um 5,6% im Jahr, sowohl Stromerzeugung als auch die installierte Kapazität zwischen 1980 und 1994 um durschnittlich über 8% im Jahr. Seit 1980 hat sich die verfügbare elektrische Leistung damit nahezu verdreifacht. 1993 verfügte die VR China über eine Kapazität von rund 200 GW_{el}. Der damit erzeugte Strom wird im Rahmen von 15 Netzregionen verteilt. Drei Viertel der installierten Kraftwerksleistung wie auch des erzeugten Stroms entfielen auf zumeist kohlebefeuerte Dampfturbinenkraftwerke (vgl. Tabelle 2). Erdgasbefeuerte Gasturbinenkraftwerke spielen ebenso wie die Stromerzeugung aus der Kernkraft, die in den 90er Jahren anlief und bis zum Jahr 2005 rund 3% zur gesamten Stromer-

13 Vgl. auch für das folgende Statistisches Bundesamt, Länderbericht Volksrepublik China 1993, Stuttgart 1993; Toufiq A. Siddiqi/David G. Streets/Wu Zongxin/He Jiankun, National Response Strategy for Global Climate Change: People's republic of China, East-West Center, Argonne National Laboratory, Tsinghua University, September 1994; Naihu Li/Heng Chen, Umweltschutz in der elektrischen Energieversorgung Chinas. Stand und Perspektiven, in: Energiewirtschaftliche Tagesfragen, 44 (1994) 11, S. 718-725; Reinhard Loske, Chinas Marsch in die Industrialisierung, in: Blätter für deutsche und internationale Politik, Dezember 1993, S. 1460-1472; World Resources Institute (Hrsg.), World Resources 1994-95, New York/Oxford 1994, S. 61-82; Zha Keming, Energie-Entwicklungspolitik in China unter besonderer Berücksichtigung der Elektrizitätswirtschaft, in: Elektrizitätswirtschaft, 94 (1995) 19, 1170-1179; ZhangXiang Zhang, Analysis of the Chinese Energy System: Implications for Future CO2 Emissions, in: International Journal of Environment and Pollution, 4 (1994) 3/4, S. 181-198; Binsheng Li/ James P. Dorian, Change in China's Power Sector, in: Energy Policy, 23 (1995) 7, S. 619-626; Bin Wu/Andrew Flynn, Sustainable Development in China: Seeking a Balance Between Economic Growth and Environmental Protection, in: Sustainable Development, 3 (1995), S. 1-8.

zeugung beitragen soll, bis heute eine verschwindend geringe Rolle. Größeren Anteil hat die Wasserkraft, deren Nutzung ein andauerndes Wachstum erlebt. Die bisher nicht ausgenutzten Potentiale der Wasserkraft sollen in den kommenden Jahren weiter ausgeschöpft werden. Der Anteil der Wasserkraft an der gesamten Stromerzeugung soll trotz des prognostizierten starken Anstiegs der gesamten Stromerzeugung in etwa konstant bei ca. einem Sechstel bleiben (vgl. Tabelle III.1.2).

Tab. III.1.2: Entwicklung von Stromerzeugung und installierter Kraftwerksleistung in der Vorlksrepublik China 1985-2005

	1985	1990	1993	2000	2005
Stromerzeugung in GWH, davon:	410.690	620.580	816.000	1.370.000	1.880.000
Kohle	266.320	440.900	614.740	1.001.195	1.344.009
Öl	50.840	52.471	52.687	115.000	145.000
Gas	1.160	1.109	1.113	17.500	40.000
Kernenergie	0	0	1.360	11.550	60.000
Wasserkraft	92.370	126.100	146.100	224.755	290.991
Kraftwerks-leistung in GW, davon:	87,1	137,9	199,9	298,5	401,7
Dampfturbinen	60,7	101	146	220,4	287,8
Gasturbinen	0	0,9	2,7	5,8	10
Kernkraft	0	0	2,1	2,1	10
Wasserkraft	26,4	36	49,2	70,2	93,9

Quelle: Siemens AG

Für die Zukunft wird mit einem weiteren schnellen Anstieg der elektrischen Leistung gerechnet, da nach wie vor eine Deckungslücke zwischen Nachfrage und Angebot von ca. 20% zu schließen ist. Die Nachfrage steigt dabei nicht nur aufgrund des Bevölkerungswachstums, sondern auch wegen der dynamischen wirtschaftlichen Entwicklung an. Seit 1980 ist das chinesische Bruttosozialprodukt im Durchschnitt mit einer Rate von über 9% im Jahr gewachsen. Ein Ende dieses wirtschaftlichen Booms ist derzeit nicht absehbar.

In den nächsten zehn bis 15 Jahren wird daher mit einem jährlichen Kraftwerkszubau von rund 15 GW_{el} gerechnet. Zwischen 1993 und 2005 soll die installierte Leistung ebenso wie die Stromerzeugung mehr als verdoppelt werden. Die in Gasturbinen-Kraftwerken installierte Leistung könnte zwar knapp vervierfacht werden, wird aber dennoch auch im Jahr 2005 nur einen geringfügigen Anteil an der Stromerzeugung einnehmen (kaum mehr als 2%). Ähnliches gilt auf etwas höherem Niveau für die Stromerzeugung aus Öl: Auch diese soll steigen, wird aber bis zum Jahr 2005 ihren Anteil an der gesamten Stromerzeugung nicht über 10% erhöhen können. Nach derzeitigen Planungen wird der Zubau an Kraftwerksleistung überwiegend durch Kohlekraftwerke (9 bis 10 GW_{el} p.a.) realisiert werden. Die Stromerzeugung aus Wasserkraft soll jährlich um 4 bis 4,5 GW_{el} ausgebaut werden, die Nutzung der Kernenergie soll um etwa 1 GW_{el} p.a. erweitert werden.

Diese Planungen des Kraftwerkszubaus spiegeln im wesentlichen die in China vorhandenen und erschlossenen Ressourcen wider. Fraglich erscheint lediglich, ob die Ziele für die Steigerung des Öl- und Gaseinsatzes bei der Stromerzeugung haltbar sind. Zwar verfügt die VR China über beträchtliche Öl- und Gasvorkommen von 78,7 Mrd. t bzw. 33 Billionen m^3, nachgewiesen sind davon jedoch bisher erst 3,2 Mrd. t und 1,67 Billionen m^3. Da die nachgewiesenen Gasvorkommen zu großen Teilen im Westen und damit weiter entfernt von den Verbrauchsschwerpunkten an der Küste liegen, sind sie derzeit noch wenig erschlossen. Die Förderung von rund 140 Mio. t Öl und 15 Mrd. m^3 Gas (im Jahr (1990)) - in etwa entsprechend der Größenordnung der Gasförderung in Deutschland - schließlich hinkt hinter dem steigenden Bedarf hinterher. Bei gleichbleibendem Förderungsniveau werden die nachgewiesenen Vorkommen im Fall von Erdöl für über 20 und im Falle von Erdgas für über 90 Jahre ausreichen. Vor allem Erdgas wurde dabei bisher hauptsächlich als Grundstoff der chemischen Industrie betrachtet. Öl wird darüber hinaus in steigendem Maße für den Transport verwendet. Nicht zuletzt aus Gründen des Devisenmangels besteht weder in bezug auf Öl noch auf Gas die Möglichkeit, größere Mengen nach China einzuführen. Im Gegenteil hat die VR China in den vergangenen Jahren sogar Teile ihrer Ölproduktion exportiert (vor allem nach Japan). Dementsprechend ist es in vergangenen Jahren chinesische Politik gewesen, statt Mineralölprodukten, die dafür kaum zur Verfügung standen, im überwiegenden Maße Kohle als Brennstoff in Kraftwerken einzusetzen.

Die VR China verfügt über sehr große nachgewiesene Kohlevorkommen (76 Mrd. t SKE), die an zahlreichen Stellen des Landes bereits erschlossen sind. Die darüber hinaus bekannten, aber nicht nachgewiesenen Kohlevorkommen liegen in der Größenordnung von 700 Mrd t und dürften die größten der Erde sein. Bei einer derzeitigen jährlichen Förderung von rund 1,2 Mrd. t ist somit eine Erschöpfung der Vorkommen kaum absehbar. Die großen Entfernungen zwischen den Haupt-Fördergebieten im Norden des Landes und den Verbrauchsschwerpunkten an der Küste im Osten und Süden führen bei wachsendem Bedarf aber zu zunehmenden Transportengpässen. Auch bestehen technische Schwierigkeiten, die Förderung weiter zu steigern. Darüber hinaus kommt es infolge der wachsenden Nutzung heimischer Kohle, die häufig eine mindere Qualität aufweist, verbreitet zu steigender Luftverschmutzung.

Es ist unter diesen Randbedingungen nachvollziehbar, daß die chinesische Regierung ihre Aktivitäten im fossilen Bereich auf Kraftwerke konzentriert, die mit der im Inland vorhandenen und heute verfügbaren Steinkohle befeuert werden. Dabei ist es erklärtes Ziel der chinesischen Regierung, die Effizienz des fossilen Kraftwerksparks, dessen mittlerer Wirkungsgrad (brutto) im Jahr 1992 rund 31,2% betrug (zum Vergleich: 37,3% in Deutschland), zu steigern. Deshalb sollen zukünftig errichtete Wärmekraftwerke möglichst eine Mindestgröße von 300 MW haben und einen Wirkungsgrad von mindestens 37% besitzen. Die angestrebte Wirkungsgradsteigerung kann dazu beitragen, sowohl die bestehenden Probleme bei Förderung und Transport zu entschärfen als auch die Luftverschmutzung durch SO_2 und NO_x zu begrenzen. Bei der Bekämpfung dieser klassischen Luftverschmutzung gehören REA- noch DENOX-Anlagen jedoch noch nicht zum Standard. In den letzten Jahren ist es lediglich zu ersten Pilotprojekten im Bereich der Entschwefelung gekommen, die zu einem verstärkten Einsatz entsprechender Technologie in einigen besonders belasteten Gebieten führen sollen. Bisher ist ein flächendeckender Einsatz derartiger Technologie nicht üblich.

Teil der längerfristigen Energiepolitik Chinas ist auch der Abbau staatlicher Subventionen fossiler Energieträger und der Strompreise. Diese sind in der Vergangenheit nicht zuletzt aufgrund des verfolgten sozialistischen Wirtschafts- und Gesellschaftsmodells in hohem Maße politisch bestimmt gewesen. Trotz der in den letzten Jahren eingeleiteten Reformen in diesem Bereich sind insbesondere die chinesischen Kohlepreise - aber auch die Preise für andere Energieträger - (vor allem durch garantierte Abnahmepreise) immer noch in hohem Maße staatlich subventioniert. So dürften die gegenwärtigen chinesischen Kohlepreise nur ca. 30-35% des Weltmarktpreises ausmachen.

Für den Bereich der Kohlekraftwerke sieht die chinesische Regierung im Rahmen ihres 10-Jahresplans die folgenden Schritte vor:

- Ertüchtigung der Altanlagen im Leistungsbereich von 100 bis 300 MW,

- Neubau von Kraftwerken mit einer Mindestgröße von 300 MW und
- sukzessive Umstellung kleinerer Kraftwerke (< 100 MW) auf Kraft-Wärme-Kopplung.

Wie die gesamte chinesische Wirtschaft wird auch der Kraftwerksbereich durch staatliche politische Vorgaben gelenkt. In der Kraftwerksausbauplanung ist deshalb vorgesehen, rund 70% des Zuwachses der Stromerzeugung durch den Zubau von Kohlekraftwerken zu erreichen (vgl. Tabelle 2). Mehr als 10% soll zudem durch die weitere Ausschöpfung der vorhandenen Wasserkraftpotentiale abgedeckt werden. Der darüber hinausgehende Anstieg soll durch Öl, Kernkraft und Gas befriedigt werden. Dabei ist zu beachten, daß insbesondere bei sämtlichen geplanten größeren (über 300 MW) fossilen Kraftwerken Kohle als Brennstoff zum Einsatz kommen soll, wie aus der folgenden Übersicht der bis zum Jahr 2000 geplanten bzw. in Bau befindlichen Kraftwerke in China deutlich wird:[14]

14 Zha Keming, Energie-Entwicklungspolitik in China unter besonderer Berücksichtigung der Elektrizitätswirtschaft, in: Elektrizitätswirtschaft, 94 (1995) 19, 1170-1179, hier: 1179.

Kohlekraftwerke:	
Jiujiang Power Plant (Jiangxi Province)	2 x 300 MW
Sanhe Power Station (Beijing)	2 x 350 MW
Daqi Power Plant (Inner Mongolia)	2 x 300 MW
Ezhou Power Plant (Hubei Province)	2 x 300 MW
Hejin Power Plant (Shanxi Province)	2 x 300 MW
Qitaihe Power Plant (Heilongjiang Province	2 x 300 MW
Yangzhou Power Plant (Jinagsu Province)	2 x 600 MW
Beilungang Power Plant (Zhejiang Province)	2 x 600 MW
Tuoketuo Power Plant (Inner Mongolia)	2 x 600 MW
Dalian Power Plant	2 x 350 MW
Zwischensumme	8.000 MW

Wasserkraftwerke:	
Wangpuzhou Hydropower Station (Hubei Province)	4 x 27,5 MW
Xiaolangdi Key Water Control Project (Henan Province)	1.560 MW
Ertan Hydropower Project (Sichuan Province)	6 x 550 MW
Tianshengqiao Chain Hydropower Station	4 x 300 MW
Guangdong Storage Power Station	4 x 300 MW
Hongjiadu Hydropower Station (Guizhou Province)	3 x 180 MW
Mianhuatan Hydropower Station (Fujian Province)	4 x 150 MW
Lingjintan Hydropower Station (Hunan Province)	8 x 30 MW
Longtan Hydropower Station (Guangxi Aut. Reg.)	7 x 600 MW
Zwischensumme	12.950 MW

Kernkraftwerk:	
Quinshan Nuclear Power Plant (2 x 600 MW)	1.200 MW
Kraftwerke insgesamt	*22.150 MW*

4.2 Beschreibung des Neubaus eines 300 MW-Kraftwerks in der Volksrepublik China (Referenzfall)

Durch die Bestimmung des Referenzfall-Kraftwerkstyps kann nach der Zuordnung eines JI-Kraftwerkstyps der mit dessen Realisierung verbundene Wirkungs- bzw. Nutzungsgradgewinn[15] greifbar gemacht werden. Zur Bestimmung des Referenzfallkraftwerkstyps wird die in Kapitel 3.2 dargestellte Vorgehensweise gewählt. Grundlage bildet die Kraftwerksausbauplanung der Volksrepublik China. Die Spezifikation des Referenzfalls erfolgt dann für einen konkreten Standort. In der Simulation wird als Referenzfall der Neubau eines konventionellen 300 MW-Kohlekraftwerks chinesischer Bauart zur reinen Stromerzeugung zugrundegelegt. Dies befindet sich im Einklang mit dem derzeitigen Vorgehen und den zukünftigen Entwicklungsplänen für den chinesischen Kraftwerkspark. Wie im vorangegangenen Abschnitt gezeigt, ist in der auch politisch motivierten Kraftwerksausbauplanung der VR China schwerpunktmäßig der Neubau von Kraftwerken mit einer Mindestgröße von 300 MW vorgesehen. Der ausgewählte Referenzfallkraftwerkstyp entspricht dieser Mindestgröße. Nach gegenwärtiger Planung werden alle neugebauten fossilen Kraftwerke dieser Größenordnung mit chinesischer Steinkohle befeuert. Die Referenzfall-Annahme des Neubaus eines 300 MW-Steinkohlekraftwerks ist damit als glaubwürdig zu betrachten. Sie ist gemäß der im vorangegangenen Abschnitt vorgestellten chinesischen Kraftwerksausbauplanung repräsentativ und typisch für die gesamte chinesische Situation.

Üblicherweise werden heute in der VR China Kraftwerke nach Lizenzen ausländischer Hersteller errichtet[16]. Diese haben zwar niedrigere Wirkungsgrade als der neueste Stand der Technik, sind aber den etwa in China verfügbaren Kraftwerkstechniken bei weitem überlegen. Eine marktführende Stellung auf dem chinesischen Kraftwerksmarkt hat dabei in den zurückliegenden Jahren der amerikanische Kraftwerkshersteller Westinghouse eingenommen. Im Referenzfall wurde deshalb davon ausgegangen, daß

---

15 Wenn im folgenden vom Wirkungsgrad die Rede ist, so ist damit der sog. Auslegungswirkungsgrad gemeint. Er stellt eine Momentanaufnahme des Verhältnisses von Stromerzeugung zu Brennstoffeinsatz im optimalen Betriebspunkt dar. Demgegenüber bestimmt sich der Nutzungsgrad aus dem über einen längeren Zeitraum betrachteten Verhältnis von Stromoutput und Brennstoffinput. Dabei werden die im Kraftwerksbetrieb sowie bei den verschiedenen An- und Abfahrvorgängen auftretenden Energieverluste gegenüber dem Betrieb im Bestpunkt berücksichtigt. Für die Bestimmung der für JI anzurechnenden CO2-Emissionen ist dementsprechend der Nutzungsgrad die bestimmende Größe.

16 Im internationalen Kraftwerksgeschäft ist die Lizenzvergabe durchaus üblich. Dabei vertreiben Kraftwerkshersteller insbesondere nach der Entwicklung neuer Konzepte mit höheren Wirkungsgraden die Lizenzen für Vorgängermodelle.

ein Kraftwerk auf Basis von Westinghouse-Lizenzen realisiert würde. Diese Vorgehensweise ist konform mit der in Kapitel 3.2 aufgezeigten Methodik der Bestimmung des Auslegungswirkungsgrades. Weiterhin wurde angenommen, daß weder REA- noch DENOX-Maßnahmen im Referenzfall-Kraftwerk Anwendung finden würden. Während dies nicht unbedingt in allen potentiellen Gastländern der Fall ist, rechtfertigt sich diese Annahme im Falle Chinas dadurch, daß sowohl REA- als auch DENOX-Maßnahmen hier bisher, wie im vorangegangenen Abschnitt dargelegt, weder einheitlich vorgeschrieben sind, noch in der Regel durchgeführt werden.

Unter den gegebenen Bedingungen des gewählten konkreten Standorts (Kühlverfahren, Temperatur, Einsatzweise) ergab die Simulation[17], daß das Referenzfall-Kraftwerk ohne REA und DENOX einen Wirkungsgrad von 40,3% hätte. Dementsprechend käme es zu spezifischen CO_2-Emissionen in einer Höhe von 0,819 kg pro abgegebener kWh. Die für die Höhe der CO_2-Emissionen entscheidende Brennstoffausnutzung liegt damit deutlich unter dem in Deutschland für Steinkohlekraftwerke erreichbaren Niveau (vgl. Tabelle 1). Dies ist allerdings nicht nur auf die unterlegene importierte Technologie, sondern auch auf die chinesischen Infrastrukturmängel zurückzuführen. So ist in der Regel das notwendige Know-how bei den örtlichen Angestellten nicht vorhanden, benötigte Ersatzteile sind häufig nicht verfügbar. Das Referenzfall-Kraftwerk übertrifft aber sowohl den mittleren Wirkungsgrad (brutto) des chinesischen fossilen Kraftwerksparks im Jahr 1992 von rund 31,2%, als auch den des deutschen zum gleichen Zeitpunkt von 37,3% deutlich, da durch die realisierte Westinghouse-Technologie zwar nicht die modernste, wohl aber eine weit fortgeschrittene Form des gewählten Kraftwerkskonzept umgesetzt wird. Steinkohle-Kraftwerke heutigen chinesischen Standards sind folglich bereits vergleichsweise energieeffizient ausgelegt.

4.3 Modellfall des Neubaus eines 300 MW-Kraftwerks in der Volksrepublik China nach westeuropäischem Standard

Im folgenden wird dem oben dargestellten Referenzfall-Kraftwerkstyp "konventionelles Kohlekraftwerk chinesischer Bauart" der JI-Kraftwerkstyp "Kohlekraftwerk mit erhöhten Dampfparametern westeuropäischer Bauart" zugeordnet: Als potentielles JI-Kraftwerksprojekt wird ein 300 MW-Kohlekraftwerk europäischer Bauart heutigen technischen Standes (mit erhöhten Dampfparametern) simuliert. Dabei werden zunächst der erreichbare Nutzungsgradunterschied sowie die resultierenden vermeidbaren CO_2-Emissionen pro Jahr bezogen auf den konkreten Standort, bestimmt. Sodann

17 Diese wurde von der Siemens AG durchgeführt

werden, da die Ergebnisse auch für die meisten anderen Standorte in der VR China Gültigkeit besitzen, die quantitativen Konsequenzen für den Fall ermittelt, daß dieser Kraftwerkstyp bei allen Neubauvorhaben gegenüber dem heute üblichen Referenzfall-Kraftwerkstyp zum Zuge kommen würde. Es wird also der CO_2-Minderungseffekt der vollständigen Penetration dieses Kraftwerkstyps im gesamten Kraftwerkspark ermittelt.

Wichtigstes Kriterium der JI-Eignung eines Kraftwerkstyps ist, daß er gegenüber dem Referenzfall zu einer Minderung der CO_2-Emissionen führt und dennoch unter den gegebenen landesspezifischen Rahmenbedingungen nicht realisiert wird, weil er nicht verfügbar, nicht ausführbar (fehlendes technisches Know-how) oder nicht wirtschaftlich ist. Darüber hinaus muß der schließlich betrachtete JI-Kraftwerkstyp unter den landesspezifischen Umständen realistischerweise zu verwirklichen sein.

Damit sind JI-Kraftwerkstypen, die einen Wechsel des Brennstoffs implizieren, gegenwärtig für die VR China von untergeordneter Bedeutung, da die dafür benötigten Brennstoffe Erdgas und HEL zu diesem Zweck gemäß den dargestellten energiewirtschaftlichen und -politischen Rahmenbedingungen derzeit nur im sehr eingeschränkten Maße zur Verfügung stehen. JI-Projekte hätten sich demnach auf die Steigerung des Nutzungsgrades von Kohlekraftwerken zu konzentrieren. Dem oben dargestellten Referenzfall-Kraftwerkstyp wird deshalb hier als JI-Kraftwerkstyp der Neubau eines 300 MW-Kohlekraftwerks europäischer Bauart heutigen technischen Standes (mit erhöhten Dampfparametern) zugeordnet. Die technischen Daten beider Kraftwerkstypen - insbesondere die wesentlichen, den Wirkungsgrad bestimmenden Parameter - sind in Tabelle 3 gegenübergestellt. Um das Potential eines Brennstoffwechsels aufzuzeigen, wird in der rechten Spalte von Tabelle 3 der Fall eines mit Erdgas befeuerten GUD-Kraftwerks nachrichtlich mit aufgeführt.

Es zeigt sich anhand der Gegenüberstellung, daß die in der VR China angewendete Technik im Vergleich zum deutschen und westeuropäischen best verfügbaren Stand der Technik geringere Nutzungsgrade besitzt. Der Unterschied in den Nutzungsgraden ist jedoch viel kleiner, als vielfach angenommen wird. Vergleicht man, unter gleichen Randbedingungen (z.B. Brennstoffqualität, ohne Berücksichtigung von Rauchgasreinigungsanlagen durch REA/ DENOX), Kraftwerke neuester chinesischer Bauart, die wie oben erwähnt nach Lizenzen ausländischer Hersteller errichtet werden, mit Anlagen neuesten westeuropäischen Standards (vgl. Tabelle 1), so liegt der Wirkungsgradunterschied in der Größenordnung von 3,7 bis 6 Prozentpunkten. Für die Anwendung der effizientesten und von daher komplexesten Technik in der Volksrepublik China fehlt allerdings zu einem großen Teil die Infrastruktur, um diese Kraftwerke sicher handhaben und instandhalten zu können. Daher kann nur von einer erreichbaren Wirkungsgraddifferenz im unteren Bereich von etwa 3,7 Prozentpunkten ausgegangen werden. Im Vergleich zum Referenzfallkraftwerk mit einem Wirkungsgrad von 40,3% würde somit beim JI-Projekt durch die zum Einsatz gebrachte fortschrittlichere Technik - unter gleichen Bedingungen - ein Wirkungsgrad von 44,0% erreicht werden können.

Die Luftbelastung aus SO_2 und NO_x (zusammen mit VOC) hat in vielen Nicht-OECD-Ländern und vor allem auch in weiten Teilen Chinas ein Niveau erreicht, das zu offensichtlichen Beeinträchtigungen der örtlichen Bevölkerung geführt hat. Um dem Kriterium der allgemeinen Umweltverträglichkeit (vgl. AP2) von JI-Maßnahmen zu genügen, wird deshalb hier angenommen, daß JI-Kraftwerke grundsätzlich mit REA/DENOX gebaut und betrieben werden. Dadurch sowie aufgrund der Tatsache, daß im simulierten Fallbeispiel durch die JI-Maßnahme ein gegenüber dem bestehenden Standard deutlich flexibleres Kraftwerk zur Verfügung steht, das ein verbessertes Teillastverhalten, ein größeres Leistungsband und geringere Startzeiten aufweist, kann auf politischer Ebene durch positive Nebeneffekte insgesamt eine Akzeptanzerhöhung von JI-Kraftwerksprojekten erreicht werden.

Für das JI-Kraftwerk treten durch die Verpflichtung zu REA/DENOX Wirkungsgradverluste in Höhe von ca. einem Prozentpunkt auf, der dem JI-Projekt zuzurechnende Wirkungsgrad fällt auf 43%. Da für den Referenzfall keine Wirkungsgradverluste durch die Anwendung von REA/DENOX angenommen wurden, sinkt die Differenz der Wirkungsgrade und damit im wesentlichen auch der Nutzungsgrade zwischen westeuropäischer und chinesischer Technik auf 2,7 Prozentpunkte und dementsprechend die Spanne der möglichen vermiedenen Emissionen. Diese Verbesserung des Wirkungsgrades vom Referenzfall zum JI-Kraftwerk von 2,7 Prozentpunkten führt nach Tabelle 3 zu einem Rückgang der spezifischen CO_2-Emissionen pro abgegebener kWh von 0,819 auf 0,767 kg, d.h. um 6,4%. In absoluten Mengen entspricht dies bei einer mittleren Auslastung einer jährlichen vermiedenen Emissionsmenge von 87.000 Tonnen CO_2 (zum Verfahren der Berechnung der vermiedenen Emissionen vgl. Kap. 5 und Anhang A3).

Tab. III.1.3: Vergleich zwischen Referenzfall- und JI-Kraftwerken in Hinblick auf Nutzungsgrad und vermiedene CO_2-Emissionen

	Referenzfall-Kohle-KW	JI-Kohle-KW	Gas-GUD-KW
Leistung (MW)	300	300	300
Dampfparameter:			
Frischdampfdruck (bar)	167	250	
Frischdampftemp. (°C)	537	540	
Zwischenüberhitzung	einfach	einfach	
Kondensatordruck (bar)	0,05	0,04	0,04
Wirkungsgrad:			
mit REA/DENOX (%)	39,3	43,0	55,0
ohne REA/DENOX (%)	40,3	44,0	55,0
CO_2-Emissionen:			
mit REA/DENOX (kg/kWh)	0,840	0,767	0,345
ohne REA/DENOX (kg/kWh)	0,819	0,749	0,345
CO_2-Minderung bei 5.500 h/a[1]:			
beide Kraftwerke mit REA/DENOX (1000 t/a)		122	817
chin. Kraftwerk ohne REA/DENOX (1000 t/a)		87	782

1 *Beim Übergang vom Referenzfall- zum JI-Kraftwerk; die CO_2-Minderungsangabe bezieht sich auf eine beispielhafte Auslegung im unteren Grundlastbereich (dabei wird angenommen, daß das JI-Kraftwerk trotz seiner hohen Effizienz aufgrund der gegenüber der heimischen Technik höheren Flexibilität auch zum Lastausgleich beiträgt).*

Die in Tabelle III.1.3 nachrichtlich mitgeführte rechte Spalte verdeutlicht, daß die im konkreten Simulationsfall erzielten Minderungserfolge im Vergleich zu einem Brennstoffwechsel auf Erdgas, der zugleich den Übergang auf effizientere Kraftwerkstechniken erlauben würde, relativ klein sind. Während bei einem Verbleib im Bereich von Kohlekraftwerkstechnologien lediglich ein Wirkungsgradgewinn von 2,7 Prozentpunkten erreichbar ist, würde der Wechsel auf Erdgastechnologien einen Wirkungsgradgewinn um etwa zehn Prozentpunkte, entsprechend einer CO_2-Minderung von ungefähr 18 Prozent und zusätzlich eine CO_2-Einsparung durch den Brennstoffwechsel von Kohle auf Erdgas von noch einmal 40 Prozent, d.h. insgesamt um mehr als die Hälfte, bewirken. Von der reinen Ressourcenlage wäre diese Strategie der Kohlesubstitution auch in der Volksrepublik China möglich. Dazu müßten die Erdgasfelder im Westen der VR China erschlossen und mit den Verbrauchsschwerpunkten im Osten verbunden werden. Dieses ist jedoch eine äußerst kapitalintensive Entwicklungsstrategie, die zwar möglicherweise durchaus kosteneffektiv verwirklicht werden kann, den Einzelprojektcharakter, der in der vorliegenden Untersuchung zur tragenden Chrakteristik von JI-Maßnahmen gemacht wurde, aber weit übersteigt. Hier zeigen sich sehr eindrücklich die Grenzen des projektbezogenen Ansatzes. Der projektbezogene

JI-Ansatz kann nur im Rahmen einer entsprechenden Gesamtstrategie der Energieversorgung zu optimalen Emissionsminderungen führen.

Überträgt man in einer Szenarioanalyse die Nutzungsgradsteigerung durch den Einsatz westeuropäischer Technik im Einzelfall auf die Kraftwerksausbauplanung in der VR China als ganze, so zeigt sich, daß bis zum Jahr 2010 eine Verbesserung des durchschnittlichen Nutzungsgrades des fossil befeuerten Anteils des Kraftwerksparks gegenüber dem Referenzfall-Szenario von rund zwei Prozentpunkten zu erreichen ist. Der oben für einen Kraftwerksneubau ausgewiesene Nutzungsgradgewinn von 2,7 Prozentpunkten wird bei Betrachtung des gesamten Kraftwerksparks aufgrund des fortdauernden Betriebs der Altanlagen nicht erreicht. Aufgrund des dynamischen Wachstums des chinesischen Kraftwerksparks kann aber immerhin eine durchschnittliche Nutzungsgradsteigerung des Kraftwerksparks um zwei Prozentpunkte erreicht werden. Diese Steigerung ist nahezu unabhängig von der zugrundegelegten Lebensdauer der Altanlagen, da der Zubau an Kraftwerken den Bestand des Kraftwerksparks bei weitem übertrifft.

Eine vergleichbare Größenordnung der Effizienzsteigerung wird übrigens auch in Deutschland erreicht, wenn bis zum Jahre 2010 bei Ersatzbau wie bei Nachrüstung von fossilen Kraftwerken der höchste westeuropäische technische Standard zur Anwendung gebracht wird (höchster verfügbarer Nutzungsgrad). Jedoch ist der absolut erzielbare CO_2-Minderungseffekt in der VR China infolge der wesentlich größeren Zubauleistung deutlich größer als in Deutschland: Bei vollständiger Penetration des Neubaus fossiler Kraftwerke in China mit westeuropäischer Technik wäre der prognostizierte Zuwachs der chinesischen CO_2-Emissionen zum Stichjahr 2010 um ca. 80 Mio. t pro Jahr zu reduzieren. Um den gleichen Minderungseffekt in Deutschland zu erreichen, müßte der Wirkungsgrad des hiesigen fossilen Kraftwerksparks um rund ein Viertel erhöht werden.

Es besteht damit insgesamt durchaus ein beträchtliches Potential zur Begrenzung von CO_2-Emissionen in China durch JI-Maßnahmen im Bereich großer Kohlekraftwerke. Das Steigerungspotential der Nutzungsgrade scheint jedoch - zumindest spezifisch - vergleichsweise gering zu sein. Die Vermutung liegt nahe, daß im Leistungsbereich unterhalb 300 MW, in dem es in der VR China bisher ausschließlich Eigenbauten oder Bauten nach russischen Lizenzen gibt, höhere Nutzungsgradunterschiede gegeben sind, die JI-Maßnahmen spezifisch lohnender erscheinen lassen. Obwohl den politischen Vorgaben zufolge derartige Kraftwerke in der VR China nur noch in geringem Maße gebaut werden sollen, ist zu vermuten, daß zumindest ein Teil der derzeit bestehenden Anlagen dieser Leistungsklasse (etwa 25 GW, davon 10 GW älter als 35 Jahre) in Zukunft zu erneuern sein wird.

5 Bestimmung und Anrechnung der vermiedenen Emissionen

Für die Abschätzung oder Berechnung der Höhe der vermiedenen Emissionen ist über den Vergleich unterschiedlicher Kraftwerkstypen hinaus eine detailliertere Vorgehensweise erforderlich. Die Berechnungsmethode für die vermiedenen Emissionen ist nach reinen stromerzeugenden Kraftwerken (Kondensationskraftwerken), Anlagen zur gekoppelten Strom- und Wärmeerzeugung (KWK-Anlagen) und der Nachrüstung bzw. Ertüchtigung von Kraftwerken zu differenzieren. Im folgenden wird gemäß des betrachteten Fallbeispiels zunächst eine Methode für die Bestimmung der vermiedenen Emissionen von Kondensationskraftwerken dargestellt (für KWK und Nachrüstung vgl. Anhang A3). Die Bestimmung der Emissionsdifferenz zwischen JI-Kraftwerk und Referenzfall und die hiermit verbundene Kreditierung ist für die Abschätzung der Effizienz eines JI-Projektes von entscheidender Bedeutung. Dies gilt auch für die im Anschluß behandelten Fragen der Geltungsdauer der JI-Kraftwerksprojekte .

5.1 Bestimmung der vermiedenen Emissionen eines JI-Kohlekraftwerks

Die gesamten Emissionen, die durch den Neubau eines JI-Kohlekraftwerkes vermieden werden (können), ergeben sich rechnerisch aus der Differenz der Emissionen des Referenzfall-Kraftwerks und des JI-Kraftwerks während der Nutzungsdauer des Kraftwerks. Diese Emissionsdifferenz ist, kurz gefaßt (vgl. ausführlich Anhang A3), abhängig von der installierten Leistung des Kraftwerkes, der Auslastung, dem Nutzungsgrad (d.h. dem Quotienten von jährlicher Netto-Stromerzeugung und eingesetztem Brennstoff) sowie dem spezifischen Emissionsfaktor des jeweils verwendeten Brennstoffes.

Bei der Bestimmung der Emissionsdifferenz ist zwischen einer Betrachtung ex ante (d. h. vor Inbetriebnahme des JI-Kraftwerkes) und ex post (d. h. in der Betriebsphase des JI-Kraftwerkes) zu unterscheiden (vgl. Abbildung 2). Die Ex-ante-Betrachtung ermöglicht einem potentiellen Investor zunächst einmal, die Wirtschaftlichkeit einer JI-Maßnahme abzuschätzen. Die Ex-post-Bestimmung der vermiedenen Emissionen entscheidet letztlich über die tatsächliche Kreditierung. Während die Emissionsdifferenz ex ante nur simuliert werden 37kann, sind die tatsächlichen Emissionen des JI-Kraftwerkes in der Betriebsphase meßbar.

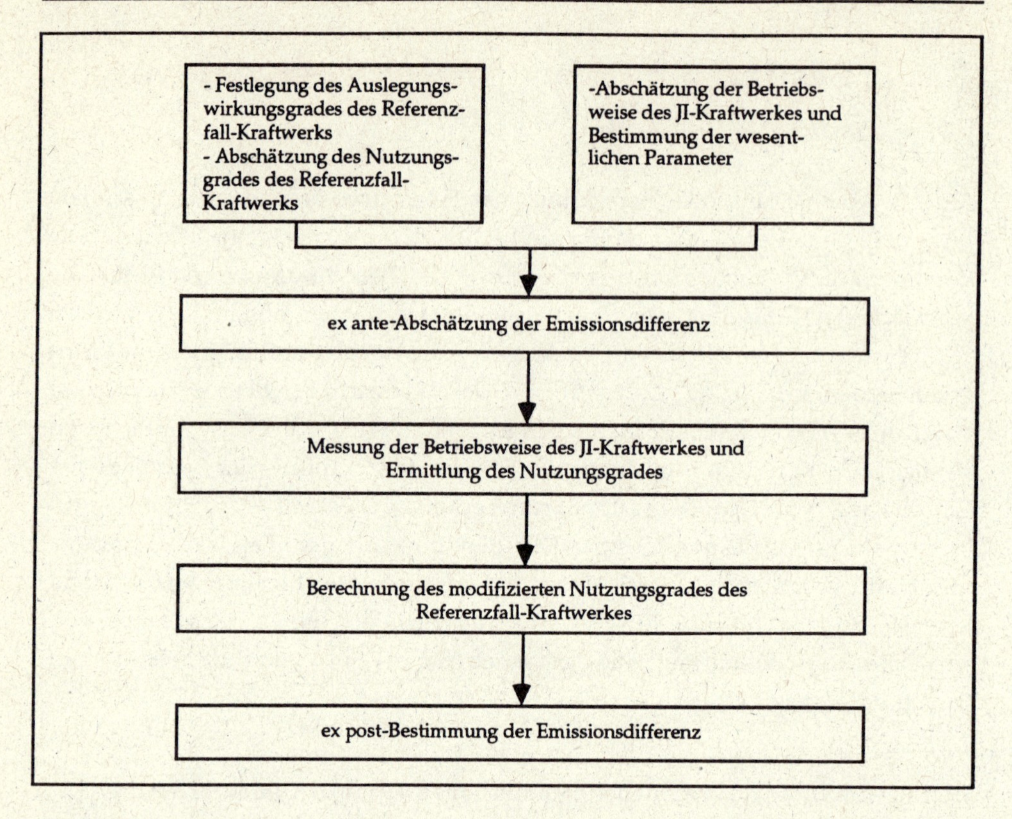

Abb.III.1.2: *Schema der Vorgehensweise zur Ermittlung der vermiedenen Emissionen eines JI-Kraftwerkes.*

5.1.1 Ex-ante-Bestimung der Emissionsdifferenz

Die Entscheidung über die Umsetzung einer JI-Maßnahme trifft der Investor in der Regel nach ökonomischem Kalkül. Für ihn ist es daher wesentlich, vor der Installation eines Kraftwerkes mit hinreichender Genauigkeit die zu erwartende Emissionsdifferenz, die Grundlage der Kreditierung[18] ist, zu kennen.

Die Ex-ante-Bestimmung der vermiedenen Emissionen basiert auf der rechnerischen Bestimmung (Simulation) der Emissionen von Referenzfall- sowie JI-Kraftwerk (vgl. Gleichung A3-4 in Anhang A3). In Abhängigkeit von der geplanten Betriebsweise des Kraftwerkes ist hierzu der Nutzungsgrad der beiden Kraftwerkstypen abzuleiten. Es wird unterstellt, daß das Referenzfall-Kraftwerk in vergleichbarer Weise betrieben werden kann wie die JI-Anlage, d. h. von den technischen Eigenschaften her vergleichbare Kennwerte aufweist (z.B. elektrische Leistung, Laständerungsgeschwindigkeit). Die Grundlage der

18 Die auf den tatsächlich vermiedenen Emissionen basierende Kreditierung sowie deren Modalitäten sind nicht Gegenstand dieser Untersuchung, sondern werden als Anreiz für JI vorausgesetzt.

Nutzungsgradbestimmung bildet der Auslegungswirkungsgrad (Wirkungsgrad im Bestpunkt), dessen Ermittlung für den Referenzfall-Kraftwerkstyp in Kapitel 3.2 beschrieben wurde.

Die Definition der Emissionsdifferenz über den Nutzungsgrad (vgl. Gleichung A3-4 in Anhang A3) berücksichtigt, daß die energetische Effizienz eines Kraftwerkes, d.h. der Nutzungsgrad, im Jahresverlauf und zwischen verschiedenen Jahren Schwankungen unterliegt, die von der Qualität des eingesetzten Brennstoffs sowie von der Fahrweise des Kraftwerks im Jahresverlauf (An- und Abfahrvorgänge, Teillastfahrweise) abhängig ist. Der Nutzungsgrad weicht daher vom Auslegungswirkungsgrad aufgrund der sich im Jahresverlauf ergebenden Differenzen zwischen den Auslegungsbedingungen und den realen Gegebenheiten ab.

Für die Ex-ante-Abschätzung des Nutzungsgrades sind daher vom Auslegungswirkungsgrad ausgehend die Verluste zu berücksichtigen, die aufgrund der geplanten, bei Antragstellung festzulegenden Fahrweise des JI-Kraftwerks, zu erwarten sind. Hierfür können Erfahrungswerte verwendet werden, die für die meisten Länder aufgrund zahlreicher Meßprogramme und Untersuchungen bekannt sein dürften. Zu berücksichtigen sind im wesentlichen die Außenlufttemperatur, die Verfügbarkeit und Temperatur von Kühlwasser, die Brennstoffqualität und die Einsatzcharakteristik (Auslastung, Starthäufigkeit).

5.1.2 *Ex-post-Bestimmung der Emissionsdifferenz*

Im Gegensatz zu der nur hypothetisch ableitbaren Emissionsdifferenz im Rahmen einer Ex-ante-Betrachtung einer JI-Maßnahme können die CO_2-Emissionen des JI-Kraftwerks in der Betriebsphase konkret gemessen werden. Die korrespondierenden Emissionen des Referenzfall-Kraftwerks sind jedoch auch dann noch simulativ zu bestimmen (vgl. Gleichung A3-2 in Anhang A3).

Als wesentliche Daten zur Bestimmung der jährlichen CO_2-Emissionen des in Betrieb genommenen JI-Kraftwerks können direkt gemessen werden:

- Nettostromerzeugung;
- Brennstoffeinsatz;
- Brennstoffqualität (unterer Heizwert und spezifischer Emissionsfaktor)

Darüber hinaus für die Emissionsberechnung benötigte Daten können aus der Kraftwerksspezifikation (z.B. Netto-(Nenn-)Leistung) und durch einfache Umrechnungen ermittelt werden. Um für die Ex-post-Ermittlung der vermiedenen Emissionen eine Anpassung des Referenzfall-Kraftwerks an die tatsächliche Fahrweise des JI-Kraftwerks zu ermöglichen, sind zudem folgende Größen des JI-Kraftwerks meßtechnisch zu bestimmen:

- Betriebsstunden;
- Starthäufigkeit (Heißstarts/Kaltstarts).

Da die vermiedenen Emissionen die Bemessungsgrundlage für die Kreditierung eines Emissionskredites sind, besteht bei der Erhebung der genannten Daten Manipulationsgefahr. Die Investoren könnten ex ante eine maximale Emissionsdifferenz ausweisen und diese anschließend nicht einhalten (z. B. durch die Vorgabe einer falschen Zusammensetzung des Brennstoffes). Die vom Betreiber der Anlage ermittelten Daten sind daher auf geeignete Weise zu überprüfen (zu den Manipulationsmöglichkeiten s. auch Kapitel 6). Vor diesem Hintergrund wird empfohlen, die vom Betreiber ausgewiesenen CO_2-Emissionen durch eine rechnerische Simulation (gemäß der Berechnungsmethodik aus Anlage 3) und eine Doppelmessung zu überprüfen. Über die Möglichkeit hinaus, die CO_2-Emissionen aus dem Produkt von Brennstoffmenge und spezifischem Emissionsfaktor abzuleiten, kann auch über das Produkt von Rauchgasmenge und CO_2-Konzentration im Rauchgas (diese sind über moderne Rauchgasanalysesysteme erfaßbar[19]) auf die CO_2-Emissionen geschlossen werden. Dementsprechend sind die Rauchgasmenge im Jahr und die durchschnittliche CO_2-Konzentration im Rauchgas in die Berichtspflichten mit aufzunehmen. Auch wenn bei diesem Verfahren aufgrund der über den gesamten Querschnitt des Rauchgaskanals nicht konstanten CO_2-Konzentration gewisse Meßfehler auftreten können, wird dadurch eine zusätzliche Kontrolle der Betreiberangaben ermöglicht.

Darüber hinaus sollten auch die Möglichkeiten genutzt werden, um Manipulationsgefahren entgegen zu wirken. Hierzu gehört vor allem die repräsentative Analyse und Überprüfung des eingesetzten Brennstoffs. Bei leitungsgebundenen Energieträgern sind hier Stichprobenkontrollen ausreichend. Bei chargenweise gelieferten Brennstoffen sollte eine repräsentative Analyse vom Betreiber für jede Charge vorgenommen werden, die von der Genehmigungsbehörde ebenfalls in Stichproben kontrolliert wird. Darüber hinaus sollte zu Kontrollzwecken das Meßprotokoll von Rauchgasmenge und CO_2-Konzentration im Rauchgas (mindestens) der letzten 12 Monate aufbewahrt und archiviert werden.

Die tatsächlich in der Betriebsphase auftretende Emissionsdifferenz ergibt sich also aus der meßtechnischen Bestimmung der Emissionen des JI-

19 z. B. Megacom 9500 Compact der Fa. Systronik

Kraftwerkes und der rechnerischen Ableitung der Emissionen des Referenzfall-Kraftwerkes. Letztere ist abhängig von der Betriebsweise des Kraftwerkes. Antragsteller und Genehmigungsbehörde legen dabei im Vorfeld der JI-Maßnahme die voraussichtliche Betriebsweise des JI-Kraftwerkes fest. Sollen die für das Referenzfall-Kraftwerk simulierten Emissionen aus Gründen der vereinfachten Verfahrensgestaltung unverändert bleiben, darf wegen der Abhängigkeit des Nutzungsgrades von der Betriebsweise des Kraftwerkes (und damit auch der simulierten Emissionen des Referenzfall-Kraftwerkes) die in der späteren Betriebsphase realisierte Fahrweise des JI-Kraftwerkes - ohne Zustimmung der Genehmigungsbehörde - nur in engen Grenzen verändert werden. Dies ist über die zusätzliche Erfassung der Parameter Betriebsstunden und Starthäufigkeit nachzuweisen.

Erfolgt eine einvernehmliche Veränderung der Betriebsweise des Kraftwerkes, müssen der zuvor abgeschätzte Nutzungsgrad des Referenzfall-Kraftwerkes und damit auch dessen Emissionen neu simuliert werden. Hierfür können einfache Korrekturkurven Verwendung finden, die für die wesentlichen Größen (insbesondere die Einsatzcharakteristik, die Alterung und die Brennstoffqualität) ermittelbar sind. Leitgedanke bei diesem Vorgehen ist, daß dem Investor durch eine begründbare und nachvollziehbare Veränderung der Fahrweise des Kraftwerkes (die in der Praxis häufiger auftritt) kein Nachteil entstehen soll. Zum Ausgleich der natürlichen Alterungsneigung wird allerdings hier keine Korrekturkurve, sondern die Festsetzung eines mittleren konstanten Nutzungsgrades vorgeschlagen. Im folgenden werden die Möglichkeiten des Ausgleichs einer begründeten Veränderung der Betriebsweise des Kraftwerks diskutiert.

- Einsatzcharakteristik

Der Nutzungsgrad eines Kraftwerkes verändert sich in Abhängigkeit von der Auslastung der Anlagen im Jahresmittel, denn mit der Zunahme des Anteils des Teillastbetriebs bei geringerer Auslastung nimmt der Nutzungsgrad im Jahresmittel ab. Die bestimmende Größe für die Nutzungsgradänderung ist dabei die mittlere gefahrene Leistung im Jahresverlauf. Diese ergibt sich aus dem Quotienten von Nettostromerzeugung und Betriebsstunden. Die Modifikation des Nutzungsgrades in Abhängigkeit von der mittleren Leistung kann vereinfacht anhand einer Korrekturkurve erfolgen (vgl. Abbildung 3).

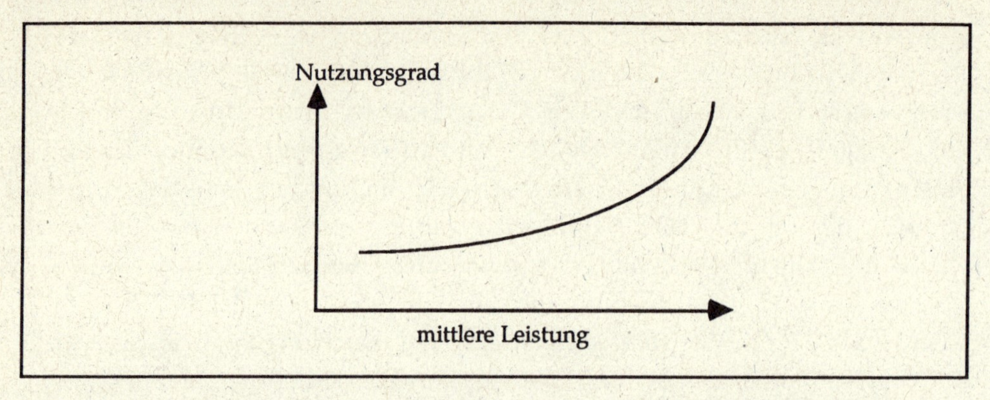

Abb. III.1.3: Modifikation des Referenzfall-Nutzungsgrades in Abhängigkeit von der Einsatzcharakteristik

Neben der Auslastung bzw. der mittleren Belastung des Kraftwerks im Jahresverlauf bestimmt auch die Starthäufigkeit, d. h. die Anzahl der An- und Abfahrvorgänge, den Nutzungsgrad eines Kraftwerkes. Auch diese Abhängigkeit kann vereinfacht über Korrekturkurven erfaßt werden. Dabei ist zwischen Heiß- und Kaltstarts zu unterscheiden.

Würde die Starthäufigkeit bei der Ex-post-Bestimmung des Referenzfall-Nutzungsgrades nicht berücksichtigt, könnte der Kraftwerksbetreiber dazu verleitet werden, die verlustbehafteten Startvorgänge für das JI-Kraftwerk zu reduzieren, um die anrechenbaren vermiedenen Emissionen zu maximieren. Da in diesem Fall aber die älteren, zumeist mit höheren An- und Abfahrverlusten behafteten Anlagen vermehrt an- und abgefahren werden müßten, würde dies insgesamt zu einer höheren CO_2-Emission des Kraftwerksparks führen.

- Alterung

Zunehmende Verschmutzung und Abnutzung der verschiedenen Kraftwerkskomponenten lassen den Nutzungsgrad eines Kraftwerks im Zeitverlauf zum Teil beträchtlich absinken. Dies gilt gleichermaßen für das JI-Kraftwerk und das Referenzfall-Kraftwerk. In der Regel erfolgt daher in bestimmten zeitlichen Abständen eine Überholung (Entfernung der Verschmutzungen) oder Ertüchtigung der Kraftwerksanlagen.

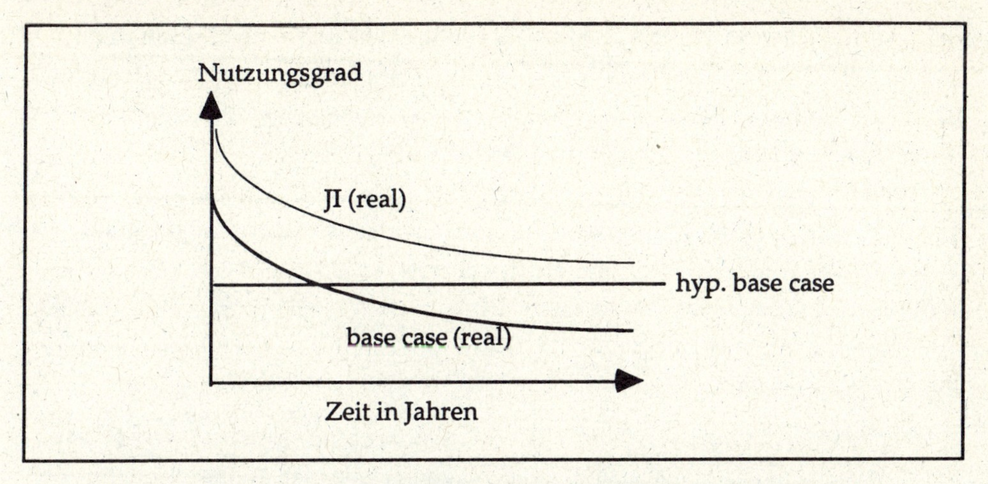

Abb. III.1.4: *Referenzfall- und JI-Nutzungsgrad im Zeitverlauf sowie hypothetischer konstanter Referenzfall-Nutzungsgrad zur Bestimmung der Emissionsdifferenz*

Um den JI-Kraftwerksbetreiber dazu zu bewegen, den Nutzungsgrad seines Kraftwerkes möglichst frühzeitig wieder auf ein höheres Niveau anzuheben, könnte der Bestimmung der Emissionsdifferenz statt des realen Alterungsverlaufs für den Referenzfall ein hypothetischer konstanter Nutzungsgrad zugrunde gelegt werden (vgl. Abbildung 4). Dieser sollte unterhalb des Referenzfall-Nutzungsgrades zu Betriebsbeginn (Bestpunkt) liegen, um der tatsächlichen Alterungsneigung des Referenzfall-Kraftwerks Rechnung zu tragen. Durch einen solchen konstanten Referenzfall-Nutzungsgrad erhält der Betreiber des JI-Kraftwerks einen Anreiz zur frühzeitigen Nutzungsgradsteigerung durch Wartung und Instandhaltung, da die Differenz aus tatsächlichem Nutzungsgrad des JI-Kraftwerks und hypothetischem Referenzfall-Nutzungsgrad, die in die Emissionsberechnung einfließt, im Zeitverlauf stetig abnimmt.

- Brennstoffqualität

Der Einsatz von Kohle minderer Qualität (etwa mit überdurchschnittlichem Ascheanteil) kann den Wirkungsgrad eines Kraftwerks um bis zu einen Prozentpunkt herabsetzen. Der Referenzfall wird daher auf eine Kohlequalität ausgelegt, die für die betrachtete Region charakteristisch ist. Eine Anpassung des Referenzfalls an den Einsatz schlechterer Kohle erfolgt nicht. Hiermit erhält der JI-Kraftwerksbetreiber einen Anreiz, einen Mindeststandard einzuhalten.

5.2 Geltungszeitraum von JI-Kraftwerksprojekten und Anrechnung der vermiedenen Emissionen

Die Anerkennung der durch einen Kraftwerksneubau im Rahmen eines JI-Projektes vermiedenen Emissionen sollte zeitlich begrenzt werden, um zu verhindern, daß es mit der fortschreitenden Entwicklung der Kraftwerkstechnik und den im Zeitverlauf zu erwartenden Effizienzsteigerungen zu einer langfristigen Subventionierung bereits veralteter Technik kommen könnte. Als Geltungszeitraum sollte die für den Kraftwerksbereich übliche Amortisationszeit festgelegt werden. Diese liegt heute in der Größenordnung von rund 15 Jahren.

Für Nachrüstungs- bzw. Ertüchtigungsmaßnahmen wird eine vergleichbare Vorgehensweise vorgeschlagen. Dabei ist zu berücksichtigen, daß sie häufig zu einer Verlängerung der technischen Restlebensdauer des Kraftwerks und zu einer Verschiebung einer Ersatzinvestition für das Kraftwerk führen. Anhand von Abbildung 5 kann dies verdeutlicht werden: Aus einer Nachrüstungsmaßnahme zum Zeitpunkt t2 resultiert eine um t3-t1 verlängerte Lebensdauer. Unterstellt man, daß es ohne die Durchführung der JI-Maßnahme zum Zeitpunkt t1 zu einer Ersatzinvestition gekommen wäre, kann die Emissionsbilanz der JI-Maßnahmen ab diesem Zeitraum negativ sein, da der Neubau einer Anlage in der Regel zu höheren Wirkungsgraden führt als die Nachrüstung. Im Extremfall kann sogar die Nettominderungswirkung der JI-Maßnahme, die sich in Abbildung 5 aus der Differenz der markierten Flächen ergibt, negativ werden. Aus diesem Grund wird der Geltungszeitraum der JI-Maßnahme maximal auf die Restlaufzeit t2-t1 bis zum Erreichen der üblichen Nutzungsdauer (in der Regel 35 Jahre) der Altanlage festgelegt. Diese wird aus ökonomischen Gründen nur in den wenigsten Fällen unterhalb der in der Kraftwerkstechnik üblichen Amortisationszeit von 15 Jahren liegen. Ähnlich wie im Fall eines Kraftwerksneubaus wird der Geltungszeitraum nach oben auf maximal 15 Jahre begrenzt.

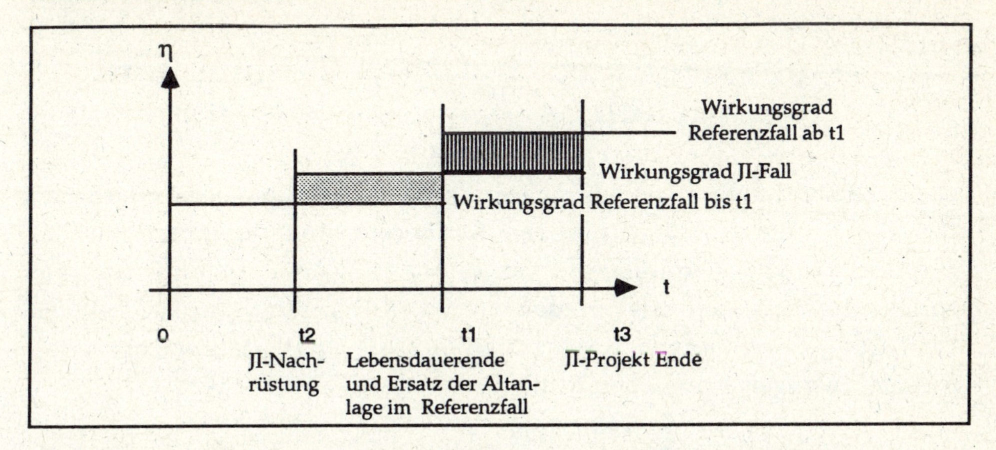

Abb. III.1.5: *Lebensdauerverlängerung und Emissionsbilanz bei der Nachrüstung.*

Mit Hilfe der in Kapitel 5.1 und Anhang A3 dargestellten methodischen Vorgehensweise können die vermiedenen Emissionen für jedes Jahr des Geltungszeitraums des jeweiligen JI-Kraftwerkprojekts angegeben werden. Damit ist eine jährliche Kreditierung der Emissionsdifferenz als Anreiz für die Durchführung von JI-Maßnahmen möglich. Über die CO_2-Emissionen ist während der Geltungszeit Bericht zu erstatten. Berichts- und Anrechnungszeiträume sind aufeinander abzustimmen.

6. Antragstellung, Berichterstattung und Überwachung

Die in Kapitel 5 aufgeführten Parameter für die Bestimmung der vermiedenen Emissionen eines fossil betriebenen Kraftwerks sind wesentlich für die Erarbeitung von Formularen für die Antragstellung und für die Berichterstattung, und sie müssen auch berücksichtigt werden bei der Festlegung derjenigen Informationen, die der laufenden oder stichprobenartigen Verifikation bedürfen.

Antragstellung

Die Bewertung eines Antrags auf Anerkennung eines Projekts als JI-Projekt durch die Bundesregierung (bzw. durch ein internationales Organ) in einem zukünftigen JI-Programm beruht im wesentlichen auf einem Vergleich zwischen der geplanten JI-Anlage und einer angenommenen Referenzanlage. Dieses Referenzprojekt muß simuliert werden, um die typischen Emissionen während der Laufzeit bzw. über ein typisches Jahr gemittelt zu erhalten. Eine positive Differenz der (voraussichtlichen) Emissionen des JI-Kraftwerks zu den (hypothetischen) Emissionen des unter einem *Business-as-usual*-Szenario gebauten Referenzkraftwerks begründet die JI-Eignung des Projekts und gestattet zugleich eine erste Abschätzung der zu erzielenden JI-Kompensation. Diese Schätzung erlaubt es dem Antragsteller, die Wirtschaftlichkeit des geplanten Projekts zu kalkulieren.

Die Gestaltung der Antragsformulare muß daher sicherstellen, daß der Antragsteller alle diejenigen Informationen zur Verfügung stellt, die von der *JI-Anerkennungsstelle* zur Durchführung oder Berurteilung der Simulation benötigt werden. Diese umfassende Information ist erstens notwendig für die Festlegung des Referenzfall-Kraftwerks, das sich nur in Kenntnis der Konfiguration des JI-Kraftwerks bestimmen läßt. Es ist zweitens notwendig für die Bestimmung der (hypothetischen) Emissionen dieses Referenzkraftwerks, da diese abhängig sind von der Einsatzcharakteristik und den Beriebsbedingungen des geplanten JI-Kraftwerks (vgl. Kap.5).

Zusätzlich zu den im Grundformular zu machenden allgemeinen Angaben[20] sind deshalb projekttyp-spezifische Informationen vom Antragsteller zu erbringen[21]. Dazu gehören die technischen Daten des

[20] Dies ist das für Teil IV entworfene Grundformular für all Projekttypen. Andernfalls müßte in jedem Arbeitspaket für alle Projekttypen auch das Grundformular wieder neu eingeführt werden (vgl. Teil IV, Anhang A2.1).

[21] Eine Liste dieserAngaben befindet sich in Teil IV, Kap.3.2.1

geplanten JI-Kraftwerks, also die Nennleistung, die Nettostromerzeugung, verschiedene Dampfparameter und Kennwerte des Brennstoffeinsatzes (also Art des Brennstoffs, unterer Heizwert des Brennstoffs und der spezifische Emissionsfaktor). Erforderlich sind schließlich auch Angaben zum Einsatzmodus (Betriebsstunden, Vollaststunden und Starthäufigkeit) sowie zu den Betriebsbedingungen, die den Nutzungsgrad eines Kraftwerks beeinflussen (Außenlufttemperatur im jährlichen Mittel und die Verfügbarkeit sowie Temperatur von Kühlwasser). Ein Beispiel für ein solches Antragsformular findet sich im Anhang.

Gegenüber dem Antragsteller ist in einem Leitfaden zum Formular deutlich zu machen, daß diesen Angaben höchste Bedeutung zukommt. Denn Auslegung und Fahrweise des JI-Kraftwerks können nach der Antragstellung über eine gewisse Bandbreite hinaus nur noch im Einvernehmen mit der *JI-Anerkennungsstelle* geändert werden. Wird eine solche Änderung vorgenommen, muß der Referenzfall neu bestimmt werden, um die vermiedenen Emissionen realistisch ermitteln zu können. Dadurch kann sich die Emissionsdifferenz u.U. entscheidend verändern - und mit ihr auch die Wirtschaftlichkeit des Projekts. Aufgrund dieser Bedeutung der Referenzfallbestimmung ist durch die *Anerkennungsstelle* der Antrag sehr sorgfältig zu prüfen - nach den Erfahrungen in den verschiedenen Simulationsprojekten sind die Manipulationsmöglichkeiten bei der Referenzfallbestimmung erheblich einfacher als in der anschließenden Betriebsphase.

Berichterstattung

Nach der Inbetriebnahme eines JI-Projekts können die tatsächlichen Emissionen bzw. die emissionsbestimmenden Parameter des Kraftwerks gemessen werden und sind in jährlichen Berichten an die Bundesregierung zu übermitteln[22]. Diese Parameter sind im wesentlichen die auch im Antrag anzugebenden Daten der Nettostromerzeugung, des Brennstoffeinsatzes, der tatsächlichen Einsatzbedingungen und der Fahrweise des Kraftwerks[23]. Diese Angaben werden sodann von der *JI Monitoringstelle* verwendet, um die Differenz zu den hypothetischen Emissionen des Referenzfall-Kraftwerks ex post zu bestimmen. Erst auf Grundlage dieser Informationen kann durch die Bundesregierung die angestrebte (wahrscheinlich jährliche) Kompensation gewährt werden.

---

22 vgl. Kapitel Berichterstattung in Teil IV, Kap.3.2.2
23 vgl. Berichtsformat in Teil IV, Anhang A2.3

Aufgrund der ökonomischen und ökologischen Relevanz der JI-Kompensation ist auf die Realitätsnähe der übermittelten Daten besonderer Wert zu legen. Einer Verfälschung durch unabsichtliche Fehlmessung ist u.a. dadurch vorzubeugen, daß die emittierte Menge an Kohlendioxid mit Hilfe verschiedener, sich ergänzender Methoden ermittelt wird. Auch eine absichtliche Verfälschung wird durch diese Plausibilitätskontrolle erschwert, jedoch nicht unmöglich gemacht. Um strategischem Verhalten der privaten Teilnehmer vorzubeugen, sind deshalb bestimmte Formen der Verifikation zu entwickeln, möglichst auch durch ein internationales Organ[24].

Die zu berichtenden Basis-Informationen werden bei der gewöhnlichen Operation des Kraftwerks routinemäßig erhoben (z.B. Nettoenergieerzeugung) und können der jährlichen Bilanz entnommen werden. Auch Einsatzcharakteristik und Betriebsbedingungen, also Starthäufigkeit sowie Umgebungstemperatur, Kühlwasser etc. werden regelmäßig, ohne besondere Vorkehrungen erfaßt. Andere, JI-spezifische Informationen wie die emittierte CO_2-Menge, müssen speziell für die Bedürfnisse eines JI-Programms eruiert werden. Die tatsächlichen Emissionen des JI-Kraftwerks sollten von der *JI-Monitoringstelle* mit Hilfe verschiedener Methoden ermittelt werden, um eine Plausibilitätskontrolle zu ermöglichen. Diese Methoden sind im einzelnen:

- Die Messung des Abgasstroms sowie dessen CO_2-Konzentration mit Hilfe eines Volumenstromzählers sowie eines Rauchgasanalysegeräts;
- die Berechnung anhand der (meßtechnisch erfaßten) jährlich verbrauchten Menge fossiler Brennstoffe unter Berücksichtigung des spezifischen Emissionsfaktors;
- die rechnerische Simulation der CO_2-Emissionen auf der Basis der ausgewiesenen Fahrweise des Kraftwerks.

Diese Meßmethoden erfordern von den Betreibern bestimmte Maßnahmen, deren Vollzug zusammen mit anderen Informationen in dem jährlichen Bericht übermittelt werden muß:

- Die Betreiber sind verpflichtet, ein Rauchgasanalysegerät zu installieren, welches die emittierten CO_2-Mengen indirekt durch Messung des Sauerstoffanteils ermittelt[25]. Die Ergebnisse dieser Messungen sind kontinuierlich zu dokumentieren und auf Verlangen zur Einsicht bereit zu halten. Im Jahresbericht ist die Gesamtmenge der Kohlendioxid-Emissionen anzugeben.

---

24 vgl. Teil IV, Kap. 3.2.1

25 Ein solcher Rauchgasanalyse-Computer wird von verschiedenen Firmen angeboten.

- Die Betreiber müssen zweitens verpflichtet werden, über Menge und Qualität des verwendeten Brennstoffs genau Buch zu führen (inkl. unterem Heizwert und spezifischem Emissionsfaktor). Diese Daten können bei Bedarf mit anderen Unterlagen abgeglichen werden, also z.B. durch Einsicht in die Lieferverträge etc., evtl. können auch elektronische Wägesysteme vorgeschrieben werden. Bei nicht leitungsgebundenen Brennstoffen wie Öl und Kohle sind von jeder Charge Stichproben zu nehmen, deren Analyse dokumentiert wird.

Diese letzte Forderung ist insbesondere notwendig bei der Verwendung des Brennstoffs "Kohle", da die Unterschiede in der Brennstoffqualität beträchtlich sind und deshalb große Manipulationsmöglichkeiten existieren. Denn der mittlere Heizwert und der spezifische Emissionsfaktor der Kohle kann sich über die Zeit oder beim Wechsel der Förderstätte stark ändern. Diese Unterschiede haben einen unmittelbaren Einfluß auf den Nutzungsgrad der jeweiligen Anlage und die daraus resultierenden CO_2-Emissionen. Daher ist eine (quantitative) Angabe der Menge des eingesetzten Brennstoffs nicht ausreichend, sondern muß durch eine qualitative Analyse der Brennstoffqualität ergänzt werden. Daher wird empfohlen eine Qualitätskontrolle mit entsprechenden Rückstellproben vorzuschreiben[26].

Weitere Informationen betreffen die Einsatzcharakteristik und die Betriebsbedingungen des Kraftwerks. Aufgrund ihres Einflusses auf die spezifischen Emissionen und auf die Referenzfallbestimmung sind diese Daten ebenfalls kontinuierlich zu messen, zu dokumentieren und zu übermitteln:

- Die Betreiber sind verpflichtet, die Betriebsstunden und die Vollaststunden nicht nur elektronisch zu erfassen und darüber für JI-Zwecke Buch zu führen, sondern auch diese Daten jährlich zu übermitteln. Das gleiche gilt für die Starthäufigkeit, wobei nach Heiß- und Kaltstarts zu differenzieren ist[27];
- ferner müssen die Messungen der Außentemperatur und der Temperatur des Kühlwassers für JI-Zwecke dokumentiert und übermittelt werden, da diese ebf. für den Nutzungsgrad eines Kraftwerks von Bedeutung sind.

---

26 Des weiteren wäre zu überlegen, ob bei vorsätzlicher Fehlinformation über die Qualität des verwendeten Brennstoffs unter compliance-Gesichtspunkten eine Pönale in Form eines Abschlags erhoben werden soll.

27 Vgl. Teil III, Kap.5.1.2 .

Verifikation

Trotz der hier vorgeschlagenen Methoden zur Plausibilitätskontrolle ist mit mißbräuchlichem Verhalten der privaten Teilnehmer eines JI-Projekts zu rechnen. Dies gilt auch für den Betrieb eines fossil betriebenen Kraftwerks[28]. Allerdings erhöht sich der Aufwand für den Mißbrauch durch diese Maßnahmen beträchtlich und die Feststellung unzutreffender Informationsübermittlung ist fast schon gleichbedeutend mit dem Nachweis vorsätzlicher Täuschung. Die Möglichkeit der Verifikation gewisser Parameter durch unabhängige Organe ist deshalb unerläßlich. Mögliche Formen einer solchen Überprüfung von Angaben sind:

- die Verifikation durch die Behörden des gastgebenden Staates;
- die Verifikation durch, vom Betreiber beauftragte, unabhängige Dritte (wissenschaftliche Institute etc.)[29];
- die Verifikation durch von der Bundesrepublik beauftragte oder bundeseigene Organe;
- die Verifikation mit Hilfe unabhängiger, durch internationale Organe eingesetzte professionelle Expertengruppen[30].

In jedem Fall sollten die eingesetzten Verifikationsorgane die Befugnis zu stichprobenartigen Kontrollen der durch die Betreiber gemachten Angaben besitzen[31]. Diese Stichproben müssen nicht regelmäßig erfolgen, doch müssen sie eine gewisse Wahrscheinlichkeit besitzen, um erfolgreich zu sein. Verifikationsbedürftig erscheinen dabei nach den Erfahrungen im Simulationsprojekt "fossiles Kraftwerk" insbesondere folgende Parameter:

- Feststellung der Nettoenergieerzeugung durch Einblick in die Jahresbilanz und andere betriebswirtschaftliche Unterlagen;
- Überprüfung der Angaben bezüglich der verwendeten Brennstoffe durch Einblick in die Lieferverträge und anderer Unterlagen (evtl. auch Kontrolle der Wägesysteme);

---

28 Entgegen der Ansicht von Fischer u.a., die bei dem Betrieb eines JI-Kraftwerks eine Überwachung des laufenden Betriebs nicht für notwendig halten, vgl. Fischer, W./Hoffmann, H-J./Katscher, W./Kotte, U./Lauppe, W-D./Stein, G.: Vereinbarungen zum Klimaschutz - das Verifikationsproblem; Monographien des Forschungszentrums Jülich, Band 22/1995, S.74.

29 Nach dem Vorbild des RWI im Falle der Selbstverpflichtungserklärung der deutschen Industrie.

30 vgl. Teil IV, Kap. 3.1.2

31 Die Möglichkeit unangemeldeter Inspektionen sollte - obwohl bisher lediglich im Bereich der Rüstungskontrolle üblich - erwogen werden, doch wird sich dies nur in Absprache mit dem gastgebenden Staat und in engem Vorgehen mit dessen Organen durchführen lassen.

- Überprüfung der Funktionsfähigkeit des Rauchgasanalyse-Meßgeräts (einschließlich der Kontrolle des Abgasstroms) und Abgleich der übermittelten mit den dokumentierten Daten;
- Überprüfung des gesamten Kontrollsystems für die betriebsbezogenen Parameter;
- Überprüfung des zur Zeit der Inspektion verwendeten Brennstoffs durch Ziehung einer Probe und anschließender Kontrolle im Labor.

Dieser Verifikationsbedarf erfordert einen umfassenden Einblick in den betrieblichen Ablauf eines Kraftwerks und in dessen Buchführung. Die Kooperation der Unternehmensleitung ist zu diesem Zweck unbedingt erforderlich. Dies dürfte kein Problem darstellen, wenn das JI-Projekt aufgrund einer freiwilligen Verpflichtung extern durch ein wissenschaftliches Institut o.ä. kontrolliert wird. Auch bei der Verifikation durch die Behörden des gastgebenden Staates ist mit der - notfalls erzwungenen - Kooperation des Betreibers zu rechnen, das gleiche gilt für die Inspektion durch intenationale Expertengruppen. Für die Verifikation durch Organe der Bundesrepublik oder durch die Bundesregierung beauftragte Organe ist eine Vereinbarung über die Ausübung dieser Kontrollbefugnisse mit der Regierung des gastgebenden Staates die Voraussetzung[32].

---

32 vgl. Teil IV, Kap. 3.1.2 und Kap. 4

7. JI-Eignung und Übertragbarkeit der Ergebnisse

In der vorliegenden Untersuchung ist gezeigt worden, daß der Projekttyp "fossiles Kraftwerk" grundsätzlich für Maßnahmen der gemeinsamen Umsetzung geeignet ist. Mit der hier entwickelten landes- bzw. regionenspezifisch typisierten Referenzfallbestimmung läßt sich auf der Basis der meistens vorliegenden Kraftwerksausbauplanung auf pragmatischemWege der Referenzfallkraftwerkstyp mit genügender Sicherheit festlegen. Die Bestimmung der vermiedenen Emissionen erfolgt durch eine meßtechnische Erfassung der Emissionen des JI-Kraftwerkes und eine simulierte Bilanzierung der Emissionen der Referenzanlage. Durch eine entsprechende Berichterstattung und Überwachung kann Manipulationsgefahren vorgebeugt werden.

Im Rahmen dieser Untersuchung der JI-Eignung des Projekttyps "fossiles Kraftwerk" stand am Beispiel des Projekttyps "Neubau eines kohlegefeuerten Dampfkraftwerkes in China der Neubau eines Kraftwerkes im Mittelpunkt. Aufgrund des stark einzelfallbezogenen Charakters dieser Untersuchungen stellt sich die Frage, inwieweit insbesondere die entwickelte Methodik der Referenzfallbestimmung und die dargestellten Berichtsformate auf andere Projkttypen übertragbar sind, die erhaltenen Ergebnisse also verallgemeinerbar sind. Die Übertragbarkeit ist dabei insbesondere zu analysieren in bezug auf

- andere Länder/Regionen,
- Dampfkraftwerke mit anderen Brennstoffen,
- alternative Kraftwerkskonzepte (inkl. Kraft-Wärme-Kopplung),
- erneuerbare Energien,
- Nachrüstung bzw. Ertüchtigung bestehender Kraftwerke,
- Ersatz eines bestehenden Kraftwerks.

Übertragbarkeit auf andere Länder/Regionen. Der vorliegende Bericht macht deutlich, daß die aufgezeigte Methodik zur Bestimmung des Referenzfalls grundsätzlich auch in anderen Ländern/Regionen angewandt werden kann. Die Darstellung und Analyse der regionalen bzw. landesspezifischen Rahmenbedingungen (z.B. Brennstoffverfügbarkeit, Kraftwerksausbauplanung, meteorologische Gegebenheiten) bildet dabei die Grundlage der Referenzfallbestimmung, so daß die Methodik für jede Region (jedes Land) separat anzuwenden und durchzuführen ist. Dies spiegelt eine Besonderheit aus dem Kraftwerksbereich wieder, wo die Einsetzbarkeit bestimmter

Techniken nur regionenspezifisch (Brennstoffverfügbarkeit) gegeben ist, diese Einsetzbarkeit aber bestimmend dafür ist, ob die heute verfügbaren, hocheffizienten Technologien zur Stromerzeugung ausgeschöpft werden können (gemeint ist hiermit die Ausnutzbarkeit des Technologiesprungs beim Übergang von Kohle-Dampfkraftwerken auf Erdgas-GUD-Kraftwerke).

Übertragbarkeit auf Dampfkraftwerke mit anderen Brennstoffen (Brennstoffwechsel). Eine Übertragbarkeit der aufgezeigten Vorgehensweise auf den Neubau von Dampfkraftwerken, die mit anderen Brennstoffen befeuert werden, ist grundsätzlich möglich. Dies gilt insbesondere dann, wenn der Energieträger der Wahl zweifelsfrei feststeht (z. B. bei begrenztem Angebot an Energieträgern). Unterschiede ergeben sich bezüglich des Aufwandes für die Kontrolle der vermiedenen Emissionen. Die Manipulationsmöglichkeit bei der Bestimmung der tatsächlichen Emissionen ist bei Kraftwerken mit Erdgasfeuerung beispielsweise deutlich geringer als bei Kohlekraftwerken, da die Brennstoffqualität aufgrund des leitungsgebundenen Transports und damit der in der Regel festliegenden Bezugsquellen weitgehend bestimmt ist.

Der Bestimmung des Referenzfall-Kraftwerkes kommt eine besondere Bedeutung zu, wenn in der betrachteten Region verschiedene Brennstoffe verfügbar sind. Dies gilt insbesondere für den Zubau von Kraftwerken auf der Basis des spezifisch kohlenstoffarmen Brennstoffs Erdgas. Aufgrund des hohen CO_2-Vermeidungspotentials gegenüber Kohlekraftwerken (Halbierung der spezifischen CO_2-Emissionen) besteht für den Antragsteller ein hoher Anreiz zu behaupten, daß er unter rein wirtschaftlichen Gesichtspunkten (*business as usual*) ein Kohlekraftwerk errichtet hätte, auch wenn nach wahrem Planungsstand eigentlich ein Gaskraftwerk vorgesehen war. Die hier beschriebene Methodik der Bestimmung des Referenzfall-Kraftwerkstyps ermöglicht unter Berücksichtigung der regionalen Gegebenheiten (Brennstoffverfügbarkeit, Energieträgerpreise) und der Angaben aus der Kraftwerksausbauplanung aber in den meisten Fällen eine hinreichend genaue Festlegung der Referenzanlage. Sind aus der Kraftwerksausbauplanung keine eindeutigen Aussagen ableitbar, sollte der Referenzfall-Kraftwerkstyp zur Vermeidung von Mitnahmeeffekten als die Anlage mit den geringeren spezifischen CO_2-Emissionen bestimmt werden. Werden die zusätzlichen Probleme bei der Definition des Referenzfalles berücksichtigt, ist auch der Zubau eines neuen Kraftwerkes bei freier Brennstoffwahl als grundsätzlich JI-geeignet einzustufen.

Auf der Grundlage der heutigen technischen Möglichkeiten hat der Brennstoffwechsel (von Kohle zu Erdgas) bei gleicher Technik (Dampfkraftwerke) im Rahmen von JI-Projekten keine praktische Relevanz. Kann Erdgas zum Einsatz kommen, würde bereits im Referenzfall ein Gas-

und Dampfturbinen-Kraftwerk (GUD) errichtet, d. h. neben dem Brennstoffwechsel direkt auch ein Übergang auf ein anderes Kraftwerkskonzept vollzogen.

Übertragbarkeit auf alternative Kraftwerkskonzepte. Das dargestellte Verfahren kann für andere Kraftwerkskonzepte (z. B. Gas- und Dampfturbinen-Kraftwerk) zur reinen Stromerzeugung analog zur Anwendung kommen. Neben den im vorliegenden Bericht betrachteten Kraftwerken zur reinen Stromerzeugung besteht im Rahmen von JI aber auch die Möglichkeit, Kraft-Wärme-Kopplungs-Anlagen zu errichten. Die entwickelte Methodik für die Bestimmung des Referenzfalls ist für diesen Projekttyp auf die Wärmeseite auszuweiten, d. h. es ist die Festlegung eines Referenzfalls für die Wärme- und Stromerzeugung notwendig. Für die Ermittlung der vermiedenen Emissionen können bei dem hier betrachteten Projekttyp vergleichbare Berechnungsformeln verwendet werden (vgl. Anhang A3). Damit eignen sich grundsätzlich auch KWK-Anlagen für Maßnahmen im Rahmen von JI. Das Genehmigungs- und Kontrollverfahren wird aufgrund des komplexeren Referenzfalls insgesamt jedoch aufwendiger .

Übertragbarkeit auf erneuerbare Energien. Die Übertragbarkeit der im vorliegenden Bericht erzielten Ergebnisse auf erneuerbare Energien ist nur eingeschränkt bzw. überhaupt nicht möglich. Eine eingeschränkte Übertragbarkeit ist für Kraftwerke gegeben, die über ein vergleichsweise ausgeglichenes und in Grenzen flexibles Energieangebot verfügen. Zu dieser Kategorie gehören z. B. solarthermische Kraftwerke, Wasserkraftwerke und Kraftwerke auf biogener Brennstoffbasis. Beispielhaft wird deshalb in einem weiteren Fallbeispiel ein solarthermisches Kraftwerk untersucht. Die Besonderheit dieses Kraftwerkstyps liegt in der Möglichkeit zur hybriden Fahrweise. Es kann also sowohl ausschließlich auf der Basis der Solarstrahlung betrieben werden als auch über eine fossile Zusatzfeuerung verfügen. Damit unterscheiden sich solarthermische Kraftwerke grundsätzlich von anderen Formen der Nutzung erneuerbarer Energien. Ohnehin kann festgestellt werden, daß es den klassischen Typ der Stromerzeugung aus erneuerbaren Energien nicht gibt, sondern jede verfügbare Option über ihre eigenen Charakteristika und Besonderheiten verfügt.

Eine Übertragbarkeit der Ergebnisse des Projekttyps "Fossiles Kraftwerke" (insbesondere der Referenzfallbestimmung) auf dezentrale und z.T. durch ein stark fluktuierendes Energieangebot gekennzeichnete Optionen der Nutzung erneuerbarer Energien (z. B. Photovoltaik, Windenergie) ist hingegen grundsätzlich nicht gegeben. Bei diesen Möglichkeiten der Stromerzeugung ist zwischen netzgekoppelten Systemen und Insellösungen zu unterscheiden. Für netzgekoppelte Systeme ist nicht eindeutig definierbar, welcher anderweitig zu erzeugende Strom ersetzt wird, d.h. eine Zuordnung zu einem bestimmten (Referenzfall-)Kraftwerk ist nicht möglich. Der pragmatische Zugang, die Systemzusammenhänge im Verbundnetz bei der Definition des Referenzfalls für den Projekttyp "Fossiles Kraftwerk" zu vernachlässigen, kann für Photovoltaik und Windenergie nicht aufrechterhalten werden. Beide Stromerzeugungsoptionen ersetzen kein einzelnes Kraftwerk, sondern substituieren Strom in allen Lastbereichen[33]. Bestimmend für den Referenzfall ist demnach der Stromerzeugungsmix.

Inselsystemen wiederum sind als Referenzanlagen deutlich von der Großkraftwerkstechnik, die Gegenstand dieses Berichtes sind, unterschiedliche Systeme zuzuordnen (z.B. Dieselgenerator). Die Bestimmung des Referenzfall-Kraftwerkstyps und der vermiedenen Emissionen kann für Inselsysteme unter Berücksichtigung der regionalen Besonderheiten jedoch auf vergleichbare Weise wie im betrachteten Kraftwerksfall erfolgen. Probleme treten dann auf, wenn JI-Projekt und Referenzanlage eine unterschiedliche Versorgungsqualität aufweisen (z.B. speicherlose Photovoltaiksysteme und Dieselgeneratoren). Diesbezüglich besteht weiterer Forschungsbedarf.

Übertragbarkeit auf Nachrüstung bzw. Ertüchtigung bestehender Kraftwerke. Vom Kraftwerksneubau grundsätzlich zu unterscheiden ist die Nachrüstung bestehender Anlagen. Das Referenzfall-Kraftwerk für diese JI-Option ist das bestehende Kraftwerk, sofern plausibel gezeigt werden kann, daß die Nachrüstung eines Kraftwerkes nur aufgrund eines JI-Projekts erfolgt und nicht den Neubau eines effektiveren Kraftwerks verzögert. In Bezug auf die Referenzfalldiskussion ist damit der Projekttyp Nachrüstung ebenso JI-geeignet wie der Neubau eines Kraftwerks. Gleichermaßen gilt dies auch für die Bestimmung und Überwachung der vermiedenen Emissionen, für die dem Kraftwerksneubau vergleichbare Berechnungsmethoden verwendet werden können. Als Geltungszeitraum für die JI-Maßnahme muß die ursprüngliche Restlaufzeit der Altanlage (maximal jedoch der für den Kraftwerksneubau geltende Zeitraum) angesetzt werden (vgl. Tabelle 4). Damit wird verhindert, daß eine Nachrüstung den Neubau eines effizienteren Kraftwerks über lange Zeiträume verhindert. Die Restlaufzeit der Anlage bestimmt sich dabei in Abhängigkeit des Inbetriebnahmezeitpunkts und der von der Genehmigungsbehörde festzulegenden durchschnittlichen technischen Anlagennutzungsdauer (üblicherweise werden im Kraftwerksbereich 35 Jahre als technische Nutzungsdauer angesetzt; landes- oder technologiespezifische Besonderheiten können berücksichtigt werden). In der Regel werden Kraftwerke frühestens 20 Jahre nach Inbetriebnahme im

33 vgl. Kaltschmitt, M.; Fischedick, M.; Wind- und Solarstrom im Kraftwerksverbund, C. F. Müller Verlag, Heidelberg, 1995

größeren Umfang ertüchtigt. Der Geltungszeitraum für derartige Maßnahmen wird daher zumeist kürzer sein, als die für den Kraftwerksneubau geltenden 15 Jahre.

Tab. III.1.4: Referenzanlage und Geltungszeitraum für Ertüchtigungsmaßnahmen und Ersatzbauten im JI-Projektrahmen

Referenz	Geltungszeitraum	Bedingung
Altanlage	t = t1-t2; t ≤ 15 a	Ertüchtigung/Ersatz vor Ablauf der üblichen Nutzungsdauer (35 a)
Neuanlage	t = 15 a	Ertüchtigung/Ersatz nach Ablauf der üblichen Nutzungsdauer (35 a)
t1: Ende der Nutzungsdauer (in der Regel 35 a nach Inbetriebnahme); t2: Zeitpunkt der Ertüchtigung/ des Ersatzbaus		

Übertragbarkeit auf Ersatzbauten von Kraftwerken: Der Ersatzbau eines Kraftwerks, d. h. die Inbetriebnahme einer Anlage bei einer gleichzeitigen Stillegung einer Altanlage, kann als Extremfall der Nachrüstung angesehen werden. Damit scheint auf den ersten Blick ein analoges Vorgehen hinsichtlich der Wahl des Referenzfall-Kraftwerks nahezuliegen. Allerdings ist, selbst wenn plausibel gezeigt werden könnte, daß die Altanlage für den Geltungszeitraum des JI-Projektes voraussichtlich weiterbetrieben worden wäre, eine genaue Zuordnung eines neuen Kraftwerks zu einer bestimmten Altanlage praktisch nicht möglich: Durch den Ersatz eines alten durch ein neues Kraftwerk verändern sich die Bedingungen des Netzverbundes und der gesamten Kraftwerkseinsatzplanung. Neu errichtete Kraftwerke sind häufig flexibler in ihren Einsatzbedingungen (z. B. Laständerungsgeschwindigkeiten, An- und Abfahrzeiten) und führen zu einer Umorientierung in der Einsatzweise der im Verbund zusammengeschlossenen Kraftwerke. Derartig maßgebliche Veränderungen treten bei reinen Ertüchtigungen von Altanlagen hingegen in der Regel nicht auf.

Für die Berechnung der vermiedenen Emissionen im JI-Fall Ersatzbau wäre es damit grundsätzlich erforderlich, die gesamten Emissionen unter den Bedingungen des alten Kraftwerksparks den Emissionen des neuen Kraftwerksparks gegenüberzustellen. Dies unterscheidet sich vom JI-Fall Zubau, wo die Fahrweise von Referenzanlage und JI-Kraftwerk im wesentlichen übereinstimmen.

Darüber hinaus wird durch den Ersatzbau eines Kraftwerks nur dann eine reale Emissionsminderung erreicht, wenn die Altanlage vorzeitig, d. h. vor dem Erreichen der technischen Lebensdauer, stillgelegt wird. Die Referenzanlage wäre in diesem Fall die bestehende Anlage und der

Geltungszeitraum auf die ursprüngliche Restlaufzeit der Altanlage (maximal aber 15 Jahre; vgl. Tabelle 4) begrenzt. Mit dieser Definition des Geltungszeitraums werden Mitnahmeeffekte verringert. JI-Projekte in denen Altanlagen ersetzt werden, die ohnehin kurz vor einer Substitution stehen, wird nur eine kurze Geltungsdauer gutgeschrieben.

Erfolgt keine frühzeitige Stilllegung der Altanlage, ist der Ersatzbau einer Anlage äquivalent zum Kraftwerksneubau zu behandeln. Die Referenzanlage ergibt sich dann gemäß der Kraftwerksausbauplanung. Der Fall des Ersatzbaus hat im Rahmen von JI vor allem in den Staaten mit Ökonomien im Übergang praktische Relevanz. In vielen anderen, aus heutiger Sicht für JI-Maßnahmen in Frage kommenden Gaststaaten (mit Ausnahme einiger osteuropäischer Staaten) liegen jedoch ungesättigte Strommärkte vor, so daß der Zubau eines neuen Kraftwerkes zu keiner Außerbetriebnahme einer bestehenden Anlage führt.

In ungesättigten Strommärkten wird der JI-Mechanismus in Bezug auf eine Stillegung bestehender Kraftwerke in der zuvor dargestellten Form insbesondere für sehr alte Kraftwerke nicht wirksam. Für eine Übergangszeit wäre deshalb gerade für diese Märkte zu überlegen, den Geltungszeitraum bei einem Ersatz eines Kraftwerks, das die übliche Nutzungsdauer (35 Jahre) bereits überschritten hat, grundsätzlich auf 10 Jahre festzulegen (vgl. Tabelle 5) und als Referenz die Altanlage zu wählen[34]. Allein in China würde diese Vorgehensweise die Erfassung von mehr als 25 GW Kraftwerksleistung ermöglichen, von Kraftwerken, die heute bereits älter als 35 Jahre sind.

Tab. III.1.5: Referenzanlage und Geltungszeitraum für Ersatzbauten im JI-Projektrahmen in einem Übergangszeitraum und begrenzt für ungesättigte Strommärkte

Referenz	Geltungszeitraum	Bedingung
Altanlage	$10\,a \leq t \leq 15\,a$	Ersatz vor Ablauf der üblichen Nutzungsdauer (35 a)
Altanlage	$t = 10\,a$	Ersatz nach Ablauf der üblichen Nutzungsdauer (35 a)
Neuanlage	$t = 15\,a$	Neubau eines Kraftwerks ohne Stillegung der Altanlage
t1: Ende der Nutzungsdauer (in der Regel 35 a nach Inbetriebnahme); t2: Zeitpunkt der Ertüchtigung/ des Ersatzbaus		

34 vgl. Michaelowa, A.; Internationale Kompensationsmöglichkeiten zur CO2-Reduktion unter Berücksichtigung steuerlicher Anreize und ordnungsrechtlicher Maßnahmen, HWWA-Institut für wirtschaftsforschung, Hamburg, 1995

8 Literatur

Bin Wu/Andrew Flynn, Sustainable Development in China: Seeking a Balance Between Economic Growth and Environmental Protection, in: Sustainable Development, 3 (1995), S. 1-8.

Binsheng Li/ James P. Dorian, Change in China's Power Sector, in: Energy Policy, 23 (1995) 7, S. 619-626;

Fischedick, M.: Stand und Entwicklungsperspektiven fossiler Kraftwerkskonzepte. In: Instrumente für Klima-Reduktions-Strategien (IKARUS); Teilprojekt 4 "Daten Umwandlungssektor", Fossile Kraftwerke, Erlangen, Stuttgart, 1995.

Heister J., Stähler M.

Hildebrand, M.: Emissionsbilanzen der deutschen EVU im Spiegel europaweiter Vorschriften, Elektrizitätswirtschaft 94 (1995), Heft 1/2, S. 37-48.

Kaltschmitt, M.; Fischedick, M.; Wind- und Solarstrom im Kraftwerksverbund, C. F. Müller Verlag, Heidelberg, 1995

Naihu Li/Heng Chen, Umweltschutz in der elektrischen Energieversorgung Chinas. Stand und Perspektiven, in: Energiewirtschaftliche Tagesfragen, 44 (1994) 11, S. 718-725;

o.V., Standards shown to be easily met, Acid News 3, 1996

Reinhard Loske, Chinas Marsch in die Industrialisierung, in: Blätter für deutsche und internationale Politik, Dezember 1993, S. 1460-1472;

Statistisches Bundesamt, Länderbericht Volksrepublik China 1993, Stuttgart 1993;

Toufiq A. Siddiqi/David G. Streets/Wu Zongxin/He Jiankun, National Response Strategy for Global Climate Change: People's republic of China, East-West Center, Argonne National Laboratory, Tsinghua University, September 1994;

World Resources Institute (Hrsg.), World Resources 1994-95, New York/Oxford 1994, S. 61-82;

Zha Keming, Energie-Entwicklungspolitik in China unter besonderer Berücksichtigung der Elektrizitätswirtschaft, in: Elektrizitätswirtschaft, 94 (1995) 19, 1170-1179;

ZhangXiang Zhang, Analysis of the Chinese Energy System: Implications for Future CO_2 Emissions, in: International Journal of Environment and Pollution, 4 (1994) 3/4, S. 181-198;

Anhänge

A1: Unterschiede in der Energie- und CO_2-Effizienz von Kraftwerkskonzepten in Abhängigkeit von der Wahl des Wärmeträgermediums und des Brennstoffs

Zum tieferen Verständnis der in Kapitel 2 genannten Unterschiede der Wirkungsgrade verschiedener „Kraftwerkskonzepte" folgen hier einige Erläuterungen zu der Begrifflichkeit der Brennstoffe und zu ihrem Einfluß auf die mit ihnen wählbaren Kraftwerkskonzepte.

Die Brennstoffausnutzung bei Wärmekraftwerken wird durch die thermodynamischen Gegebenheiten des Kreisprozesses bestimmt. Die theoretisch mögliche Brennstoffausnutzung kann vereinfacht durch den Carnotschen Wirkungsgrad η_C beschrieben werden. Dieser ist als Verhältnis der arbeitsfähigen Temperaturdifferenz zu der Temperatur der Wärmezufuhr definiert (Gleichung A1-1): Die „arbeitsfähige Temperaturdifferenz" (in Anlehnung an die Fallhöhe bei der Wasserkraft auch „Temperaturgefälle" genannt) entspricht der Differenz der Temperaturen der Wärmezufuhr und der Wärmeabführung. Bei den angegebenen Temperaturen handelt es sich jeweils um die Mittelwerte dieser Terme. Die Brennstoffausnutzung, so zeigt Gleichung A1-1, läßt sich insbesondere durch Anhebung der Temperatur der Wärmezufuhr und durch Senkung der Temperatur der Wärmeabführung steigern. Die mittlere Temperatur der Wärmezufuhr wird im wesentlichen durch Eigenschaften des Wärmeträgermediums (Gas oder Wasserdampf) und darauf bezogene Eigenschaften der eingesetzten Werkstoffe begrenzt.

$$\eta_c = \frac{T_{zu} - T_{ab}}{T_{zu}} \qquad \text{(A1-1)}$$

T_{zu} = Mittelwert der Temperatur der Wärmezufuhr (in °K)
T_{ab} = Mittelwert der Temperatur der Wärmeabführung (in °K)

Der tatsächlich, d.h. unter realen Gegebenheiten, erreichbare Wirkungsgrad h_R wird dadurch ermittelt, daß der Carnot-Wirkungsgrad um einen Korrekturfaktor K verringert wird. Der Korrekturfaktor berücksichtigt die bei der realen Prozeßausführung gegenüber dem idealen Prozeß auftretenden Verluste und liegt i.d.R. bei etwa 70%.

$$\eta_R = \eta_c * K \qquad \text{(A1-2)}$$

Grundsätzlich wird in der Kraftwerkstechnik bei der Benennung von Kraftwerkskonzepten nach dem Wärmeträgermedium, also im wesentlichen zwischen Gasturbinen und Wasserdampfturbinen, unterschieden. Der Dampfturbinenprozeß hat gegenüber dem Gasturbinenprozeß den Vorteil, daß eine Abarbeitung des Temperaturgefälles bis auf Umgebungstemperatur möglich ist, T_{ab} also sehr niedrig liegt. Sein Nachteil ist jedoch, daß die arbeitsfähige Temperaturdifferenz werkstoffbedingt nach oben begrenzt ist. Verantwortlich hierfür sind spezifische Eigenschaften des Werkstoffs Stahl bzw. seiner Legierungen bezogen auf das Wärmeträgermedium Wasserdampf wie Hochtemperaturfestigkeit und Korrosion. Dies führt dazu, daß derzeit lediglich Temperaturen der Wärmezufuhr („Frischdampftemperaturen") von etwa 560 bis 580 °C erreicht werden. In Zukunft können durch die Verwendung hochtemperaturfester z. T. austenitischer Stähle Temperaturen bis zu 600 °C erwartet werden. Für reine Dampfturbinenkraftwerke sind deshalb heute Wirkungsgrade bis maximal etwa 45% realisierbar. Dies errechnet sich mit Hilfe von (A1-1) und (A1-2) durch Einsetzen von T_{zu} = 833,15 °K[35] und T_{ab} = 303,15 °K und einem Korrekturfaktor K in der Größenordnung von 0,7, der besagt, daß gegenüber dem idealen Carnot-Prozeß Verluste von etwa 30% auftreten.

$$\eta_R = \eta_C * K = 64\,\% * 0{,}7 = 45\%$$

Beim Gasturbinenprozeß sind dagegen zwar weit höhere Temperaturen der Wärmezufuhr (die Eintrittstemperaturen in die Gasturbine liegen heute bei etwa 1100 °C) möglich, thermodynamisch bedingt aber auch höhere Temperaturen der Wärmeabführung (die Gasturbinenaustrittstemperaturen betragen heute zwischen 550 und 600 °C) unausweichlich. Der theoretische Wirkungsgrad η_{th} bestimmt sich in Abhängigkeit der Prozeßtemperaturen und unter der Voraussetzung idealen Gasverhaltens nach Gleichung A1-3.

35 0°C entsprechen 273,15°K. Zur Umrechnung von °C in °K wird somit zur Gradzahl Celsius der Term 273,15 addiert.

$$\eta_c = \frac{q_{zu} - q_{ab}}{q_{zu}} \qquad \text{(A1-3)}$$

$$= 1 - \pi \exp[1-\kappa/\kappa]$$

q_{zu} = zugeführte Wärmemenge
q_{ab} = abgeführte Wärmemenge
π = Druckverhältnis zwischen Turbineneintritt und Turbinenaustritt
κ = Isentropenexponent idealer Gase

Mit einem Druckverhältnis von $\pi = 8$ und $\kappa_{\supseteq} = 1{,}4$ sowie unter Berücksichtigung eines von den idealen Verhältnissen abweichenden Verhaltens (Korrekturfaktor 0,75) ergibt sich dann ein Wirkungsgrad von rund 33%.

$$\eta_R = \eta_{th} * K = 45\,\% * 0{,}75 = 33\,\%$$

Ein Bezug zur Art des Brennstoffs ist in den bisherigen Ausführungen für diese beiden Prozesse nicht gegeben. Die Wortteile „Gas" und „Dampf" stehen hier für das Wärmeträgermedium. „Gas" meint hier nicht etwa Erdgas, sondern das bei der Verbrennung entstehende Verbrennungsgas. Ein in Gasturbinen zur Stromerzeugung verwendbares Verbrennungsgas ist, bei heutiger Technik und zu marktfähigen Kosten, jedoch lediglich aus den vergleichsweise edlen Energieträgern Erdgas oder HEL zu erzeugen. Das Problem der Erzeugung eines gasturbinenfähigen, d.h. partikelfreien, Verbrennungsgases aus Festbrennstoffen (Stein- und Braunkohle) ist bisher werkstoff- und anlagenseitig noch nicht gelöst, so daß keine wirtschaftlich konkurrenzfähigen Anlagen zur Verfügung stehen.

Die „edlen" Energieträger Erdgas und HEL sind aber gerade wegen ihrer vergleichsweise hohen Reinheit und wegen ihrer leichten Handhabbarkeit auch in anderen, mehr dezentral geprägten Einsatzfeldern stark nachgefragte Endenergieträger, die dort unter heutigen Randbedingungen vielfach eine höhere Wertschöpfung erzielen als beim Einsatz in Kraftwerken. Beide Endenergieträger sind überdies kohlenstoffärmer als Kohle, da sie einen höheren Teil der ihnen innewohnenden Energie in Form von Wasserstoff (H) statt in Form von Kohlenstoff (C) gespeichert haben. Bei der Verbrennung von

Wasserstoff wird aber kein Kohlendioxid (CO_2), sondern lediglich Wasser (H_2O) freigesetzt. Die spezifischen, d.h. die auf die gewonnene thermische Energie bezogenen CO_2-Emissionen sind demzufolge bei der Verbrennung von Erdgas (bzw. HEL) um etwa 40 % (bzw. 25 %) niedriger als bei Verwendung von Steinkohle.

Der Dampfturbinenprozeß ist brennstoffseitig demgegenüber nahezu mit allen gebräuchlichen Brennstoffen betreibbar. Wegen der oben geschilderten Konkurrenz der Einsatzfelder um die vergleichsweise edlen Energieträger Erdgas und HEL erweist sich faktisch der Dampfturbinenprozeß als das gegebene Einsatzfeld des unedlen und schwerer handhabbaren Energieträgers „Kohle". Die schwierigen Aufgaben der Brennstoffvorbehandlung sowie die Reinigung, hier nicht des Wärmeträgermediums selber, sondern der Verbrennungsprodukte, der Rauchgase, sind in Großanlagen wie Kraftwerken mit wirtschaftlich angemessenem Aufwand lösbar.

Die von den Temperaturdifferenzen geleitete Betrachtung der theoretisch erreichbaren maximalen Wirkungsgrade des Gasturbinen- und des Dampfturbinenprozesses läßt erkennen, daß die Nacheinanderschaltung beider Prozesse zu einem erheblichen Sprung des erreichbaren Wirkungsgrades führen kann. Die Gasturbinenabgase liegen auf einem so hohen Temperaturniveau vor, daß sie noch weiter genutzt werden können, da das Temperaturgefälle noch nicht bis zur Umgebungstemperatur hinunter ausgenutzt ist. Dies kann entweder in einem Abhitzekessel zur Dampferzeugung, also im Wärmetausch zwischen dem Rauchgas der Gasturbine und Wasser bzw. Wasserdampf geschehen, wobei der Wasserdampf dann in einer zusätzlichen Dampfturbine unter Leistungsabgabe entspannt wird (Gas- und Dampfturbinenprozeß – GUD-Prozeß). Ebenso können aber auch die noch ausreichend sauerstoffhaltigen Rauchgase direkt, also ohne externen Wärmetausch, einem konventionellen Dampfkraftprozeß als Verbrennungsluft zugeführt werden (Kombiprozeß).

Der GUD-Prozeß führt nach dem heutigen Stand der Technik zu realen Wirkungsgraden von rund 55% (vgl. herkömmliche Dampfkraftprozesse mit 45%). Die Steigerung des Wirkungsgrades um zehn Prozentpunkte von 45 auf 55% entspricht dabei einer Minderung der Energieverluste um 18%.

Aufgrund der oben aufgezeigten technischen Gegebenheiten ist der GUD-Prozeß heute ausschließlich bei Verwendung der Brennstoffe Erdgas oder HEL einsetzbar. Es werden aber vielfältige Entwicklungsanstrengungen unternommen, den GUD-Prozeß auch für feste Brennstoffe anwendbar zu machen. Erforderlich ist entweder eine weitgehende Entstaubung der heißen Brenngase, die bei der Verbrennung von Kohle entstehen, oder eine vorgeschaltete Kohlevergasung, welche zu einem partikelfreien Brenngas führt. Derartige Prozesse werden aber frühestens Mitte des nächsten Jahrhunderts kommerziell verfügbar sein. Hierdurch ließe sich der Wirkungsgrad kohlebefeuerter Kraftwerke auf 48 bis 50% erhöhen. Aber auch für gas- oder ölbefeuerte Kraftwerke sind aufgrund technischer Weiterentwicklungen (Erhöhung der Gasturbineneintrittstemperatur) weitere Erhöhungen des Wirkungsgrades in einem solchen Ausmaß zu erwarten, so daß auch mittelfristig die heutige, in Tabelle 1 angegebene Differenz der Wirkungsgrade von erdgas- und kohlebefeuerten Kraftwerken in etwa erhalten bleiben wird.

Zusammengefaßt heißt das: Der Wechsel des Brennstoffs von Kohle zu Erdgas oder HEL bringt einen doppelten Effekt, nämlich

- eine Verringerung der spezifischen, auf den Energiegehalt des Brennstoffs bezogenen CO_2-Emissionen, um etwa 40% bei Erdgas oder 22% bei Heizöl sowie
- die Möglichkeit, zu einer effizienteren Kraftwerkstechnik (GUD-Anlage) zu wechseln, was mit einer Verringerung des spezifischen Energieverbrauchs um etwa 18% verbunden ist.

Zusammengenommen führt der Wechsel des Brennstoffs von Kohle zu Erdgas oder HEL also zu einer spezifischen, auf die erzeugte Menge Elektrizität bezogenen CO_2-Minderung von rund 50%[36] für Erdgas und 36 % für HEL, also zu einer Halbierung bzw. zu einer Vermeidung um mehr als ein Drittel der CO_2-Emissionen.

Neben den mit dem Brennstoffwechsel verbundenen Möglichkeiten gibt es die Möglichkeit der Verbesserung der eingesetzten Kraftwerkstechnik bei unverändertem Brennstoff. Die Möglichkeiten der Effizienzsteigerung sind in diesem Fall, wie Tabelle 1 ebenfalls zu entnehmen ist, deutlich geringer. Sie liegen lediglich in der Größenordnung von 2 bis 3 Prozentpunkten, wodurch die CO_2-Emissionen um 6% gemindert werden könnten.

---

36 Die gesamte Einsparrate ergibt sich nach der Formel (1-(1-0,40) (1-0,18)) = 0,51.

A2: Ergebnisse des Auswahl-Prozesses für die VR China

Aus dem ausschnittsweise für die VR China durchgeführten Typisierungsverfahren resultieren die in Tabelle A2-1 zusammengefaßten Ergebnisse. Die identifizierten Fälle basieren auf der Landesspezifikation für die VR China wie sie in Kapitel 4.2.1 beschrieben wurde.

Tab. A2-1: Ergebnis des ausschnittsweisen Typisierungsverfahren für das Fallbeispiel VR China

Nachrüstung	**Neubau**
Referenzfall "Altanlage"	Referenzfall "Konventionelles Kohlekraftwerk"
- Ertüchtigung (z.B. erneuerte Turbinenbeschaufelung); - Brennstoffumrüstung	- GUD-Kraftwerk (Erdgas oder HEL) - Heizkraftwerk in der öffentlichen Versorgung - Kohlekraftwerk mit erhöhten Dampfparametern

Diese sowie einige weitere denkbare Fälle werden im folgenden näher erläutert.

Beispiel Kraftwerksnachrüstung

Als Referenzfall wird ein bestehendes Dampfkraftwerk chinesischer Bauart definiert; als potentielles JI-Projekt läßt sich ableiten:

(1) eine Kraftwerksertüchtigung

Kraftwerksertüchtigungen (z.B. Erneuerung der Turbinenbeschaufelung) und damit Wirkungsgradverbesserungen scheitern, obwohl diese zumeist wirtschaftlich realisierbar sind, in den potentiellen gastgebenden Staaten häufig daran, daß das technische Know-how fehlt bzw. die finanziellen Mittel nicht zur Verfügung stehen.

(2) eine Kraftwerksumrüstung

Neben der Kraftwerksnachrüstung kann auch die Kraftwerksumrüstung (Brennstoffsubstitution) zu einer CO_2-Minderung führen. So ist z.B. die Umrüstung eines Kohlekraftwerkes auf eine Erdgasfeuerung bei in etwa gleichbleibendem Wirkungsgrad mit einer CO_2-Minderung von rund 40 Prozent verbunden. Eine derartige Maßnahme ist zwar in bezug auf die CO_2-Minderung gegenüber dem Neubau eines Erdgas-GUD-Kraftwerkes, das deutlich höhere Wirkungsgrade aufweist, nur suboptimal, jedoch deutlich billiger realisierbar.

Beispiel Kraftwerksneubau

Als Referenzfall wird ein konventionelles Kohlekraftwerk chinesischer Bauart zur reinen Stromerzeugung definiert. Die folgenden potentiell JI-fähigen Kraftwerksprojekte sind abgeleitet worden:

(1) Neubau eines Kohlekraftwerkes mit erhöhten Dampfparametern

Vgl. Simulationsbeispiel in Kapitel 4.

(2) Neubau eines mit Erdgas oder HEL befeuerten GUD-Kraftwerkes

In Ländern, in denen in der Regel, d.h. als Referenzfall, Kohlekraftwerke mit einem Nutzungsgrad von etwa 40 % installiert werden, würde die Errichtung eines mit Erdgas befeuerten GUD-Kraftwerkes mit derzeit erreichbaren Nutzungsgraden von 52 bis 55 % zu einer deutlichen Minderung der CO_2-Emission führen (vgl. Tabelle 3 in Kap. 4). Voraussetzung hierfür ist, daß eigene Gasvorkommen vorhanden sind oder Erdgas zu vernünftigen Konditionen beschafft werden kann. Für die VR China käme z.B. neben der Erschließung ihrer Erdgasvorkommen ein LNG (liquified natural gas)-Transport in Frage. Derzeit wird in der VR China durch die US-Wing Group die erste LNG-Anlage in Verbindung mit einem 2.400 MW-Kraftwerk gebaut. Liegen derartige Bedingungen nicht vor, könnte statt Erdgas auch leichtes Heizöl (HEL) mit etwas geringeren Nutzungsgraden und in der Regel zu deutlich höheren Kosten zum Einsatz kommen. Ökonomisch günstigere Bedingungen würden demgegenüber beim Einsatz von schwerem Heizöl (HS) vorliegen, jedoch liegt der elektrische Nutzungsgrad bei der Feuerung von HS in GUD-Kraftwerken auch deutlich niedriger als in erdgasbefeuerten GUD-Kraftwerken.

Über die höhere Nutzungsgraddifferenz hinaus sind JI-Projekte auf der Basis von erdgasbefeuerten GUD-Kraftwerken auch durch geringere Transaktionskosten als vergleichbare JI-Projekte auf der Basis von fortschrittlichen Kohlekraftwerken gekennzeichnet. Ursache hierfür ist die gegenüber Kohle geringere Bandbreite in der Brennstoffqualität. Dadurch können die aufwendigen Kontrollmaßnahmen, die bei Einsatz von Kohle zur Sicherung einer Nutzungsgraddifferenz gegenüber dem Referenzfall erforderlich sind, beim Einsatz von Erdgas entfallen.

Problematischer als bei Kohlekraftwerken erscheint bei einem erdgasbefeuerten GUD-Kraftwerksprojekt die Kontrolle der Angaben des Antragstellers zum Referenzfall. Aufgrund des hohen CO_2-Vermeidungspotentials gegenüber Kohlekraftwerken (Halbierung der spezifischen CO_2-Emissionen) besteht für den Antragsteller ein hoher Anreiz, zu behaupten, daß er unter rein wirtschaftlichen Gesichtspunkten (*business as usual*) ein Kohlekraftwerk als Referenzfall vorgesehen hätte, auch wenn der wahre Planungsstand eigentlich ein Gaskraftwerk vorsehen würde. Um Manipulationen dieser Art zu verhindern, ist eine intensive Kontrolle der Wirtschaftlichkeitsberechnung des Antragstellers, die im Rahmen einer *Feasibility Studie* regelmäßig angefertigt wird, seitens des zuständigen Organs erforderlich.

(3) Neubau eines Heizkraftwerkes (öffentliche Versorgung)

Gegenüber der getrennten Erzeugung von Strom und Wärme führt die Kraft-Wärme-Kopplung (KWK) in der Regel zu einer höheren Brennstoffausnutzung und, bei gleichem Brennstoffeinsatz, damit auch zu geringeren CO_2-Emissionen. Wichtige Voraussetzung für die Wirtschaftlichkeit von KWK-Anlagen ist ein Wärmebedarf von hinreichender Dauer. Allein die zu Raumheizzwecken erreichten Vollaststunden betragen bei den jeweiligen klimatischen Bedingungen in Deutschland etwa 1.800 h/a, in Rußland rund 3.600 h/a. In vielen Gebieten Rußlands oder des nördlichen Teils der VR China sind diese klimatischen Voraussetzungen erfüllt, so daß hier Anwendungen im Rahmen von Joint Implementation denkbar sind. Aufgrund der geringen (z.T. subventionierten) Wärmepreise sind KWK-Anlagen in den potentiellen gastgebenden Staaten heute zumeist jedoch nicht wirtschaftlich einsetzbar. Die Fernwärmeversorgung erfolgt daher heute im wesentlichen noch auf der Basis von Heizwerken. Diese könnten im Rahmen von JI auf KWK-Basis umgestellt werden bzw. durch KWK-Anlagen ersetzt oder ergänzt werden. Dabei wirkt sich auch die heute verfügbare moderne Technik vorteilhaft aus, die durch die verschiedenen Wärmeauskopplungsmöglichkeiten einen flexibleren Betrieb (in Grenzen variables Verhältnis von Strom- zu Wärmeerzeugung) ermöglicht.

Vergleichbar mit der Kraft-Wärme-Kopplung kann auch die Kraft-(Wärme)-Kälte-Kopplung zu einer CO_2-Minderung beitragen. Diese noch sehr junge Sonderanwendung der KWK ist jedoch in noch extremerem Umfang von den klimatischen Gegebenheiten (z.B. Wärmebedarf im Winter und Kältebedarf im Sommer) abhängig. Ausgeführte Beispielsfälle im Bereich der öffentlichen Stromversorgung konnten bisher noch nicht identifiziert werden.

Als Nicht-JI-fähige Kraftwerksprojekte sind in Abhängigkeit des Referenzfalls alle Kraftwerksprojekte einzustufen, die zu einer höheren CO_2-Belastung führen. Dies sind in der Regel Kraftwerke, die bei der Verwendung des gleichen Brennstoffes einen geringeren Nutzungsgrad aufweisen oder bei vergleichbarem Nutzungsgrad durch die Feuerung eines kohlenstoffreicheren Brennstoffs gekennzeichnet sind. Für den hier zugrundegelegten Referenzfall (Installation eines konventionellen Steinkohlekraftwerkes chinesischer Bauart) bedeutet dies, daß braunkohlebefeuerte Kraftwerke unterhalb eines bestimmten Nutzungsgrades bereits im Vorfeld als nicht JI-fähig eingestuft werden können.

Zusätzliche Möglichkeiten zur Minderung der CO_2-Emissionen bei der Stromerzeugung

(1) Kraftwerkseinsatzplanung

Der Einsatz von Programmen zur Kraftwerkseinsatzplanung und -optimierung mit dem Ziel einer Minimierung der Betriebskosten führt vielfach zu einer Verringerung des Brennstoffeinsatzes und der damit verbundenen CO_2-Emissionen.

(2) Verbesserung der Regeleigenschaften

Die derzeit verfügbaren Kraftwerke in den potentiellen gastgebenden Staaten, auch diejenigen, die dort zum Neubau anstehen, sind vielfach durch unzureichende Regelmöglichkeiten gekennzeichnet (z.B. geringes Leistungsband, hohe Anfahrverluste und lange Anfahrzeiten). Hierdurch kommt es in der Regel zu einem ineffizienten Kraftwerksbetrieb und zu erhöhten Energieverlusten bei der Deckung der Stromnachfrage. Heute stehen technische Komponenten zur Verfügung, die im Rahmen einer Nachrüstung zu einer Verbesserung der Regeleigenschaften, des Anfahrverhaltens und damit zur Emissionsminderung beitragen können.

(3) Verwertung von Rückstandsölen

Rückstandsöle werden heute zumeist der direkten thermischen Verwertung (Verbrennung) zugeführt. Die hier erreichbaren Wirkungsgrade von rund 38 Prozent ließen sich unter Zwischenschaltung einer Vergasung und Nutzung der Gase in einem GUD-Prozeß bis auf rund 43 Prozent erhöhen. Dieser mögliche JI-Fall besitzt ein nenneswertes, hier nicht zu quantifizierendes Anwendungspotential, das sich aber auf Anwendungen im Raffineriebereich beschränkt.

(4) Industrielle KWK

Der Einsatz der KWK ist im Bereich der Industrie immer dann sinnvoll, wenn ausreichend hohe und kontinuierlich anfallende Wärmemengen benötigt werden. Die Installation industrieller KWK-Anlagen erfordert jedoch immer eine hinreichende Anpassung an die Fertigungslinien.

A3: Bestimmung der vermiedenen Emissionen

Im folgenden wird zum einen die Methodik der in Kapitel 5 behandelten Berechnung der vermiedenen Emissionen reiner stromerzeugender Kraftwerke (Kondensationskraftwerke) ausführlich dargestellt. Zum anderen erfolgt eine Anwendung auf Anlagen zur gekoppelten Strom- und Wärmeerzeugung (Kraft-Wärme-Kopplungsanlagen - KWK-Anlagen) und die Nachrüstung bzw. Ertüchtigung von Kraftwerken.

Bestimmung der vermiedenen Emissionen eines JI-Kohlekraftwerkes

Die durch den Neubau eines JI-Kohlekraftwerkes vermiedenen Emissionen sind als die Differenz der Emissionen des Referenzfall-Kraftwerks Z und den Emissionen des JI-Kraftwerks Y während der Nutzungsdauer des Kraftwerks Y definiert (Gleichung A3-1).

$$\Delta E = \left(\text{EMISSIONEN}_{\text{Referenzfall}} - \text{EMISSIONEN}_{\text{JI-Kraftwerk}} \right) \quad \text{(A3-1)}$$

Die mit der Stromerzeugung verbundenen Emissionen sind dabei abhängig von der im Jahresverlauf für die Bereitstellung elektrischer Energie eingesetzten Brennstoffenergiemenge W_{Br} sowie dem Kohlenstoffgehalt des Brennstoffs C_{Br}, d. h. von den spezifischen auf den Energieinhalt des Brennstoffs bezogenen Emissionen (Gleichung A3-2).

$$\text{EMISSIONEN} = W_{Br} \times C_{BR}, \quad \text{(A3-2)}$$

Die Brennstoffenergiemenge bestimmt sich dabei aus dem Produkt von Brennstoffmenge m_{Br} und Energieinhalt des Brennstoffs h_u (unterer Heizwert; Gleichung A3-3a) oder unter Berücksichtigung des Nutzungsgrades aus dem Produkt der Jahresstromerzeugung W_{el} und des Kehrwertes des Nutzungsgrades h (Gleichung A3-3b).

$$EMISSIONEN = m_{Br} \times h_u \times C_{BR}, \qquad (A3\text{-}3a)$$

$$EMISSIONEN = W_{el} \times (1/\eta) \times C_{BR}, \qquad (A3\text{-}3b)$$

Der Nutzungsgrad kann dabei von Jahr zu Jahr verschieden sein. Er ist abhängig von der Qualität des eingesetzten Brennstoffs sowie von der Fahrweise des Kraftwerks im Jahresverlauf. Die für die erreichbare CO_2-Minderung entscheidende Netzeinbindung eines Kraftwerks kann berücksichtigt werden, indem der Berechnung des Nutzungsgrades die tatsächlich gemessene Fahrweise des Kraftwerks zugrundelegt wird (z.B. über die mittlere gefahrene Leistung innerhalb des Betrachtungsjahres). Die im Jahresverlauf bereitgestellte elektrische Energiemenge ist das Produkt von elektrischer Nettoleistung des Kraftwerks und den Vollaststunden. Diese Faktoren wirken auf den Jahres-Nutzungsgrad des JI-Kraftwerks, hätten aber dieselben Auswirkungen auf den Jahres-Nutzungsgrad des Referenzfall-Kraftwerkes, wenn dieses realisiert worden wäre.

Im Gegensatz zum JI-Kraftwerk kann der Nutzungsgrad des Referenzfall-Kraftwerkes nicht direkt gemessen werden, sondern ist indirekt abzuleiten. Komplexe Simulationsverfahren unter Einschluß aller Einfluß nehmenden Faktoren können dabei vermieden werden, indem auf der Grundlage einfacher handhabbarer Wechselwirkungsfunktionen zwischen dem Nutzungsgrad und seinen Einflußgrößen durch die Erfassung der wesentlichen Einflußgrößen eine weitgehende Annäherung erreicht wird. Hierbei ist zu ermitteln, wie sich der Referenzfall unter den tatsächlichen Einsatzbedingungen des JI-Kraftwerks verhalten würde. Damit liegen der Nutzungsgradbestimmung von Referenzfall- und JI-Kraftwerk die gleichen Randbedingungen zugrunde. Die Emissionsberechnung kann damit gemäß den Gleichungen A3-4a und A3-4b erfolgen.

$$EMISSIONEN_{Referenzfall,i} = P_z \times t_{z,i} \times (1/\eta_{z,i}(P_m,B_Q)) \times C_{BR,z,i}(B_Q) \quad (A3\text{-}4a)$$

$$EMISSIONEN_{JI\text{-}Kraftwerk,i} = P_y \times t_{y,i} \times (1/\eta_{y,i}(P_m,B_Q)) \times C_{BR,y,i}(B_Q) \quad (A3\text{-}4b)$$

wobei: $P_m = W_{el}/b$ $\quad t_{y,i} = W_{el,i}/P_y$ $\quad \eta = W_{el,i}/(m_{Br,i} \times h_u)$

$P_Z = P_y$ $\quad t_{z,i} = t_{y,i}$

mit :

y:	*JI-Kraftwerk;*	P_m:	*mittlere gefahrene Leistung im Jahr i;*
z:	*Referenzfall-Kraftwerk;*	*h:*	*Nutzungsgrad (Netto-Wirkungsgrad) im Jahr i;*
i:	*Laufvariable;*		
j:	*Jahr der Inbetriebnahme des KW;*	C_{BR}:	*spez. Emissionsfaktor des eingesetzten Brennstoffs im Jahr i;*
n:	*typische Amortisationszeit des KW;*		
P:	*Netto-(Nenn-)Leistung als KW;*	W_{el}:	*Nettostromerzeugung im Jahr i;*
t:	*Vollaststunden (Auslastung) im Jahr i;*	m_{Br}:	*Brennstoffmenge;*
B_Q:	*Brennstoffqualität im Jahresmittel; im Jahr i;*	h_u:	*unterer Heizwert;*
b :			*Betriebsstunden im Jahr i;*

Diese Definitionen zugrundelegend bestimmen sich die gesamten durch das JI-Kraftwerk während des Kreditierungszeitraumes (z.B. der typischen Amortisationszeit) vermiedenen Emissionen als die Summe der jährlich erzielten Emissionsminderungen (Gleichung A3-5).

$$\Delta E = \sum_{i=j}^{j+n-1} \left(EMISSIONEN_{Referenzfall,i} - EMISSIONEN_{JI\text{-}Kraftwerk,i} \right) \quad (A3\text{-}5)$$

Kurz gefaßt ergibt sich die Emissionsdifferenz also in Abhängigkeit der installierten Leistung des Kraftwerkes, der Auslastung, des Nutzungsgrades (d.h. dem Quotienten von jährlicher Netto-Stromerzeugung und eingesetztem Brennstoff) sowie dem spezifischen Emissionsfaktor des jeweils verwendeten Brennstoffes. Die Definition der Emissionsdifferenz über den Nutzungsgrad berücksichtigt, daß die energetische Effizienz eines Kraftwerkes, d.h. der Wirkungsgrad, im Jahresverlauf und zwischen verschiedenen Jahren Schwankungen unterlegen ist.

Die bisher beschriebene Vorgehensweise entspricht einer Ex-post-Ermittlung der vermiedenen Emissionen. Eine Ex-ante-Abschätzung der vermiedenen Emissionen ist nach der gleichen Berechnungsmethode möglich, indem die zu erwartende (wahrscheinliche) Fahrweise des JI-Kraftwerks zugrunde gelegt wird. Der Zusammenhang zwischen Ex-ante-Abschätzung und Ex-post-Berechnung der vermiedenen Emissionen wird in Abbildung A3-1 graphisch verdeutlicht.

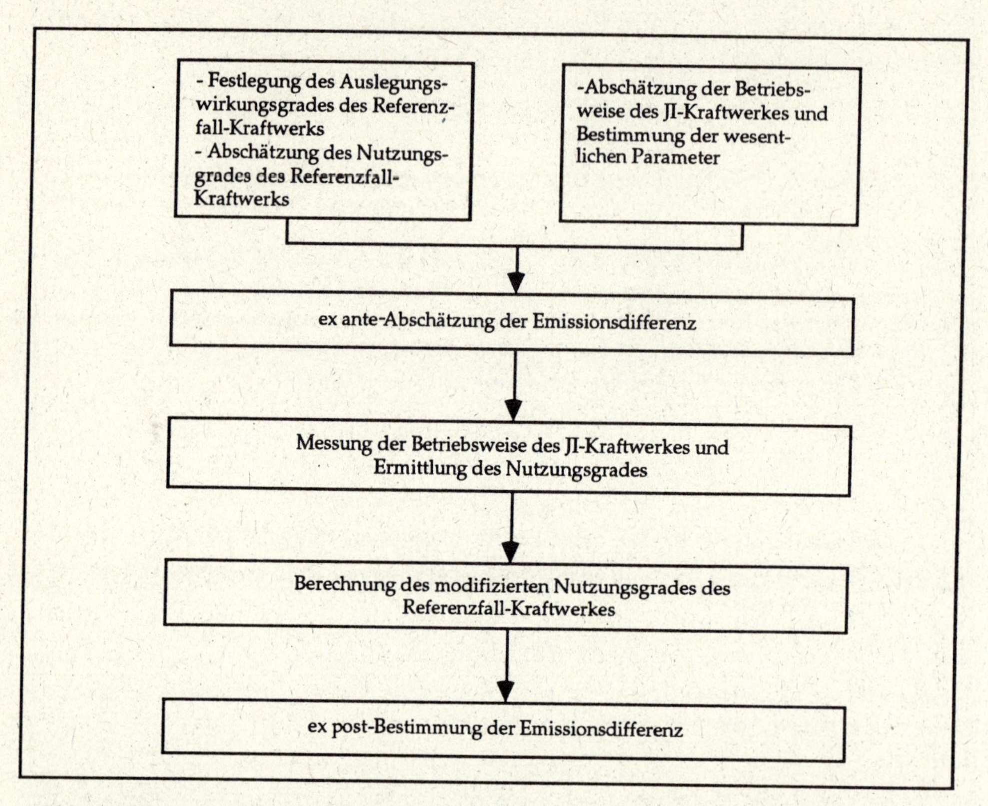

Abb. A3-1: *Schema der Vorgehensweise zur Ermittlung der vermiedenen Emissionen eines JI-Kraftwerkes.*

Ausgangspunkt ist die Festlegung des Auslegungswirkungsgrad, d.h. des Wirkungsgrads im Bestpunkt. Für die Bestimmung des Nutzungsgrades, der infolge der im Betrieb und bei den verschiedenen An- und Abfahrvorgängen auftretenden Energieverluste vom Wirkungsgrad abweicht, wird dann zwischen der Ex-ante-Abschätzung und der Ex-post-Ermittlung unterschieden.

Bei der Ex-ante-Abschätzung liegt der Nutzungsgradbestimmung des Referenzfall-Kraftwerks die im Vorfeld zu erwartende Fahrweise des JI-Kraftwerks zugrunde. Sie ermöglicht eine Vorabschätzung der zu erreichenden Emissionsreduktion. Die für eine spätere Anrechnung zugrundezulegende Emissionsdifferenz zwischen JI-Kraftwerk und Referenzfall-Kraftwerk ist demgegenüber ex post in Abhängigkeit von der tatsächlichen Fahrweise des JI-Kraftwerks zu bestimmen.

Der JI-Fall "Kraft-Wärme-Kopplungs-Anlage"

Wird im Rahmen von JI angestrebt, eine KWK-Anlage zu installieren, so sind zwei mögliche Referenzfälle zu unterscheiden: (1) Der Referenzfall kann ebenfalls eine KWK-Anlage sein. (2) Der Referenzfall kann aus zwei Komponenten bestehen, einer reinen stromerzeugenden und einer reinen wärmeerzeugenden Anlage. Dem stromerzeugenden Teil der JI-KWK-Anlage entspricht als Referenzfall ein Kondensationskraftwerk zur reinen Stromerzeugung. Dem wärmeerzeugenden Teil der JI-KWK-Anlage entspricht als Referenzfall ein Heizwerk (bzw. viele kleinere Heizungsanlagen) zur Wärmebereitstellung.

Prinzipiell kann auch für den JI-Fall KWK-Anlage die soeben dargestellte Vorgehensweise für die Ermittlung der vermiedenen Emissionen angewendet werden. Sind Referenzfall und JI-Kraftwerk jeweils KWK-Anlagen, so ist zu berücksichtigen, daß sich beide aufgrund der Vielzahl bestehender Kraftwerkskonzepte hinsichtlich des Verhältnisses von Strom- zu Wärmeabgabe unterscheiden können (z. B. Gegendruck-Heizkraftwerk vs. Entnahme-Kondensations-Kraftwerk). Demgegenüber kann der Referenzfall mit den getrennten Komponenten Strom- und Wärmeerzeugung in der Regel genau auf die elektrische und thermische Leistung der JI-Anlage ausgelegt werden. Vor diesem Hintergrund erfolgt eine Fallunterscheidung nach den beiden möglichen Referenzfällen (1) und (2).

(1) Referenzfall: Kraft-Wärme-Kopplungsanlage

Ersetzt eine JI-KWK-Anlage eine KWK-Anlage mit einem geringeren Wirkungsgrad, so ergibt sich ein besonderes Problem. KWK-Anlagen sind in der Regel wärmegeführt. Moderne Anlagen zeichnen sich darüber hinaus häufig durch eine höhere Stromkennzahl aus, d.h. bei gleicher Wärmebereitstellung kann eine größere Menge Strom erzeugt werden. Die modernere Anlage verursacht damit möglicherweise trotz gleicher Wärmebereitstellung, da dabei automatisch erheblich mehr Strom erzeugt wird, einen höheren CO_2-Ausstoß auf. Dieser Effekt ist bei der Bestimmung der vermiedenen Emissionen zu berücksichtigen.

Eine Möglichkeit hierzu bietet das Gutschrift-(Lastschrift)Verfahren. Der Referenzfall wird nun so definiert, daß er gemäß der Wärmeengpaßleistung der JI-KWK-Anlage ausgelegt wird und seine Betriebsweise wird so definiert bzw. simuliert, als ob die Referenzfall-KWK-Anlage die Wärmenachfrage der JI-KWK-Anlage decken würde. Die der Wärmeerzeugung korrespondierende Stromerzeugung im Referenzfall, die aufgrund einer unterschiedlichen Stromkennzahl von der Stromerzeugung der JI-KWK-Anlage abweichen kann, wird durch eine Stromgutschrift bzw. Stromlastschrift den JI-Verhältnissen angepaßt. Zur Bemessung dieser Gutschrift bzw. Lastschrift ist im Referenzfall zusätzlich ein Referenzfall-Kraftwerk (Kondensationskraftwerk) zur reinen Stromerzeugung zu definieren. Eine Mehrerzeugung an Strom in der modernen JI-KWK-Anlage beispielsweise wird dann hinsichtlich der vermiedenen Emissionen so bemessen, als ob diese Strommenge andernfalls im Kondensationskraftwerk erzeugt worden wäre. Die Emissionsdifferenz (DE) berechnet sich im einzelnen nach Gleichung A3-6.

$$\Delta E = \sum_{i=j}^{j+n-1} \left(\text{EMISSIONEN}_{z,KWK,i} - \text{EMISSIONEN}_{y,KWK,i} + \text{GUTSCHRIFT}_{Stromkennzahl} \right) \quad \text{(A3-6)}$$

$$\text{EMISSIONEN}_{z,KWK,i} = (W_{el,z} + Q_{th}) \times (1/\eta_{z,KWK,i}(P_m, \sigma_m, B_Q)) \times C_{BR,z,i}(B_Q)$$

$$\text{EMISSIONEN}_{y,KWK,i} = (W_{el,y} + Q_{th}) \times (1/\eta_{y,KWK,i}(P_m, \sigma_m, B_Q)) \times C_{BR,y,i}(B_Q)$$

$$\text{GUTSCHRIFT}_{Stromkennzahl} = (W_{el,y} - W_{el,z}) \times (1/\eta_{g,el,i}(P_m, B_Q)) \times C_{BR,y,i}(B_Q)$$

wobei:

$P_m = W_{el}/b$ $\sigma_m = W_{el}/Q_{th}$ $W_{el} = \sigma \times Q_{th}$

$\eta_{KWK} = (W_{el}+Q_{th})/(m_{Br} \times h_u)$ $\eta_{el} = W_{el}/(m_{Br} \times h_u)$

mit :

- y: *JI-Kraftwerk;*
- z: *Referenzfall;*
- g: *Referenzkraftwerk Stromerzeugung;*
- i: *Laufvariable;*
- j: *Jahr der Inbetriebnahme des KW;*
- n: *typische Amortisationszeit des KW;*
- b: *Betriebsstunden im Jahre i;*
- P_m: *mittlere gefahrene elektrische Leistung im Jahr i;*
- B_Q: *Brennstoffqualität im Jahresmittel im Jahr i;*
- s_m: *mittlere Stromkennzahl im Jahr i;*
- η: *Nutzungsgrad (Netto-Wirkungsgrad) im Jahr i;*
- C_{BR}: *spezifischer Emissionsfaktor des eingesetzten Brennstoffs im Jahr i;*
- W_{el}: *Nettostromerzeugung im Jahr i;*
- Q_{th}: *Wärmeerzeugung im Jahr i;*
- m_{Br}: *Brennstoffmenge;*
- h_u: *unterer Heizwert;*

Entsprechend der beschriebenen Berechnung der Emissionsdifferenz ist für die Referenzfall-KWK-Anlage der Nutzungsgrad der Anlage in Abhängigkeit der zu erwartenden Strom- zu Wärmeverhältnisse (Stromkennzahl) im Vorfeld (ex ante) festzulegen. Gemäß der tatsächlichen Fahrweise der JI-KWK-Anlage kann dann jeweils eine Modifikation des Basis-Nutzungsgrades mit der Stromkennzahl erfolgen (ex post). Die verbleibenden Unterschiede zwischen Referenzfall und JI-Projekt werden durch die Gutschrift bzw. Lastschrift kompensiert.

Im Vergleich zu der in zuvor dargestellten Vorgehensweise bei der Betrachtung eines JI-Projektes "reine Stromerzeugung" sind in diesem Fall zusätzlich die Wärmeerzeugung des JI-Kraftwerks kontinuierlich zu messen und die Angabe des Betreibers zu kontrollieren.

(2) Referenzfall: getrennte Strom- und Wärmeerzeugung

Für den Referenzfall Stromerzeugung ist ein der JI-KWK-Anlage leistungsmäßig entsprechender Kraftwerksanteil ("Kraftwerksscheibe") zu definieren. Für die Wärmeerzeugung werden eine bzw. mehrere Anlagen mit der Gesamtwärmeleistung der KWK-Anlage ausgewählt. Unter Umständen können bei der JI-KWK-Anlage größere Wärmetransportverluste auftreten als bei der getrennten Wärmeerzeugung im Referenzfall. Damit unterscheiden sich die Wärmeengpaßleistung von JI-KWK-Anlage und Referenzfall um ebendiese erhöhten Verluste. Die Emissionsdifferenz (DE) kann somit nach Gleichung A3-7 bestimmt werden.

Im Vergleich zu der oben dargestellten Vorgehensweise bei der Betrachtung eines JI-Projektes "reine Stromerzeugung" sind in diesem Fall zusätzlich die Wärmeerzeugung des JI-Kraftwerks kontinuierlich zu messen und die Angabe des Betreibers zu kontrollieren.

$$\Delta E = \sum_{i=j}^{j+n-1} \big(\text{EMISSIONEN}_{z,Stromerz.,i} - \text{EMISSIONEN}_{y,KWK,i} + \text{EMISSIONEN}_{z,Wärmeerz.,i} * F_V \big) \qquad \text{(A3-7)}$$

$$\text{EMISSIONEN}_{z,Stromerz.,i} = W_{el} \times (1/\eta_{z,el,i}(P_m, B_Q)) \times C_{BR,z,el,i}(B_Q)$$

$$\text{EMISSIONEN}_{y,KWK,i} = (W_{el}+Q_{th}) \times (1/\eta_{y,KWK,i}(P_m, \sigma_m, B_Q)) \times C_{BR,y,i}(B_Q)$$

$$\text{EMISSIONEN}_{z,Wärmeerz.,i} = Q_{th} \times (1/\eta_{z,th,i}(Q_m, B_Q)) \times C_{BR,z,th,i}(B_Q)$$

$$F_V = (1+\eta_{z,v,i})/(1+\eta_{y,v,i})$$

wobei:

$P_m = W_{el}/b$ $\quad \sigma_m = W_{el}/Q_{th}$ $\quad \eta_{th} = Q_{th}/(m_{Br} \times h_u)$

$Q_m = Q_{th}/b$ $\quad \eta_{KWK} = (W_{el}+Q_{th})/(m_{Br} \times h_u)$ $\quad \eta_{el} = W_{el}/(m_{Br} \times h_u)$

mit :

- y: *JI-Kraftwerk,*
- z: *Referenzfall-Kraftwerk;*
- i: *Laufvariable;*
- j: *Jahr der Inbetriebnahme des KW;*
- n: *typische Amortisationszeit des KW;*
- B_Q: *Brennstoffqualität im Jahresmittel im Jahr i;*
- b: *Betriebsstunden im Jahr i;*
- P_m: *mittlere gefahrene elektrische Leistung im Jahr i;*
- η: *Nutzungsgrad (Netto-Wirkungsgrad) im Jahr i;*
- C_{BR} *spezifischer Emissionsfaktor des eingesetzten Brennstoffs; im Jahr i;*
- W_{el}: *Nettostromerzeugung im Jahr i;*
- m_{Br}: *Brennstoffmenge*
- h_u: *unterer Heizwert;*
- Q_m: *mittlere gefahrene thermische Leistung im Jahr i;*
- σ_m: *mittlere Stromkennzahl im Jahr i;*
- Q_{th}: *Wärmeerzeugung im Jahr i;*
- η_V: *Wärmeverteilungsverluste im Jahr i;*

Der JI-Fall "Kraftwerksnachrüstung"

Bei der Kraftwerksnachrüstung oder -ertüchtigung wird als Referenzfall grundsätzlich die bestehende Altanlage festgelegt. Um zu vermeiden, daß im Rahmen von JI neben Nachrüstung und Ertüchtigung auch die einfache Rehabilitation (z.B. Aufhebung eines zuvor erfolgten bewußten Vorwärmerkurzschlusses) gefördert wird, wird vorgeschlagen, für JI-fähige (bereits existierende) Kraftwerke eine Mindestwirkungsgradgrenze vorzugeben. Als Untergrenze für die JI-Fähigkeit kann dabei der mittlere Wirkungsgrad der in Betrieb befindlichen Kraftwerke definiert werden. Kraftwerke mit einem schlechteren Wirkungsgrad können dann nur mit dem unteren Grenzwert als Referenzgröße in den JI-Mechanismus einbezogen werden. Kraftwerke mit einem besseren Wirkungsgrad gehen mit eben diesem als Referenzfall Wirkungsgrad in die JI-Betrachtung ein. Die Ex-ante-Abschätzung des Referenzfall-Nutzungsgrades und die Ex-post-Modifikation des Nutzungsgrades erfolgt dann vergleichbar der obigen Vorgehensweise beim JI-Fall „Kraftwerksneubau".

Literatur

Binsheng Li/ James P. Dorian: Change in China's Power Sector, in: Energy Policy, 23 (1995) 7, S. 619-626; Bin Wu/Andrew Flynn, Sustainable Development in China: Seeking a Balance Between Economic Growth and Environmental Protection, in: Sustainable Development, 3 (1995), S. 1-8.

Fischedick, M.: Stand und Entwicklungsperspektiven fossiler Kraftwerkskonzepte. In: Instrumente für Klima-Reduktions-Strategien (IKARUS); Teilprojekt 4 "Daten Umwandlungssektor", Fossile Kraftwerke, Erlangen, Stuttgart, 1995.

Fischer, W./Hoffmann, H-J./Katscher, W./Kotte, U./Lauppe, W-D./Stein, G.: Vereinbarungen zum Klimaschutz - das Verifikationsproblem; Monographien des Forschungszentrums Jülich, Band 22/1995, S.74.

Hildebrand, M.: Emissionsbilanzen der deutschen EVU im Spiegel europaweiter Vorschriften, Elektrizitätswirtschaft 94 (1995), Heft 1/2, S. 37-48.

Kaltschmitt, M.; Fischedick, M.: Wind- und Solarstrom im Kraftwerksverbund, C. F. Müller Verlag, Heidelberg, 1995

Michaelowa, A.: Internationale Kompensationsmöglichkeiten zur CO2-Reduktion unter Berücksichtigung steuerlicher Anreize und ordnungsrechtlicher Maßnahmen, HWWA-Institut für wirtschaftsforschung, Hamburg, 1995

Statistisches Bundesamt, Länderbericht Volksrepublik China 1993, Stuttgart 1993.

Toufiq A. Siddiqi/David G. Streets/Wu Zongxin/He Jiankun: National Response Strategy for Global Climate Change: People's republic of China, East-West Center, Argonne National Laboratory, Tsinghua University, September 1994; Naihu Li/Heng Chen, Umweltschutz in der elektrischen Energieversorgung Chinas. Stand und Perspektiven, in: Energiewirtschaftliche Tagesfragen, 44 (1994) 11, S. 718-725; Reinhard Loske, Chinas Marsch in die Industrialisierung, in: Blätter für deutsche und internationale Politik, Dezember 1993, S. 1460-1472.

World Resources Institute (Hrsg.): World Resources 1994-95, New York/Oxford 1994, S. 61-82.

Zha Keming: Energie-Entwicklungspolitik in China unter besonderer Berücksichtigung der Elektrizitätswirtschaft, in: Elektrizitätswirtschaft, 94 (1995) 19, 1170-1179, hier: 1179.

Zha Keming: Energie-Entwicklungspolitik in China unter besonderer Berücksichtigung der Elektrizitätswirtschaft, in: Elektrizitätswirtschaft, 94 (1995) 19, 1170-1179.

ZhangXiang Zhang: Analysis of the Chinese Energy System: Implications for Future CO2 Emissions, in: International Journal of Environment and Pollution, 4 (1994) 3/4, S. 181-198;.

Teil III.2*
Praktische Durchführung von Joint Implementation im Bereich der Energieerzeugung durch Regenerative Energieträger

---

* Dieses Kapitel wurde in Zusammenarbeit mit der Deutschen Forschungsanstalt für Luft- und Raumfahrt e.V.; Institut für Technische Thermodynamik: Dr. Franz Trieb und Dr. Joachim Nitsch erstellt.

1 Einleitung

Solarthermische Kraftwerke sind in der Regel konventionelle Dampf- oder Gas- und Dampfturbinen-Kraftwerke, die die thermische Verbrauchsenergie vollständig oder zum Teil aus der Sonne beziehen. Im Unterschied zu Solarzellen können diese jedoch nur die direkte Sonneneinstrahlung zur Stromerzeugung nutzen, wodurch ihre Einsetzbarkeit auf die Gebiete des Sonnengürtels der Erde (in etwa zwischen den 40. Breitengraden) beschränkt bleiben. Ohne Speicher und Zufeuerungen kann ein solarthermisches Kraftwerk an guten Standorten über ca. 2000 Vollaststunden ausschließlich mit Sonnenenergie betrieben werden und damit gegenüber fossil befeuerten Kraftwerken eine Brennstoffeinsparung von 100 % erreichen. Um sonnenarme Perioden zu überbrücken und die Schwankungen des Energieangebots auszugleichen erfolgt in den meisten solarthermischen Kraftwerken aber eine Zufeuerung mit Erdgas oder Heizöl und/oder die Installation eines Speichers. Hierdurch kann die Leistungsverfügbarkeit und damit auch die Wirtschaftlichkeit gesteigert werden. Andererseits reduziert sich die gegenüber konventionellen Kraftwerken erreichbare Brennstoffeinsparung entsprechend dem Zufeuerungsanteil und kann im Extremfall sogar in ihr Gegenteil verkehrt werden.

Aus klimapolitischer Sichtweise sind solarthermische Kraftwerke einer der technologischen Hoffnungsträger. Analysen für den Mittelmeerraum zeigen beispielsweise, daß dort ein Rückgang der CO_2-Emissionen im Bereich der Stromerzeugung nur mit einem substantiellen Anteil von solaren Anlagen erreicht werden kann. Aufgrund der vor allem wirtschaftlichen Vorteile gegenüber Solarzellen kommt dabei den solarthermischen Kraftwerken eine besondere Bedeutung zu. Aber auch für nicht so sonnenreiche Länder wie Deutschland könnten diese Anlagen mittel- bis langfristig an Bedeutung gewinnen. Denn folgt man den Empfehlungen der Enquête-Kommission des Deutschen Bundestages "Schutz der Erdatmsophäre" mit einer Reduzierung der CO_2-Emissionen um 80 % bis zur Mitte des nächsten Jahrhunderts, spricht vieles dafür, daß dies nur mit einem teilweisen Import von Solarstrom (über Hochspannungsgleichstromübertragung) aus südeuropäischen oder nordafrikanischen Ländern möglich sein wird. Hierzu ist die technologische Entwicklung der solarthermischen Kraftwerke weiterzuführen und ein sukzessiver Markteinstieg erforderlich.

Solarthermische Dampfkraftwerke mit Rinnenkollektoren sind in Kalifornien seit 1986 im kommerziellen Einsatz. Insgesamt sind dort 354 MW an elektrischer Leistung installiert. Darüber hinaus liegen inwischen für 50 weitere Standorte Feasibility-Studien vor. Die Weltbank, die EU und die Kreditanstalt für Wiederaufbau (KfW) gehören zu den finanzierenden Instituten, dic die Entwicklung der solarthermischen Kraftwerkstechnik fördern (seitens der GEF liegen Überlegungen vor, Anlagen in Mexiko und/oder Indien zu finanzieren). Obwohl die kalifornischen Anlagen unter den dortigen Randbedingungen erfolgreich waren und auch eine (z. T. auch staatlich geförderte) konzeptionelle Weiterentwicklung erfolgte, ist den solarthermischen Kraftwerken der Durchbruch in die Wirtschaftlichkeit bisher nicht gelungen. Aus heutiger Sicht scheint es insbesondere aufgrund verschlechteter Rahmenbedingungen (Energieträgerpreisrückgang, sinkende Investitions-kosten fossiler Kraftwerke) noch ein Zeitfenster von etwa 10 bis 15 Jahren zu geben, das erforderlich ist, bis dieser Kraftwerkstyp ohne forcierende Maßnahmen den Sprung in die Wirtschaftlichkeit schaffen kann.

Vor diesem Hintergrund könnte eine Installation von solarthermischen Kraftwerken im Rahmen von JI eine strategische Bedeutung in der Technologie- und Marktentwicklung zukommen. Für JI bietet das solarthermische Kraftwerk zudem nahezu ideale Bedingungen. Es besteht ein expliziter aber in seiner Höhe eng begrenzter zusätzlicher Finanzierungsbedarf, der Mitnahmeeffekte weitgehend ausschließen läßt. Darüber hinaus haben deutsche Firmen auf diesem Spezialmarkt rein technologisch gesehen eine starke Position. An der Entwicklung und Herstellung solarer Kraftwerkskomponenten sind derzeit verschiedene deutsche Firmen beteiligt (z. B. Flachgas Solartechnik (jetzt Pilkington Solar International), L&C Steinmüller, ABB und die DLR). Der Bau eines solarthermischen Kraftwerkes könnte insofern den Charakter eines deutschen JI-Pilot-Projektes mit klaren industriepolitischen Vorteilen haben.

Neben dem genannten strategischen Aspekt sind für die Wahl des solarthermischen Kraftwerkes als Simulationsbeispiel (mit dem Standort Marokko) weitere Punkte ausschlaggebend. So ermöglicht das Fallbeispiel (gegenüber dem ebenfalls betrachteten Fallbeispiel eines Kohlekraftwerkes in China) insbesondere die Analyse einer andersgearteten Region, die freien Zugang zu den auf dem Weltmarkt gehandelten Energieträgern hat, und die Betrachtung eines Brennstoffwechsels mit der Ausschöpfung eines spezifisch hohen Minderungspotentials mit den hiermit korrespondierenden Problemen bei der Bestimmung des Referenzfalls und der tatsächlich vermiedenen Emissionen.

2 Stand der Technik solarthermischer Kraftwerke

Solarthermische Kraftwerke stellen mit über 350 MW installierter Leistung die wichtigste Technologie zur solaren Elektrizitätserzeugung dar. Die Marktnischen, in denen sie heute wirtschaftlich arbeiten können, sind jedoch sehr klein. Damit wird der Einstieg in die Massenproduktion der Komponenten und eine damit verbundene Kostenreduktion gehemmt. Solarthermische Kraftwerke stellen deshalb zwar heute schon die kostengünstigste Möglichkeit zur solaren Stromerzeugung dar, können aber i.d.R. noch nicht mit fossilen Kraftwerken konkurrieren. Es scheint ein Zeitfenster von etwa 10 bis 15 Jahren zu geben, innerhalb dessen dieser Anlagentyp nicht von sich aus wirtschaftlich sein wird, aber u. U. mit Hilfe von JI als Finanzierungsinstrument in die Wirtschaftlichkeit gehoben werden könnte.

Das vorliegende Kapitel beschreibt die Grundprinzipien und den gegenwärtigen technischen Stand solarthermischer Kraftwerke und stellt einige Konzepte vor, die zur Zeit in der Entwicklung sind (eine detaillierte Darstellung solarthermischer Kraftwerkskonzepte ist in Anhang A1 zusammengestellt). Ein technisch-ökonomischer Vergleich zeigt die Einschränkungen, aber auch die große Bedeutung solarthermischer Kraftwerke im Hinblick auf eine globale CO_2-Minderungsstrategie im Zusammenhang mit Joint Implementation.

2.1 Gegenwärtiger Stand der Technik solarthermischer Kraftwerke: Bedingte Emissionsminderung

Das Prinzip solarthermischer Kraftwerke beruht auf der Konzentration von Solarstrahlung mittels fokussierender Spiegel zur Erzeugung von Hochtemperaturwärme, die in konventionellen thermodynamischen Kreisprozessen in Kraft und Elektrizität umgewandelt wird. Für die Erzeugung von Hochtemperaturwärme im Kraftwerksmaßstab kommen im wesentlichen Parabolrinnenkollektoren und Solarturmanlagen in Frage.

Parabolrinnenkollektoren sind bis zu 100 Meter lange Reflektorrinnen mit parabolischem Querschnitt, die das Sonnenlicht auf ein in der Brennlinie liegendes Absorberrohr bündeln. Mehrere parallele Rohrstränge werden von einem Medium durchströmt, das die entstehende Wärme bei bis zu 400 °C aufnimmt und über Wärmetauscher in einen Dampfkraftprozeß einkoppelt.

Mit einer Gesamtleistung von 354 MW und Kraftwerksgrößen zwischen 10 und 80 MW verfügen solarthermische Kraftwerke auf der Basis von Parabolrinnenkonzentratoren über die derzeit umfangreichste Betriebserfahrung aller solarer Kraftwerkstechnologien einschließlich der Photovoltaik. In den Jahren 1985 bis 1995 haben 9 Anlagen des Typs SEGS - Solar Electricity Generating System - in Kalifornien über 5500 GWh und damit weit über 80 % der insgesamt weltweit solar erzeugten Elektrizität zur Verfügung gestellt. Die Firma Flachglas Solartechnik stellte die Reflektoren für diese Kraftwerke her und arbeitet z.Zt. an Machbarkeitsstudien für ähnliche Anlagen in Kreta, Marokko, Indien, Mexiko u.a. (Nava, 1995).

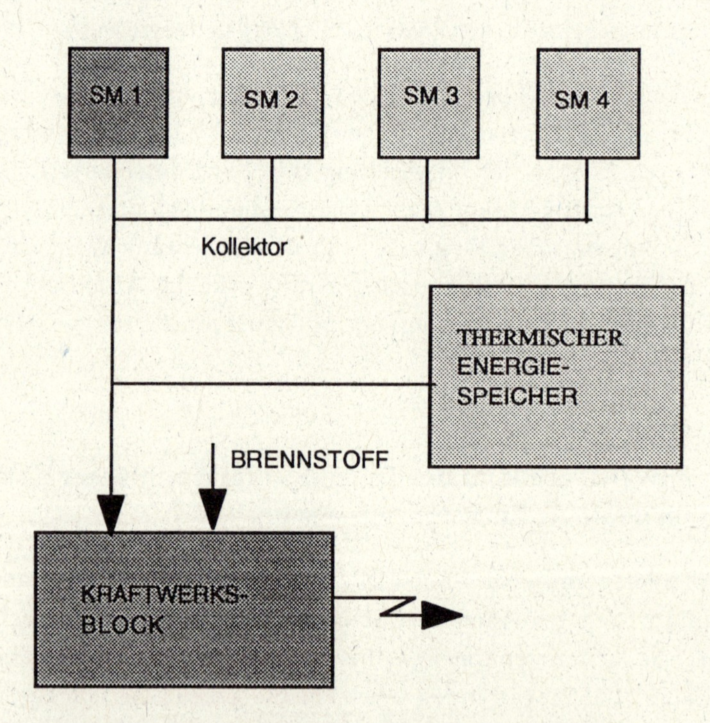

Bild 2-1: Grund- und Nebenkonfigurationen eines hybriden solarthermischen Kraftwerks; SM = Solar Multiple (Vielfaches der Solarfeldgröße)

Die spezifischen Investitionen der kalifornischen SEGS-Kraftwerke liegen zwischen 2900 und 4500 US$/kWh, die Stromgestehungskosten zwischen 0,14 und 0,27 US$/kWh. Die Auslastung der Anlagen von 3000 äquivalenten Vollaststunden pro Jahr wird dadurch erreicht, daß ca. 25% der notwendigen Wärme aus fossilen Brennstoffen zugefeuert wird. Seit der Inbetriebnahme der ersten Anlage im Jahr 1985 wurden die Komponenten, Systeme und Betriebsstrategien ständig verbessert und haben inzwischen eine hohe Effizienz und Zuverlässigkeit erreicht (Cohen et al, 1995).

Bild 2-1 zeigt die Grundkonfiguration eines solarthermischen Kraftwerks, das in der einfachsten Variante aus einem Kollektor zur Erzeugung von Hochtemperaturwärme und einem konventionellen Kraftwerksblock (z.B. Dampfturbine) besteht, in den die Wärme eingekoppelt wird. Je nach Standort und Einstrahlung erreichen solarthermische Kraftwerke mit dieser Grundkonfiguration (SM 1) bis über 2000 Vollaststunden pro Jahr.

Die Verfügbarkeit kann durch eine Erweiterung des Solarfeldes und durch Speicherung der Überschußwärme verbessert werden. So erlaubt eine Verdopplung des Solarfeldes (SM 2) bei entsprechender Speicherung an Standorten mit geringfügigen saisonalen Schwankungen des Strahlungsangebots in erster Näherung den Betrieb bis hin zu ca. 4000 h/a. Damit sind jedoch auch zusätzliche Investitionen für das Solarfeld und für den Speicher verbunden.

Bei der heutigen Preissituation für Brennstoffe und fossil befeuerte Kraftwerke bedeutet die Einführung von solaren Komponenten i.d.R. eine Verteuerung der erzeugten Elektrizität. Der "solare Brennstoff" muß in Form des Kollektorfelds im Gegensatz zum fossilen Brennstoff für die gesamte Lebensdauer des Kraftwerks vorfinanziert und verzinst werden, was die Investition und damit die Kapitalkosten gegenüber konventionellen Kraftwerken deutlich erhöht: Die Investition für ein reines Solarkraftwerk ist proportional zur jährlich bereitgestellten Energie (= Leistung x Betriebsstunden), während die Investition für ein fossil befeuertes Kraftwerk lediglich proportional zur installierten Leistung ist.

Die Zufeuerung mit einem konventionellen Brennstoff ist deshalb heute i.d.R. die kostengünstigere Möglichkeit zur Erweiterung der Verfügbarkeit. Sie wird deshalb im Hinblick auf eine erste Einführung solarthermischer Kraftwerke bevorzugt. Solaranlagen mit Zufeuerung fossiler Brennstoffe werden "hybride" Kraftwerke genannt.

Durch die Kombination von Solarfeld, Speicher und Zufeuerung ist der solare Anteil an der Stromerzeugung und damit die jährliche Brennstoffeinsparung frei wählbar. Damit läßt sich ein Kompromiß zwischen dem betriebswirtschaftlichen Anspruch auf Kostenminimierung und dem gesellschaftlichen Anspruch auf eine spürbare CO_2-Minderung im Kraftwerksbereich verwirklichen.

Bild 2-2 zeigt im unteren Teil am Beispiel eines hybriden Parabolrinnenkraftwerks in drei Kurven die spezifischen CO_2-Emissionen hybrider Kraftwerke als Funktion der jährlichen Auslastung bei unterschiedlichen Solarfeld- und Speichergrößen. Oben ist als Referenz die Bandbreite spezifischer CO_2-Emissionen bei verschiedenen Formen fossiler Stromerzeugung eingetragen. Diese Bandbreite reicht von einem kohlegefeuerten Dampfkraftwerk mit 39 % Jahresnutzungsgrad (oben) bis hin zu einem erdgasgefeuerten GuD-Kraftwerk mit einem Jahresnutzungsgrad von 55 % (unten).

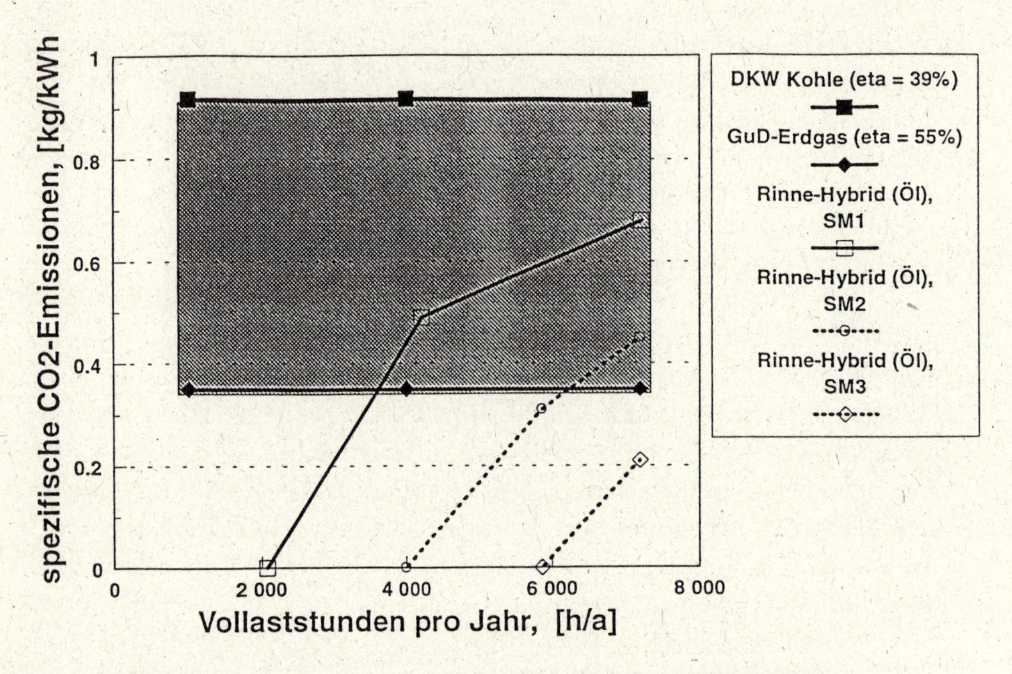

Bild 2-2 : Spezifische CO_2-Emissionen eines Parabolrinnenkraftwerks und Bandbreite fossiler Referenzanlagen (Solar Multiple: SM = Vielfaches des Solarfeldes gegenüber der Grundauslegung SM 1). Direkteinstrahlung 2000 kWh/m2a.

Das Solarkraftwerk kann theoretisch in der Grundauslegung (SM 1) ca. 2000 h/a rein solar betrieben werden - CO_2-Emissionen entstehen bei dieser Konfiguration nicht. Praktisch wird jedoch, um eine höhere Auslastung zu erreichen, mit einem fossilen Brennstoff - im Beispiel Schweröl - zugefeuert werden, so daß die spezifischen CO_2-Emissionen bei einem realistischen Einsatz im Mittellastbereich auf ca. 0,5 kg/kWh ansteigen. Gegenüber dem Kohlekraftwerk wird auch hier noch eine deutliche CO_2-Minderung erreicht. Gegenüber dem erdgasgefeuerten GuD-Kraftwerk ist jedoch keine Emissionsminderung zu verzeichnen. Im Mittel- und Grundlastbereich sind demnach erdgasgefeuerte GuD-Kraftwerke hybriden Dampfkraftwerken mit Ölzufeuerung überlegen. Dies gilt selbstverständlich nur für Regionen, in denen Erdgas verfügbar ist.

Erfolgt die Zusatzfeuerung ebenfalls mit Erdgas, sinken die spezifischen Emissionen des Hybridkraftwerks bei 4000 h/a auf ca. 0,35 kg/kWh und damit auf ein dem GuD-Kraftwerk vergleichbares Niveau. Die durch das Solarfeld erzielte Emissionsminderung wird durch den vergleichsweise schlechten Wirkungsgrad der Zufeuerung (in den Dampfkreislauf) ausgeglichen, so daß insgesamt kein Vorteil gegenüber einer GuD-Anlage erzielt wird.

Bild 2-2 stellt deutlich dar, daß die Installation und der Betrieb eines solarthermischen Hybridkraftwerkes heutiger Technik nur bedingt, d. h. in Abhängigkeit von der Konfiguration (Solar- und Speicheranteil), der Betriebsweise (Auslastung), der Art der Zufeuerung (Brennstoff) und der Referenzbedingungen zu einer realen Emissionsminderung gegenüber einem Referenzkraftwerk führt.

Neben den erwähnten Parabolrinnenkraftwerken stehen weitere Technologien zur solaren Stromerzeugung zur Verfügung, die noch nicht denselben Grad der kommerziellen Einführung wie die Rinne, aber durchaus technische Reife erreicht haben (Trieb 1995a, 1995b, 1995c). Zu erwähnen sind insbesondere die Solarturmkonzepte PHOEBUS der Firma Steinmüller mit einem offenen volumetrischen Heißluft-Receiver und die Testanlage SOLAR TWO in Barstow, Kalifornien, mit einem Flüssigsalz-Receiver. Beide Systeme arbeiten in Zusammenhang mit einem Dampfkraftprozeß und zeigen ähnliche Emissionscharakteristiken wie die hybride Rinne.

Solarturmkraftwerke nutzen ein Feld von einzeln stehenden, der Sonne nachgeführten großen Spiegeln (Heliostaten), die das Sonnenlicht auf die Spitze eines im Zentrum des Feldes stehenden Turmes reflektieren (Central Receiver). Die im Absorber erzeugte Wärme wird bei über 800 °C mittels eines Wärmeträgers an den eigentlichen Kraftwerksprozeß abgegeben. Infolge der höheren Betriebstemperaturen ist mit Solartürmen die Einkopplung von Sonnenenergie sowohl in Dampf- als auch in Gasturbinenprozeße möglich. Dies eröffnet eine Entwicklungslinie, die die Nutzung des hohen Wirkungsgrades von kombinierten Gas- und Dampfturbinenanlagen (GuD) zur Verstromung von Solarwärme erlaubt.

2.2 Entwicklung zukünftiger solarthermischer Kraftwerkskonzepte: Unbedingte Emissionsminderung

Im Bereich der solarthermischen Großkraftwerke werden z.Zt. Konzepte zur Einbindung der Solarwärme in kombinierte Gas- und Dampfturbinen-Kraftwerke untersucht, die eine wesentliche Verbesserung der Effizienz und eine deutliche Reduktion der Stromgestehungskosten versprechen (Klaiß/Staiß 1992, Brose et al 1995,). Mit solchen Systemen wird auch die solare Kraft-Wärme-Kopplung denkbar (Trieb/Buck 1995).

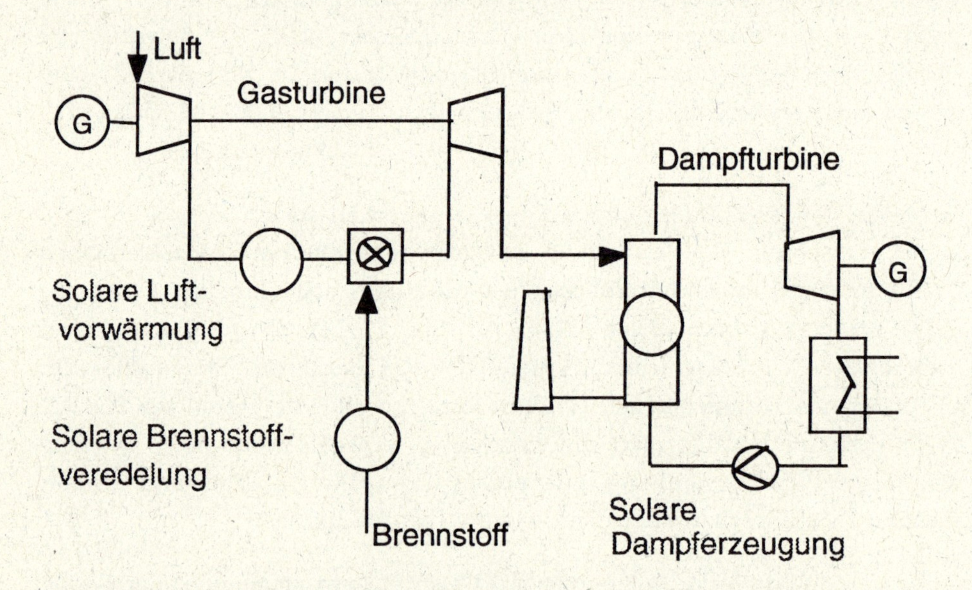

Bild 2-3 : Möglichkeiten zur Einkopplung der Sonnenenergie in ein GuD-Kraftwerk. Einkopplungspunkte sind durch graue Kreise markiert.

Bild 2-3 zeigt einige Möglichkeiten, Solarenergie in ein GuD-Kraftwerk einzukoppeln. Neben der Einspeisung von solar erzeugtem Dampf in die Dampfturbine des GuD-Kraftwerks besteht die Möglichkeit, Sonnenenergie sowohl in den Brennstoff (solarchemische Methanreformierung) als auch in die Verbrennungsluft der Gasturbine einzukoppeln (solare Luftvorwärmung). Die letztgenannten Systeme erfordern geschlossene, druckbeaufschlagte Receiver, die z.Zt. am Institut für Technische Thermodynamik der Deutschen Forschungsanstalt für Luft- und Raumfahrt in Stuttgart entwickelt und erprobt werden, und deren Einsatzfähigkeit im größeren Maßstab in ca. 5 Jahren erwartet wird. Ein besonderer Vorteil dieser Konzepte gegenüber der solaren

Dampferzeugung ist, daß die Umwandlung der Sonnenenergie mit dem hohen Wirkungsgrad des GuD-Prozesses erfolgt.

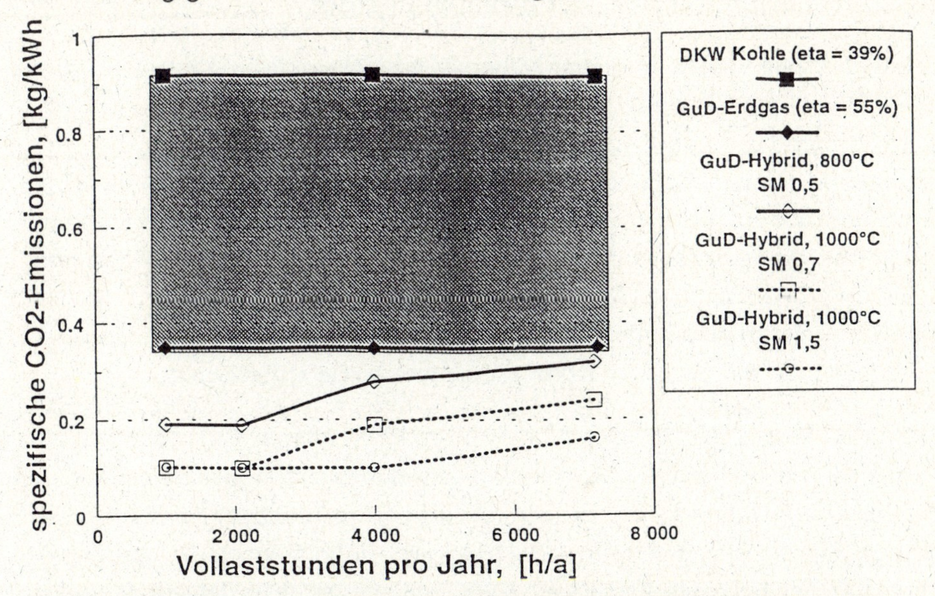

Bild 2-4 : Spezifische CO_2-Emissionen eines solarthermischen GuD-Kraftwerks mit solarer Luftvorwärmung und Bandbreite fossiler Referenzanlagen (SM = Vielfaches des Solarfeldes gegenüber der Grundauslegung SM 1). Direkteinstrahlung 2000 kWh/m2a.

Bild 2-4 stellt die theoretisch berechnete Emissionscharakteristik eines hybriden solarthermischen Kraftwerks mit solarer Luftvorwärmung dar. Bei Betriebstemperaturen um 800 °C wird der Solaranteil bei den ersten Anlagen unter 50% liegen (SM 0,5). Es besteht jedoch im Lauf der Entwicklung besserer Materialien die Möglichkeit, den Solaranteil durch höhere Betriebstemperaturen und durch den Einsatz thermischer Speicher zu vergrößern (gestrichelte Linien in Bild 2-4). Im gesamten Betriebsbereich, d.h. bei beliebigen Anteilen der Zufeuerung fossiler Brennstoffe, ergeben sich - bei wesentlich kleineren Solarfeldern und damit bei deutlich geringeren Kosten als beim solaren Dampfkraftwerk in Bild 2-2 - Emissionsminderungen selbst gegenüber dem hocheffizienten fossilen GuD-Kraftwerk. Dieser inhärente Vorteil gegenüber solaren Dampfkraftwerken ergibt sich aus dem hohen Umwandlungswirkungsgrad des im Solarkraftwerk integrierten GuD-Kraftwerksblocks.

Im Gegensatz zu solarthermischen Kraftwerken heutiger Technik (vergl. Kap. 2.1) führen die neuen Konzepte ohne Einschränkung, also unbedingt, zu einer Emissionsminderung gegenüber jedem konventionellen Kraftwerk.

2.3 Kosten solarthermischer Stromerzeugung

Tabelle 2-1 zeigt einen Vergleich unterschiedlicher solarer Kraftwerkskonzepte, die von derzeit verfügbaren hybriden Dampfkraftwerken bis zu zukünftigen hybriden Gas- und Dampfturbinen sowie hybriden Kraft-Wärme-Kopplungsanlagen reichen. Relative Werte wie z.B. die Mehrkosten und die CO_2-Vermeidungskosten wurden im Vergleich zu einer rein fossil befeuerten konventionellen Anlage des jeweils gleichen Typs ermittelt. Wie in den Kapiteln 3 und 4 beschrieben, ist diese Wahl der Referenzsysteme jedoch nicht zwingend. Die Angaben sind zudem nur als grobe Richtwerte für jeden Anlagentyp zu verstehen, da die einzelnen Konzepte Unterschiede aufweisen.

Die Mehrkosten der Stromerzeugung liegen bei solaren GuD- und KWK-Anlagen bei 1 bis 4 Pf/kWh, bei solaren Dampfkraftwerken zwischen 3 bis 12 Pf/kWh. Die Bandbreite ergibt sich für den Hybridbetrieb in Grundlast (niedrige Werte) bis zum reinen Solarbetrieb (hohe Werte). Die geringen Mehrkosten bei hybriden GuD- und KWK-Anlagen sind in der effizienteren Nutzung der Solarwärme und in den wesentlich kleineren Solarfeldern begründet.

Dagegen steigen die CO_2-Vermeidungskosten gegenüber denen hybrider Dampfkraftwerke an, was darauf zurückzuführen ist, daß die solaren GuD- und KWK-Anlagen bei der gegebenen Wahl der Referenzsysteme (erdgasgefeuerte, konventionelle Anlagen gleichen Typs) entsprechend hocheffiziente Anlagen mit einem relativ sauberen Brennstoff verdrängen. Die Grenzkosten der CO_2-Vermeidung steigen mit zunehmender Effizienz der Referenzsysteme naturgemäß an.

2.4 Strategische Überlegungen zur Einführung Solarthermischer Kraftwerke

Am Beispiel einer Untersuchung für den Mittelmeerraum (nördliche und südliche Anrainerländer außer Frankreich, ehem. Jugoslawien und Albanien) konnte gezeigt werden, daß eine absolute <u>Minderung</u> der CO_2-Emissionen im Bereich der Stromerzeugung aufgrund der zunehmenden Nachfrage nach elektrischer Energie nur durch den Einsatz von Solarkraftwerken möglich wird (Klaiß/Staiß 1996).

Bild 2-5 zeigt die mögliche Entwicklung der CO_2-Emissionen des Stromerzeugungssektors dieser Länder für verschiedene Szenarien der Einführung solarer Kraftwerke. Maßnahmen zur Effizienzsteigerung des fossilen Kraftwerksparks werden durch das zu erwartende Wachstum des Bedarfs überkompensiert werden. Allein um die Emissionen der Kraftwerke dieser Länder auf dem Niveau von 1990 zu stabilisieren - d.h. ohne eine reale Minderung des CO_2-Ausstoßes zu fordern - wäre ab sofort der Bau von Solarkraftwerken mit mindestens 3,5 GW Leistung bis 2005 bzw. 23 GW bis 2025 notwendig. Dabei könnte im Sinne einer Einführungsstrategie mit hybriden Kraftwerken mit geringem Solaranteil begonnen werden (Nitsch/Staiß 1996, Nava 1995) um langfristig den solaren Beitrag sukzessive zu steigern.

Tabelle 2-2 faßt einige strategische Überlegungen zur CO_2-Minderung mittels solar-thermischer Kraftwerke zusammen. Kurz- bis mittelfristig kann davon ausgegangen werden, daß solare Kraftwerke nur in engen Nischen wirtschaftlich arbeiten werden, wie z.B. in Kalifornien, wo das Strahlungsangebot zeitlich mit der durch den Einsatz von Klimaanlagen erzeugten elektrischen Spitzenlast zur Mittagszeit übereinstimmt. Die Prioritäten in den meisten Zieleinsatzländern - häufig Entwicklungsländern - liegen zunächst nicht bei einer ressourcenschonenden, CO_2-armen Stromerzeugung, sondern bei einer effizienteren Nutzung und kostengünstigen Erzeugung von Elektrizität.

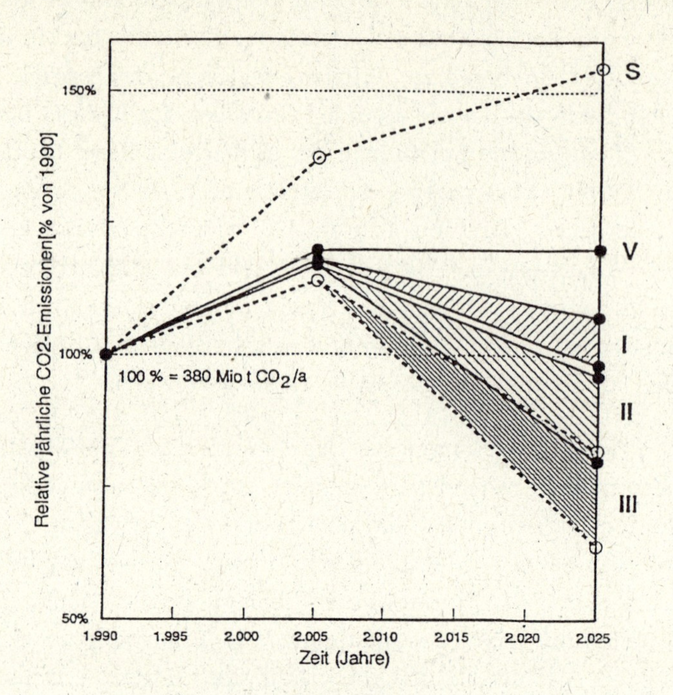

S: Status-quo -Entwicklung: fossile Kraftwerke heutigen Standards

V: Verbesserte fossile Kraftwerke

I: Szenario mit 12% solarer Durchdringung

II: Szenario mit 22% solarer Durchdringung

III: Szenario mit 33% solarer Durchdringung

(Gesamtes Marktpotential fossiler Kraftwerke bis 2025 = 190 GWe)

Bild 2-5: Entwicklung der CO_2-Emissionen im Mittelmeerraum bei unterschiedlichen Anteilen der solaren Stromerzeugung nach /6/.

Die Aktivitäten im Bereich solarthermischer Kraftwerke werden sich daher in den nächsten 10 bis 15 Jahren auf Forschung und Entwicklung und auf die Konsolidierung der erreichten Ergebnisse durch die Einführung einiger Anlagen in Nischenmärkten beschränken. Hier kann JI eine entscheidende Hilfestellung geben, um die notwendige kommerzielle Erfahrung mit den neuen Technologien in den Zielländern zu ermöglichen und den Markteinführungsprozeß zu beschleunigen.

Damit kann eine in ca. 15 Jahren beginnende massive Einführungsphase solarthermischer Kraftwerke vorbereitet werden mit dem Ziel, die angestrebten globalen Emissionsziele bis zur 2. Hälfte des nächsten Jahrhunderts zu erreichen. Dabei sollten sinnvollerweise zunächst vor allem die CO_2-intensiven Technologien - also kohle- und schwerölgefeuerte Dampfkraftwerke - verdrängt werden. Um die angestrebten Emissionsziele zu erreichen, muß diese

Verdrängung vor allem auch im Mittel- und Grundlastbereich erfolgen, so daß bis dahin effiziente Speichertechnologien zur Verfügung gestellt werden müssen.

- Kurz- bis mittelfristig: F&E fortschrittlicher hybrider Dampf-, GuD-, und KWK- Kraftwerke sowie thermischer Speicher bis zur kommerziellen Reife, und

  Integration kleiner bis mittlerer Solaranteile in Hybridkraftwerken zur Konsolidierung der F&E-Ergebnisse ==> Einführung, Erprobung und kommerzielle Erfahrung im Kraftwerksmaßstab in Nischenmärkten und anhand von Pilotanlagen

- Langfristig: Ergänzung bzw. Ersatz von kohle- und schwerölgefeuerten Dampfkraftwerken durch hybride Kraftwerke und durch erdgasgefeuerte Kraftwerke im Mittel- und Grundlastbereich ==> Die Umwelt stark belastende Brennstoffe zunehmend verdrängen und globale Emissionsziele erreichen

  Erdgasgefeuerte GuD- und KWK-Kraftwerke durch Hybridsysteme entlasten ==> Erdgasreserven strecken und nachhaltige Elektrizitätsversorgung etablieren

Tabelle 2-2: Strategische Überlegungen zur CO_2-Minderung mit Solarthermischen Kraftwerken

Da in der ersten Hälfte des 21. Jahrhunderts wegen der Treibhausproblematik und der allgemeinen Entwicklung im Kraftwerksektor ein erheblicher Druck auf die Erdgasressourcen entstehen wird, müssen gleichzeitig auch erdgasgefeuerte GuD- und KWK-Anlagen in zunehmendem Maße durch Hybridsysteme entlastet werden, um eine nachhaltige Elektrizitätsversorgung zu garantieren. In diesem Fall dient die Sonnenenergie weniger zur Verdrängung als zur Erweiterung und zur zeitlichen Streckung der Erdgasreserven.

Die folgenden Kapitel 3 und 4 beschreiben die besonderen Implikationen eines solar-thermischen JI-Projekts im Hinblick auf eine CO_2-Minderung bei der Stromerzeugung.

3 Bestimmung eines Referenzfalls

Entscheidend für die Antwort auf die Frage, ob ein solarthermisches Kraftwerk als JI-Projekt geeignet ist, ist die praktische Quantifizierbarkeit der vermiedenen Emissionen. Ein besonderes Problem ist dabei die glaubwürdige Bestimmung einer Referenzanlage bzw. eines Referenzkraftwerktyps, der durch das JI-Projekt substituiert wird.

Bei dieser Fragestellung kann zwischen den Referenzfällen a) Umbau bzw. Erweiterung eines bestehenden Kraftwerks zu einer Solar-Hybrid-Anlage, b) Ersatz einer veralteten konventionellen Anlage und c) Neubau eines Solar-Hybrid-Kraftwerks, das den Neubau eines konventionellen Kraftwerks substituiert, unterschieden werden. Vergleichbar mit AP 3.1 konzentriert sich auch dieser Bericht zunächst auf den Kraftwerk-Neubau.

Abschnitt 3.1 faßt die besonderen Aspekte der Referenzfallbildung unter Berücksichtigung der Eigenschaften solarthermischer Kraftwerke zusammen. Auf dieser Basis wird aus drei idealtypischen Modellen eine pragmatische Methode zur Referenzfallbildung abgeleitet (Kapitel 3.2 - 3.4). In Abschnitt 3.5 werden aktuelle Entwicklungen standardisierter Berechnungsverfahren vorgestellt und einige grundsätzliche Richtlinien für die Simulation von Referenzanlagen empfohlen.

3.1 Referenzfallbildung für solarthermische Kraftwerke

Im folgenden werden einige Überlegungen zur Referenzfallbildung im Hinblick auf die spezielle Problematik solarthermischer Kraftwerke zusammengefaßt.

Der wachsende Elektrizitätsbedarf eines Landes kann dabei sowohl durch den Zubau konventioneller als auch durch hybride oder rein solar betriebene Anlagen gedeckt werden. Die Bestimmung der Referenzanlage hängt dabei in entscheidenden Maße vom Einsatzbereich der Kraftwerke ab.

Typischer Einsatzbereich solarthermischer Kraftwerke

Der Einsatzbereich der kalifornischen SEGS liegt in der Spitzen- und Mittellast. Dies ist durch die am Mittag auftretenden Lastspitzen im kalifornischen Netz bedingt (verstärkter Einsatz von Klimaanlagen), die gut mit dem solaren Strahlungsangebot korrelieren. Insofern stellen die kalifornischen Anlagen einen günstigen Einsatzfall dar.

In den meisten Zielländern für solarthermische Kraftwerke treten die Lastspitzen in den Abendstunden (sog. Lichtspitze; vgl. Abbildung 5.2)[1] auf, so daß solare Spitzenlast nur mit Hilfe von Speichern bereitgestellt werden kann (Klaiß/Staiß 1992, Altmann/Staiß 1996). Solarer Grundlaststrom kann ebenfalls nur mit Hilfe von Speichern bereitgestellt werden. Wegen der erhöhten Investitionen werden solche Systeme erst in Zukunft eingesetzt werden.

Der typische Einsatzbereich von Solar/Hybrid-Kraftwerken liegt heute deshalb in der Mittellast. Mit dem heute typischen hybriden Dampfkraftwerk ohne Speicher können in der Mittellast solare Anteile an der Stromerzeugung von ca. 50 % erreicht werden.

Zuordnung von Referenzanlagen

Eine Solaranlage ist nur schwer in die üblichen Kraftwerkskategorien einzuordnen. Damit kommt als Referenz für den Neubau eines solarthermischen Kraftwerks prinzipiell jeder beliebige konventionelle Kraftwerkstyp in Frage, d.h. jedes Kraftwerk in einem Netzverbund kann durch ein Solarkraftwerk substituiert werden. Wir sind deshalb zu dem Schluß gekommen, ebenso wie beim Neubau fossiler Kraftwerke die nationale Kraftwerksausbauplanung als Grundlage für die Bestimmung einer Referenzanlage zu nutzen.

In der Regel stehen im Rahmen einer nationalen Ausbauplanung mehrere Kraftwerke unterschiedlichen Typs als mögliche Referenzkraftwerke zur Diskussion. Die zeitliche Reihenfolge des Baus der verschiedenen Kraftwerke unterliegt dabei ökonomischen und energiepolitischen Kriterien.

---

1 In den nächsten Jahrzehnten kann sich die Tagesspitze zunehmend in die Mittagsstunden verschieben, wenn die Bedeutung von Kühlgeräten und Klimaanlagen hinsichtlich des Stromverbrauchs zunimmt.

Im folgenden werden einige Punkte benannt, die für die Ermittlung der vermiedenen Emissionen und für deren Bewertung im Sinne von JI von Bedeutung sind:

- Eine Referenzanlage hat nicht unbedingt dieselbe Konfiguration, Leistung und Laststruktur wie die JI-Anlage. Dies wird besonders deutlich, wenn man z.B. eine Photovoltaik- oder Windanlage oder eine rein solar betriebene solarthermische Variante als JI-Projekt in Erwägung zieht. In diesen Fällen existiert keine konventionelle Anlage mit gleicher Konfiguration und Auslastung. Im Fall der rein regenerativ betriebenen Anlagen ist die Einsatzcharakteristik durch die Energiequelle vorgegeben, wogegen sie bei konventionellen Anlagen durch den Bedarf bestimmt wird. Daraus kann gefolgert werden, daß vermiedene Emissionen nur aufgrund spezifischer, auf die erzeugte Energieeinheit bezogener Werte ermittelt werden können (s. Kapitel 4).

- Eine Referenzanlage verwendet nicht zwingend denselben Brennstoff wie die JI-Anlage. Bei rein solar betriebenen Anlagen ist diese Aussage trivial, bei Hybridanlagen bestimmt das Anlagenkonzept und die Verfügbarkeit den gewählten Zusatzbrennstoff. Bei Hybridanlagen kann ein Teil der CO_2-Einsparungen durch Brennstoffwechsel bedingt sein (z.B. wenn ein Kohlekraftwerk durch ein ölgefeuertes Hybridkraftwerk ersetzt wird). Dies ist jedoch durchaus dem solarthermischen Kraftwerk anrechenbar, da die Ressourcen des verwendeten Brennstoffs durch die Hybridisierung gestreckt werden und damit Brennstoffe mit höherem Kohlenstoffgehalt verdrängt werden. In diesem Fall ist jedoch zusätzlich zu prüfen, ob in dem infrage kommenden Einsatzbereich eine Emissionsminderung auch gegenüber alternativen konventionellen Anlagen erreicht wird, die denselben Brennstoff verwenden (z.B. erdgasgefeuerte SEGS gegenüber GuD-Kraftwerk, vergl. Abb. 2-2).

Bei netzgekoppelten Anlagen muß der Standort von Referenz- und JI-Anlage nicht zwingend identisch sein, da jede beliebige Anlage im Verbund durch ein JI-Kraftwerk ersetzt werden kann. Solarthermische Kraftwerke werden an Standorten mit besonders guter Einstrahlung und Flächenverfügbarkeit gebaut werden, die nicht unbedingt den üblichen Standorten von konventionellen Anlagen entsprechen.

Aufgrund dieser Überlegungen lassen sich folgende grundsätzliche Richtlinien für die Definition eines Referenzkraftwerkes in einem Netzverbund ableiten:

1. Die Referenzanlage muß Bestandteil der aktuellen Ausbauplanung des nationalen Kraftwerkparks sein. In der Regel existiert eine solche Ausbauplanung und ist den einschlägigen Behörden zugänglich. Die Ausbauplanung stellt eine anhand technisch-ökonomischer Kriterien ermittelte, idealtypische Rangliste von Anlagentypen dar.

2. Die Referenzanlage muß eine ähnliche Einsatzcharakteristik wie die entsprechende JI-Anlage haben (Grundlast, Mittellast oder Spitzenlast). Andernfalls würden im Rahmen des ökonomischen Kalküls der Einsatzplanung durch den Betrieb der JI-Anlage grundsätzlich andere Anlagen als die gewählte Referenz substituiert werden.

3. Die JI-Anlage sollte grundsätzlich einen Anlagentyp mit hohen spezifischen Emissionen substituieren, um den ökologischen Nutzen des JI-Projekts zu maximieren.

4. Auf nationaler Ebene zubaubare Kraftwerkstypen sind weitgehend durch die Verfügbarkeit entsprechender Brennstoffe vorgegeben. Damit können die Kraftwerke einer Ausbauplanung nach Brennstoffen und Kraftwerkstypen klassifiziert werden (Einordnung nach Kraftwerkstypen).

5. Es ist sicherzustellen, daß das gewählte Referenzkraftwerk oder zumindest ein entsprechender Teil des in ihm produzierten Stroms tatsächlich durch das JI-Projekt ersetzt wird.

6. Die Definition einer Referenzanlage zur Bestimmung der vermiedenen Emissionen sollte für ein bestimmtes JI-Projekt für dessen gesamte Kreditierungsdauer gelten.

7. Referenzanlagen können je nach der aktuellen regionalen Zubauplanung für verschiedene JI-Projekte unterschiedlich definiert sein. Sollte z.B. der ursprünglich gewählte Referenztyp infolge einer oder mehrerer JI-Maßnahmen ganz aus der Ausbauplanung entfallen, muß für nachfolgende JI-Maßnahmen ein neuer Referenzfall definiert werden. Spätere Referenzfälle müssen einen höheren oder mindestens den gleichen Stand der Technik darstellen.

8. Für gleichzeitig konkurrierende JI-Projekte sollte die gleiche Referenz gelten bzw. muß die Reihenfolge der zu ersetzenden Anlagentypen festgelegt werden.

Im folgenden werden drei idealtypische Ansätze zur Bestimmung geeigneter Referenzanlagen vorgestellt und ihre Vor- und Nachteile erläutert. Daraus werden im Anschluß einige Empfehlungen für eine pragmatische Bestimmung von Referenzfällen abgeleitet.

3.2 Idealtypische Definition eines Referenzkraftwerks - Konzept der "Least Option"

Wir gehen zunächst davon aus, daß die Kraftwerkausbauplanung eines Gastlandes grundsätzlich verfügbar ist und daß der zeitlichen Reihenfolge der geplanten Anlagen ein nachvollziehbares strategisches bzw. ökonomisches Kalkül zugrunde liegt. Damit würden zunächst besonders wirtschaftliche Optionen ausgeschöpft (z.B. Braunkohlekraftwerke, Wasserkraftwerke), die zumeist aufgrund besonderer, geographisch bedingter einheimischer Ressourcen verfügbar und in ihrer Ausbaufähigkeit begrenzt sind, um dann sukzessiv zu teureren, aber langfristig ausbaufähigen Ressourcen und Kraftwerkstypen überzugehen. Diese basieren im Normalfall auf Energieträgern, die auf dem Weltmarkt gehandelt werden.

Wird nun ein JI-Projekt in die laufende, der Ausbauplanung entsprechende Reihenfolge zu erstellender Kraftwerke "eingeschoben", dann verschiebt sich die gesamte Kette geplanter Kraftwerke beginnend mit der nächstkostenminimalen Anlage um eine Stelle nach hinten. Damit stellt sich die Frage, welche der in der Kraftwerksausbauplanung vorgesehenen Anlagen durch das JI-Projekt substituiert wird.

Aus dem zugrundegelegten ökonomischen Kalkül folgt, daß die nächstkostenminimale Anlage im Anschluß an das JI-Projekt gebaut und damit nicht real, d.h. langfristig substituiert würde. Das gleiche gilt für die darauffolgenden Projekte, bis hin zu dem letzten Glied in der Kette, der "least option", die dann wegen Mangels an Bedarf nicht mehr gebaut würde. Diese Anlage ist also eindeutig als "langfristig substituierte" Referenzanlage bestimmbar. Voraussetzung ist dabei, daß die Einsatzbereiche von JI- und Referenzanlage identisch sind.

Der Begriff "least option" stellt nicht nur die zeitliche Reihenfolge der geplanten Anlagen dar, sondern beschreibt auch die langfristig verfügbare und ausbaufähige Option, in der Regel also einen Kraftwerkstyp, der mit international gehandelten Brennstoffen befeuert wird.

Das vorausgesetzte strategische bzw. ökonomische Kalkül der Ausbauplanung wird i.d.R. durch politisch/strategische Faktoren bestimmt, wie z.B. durch den Wunsch nach einer Diversifizierung von Versorgungsquellen und einer Unabhängigkeit von Importen, so daß die zeitliche Reihenfolge der Ausbauoptionen nicht unbedingt den ökonomischen Prioritäten entspricht. So können u.U. zwei unterschiedliche Anlagentypen gleichberechtigt als "least option" in einer Kraftwerksplanung auftreten.

Ein besonderes Problem tritt auf, wenn emissionsarme Kraftwerke (z.B. erdgasgefeuerte GuD-Kraftwerke, Kombikraftwerke oder sogar Solar-Hybridkraftwerke) in die langfristige Kraftwerksplanung - also am Ende der Kette - als "least option" aufgenommen werden: In diesem Fall würden aktuelle JI-Projekte - mit entsprechend erhöhten Grenzkosten der CO_2-Vermeidung - gegen eine umweltfreundliche langfristige Alternative gerechnet und damit ihre Einführung gehemmt werden, während gleichzeitig der Bau umweltschädlicher status-quo-Kraftwerke - im mittleren Teil der Kette - fortgeschrieben würde. Dies würde - bei strikter Befolgung des beschriebenen Konzepts - einer beschleunigten Einführung emissionsarmer Technologien entgegenwirken.

3.3 Idealtypische Definition eines Referenzkraftwerks - Konzept der "Maximalen CO_2-Vermeidung "

Es wäre wünschenswert im Sinne einer globalen CO_2-Minderungsstrategie, wenn ein JI-Projekt grundsätzlich die "schmutzigste" Anlage eines (geplanten) Kraftwerkparks, also diejenige Anlage mit den höchsten spezifischen Emissionen verdrängen würde. Wie in Kapitel 4 beschrieben, hängen die spezifischen Emissionen hauptsächlich vom Kraftwerkstyp und von dem verwendeten Brennstoff ab. Ein auf dieser Basis begründeter Referenzfall wäre damit eindeutig definiert und relativ einfach zu ermitteln, aber er wäre vermutlich irreal.

Bei diesem Konzept der Referenzfallbestimmung werden als Informationsgrundlage die Ausbauplanung des Landes, die jährlich gemittelten Wirkungsgrade der geplanten Anlagen und die mittlere Zusammensetzung der eingesetzten Brennstoffe benötigt.

Wasserkraftwerke, aber auch hocheffiziente fossil befeuerte Kraftwerke entfallen nach dieser Methode als Referenzanlagen, solange noch andere Anlagen mit höheren spezifischen Emissionen in der Planung sind.

Bei diesem Konzept tritt das schon weiter oben beschriebene Problem auf, daß die tatsächliche Substitution einer auf diese Weise definierten Referenzanlage infrage gestellt ist, wenn es sich dabei gleichzeitig um eine sehr kostengünstige Alternative handelt. Dann würde die - durch das JI-Projekt zunächst verdrängte - Anlage gleich im Anschluß an das JI-Projekt oder zu einem späteren Zeitpunkt doch noch gebaut. Auch besteht die konkrete Gefahr der Aufnahme fiktiver Anlagen in die Kraftwerksplanung mit dem einzigen Zweck, die Anrechnung von CO_2-Minderungen in die Höhe zu treiben.

3.4 Idealtypische Definition eines Referenzkraftwerks - Konzept der "Kostengünstigsten CO2-Vermeidung "

Infolge der zum Teil stark unterschiedlichen Preise fossiler Energieträger kann der Effekt auftreten, daß die Substitution von Brennstoffen mit hohem CO_2-Faktor und niedrigen Preisen (z.B. Kohle) gegenüber Brennstoffen mit niedrigerem C-Gehalt und hohen Preisen (z.B. Schweröl) zwar eine höhere absolute CO_2-Minderung, aber auch höhere CO_2-Vermeidungskosten mit sich bringt. Dies wird bei den bisher vorgestellten Konzepten der Referenzfallbildung nicht berücksichtigt.

Das folgende Konzept basiert auf dem Kriterium der kostengünstigsten CO_2-Vermeidung. Das bedeutet, daß geprüft wird, in welchem Fall die Substitution einer Referenzanlage zu den niedrigsten CO_2-Vermeidungskosten führt.

Die Auswahl eines Referenzfalls anhand dieses Kriteriums wird i.d.R. den Konsens der beteiligten Parteien haben, wenn rein technisch-ökonomische Kriterien für die Ausbauplanung maßgeblich sind: auf der Investorseite wird kostengünstig CO_2 vermieden, auf der Seite des Gastlandes wird eine relativ teure Anlage mit hohen Emissionen substituiert.

Damit wird in diesem Konzept sowohl der idealtypische Ansatz der "least option" und das dahinterstehende ökonomische Kalkül der Ausbauplanung als auch der Ansatz der "maximalen CO_2-Vermeidung" berücksichtigt.

Die Berechnung der CO_2-Vermeidungskosten setzt voraus, daß eine Wirtschaftlichkeitsrechnung bzw. zumindest eine Kostenrechnung für alle in der Kraftwerksausbauplanung berücksichtigten Anlagentypen verfügbar ist. Man muß jedoch davon ausgehen, daß die Einsichtnahme in das wirtschaftliche Kalkül der einzelnen Investoren nur unter ganz anderen organisatorischen Randbedingungen durchführbar ist.

Politisch-strategische Erwägungen des Gastlandes können bei diesem Ansatz ebenfalls nicht berücksichtigt werden.

3.5 Pragmatische Definition eines Referenzkraftwerks

Bei der im folgenden beschriebenen, pragmatischen Methode wird die Existenz einer unverzerrten Ausbauplanung eines Gastlandes zugrunde gelegt. Dabei wird eine regionale Klassifizierung der Kraftwerke nach Brennstoffen und Kraftwerkstypen vorgenommen, um repräsentative Richtwerte für Wirkungsgrade und spezifische Emissionen zu erhalten (vgl. AP 3.1).

Die Ermittlung repräsentativer Stromgestehungskosten der so klassifizierten Kraftwerke ist im Rahmen einer unabhängigen, standardisierten Vergleichsrechnung unter Berücksichtigung der regionalen technisch-ökonomischen Randbedingungen ohne Einsichtnahme in das wirtschaftliche Kalkül der Investoren im Einzelfall möglich. Damit steht neben einer regionalspezifischen technischen Klassifizierung der Kraftwerke auch eine wirtschaftliche Klassifizierung zur Verfügung. Dabei geht es in erster Linie nicht um eine exakte Bestimmung der Kosten der Einzelanlagen, sondern vielmehr um eine Sortierung der Anlagentypen nach ihrer wirtschaftlichen Rangfolge.

Auf dieser Datenbasis kann ein Vergleich der JI-Anlage mit den geplanten konventionellen Anlagentypen und eine Rangfolge hinsichtlich der CO_2-Vermeidungskosten der entsprechenden JI-Projekte erstellt werden (pragmatische Ermittlung der kostengünstigsten Variante zur CO_2-Vermeidung).

Aus der langfristigen Ausbauplanung des Gastlandes kann i.d.R. entnommen werden, welcher Anlagentyp dem Begriff "least option" in Hinsicht auf die rein wirtschaftliche Rangfolge und eine langfristige Ausbaufähigkeit am nächsten kommt. In der Regel werden die verschiedenen Optionen in der Reihenfolge 1. Ölgefeuerte Dampfkraftwerke, 2. Kohlegefeuerte Dampfkraftwerke, 3. Erdgasgefeuerte Gasturbinen, usw. als "least option" auftreten (pragmatische Ermittlung der "least option").

Grundsätzlich gilt außerdem die schon anfangs erwähnte Forderung, daß der Einsatzbereich der JI-Anlage und der zugrunde gelegten Referenzanlage identisch ist.

Aus der Kombination der Kriterien "minimale CO_2-Vermeidungskosten", "least option" und "gleicher Einsatzbereich" auf der Basis der Ausbauplanung des Kraftwerkparks eines Gastlandes kann der als Referenzanlage infrage kommende Kraftwerkstyp genau und auf transparente Weise eingegrenzt werden.

In den meisten Fällen - vorausgesetzt die Ausbauplanung beruht auf rein ökonomischem Kalkül und berücksichtigt nur status-quo-Technologie - werden die Kriterien "minimale CO_2-Vermeidungskosten" und "least option" zu derselben Rangfolge führen. Ist dies der Fall, dann ist der auf diese Weise identifizierte Anlagentyp ohne weitere Einschränkungen als tragfähige Referenz anerkennbar. Die entsprechende Entscheidung zur Durchführung des Projekts erfordert dann nur noch eine Bestätigung der Projektteilnehmer und der Genehmigungsbehörde.

Es kann jedoch vorkommen, daß die Ergebnisse in der Rangfolge unterschiedlich sind oder daß die Substitution eines bestimmten Anlagentyps aufgrund politisch-strategischer Überlegungen des Gastlandes als nicht durchführbar gilt (keine zwingend ökonomische Rangfolge der Ausbauplanung). In diesem Fall müssen alle beteiligten Parteien gemeinsam im Rahmen von Verhandlungen klären, welche Anlage aus der Ausbauplanung - i.d.R. diejenige Anlage mit den nächsthöheren CO_2-Vermeidungskosten - als Referenz infrage kommt und inwiefern die Substitution dieser Anlage garantiert werden kann.

Wir sind im Rahmen der vorliegenden Untersuchungen zu der Ansicht gelangt, daß die Bewertung von JI-Projekten ohne ein vergleichendes Kostenkalkül nicht möglich ist. Dies ergibt sich aus dem Konzept der "least option" (angenommene rein ökonomische Rangfolge der Ausbauplanung) ebenso wie aus dem Konzept der "kostengünstigsten CO_2-Vermeidung". Dabei ist nicht die exakte Ermittlung der tatsächlichen Kosten der Einzelanlagen von zentraler Bedeutung, sondern ein Gefühl für die Größenordnung der ökonomischen Grunddaten ausreichend.

Die Ermittlung der Kosten der unterschiedlichen Anlagen sind im Rahmen einer regional spezifischen, technisch-wirtschaftlichen Typisierung der Kraftwerke und mit Hilfe standardisierter, nachvollziehbarer Berechnungsmethoden durchaus möglich, ohne in das Kalkül der Investoren Einsicht nehmen zu müssen.

Aus einer solchen Rechnung ergibt sich, ob eine Ausbauplanung tatsächlich rein ökonomischen Kriterien folgt. Damit kann die "least option" genauer und zuverlässiger bestimmt werden.

Durch den Ansatz der "kostengünstigsten CO_2-Vermeidung" wird ausgeschlossen, daß JI-Projekte - die ja gerade den kurz- bis mittelfristigen Zubau umweltschädlicher Technologien hemmen sollen, gegen langfristig einsetzbare, umweltfreundliche Technologien, die bereits wirtschaftlich oder nahe an der Wirtschaftlichkeit sind, gerechnet werden. Dies wäre absolut kontraproduktiv, da JI-Projekte eben diese langfristigen Ausbauoptionen darstellen sollten.

3.6 Simulation einer Referenzanlage

Für die technisch-ökonomische Bewertung von JI-Projekten sind möglichst einfache und transparente, standardisierte Berechnungsverfahren zu entwickeln, die eine vergleichbare Darstellung der Emissionen und Kosten der unterschiedlichen Kraftwerkstypen erlauben.

Entsprechende Modelle werden z.Zt. bei der Deutschen Forschungsanstalt für Luft- und Raumfahrt entwickelt Trieb 1995a, 1996, Meinecke et al 1996) und könnten an die besonderen Anforderungen von JI-Projekten angepaßt werden.

Die Bewertung einer Referenzanlage basiert grundsätzlich auf einer Simulation. Die zu diesem Zweck gewählten Parameter spielen deshalb sowohl bei der Projektentscheidung in der Antragsphase als auch bei der Ermittlung der vermiedenen Emissionen in der Betriebsphase eines JI-Projekts eine entscheidende Rolle. Ausgehend von der Bestimmung des referenzkraftwerkstyps aus der Kraftwerksausbauplanung erfolgt die Auslegung der Referenzanlage auf der Basis des in Teil III.1 Kapitel 3.2 beschriebenen Verfahrens. Für die Festlegung des maßgeblichen Auslegungswirkungsgrades der Referenzanlage wird dementsprechend von der Anerkennungsbehörde ein mittlerer

Wirkungsgrad (z. B. der in den letzten 5 Jahren real gebauten Anlagen) zugrundegelegt.

Sowohl die Konfiguration (z.B. Solarfeldgröße) als auch die beeinflußbaren Betriebsparameter (z.B. Brennstofftyp) für die Simulation des Referenzfalls (s. Kapitel 4) sollten daher verbindlich für die gesamte Kreditierungsdauer des JI-Projekts festgelegt werden. Sie sollten nur aufgrund eines begründeten Antrags unter Zustimmung aller beteiligten Vertragspartner geändert werden dürfen. Bei der Simulation der Referenzanlage sollte grundsätzlich immer von einer neuen Anlage ausgegangen werden.

Diese Definition des Referenzfalles hat folgende Vorteile:

- Nachträgliche, vom Betreiber beeinflußbare Verschlechterungen der JI-Anlage werden bestraft. So würde z.B. eine schlechte Wartung, die Benutzung von Brennstoffen schlechter Qualität oder das Abschalten des Solarteils der Anlage zu Emissionssteigerungen und bei gleichbleibender Referenzfalldefinition damit zu einer Reduktion der CO_2-Anrechnung führen. Die natürliche Alterung der Anlage kann ebenfalls zu erhöhten Emissionen und damit zu einer Reduktion der Anrechnung führen, was jedoch durchaus im Sinne einer CO_2-Vermeidungsstrategie ist, da überalterte Anlagen kaum gefördert werden sollten. Die Alterung einer hybriden Solaranlage kann jedoch z.B. auch durch eine Reduktion der Betriebsstunden oder der mittleren Leistung oder durch eine Vergrößerung des Solarfeldes abgefangen werden, ohne die Zufeuerung und den spezifischen CO_2-Ausstoß zu erhöhen. Die entsprechenden betriebswirtschaftlichen Entscheidungen liegen im Ermessen des Betreibers. Damit wird das Interesse des Betreibers an der optimalen Instandhaltung und dem optimalen Betrieb der Anlage gefördert, um die Anrechnung und ggf. Vergütung im Rahmen der JI-Maßnahme über einen größtmöglichen Zeitraum zu maximieren.

- Nachträgliche Verbesserungen der Anlage werden belohnt. So kann z.B. der nachträgliche Einbau eines thermischen Speichers zusammen mit einem vergrößerten Kollektorfeld zu einer weiteren erheblichen Reduktion der Emissionen einer Hybridanlage führen. Entsprechende Verbesserungen der Schadstoffbilanz würden dann zusätzlich zu der ursprünglichen Einsparung angerechnet werden.

Die unbeeinflußbaren Parameter (z.B. Umgebungstemperatur, s. Kapitel 4) für die Simulation einer Referenzanlage können entweder zu Projektbeginn verbindlich festgelegt oder durch fortlaufende Messung während der Betriebsphase des JI-Projekts ermittelt werden. Die Simulation der Referenzanlage kann dann mit realen Eingangsparametern vom Standort des JI-Projekts durchgeführt werden. Dabei ist jedoch zu beachten, daß der Standort von JI- und Referenzanlage nicht unbedingt der gleiche sein muß.

Die einmalige, verbindliche Definition der Simulationsmethode und aller Simulationsparameter der Referenzanlage zu Projektbeginn wird deshalb die einfachere und bevorzugte Methode sein. Dabei ist darauf zu achten, daß die unbeeinflußbaren Parameter aufgrund genauer Messungen vor Projektbeginn für einen repräsentativen Zeitraum bestimmt werden. Die Simulation des Referenzfalles sollte auf langzeitlichen (möglichst mehrjährigen) Mittelwerten dieser Parameter beruhen, damit eventuelle Schwankungen im zeitlichen Mittel kompensiert werden.

4 Bestimmung der vermiedenen Emissionen

Die Basis für die Anrechnung vermiedener Emissionen ist die glaubwürdige Bestimmung und Simulation einer Referenzanlage (s. Kapitel 3). Unter der Voraussetzung, daß diese Referenzanlage bekannt ist, können die vermiedenen Emissionen im Rahmen der Antragstellung aus einer Simulation der JI-Anlage berechnet und während der Betriebsphase aus Messungen an der JI-Anlage bestimmt werden.

Dabei steht eine einfache und transparente Darstellung und Überprüfbarkeit der Ergebnisse sowie die Eingrenzung von Manipulationsmöglichkeiten im Vordergrund.

Das vorliegende Kapitel beschreibt die Grundlagen zur Bestimmung der wichtigsten Kenngrößen, zeigt die notwendigen Schritte während der Projektentscheidung und der Betriebsphase auf und erläutert die Betriebsparameter solarthermischer Hybridanlagen.

4.1 Bestimmung der Kenngrößen eines JI-Projekts

Die Datenbasis für ein JI-Projekt sollte - als Mindestanforderung - ausreichen, um eine vollständige Energie- und Massenbilanz sowohl für die JI- als auch für die Referenzanlage nach **Bild 4-1** zu erstellen. Die Werte werden dabei auf den Abrechnungszeitraum - i.d.R. einen Jahreszyklus - bezogen und ggf. über diesen Zeitraum gemittelt.

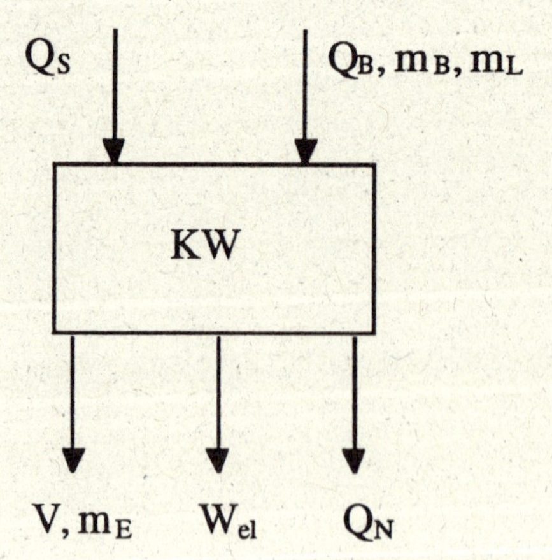

Bild 4-1: Energie- und Massenbilanz am Kraftwerksblock (s. Text)

Die Energiebilanz der Anlage lautet:

$$Q_S + Q_B = W_{el} + Q_N + V \tag{1}$$

mit der solar eingesetzten thermischen Energie Q_S, der in Form von Brennstoffen eingesetzten Energie Q_B, der Nettostromerzeugung W_{el} und den Verlusten V. Im Falle einer Kraftwärmekopplung geht auch die erzeugte Nutzwärme Q_N in die Bilanz ein.

Die Massenbilanz ist:

$$m_E = m_B + m_L \tag{2}$$

mit der pro Jahr ausgestoßenen Rauchgasmenge m_E sowie den verbrauchten Mengen an Brennstoff m_B und Luft m_L.

Die im Jahreszyklus durch den Kollektor bereitgestellte solarthermische Nutzenergie

$$Q_S = A_K \cdot \eta_K \cdot NDI \qquad [\text{MWh/a}] \tag{3}$$

kann vereinfacht aus der Kollektorfläche A_K, dem Jahresnutzungsgrad des Kollektors η_K und der Jahressumme der Direktstrahlung (Einstrahlung ohne Diffusanteil) auf eine kontinuierlich der Sonne nachgeführte Fläche NDI (Normal Direct Insolation) errechnet werden.

Aus der im Jahr verbrauchten Brennstoffmenge m_B, dem unteren Heizwert des Brennstoffs h_u sowie der Zusammensetzung des Brennstoffs nach Massenanteilen der Komponenten c_i lassen sich sowohl die Einsatzenergie des Brennstoffs

$$Q_B = m_B \cdot h_u \qquad [\text{MWh/a}] \tag{4}$$

als auch die im Brennstoff enthaltene Menge einer beliebigen Komponente i ermitteln:

$$m_i = m_B \cdot c_i \qquad [\text{t/a}] \tag{5}$$

Ein analoger Zusammenhang gilt für die Emissionen der Anlage

$$m_i = m_E \cdot c_i \qquad [\text{t/a}] \tag{6}$$

mit der gesamten pro Jahr emittierten Rauchgasmenge m_E und deren Zusammmensetzung nach Massenanteilen c_i.

Mit Hilfe der Gleichungen 5 und 6 lassen sich Abschätzungen der zu erwartendenden Emissionen für die einzelnen Stoffe durchführen (z.B. für einen Plausibilitäts-Check der Meßergebnisse der CO_2-Emissionen der JI-Anlage).

Die wichtigsten Kenngrößen zur Bewertung eines solarthermischen JI-Projekts sind:

- die jährliche Nettoelektrizitätserzeugung W_{el} in MWh/a
- die jährlich ausgestoßenen CO_2-Emissionen ECO_2 in t/a
- die jährlichen Gesamtkosten K in DM/a anzugeben.

Jährlich erzeugte Nettoenergiemenge

Diese Größe wird i.d.R. vom Betreiber eines Kraftwerks dokumentiert und kann der Jahresbilanz des Unternehmens entnommen werden. Sie ist durch die üblichen Verfahren zu messen. Im Fall eines unabhängigen Kraftwerksbetreibers (Independent Power Producer) unterliegt diese Größe i.d.R. einer vertraglichen Vereinbarung (Power Purchase Agreement) mit einem Stromabnehmer (z.B. regionales Energieversorgungsunternehmen).

Jährlich ausgestoßene CO_2-Menge

Die CO_2-Emission des JI-Kraftwerks kann aus der Messung der jährlich verbrauchten Menge und aus einer Analyse der chemischen Zusammensetzung (Kohlenstoffgehalt) des eingesetzten Brennstoffs ermittelt werden. Da die Qualität und Zusammensetzung des Brennstoffs variieren kann, sind in regelmäßigen Abständen Stichproben zu nehmen. Bei leitungsgebundenen Brennstoffen wie dem Erdgas sind die Manipulationsmöglichkeiten gering, während sie bei Kohle und ggf. Schweröl relativ groß sind (z.B. durch die Nutzung billigerer Brennstoffe als bei der ursprünglichen Auslegung vorgesehen).

Eine zweite Möglichkeit besteht in der Messung des Abgasmassenstroms und dessen Zusammensetzung mit einem standardisierten, verplombten Rauchgas-Analyse-Meßgerät. Dabei wird der CO_2-Gehalt indirekt aus der Messung des Sauerstoffgehalts ermittelt (Systronik 1996). Auch hier bestehen, allerdings nur mit größerem Aufwand und unter Voraussetzung betrügerischer Absichten gewisse Manipulationsmöglichkeiten (z.B. Umleiten des Abgasstroms, Manipulation des Meßgeräts).

Jährliche Gesamtkosten

Diese sind für den Betreiber von entscheidender Bedeutung. Sie können unabhängig von Betriebsinternen Kalkülen durch ein standardisiertes Verfahren für die in Frage kommenden Kraftwerktypen einer Ausbauplanung unter Berücksichtigung der regionalen ökonomischen Randbedingungen berechnet werden.

Dic oben genannten absoluten Werte bilden die Grundlage für die Bestimmung der durch ein JI-Projekt vermiedenen Emissionen, für die ex ante Bewertung eines JI-Projekts und für die Eingrenzung der Betriebsweise des JI-Kraftwerks. Zur Berechnung der vermiedenen Emissionen ist es sinnvoll, die spezifischen Emissionen der JI-Anlage und der gewählten Referenzanlage als Funktion der jährlichen Auslastung nach Gl. 1 zu berechnen und entsprechend Bild 2-2 gegenüberzustellen.

Spezifische Emissionen:

$$\varepsilon_{CO2} = \frac{E_{CO2}}{W_{el}} = \frac{m_B \cdot h_u \cdot \gamma_{CO2}}{W_{el}} = \beta \cdot \gamma_{CO2} \qquad \left[\frac{t_{CO2}}{MWh}\right] \qquad (7)$$

- mit der jährlich verbrauchten Brennstoffmenge m_B [t/a], dem mittleren unteren Heizwert des Brennstoffs h_u [GJ/t], dem CO_2-Faktor des Brennstoffs γ [tCO_2/GJ] und dem spezifischen Brennstoffverbrauch der Anlage β [GJ/MWh]. Die Werte in GJ beziehen sich auf den unteren Heizwert.

Stromgestehungskosten:

$$k = \frac{K}{W_{el}} \qquad \left[\frac{DM}{MWh}\right] \qquad (8)$$

Anhand dieser Kenngrößen kann die Qualität der Stromerzeugung unterschiedlicher technischer Alternativen im Hinblick auf Emissionsminderung (Nutzen) und Mehrkosten (Aufwand) unabhängig von der Auslastung und Betriebsweise von JI- und Referenzanlage verglichen und bewertet werden.

Die oben genannten Werte sind sowohl für das JI-Projekt (Index: JI) als auch für die Referenzanlage (Index: Ref) für das entsprechende Betriebsjahr (Index: i) zu bestimmen. Damit können die vermiedenen Emissionen und ggf. die CO_2-Vermeidungskosten quantifiziert werden:

Vermiedene Emissionen:

$$\Delta \dot{E}_i = (\varepsilon_{CO2,Ref,i} - \varepsilon_{CO2,JI,i}) \cdot W_{el,JI,i} \qquad \left[\frac{t_{CO2}}{a}\right] \tag{9}$$

CO_2-Vermeidungskosten:

$$k_{CO2,i} = \frac{k_{JI,i} - k_{Ref,i}}{\varepsilon_{CO2,Ref,i} - \varepsilon_{CO2,JI,i}} \qquad \left[\frac{DM}{t_{CO2}}\right] \tag{10}$$

Bei der Durchführung einer JI-Maßnahme ist zwischen der **Antragsphase** und der **Betriebsphase** zu unterscheiden. Während als Ergebnis der Antragsphase eine Projektentscheidung getroffen werden soll, die den Nutzen der JI-Maßnahme gegen deren Aufwand abwägen muß, wird als Ergebnis der Betriebsphase eine Quantifizierung der tatsächlich vermiedenen Emissionen gefordert.

4.2 Antragsphase

Die Antragstellung beruht auf der **Simulation eines JI-Projekts**[2]. Ein wichtiger Schritt dieser Phase ist die **verbindliche Bestimmung einer Referenzanlage,** die die Anerkennung durch die beteiligten Länder und evtl. durch ein Organ der Klimarahmenkonvention erfordert.

Ziel dieser Phase ist es, die notwendigen Daten für die Beantragung eines JI-Projekts zu erarbeiten und eine **Entscheidung über die JI-Fähigkeit des beantragten Projekts** zu finden (**Bild 4-2**). Dazu müssen vergleichbare Simulationsergebnisse für die JI- und für die Referenzanlage vorliegen. Dies ist nur gegeben, wenn die Berechnungsmethode für beide Fälle übereinstimmt. Dies gilt sowohl für den technischen als auch ggf. für den wirtschaftlichen Teil der Simulation.

Eine grundsätzliche Voraussetzung für die JI-Fähigkeit eines Projekts ist der Nachweis einer Emissionsminderung gegenüber der Referenzanlage. Die

---

2 Als Beispiel für ein Antragformular des Projekttyps „solarthermisches Kraftwerk" vgl. Teil IV. Anhang A.2.4.

projektierte Emissionsminderung (in %) sollte dabei deutlich größer als die Rechengenauigkeit des Verfahrens (Fehlerbandbreite in %) sein.

Als Ausgangsgrößen für die Berechnung nach Gl. 1 muß der untere Heizwert des Brennstoffs, der CO_2-Faktor des Brennstoffs, die verbrauchte Brennstoffmenge und die pro Jahr erzeugte Elektrizitätsmenge sowohl für die JI- als auch für die Referenzanlage bekannt sein.

Wenn die Vermeidung der Emissionen mit Mehrkosten verbunden ist, ist eine finanzielle Förderung durch kompensatorische JI-Maßnahmen gerechtfertigt. Eine Kosten/Nutzen Analyse von Seiten des Investorlandes sollte die Verhältnismäßigkeit der JI-Maßnahmen sicherstellen. In diesem Bereich sind entsprechende Richtlinien zu erarbeiten. Insbesondere ist eine Standardisierung der technischen und wirtschaftlichen Berechnungsmethoden notwendig.

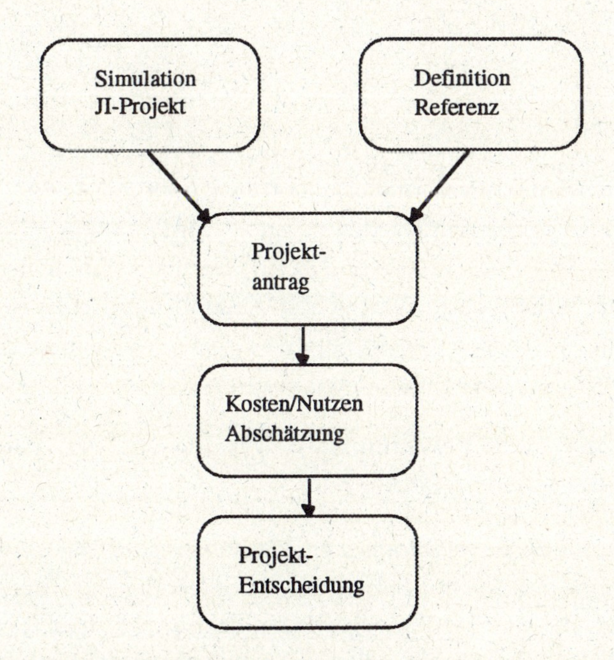

Bild 4-2: Schematische Darstellung der Projektentscheidung in der Antragsphase

In die Berechnung der solarthermischen Anlage gehen als wichtigste, vom Betreiber nicht beeinflußbare Parameter die Einstrahlung (=> Solarer Beitrag zur Stromerzeugung) und die Umgebungstemperatur (=> Wirkungsgrad des Kraftwerksblocks) ein. Diese Größen sollten durch glaubwürdige Quellen (z.B. Strahlungsatlas) und/oder durch möglichst mehrjährige Messung am Standort dokumentiert sein.

Für den Betrieb eines solarthermischen Kraftwerks mit konzentrierenden Kollektoren ist nur der direkte Anteil der Sonnenstrahlung ausschlaggebend.

Diffuse Strahlung kann nicht konzentriert werden. Ein internationaler Strahlungsatlas für Direktstrahlung ist bisher noch nicht erstellt worden. Deshalb wird man i.d.R. auf Messungen der Globalstrahlung (Gesamtstrahlung auf die horizontale Fläche in W/m2) zurückgreifen müssen, die durch Strahlungsatlanten und eine Vielzahl von Meßstationen dokumentiert ist. Mit Hilfe empirischer Modelle (z.B. Duffie/Beckman 1991) läßt sich aus diesen Daten der Direktstrahlungsanteil konstruieren.

Wie Bild 2-2 zeigte, sind die vermiedenen Emissionen von Hybridanlagen stark von der Auslastung abhängig. Aus dem Diagramm ist zu erkennen, ob ggf. Betriebszustände mit höheren Emissionen als die der Referenzanlage auftreten können. Wir empfehlen deshalb, ein solches Diagramm als Grundlage für Entscheidungen über die JI-Fähigkeit solarthermischer Hybridkraftwerke zu verwenden.

4.3 Betriebsphase

Während in der Antragsphase sowohl das JI- als auch das Referenzkraftwerk durch Simulationen dargestellt werden müssen, werden während der Laufzeit **Messungen im JI-Projekt** zur Bestimmung der tatsächlichen Emissionen durchgeführt und mit dem **simulierten Referenzfall** verglichen (**Bild 4-3**).Die Ergebnisse dieser Messungen sind in regelmäßigen Abständen an die deutsche „Monitoring"-Stelle zu übermitteln.[3]

Ziel dieser Phase ist die **Bestimmung, Bewertung und ggf. Vergütung der vermiedenen Emissionen** im Jahreszyklus.

Die entscheidenden meteorologischen Parameter sind die Direkteinstrahlung - sie bestimmt den solaren Beitrag zur Stromerzeugung - und die Umgebungstemperatur, die den Wirkungsgrad des Kraftwerkblocks wesentlich beeinflußt. Diese beiden Parameter sollten während der Betriebsphase als Stundenmittelwerte aufgenommen werden.

Zum Nachweis der tatsächlichen Emissionen eines hybriden JI-Kraftwerks während der Betriebsphase empfehlen wir, drei Wege parallel zu beschreiten und einen Plausibilitätscheck der Ergebnisse durchzuführen:

Simulation der Anlage und Erstellung des Emissionsdiagramms nach Bild 2-2. Dabei kann entweder auf die der Antragstellung zugrunde liegende Simu-

3 Vgl. das Berichtsformat in Teil IV Anhang A.2.7.

lation zurückgegriffen oder eine neue Simulation mit den tatsächlich gemessenen Werten für Direkteinstrahlung und Umgebungstemperatur durchgeführt werden.

- Bestimmung der pro Jahr tatsächlich emittierten CO_2-Mengen im Rauchgas durch Messung von Rauchgasmenge und -zusammensetzung (der CO_2 -Anteil wird indirekt aus dem Sauerstoffanteil ermittelt (Systronik 1996).

- Bestimmung der jährlich verbrauchten Brennstoffmenge und deren Kohlenstoffgehalt. Die Messung sollte bei leitungsgebundenen Brennstoffen stichprobenartig in regelmäßigen Abständen erfolgen. Bei chargenweise gelieferten Brennstoffen ist mindestens eine repräsentative Analyse pro Charge vorzunehmen.

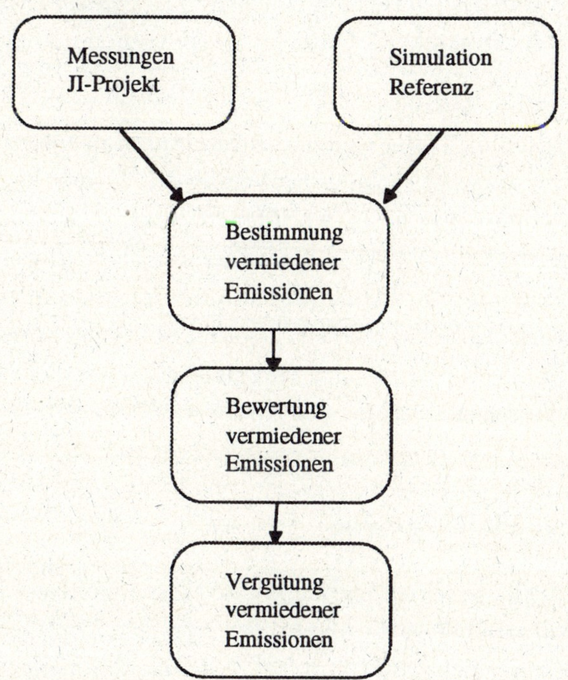

Bild 4-3: Schematische Darstellung der Anrechnung vermiedener Emissionen in der Betriebsphase

Aus den Ergebnissen können die spezifischen Emissionen der Anlage ermittelt und als Funktion der jährlich erzeugten Vollaststunden in das der Antragstellung zugrunde liegende Emissionsdiagramm nach Bild 2-2 eingetragen werden. Die Jahressumme der Direktstrahlung und die mittlere Umgebungstemperatur für das Betriebsjahr sowie für die Simulation sollten mit angegeben werden, um Rückschlüsse auf durch diese Größen bedingte Abweichungen treffen zu können.

Ein Vergleich der drei unabhängig voneinander erzielten Ergebnisse läßt auf ihre Plausibilität bzw. bei großen Abweichungen auf Fehler oder Manipulation schließen. Die Manipulationsmöglichkeiten können zusätzlich dadurch eingeschränkt werden, daß die Ergebnisse der Messungen monatlich vorgelegt werden müssen. Die Anrechnung vermiedener Emissionen kann dagegen im Jahresrythmus erfolgen, so daß die Jahresgesamtbilanz entsprechend Bild 2-2 die Grundlage für die Bewertung darstellt.

Die Manipulation und Abstimmung der auf diese Weise erzeugten Meßergebnisse ist zwar noch möglich, erfordert jedoch relativ viel kriminelle Energie und einen deutlichen, im Nachhinein kaum abstreitbaren Willen zur Manipulation. Dem könnte durch ein von der FCCC eingesetztes JI-Expertenteam (JI-Komitee) weitgehend vorgebeugt werden, wenn diese z.B. befugt wäre, stichprobenartig Analysen und Untersuchungen an laufenden JI-Projekten durchzuführen.

Die hier dargestellten Werte stellen das Minimum an Information dar, daß für die Beurteilung eines JI-Projekts notwendig ist. In der Regel werden aus Gründen der Systemüberwachung und der Zustandsanalyse des Kraftwerks diese und eine ganze Reihe weiterer Parameter aus nicht JI-spezifischen Gründen gemessen. So würde die Direkteinstrahlung und die entsprechende thermische Nutzenergie des Solarkollektors ständig überprüft werden, um Effizienzmängel des Solarteils der Anlage festzustellen. Das gleiche gilt für Eingangs- und Ausgangsenergieströme des Kraftwerkblocks.

4.4 Wichtigste Einflußgrößen

Die Ergebnisse der Simulation wie auch der Messungen werden durch eine Reihe von Einflußparametern bestimmt, die von der Konfiguration der Anlage, von der Betriebsweise und von den äußeren Rahmenbedingungen abhängen.

Die Konfiguration der Anlage wird im wesentlichen durch folgende Kriterien bestimmt:

- Anlagentyp (Dampfturbine, GuD, KWK)
- Solarer Kapazitätsanteil (kleiner als 100% als Fuel Saver, genau 100% bei Nennlast, größer als 100% mit zusätzlichem thermischem Speicher)
- Rauchgasbehandlung (REA, DENOX, Filter)
- Kühlsystem (Naßkühlturm, Trockenkühlturm, Durchlaufkühlung)
- Brennstofftyp (Öl, Kohle, Gas)

Die Konfiguration sowohl der JI- als auch der Referenzanlage ist Bestandteil der Verhandlungen zur Projektentscheidung und ist im Rahmen der Antragstellung verbindlich zu definieren. Die Konfiguration sollte nach der Projektentscheidung nur mit der Zustimmung aller Beteiligten einschließlich der FCCC (JI-Komitee) verändert werden dürfen.

Unbeeinflußbare Betriebsparameter sind z.B.:

- Einstrahlung
- Umgebungstemperatur
- Kühlwassertemperatur
- Windgeschwindigkeiten
- Laststruktur

Diese Parameter müssen auf plausiblen, möglichst auf Langzeitmessungen basierenden Annahmen beruhen, damit die Simulation belastbare Ergebnisse liefert. Während der Betriebsphase der JI-Anlage werden diese Parameter statistischen Schwankungen unterworfen sein, die das Betriebsergebnis beeinflussen können. Sie stellen damit ein gewisses Risiko für den Betreiber dar. So würde z.B. eine gegenüber den bei der Simulation gemachten Annahmen wesentlich niedrigere Einstrahlung zu einer geringeren CO_2-Minderung führen, was je nach Vergütungsmodell direkten Einfluß auf die Wirtschaftlichkeit der Anlage haben kann. Im Idealfall mitteln sich diese Schwankungen jedoch langfristig heraus. Ist dies nicht der Fall, kann ggf. vom Betreiber ein Antrag auf eine Korrektur der Referenzannahmen oder der Vergütungsstruktur erfolgen. Dies ist selbstverständlich nur dann möglich, wenn zuverlässige Messungen dieser Parameter vorliegen.

Vom Betreiber beinflußbare Betriebsparameter sind z.B.:

- Brennstoffgüte
- Betrieb oder Abschaltung von REA und DENOX-Anlagen
- Betrieb oder Abschaltung des Solarteils der Anlage
- Abschalthäufigkeit
- Einsatzbereich
- Wartungshäufigkeit

Anhand der Wahl dieser Betriebsparameter hat der Betreiber die Möglichkeit, die Emissionen der JI-Anlage gegenüber der Referenzanlage zu optimieren und zu verbessern. Auf der anderen Seite bestehen hier Möglichkeiten zur Manipulation. Diese Parameter sollten deshalb verbindlich im Rahmen der Projektentscheidung festgelegt werden. Dabei kann ein gewisser, realen Bedingungen entsprechender Spielraum gewährt werden.

4.5 Verifikation

Trotz der hier vorgeschlagenen Methoden zur Plausibilitätskontrolle ist mit mißbräuchlichem Verhalten der privaten Teilnehmer eines JI-Projekts zu rechnen. Dies gilt auch für den Betrieb einessolarthermischen Kraftwerks[4]. Allerdings erhöht sich der Aufwand für den Mißbrauch durch diese Maßnahmen beträchtlich. Die Möglichkeit der Verifikation gewisser Parameter durch unabhängige Organe ist jedoch unerläßlich. Mögliche Formen einer solchen Überprüfung von Angaben sind:

- die Verifikation durch die Behörden des gastgebenden Staates;

[4] Entgegen der Ansicht von Fischer u.a., die bei dem Betrieb eines JI-Kraftwerks eine Überwachung des laufenden Betriebs nicht für notwendig halten, vgl. Fischer, W./Hoffmann, H-J./Katscher, W./Kotte, U./Lauppe, W-D./Stein, G.: Vereinbarungen zum Klimaschutz - das Verifikationsproblem; Monographien des Forschungszentrums Jülich, Band 22/1995, S.74.

- die Verifikation durch, vom Betreiber beauftragte, unabhängige Dritte (wissenschaftliche Institute etc.)[5];

- die Verifikation durch von der Bundesrepublik beauftragte oder bundeseigene Organe;

- die Verifikation mit Hilfe unabhängiger, durch internationale Organe eingesetzter professioneller Expertengruppen[6].

In jedem Fall sollten die eingesetzten Verifikationsorgane die Befugnis zu stichprobenartigen Kontrollen der durch die Betreiber gemachten Angaben besitzen[7]. Diese Stichproben müssen nicht regelmäßig erfolgen, doch müssen sie eine gewisse Wahrscheinlichkeit besitzen, um erfolgreich zu sein. Das Ergebnis einer solchen Verifikation sollte jeweils eine Energie- und Massenbilanz des Kraftwerks für einen bestimmten Zeitraum sein[8]. Daneben müssen verschiedene Parameter und Meßgeräte sorgfältig überprüft werden, um einen unsachgemäßen Umgang oder auch bewußte Manipulation auszuschließen.

Verifikationsbedürftig erscheinen nach den Erfahrungen im Simulationsprojekt "solarthermisches Kraftwerk" insbesondere folgende Parameter:

- Feststellung der Nettoenergieerzeugung durch Einblick in die Jahresbilanz und andere betriebswirtschaftliche Unterlagen;

- Überprüfung der Angaben bezüglich der verwendeten Brennstoffe durch Einblick in die Lieferverträge und anderer Unterlagen (evtl. auch Kontrolle der Wägesysteme);

- Überprüfung des zur Zeit der Inspektion verwendeten Brennstoffs durch Ziehung einer Probe und anschließender Kontrolle im Labor;

- Überprüfung der Funktionsfähigkeit des Rauchgasanalyse-Meßgeräts (einschließlich der Kontrolle des Abgasstroms) und Abgleich der übermittelten mit den dokumentierten Daten;

---

5 Nach dem Vorbild des RWI im Falle der Selbstverpflichtungserklärung der deutschen Industrie.

6 vgl. Teil IV, Kap. 3.1.2

7 Die Möglichkeit unangemeldeter Inspektionen sollte - obwohl bisher lediglich im Bereich der Rüstungskontrolle üblich - erwogen werden, doch wird sich dies nur in Absprache mit dem gastgebenden Staat und in engem Vorgehen mit dessen Organen durchführen lassen.

8 Bei einem solarthermischen Kraftwerk wäre ein Beobachtungszeitraum von einem Tag vermutlich optimal.

- Überprüfung des gesamten Kontrollsystems für die betriebsbezogenen Parameter;

- Überprüfung des Wärmemengenzählers;

- Überprüfung des Strahlenmeßgerätes (Eichdatum und Kontrolle mit Hilfe eines Handmeßgerätes).

Dieser Verifikationsbedarf erfordert einen umfassenden Einblick in den betrieblichen Ablauf eines Kraftwerks und in dessen Buchführung. Die Kooperation der Unternehmensleitung ist zu diesem Zweck unbedingt erforderlich. Dies dürfte kein Problem darstellen, wenn das JI-Projekt aufgrund einer freiwilligen Verpflichtung extern durch ein wissenschaftliches Institut o.ä. kontrolliert wird. Auch bei der Verifikation durch die Behörden des gastgebenden Staates ist mit der - notfalls erzwungenen - Kooperation des Betreibers zu rechnen, das gleiche gilt für die Inspektion durch intenationale Expertengruppen. Für die Verifikation durch Organe der Bundesrepublik oder durch die Bundesregierung beauftragte Organe ist eine Vereinbarung über die Ausübung dieser Kontrollbefugnisse mit der Regierung des gastgebenden Staates die Voraussetzung[9].

---

9 vgl. Teil IV, Kap. 3.1.2 und 4

5 Simulation eines JI-Modell Projekts

Die von uns getroffene Auswahl von Technologie und Standort für die Simulation eines JI-Modell Projekts basiert auf einem Vergleich der derzeitig verfügbaren Systeme und der bisher durchgeführten Machbarkeitsstudien für solarthermische Kraftwerke (Nava 1995). Als am weitesten entwickelte und für den kommerziellen Einstieg verfügbare Technologie fiel die Wahl auf ein Parabolrinnenkraftwerk des Typs SEGS. Als Standort mit hoher Einstrahlung und relativ hohen spezifischen Emissionen des bestehenden thermischen Kraftwerksparks - Einsatz hauptsächlich kohlenstoffreicher Brennstoffe wie Schweröl und Kohle in Dampfkraftwerken - wurde Marokko gewählt. Das Additinonalitätskriterium ist für diese Anlage erfüllt, da solarthermische Kraftwerke nicht Bestandteil der aktuellen Ausbauplanung Marokkos sind.

Das simulierte Projekt beruht auf einer detallierten Durchführbarkeits-Studie der Firma Flachglas Solartechnik GmbH aus dem Jahr 1994 (Flachglas Solartechnik GmbH 1994). Es beinhaltet die typischen Randbedingungen des Einsatzes solarer Kraftwerke in den sonnenreichen, ariden Zonen eines Entwicklungslandes. Damit ist der untersuchte Modellfall für ähnliche Projekte in technischer und sozio-ökonomischer Hinsicht repräsentativ.

Aus der Studie (Flachglas Solartechnik GmbH 1994) ergibt sich als beste Option eine Anlage mit 80 MW Leistung und einem thermischen Energiespeicher (TES) mit 3 stündiger Vollast-Kapazität an dem Standort Ouarzazate. Als wichtigste Kriterien für die Wahl dieses Standorts werden hohe Einstrahlung, günstige Topographie, Verfügbarkeit von Wasser für den Kondensationskühlturm und eine gute infrastrukturelle Anbindung an das Straßennetz (Versorgung mit Schweröl als Zusatzbrennstoff) und an das Elektrizitätsnetz angegeben. Die Konfiguration der Anlage ergibt sich aus einer technisch-ökonomischen Analyse der Standort- und Lastbedingungen. Der Einsatz eines thermischen Energiespeichers soll den Solaranteil erhöhen und damit die per Lastwagen über große Distanzen laufende Ölversorgung entlasten. Die Leistung von 80 MW würde den bisher größten gebauten Kraftwerkseinheiten dieses Typs entsprechen.

Kapitel 5 beschreibt das technisch-ökonomische Umfeld des simulierten Projekts und die Gründe für die Wahl dieses bestimmten Modellfalls. Das energiepolitische und energiewirtschaftliche Umfeld wird durchleuchtet mit dem Ziel, die Ausbauoptionen des Kraftwerksparks des Gastlandes in eine prioritäre Rangfolge zu bringen. Die Kriterien für die Auswahl eines konkreten Standorts für das solarthermische Kraftwerk werden dargestellt. Zuletzt werden die technisch-ökonomischen Kenndaten der JI-Modellanlage angegeben und mit denen möglicher Referenzanlagen verglichen.

5.1 Energiewirtschaftlicher Rahmen

Allgemein können die in **Tabelle 5-1** aufgeführten Quellen zur Grundlageninformation für JI-Projekte im Elektrizitätssektor dienen.

- World Energy Council (WEC); Reihe: National Energy Data Profiles
- Bundesstelle für Außenhandelsinformation (bfai); Reihe: Energiewirtschaft
- Statistisches Bundesamt; Reihe: Länderberichte
- The World Bank; Reihe: National Reports, Energy Series
- United Nations; Energy Statistics Yearbook
- Berichte Nationaler Statistischer Ämter; z.B. Marokko: Direction de la Statistique
- Berichte zur Nationalen Kraftwerksplanung; z.B. Marokko: Ministére de l'Energie
- Berichte Nationaler Energieversorger; z.B. Marokko: Office National de'l Electricité

Tabelle 5-1: Allgemeine Informationsquellen für JI-Aktivitäten im Kraftwerksektor

Der Primärenergieverbrauch Marokkos steigt derzeit um rund 3 % und der Stromverbrauch um rund 7 % jährlich (Direction de la Statistique 1994, Office National d'Electricité 1993, Ministére de l'Energie 1990, Bundesstelle für Außenhandelsinformation 1995).

Die eigenen abbauwürdigen Kohle-, Erdöl- und Erdgasvorkommen haben nur eine geringe Bedeutung und gehen zur Neige. Die Suche nach neuen Lagerstätten war bisher wenig erfolgreich. So stand im Jahr 1993 der Produktion von 10 000 t Rohöl, 24 Mio. m3 Erdgas und 600 000 t Kohle ein Verbrauch von 5,8 Mio. t Erdöl, 1,7 Mio. t Kohle gegenüber. Erdgserzeugung und -verbrauch hielten sich die Waage.

Die Kapazität der weiter ausbaubaren Wasserkraftresourcen ist nur nach ausreichenden, winterlichen Niederschlägen voll nutzbar. Die Verwendung von reichlich vorhandenem Ölschiefer oder der Kernkraft bleibt vorläufig unwirtschaftlich.

Die Abhängigkeit von Energieimporten steigt und lag 1995 bei 95 % (Abdelazis Bennouna 1997). Eingeführt werden vor allem Rohöl und Kohle sowie seit 1988 Elektrizität aus Algerien. Von dort wird Marokko über die voraussichtlich 1997 fertiggestellte Euro-Maghreb Gaspipeline auch Erdgas beziehen können.

Die Stromversorgung muß wegen des schnell wachsenden Bedarfs zügig ausgebaut werden. Bisher konnten nicht alle Wohn- und Industriegebiete wunschgemäß versorgt werden. Es kommt immer wieder zu längeren Stromabschaltungen. Die Elektrifizierung ländlicher Gebiete erfolgt nur schleppend. Regenerative Energiequellen werden in geringem Umfang zur dezentralen Elektrifizierung isolierter Ortschaften eingesetzt. Das Gebiet der West-Sahara ist noch nicht mit dem nationalen Netz verbunden, so daß auch große Städte wie z.B. Laayoune nur über ein lokales Netz verfügen. Die Anbindung an das nationale Netz soll jedoch Ende 1996 erfolgen.

5.2 Energiepolitischer Rahmen

Marokko arbeitet mit vielen ausländischen Einrichtungen zusammen, um hauptsächlich Öl und Kohle sowie Ausrüstungen, technisches Wissen und Finanzmittel zum Betrieb oder Ausbau des nationalen Energiesektors zu erwerben.

Die Energiepolitik Marokkos (Bundesstelle für Außenhandelsinformation 1995) zielt auf die ausreichende Befriedigung der Energiebedürfnisse des Landes zu möglichst günstigen Bedingungen ab. Wichtig ist die Verminderung von Energieeinfuhren - soweit wirtschaftlich vertretbar - durch :

a) die zunehmende Nutzung nationaler Energiequellen wie beispielsweise
   - der Bau von Wasserkraftwerken
   - Suche nach Erdöl und Erdgas
   - Nutzung von Ölschiefer
   - Nutzung von neuen Technologien wie z.B. Kraft-Wärme-Kopplung und Erneuerbare Energien

b) die Diversifizierung der im Lande genutzten Energieträger durch

- die Umstellung der Großfeuerungsanlagen von Öl auf Kohle
- die Einfuhr von algerischem Erdgas für die Stromerzeugung und industrielle Anwendungen

c) rationelle Energienutzung wie z.B.

- Energiesparprogramme
- die Anpassung der Energiepreise und -tarife

d) die Privatisierung des Energiesektors durch

- Veräußerung staatlicher Anteile an Energieunternehmen
- Zulassung von Konstruktion und Betrieb von Kraftwerken unter 10MW in privater Hand seit September 1994
- Förderung der Privatinitiative

Es sollen in Zukunft keine schwerölgefeuerten Dampfkraftwerke zugebaut werden (Altmann/Staiß 1996, Ministere de L'Energie 1990, Bundesstelle für Außenhandelsinformation 1995). Neben den bereits weitgehend ausgeschöpften und dadurch begrenzten Möglichkeiten zur Nutzung der Wasserkraft soll die zukünftige Versorgung im Elektrizitätssektor vor allem auf importiertem Erdgas, Importkohle und erneuerbaren Energien (Wind, Sonne) basieren. Die Versorgung mit Erdgas wird nach Fertigstellung der Euro-Maghreb Pipeline im Jahr 1997 zunächst durch deren Kapazität und entsprechende Verträge mit Algerien beschränkt bleiben. Die langfristig ausbaubare konventionelle Option stellen deshalb mit Importkohle befeuerte Dampfkraftwerke dar.

5.3 Die Stromversorgung in Marokko

Organisation der Stromproduktion und -verteilung

Die folgenden Aussagen basieren im wesentlichen auf den Untersuchungen von Altmann (1996). Stromproduktion und -transport sind ein Monopol der Office National de'l Electricité (ONE), die unter der technischen und administrativen Aufsicht des Energie- und Bergbauministeriums (Ministère de l'Energie et des Mines) steht (Altmann/Staiß 1996). Neben der ONE gibt es einige unabhängige Stromproduzenten, die hauptsächlich für den Eigenbedarf produzieren, aber zum Teil auch in das Verbundnetz einspeisen. Eigenproduzenten sind im wesentlichen Industrieunternehmen (Phosphatindustrie, Zementindustrie, Zuckerraffinerien, Erdölraffinerien und

Papierindustrie) und Versorger von Kommunen, die nicht an das Verbundnetz angeschlossen sind. Die marokkanische Regierung beabsichtigt das Produktionsmonopol der ONE aufzuheben.

Die Stromverteilung wird im ländlichen Raum vorwiegend von der ONE durchgeführt, während in den Großstädten die Verteilung durch zehn Stadt- und Regionalwerke sichergestellt wird (Régies Municipales et Inter-communales). Diese stehen unter der Aufsicht des Innen- und Informationsministeriums.

Der vorhandene Kraftwerkspark

Die wichtigsten Standorte der marokkanischen Kraftwerke sind in **Bild 5-1** dargestellt. Ende 1995 verteilte sich die elektrische Leistung des Kraftwerksparks der ONE von rund 3425 MW auf 23 Wasserkraftwerke zu 927 MW und 18 Wärmekraftwerke (6 Dampfturbinen, 12 Gasturbinen) zu 2500 MW (Abdelazis Bnnouna 1997).

Ein Anteil von 38 MW der Gesamtleistung war nicht an das Verbundnetz angeschlossen. 45 % der thermischen Kraftwerksleistung sind Kohlekraftwerke und 55% Schwerölkraftwerke. Die Altersstruktur des marokkanischen Kraftwerksparks spiegelt mit seinen vielen jungen Kraftwerken deutlich den stark expandierenden Strommarkt wider: 46% der fossilen Kraftwerksleistung waren 1995 jünger als 10 Jahre und nur 16 % älter als 20 Jahre. Von den Wasserkraftwerken sind 34,5 % älter als 40 Jahre.

Die größten thermischen Kraftwerke stehen in

Jort Lasfar (2*330 MW) Importkohle

Mohammedia (4 x 150 MW), 2 Blöcke ölbefeuert und 2 Blöcke mit importierter Kohle

Kenitra (4 x 75 MW - Öl)

Casablanca (2 x 60 MW - Öl) und

Jerada (3 x 55 MW - überwiegend marokkanische Kohle).

Zusätzlich zu diesen Kraftwerken importiert Marokko Strom aus Algerien. Seit 1989 (zunächst bis 1998) garantiert ein Vertrag eine importierte Leistung von 150 MW Grundlast bzw. 300 MW Spitzenlast (1993 wurden insgesamt 1028 GWh importiert). 1993 waren etwa 440 MW elektrische Leistung bei industriellen Eigenproduzenten installiert. Kommunale Inselnetze machen insgesamt 10 MW aus. Ab 1997 soll zudem ein Stromaustausch mit Spanien (Kapazität von 600 MW) erfolgen.

Stromerzeugung und -verbrauch in Marokko

Die Bruttoproduktion an Elektrizität betrug im Jahr 1995 insgesamt 12560 GWh. Davon wurden 1300 GWh durch industrielle (vor allem Schwefelsäure-Produktion) und ca. 10 GWh durch isolierte ländliche Erzeuger bereitgestellt. ONE produzierte 11260 GWh von denen 650 GWh in Wasserkraftwerken, 10600 GWh in thermischen Kraftwerken und 10 GWh in dezentralen Anlagen erzeugt wurden. Zusätzlich wurden 250 GWh aus Algerien und 90 GWh aus anderen Quellen bezogen.

1991 wurden 80 % des Stroms von Grundlastkraftwerken, 12 % von Mittellastkraftwerken und 7 % von Spitzenlastkraftwerken produziert. Dabei entfielen 52 % der Stromproduktion auf Schwerölkraftwerke, 33% auf Kohle (12 % marokkanische und 21 % importierte Kohle), 15 % auf Wasserkraft und weniger als 1 % auf Diesel.

Nur 25 % des Landes sind elektrifiziert. Die Regionen „Centre" (wozu u.a. Casablanca gehört) und „Nord-Ouest" (wozu u.a. Rabat gehört), d.h. das Industriezentrum Marokkos mit einer hohen Bevölkerungsdichte, verbrauchen 40 % bzw. 24 % des Stroms. Die restlichen fünf Regionen verbrauchen jeweils zwischen 5 % und 10 %.

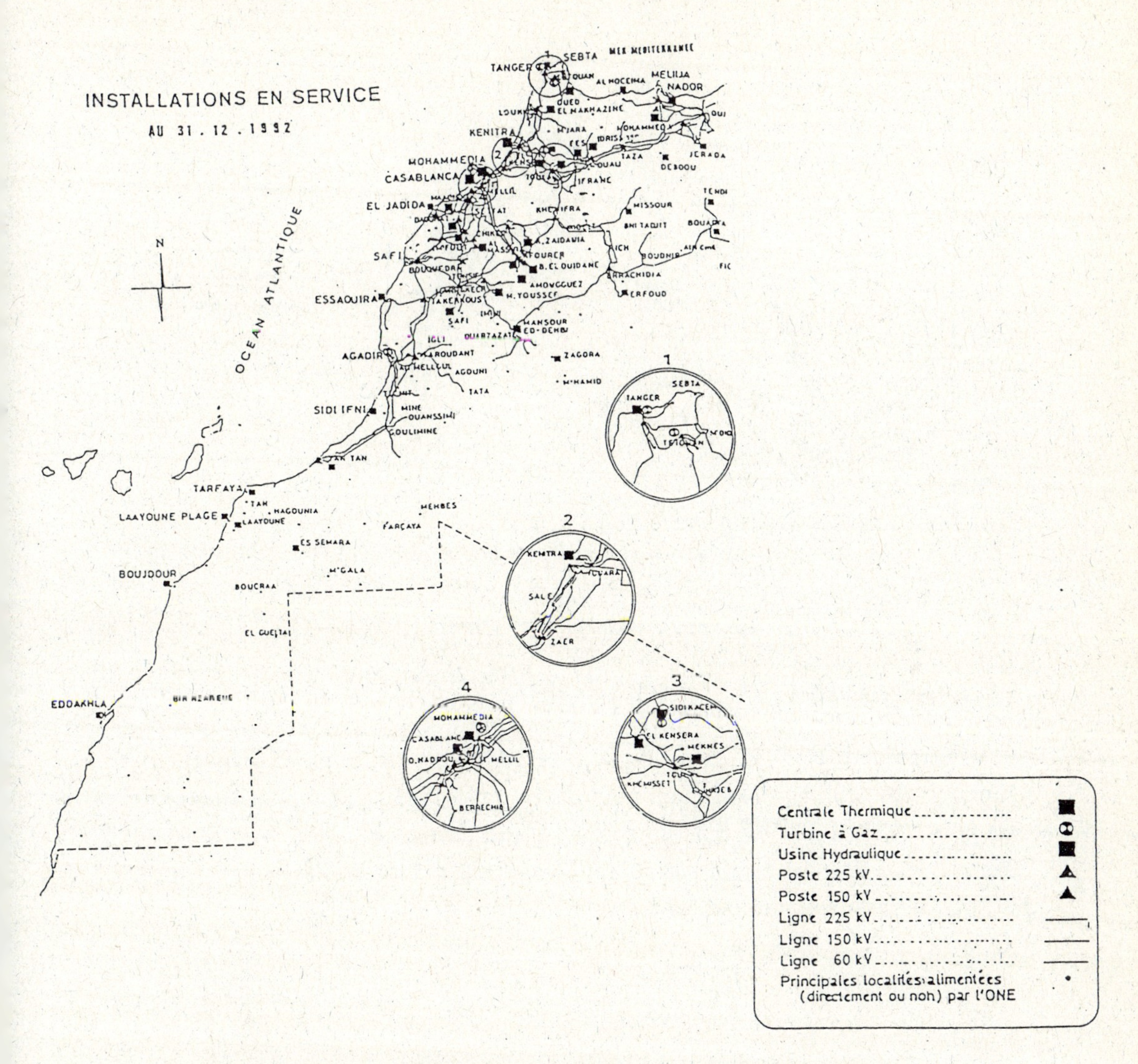

Bild 5-1: Standorte von Kraftwerken in Marokko (Stand 31.12.92, ONE)

Die tägliche Lastkurve nach **Bild 5-2** zeigt ein deutliches Maximum am Abend, das im wesentlichen durch Beleuchtung und andere private Verbräuche sowie durch den Handel bedingt ist. Die Jahreslastkurve zeigt nur geringfügige saisonale Schwankungen (Altmann/Staiß 1996).

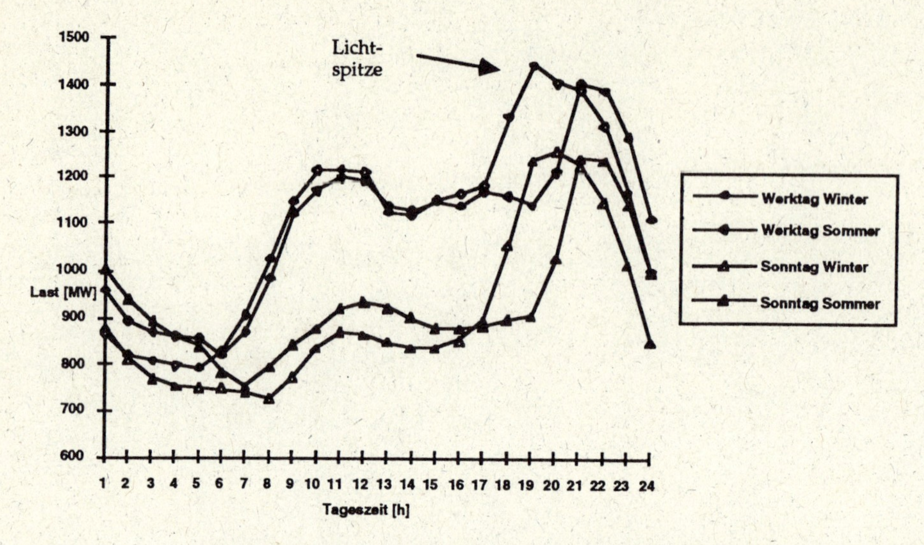

Bild 5-2: Typische Tageslastkurve für Marokko 1990 aus /12/

Bedarfsentwicklung

Der Stromverbrauch stieg in Marokko von 1980 bis 1990 um jährlich durchschnittlich 6,4 %. In Marokko geht man davon aus, daß die Stromnachfrage bis zum Jahr 2000 um jährlich 7 % steigen wird und danach um 5 % (Ministére de l'Energie1990). Daraus ergibt sich die in **Tabelle 5-2** dargestellte Entwicklung des Stromverbrauchs und der Jahresspitzenlast für das Jahr 1993.

	Energie * (GWh)	Steigerung (%/a)	Spitzenlast (MW)	Steigerung (%/a)
1991	9.411		1.680	
		6,9		6,0
1992	10.065		1.780	
		7,2		5,7
1995	12.400		2.100	
		7,0		6,7
2000	17.400		2.900	
		5,0		4,9
2010	28.300		4.700	

Tabelle 5-2: Stromverbrauchsprognose für Marokko bis 2010 (LBS, ZSW)

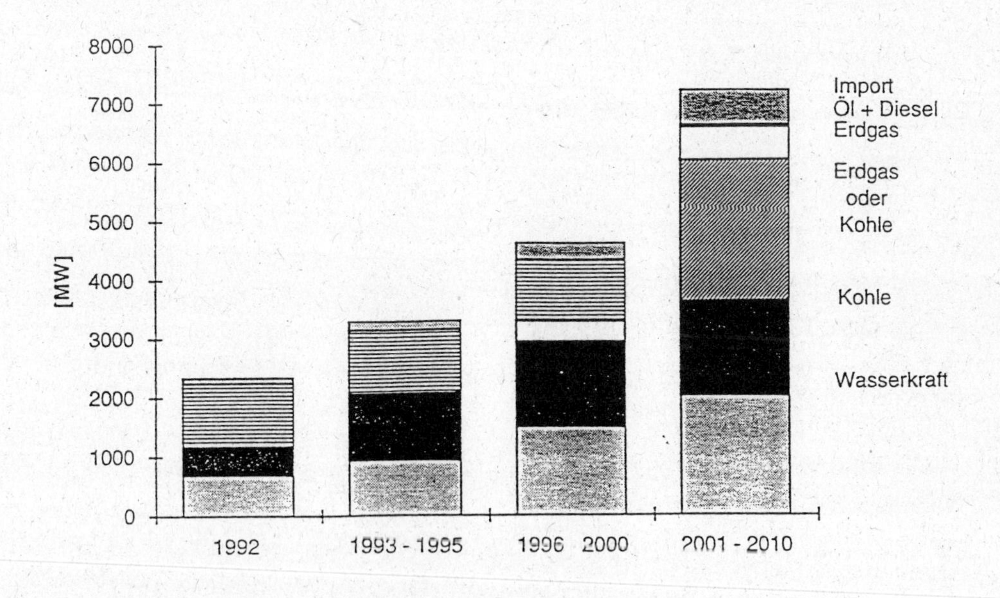

Bild 5-3: Planung der kumulierten Kraftwerkskapazität für Marokko (LBS, ZSW)

Ausbauplanung des marokkanischen Kraftwerksparks

Die Ausbauplanung des Kraftwerksparks (**Bild 5-3**) orientiert sich an der Entwicklung des prognostizierten Bedarfs und spiegelt die energiepolitischen Ziele Marokkos wider (Altmann/Staiß 1996, Ministére de l'Energie 1990, Bundesstlle für Außenhandelsinformation 1995).

Die Zubauplanung von 1993 bis 1996 beinhaltete :

1994 Gasturbinen Tetouan (3 x 33 MW)

Wasserkraft Allal el Fassi (3 x 80 MW)

1995 Importkohle Jorf Lasfar I und II (2 x 330 MW)

Zwischen 1996 und 2000 sind konkret folgende Anlagen vorgesehen:

1997 Wasserkraft Al Wahda (3 x 82,5 MW)

Wasserkraft Sidi Driss (3,1 MW)

1998 Erdgas Site Nord (350/450 MW)

1999 Wasserkraft M'Dez (1 x 52 MW)

Importkohle Jorf Lasfar III und IV (2x330 MW)

2000 Wasser El Menzel (2 x 74 MW)

Wasserkraft Dohar El Oued (92 MW)

Wasserkraft Ait Messaoud (2 x 3,2 MW)

Die Versorgungskapazität der Erdgas-Pipeline von Algerien (7 Mrd. m3/a für Spanien, 1 Mrd. m3/a für Marokko) wird für zwei erdgasgefeuerte kombinierte Gas- und Dampfturbinenkraftwerke mit einer Gesamtleistung von etwa 800 MW ausreichen.

Die Pläne bis 2010 umfassen z.Zt. ca. 15 Wasserkraftwerke sowie 8 weitere Wärmekraftwerke auf Importkohlebasis. Trotz der intensiven Bemühungen zur Erweiterung der Wasserkraft ist diese Ressource weitgehend ausgeschöpft. Der Bau eines Kernkraftwerks mit 900 MW Leistung ist frühestens für 2015 vorgesehen und noch umstritten. Die langfristig verfügbare und ausbaufähige Option sind mit Importkohle befeuerte Dampfkraftwerke.

Erneuerbare Energien werden eher als eine Option für die dezentrale Stromversorgung in ländlichen Gebieten angesehen. Das erste große Projekt zur Nutzung von Windkraft ist ein von der deutschen Kreditanstalt für Wiederaufbau (KfW) finanzierter und von der ONE 1995 international ausgeschriebener 5 MW Windpark, der in der Provinz Tétouan (nahe Tanger in Nordmarokko) gebaut werden soll. Die Machbarkeit weiterer Windparks mit einer Leistung von 30 bis 50 MW wird z.Zt. von ONE untersucht.

5.4 Standortauswahl und -beschreibung

Die Aussagen des folgenden Abschnitts beruhen im wesentlichen auf Untersuchungen von Flachglas (1994). Im Rahmen einer von der Europäischen Union finanzierten Studie (Flachglas Solartechnik GmbH 1994) wurden 1994 zudem mehrere Standorte in Südspanien und Marokko auf die Möglichkeit der Errichtung von solarthermischen Kraftwerken des Typs SEGS untersucht (**Bild 5-4**). Ziel der Standortbewertung war es, geeignete Charakteristika für die Errichtung eines solar-thermischen Kraftwerks zu sammeln und zu analysieren. Die wichtigsten Größen sind:

- Die Direkteinstrahlung der Sonne und die Umgebungstemperatur;
- eine vorhandene Infrastruktur zur Einspeisung der erzeugten Elektrizität in das nationale Netz;
- die Verfügbarkeit von Wasser für den Kühlzyklus und zur Reinigung der Spiegel;
- ausreichende Flächenverfügbarkeit für die Anlagen und
- die Verfügbarkeit von Öl zur Zusatzfeuerung in Zeiten ohne Sonne.

In Marokko wurde die Vorauswahl durch das Centre de Developpement des Energies Renouvelables (CER) und durch ansässige Fachleute von ONE vorgenommen. Zwei Standorte mit besonders günstigen Merkmalen (Taroudant und Ouarzazate) wurden bei der Vorauswahl identifiziert. Im Rahmen der erwähnten Machbarkeitsstudie (Flachglas Solartechnik GmbH 1994) stellte sich Ouarzazate als geeignetster Standort für Marokko heraus. Im folgenden werden die wichtigsten Kriterien für die Projektauswahl beschrieben.

Meteorologie

Als Standorte für solarthermische Kraftwerke sind nur jene Gebiete geeignet, wo eine Sonneneinstrahlung auf die horizontale Fläche von mindestens 1700 kWh/m2a erwartet werden kann. Die Windgeschwindigkeiten sollten gewöhnlich unter 40 km/h liegen, um nicht die optische Konzentrationsgenauigkeit der Spiegel zu gefährden. Die Umgebungstemperaturen sollten gemäßigt sein, da sehr hohe Temperaturen den Wirkungsgrad des Dampfkreislaufs herabsetzen können, aber auch wieder nicht zu niedrig (vorzugsweise nicht unter 15 °C), um die Menge zusätzlicher Energie zu reduzieren, die für den Frostschutz des Wärmeübergangsmediums benötigt wird.

Die Jahressumme der globalen horizontalen Einstrahlung in Marokko beträgt zwischen 1800 kWh/m^{2}a und 2150 kWh/m^{2}a. Die Angaben basieren auf Messungen vom Office Natural d'Meteorologié (ONM) und Berechnungen der Faculté de Sciences de Rabat (SCR).

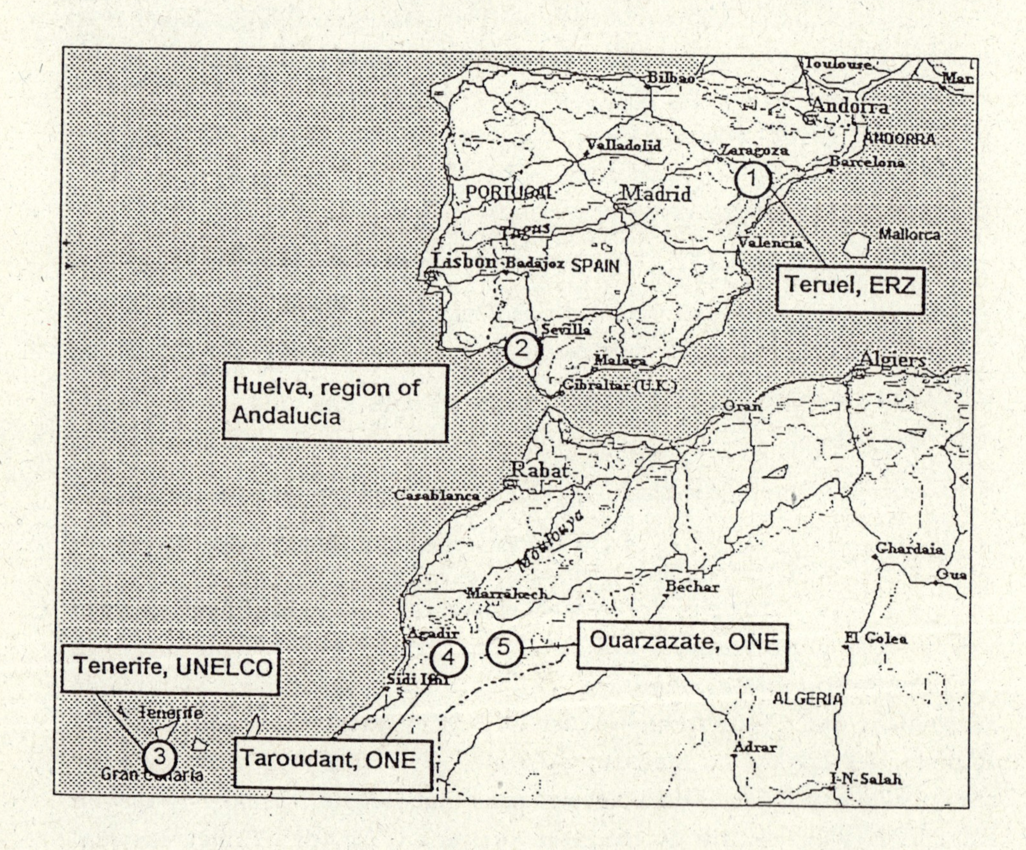

Bild 5-4: Untersuchte Standorte für solarthermische Parabolrinnenkraftwerke (Flagsol)

Gebiet und Topographie

Zusätzlich zum Flächenbedarf wie oben beschrieben sollte das Gebiet flach sein und über die erforderlichen Bodenverhältnisse zur Fundamentstützung verfügen. Das Gebiet sollte vorzugsweise geringes Gefälle, minimale Hochwassergefahr und niedrige seismische Risiken aufweisen.

Der ausgewählte Standort „Tamez Ghitene" liegt nördlich der Nationalstraße P32 ungefähr 12 km von der Stadt Ouarzazate entfernt. Er hat eine Grundfläche von ca. 10 km2, ausreichend für den Bau eines Solarkraftwerksparks von ca. 500 MWe.

Tamez Ghitene hat ein sehr geringes Gefälle (maximal 1 %). Der Boden besteht hauptsächlich aus Sand und Kies. Der Abfluß von Regen- und Schmelzwasser erfolgt über kleine Schluchten und Bäche. Diese Bäche münden in einen großen Speichersee namens El Mancour ad Dehbi und den Fluß Dades. Es besteht keinerlei Risiko einer Überschwemmung in dem Gebiet „Tamez Ghitene". Größere Erdbeben werden in dieser Region nicht erwartet. Da sich an diesem Standort ein Wasserkraftwerk mit 60 MW Leistung befindet, sind die Infrastrukturbedingungen besonders günstig. Der ausgleichende Effekt der Sonnen- und Wasserkraftnutzung (Ergänzung von Trocken- und Regenperioden) ist ein weiterer Vorteil.

Entsprechend der Struktur einer Anlage des Typs SEGS mit einer Leistung von 80 MW (s. Kapitel 2.5) muß das erforderliche Gelände von 2,1 km2 in großeTerrassen aufgegliedert werden. Die notwendigen Erdbewegungen und Infrastrukturarbeiten sind in Tabelle 5-3 angegeben.

Standortmerkmale Ouarzazate Tamez Ghitene	Erdarbeiten (ca.) (m^3)	Erdarbeiten (ca.) (m^3/m^2)	Anschlußstraße (km)	Zubringerstraßen (km)	Umzäunung (km)
SEGS, 80 MW	524,160	0,25	4	10,46	5,86

Tabelle 5-3: Erdbewegungen und Infrastrukturarbeiten

Anschluß an das Stromnetz

Vorzugsweise sollten Einrichtungen zur Elektrizitätsversorgung in unmittelbarer Nähe liegen, die den Zugang zum Verbund für die Stromübertragung gewähren. Die regionale Stromnachfrage sollte Kapazitätszuwächse zeigen, die die vorgesehene Anlagengröße für die nächste Dekade rechtfertigen, und die

Lastbedarfsprofile sollten im günstigsten Fall den solaren Einstrahlungsgegebenheiten entsprechen.

Standort	Stromleitung Spannung (kV)	Entfernung zur Stromleitung (km)	Entfernung zur Substation (km)	Entfernung zur Ölversorgung (km)
Ouarzazate Tamez Ghitene	60	3	9	430

Tabelle 5-4: Anbindung an das Elektrizitätsnetz

Eine 60 kV Stromleitung entlang der Straße P31 nach Marrakech zur Versorgung der Regionen südwestlich von Marrakech verläuft in 3 km Entfernung von Tamez Ghitene (**Tabelle 5-4**). Das 60 kV Netz ausgehend von einem Wasserkraftwerk verteilt Strom auch nach Ar Rachidia im Nordwesten sowie nach Agdz und Zagora im Südwesten. Weiterhin verteilt ein lokales 22 kV-Netz mit drei Stromleitungen Strom vom Wasserkraftwerk zur Stadt Ouarzazate.

Brennstoff- und Wasserversorgung

WASSERBEDARF	OUARZAZATE / Tamez Ghitene		
Anlagenstruktur	80 MW SEGS	80 MW SEGS T30	78 MW SEGS
Kühlsystem	Naß	Naß	Trocken
Wasserdurchfluß zur Kühlung (m^3/h)	281	281	-
Wasserdurchfluß zur Reinigung (m^3/h)	53	53	53
Gesamter Wasserfluß bei Nominallast (m^3/h)	334	334	53
Entfernung (Quelle / Kraftwerksblock) (km)	10	10	10
Höhe (Quelle Wasserleitung / Kraftwerksblock) (m)	100	100	100
Frischwasserkosten (ECU/m^3)	0,2	0,2	0,2
Leitung (Material und Arbeit)[1] (ECU/m^3)	155	155	117
Pumpen (Material und Arbeit)[1] (Tsd. ECU)	100	100	43
1) einschl. sonstiger Kosten (Technik usw.)			

Tabelle 5-5: Wasserbedarf und -versorgung in Tamez Ghitene für die Modellanlage 80 MW SEGS T30 und andere Planungsvarianten

Gute Zufahrtsstraßen erleichtern den Transport von schweren Bauteilen und Öl zur Baustelle und tragen so zur Reduzierung der Konstruktions- und Baukosten bei. Ausreichend Wasser für den Kühlkreislauf und die Spiegelreinigung sowie die Verfügbarkeit von Öl für die Zusatzfeuerung ist obligatorisch.

Die fossile Zufeuerung des Solarkraftwerks muß mit Erdöl betrieben werden, das von der Raffinerie in Mohamedia bei Casablanca bezogen wird. Der Öltransport nach Ouarzazate erfolgt mit Lkw über Marrakech und den Tichka Paß im Hohen Atlas[10]. Diese Art der Ölversorgung erfordert einen großen Speicher, der nördlich von Ouarzazate errichtet werden soll.

Der Wasserspeicher in Mancour ad Dehbi wird von dem Fluß Dades versorgt, außerdem führen während der Schneeschmelze im Frühjahr mehrere Bäche vom Hohen Atlas dem Speicher Wasser zu. Obwohl der See genügend Wasser zur Verfügung hat, wurde die Alternative einer Anlage mit Trockenkühlturm untersucht (**Tabelle 5-5**), um der allgemeinen Wasserknappheit in Süd-Marokko Rechnung zu tragen.

Zusammenfassende Bewertung

Jedes Kriterium hat ein qualitatives Gewicht. Unzureichende Einstrahlung (niedriger als 1700 kWh/m^2/a) z.B. disqualifiziert einen Standort genauso wie schwere seismische Instabilität, Transportunzugänglichkeit oder außerordentlich kräftiger Wind.

Sobald ein attraktiver Standort mit genügendem Einstrahlungsgrad und geeigneten Bodeneigenschaften gefunden worden ist, müssen die standortbezogenen Kosten für den Anschluß einer solchen Anlage an die vorhandene Verwaltungs- und Elektrizitätsinfrastruktur ermittelt werden. Diese Abschätzung geht ein in die Konstruktionskosten als Teil der Gesamtinvestkostenabschätzung des Projekts. Der Vergleich der Infrastrukturkosten für jede der infragekommenden Standorte bestimmt dann den geeignetsten für die Errichtung eines solarthermischen Kraftwerks.

Dem solaren Einstrahlungspotential wird die höchste Priorität zugeordnet, gefolgt von der vorhandenen Verwaltungs- und Elektrizitätsinfrastruktur sowie der Wasser- und Ölverfügbarkeit. Es kann beobachtet werden, daß es eine klare klimatische Unterscheidung gibt zwischen der Küstenregion und Nord-

---

10 Die hohe Transportentfernung für Öl führt zu nicht unerheblichen zusätzlichen Emissionen. Diese werden jedoch durch die besseren Einstrahlungsbedingungen am gewählten Standort in bezug auf alternative Standorte mehr als ausgeglichen.

marokko im Vergleich mit den Gebieten des Atlas, wo er sich zur Sahara öffnet. Die Hochebenen südöstlich des Hohen Atlas gehören natürlicherweise zu den Gebieten mit der höchsten Einstrahlung. Da diese Region nur dünn bediedelt und der Strombedarf dementsprechend niedrig ist, kommen nur Gebiete mit bedeutender regionaler Entwicklung in Betracht.

Tabelle 5-6 gibt eine Übersicht über die allgemeinen Infrastruktur- und Anschlußbedingungen am Standort Tamez Ghitene, die von besonderer Bedeutung für die zu erwartenden Nebenkosten zur Errichtung der Anlage sind.

Kriterien	OUARZAZATE „Tamez Ghitene" SEGS 80 MW mit TES
Jahressumme der Direkteinstrahlung auf zweiachsig nachgeführte Flächen	2364 kWh/m²/a
Entfernung zu Hauptstraßen Entfernung zu Häfen Entfernung zu Flughäfen Kosten für Zugangsstraßen, Umzäunung, Lagerhäuser	4 km 360 km 9/360 km 2.8 Mio US$
Entfernung zur Stromleitung Entfernung zur Substation Kosten für Netzzugang	3 km 9 km 1.6 Mio US$
Infrastruktur zur Wasserversorgung	2,0 Mio US$
Back-up Öl-Verfügbarkeit	Öl in 430 km
Flächenverfügbarkeit	reichlich und wenig genutzt
Bodenpreise	0 Mio US$
Notwendige Baustellenarbeiten	3.6 Mio. US$
Gesamte Infrastrukturkosten[1]	10,0 Mio. US$
Spezifische Infrastrukturkosten[2]	15.6 US$/m²
1) einschließlich Netzanschluß 2) pro installiertem m² Solarfeld	

Tabelle 5-6: Allgemeine Bedingungen am Standort Ouarzazate

Ouarzazate empfiehlt sich als bester der untersuchten Standorte bezüglich seines Einstrahlungspotentials sowie seiner geringen spezifischen Infrastrukturkosten. Ouarzazate ist die Hauptstadt der Provinz Südmarokko gleichen Namens und liegt südöstlich des Hohen Atlas. Ouarzazate hat ca. 20.000 Einwohner. Die Region und ihre Hauptstadt haben eine fortschreitende intensive Entwicklung im Tourismussektor. Ferner ist Ouarzazate eine von Marokkos wichtigsten Abbauregionen für Phosphate, Kupfer und Mangan. Weitere Bedeutung hat die Stadt als Endpunkt der 60 kV-Leitung; ein Kraftwerk in diesem Gebiet würde den Netzbetrieb stabilisieren.

5.5 Beschreibung der JI-Anlage

Tabelle 5-7 zeigt die wichtigsten Daten der simulierten JI-Modellanlage des Typs SEGS mit thermischem Energiespeicher in Ouarzazate.

Auslegungsdaten der JI-Anlage:				
Typ	SEGS + TES			
Kühlkonzept	Naßkühlturm			
Nennleistung (netto)	80	MW		
Jahresdirektstrahlung	2304	kWh/m2a		
Kollektorfeldgröße	640920	m2		
Solar Multiple	1,35			
Jahresnutzungsgrad Kollektor	48,1	%		
Speicherkapazität	720	MWht		
Landbedarf	2,1	km2		
Wasserbedarf bei Nennlast	334	m3/h		
Investition	325	Mio.US$		
Brennstoff der JI-Anlage:				
Typ	Fuel Nr. 2			
Unterer Heizwert	39350	kJ/kg		
CO2-Faktor	79	kg/GJ		
Brennstoffkosten	5,74	US$/GJ		
Betriebsdaten der JI-Anlage:				
Vollaststunden	2851	4166	7178	h/a
Erzeugte Energie	228080	333280	574240	MWh/a
Sonnenenergie-Einsatz	728780	728780	728780	MWh/a
Brennstoffverbrauch	0	34032	107737	t/a
Solarer Anteil Jahresenergie	100	69,6	41,3	%
CO2-Emissionen	0	105794	334917	t/a
Wasserbedarf	952234	1391444	2397452	m2/a
Stromgestehungskosten	179	148	118	US$/MWh

Tabelle 5-7: Technische und wirtschaftliche Daten der SEGS-Anlage in Ouarzazate

Das JI-Modellkraftwerk soll eine elektrische Leistung von 80 MW bereitstellen. Der Landbedarf für das gesamte Kraftwerk beträgt 2,1 km2. Die Gesamtinvestition für die Anlage beträgt 325 Mio. US$. Das Parabolrinnenfeld mit einer aktiven Kollektorfläche von 640920 m2 wandelt die Sonnenenergie in Nutzwärme um, mit der in einem Dampfkraftwerk Elektrizität erzeugt wird. Damit können 228000 MWh/a an elektrischer Energie entsprechend 2850 äquivalenten Vollaststunden ohne Zufeuerung bereitgestellt werden.

Die Anlage wird aufgrund der Lastbedingungen in der Region realistischerweise im Mittellastbereich betrieben werden, so daß zugefeuert werden muß. Als Brennstoff steht schweres Heizöl (fuel oil Nr.2) mit einem unteren Heizwert von 39348 kJ/kg und einem CO_2-Faktor von 79 kg/GJ zur Verfügung. Mit steigender Auslastung der Anlage nehmen der Heizölverbrauch und die CO_2-Emissionen aufgrund der verstärkten Zufeuerung zu. Ebenso nimmt der Bedarf an Wasser zur Kühlung im Kondensationskühlturm und zur Erneuerung des Wassers im Dampfkreislauf mit der Auslastung der Anlage zu. Im realen Fall würde die Anlage nicht im Grundlastbereich betrieben werden, da im Netzverbund kostengünstigere Brennstoffe zur Deckung der Grundlast zur Verfügung stehen.

Das Solarfeld ist gegenüber der Grundauslegung um 35 % überdimensioniert (SM 1,35). Ein thermischer Energiespeicher mit einer Kapazität von 720 MWh_{th} dient dazu, überschüssige thermische Energie aufzunehmen. Bei vollem Speicher reicht dessen thermische Kapazität zu einem dreistündigen Betrieb der Anlage unter Vollast aus.

Das Kraftwerk verfügt wegen der Zufeuerung mit schwerem Heizöl über Anlagen zur Rauchgasentschwefelung (REA) und Entstickung (Denox).

5.6 Vergleich der Modellanlage mit möglichen Referenzanlagen

Tabelle 5-8 zeigt den Vergleich der ausgewählten JI-Modellanlage mit drei möglichen Referenzanlagen, die der Kraftwerks-Ausbauplanung des Landes entnommen wurden. Der Bau der Referenzanlagen 1 und 2 ist konkret ab 1998 geplant (Bundesstelle für Außenhandelsinformation 1995).

Der Energiepolitik der marokkanischen Regierung gemäß soll in Zukunft zunehmend von Öl auf Kohle und Erdgas umgestellt werden, während ölgefeuerte Kraftwerke eine auslaufende Option in der Ausbauplanung darstellen Altmann/Staiß 1996, Ministére de l'Energie 1990).

Die Umstellung auf Erdgas bzw. der Bau neuer erdgasbefeuerter Kraftwerke soll nach der für 1997 geplanten Fertigstellung der Euro-Maghreb-Pipeline von Algerien nach Spanien erfolgen. Für Marokko werden dadurch voraussichtlich 1 Mrd. Kubikmeter Erdgas pro Jahr zur Verfügung stehen, die dann zur Versorgung von GuD-Kraftwerken mit insgesamt 800 MW Leistung ausreichen werden.

Kohlekraftwerke mit heute über 30 % Anteil an der Stromerzeugung werden nach wie vor eine wichtige Option in der nationalen Ausbauplanung darstellen. Importkohle, die heute bereits 75% des Kohlebedarfs deckt, wird wegen der Erschöpfung der einheimischen Ressourcen zunehmend an Bedeutung gewinnen. Als Referenzkraftwerkstyp kommen unter diesen Randbedingungen Importkohle- und Erdgas-GUD-Kraftwerke in Betracht. Beide Optionen sind in Tabelle 5-8 aufgeführt. Als weitere Anlage wurde in Tabelle 5-8 letztlich eine ölgefeuerte Anlage mit in die Betrachtung einbezogen, obwohl kein weiteres Kraftwerk dieser Art in Marokko in Planung ist. Ölgefeuerte Kraftwerke stellen aber heute in Marokko einen Kraftwerkstyp mit nennenswerten Anteilen an der nationalen Stromversorgung dar (1991 waren es 52 %). Sie sind damit eine wichtige Vergleichsbasis, wenngleich sie aus dem oberen Teil der Kette der Ausbauplanung herausgefallen ist und damit als konkreter Referenzkraftwerkstyp unbedeutend sind. Damit werden mit Importkohle gefeuerte Dampfkraftwerke zur heute gültigen "least option".

Die absoluten vermiedenen Emissionen sind in dem Fall, daß ein Kohlekraftwerk (Referenz 1) durch die solarthermische JI-Anlage ersetzt wird, am höchsten. Infolge der relativ hohen Kosten von Öl sind die CO_2-Vermeidungskosten jedoch im Fall der Referenz 3 am geringsten. Beide Fälle stellen eine vom ökologischen Standpunkt aus sinnvolle Alternative für ein JI-Projekt dar. Die GuD-Anlage (Referenz 2) kommt aus Kostengründen und wegen vergleichsweise geringer CO_2-Einsparungen als - zu ersetzende - Referenzanlage nicht in Frage.

Die Überlegungen zur Referenzfallbildung in Kapitel 3 führen eindeutig dazu, **das Kohlekraftwerk als Referenz zu bestimmen**. Weder die ölgefeuerte Anlage (da nicht mehr in der Planung vorgesehen) noch die GuD-Anlage (wegen zu hoher CO_2-Vermeidungskosten) kommen als Referenzfall infrage. Im konkreten Fall bedeutet dies, daß durch die JI-Maßnahme CO_2-Emissionen von jährlich rund 210.000 t vermieden werden können.

Wäre noch eine ölgefeuerte Anlage in der Ausbauplanung Marokkos vorgesehen, dann würde diese eindeutig durch das in Kapitel 3 beschriebene Verfahren als Referenz identifiziert werden. Die derzeitigen Bestrebungen Marokkos, vom Öl als Hauptenergielieferant loszukommen bestätigen die Annahme, daß eine solche Anlage im Realfall tatsächlich nachhaltig durch eine entsprechende JI-Maßnahme ersetzt werden würde. Dies bestätigt die Plausibilität des gewählten pragmatischen Konzepts der Referenzfallbestimmung.

Erdgasgefeuerte GuD-Anlagen oder andere umweltfreundliche Kraftwerkskonzepte kommen bei dieser Auswahlmethode - unterstellt man keine strukturell oder geografisch bedingten Ausschlußkriterien - erst dann als Referenz in Frage, wenn alle anderen Kraftwerke, die zu niedrigeren Vermeidungskosten führen würden, aus der Ausbauplanung eliminiert wären. Dies kann durch den Ersatz mit JI-Projekten, aber auch trivialerweise durch den Bau dieser Kraftwerke geschehen. Einmal gebaute Kraftwerke werden aber erst dann durch eine neue Generation ersetzt werden, wenn sie den größten Teil ihrer technischen Lebensdauer absolviert haben. Jedes neue Kraftwerk schreibt eine entsprechende Erhöhung der CO_2-Emissionen auf seine Lebensdauer fest. Dieses Beispiel zeigt eindringlich, daß JI nur dann als Werkzeug zur effizienten Minderung von klimarelevanten Emissionen führen wird, wenn die entsprechenden Maßnahmen schnell in die Realität umgesetzt werden, bevor durch den Zubau emissionsreicher Anlagen in den Sonnenländern vollendete Tatsachen geschaffen werden.

Anlage:		**JI-Hybrid**	**Referenz 1**	**Referenz 2**	**Referenz 3**
Typ Standort		SEGS+TES Ouarzazate ***	Dampfkraftwerk Jorf Lasfar	GuD-Kraftwerk Site Nord	Dampfkraftwerk Kenitra
Nennleistung (netto)	MW	80	330	350	75
Investition	Mio.US$	325	660	350	150
Brennstoff:					
Typ		Fuel Oil Nr.2	Steinkohle	Erdgas	Fuel Oil Nr. 2
Unterer Heizwert	kJ/kg (kJ/m2)	39350	29000	38520	39350
CO2-Faktor *	kg/GJ	79	100	53	79
Brennstoffkosten *	US$/GJ	5,74	1,85	4,5 ****	4,85
Betriebsdaten:					
Vollaststunden	h/a	4166	4166	4166	4166
Erzeugte Energie	MWh/a	333280	1374780	1458100	312450
Spezifischer Brennstoffbedarf *	kJ/kWh	4018	9500	7200	9500
Brennstoffverbrauch	t/a (m2/a)	34032	450296	272542	75433
CO2-Emissionen	t/a	105788	1305858	556411	234494
Spezifische CO2-Emissionen	t/MWh	0,32	0,95	0,38	0,75
Stromgestehungskosten **	US$/MWh	148	88	72	116
Vergleich:					
Vermiedene Emissionen	**t/a**		**210784**	**21392**	**144339**
CO2-Vermeidungskosten	**US$/t**		**95**	**1184**	**74**

* bezgl. unterer Heizwert ** Zins 6,1 %, Steuer 38 %, Preissteigerung 5%/a, Basis 1995 *** Einstrahlung 2370 kWh/m2a
**** geschätzter Preis nach Fertigstellung der Euro-Maghreb-Pipeline 1997

Tabelle 5-8: Vergleich der JI-Anlage mit möglichen Referenzanlagen

6 Übertragbarkeit der Ergebnisse

6.1 Einleitung und Überblick

Die Aufgabe der Verallgemeinerung besteht darin, Ergebnisse, die am Beispiel des Simulationsobjektes gewonnen wurden, soweit wie möglich auf Projekttypen zu übertragen, die dem simulierten Projekt ähnlich sind. Dabei wird man an Grenzen der Übertragbarkeit stoßen. Aus diesen Grenzen läßt sich aber ebenfalls noch eine Einsicht gewinnen: in diesem Falle sind die spezifischen Bedingungen herauszuarbeiten, um derentwegen eine Übertragung im Sinne einer Verallgemeinerung nicht möglich ist. Bei der Übertragung von Ergebnissen soll es insbesondere um die Bestimmbarkeit des Referenzfalls sowie um die Verallgemeinerbarkeit der Berichtsformate gehen.

Die Prüfung der Übertragbarkeit auf andere Projekttypen ist im Prinzip in den folgenden Schritten vorzunehmen:

1) Von dem speziellen solarthermischen Kraftwerk in Marokko auf solarthermische Kraftwerke allgemein;

2) von solarthermischen Kraftwerken auf andere Formen der Erzeugung elektrischer Energie mit Hilfe regenerativer Energien;

3) von den regenerativen Formen der Stromerzeugung auf die Nutzung regenerativer Energien allgemein.

Das Beispiel eines solarthermischen Kraftwerks wurde darüberhinaus als Beispiel für eine Technologie bzw. für einen Projekttyp gewählt, an dem man die Besonderheiten und Charakteristika einer Hochtechnologie in einem Entwicklungsstand kurz vor der Marktreife im Hinblick auf seine Eignung als JI-Projekt studieren kann. Die im Hinblick auf diese Fragestellung abzuleitenden Ergebnisse werden ebenfalls festgehalten. Dabei ist insbesondere zu diskutieren, inwieweit JI als Hilfsmittel zur (strategischen) Markteinführung dienen kann.

6.2 Regionale Verallgemeinerung

Der vorstehende Text (vgl. Kap 3 und 4) beschreibt eine allgemein gehaltene methodische Vorgehensweise der Referenzfallbestimmung und der Berichterstattung, so daß eine Verallgemeinerbarkeit auf andere Regionen gegeben ist.

6.3 Übertragbarkeit auf andere Technologien zur Stromerzeugung mittels erneuerbarer Energien

Stromerzeugung mittels erneuerbarer Energien ist technisch in den verschiedensten Formen möglich; z.B. in Form von Photovoltaik, Windenergie, Aufwindkraftwerk, Wasserkraft und Geothermie sowie in Form von Wärmekraftwerken auf Basis von z. B. Holz, Bagasse oder Biogas. Für die Beurteilung der Übertragbarkeit der hier gewonnenen Aussagen über die Bestimmbarkeit des Referenzfalls sowie der Berichtsformate sind die jeweiligen speziellen Charakteristika der genannten Optionen ausschlaggebend.

Die genannten Technologien unterscheiden sich von der als Simulationsbeispiel verwendeten solaren Hybridanlage z.B. dadurch, daß sie entweder nicht hybridisierbar sind (z.B. Photovoltaik, Windenergie, Aufwindkraftwerk) und Schwankungen des Energieangebotes damit in jeglicher Konfiguration gegeben sind, daß trotz der Verwendung einer erneuerbaren Energie ein CO_2-Ausstoß erfolgt (Holz, Bagasse, Biogas) oder daß es sich um bereits etablierte Technologien handelt (Wasserkraft, Geothermie).

Die genannten Technologien zur Stromerzeugung können sich in typisierender Betrachtungsweise auch in ihrem Systembezug unterscheiden. So kann es sich um eine Anlage in einem Verbundnetz, in einem isolierten Versorgungsnetz oder um eine Einzelanlage handeln.

Generell gilt: Die zuvor abgeleitete Methode der Bestimmung des Referenzfalls kann analog für alle netzgebundenen Formen der Stromerzeugung mit Hilfe erneuerbarer Energiesysteme angewendet werden, wenn diese in ihrer Energieabgabe flexibel sind oder ein weitgehend ausgeglichenes Energieangebot aufweisen. Dasselbe gilt für das Kalkulationsschema zur Bestimmung der vermiedenen Emissionen. Dennoch ergeben sich wichtige Unterschiede, die im folgenden näher beleuchtet werden.

Wärmekraftwerke auf Biomassebasis ähneln solarthermischen Kraftwerken dadurch, daß sie ebenfalls hybrid gefahren werden können (Fossile Zusatzfeuerung) und aufgrund der vergleichsweise einfachen Speicherbarkeit des Brennstoffes flexibel eingesetzt werden können. Der Biobrennstoff kann als CO_2-Null-Emission verrechnet werden, wenn sichergestellt ist, daß sich die für den Betrieb der Anlage erforderlichen Biomasseressourcen in einem dem Verbrauch angemessenen Tempo tatsächlich erneuern und wenn zu deren Gewinnung und Transport nicht erhebliche fossile Zusatzenergien erforderlich sind. Im Gegensatz zu anderen Formen der Energiebereitstellung auf der Basis erneuerbarer Energien muß bei biogenen Brennstoffen zusätzlich die

Netto-Emission hinsichtlich der anderen Treibhausgase und ihrer Vorläufersubstanzen ermittelt und bewertet werden. Während die methodische Vorgehensweise der Referenzfallbestimmung vom hier diskutierten Fallbeispiel solarthermisches Kraftwerk direkt übertragbar ist muß gegenüber dem Solarkraftwerk die Berichtspflicht hinsichtlich dem regenerativen Anteil und der Brennstoffherkunft erheblich erweitert werden.

Geothermie und Wasserkraft sind etablierte Technologien. Aufgrund ihres weitgehend gleichmäßigen Energieangebots können sie ähnlich wie Biomassekraftwerke fossil befeuerte Anlagen im Referenzfall ersetzen. Die aufgezeigte methodische Vorgehensweise der Referenzfallbestimmung ist damit direkt übertragbar. Im Gegensatz zum diskutierten solarthermischen Kraftwerk aber auch zu Biomassekraftwerken sind Wasserkraftwerke und geothermische Kraftwerke im allgemeinen nicht hybridisierbar. Die diesbezüglich speziellen Berichtspflichten entfallen hier daher. Zu beachten ist aber, daß insbesondere die Nutzung großer Wasserkraftwerke mit erheblichen ökologischen und sozio-kulturellen Belastungen behaftet sein kann. Eine generelle JI-Eignung für Wasserkraftwerke ist unter Beachtung der in Teil II entwickelten Kriterien (sonstige Umweltverträglichkeit) damit nicht gegeben.

Bei *Photovoltaik-, Wind- und Aufwindkraftwerken* ist die Leistungs- und Energieverfügbarkeit von den häufig stark schwankenden Wetterbedingungen abhängig. Deshalb kann es keine konventionelle Referenzanlage geben, die eine ähnliche Einsatzcharakteristik und eine ähnliche Laststruktur besitzt und die den genannten technischen Typen eindeutig zugeordnet werden kann. Die auftretenden Schwankungen werden vielmehr vom gesamten Netz (falls vorhanden) bzw. von Back-up-Systemen (im Inselbetrieb) ausgeglichen. Bei der Bestimmung der Referenz müssen in diesen Fällen die substitutiv im Netzverbund eingesetzten Anlagen und ihre Emissionen berücksichtigt werden.

Eine windtechnische und photovoltaische Stromerzeugung ersetzt dabei konventionell bereitgestellten Strom in allen Lastbereichen. Der anzulegende Referenzpunkt bestimmt sich demnach aus dem Strommix. Konkret bedeutet dies, daß die Genehmigungsbehörde eine Vorgabe für den Referenzwert in der Form von spezifischen Emissionen machen muß. Demgegenüber können die Emissionen der Photovoltaik- und Windkraftwerke - unter Vernachlässigung des kumulierten Energieaufwandes für die Herstellung[11] - zu null angesetzt werden. Die genaue Zusammensetzung des durch das fluktuierende Energieangebot dieser Techniken substituierten Stromes aus dem Netzverbund ist

11 dieser kann insbesondere für Photovoltaikanlagen heutiger Technik beachtlich sein

abhängig von den meteorologischen Gegebenheiten und dem verfügbaren konventionellen Kraftwerkspark[12]. Eine genaue Bestimmung würde vergleichsweise aufwendige Simulationsverfahren erfordern. Aus diesem Grund erscheint in Anlehnung an die bisherige Vorgehensweise ein pragmatischer Lösungsansatz zweckmäßig. Grundsätzlich sind dabei zwei Möglichkeiten vorstellbar. Entweder wählt die Anerkennungsbehörde einen konkreten Referenzkraftwerkstyp[13] aus der Ausbauplanung oder bildet aus den verschiedenen zum Neubau anstehenden Kraftwerken einen Mittelwert.

Viele der erneuerbaren Energietechniken (Photovoltaik, Wind, Kleinwasserkraft) werden häufig auch dezentral eingesetzt. Die Verfügbarkeit der dezentralen erneuerbaren Energien ist dabei stark durch die Dynamik der jeweiligen Energiequelle bestimmt. Ist eine hohe Versorgungssicherheit gefordert, so wird oft eine komplette, fossil befeuerte Energieversorgungsanlage (z.B. Dieselmotorgenerator) oder ein Speicher als back-up System zusätzlich installiert. Die Emissionen und Stromgestehungskosten des JI-Projekts müssen dann aus der Kombination beider Anlagen (so als handle es sich um **eine** Hybridanlage) errechnet werden, während die gleiche oder eine andere rein fossile Anlage als Referenz gilt.

Die dezentrale Verwendung regenerativer Energien geschieht in relativ kleinen Leistungseinheiten. Die damit gegebenen Berichtspflichten sind mit denen in Großanlagen nicht vergleichbar. Die Übertragbarkeit findet deshalb hier ihre Grenze. Es muß sich erweisen, ob die Berichtspflichten in dezentraler Kleinanwendung denen im Simulationsprojekt "Demand Side Management" ähnlich sein können und ob damit eine Übertragung aus dem dort entwickelten Berichtsschema heraus praktikabel ist.

6.4 Übertragbarkeit auf andere erneuerbare Energien

Der Einsatz regenerativer Energieträger zu anderen Zwecken als zur Erzeugung von Strom kann sich beziehen auf

(1) die Bereitstellung von Sekundärenergieträgern zur dezentralen energetischen Verwendung (Wärme aus Kollektoren); oder

---

12 vgl. Kaltschmitt, M., Fischedick, M.; Wind- und Solarstrom im Kraftwerksverbund, C. F. Müller Verlag, Heidelberg, 1995

13 Von den Einsatzbedingungen her sollte dies ein Mittellastkraftwerk sein, da die fluktuierende Stromerzeugung aus Windenergie und Solarstrahlung in der Regel zum überwiegenden Anteil Strom aus Mittellastkraftwerken substituiert

(2) die Herstellung von Sekundärenergieträgern mit zentraler Logistik (Biotreibstoffe); oder

(3) die Verwendung zu nichtenergetischen (Herstellungs-)Prozessen.

Für die Wärmebereitstellung mit solarthermischen Kollektorsystemen können grundsätzlich die gleichen Aussagen getroffen werden wie für photovoltaische Inselsysteme.

Die Herstellung von Sekundärenergieträgern kann am Beispiel der Herstellung von Biotreibstoffen veranschaulicht werden. Alternative Beispiele sind die Herstellung von Holzkohle zu Heiz- oder metallurgischen Zwecken oder von Solar-Wasserstoff. Sowohl bei der Holzkohle wie bei den Biotreibstoffen, so zeigen die Beispiele in Lateinamerika, sind relativ zentralisierte Großanwendungen wie relativ kleinräumige Anwendungen denkbar und praktiziert. Auch hier gilt, daß das in der vorliegenden Untersuchung entwickelte Berichtsschema, wenn überhaupt, nur anwendbar und übertragbar ist auf relativ große Projekte. Da die Vorleistungen der Biomassegewinnung und darauf basierender Umwandlungsprozesse eine große Bedeutung haben, müssen diese Vorleistungen in Form von Ökobilanzen zusätzlich zu dem hier entwickelten Berichtsschema in der Beurteilung berücksichtigt werden. Da biogene Prozesse leicht zu erheblichen klimarelevanten-Emissionen jenseits von CO_2 führen können, ist diese zusätzliche Bewertung wahrscheinlich von hoher Bedeutung für belastbare Aussagen über das Vorzeichen der Netto-GHG-Bilanz, d.h. für die Aussage, daß ein Projekt zu einer tatsächlichen (Netto-)Emissionsminderung im comprehensive approach führt.

Bei der nichtenergetischen Verwertung von biogenen Energieträgern ist die Beurteilung im Hinblick auf die Frage, ob es durch entsprechende Projekte zu Emissionsminderungen kommt, nochmals um eine Stufe komplexer, da über die unter (2) berücksichtigten Vorleistungen hier nun noch die Verwendungsseite nach Ablauf der Produktnutzungszeit (u. a. wegen nachträglicher CO_2-Freisetzung) in die Beurteilung einbezogen werden muß. Eine Übertragbarkeit ist deswegen nicht gegeben.

6.5 Übertragbarkeit auf andere Hochtechnologien

Eine wesentliche Charakteristik des betrachteten Fallbeispiels solarthermisches Kraftwerk ist, daß diese Technik eine noch nicht marktreife Hochtechnologie mit einem realistischen Entwicklungspotential darstellt. Ein JI-Projekt solarthermisches Kraftwerk stellt damit eine direkte Förderung des technischen Fortschrittes dar. Gelingt es mit dem JI-Mechanismus, diese Technik in den

Markt einzuführen, wäre grundsätzlich zu überlegen, inwieweit dieser erwünschte Nebeneffekt (neben der im JI-Rahmen angestrebten Emissionsminderung) über einen zusätzlichen Bonus zu vergüten ist.

Diese Überlegungen gelten analog auch für andere Hochtechnologien (z. B. Hochtemperaturbrennstoffzellen). Auch die hier dargestellte Bestimmung das Referenzfalles scheint grundsätzlich auf andere Hochtechnologien aus dem Kraftwerksbereich übertragbar zu sein. Bezüglich der Größe bzw. der Dezentralität des Einsatzes von Hochtechnologien ist keine generalisierende Aussage möglich. Sie sind im Prinzip als (relative) Großtechnologien wie im Beispiel der solarthermischen Stromerzeugung vorstellbar; sie sind aber auch als dispers zum Einsatz kommende Kleintechniken denkbar. Das jeweils unter diesem Blickwinckel angemessene Prüfungsschema und Berichtswesen kann daher in Anlehnung an das hier vorliegende Berichtsschema bzw. das im DSM-Fall erarbeitete Schema entwickelt werden.

7 Literatur

Abdelazis Bennouna: Les energies renouvelables pour un futur avec a venir, Rabat, voraussichtlich Januar 1997

Altmann, M., F.Staiß: Stromversorgung in Marokko - Bedingungen für die Nutzung regenerativer Energien, Energiewirtschaftliche Tagesfragen, 46 Jg., Heft 1/2, 1996

Brose, G., R. Buck, R. Köhne, R. Tamme, F. Trieb: Brennstoffeinsparung in fortschrittlichen Kombikraftwerken durch solare Reformierung von Erdgas, Interne Studie, DLR 1995

Bundesstelle für Außenhandelsinformation: Energiepolitische Lage Marokkos 1993-94, Berlin 1995

Cohen, G.E., D.W. Kearney, R.G.Cable: Recent Improvements and Performance Experience at the Kramer Junction SEGS Plants, Solarthermische Kraftwerke II, VDI, Stuttgart 1995

Direction de la Statistique: Annuaire statistique du Maroc, 1994

Duffie, Beckman: Solar Engineering of Thermal Processes, New York 1991

FLACHGLAS SOLARTECHNIK GMBH: Assessment of Solar Thermal Trough Power Plant Technology and its Transferability to the Mediterranean Region, Final Report, EU-DG I, June 1994

Höntzsch Instruments: Verkaufskatalog zur Abgasvolumenstrom-messung, 1996

Klaiß, H., F.Staiß: Solarthermische Kraftwerke für den Mittelmeerraum, Springer Verlag, Heidelberg 1992

Klaiß, H., R.Köhne, J.Nitsch, U.Sprengel: Solar Thermal Power Plants for Solar Countries - Technology, Economics and Market Potential, in Applied Energy 52 (1995), S. 165-183

Meinecke, W., F.Trieb, O.Langniß: Uniform Guidelines for Reporting on the Performance and Costs of Different Solar Thermal Concentrating Technologies for Power Generation to permit Comparative Assessment, prepared for Solar Paces Subtask 3.2.3 "System Evaluation Standardization", Status April 1996

Ministére de l'Energie; Données générales sur le secteur électrique au Maroc, 1990

Nava, P.: Status aktueller Projektentwicklungen für Parabolrinnen-kraftwerke, VDI-Bericht Nr. 1200, 1995

Nitsch, J., F.Staiß; Perspektiven eines solaren Energieverbundes für Europa und den Mittelmeerraum; in H.G.Brauch; Klima- und Energiepolitik - Ein interdisziplinäres Studienbuch, Springer, Heidelberg 1996

Office National d'Electricité: Rapport d'activité, Maroc 1993

Systronik: Verkaufskatalog: Rauchgasanalyse-Computer,1996

Trieb, F., F.Staiß, H.Klaiß: Kostenvergleich von Solarkraftwerken; VDI-Bericht Nr. 1182, 1995b

Trieb, F., O.Langniß, H.Klaiß: Solar Electricity Generation - A Comparative View of Technologies, Costs and Environmental Impact, ISES Solar World Congress, Harare 1995c

Trieb, F., R.Buck: SOLSTICE - Solar Steam Injected Gas Turbine for the Cogeneration of Electricity and Heat, Interne Studie, DLR 1995d

Trieb, F.: Solar Electricity Generation - Description and Comparison of Solar Technologies for Electricity Generation, Paper and Software for Decision Makers, DLR, Stuttgart 1995a

Trieb, F.: SOLELE - A Spread Sheet Programme for the Comparison of the Techno-Economical Performance and the Environmental Benefits of Grid-Connected Solar Electricity Generating Technologies, Proc. EURO-SUN'96, Freiburg, to be published September 1996

Anhang

A.1 Übersicht solarthermischer Kraftwerkskonzepte

Die Technik solarthermischer Kraftwerke ist in den letzten 10 Jahren entscheidend weiterentwickelt worden. Neben einer kontinuierlichen Verbesserung und Optimierung der kalifornischen Parabolrinnen-Anlagen fand die Entwicklung einer zweiten Generation von Turmkraftwerken mit wesentlich verbesserten Betriebseigenschaften statt. Neben der klassischen Konzeption solarthermischer Dampfkraftwerke wurden Konzepte zur Einbindung von Sonnenenergie in kombinierte Gas- und Dampfkraftwerke und in Anlagen zur Kraft-Wärme-Kopplung entwickelt. Die wichtigsten Vertreter der verschiedenen Kraftwerkskategorien werden im folgenden beschrieben.

A 1.1 Solare Dampfkraftwerke

A 1.1.1 Das solarthermische Parabolrinnenkraftwerk

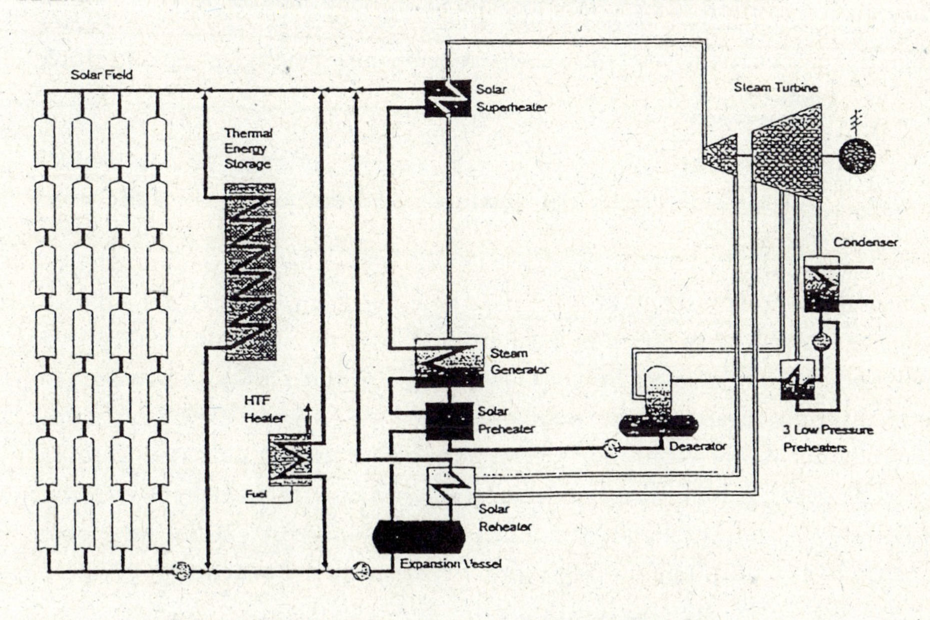

Bild A 1 1: Prinzip eines Parabolrinnenkraftwerks (FLAGSOL)

Parabolrinnenkraftwerke werden im Bereich zwischen 30 und 80 MW elektrischer Leistung konzipiert. Der Solarteil des Kraftwerks besteht aus einem Feld aus Parabolrinnenkollektoren mit je 100 m Länge. Die Rinnen bestehen aus hunderten von präzise gebogenen Spiegelelementen, die das Sonnenlicht auf ein in der Brennlinie gelagertes schwarzes Absorberrohr reflektieren.

Dieses ist zur Verringerung der Wärmeverluste von einem evakuierten Glasrohr umgeben. Eine automatische Nachführung sorgt im Lauf des Tages durch Schwenken der Rinnen um ihre Längsachse dafür, daß das Rohr immer in der Brennlinie der Rinne liegt. Das Absorberrohr wird von einem synthetischen Thermoöl durchströmt, das die Wärme aufnimmt und zu einem Wärmetauschersystem transportiert, das als Vorwärmer, Verdampfer und Überhitzer in einem konventionellen Rankine-Dampfkraftprozeß dient. Um Fluktuationen der Solarstrahlung auszugleichen und zur besseren Lastanpassung kann ein thermischer Energiespeicher in den Ölkreislauf eingesetzt werden. Ein thermischer Energiespeicher im Solarkreis verbessert die Ausnutzung der Sonnenenergie und führt zu einer Erhöhung des Solaranteils, jedoch auch zu höheren Investitionskosten. Zum Betrieb der Anlage in strahlungsarmen Perioden kann im Ölkreis ein zusätzlicher, fossil beheizter Brenner eingebaut werden, der eine ständige Verfügbarkeit des Kraftwerks ermöglicht.

Seit Ende 1984 wird in Kalifornien mit Rinnenkollektoren (**Solar Electricity Generating System SEGS**) kommerziell Strom erzeugt und ins öffentliche Netz eingespeist. Derzeit sind 354 MW in Betrieb. Wesentliche Elemente des Spiegelfeldes wurden von der deutschen Firma Flachglas Solartechnik (FLAGSOL) geliefert.

Der ursprünglich geplante Ausbau auf weitere Anlagen im Multi-MW-Bereich ist durch Änderungen der staatlichen Förderpolitik vorläufig zum Erliegen gekommen.

Der Schwerpunkt der zukünftigen Entwicklung im Bereich der solaren Dampferzeugung liegt in der Neuentwicklung der Absorberrohre zur Direktverdampfung (**Direct Steam Generating Trough DSG**). Dies wird den Thermoölkreis überflüssig machen und zu einer Erhöhung des Jahresnutzungsgrades und zur Reduktion der Investitionskosten führen. Entwicklungsarbeiten auf diesem Gebiet werden z.Zt. von Siemens/KWU, der Deutschen Forschungsanstalt für Luft- und Raumfahrt (DLR) und dem Zentrum für Sonnenenergie- und Wasserstoff-Forschung Baden-Württemberg (ZSW) durchgeführt.

A 1.1.2 Solarthermische Turmkraftwerke

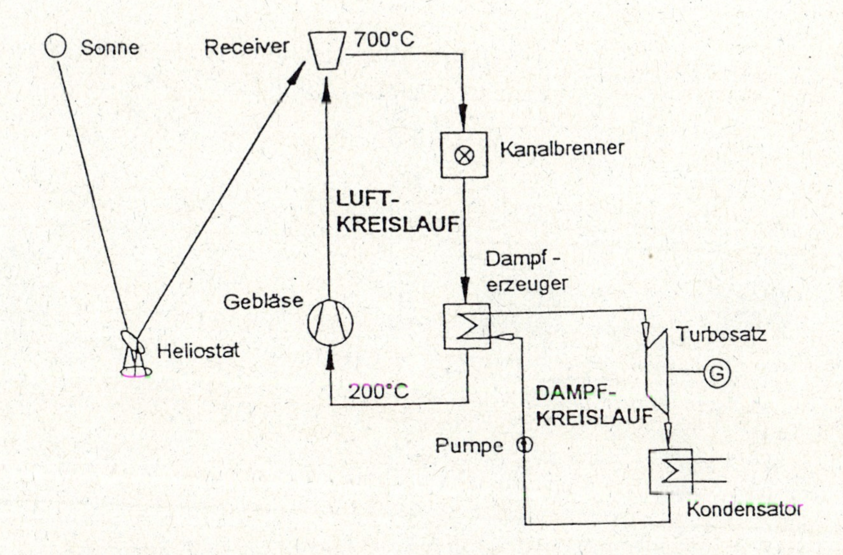

Bild A 1-2 : Prinzip des PHOEBUS - Turmkraftwerkes (Steinmüller)

Solarthermische Turmkraftwerke werden für Leistungen von 30 bis ca. 200 MW ausgelegt. In Turmkraftwerken wird die solare Strahlungsenergie mit Hilfe eines Feldes von zweiachsig dem Sonnenstand nachgeführten Spiegeln (Heliostaten) auf einen zentral angeordneten Empfänger (Receiver) focussiert. Der Absorber kann als Rohrbündel oder als poröse Matrix (volumetrische Receiver) ausgebildet sein. Als Wärmeträger eignen sich besonders Flüssigsalze oder Luft. Mit diesen Medien lassen sich Arbeitstemperaturen von 550°C (Salz bei **SOLAR 2**) bis 700°C (Luft beim **PHOEBUS-Konzept** der Firma L&C Steinmüller - Gummersbach) erreichen. Die thermische Energie wird anschließend zur Dampferzeugung für einen konventionellen Rankine-Dampfkraftprozeß genutzt. Auch bei diesem Konzept können sowohl thermische Energiespeicher als auch eine fossile Zusatzfeuerung vorgesehen werden, um die Verfügbarkeit des Kraftwerks an den Bedarf anzupassen.

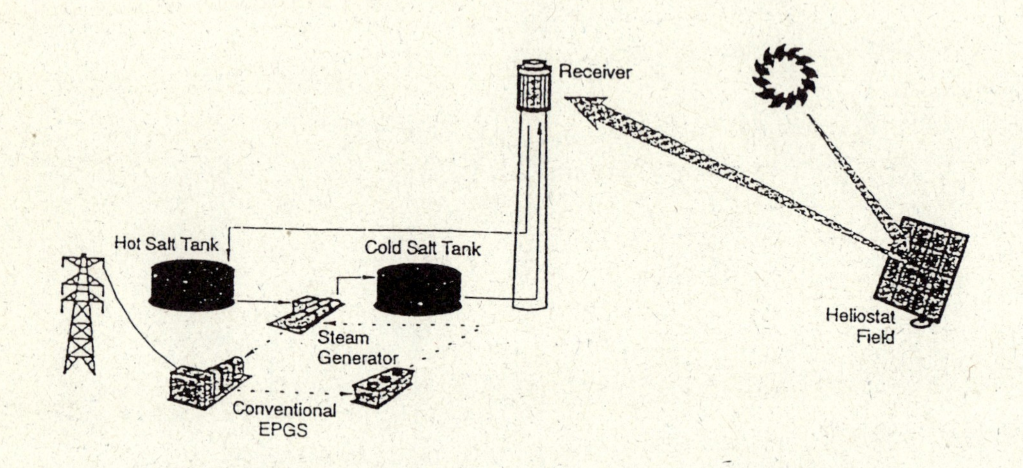

Bild A 1-3 : Prinzip des Turmkraftwerkes SOLAR 2 (Sandia National Laboratories)

Weltweit sind seit 1977 acht Experimental- und Demonstrationskraftwerke der Turmtechnologie von 0,5 - 10 MW gebaut und betrieben worden. Die mit 10 MW größte Anlage in Barstow, Solar 1, wurde 1995 auf Flüssigsalz als Wärmeträger umgerüstet (SOLAR 2) und läuft seit Anfang 1996 im Testbetrieb. In Europa wurde von dem PHOEBUS Konsortium der luftgekühlte, volumetrische Receiver entwickelt und Machbarkeitsstudien für eine 30 MW-Anlage in Jordanien durchgeführt. Die Schwerpunkte liegen z.Zt. bei der Entwicklung fortgeschrittener Receiver und Heliostaten.

A 1.2 Solare Kombinierte Gas- und Dampfkraftwerke

Grundsätzlich kann thermische Sonnenenergie in den Dampf- als auch in den Gasturbinenteil einer GuD-Anlage eingekoppelt werden. Die Einkopplung in die Dampfturbine erfordert ähnliche Betriebstemperaturen wie beim solaren Dampfkraftwerk (ca. 400 °C) und ist sowohl mit der Parabolrinne als auch mit einem Turm-Receiver machbar. Dabei wird die Sonnenenergie mit dem relativ niedrigen Wirkungsgrad der Dampfturbine verstromt. Die Gasturbine wird bei diesem System rein fossil befeuert.

Erfolgt die Einkopplung in der Gasturbine, dann wird der hohe Wirkungsgrad der GuD-Anlage voll zur Umwandlung der Sonnenenergie in elektrische Energie genutzt. Dazu sind allerdings wesentlich höhere solare Betriebstemperaturen als beim Dampfkraftwerk von weit über 400°C erforderlich, die nur in Turmkraftwerken erreicht werden können.

A 1.2.1 GuD-Kraftwerke mit Parabolrinnenkollektoren

Das niedrige Temperaturniveau von Parabolrinnenkollektoren (bis 400 °C) ermöglicht die Einbindung der Sonnenenergie ausschließlich in den Dampfteil von GuD-Kraftwerken. Dabei können sowohl ölgekühlte Rinnen wie bei dem von der Firma Flachglas Solar - Köln entwickelten Prinzip (**ISCCS: Integrated Solar and Combined Cycle System**) als auch direktverdampfende Rinnen wie bei dem von der Firma Siemens/KWU untersuchten **GUDE-Konzept** eingesetzt werden.

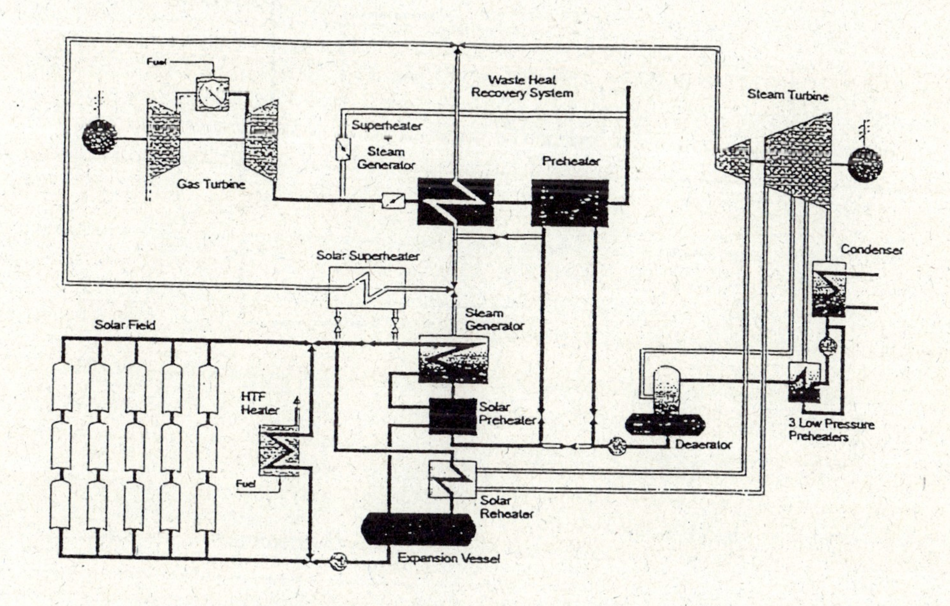

Bild A 1-4 : Prinzip des ISCCS-Kraftwerkes (FLAGSOL)

Der hohe Umwandlungswirkungsgrad des kombinierten Kraftwerks wird damit für die Solarenergie nicht genutzt, jedoch ist der Wirkungsgrad der fossilen Zufeuerung über die Gasturbine wesentlich besser als beim reinen Dampfkraftprozeß. Der solare Anteil ist auf ca. ein Drittel der verfügbaren Leistung beschränkt, da die Gasturbine rein fossil betrieben werden muß. Da die Wärme aus dem Solarfeld mit der Abwärme aus der Gasturbine konkurriert, sind i.d.R. Änderungen in den Größenverhältnissen von Gas- und Dampfturbine und in der Betriebsweise gegenüber konventionellen GuD-

Kraftwerken notwendig. So ist z.B. die Dampfturbine im Vergleich zu konventionellen Anlagen überdimensioniert, da sie sowohl die Gasturbinen-Abwärme als auch die Solarwärme verarbeiten muß. Schwankungen der Solarwärme werden entweder durch Zusatzbrenner oder durch Regelung der Gasturbine ausgeglichen.

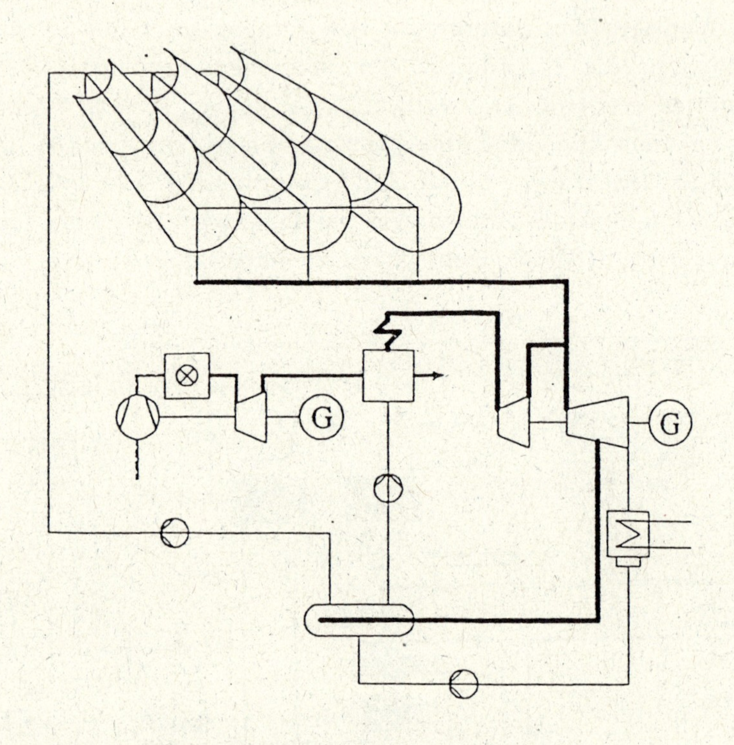

Bild A 1-5 : Prinzip des GUDE-Kraftwerkes (Siemens)

A 1.2.2 Solare Reformierung von Erdgas für GuD-Kraftwerke

Zur Zeit wird bei der DLR das Konzept eines chemischen Reaktors untersucht, in dem z.B. Methan und Dampf oder Methan und Kohlenstoffdioxid unter Einkopplung von Sonnenenergie bei ca. 850 °C zu einem energiereicheren Synthesegas bestehend aus Wasserstoff und Kohlenstoffmonoxid reformiert werden. Das Synthesegas dient anschließend als Brennstoff für ein GUD-Kraftwerk. Dadurch läßt sich Sonnenenergie mit sehr hohem Wirkungsgrad verstromen. Außerdem kann das energiereiche Synthesegas - d.h. chemisch gespeicherte Sonnenenergie - über Pipelines transportiert, gespeichert und unter Prozeßwärmeauskopplung zurückreformiert werden. Bei diesem Konzept sind solare Nutzungsgrade von ca. 20 - 25 % erreichbar. Der solare Anteil und damit die Brennstoffeinsparung ist bedingt durch den

Reaktionsmechanismus auf maximal 25 % begrenzt. Die Reaktion ist infolge der hohen Prozeßtemperatur nur in einem hochkonzentrierenden zentralen Receiver eines Solar-Turmkraftwerks durchführbar. Zu diesem Zweck wurde bei der DLR ein geschlossener volumetrischer Receiver entwickelt, bei dem die gebündelte Sonnenenergie durch ein Quarzfenster hindurch in einen druckbeaufschlagten Reaktionsraum eingestrahlt wird.

Ein besonderer Vorteil des Konzepts der **externen solaren Reformierung (ESR)** ist die Kompatibilität mit bestehender Kraftwerkstechnologie. Der Maschinenteil der Anlage unterscheidet sich von konventionellen Systemen lediglich durch die Einstellung des Brenners der Gasturbine auf kombinierten Synthesegas- und Ergasbetrieb. Zur Zeit wird der Prototyp **Solarchemischer Receiver-Reaktor (SCR)** mit einer thermischen Leistung von ca. 280 kW in Zusammenarbeit von DLR und dem Weizmann Institut, Israel im Experimentierbetrieb erprobt.

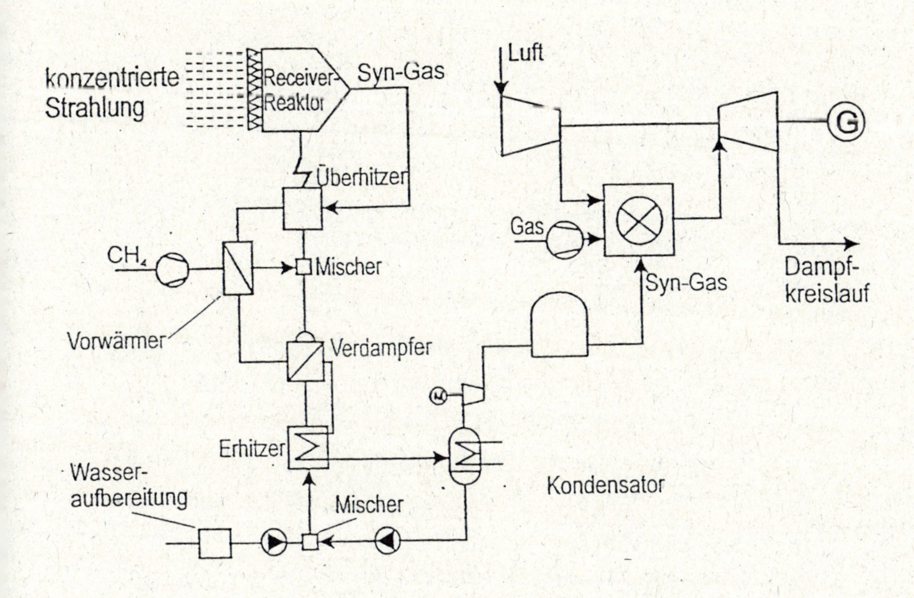

Bild A 1-6 : Prinzip eines GuD-Kraftwerks mit Externer Solarer Reformierung (DLR)

A 1.2.3 Solare Luftvorwärmung für GuD-Kraftwerke

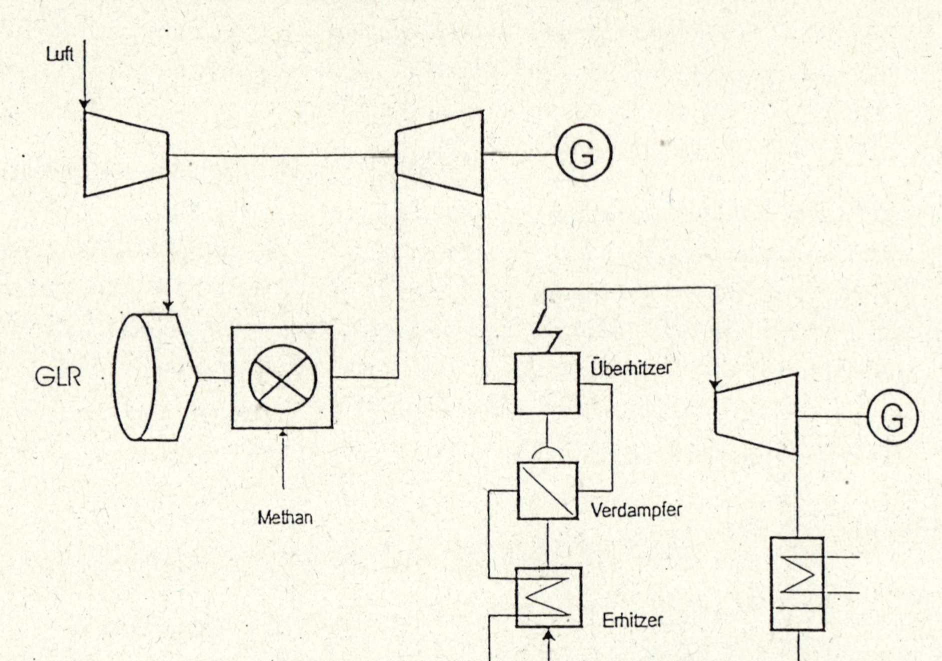

Bild A 1-7 : GuD-Kraftwerk mit Geschlossenem Luft-Receiver (DLR)

Der geschlossene volumetrische Receiver kann ebenso dazu verwendet werden, die Verbrennungsluft einer Gasturbine bis nahe an die Betriebstemperatur (ca. 1200 °C) aufzuheizen. Dazu wird die verdichtete Luft (bei 15-20 bar, 400 °C) nach dem Kompressor abgezweigt und durch den **geschlossenen Luftreceiver (GLR)** geführt, um anschließend bei ca. 800 °C in die Brennkammer der Gasturbine zu gelangen. Um die zum Betrieb der Gasturbine notwendige Gastemperatur von ca. 1200 °C zu erreichen, kann nun die Brennstoffzufuhr um bis zu 50 % zurückgenommen werden. Kalkulatorisch sind bei diesem System Nutzungsgrade der Sonnenenergie bis zu 30 % möglich. Die zukünftige Entwicklung keramischer Receiver mit höheren Betriebstemperaturen wird Solaranteile über 50 % bis nahe an 100 % ermöglichen.

Bei diesem Konzept muß die Brennkammer der Gasturbine an den Betrieb mit vorgeheizter Verbrennungsluft angepaßt werden. Dafür sind besonders Turbinen mit externer Brennkammer geeignet. Zur Zeit wird der Prototyp **Volumetric Brayton Receiver (VOBREC)** mit einer thermischen Leistung von ca. 100 kW in Zusammenarbeit von DLR und Cummins Power Generation, USA im Testbetrieb untersucht.

A 1.3 Solare Kraft-Wärme-Kopplung

Die solare Kraft-Wärme-Kopplung (KWK) wurde bisher nur wenig untersucht, obwohl solche Systeme die besten erreichbaren solaren Nutzungsgrade von bis zu 40 % in Aussicht stellen. Dies mag in den bisher relativ geringen Marktanteilen konventioneller KWK-Anlagen und in der erhöhten Komplexität der Systeme begründet sein. Solare KWK könnte u.a. zur kombinierten Strom- und Wärmeerzeugung in der Chemie-, Papier- und Lebensmittelindustrie sowie zur industriellen und kommunalen Meerwasserentsalzung in sonnenreichen Ländern zur Anwendung kommen.

Im folgenden werden einige Beispiele möglicher solarer Varianten der Kraft-Wärme-Kopplung beschrieben.

A 1.3.1 Kraft-Wärme-Kopplung in solaren Dampfkraftwerken

Grundsätzlich können Solar/Hybride Dampfkraftwerke ebenso wie konventionelle Systeme zur Kraft-Wärme-Kopplung genutzt werden. Der Brennstoffnutzungsgrad bzw. der Solare Nutzungsgrad wird dadurch erheblich gesteigert.

Im Gegendruckbetrieb erreichen Dampfturbinen Nutzungsgrade von über 90 %, allerdings bei einem Verhältnis von Strom/Nutzwärme (Stromkennzahl) von nur 0,1.

Die Stromkennzahl kann im Kondensationsbetrieb auf Werte von bis zu 0,8 erhöht werden, dann sinkt der Nutzungsgrad jedoch ab und nähert sich dem üblichen Nutzungsgrad eines Kondensationskraftwerks von ca. 40 - 45 %.

Dampfturbinen erlauben mit Hilfe der KWK theoretisch solare Umwandlungswirkungsgrade von ca. 20 bis 40 %. Detaillierte Studien über solare Kraft-Wärme-Kopplung in Dampfkraftwerken wurden bisher nicht erstellt.

A 1.3.2. Kraft-Wärme-Kopplung in solaren GuD-Kraftwerken

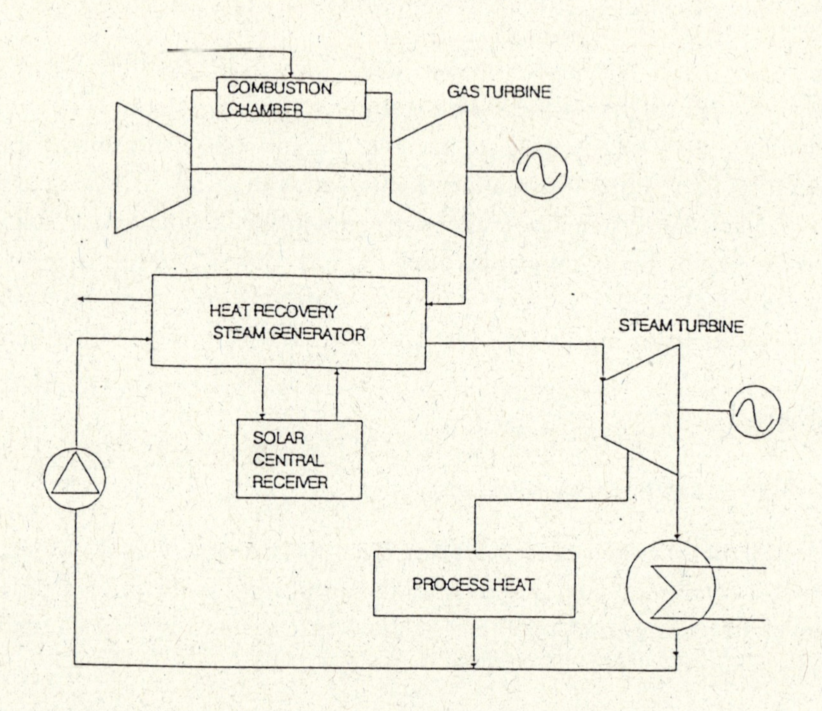

Bild A 1-8 : Prinzip einer SOLGAS-Anlage (SODEAN)

In Spanien wurde 1995 von der Sociedad para el Desarollo Energético de Andalusía (SODEAN) und anderen unter Mitwirkung der DLR eine theoretische Studie für ein Solar-Turmkraftwerk mit Direktverdampfung im Receiver erstellt **(SOLGAS)**. Die Elektrizitätserzeugung beruht auf einem GuD-Prozeß, bei dem die Solarenergie in den Dampfteil der Anlage eingespeist wird. Aus der Kondensations-Dampfturbine sollte gesättigter Dampf zur Nutzung als Prozeßwärme in einem Betrieb der chemischen Industrie ausgekoppelt werden. Aufgrund der Systemkonfiguration ist der solare Anteil auf ca. 30 % bei Nennlast begrenzt. Da die untersuchte Anlage hauptsächlich im Grundlastbereich arbeiteten sollte, reduzierte sich die errechnete jährliche Brennstoffeinsparung infolge der im wesentlichen fossilen Betriebsweise auf ca. 5 %/a. Der mittlere Brennstoffnutzungsgrad lag bei ca. 80 %.

A 1.3.3 Solare Gasturbinen-KWK-Anlage mit Dampfeinspritzung

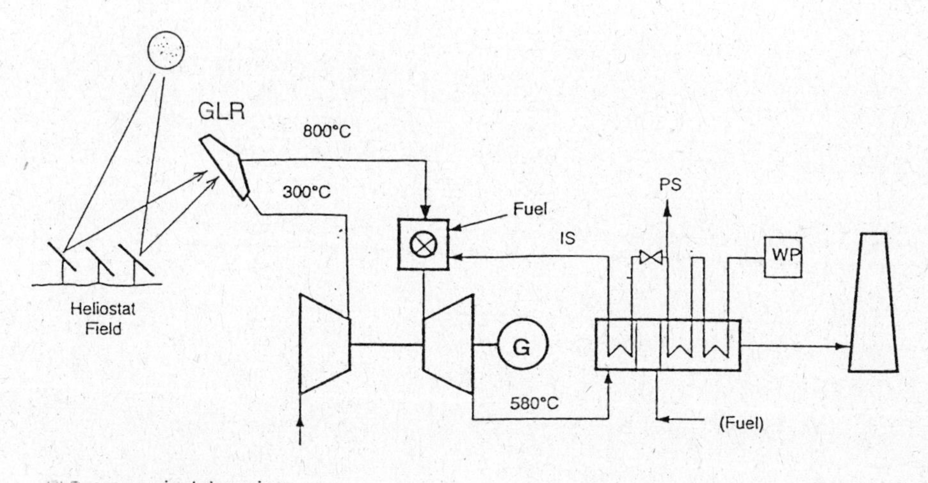

Bild A 1-9 : Prinzip einer SOLSTICE-Anlage (DLR)

Gasturbinen mit Dampfeinspritzung (Cheng Cycle) eignen sich aufgrund ihrer hohen Flexibilität besonders gut zur Kraft-Wärme-Kopplung. Die Abhitze einer Gasturbine wird zur Erzeugung von überhitztem Dampf genutzt, der anschließend wieder in die Gasturbine eingespritzt wird. Aufgrund des erhöhten Volumenstroms kann damit die Leistung der Gasturbine um bis zu 50 % gesteigert werden. Alternativ kann der erzeugte Dampf in gesättigter Form als Prozeßwärmequelle verwendet werden. Das Verhältnis von Prozeß- zu Injektionsdampf kann dabei in weiten Grenzen variiert werden. Der Cheng Cycle ist mit Hilfe des bereits beschriebenen geschlossenen Luft-Receivers zur Vorwärmung der Verbrennungsluft solarisierbar **(SOLSTICE-Konzept)**. Mit diesem System lassen sich Solaranteile bis über 50 % und solare Nutzungsgrade bis ca. 35 % erreichen. Das System wurde 1995 in einer gemeinsamen Studie von DLR und dem Hersteller der Cheng Cycle Anlagen, der Firma ELIN untersucht. Die solaren Komponenten für dieses System, insbesondere der **geschlossene Luft-Receiver (GLR)** werden z.Zt. bei der DLR entwickelt.

Teil III.3
Chancen und Hemmnisse für die praktische Durchführung von DSM-Maßnahmen im Rahmen von Joint Implementation*

---

* Dieses Kapitel wurde in Zusammenarbeit mit Prof. Dr. Peter Hennicke und Dieter Seifried erstellt.

1 Vorbemerkung

1.1 Randbedingungen des Projekts

Im Rahmen eines Forschungsvorhabens des Umweltbundesamtes[1], wurden anhand eines Beispiels aus dem Bereich des Demand-Side Management[2] (bzw. Integrated Ressource Planning oder Least-Cost Planning) die Anwendbarkeit von DSM-Maßnahmen im Zusammenhang mit AIJ geprüft und die Chancen, die Operationalisierung sowie die Schwachstellen und Problempunkte herausgearbeitet.

Hierzu wurde ein konkretes DSM-Energiedienstleistungsprogramm für die Region Poznan (Polen) entwickelt. Dabei war ursprünglich in Kooperation mit den Stadtwerken Hannover geplant, daß die Stadtwerke Hannover ein JI-Programm mit dem örtlichen Versorgungsunternehmen, Energetyka Poznanzka (EP), durchführen. Die beabsichtigte gemeinsame Machbarkeitsstudie und - bei nachgewiesener Vorteilhaftigkeit für beide Partner - eine Umsetzung kam jedoch nicht zustande, da EP unter den derzeitigen Rahmenbedingungen in Polen keine wirtschaftliche attraktive Unternehmensperspektive mit der Umsetzung des Projekts verbinden konnte[3].

Dennoch wurde mit dem Umweltbundesamt und den Stadtwerken Hannover verabredet, auf der Basis möglichst realitätsnaher Annahmen und Daten eine entsprechende DSM-JI-Programmanalyse, quasi als "Trockenübung", durchzuführen.

1.2 Einordung des Projekts und Fragestellungen

In der folgenden Analyse wird versucht, eine Antwort auf drei Kernfragen zu geben:

1. Können die besonderen Operationalisierungs- und Verifikationsprobleme bei Energiesparprojekten im Rahmen eines JI-Mechanismuss gelöst werden?

---

[1] "Simulation von Joint Implementation (Activities Implemented Jointly) innerhalb der Klimarahmenkonvention anhand ausgewählter Projekte"

[2] Integrierte Ressourcenplanung (IRP), Least-Cost Planning (LCP) und Demand Side Management (DSM) werden in diesem Zusammenhang gleichbedeutend verstanden. Grundsätzlich geht es bei allen Konzepten um die gleichgewichtige Abwägung von Angebots- und Nachfrageressourcen. Ein EVU soll dabei in dasjenige Ressourcenmix aus Angebots- und Einsparresourcen investieren, das die Gesamtkosten pro Energiedienstleistung für die Kunden minimiert.

[3] Die Gründe werden in Abschnitt 2 ausgeführt.

2. Welche Rolle können IRP/LCP/DSM-Projekte im Rahmen eines JI-Mechanismus spielen ?
3. Ist ein JI-Mechanismus geeignet, die Durchführung von kosteneffektiven Energiesparprojekten [4] trotz der bestehenden Hemmnisse national wie international zu beschleunigen?

Häufig werden Projekte auf der Angebotsseite des Energiesystems als besonders JI-geeignet dargestellt. Als klassischer Beispielfall gilt der Ersatz eines wenig effizienten Kohlekraftwerks z.B. in China durch ein Kraftwerk modernster Bauweise und mit erheblich verbessertem Wirkungsgrad. Diese angebotsseitige Sichtweise basiert auf der sicherlich realistischen Annahme, daß einerseits das wirtschaftliche Interesse an Kompensationsmaßnahmen für Kraftwerksbetreiber in Annex-I-Ländern besonders hoch und andererseits gerade in Nicht-Annex-I-Ländern ein überpropotionaler Zuwachs an neuen Kraftwerkskapazitäten zu erwarten ist. Hinzu kommt, daß die Verifikation von CO_2-Minderungsmaßnahmen bei Angebotsoptionen im Prinzip leichter lösbar ist als bei Energiesparprogrammen. Insofern sind im Rahmen des Gesamtprojekts auch ein fossiler und eine solarer Kraftwerksfall als JI-Projekt simuliert worden

Es ist jedoch keineswegs sicher, daß z.B. der Import modernster Kohlekraftwerkstechnologie für ein Gastland wie China die kostenffektivste sowie entwicklungs- und industriepolitisch sinnvollste CO_2-Vermeidungsoption für den nationalen Klimaschutz darstellt. Beispielsweise können sich aus der Sicht der Empfängerländer unerwünschte umweltrelevante Nebeneffekte (z.B. mehr klassische Emissionen von NOx), steigende Importabhängigkeit und - bei den noch relativ teuren Solarenergieprojekten - erhebliche Finanzierungskosten und Devisenprobleme ergeben.

Eine Konzentration von JI-Maßnahmen auf Angebotsoptionen wäre daher nicht zielführend. Im Gegenteil: Insbesondere aus Gründen eines kostenminimalen Klimaschutzes, des effizienten Ressourceneinsatzes und der Maximierung von positiven Nebeneffekten spricht aus theoretischen Erwägungen a priori viel dafür, **Energiesparprojekten im Rahmen von JI-Maßnahmen Priorität einzuräumen** - trotz bestehender Hemmnisse, trotz bisher nur begrenzt vorliegender internationaler Erfahrungen und trotz aufwendigerer Verifikation! Folgenden Gründe sind hierfür maßgebend:

[4] Unter "Energiesparprojekten" können dabei zum Beispiel die folgenden Maßnahmen bzw. Instrumente im einzelnen oder als integrierte Pakete verstanden werden: EVU-orientierte DSM/LCP/IRP-Programme, Contracting/Consulting-Aktivitäten, staatlich induzierte oder flankierte Markteinführungsprogramme (procurement oder "Golden Carrot"-Programme), Standards und freiwilliger Vereinbarungen. Im Rahmen dieser Ausarbeitung liegt der Schwerpunkt bei DSM/LCP/IRP-Programmen

- Nationale und internationale Energieszenarien zeigen übereinstimmend, daß weitgehende CO_2-Minderungsziele nur dann erreicht werden können, wenn der rationelleren Energienutzung Vorrang eingeräumt wird. Zu dieser klimapolitischen Notwendigkeit, kommt die ökonomische Vorteilhaftigkeit von Energiesparoptionen noch hinzu. Obwohl Kostenschätzungen für die Realisierung von Energiesparmaßnahmen teilweise noch erheblich differieren ist nicht mehr umstritten, daß die Erschließung von Energiesparpotentialen einen großen Anteil an den sog. "No Regret Options" darstellt. Die Arbeitsgruppe III des IPCC schätzt, daß 10 % -30 % des volkswirtschaftlichen Energieeinsparpotentials mit einem Nettogewinn für die Volkswirtschaft verbunden sind. Gerade in den Nicht-Annex-I-Ländern dürften die prinzipiell wirtschaftlich erschließbaren Energiesparpotentiale noch höher sein.

- Allerdings zeigen zahlreiche Studien auch, daß gerade bei der Realisierung von Energiesparpotentialen in Industrieländern, aber insbesondere auch in Entwicklungsländern eine Reihe von spezifischen Hemmnissen auftreten. Einige Autoren sprechen daher zutreffend von "theoretisch wirtschaftlichen, aber gehemmten Potentialen". Damit soll deutlich gemacht werden, daß diese Potentiale nach der Beseitigung von Markthemmnissen durchaus in großem Umfang wirtschaftlich sein können, jedoch einer gezielten Strategie des Hemmnisabbaus bedürfen. Dies gilt insbesondere in Ländern im Übergang und in den Metropolen der Entwicklungsländer.

- In den Industrieländern ist der Wandel vom EVU zum EDU seit einigen Jahren in Gang. Dieser Prozeß bedarf jedoch nicht nur aus Gründen des nationalen Klimaschutzes der Beschleunigung. Die neuen Energiespar-Instrumente wie LCP/IRP/DSM oder auch Contracting könnten erheblich rascher in den Markt eingeführt und auch international - vor allem auch in Entwicklungsländern - verbreitet werden. Alle diese neuen Methoden der staatlichen und unternehmensspezifischen "integrierten Planung" bauen auf dem Konzept von "Energiedienstleistung" und "Energiedienstleistungsunternehmen" auf. Kurz zusammengefaßt folgt hieraus eine Ausweitung der Unternehmensaktivitäten in Richtung auf Produktveredelung : Traditionelle Energieversorgungsunternehmen weiten ihre Angebotspalette aus und fördern neben der effizienten Bereitstellung von Energie - die rationelleren Energienutzung beim Kunden. Wirtschaftliches Ziel ist dabei nicht Energie, sondern Energiedienstleistungen (Energie plus rationelle Energieumwandlung) zu minimalen Kosten bereitzustellen.

Eine Kernfrage für die generelle Eignung von JI-LCP-Programmen ist daher, ob JI-Maßnahmen einen Anreiz für Unternehmen im Inland darstellen können, sich im In- und Ausland zusätzliches Know How und (welt) marktfähige Kompentenz auf dem bisher vernachlässigten Gebiete des strategischen Energiesparens (durch LCP/IRP/DSM) zu verschaffen. Denn ohne den Nachweis eigenständiger Erfahrungen im Heimatland, werden Unternehmen bei einem wettbewerbsförmig organisierten weltweiten Entscheidungsverfahren über JI-fähige Projekte kaum zum Zuge kommen können. Auf der anderen Seite könnte durch den Anreiz zur Durchführung von mehr DSM-Maßnahmen im In- und Ausland im Rahmen von JI ein beschleunigter Know How-Transfer und mehr internationale Akzeptanz für neue energiepolitische Instrumente wie DSM/LCP/IRP und Contracting geschaffen werden. Generell würde dadurch ein internationaler Mechanismus in Gang gesetzt werden, der **die kostengünstige Beschaffung von EDL, statt nur von Energie,** verstärkt auf die Agenda der internationalen Energiepolitik setzen würde.

Der prinzipiellen Vorteilhaftigkeit von DSM-JI-Projekten gegenüber allen Angebotsoptionen stehen jedoch in der Praxis auch **eine Reihe von Nachteilen** gegenüber:

- Die prinzipielle Vorteilhaftigkeit von LCP-Programmen für die Kunden, die Volkswirtschaft, die Umwelt und den Klimaschutz bedeutet keineswegs, daß für EVU in Annex-I- oder Nicht-Annex-I-Staaten automatisch ein betriebswirtschaftlicher Anreiz besteht, sich bei solchen Energiesparprogrammen zu engagieren. Ohne entsprechend veränderte Rahmenbedingungen (Möglichkeiten der Umlagefinanzierung von LCP-Programmkosten, Entkoppelung der Gewinne von den Erlösen, Umkehr der Anreizstruktur) ist häufig das Gegenteil der Fall: EVU müssen befürchten, daß sie sich "den eigenen Ast" absägen., wenn sie im großen Umfang in LCP-Programme einsteigen. Diese negative Anreizstruktur wird in solchen Ländern verstärkt, wo der Absatz von Primärenergie (z.B. Kohle wie in Polen) für die nationale Industrie- und Beschäftigungspolitik noch einen großen Stellenwert einnimmt.
- Hinzu kommt, daß das in einigen Ländern (wie z.B. England) favorisierte Konzept des reinen Preiswettbewerbs bis zum Endverbraucher wenig Spielraum für umlagefinanzierte LCP-Maßnahmen und für einen Qualitätswettbewerb läßt. Auch wenn durch kosteneffektive LCP-Programme per definitionem die Gesamtkostenbelastung der Verbraucher (aus Energiekäufen und Finanzierung von Effizienztechniken) sinkt und ihre Wettbewerbsfähigkeit auch bei höherem Energiepreisniveau steigt,

sind bei forciertem Preiswettbewerb die Preisanhebungsspielräume der EVU für umlagefinanzierte LCP-Stromveredelungsmaßnahmen gering.

- Die Verifizierung von JI-induzierten Emissionsreduktionsmaßnahmen muß grundsätzlich mit "weicheren" Daten durchgeführt werden als bei Angebotsoptionen. Dies hängt vor allem damit zusammen, daß an einem Einsparprogrammen im Regelfall sehr viele Akteure (mitunter Millionen von Energieverbrauchern) beteiligt sind und die individuellen Verhaltenseffekte nicht sicher prognostizierbar sind; andererseits würde das Ausmaß an Mitnehmenereffekten - im Gegensatz zu angebotsorientierten Optionen bei JI-förmigen DSM-Projekten von EVU noch lange Zeit eine unbedeutende Rolle spielen, weil DSM-Programme weltweit (selbst bei fortgeschrittenen EVU in den USA) noch eine nahezu marginale Rolle im Vergleich zu Angebotsoptionen spielen .
- Die Datenverfügbarkeit bei DSM Programmen ist generell in allen Industrieländern aber inbesondere in den potentiellen Gastländern (Entwicklungsländer; Länder des ehemaligen COMECON) beschränkt.
- Die elementaren Voraussetzungen für die Durchführung von DSM-Programmen (z.B. Verfügbarkeit von Effizienztechniken, Managementkompetenzen, institutionelle und ordnungspolitische Rahmenbedingungen, Tarifstrukturen) können in einigen Ländern noch nicht in hinreichendem Ausmaß vorausgesetzt oder geschaffen werden.
- Die Erfahrungen über die Durchführung und Evaulierung von DSM-Programme sind weltweit noch wenig entwickelt und beschränken sich auf einige Länder (vor allem USA, Kanada, einige europäische Länder und wenige Entwicklungs- bzw. Schwellenländer wie z.B. Thailand, die Philipinen, Indonesien, Brasilien. Mexiko)

Bei der Beurteilung der Praktikabilität von DSM-Maßnahmen als JI-Maßnahme müssen also **zwei Typen von Umsetzungshemmnissen** unterschieden werden:

Erstens: Fehlende oder mangelhafte Anreizstrukturen im Geber- und/oder Empfängerland für die beteiligten Partner, um sich bei DSM-Maßnahmen verstärkt zu engagieren.

Zweitens. Besondere Probleme der Operationalisierung und Verifikation von DSM-Programmen im Rahmen von JI-Projekten

Im folgenden wird ein Beispielprogramm für Energiesparlampen durchgerechnet, um diese beiden Hemmnistypen für DSM-Programme möglichst konkret zu beschreiben. Bei einer umfassenden Nutzen/Kosten-Betrachtung ist es zwar in den meisten Entwicklungsländern und den

Übergangsökonomien für die Volkswirtschaft und auch für die einzelnen Verbraucherinnen und Verbraucher prinzipiell rentabel, Energiesparlampen einzusetzen. Die Energiekosten, die gegenüber dem Einsatz von Glühlampen einzusparen sind, sind in der Regel höher als die Mehrkosten der Energiesparlampe gegenüber der Glühlampe.

Die einsparbaren Energiekosten sind aus der volkswirtschaftlichen Perspektive die langfristig vermeidbaren Grenzkosten des Energiesystems, also einschließlich der fixen und variablen Kosten der Stromerzeugung sowie der vermeidbare Transport-, Verteilungs-, Reservehaltungs- und Vertriebskosten. Für die Wirtschaftlichkeitsbetrachtung auf der Verbraucherebene müssen die variablen Bestandteile der Strompreise zugrunde gelegt werden.

In vielen Ländern werden jedoch die Strompreise insbesondere für kleine Stromkunden subventioniert, sodaß die Rentabilität z.B. der Energiesparlampen aus Sicht dieser Verbraucherinnen und Verbraucher reduziert bzw. gar nicht gegeben ist. Für das ILUMEX-Programm ist dies der Fall bei Haushalten mit weniger als 25 kWh Stromverbrauch pro Monat (Sathaye et al. 1994). Darüber hinaus ist der hohe Anschaffungspreis für viele dieser Verbraucherinnen und Verbraucher eine hohe Hürde. Weitere länderspezifisch unterschiedliche Hemmnisse können sein:

- Informationsmängel bei Verbraucherinnen und Verbrauchern sowie dem Handel;
- Importzölle für Energieeinspartechniken;
- relativ hohe Preise für Effizienztechniken (z.B.: Energiesparlampen) in nationaler Währung durch niedrigen Wechselkurs, besonders in Relation zu billiger einheimisch geförderter/produzierter Energie;
- Unsicherheit über die technische Lebensdauer z.B. von Energiesparlampen in instabilen Netzverhältnissen.

Bedingt durch diese und andere Hemmnisse kann sich die Markteinführung von Energiespartechniken (z.B. Energiesparlampen) auch in solchen Ländern stark verzögern, in denen sie aus volkswirtschaftlicher Sicht sehr kosteneffektiv wären. Für diese Länder wäre es daher ökonomisch sinnvoll, eigene Programme zur Markteinführung zu starten.

Werden die Regierungen dieser Länder durch ihre Kapitalknappheit daran hindert, solche makroökonomisch sinnvollen Investitionen zu tätigen könnten in diesem Falle andere Akteure, insbesondere Energieversorgungsunternehmen, Förderprogramme implementieren. Diese Unternehmen müssen jedoch nicht zwangsläufig in der Lage oder an einer Durchführung interessiert sein.

Die Berücksichtigung von Förderprogrammen für Energiesparlampen als JI-Projekt ist also in jedem Fall dann gerechtfertigt, wenn im Gastland Hemmnisse auf der Verbraucherseite einer schnellen Markteinführung entgegenstehen, und wenn im Gastland kein Akteur vorhanden ist, der aus eigenem ökonomischem Interesse und/oder eigener Kraft ein Markteinführungsprogramm starten könnte.

Förderprogramme für Energiesparlampen sind demnach prinzipiell ein für JI geeigneter Programmtyp. Ihre CO_2-Reduktion resultiert aus einer beschleunigten Markteinführung dieser Technologie im Gastland gegenüber den Absatzzahlen, die sich in der Referenzentwicklung ohne JI-Programm ergeben würden.

2 "Stand der Technik" bzw. Beschreibung des DSM-Programms

2.1 Vorbemerkung

Die Energieeinsparung und CO_2-Reduktion, die mit einem DSM-Programm erzielt werden kann, ist nicht nur von den Leistungsdaten der neuen Technik bestimmt, sondern von mehreren Faktoren abhängig. Zunächst ist von Bedeutung, welche Leistungsdifferenz zwischen neuer und alter Technologie besteht. In dem untersuchten Fall ist diese Leistungsdifferenz relativ genau bestimmbar: Energiesparlampen (ESL) haben bei gleicher Lichtausbeute nur ein Fünftel der Leistungsaufnahme einer entsprechenden Glühlampe.[5] Die Höhe der jährlichen Einsparung pro Energiesparlampe hängt somit von der Leistungsaufnahme der zu ersetzenden Glühlampe und von der jährlichen Benutzungsstundenzahl ab. Bei dem dargestellten Projekt wurde davon ausgegangen, daß die durchschnittliche tägliche Benutzungsdauer der Glühlampe wie in der Bundesrepublik bei etwa 3 Stunden liegt.[6]

Die Wirkung der DSM-Maßnahme ist jedoch nicht nur von technischen Daten abhängig sondern wird auch wesentlich von der Konzeption des Einsparprogramms sowie von der Qualität der Umsetzung bestimmt. "Stand der Technik" sind in der Bundesrepublik Programme, bei denen je Haushalte eine Energiesparlampe kostenlos sowie Prämien für den verbilligten Kauf weiterer Lampen von Energieversorgungsunternehmen an alle Haushalte abgegeben werden. Mit diesen Programmen können Teilnehmerquoten von über 80 % aller Haushalte erreicht werden.[7] Hingegen werden mit reinen Prämienprogrammen, wie sie in Deutschland z.B. von den Stadtwerken Bremen und München angeboten wurden, nur geringere Teilnehmerquoten von unter 20 % erzielt.

Bei dem Bau von sogenannten "Einsparkraftwerken" im Rahmen von JI könnte als Stand der Technik im investierenden bzw. im Gastland definiert werden, welcher Anteil eines bestimmten Marktsegments (hier Stromverbrauch

---

[5] In vielen anderen DSM-Programmen, die auf ein breiteres Technologiespektrum abzielen (z.B. DSM-Programme im Gewerbebereich, die auf die Effizienzsteigerung der Beleuchtung, der Lüftung, der Prozeßwärme und der Kühlung ausgerichtet sind) kann aufgrund der vielfältigen Anwendungen und Anlagen ein "Stand der Technik" nicht allgemeingültig festgelegt werden.

[6] Es wird unterstellt, daß die Energiesparlampen an geeigneten Stellen (z.B. Wohnzimmer) angebracht werden.

[7] Vergleich z.B. das Programm "Meister Lampe" der Stadtwerke Freiburg oder das Direktinstallationsprogramm der Stadtwerke Jena, das eine Teilnahmequote von über 90 % aufweist.

für Beleuchtung im Haushaltsbereich) durch ein DSM-Programm erschlossen werden kann. Dieser Anteil ist von Land zu Land verschieden.[8]

Bevor im folgenden das konzipierte Programm beschrieben wird, soll zunächst die Zielsetzung dargelegt werden, unter der dieses Programm gestaltet wurde.

2.2 Zielsetzung

Das Konzept für das DSM-Programm wurde vor dem Hintergrund folgender Ziele konzipiert:

- Die Wirkung des Programms im Hinblick auf die Anzahl der Teilnehmer sowie der vermiedenen CO_2-Emissionen sollte ex ante - also bereits vor der Programmdurchführung - relativ genau bestimmbar sein.
- Der Kostenaufwand sowie der Nutzen für alle Beteiligte sollte ebenfalls ex ante abgeschätzt werden können.
- Das Programm sollte einen möglichst hohen Anteil des Einsparpotentials in diesem Marktsegment ausschöpfen.
- Das Programm sollte kosteneffizient im volkswirtschaftlichen Sinne sein, d.h. die vermiedenen Kosten der Stromerzeugung sollten höher als die Kosten der eingesparten kWh sein.

Auf der Basis dieser Zielsetzung wurde ein modifiziertes Direktinstallationsprogramm für die kostenlose Abgabe von Energiesparlampen gewählt. Ein ähnliches Programm wurde den Stadtwerken Hannover im Rahmen der LCP-Studie zum Bau eines Einsparkraftwerkes vom Wuppertal Institut und vom Öko-Institut vorgeschlagen. Vergleichbare Programme wurden 1994 in Saarbrücken ("Dr. Hell") und 1996 in Freiburg ("Meister Lampe") mit gutem Erfolg durchgeführt.

2.3 Programmbeschreibung

Durch eine kostenlose Abgabe von jeweils einer Energiesparlampe an die Haushaltskunden sowie jeweils zwei Gutscheinen zum verbilligten Kauf weiterer Energiesparlampen soll das Einsparpotential in diesem Bereich zuverlässig, schnell und mit geringen spezifischen Kosten erschlossen werden. Mit diesem Programm werden nicht nur alle Haushalte, sondern indirekt nahezu alle sonstigen Kunden im Stromversorgungsgebiet Poznan erreicht, da

[8] So existiert z.B. in vielen ländlichen Haushalten in Ländern der Dritten Welt häufig nur eine Lichtquelle. DSM-Programme können in solchen Fällen nahezu das gesamte Einsparpotential in diesem Marktsegment erschließen.

die meisten Entscheidungsträger und sonstigen Beschäftigten in Poznan in Haushalten der Region Poznan wohnen.

Der **Programmablauf** kann folgendermaßen skizziert werden:

- Die Kunden werden über persönliche Anschreiben über die Aktion unterrichtet. Jeder Haushalt erhält einen Gutschein, der ihn zur Abholung einer kostenlosen Energiesparlampe berechtigt. Im Vorfeld findet eine entsprechende Presse- und Öffentlichkeitsarbeit statt.

- Interessierte Haushalte können sich je eine kostenlose Energiesparlampe bei stationären oder mobilen Verteilungsstellen abholen. Es werden von Energetyka Poznanska entsprechende Verteilstellen eingerichtet. Hierzu gehören beispielsweise das zentral gelegene Verwaltungsgebäude des Unternehmens in Poznan, andere Verwaltungseinrichtungen in den umliegenden kleineren Städten sowie mobile Ausgabestellen, die nach entsprechender Vorankündigungen auf belebten Plätzen in den Dörfern und Kleinstädten die Lampen abgeben.

- Die Haushalte können sich aus einem begrenzten Angebot von unterschiedlichen Formen von Einsparlampen eine Energiesparlampe mit elektronischem Vorschaltgerät aussuchen.

- Die Haushalte erhalten zusätzlich zwei Gutscheine à 15 Zloty , die sie beim Kauf weiterer Lampen einlösen können (jedoch kann pro Lampe nur ein Gutschein eingelöst werden).

- Die Haushalte erhalten eine Informationsbroschüre über die Aspekte und Gestaltung einer effizienten Beleuchtung im Haushaltsbereich. Die ökologischen und ökonomischen Aspekte der Aktion, insbesondere die Kosteneinsparung durch die Energiesparlampe, werden allgemein verständlich erläutert.

- Der Einzelhandel wird im Vorfeld der Aktion mit einbezogen, damit er sein Sortiment entsprechend gestalten und die Aktion wegen der zu erwartenden steigenden Kaufbereitschaft mit unterstützt.

- Händlern und Verkäufern wird in Kooperation mit den Herstellern die kostenlose Teilnahme an Weiterbildungsveranstaltungen angeboten, die zum Ziel haben, die Verkäufer zusätzlich zu motivieren sowie über die Lampentechnik und ihre Wirtschaftlichkeit zu informieren.

- Parallel zu der Maßnahme wird eine begleitende Pressekampagne durchgeführt, die über den Hintergrund der Lampenaktion informiert.

- Eine Kostenaufteilung des Programm war wie folgt angedacht: Die Stadtwerke Hannover sollten die Technikkosten tragen (Kosten der Energiesparlampen) während Energetyka Poznanska (EP) die Kosten für die

Umsetzung tragen sollte. Im Gegenzug würden die Stadtwerke Hannover bei einem institutionalisierten JI-Mechanismus eine Gutschrift für die vermiedenen CO_2-Emissionen erhalten.

Mit der kombinierten Vorgehensweise (eine Lampe gratis, plus zwei Gutscheine) soll einerseits über die Direktinstallation ein Teil des Einsparpotentials direkt erschlossen und eine hohe Aufmerksamkeit erzielt werden. Andererseits kann der Elektrohandel durch diese Vorgehensweise besser in das Programm einbezogen werden.

Durch die kostenlose Abgabe von je einer Lampe pro Haushalt wird eine hohe Beteiligung und - durch den Einkauf direkt ab Fabrik - ein Kostensenkungseffekt erreicht. Eine hohe Beteiligung reduziert zudem die spezifischen Umsetzungskosten und trägt somit wesentlich zum Projekterfolg bei. Darüber hinaus können von einem solchen Programm auch positive Wirkungen auf eine Veränderung der Angebotssituation ausgehen: Die Händler in der Region werden den Energiesparlampen zum Beispiel eine größere Bedeutung zumessen. Infolge dessen werden sie ein großeres Angebot führen und dieses entsprechend vorteilhaft positionieren.

Ein anderer indirekter Effekt könnte von Bedeutung sein: Das Programm würde in ganz Polen bekannt werden und dadurch auf effiziente Lampentechnologie aufmerksam machen. Diese indirekten Effekte auf das veränderte Angebot an Effizienztechnologien wurden in den Berechnungen jedoch aus Vorsichtsgründen nicht berücksichtigt. Ihre Wirkung sollte jedoch nicht unterschätzt werden. In realen JI-Projekten könnten derartige Multiplikatoreffekte durch entsprechende Zuschläge auf der Grundlage von Expertenschätzungen berücksichtigt werden.

2.4 Das energiewirtschaftliche Umfeld in Poznan und Polen

Energetyka Poznanska (EP) ist ein Weiterverteiler, der 832.000 Stromkunden in drei Provinzen (Poznan, Leszno und Pila) versorgt. Das Unternehmen wird als Aktiengesellschaft geführt, deren Kapital vom Industrie- und Handelsministerium gehalten wird. Der Kapitaleigner bestimmt den Aufsichtsrat (6 Personen), der den Vorstand des Unternehmens beruft.

Energetyka Poznanska beschäftigt rund 2200 Personen. Neben dem Kerngeschäft der Stromverteilung ist EP noch in einigen anderen Geschäftsfeldern engagiert:

- Handel mit elektrischen Ausrüstungsgegenständen (von der Glühlampe über Straßenbeleuchtung zu elektrischen Heizlüftern, von Haushaltsgeräten über elektrische Schaltanlagen bis zu Hochspannungskabel).

- Bau von Stromverteilnetzen, Wartung von Industrieanlagen, Leistung im Bereich der Informatik.
- Bau und Wartung der Straßenbeleuchtung.
- Technische Bauaufsicht über elektrotechnische Anlagen.
- Herstellung von (Strom-)Zählern.
- Führung eines eigenen Hotels.
- Betrieb eines Wasserkraftwerks sowie Erstellung von Expertisen zum Wasserbau.
- Erbringung von Transportleistungen.

Die letzten beiden Betriebsteile sollen als GmbH ausgegliedert werden, damit sie ihre Leistungen besser nach außen anbieten können.

Im offiziellen Jahresbericht 1994 wird die Erbringung von komplexen Energiedienstleistungen für die Kunden zwar als Ziel proklamiert, doch wurde im persönlichen Gespräch vermerkt, daß EP unter den derzeitigen energiewirtschaftlichen und kohlepolitischen Rahmenbedingungen eher an solchen Dienstleistungen interessiert ist, die den Absatz von Strom aus Kohlekraftwerken erhöhen. DSM-Programme, die den Absatz im Strombereich verringern, werden insofern derzeit kritisch beurteilt. Allerdings wird die Vermeidung von zusätzlichen Verteilungs- und Umspannkosten durch DSM-Maßnahmen positiver eingeschätzt.

Über 99 Prozent des weitergeleiteten Stroms bezieht EP aus dem übergeordneten Netz von der Polish Power Grid Company S.A.. Weniger als ein Prozent des Stromabsatzes wird in eigenen Anlagen erzeugt. Das eigene Wasserkraftwerk besitzt eine Leistung von 7 MW.

In den Kraftwerken der Liefergesellschaft wird Strom nahezu ausschließlich mit fossilen Energieträgern erzeugt. Kohle deckt einen Anteil von 96 Prozent[9], Gas und Öl einen Anteil von 3 Prozent am Primärenergieeinsatz zur Stromerzeugung ab. (Anderson S.3)

EP rechnet den Strombezug über einen Liefervertrag ab, der in Leistungs- und Arbeitspreise aufgeteilt ist[10]. Die maximale Bezugsleistung beträgt rund 1100 MW. Die Lastspitze liegt zwischen 16 und 18 Uhr sowie zwischen 21 und 22 Uhr[11].

1994 setzte EP 4.700 GWh ab. Davon wurden 30 Prozent an die Haushaltskunden und 38 Prozent an Industriekunden geliefert. Die restlichen 32

---

[9] Davon etwa 57 % Steinkohle und 43 % Braunkohle (Marnay u.a. 1995)

[10] Es werden drei Zeitzonen unterschieden. Die Leistung wird halbstündlich gemessen.

[11] Bedingt wird die Leistungsspitze u.a. durch Durchlauferhitzer für die Warmwasserbereitung, durch Lichtanwendungen sowie durch Direktheizungen.

Prozent entfallen auf Landwirtschaft und Kleinverbrauchskunden. Der durchschnittliche Haushaltsverbrauch liegt bei 2200 kWh pro Jahr.

Die Haushalte mußten zu Beginn des Jahres 1996 nach Angaben von EP 19 Groschen für die Kilowattstunde bezahlen. Die Strompreise decken nach Angaben des Weiterverteilers die Kosten der Stromerzeugung und -verteilung. Hingegen wird der Kohlebergbau nach Angaben von EP stark subventioniert.

Im Netzbereich stehen aufgrund unterlassener Unterhaltungsinvestitionen während der Zeiten der Planwirtschaft große Investitionen an. Das Unternehmen will diese Investitionen über Kostensenkungen in anderen Bereichen und über eine Ausdehnung des Absatzes finanzieren.

EP setzt bislang keine Energiesparlampen im eigenen Betrieb ein, weil nach der (nicht zutreffenden, vergl. weiter unten) Auffassung des Marketing-Managers die Kosteneinsparung zu gering sei. Gegenüber der Energiesparlampentechnologie wurden von Seiten EP einige weitere typische Vorbehalte vorgebracht: Zum Beispiel die Verursachung von Oberschwingungen im Netz sowie die geringe Lebensdauer bei häufigem An- und Ausschalten. Diese Einwände wurden zunächst auch bei amerikanischen und europäischen Programmen vorgebracht, haben sich jedoch bei fortgeschrittener Technologie als wenig relevant erwiesen.

Marktsituation bei Energiesparlampen

Drei polnische Firmen produzieren Kompakt-Energiesparlampen:

- Philips Lighting Poland (PLP) ein "joint venture" zwischen Philips und Polam Pila,

- Maya, welche mit General Electric und der italienischen Firma Ilesa verbunden ist,

- Vox, eine kleinere Firma, die mit Osram zusammenarbeitet.

Der größte Teil der produzierten Lampen wird exportiert, insbesondere nach Westeuropa, in den mittleren Osten sowie nach Asien (Boyle 1995, S. 408). Der Rest wird überwiegend an das Gewerbe und an die Industrie abgesetzt.

In Haushalten finden die Energiesparlampen bisher aufgrund ihres relativ hohen Anschaffungspreises nur selten Anwendung: Nachdem der Verkauf von Energiesparlampen in Polen 1992 mit 181.000 Einheiten gestartet wurde, betrug der gesamte Absatz an Energiesparlampen 1994 insgesamt rund 600.000 Einheiten. Da im selben Jahr etwa 200 Millionen Glühlampen abgesetzt wurden, kann der Anteil der Energiesparlampen mit 0,3 Prozent der Käufe in diesem

Marktsegment angegeben werden, wobei der geringste Anteil auf die Haushalte entfällt.

Alleine PLP hatte 1994 in Polen eine Produktionskapazität von 14 Millionen Sparlampen. Aufgrund des geringen Absatzes mußte die Firma 98 Prozent ihrer Produktion ausführen.

Hemmnisse

Wie weiter unten gezeigt wird, sind Energiesparlampen bei heutigen Preisen für die Haushaltskunden im Versorgungsgebiet von Energetyka Posnanzka durchaus wirtschaftlich. Dennoch werden die Lampen im Haushaltsbereich kaum eingesetzt. Die beiden wichtigsten Hemmnisse sind in folgenden Aspekten zu sehen:

- Vielen Polen ist die neue Technologie der Energiesparlampe noch unbekannt und sie sind insbesondere nicht informiert über die Strom- und Kosteneinsparung, die mit einer Energiesparlampe verbunden sind (Boyle u.a. 1995).

- Die Kosten einer Energiesparlampe mit *induktivem* Vorschaltgerät liegen zwischen 24,5 und 31,5 Zloty (Boyle 1995). Moderne Energiesparlampen mit *elektronischem* Vorschaltgerät (Stand der Technik in Westeuropa) waren in einem Einzelhandelsgeschäft in Poznan im Frühjahr 1996 mit Preisen zwischen 30 und 50 Zloty ausgezeichnet. Hingegen kosten Glühlampen etwa 0,6 bis 1 Zloty.

Befragte Haushalte hatten unterschiedliche Vorstellungen über einen akzeptablen Preis von Energiesparlampen: 42 Prozent der Gruppe erklärten, daß sie Energiesparlampen bei einem Preis von 20 Zloty kaufen würden. 28 Prozent würden hingegen erst bei einem Preis von weniger als 10 Zloty zur Energiesparlampe greifen (Boyle u.a. 1995).

Wirtschaftlichkeit der Energiesparlampe aus Sicht eines Haushaltskunden

Aus der Sicht eines Kunden ergibt sich beim Kauf einer 11 Watt Energiesparlampe (anstelle einer 60 Watt Glühlampe) folgende vereinfachte[12] Wirtschaftlichkeitsbetrachtung: Bei einem Preis von 40 Zloty für eine Energiesparlampe und eingesparten Kosten von 8 Zloty für die eingesparten Glühlampen (8 Stück) muß der Haushalt eine Investition von 32 Zloty aufwenden. Dieser steht eine Einsparung von 19 Groschen pro kWh gegenüber. Bei einer jährlichen Benutzungsdauer von 1.000 Stunden und einer

[12] In dem systematischen Wirtschaftlichkeitsvergleich in Kapitel 3 wird mit einem Zinssatz von 4 %, mit Preissteigerungen bei der Stromerzeugung von 1 % sowie mit den an anderer Stelle definierten Parametern gerechnet.

Nutzungsdauer der Lampe von 8 Jahren[13] errechnet sich eine Stromeinsparung von 392 kWh über die Lebensdauer der Lampe. Dies entspricht bei konstanten Preisen einer Stromkosteneinsparung von 74 Zloty.

Trotz dieses wirschaftlichen Vorteils beim Kauf von Energiesparlampen ist - wegen einer Vielzahl von Hemmnissen (vor allem mangelnde Information) - ohne den Einsatz gezielter Instrumente keine rasche Veränderung des Marktes für Energiesparlampen zu erwarten[14].

2.5 Andere Programmaktivitäten für die Markteinführug von Energiesparlampen

Das "International Institute for Energy Conservation" (IIEC) führt zusammen mit der "International Finance Corporation" (IFC, Mitglied der Weltbankgruppe) ein von der Weltbank und mit Mitteln der Global Environment Facility (GEF) gefördertes Projekt durch. Ziel dieses Projektes ist es, innerhalb eines Zeitraums von 18 Monaten in Polen 1,15 Millionen Glühlampen durch Energiesparlampen zu ersetzen. Der inländische Markt für Energiesparlampen in Polen soll durch dieses Programm um 5 Jahre vorangebracht werden (Boyle u.a. S. 407). Um dieses Ziel zu erreichen, werden mehrere Instrumente eingesetzt:

- Die Hersteller von Energiesparlampen erhalten einen Zuschuß von 3,05 Dollar bzw. 7,9 Zloty pro Lampe (integrierte Einheit) und 1,64 Dollar (4,2 Zloty) für Lampen mit getrenntem Vorschaltgerät.

- Parallel hierzu soll eine auf die Verbraucher und Händler abzielende Marketing-Kampagne stattfinden.

- In Kooperation mit Energieversorgungsunternehmen sollen DSM-Programme zur effizienten Beleuchtung im Haushaltsbereich durchgeführt werden.[15]

Dieses Programm steht jedoch nicht in Konkurrenz zu dem geplanten JI-Programm in Poznan, sondern beide Programmtypen könnten sich sinnvoll ergänzen. Das geplante JI-Programm erzielt aufgrund der kostenlosen Abgabe der ersten Lampe regionsbezogen Teilnehmerquoten, die mindestens um den Faktor

[13] Viele Hersteller geben als Lebensdauer 10.000 Benutzungsstunden an. Die getroffene Annahmen ist deshalb als konservative Annahme zu betrachten.

[14] In Deutschland stehen den Investitionen für eine Energiesparlampe um etwa 50 % höhere Einsparungen auf der Stromrechnung gegenüber. Berücksichtigt man zusätzlich, daß das verfügbare Einkommen in Polen im Vergleich zu den Investitionskosten für eine Energiesparlampe wesentlich niedriger ist, wird die Zurückhaltung gegenüber dieser Technologie nachvollziehbar.

[15] Inzwischen hat die FEWE (Polish Foundation for Energy Efficiency) in zwei kleineren Städten ein DSM-Programm gestartet, bei dem die Kunden eine oder mehrere Energiesparlampen vom regionalen Verteiler-EVU installiert bekommen. Die Kosten für diese Lampen zahlen die Haushalte über die Stromrechnung (mit getrenntem Ausweis) zurück. (Notiz von S. Thomas vom 21.6.1996 basierend auf einem Gespräch mit Mitarbeitern von PELP)

5 höher liegen als beim oben beschriebenen PELP-Projekt. Die im Rahmen des PELP erzielbaren Preissenkungen für Energiesparlampen im nationalen Maßstab wären jedoch andererseits geeignet, den kostengünstigen Lampenkauf im Rahmen des JI-Projektes in Poznan zu unterstützen.

3 Ermittlung der vermiedenen CO_2-Emissionen und der wirtschaftlichen Effekte des Programms

3.1 Vorbemerkung

In den folgenden Abschnitten wird dargelegt, wie groß die projektbedingte CO_2-Reduktion ist, und welche Kosten pro vermiedene Tonne CO_2 im Rahmen dieses Projektes zu erwarten sind. Zudem wird dargestellt, wie eine Kostenaufteilung zwischen Gast- und Geberunternehmen vorgenommen werden könnte.

Im Anhang wird dargelegt, daß eine Beschränkung der Bewertung von JI-Projekten auf die Fragestellung "Wieviel Kapital muß man einsetzen, um eine Tonne CO_2 zu vermeiden?", zu falschen Schlüssen führt.

3.2 Das Referenzszenario

Zunächst sollen hier einige grundsätzliche Überlegungen zu den wichtigsten Parametern des Programms dargelegt werden.

Eine der wesentlichen Schwierigkeiten bei der Ermittlung der Wirkung von Einsparprogrammen ist generell - auch bei nationalen Programmen - die Festlegung der "**base line**". Es muß bestimmt werden, wie sich der Energieverbrauch bzw. die Markteinführung der betrachteten Technologie ohne die zu analysierende Maßnahme entwickeln würde. In vielen Fällen wird diese Frage nur mit unsicheren Daten und mit einer Bandbreite von pragmatisch zu betimmenden Schätzwerten zu beantworten sein. Im konkreten, vorliegenden Fall tritt dieses Problem allerdings nicht in voller Schärfe auf,

- weil die entsprechende Technologie noch keinen wesentlichen Marktanteil in Polen aufweist,

- weil "Ohnehin-Käufe" wegen restriktiven Randbedingungen und Preisrelationen trotz der an sich wirtschaftlichen Energiesparlampen nur begrenzt stattfinden werden und

- weil ohne eine grundsätzliche Änderung der Informations- und Fördermaßnahmen keine wesentlichen Veränderungen zu erwarten sind.

Um für die Abschätzung der erzielten Programmwirkung auf der sicheren Seite zu liegen, wurde für die Betrachtung der Einsparwirkung des Programms hinsichtlich der base-line von folgender Annahme ausgegangen: Der Verkauf von Einsparlampen in den Jahren nach der Programmdurchführung folgt dem Energiesparlampenabsatz in der Trendentwicklung. Es wird also unterstellt, daß das vorgeschlagene JI-Programm den Kauf von Energiesparlampen in den Geschäften weder beschleunigt noch verzögert.[16]

Abb.1: Einsatz von Energiesparlampen im Versorgungsgebiet Poznan mit und ohne DSM-Programm.

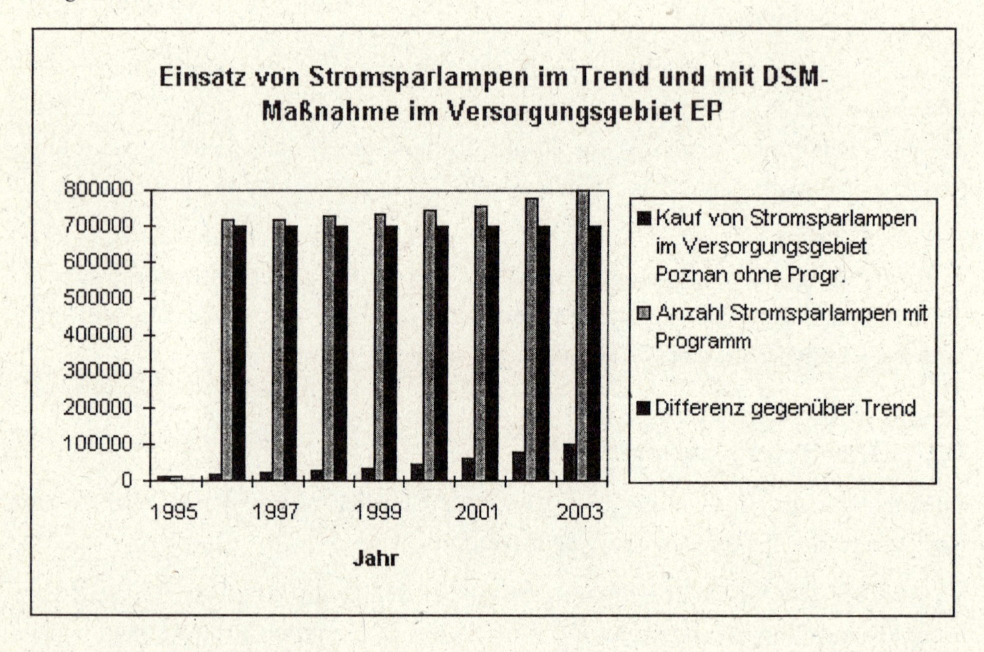

3.3 Weitere für die Berechnungen unterstellte Parameter und Daten Teilnehmerzahl

Für die Errechnung der Wirkung des Einsparprogramms werden folgende Annahmen getroffen:

- Von den insgesamt 647.000 Haushaltskunden im Versorgungsgebiet von EP holen sich 85 Prozent die kostenlose Energiesparlampe ab[17].

- Zusätzlich nehmen 20 Prozent dieser Kunden das Angebot wahr, unter Anrechnung des Gutscheins eine weitere Lampe im Einzelhandel zu kaufen.

---

[16] In der Bundesrepublik durchgeführte Projekte zeigen jedoch, daß die Programme zu Mitgebereffekten führen. Das heißt, daß die Verbraucher auch außerhalb des speziellen (Prämien-)Angebots zusätzliche Energiesparlampen kaufen bzw. ihren Kauf vorziehen.

[17] In einem vergleichbaren Programm bei den Stadtwerken Freiburg wurde eine Beteiligungsquote von über 70% erzielt. Es kann davon ausgegangen werden, daß in Ländern mit wesentlich geringerem durchschnittlichen Volkseinkommen, die Inanspruchnahme der für die Kunden kostenlosen Leistung deutlich höher ist.

- Weitere 5 Prozent der Programmteilnehmer kaufen jeweils zwei zusätzliche Lampen.

Aus diesen Annahmen, die sich in diesem Fall aus den Ergebnissen bereits durchgeführter und evaluierter Programme in der Bundesrepublik Deutschland ableiten lassen, errechnet sich eine Anzahl von 693.000 kostenlos abgegebener bzw. aufgrund des Programms gekaufter Energiesparlampen. Hierbei wurde bereits die Annahme berücksichtigt, daß 3 Prozent der Haushalte eine Energiesparlampe auch ohne entsprechendes Programm gekauft hätten. Diese sogenannten Mitnehmer werden bei der Erfassung der Kosten für das Einsparprogramm berücksichtigt, nicht jedoch bei der Ermittlung der Einsparwirkung des Programms. Nicht berücksichtigt wurde der zusätzliche Kauf von Lampen durch Haushalte oder durch Gewerbe- und Dienstleistungsbetriebe, der durch die Marketing-Kampagne angestoßen wird. Bei manchen DSM-Programmen ist dieser Effekt ähnlich groß wie die direkte Wirkung des DSM-Programms (Anderson 1995).

Technikdaten

Für die Berechnung der Einsparwirkung wird unterstellt, daß im Durchschnitt eine 60 Watt-Glühlampe durch ein 11 Watt Energiesparlampe ersetzt wird.[18] Bei einer jährlichen Benutzungsdauer von 1000 Stunden errechnet sich bei Zugrundelegung einer Nutzungsdauer von insgesamt 8.000 Stunden pro Lampe eine Lebensdauer von acht Jahren.[19]

Die Kosten pro Energiesparlampe wurden mit 7,3 US$ (11 DM) bei Kauf ab Fabrik angesetzt.[20] Beim Einkauf im Einzelhandel wurde mit einem Preis von 16 US$ (entsprechend 24 DM oder 42 Zloty) gerechnet.

Die Prämienhöhe wurde auf 15 Zloty festgelegt. Für die Haushalte kann damit der Einkaufspreis um rund ein Drittel gesenkt werden.

Der Einzelhandelspreis für Glühlampen wurde mit 1 Zloty/Lampe angesetzt.

Bei einem tatsächlich durchgeführten JI-Programm müßten diese (und andere) ergebnissensible Parameter - ebenso wie bei nationalen DSM-Projekten - durch Befragungen, begleitende Beobachtung, Expertenschätzungen und - soweit erforderlich und vom Kosten/Nutzen-Verhältnis her vertretbar - durch Messungen ermittelt werden. Im Rahmen eines JI-Mechanismuss müßte im

---

[18] Über die Einlösung der Gutscheine können auch Lampen mit höherer Leistung gekauft werden. Die sich hieraus ergebende höhere Stromeinsparung wurde in der Berechnung nicht berücksichtigt.

[19] Einige Anbieter auf dem deutschen Markt geben für ihre Produkte eine durchschnittliche Brenndauer von 10.000 Stunden an. Im Projekt "Meister Lampe" gibt der Hersteller eine Garantie von 2 Jahren (unabhängig von der Benutzungsstundenzahl). Welche Lebensdauer die polnischen Produkte erreichen konnte nicht in Erfahrung gebracht werden.

[20] Dieser Preis entspricht den Einkaufspreisen ab Fabrik, die auf dem deutschen Markt erzielt werden können.

ersten Schritt die prinzipielle Anerkennung eines Projekts als JI-fähig durch Vorlage einer entsprechenden Machbarkeitsstudie bestätigt und ex post seine Wirkungen durch eine von anerkannten und unabhängigen Experten durchgeführte Evaluierung und Zertifizierung nachgewiesen werden.

Berechnungsmethode und sonstige Rahmendaten

Für den systematischen Vergleich der Kosten der eingesparten kWh und den vermiedenen Kosten der Stromerzeugung wird die Annuitätenmethode[21] gewählt. Alle Kosten, die im Zusammenhang mit dem Dienstleistungsprogramm anfallen, werden über die Nutzungsdauer der Technologie (8 Jahre) annuitätisch umgelegt. Die jährlich anfallenden Kosten und Erlöse werden über Mittelwertfaktoren fortgeschrieben.

Für die Berechnungen wurden folgende Annahmen getroffen:

- Der Realzins wurde mit 4 Prozent angenommen.

- Für Steinkohle wurde ein Ausgangspreis von 60 US$ bzw. 90 DM/Tonne unterstellt. Dieser Preis entspricht dem Preis für Importkohle. Ausgehend von diesem Basispreis wurde eine Preissteigerung von 1 Prozent pro Jahr unterstellt.

- Für die sonstigen variablen Kosten beim Betrieb eines Kraftwerks (Löhne, Hilfsmittel, Versicherungen, ...) wurden keine realen Preissteigerungen unterstellt.

Um sowohl für die CO_2-Reduktion als auch für die Kosten-Nutzenbetrachtung eine Spannbreite der möglichen Ergebnisse abzubilden wurden im folgenden **vereinfacht** zwei Fälle unterschieden:

Der **Basis-Referenzfall** entspricht der derzeitigen Situation in Polen. Er geht davon aus, daß ein Unternehmen Eigenerzeuger ist und auch längerfristig keinen Zubau- oder Ersatzbedarf hat[22]. In diesem Fall werden die Brennstoffkosten für ein Steinkohlekraftwerk mit einem Wirkungsgrad von 28 %[23] in die Rechnung eingesetzt. Diese Annahme berücksichtigt den Aspekt, daß

---

[21] Die Annuitätenmethode ist eine Variante der Kapitalwertmethode. Bei dieser Methode vergleicht man die durchschnittlichen jährlichen Auszahlungen der Investition mit den durchschnittlichen jährlichen Einzahlungen, d.h. man rechnet mit Hilfe der Zinseszinsrechnung die Zahlungsreihen der Investition in zwei äquivalente und uniforme Reihen um, bestimmt also die Höhe der durchschnittlichen Auszahlungen und Einzahlungen für die Dauer der Investition. Eine gute Darstellung der Annuitätenmethode sowie Tabellen zu Annuitätsfaktoren und Mittelwertfaktoren findet sich in "RAVEL zahlt sich aus. Praktischer Leitfaden für Wirtschaftlichkeitsberechnungen".

[22] Dieser Fall ist vor dem Hintergrund des wirtschaftlichen Strukturwandels in den neuen Marktwirtschaften des Ostens und dem damit verbundenen Rückgang der Stromnachfrage nicht untypisch.

[23] Das Durchschnittsalter der polnischen Kraftwerke beträgt rund 25 Jahre und der durchschnittliche Wirkungsgrad der polnischen Kraftwerke wird von Rentz u.a. mit weniger als 30% angegeben.

bei einer Reduktion der Stromnachfrage zunächst die bestehenden ineffizienten Kraftwerke mit geringem Wirkungsgrad und hohen variablen Kosten in ihrer Leistung heruntergefahren werden. Für diese Variante wurde angenommen, daß das Kraftwerk über keine Rauchgasreinigungsanlage verfügt. Als Emissionsdaten wurden die durchschnittlichen Emissionen aller polnischen Kraftwerke unterstellt[24] (Rentz u.a. 1995).

Parallel zum Basisreferenzfall wurde eine **Variante** betrachtet. Es wird davon ausgegangen, daß der geplante Kapazitätsausbau eines neuen, dem heutigen Stand der Technik entsprechenden Kraftwerks um die durch das JI-Programm realisierte Einsparung reduziert wird. Die zugebaute Leistung wird dementsprechend geringer.

Als vermiedene Grenzkosten der Strombeschaffung werden in diesem Fall die Kosten eines neu zu bauenden Steinkohlekraftwerks mit einem durchschnittlichen Jahreswirkungsgrad (netto) von 45 % errechnet. Hierbei wird entsprechend der Benutzungsstundenzahl der Bezugsleistung von EP eine jährliche Benutzungsdauer von 4.500 Stunden zugrundegelegt. Die Lastwirkungen der Einsparmaßnahme konnte nicht detaillierter berücksichtigt werden, da keine Daten über die Lastkurve von EP vorliegen.[25] Die Lastwirkung eines Einsparprogramms ist für die Wirtschaftlichkeit der Maßnahme u.U. von großer Bedeutung, nicht aber für die Bestimmung der eingesparten Arbeit und vermiedenen CO_2-Emissionen.

Die Investitionskosten für dieses Kraftwerk werden mit 1415 US$/kW angegeben (Marnay u.a.1995) Weiterhin werden Netzverluste in Höhe von 8 %, sowie vermiedene Reservehaltungskosten und vermiedene Netzausbaukosten in Höhe von 1 UScent/kWh angenommen.

Auf der Emissionsseite werden Emissionsgrenzwerte verwendet, die den gesetzlichen Vorschriften für polnische Anlagen entsprechen, welche nach 1990 in Bau und nach dem 31.12.1994 in Betrieb gegangen sind (Deutsch-Polnische Kommission 1995).

---

[24] Für Staubemissionen wurde mangels besserer Daten der Grenzwert für ein neues Steinkohlekraftwerk unterstellt.

[25] Mit der Annahme von 4500 Benutzungsstunden wird unterstellt, daß die DSM-Maßnahme die Struktur der Lastkurve nicht verändert. Dies bedeutet indirekt, daß das bisherige Verhältnis von Grund-, Mittel- und Spitzenlast auch für die Einsparmaßnahme unterstellt wird. In speziellen Fällen kann die (Spitzen-)Lastwirkung von Einsparmaßnahmen jedoch wesentlich ausgeprägter sein.

Tab. 1: Durch die DSM-Maßnahme vermiedene Beschaffungskosten

Kosten der Strombeschaffung Energetyka Poznanska
Ausgangsjahr 1996

		Zusammenstellung der Kostenparameter für lang- und kurzfristige Grenzkosten Stromerzeugung und -verteilung	
		Basisfall	Variante
		kurzfristige Grenzkosten altes Kohlekraftwerk	langfristige Grenzkosten Neubau Kohlekraftwerk
Annahmen			
Investitionskosten	$US/kW	0	1415
Abschreibungsdauer	a	0	25
Benutzungsstunden	h/a	-	4500
Finanzierungskosten während Bauzeit (Faktor)		0,00	0,15
sonstige fixe Kosten	$US/kW	96	64
Zinssatz (real)	%	4,00	4,00
Ergebnis:			
spez. Fixkosten der Stromerzeugung	$US/kWh	**0,001**	**0,037**
Annahmen			
Wirkungsgrad		0,28	0,45
Brennstoffpreis	$US/kWh	0,007	0,007
sonstige variable Kosten	$US/kWh	0,001	0,002
Ergebnis:			
variable Kosten	$US/kWh	**0,027**	**0,018**
Summe fixe und variable Kosten Stromerzeugung		**0,029**	**0,056**
Annahmen			
Reservehaltungskosten	$US/kWh	0,000	0,007
Ergebnis:			
vermiedene langfristige Kosten der Stromerzeugung	$US/kWh	0,029	0,063
		Berücksichtigung der Transport- und Verteilungsverluste sowie der vermiedenen Netzausbaukosten	
Annahmen			
Netzverluste (Durchschnitt 8 %)	%	8,0	8,0
Kosten der Netzverluste	$US/kWh	0,002	0,005
vermiedene Netzkosten	$US/kWh	0,000	0,007
Summe Transport und Verteilung	$US/kWh	0,002	0,012
Ergebnis			
vermiedene Grenzkosten	$US/kWh	0,031	0,075

Die Unterscheidung dieser beiden Fälle ermöglicht also eine Abschätzung der Bandbreite der vermiedenen CO_2-Emissionen sowie der CO_2-Vermeidungskosten. In einem etablierten JI-Mechanismus ist festzulegen, nach welcher Methode das Referenzkraftwerk definiert wird. Eine einheitliche Vorgabe eines Referenzkraftwerks scheint im Hinblick auf die sehr unterschiedliche Erzeugungssituation in den Gast-Ländern kaum praktikabel, bzw. könnte zu hohen Differenzen zu der tatsächlichen CO2-Einsparung führen. Es bietet sich an, wie exemplarisch im Simulationsbeispiel für ein Kohlekraftwerk in China gezeigt wird, für die jeweiligen Länder typischerweise gebaute Kraftwerke als Referenzkraftwerke festzulegen.

3.4 Die CO_2-Einsparungen und ihre volkswirtschaftlichen Kosten

Auf der Basis der oben angenommenen Werte errechnet sich für den Zeitraum von 1996 bis 2003 eine programmbedingte Stromeinsparung von 280 Millionen kWh. Berücksichtigt man die Mitnehmereffekte bei der Programmdurchführung so reduziert sich die Nettoeinsparung gegenüber der base-line auf 271 Millionen kWh.

Dementsprechend kann die Stromerzeugung gegenüber dem Trend um den entsprechenden Wert reduziert werden. Die Stromerzeugung in Polen erfolgt nahezu ausschließlich über Steinkohle und Braunkohlekraftwerke. Da durch das betrachtete Einsparprogramm überwiegend Mittellaststrom eingespart wird, wird für die Ermittlung der vermiedenen CO_2-Emissionen im Basisfall ein Steinkohlekraftwerk unterstellt.

Aus der ermittelten Stromeinsparung errechnet sich **im Basisfall** (altes Steinkohlekraftwerk) eine **CO_2-Einsparung von 364.000 Tonnen über einen Zeitraum von 8 Jahren**. In der **Variante** (neues Kraftwerk) beträgt die **Einsparung 227.000 Tonnen CO_2**.

Die Investitionen in die Einspartechnologie belaufen sich auf 6,7 Mio US$. Davon entfallen 4 Millionen US$ auf die Direktabgabe und 2,7 Millionen Dollar auf den Kauf in den Einzelhandelsgeschäften. Die Technikkosten pro eingesparte kWh (Mittelwert aus Direkteinkauf bei Hersteller und Einkauf bei Einzelhändler abzüglich der vermiedenen Kosten der Glühlampen) betragen 1,6 US-Cents. Die Umsetzungskosten setzen sich aus den Marketingkosten, den Kosten für die Lampenverteilung, die Abwicklung der Gutscheinaktion sowie aus Kosten für die Informationsbroschüren und die Evaluierung zusammen (siehe Tabelle 2).

Tabelle 2: Zusammenstellung der Umsetzungskosten

Umsetzungskosten	
	US-$
Marketing	100.000
Anschreiben/Kontaktaufnahme	194.100
Abgabe an Kunden	360.000
Fahrzeuge	81.000
Prämienverwaltung	194.985
Evaluierung	50.000
Infomaterial und sonstiges	80.000
Summe	**1.060.085**

Neben den 1,06 Millionen US-Dollar müssen weitere 1,02 Mio US$ für Prämien aufgebracht werden. Die Ausgaben für die Prämien werden zwar bei der betriebswirtschaftlichen Erfolgsrechnung für EP berücksichtigt, nicht jedoch in der volkswirtschaftlichen Kostenrechnung, da Prämienzahlungen nur Transferleistungen an andere Wirtschaftsakteure darstellen, denen volkswirtschaftlich betrachtet keine Kosten bzw. keine Leistungserbringung gegenüber steht.

Bezogen auf die gegenüber der base-line eingesparte kWh errechnet sich für die Umsetzungskosten ein Wert von 0,5 US-Cents.

Auf der Grundlage dieser Daten lassen sich die folgenden spezifischen Kosten pro vermiedene Tonne CO_2 ermitteln (Tabelle 3):

Tab.3: Spezifische Vermeidungskosten von CO_2 durch DSM-Projekt

	Variante (neues Kraftwerk)	Basisfall (altes Kraftwerk)
	g/kWh	g/kWh
Emissionen pro kWhnetto	770	1237
Netzverluste (8%)	67	108
vermiedene Emission pro einges. kWh	837	1345
Kosten pro eingesparte kWh	$/kWh	$/kWh
Technikkosten	0,016	0,016
Umsetzungskosten	0,0049	0,0049
Summe Kosten Einsparung	0,021	0,021
	US$/Tonne CO2	US$/Tonne CO2
Kosten pro eingesparte Tonne CO2	**25,1**	**15,6**

Für den Basisfall (altes Kraftwerk) errechnen sich pro eingesparte Tonne CO_2 Kosten in Höhe von 15,6 US-Dollar und für die Variantenrechnung auf der Basis eines neuen Kraftwerks rund 25 US-Dollar pro Tonne.

Im Anhang wird gezeigt, daß diese Angaben über die spezifischen CO_2-Vermeidungskosten für die Bewertung der Wirtschaftlichkeit und als Auswahl- bzw. Vergleichskriterium für JI-Programme nicht verwendet werden sollten.

3.5 Zusammenfassung der Kosten/Nutzen-Effekte des Programms

Im Anhang wird eine umfassende Kosten-Nutzen-Betrachtung des Programms auf verschiedenen Ebenen vorgenommen: Sie reicht von der K/N-Analyse auf der globalen Ebene bis hin zu den beteiligten EVU und ihren Kunden- bzw. Lieferantenbeziehungen. Eine solche umfassende K/N-Analyse auf verschiedenen Betrachtungsebenen ist im Gegensatz zu dem übersimplifizierten Vergleich der CO_2-Vermeidungskosten in der Lage, die wirtschaftlichen Chancen und Risiken des Programms für die beteiligten Akteure und Staaten umfassend zu bewerten.

Es wird vorgeschlagen, daß derartige K/N-Analysen in standardisierter Form bei der Beantragung eines JI-Projekts in das Berichtswesen aufgenommen wird. Anhand dieser umfassenden Analysen kann z.B. gut beurteilt werden, in wie weit das Kriterium "Vereinbarkeit mit den jeweiligen nationalen umwelt- und entwicklungspolitischen Prioriäten und Strategien" erfüllt ist.

Da die Fragen der Wirtschaftlichkeit sowie der Anreize zur Überwindung bestehender Hemmnisse jedoch in diesem Projekt gegenüber Fragen der Operationalisierung eher zweitrangig sind, wurden sie nur im Anhang differenziert untersucht. Eine Zusammenfassung der ökonomischen Effekte insbesondere aus der Perspektive der beiden beteiligten EVU geben die folgenden Abbildungen.

In den Abbildung 2a (Basisfall) und 2b (Variante) sind die einzelnen Effekte in zusammenfassender Form bilanziert. Die jeweiligen Annahmen und Ergebnisse sind im Anhang genauer erläutert.

Der erste Balken zeigt den Kostenvorteil der Einsparmaßnahme auf der volkswirtschaftlichen Ebene. Die nächsten beiden Balken weisen die vermiedenen externen Kosten der konventionellen Schadstoffe sowie der CO_2-Emissionen aus. Die Addition der beiden externen Kostenarten ist darunter abgebildet. Der gesellschaftliche Vorteil in Posen errechnet sich aus dem volkswirtschaftlichen Vorteil und den vermiedenen externen Kosten auf der Basis konventioneller Schadstoffe. Der globale Vorteil umfaßt den volkswirtschaftlichen Vorteil als auch die vermiedenen externen Kosten insgesamt. Die nächste Balkengruppe zeigt den Vorteil der teilnehmenden Kunden bei Durchführung des Einsparprogramms. Ohne Preiserhöhung liegt der Vorteil der teilnehmenden Kunden bei Zugrundelegung der langfristigen Grenzkosten der Beschaffung (Abb. 2b) bei rund 22 Mio. US-$, mit einer Preiserhöhung, die den volkswirtschaftlichen Gewinn zwischen Kunden und Versorgungsunternehmen im Verhältnis 4 zu 1 aufteilt, beträgt der Vorteil noch rund 17 Mio. US-$. Die Bilanz von Energetyka Poznanska wäre trotz der Investitionen der Stadtwerke Hannover ohne eine Preiserhöhung zunächst negativ. Dies könnte jedoch durch eine geringfügige Erhöhung der Tarife um einen Betrag von 0,05 Cents pro kWh ausgeglichen werden.

Für die Stadtwerke Hannover sieht die Bilanz wie folgt aus: den Investitionen steht eine Gutschrift gegenüber die sich in diesem Beispiel an den errechneten externen Kosten der CO_2-Emissionen orientieren.

Abb. 2a: Bilanzierung der ökonomischen Effekte des DSM-Programms im Basisfall (Betriebskosten altes Kohlekraftwerk)

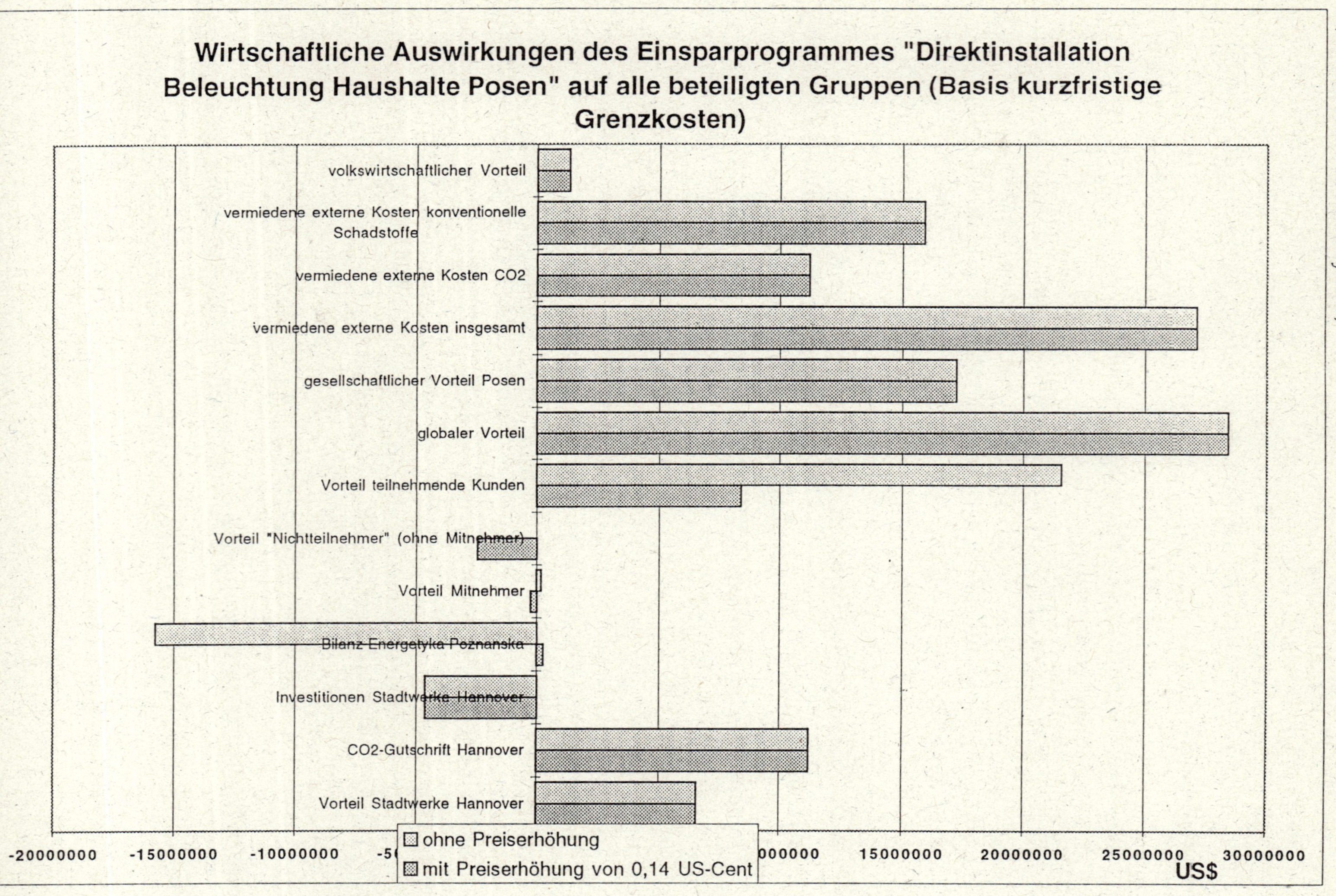

Abb. 2b: Bilanzierung der ökonomischen Effekte des DSM-Programms Variante (langfristige Grenzkosten durch Zubau neues Kohlekraftwerk)

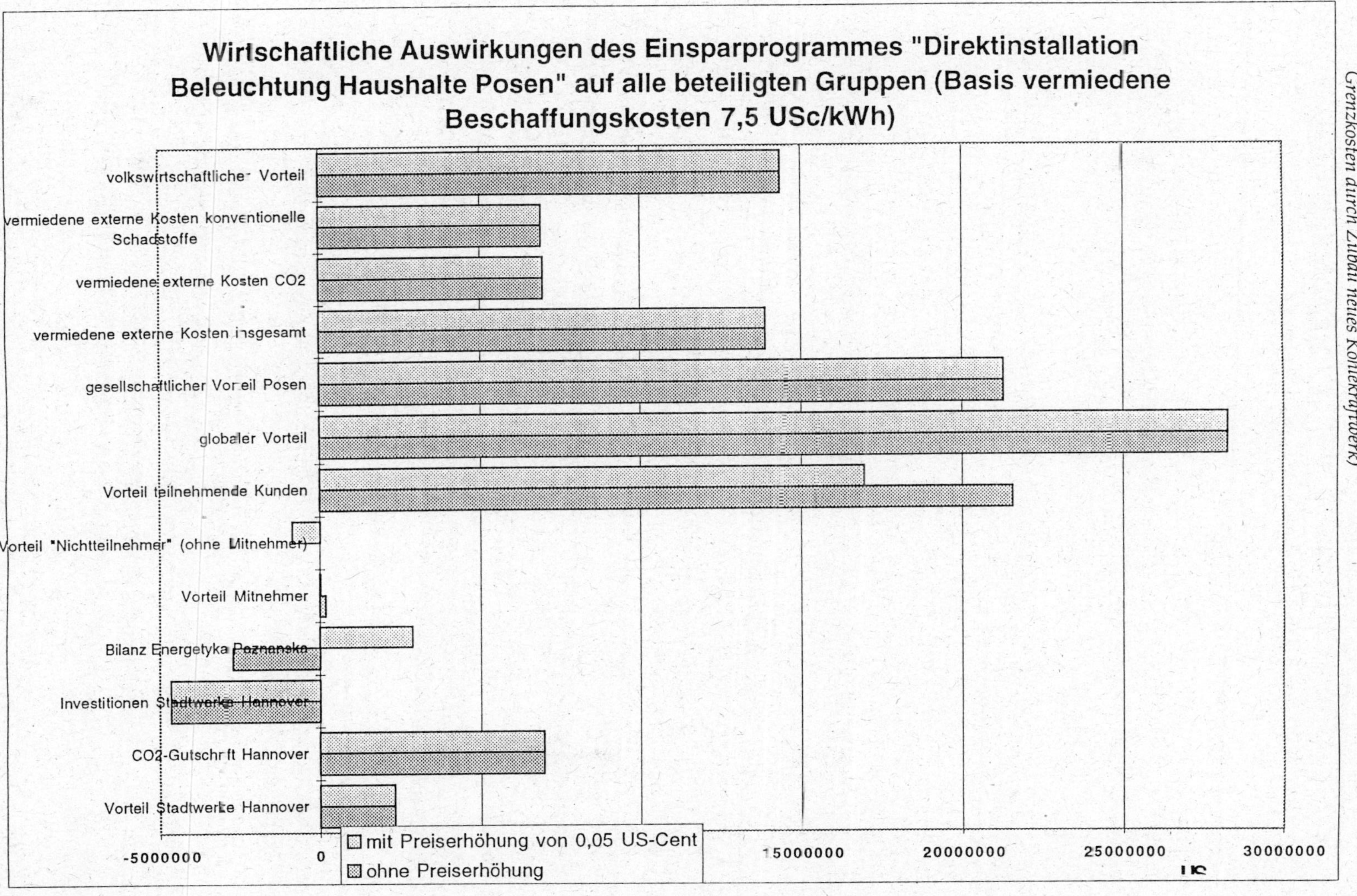

4 Übertragbarkeit der Projektergebnisse auf andere DSM-Maßnahmen

Lassen sich die in den vorigen Abschnitten dargelegten Erkenntnisse auch auf andere DSM-Maßnahmen übertragen und welche Programmtypen eignen sich insbesondere für den JI-Ansatz? Auf diese Frage soll unter folgenden Aspekten eingegangen werden:

base-line

Unsicherheit der Programmwirkung bzw. der CO_2-Reduktion

Verteilungswirkung

Kraftwerkskapazität und Status EVU

Maßnahmen vor und hinter dem Zähler

Substitution von Stromanwendung durch andere Energieträger

a) base-line

Zur Ermittlung der base-line müssen die folgenden komplexen Fragen für so unterschiedliche Effizienztechnologien wie z.B. elektrische Haushaltsgeräte, Beleuchtungstechniken, Druckluftsysteme, Klimatisierung und Lüftung, elektrische Antriebe etc. beantwortet werden. Wie schnell setzt sich eine bestimmte Technologie ohne zusätzliche Maßnahmen auf dem Markt durch? Wie verändern sich die Konsum- und Investitionsgewohnheiten bzw. die Produktionsmengen die mit dieser Technologie verknüpft sind?

Diese Fragen sind für Länder, die sich in einem wirtschaftlichen Umbruch oder in einem frühen Entwicklungsstadium befinden nur schwierig und mit großer Unsicherheit zu beantworten. Vergleichende Analysen der Marktentwicklung in Ländern, in denen diese Technologien seit längerer Zeit eingesetzt werden, sind zwar möglich, die Übertragbarkeit der Ergebnisse ist jedoch nur bedingt gegeben.

Schwierig sind Aussagen zur unbeeinflußten Trendentwicklung (= base-line) insbesondere dort, wo die Effizienztechnologie bereits einen beträchtlichen Anteil des Marktvolumens abdeckt und Prognosen über die weitere Entwicklung im Trend nicht vorliegen. Noch schwieriger ist die Lage dort, wo die generelle Entwicklung einer Branche, eines Industriezweiges oder einer Region unsicher ist, aber zur Grundlage der Prognose über die Nachfrageentwicklung für eine bestimmte Energiedienstleistung (Licht, Lüftung, Kühlung, Antriebsleistung) gemacht werden muß. In einem solchen Fall (daß heißt in der Regel im

Dienstleistungsbereich und im industriellen Bereich) verknüpft sich die Unsicherheit der wirtschaftlichen Entwicklung der Branche mit der der Nachfrageentwicklung nach Energiedienstleistungen sowie der Marktdurchdringung der Effizienztechnologien. Diese zeichnen sich insbesondere im gewerblichen Bereich durch eine große Vielfalt aus, während im Haushaltsbereich die Technologien für die wichtigsten Anwendung leichter überschaubar sind.

Bei dem untersuchten Beispiel konnte eine relativ einfach zu bestimmende Nachfrage nach der "Dienstleistung Licht" und ein relativ eindeutiger technologischer Trend unterstellt werden, die ohne gezielte Maßnahmen nur einem geringfügigen Wandel unterliegen. Eine vergleichbar belastbare Datenlage wird man in bestimmten Ländern eventuell im Haushaltsbereich bei Kühlgeräten, Waschmaschinen, Fernsehgeräten und Warmwasserboiler u.ä. unterstellen können. Weiterhin ist zu prüfen, ob sich auch für bestimmte gewerblich genutzte Querschnittstechnologien wie z.B. Beleuchtungs-, Lüftungs- und Klimatisierungssysteme sowie für drehzahlgeregelte elektrische Antriebe für das jeweilige Land eine relativ eindeutige Trendentwicklung bestimmen läßt. Generell läßt sich jedoch feststellen, daß Energiesparlampen, wie übrigens auch in allen OECD-Ländern, die am einfachsten einzusetzende "Einstiegs-"Technologie für DSM-Programme im Rahmen von JI-Maßnahmen darstellt.

b) Unsicherheit bei der Abschätzung der Programmwirkung

Im dargestellten DSM-Projekt kann u.E. die Einsparwirkung des Programms auf eine Genauigkeit von etwa 20 Prozent errechnet werden. Kann vorausgesetzt werden, daß über vergleichbar gestaltete Programme in anderen Ländern bereits Ergebnisse vorliegen, so kann die Prognosegenauigkeit noch erhöht werden. Diese Genauigkeit wäre ausreichend, zumal über eine begleitende Evaluierung des Programms die tatsächliche Einsparwirkung noch genauer erfaßt werden kann.

Diese relativ enge Bandbreite für den hier unterstellten Programmtyp "Verschenken plus Gutschein" ist jedoch eher der Ausnahmefall und nicht die Regel. Generell kann gesagt werden, daß die Wirkung eines Programms um so weniger genau vorhergesagt werden kann, je geringer der Programmanreiz zur Veränderung ist. Bei einem Direktinstallationsangebot, das praktisch als Geschenk an den Kunden zu betrachten ist, läßt sich die Teilnahmequote relativ genau abschätzen.

Anders zum Beispiel bei einem kostenlosen Beratungsangebot. Ob 10 % oder 50 % Prozent der Kunden auf das Beratungsangebot eingehen werden, kann schwerlich abgeschätzt werden. Ob von den beratenen Kunden wiederum 10 %

oder 50 % die vorhandenen Handlungsspielräume ausnutzen werden, ist wiederum völlig offen. Ob die durchschnittlich erreichte Einsparquote bei 10 % oder 20 % liegt, wird man erst nach Programmablauf wissen. Der Erwartungswert für die obere und untere Grenze bei einem solchen Programm liegen demnach um den Faktor 50 (5*5*2) auseinander.

Will man also eine relativ genaue Abschätzung der Einsparwirkung vor Programmbeginn, so muß man den Kunden über Anreizprogramme[26], Contractingleistungen oder Direktabgabe eine solch attraktive Leistung anbieten, bei der er nicht "nein" sagen kann. Es wird daher vorgeschlagen, in der Anlaufpfase eines JI-Mechanismus vorrangig Direktinstallationsprogramme zu berücksichtigen.

Bei **Direktinstallationsprogrammen** bzw. **Direktabgabeprogrammen** werden einfache Einspartechnologien (z.B. Energiesparlampen, wassersparende Duschköpfe, Isolierung von Warmwasserleitungen und Warmwasserspeichern) kostenlos an die Kunden abgegeben. Solche Programme bieten sich speziell in folgenden Fällen an:

- Bei Technologien, die einfach und kostengünstig implementiert werden können, die jedoch ohne spezielle Aktivitäten des EVU von den Kunden aufgrund der bestehenden Hemmnisse selbst nicht installiert würden.

- Als spezielles Informationsinstrument. Mit der praktischen Umsetzung kann den Kunden einerseits demonstriert werden, daß es wirtschaftliche Maßnahme zur Stromeinsparung gibt, andererseits, daß das Versorgungsunternehmen an der Erbringung von kostengünstigen und umweltschonenden Energiedienstleistungen interessiert sind:

- als "Türöffner" für weitergehende Beratungs- und Umsetzungsprogramme

- als spezielle Maßnahme für einkommensschwache Haushalte

Von speziellem Interesse könnten für einen Investor **Contracting-Angebote** sein: Bei Contracting-Programmen werden Maßnahmen der rationellen Energienutzung (oder -erzeugung) vom Contractor (Investor) geplant, installiert, gewartet und finanziert. Die Maßnahme führt zu jährlichen Energiekosteneinsparungen, die höher sind als die annuitätisch umgelegten Kosten für die Energiesparmaßnahme. Der Nettoüberschuß aus Energiekosteneinsparung beim Kunden und den Kosten für die Maßnahme wird in einem vertraglich festgelegten Verhältnis zwischen Kunde und Contractor

[26] Zu diesem Programmtyp werden alle Programme gezählt, bei denen die EVU den Käufern oder auch den Verkäufern/Händlern bestimmte finanzielle Anreize gewähren. Diese Anreize können dabei aus einem Geldbetrag, aus einer Sachleistung oder auch aus vergünstigten Krediten bestehen.

aufgeteilt. Da der Investor die Investition über die eingesparte Energie ohnehin vertraglich zurückbezahlt bekommt, würde er die Kreditierung für die CO_2-Einsparung als zusätzlichen Anreiz hinzubekommen. Für solche Programme bräuchte der Investor auch nicht das Einverständnis des zuständigen Energieversorgungsunternehmens im Gastland.

Als Nachteile sind allerdings neben dem Investitionsrisiko[27] zum einen der hohe Organisationsaufwand (Gutachten, Vertragsgestaltung, Abrechnungs- und Meßmodalitäten) und zum anderen das eingeschränkte Aktionsfeld zu sehen: Für solche Projekte eignen sich nur größere Kunden, deren Energieverbrauch 100.000 US$ pro Jahr überschreiten müßte. Darüber hinaus ist nicht zu erwarten, daß das bislang zuständige Versorgungsunternehmen sowie die Lobby der Energieverkäufer einer umfassenen Geschäftstätigkeit eines professionellen internationalen Energiesparakteurs in "seinem" Versorgungsgebiet tatenlos zusehen würde.

Aus diesen und anderen Gründen haben Contracting-Aktivitäten auch im nationalen Maßstab bisher erst eine begrenzte Verbreitung gefunden. Die hier aufgetretenen Hemmnisse würden sich bei einer internationalen Abwicklung jedoch potenzieren. Dennoch kommen Contracting Aktivitäten langfristig bei einem entwickelten JI-Mechanismus durchaus als Optionen bei Großkunden in Frage.

Für die ex post-Bewertung von Einsparprogrammen ist generell von Bedeutung, daß man die Einsparleistungen über die Anzahl der Teilnehmer (entsprechend der abgegebenen Prämien) sowie über die Erfassung von Typ und Anzahl der geförderten Technologien ermitteln kann. Dies setzt einen entsprechenden Programmablauf bzw. Programmgestaltung voraus.

Im Rahmen einer JI-Vereinbarung könnten zwar durchaus weitere energiesparende Maßnahmen auf der Nachfrageseite durchgeführt werden, jedoch wird die Abschätzung des Projekterfolges (die vermiedenen Tonnen CO_2) um so schwieriger, je indirekter auf den Einsatz und die Nutzung von Technologien eingewirkt werden kann. So wäre zum Beispiel **die Einrichtung von Energieberatungszentren und von Energieeinsparagenturen** eine effektvolle Maßnahme, die längerfristig erheblichen Einfluß auf den Energieverbrauch und die Entwicklung von Einspartechnologien im Gastland haben könnte. Da deren Wirkung jedoch nicht hinlänglich genau bestimmt werden kann, sollte geprüft werden, ob diese Leistungen über eine pauschale Emissionsreduktion pro investiertem Dollar vergütet werden können. Dies würde jedoch eine regelmäßige Evaluierung der Tätigkeiten voraussetzen.

---

[27] Vor allem für einige Länder Osteuropas wird das Risiko sehr hoch eingeschätzt

c) Verteilungswirkung

Im letzten Punkt wurde bereits gezeigt, daß ein eindeutiger und umfassender Programmerfolg am ehesten über ein attraktives Angebot erreicht werden kann. Unter dem Aspekt der Verteilungswirkung könnten diese Programme jedoch Akzeptanzprobleme bereiten: Je größer die Teilnahmequote desto größer die Einsparwirkung und infolge dessen die entgangenen Erlöse. Je attraktiver das Einsparangebot desto höher die (absoluten) Programmkosten und der Betrag der über eine Umlagefinanzierung zurück fließen muß. Die Umlagefinanzierung setzt jedoch eine unterstützende Praxis der Regulierungsbehörden und Akzeptanz bei der jeweiligen Kundengruppe voraus. Dies gilt auch dann, wenn die Energierechnungen wie in allen kosteneffektiven DSM-Programmen für die Programmteilnehmer nachweislich - trotz steigender Preise pro Kilowattstunde - sinken.

Auch für das EVU im Gastland sind paradoxerweise besonders erfolgreiche Einsparprogramme dann am problematischsten, wenn nicht über entsprechende regulative Rahmenbedingungen ("Anreizregulierung") die Programmkosten und entgangenen Deckungsbeiträge durch Umlagefinanzierung beim Kunden wieder verdient werden können.

Die im Rahmen der geplanten Kooperation mit EP erlebte Zurückhaltung bzw. Ablehnung gegenüber dem DSM-Projekt wird in der Praxis kein Einzelfall bleiben. Mit der Implementation von Einsparprogrammen werden Interessenssphären bei den Energieversorgern sowie bei den Primärenergieproduzenten beeinträchtigt, die ohne klare politische Vorgaben und ohne eine veränderte Anreizstruktur häufig zu einer ablehnenden Haltung gegenüber solchen Projekten führen kann.

Mit weniger Widerstand kann hingegen bei der Förderung von Einspartechnologien oder bei Markteinführungshilfen von Technologien auf Landesebene gerechnet werden (siehe PELP-Projekt). Diesem Vorteil steht andererseits die schwierige Erfassung der Programmwirkung gegenüber.

d) Vermeidung von Spitzenlast, sprungfixe Verteilungskosten und Höhe der vermiedenen Kosten

Aus der Sicht von Energieversorgungsunternehmen sind DSM-Programme betriebswirtschaftlich - ohne weitere regulative Flankierung - interessant, wenn die vermiedenen Beschaffungskosten höher sind als die Preise, die sie ihren Kunden in Rechnung stellen. Diese ungewöhnliche Kosten-/Preisrelation tritt während ausgeprägter Lastspitzen innerhalb eines Versorgungsgebietes auf. Eine solche Situation findet man vor allem in Ländern der Dritten Welt mit einer wenig verbreiteten Elektrizitätsanwendung häufiger vor als in den "entwickelten" Industrieländern mit hohem Stromverbrauch und einer guten Durchmischung von verschiedenen Verbrauchern und Stromanwendungen.

Unter Lastaspekten können Einspar- und Substitutionsprogramme auch dann von besonderem Interesse sein, wenn durch die Maßnahme sprungfixe Kosten beim Kraftwerksbau oder bei der Netzertüchtigung vermieden werden.

Bei einer solchen Ausgangssituation stehen den Kosten für die DSM-Maßnahme hohe vermiedene Kosten der Strombeschaffung gegenüber. Darüber hinaus kommt es nicht zu Erlösausfällen sondern zu einer Verringerung der Verluste, die sich aus dem Verkauf des Stroms während der Spitzenlastzeit ergeben. Unter solchen Rahmenbedingungen können alle Beteiligten[28] schon bei den derzeitigen Rahmenbedingungen von einem JI-Programm profitieren - und dies ohne Preiserhöhung und ohne das Mitwirken der Regulierungsbehörde.

Bei den wenigen Energieversorgungsunternehmen, die vollständige Eigenerzeuger sind und über nichtausgelastetet Kapazitäten verfügen, führen Einsparprogramme bis zur Stillegung ausgedienter Kraftwerksblöcke vorrübergehend zu einer weiteren Unterauslastung der Kapazitäten. In solchen Fällen stehen den Einsparprogrammen bei einer kurzfristigen betriebswirtschaftlichen Betrachtung nur die vermiedenen Brennstoffkosten (sowie die vermiedenen externen Kosten) gegenüber. Dementsprechend schwieriger ist es, geeignete auch betriebswirtschaftlich attraktive LCP-Programme zu entwickeln.

Bei Weiterverteilern können als vermiedene Kosten zumindest die Bezugskosten sowie die anfallenden Netzverluste als vermiedene Kosten gegengerechnet werden. In diesem Fall ist die Ausgangssituation für die erfolgreiche Umsetzung von DSM-Programmen günstiger.

e) Integration von Maßnahmen "vor und hinter dem Zähler"

Maßnahmen der rationellen Energienutzung, die hinter den Zählern, also bei den Kunden durchgeführt werden, unterscheiden sich im Hinblick auf ihre Wirkung auf die betriebswirtschaftliche Bilanz des Unternehmens wesentlich von Maßnahmen, die der Bereitstellung von Angebotstechnologien oder einer Verbesserung der Angebotstechnologien dienen. Besteht zum Beispiel ein JI-Programm darin, die Effizienz einer Dampfturbinenanlage zu steigern und damit den Einsatz an Primärenergie sowie den Ausstoß an Kohlendioxid zu verringern, so wird diese Maßnahme sicherlich die Unterstützung des Gast-EVU erhalten, zumal dieses den Vorteil der geringeren Brennstoffkosten für sich geltend machen kann. Anders hingegen bei einer Effizienzsteigerung hinter dem Zähler. Hier kommt die Maßnahme im Regelfall zunächst nur den Kunden und

[28] mit Ausnahme der Kraftwerkshersteller

der Umwelt zugute, sofern keine Weitergabe der Programmkosten und entgangenen Deckungsbeiträgen in den Strompreise möglich ist.

Es bietet sich daher im volkswirtschaftlichen Interesse eines Gastlandes besonders an, integrierte JI-Maßnahmen durchzuführen, die sowohl dem Kunden als auch dem EVU einen unmittelbaren wirtschaftlichen Vorteil bringen. Zu denken wäre hierbei an JI-Maßnahmen, bei denen der Investor ein optimiertes Paket, z.B. sowohl ein modernes Kraftwerk (oder Retrofitmaßnahmen) als auch die Durchführung von DSM-Programmen zur Veredelung der Stromerzeugung aus diesem Kraftwerk und zur verstärkten CO_2-Reduktion anbietet. Es ist wahrscheinlich, daß bei einem etablierten JI-System die Tendenz zu solchen integrierten Systemlösungen international begünstigt würde, weil durch den höheren Emissionskredit ein zusätzlicher Anreiz zur CO_2-Vermeidung und zur Produktveredelung durch Effizienzmaßnahmen beim Kunden entsteht.

f) Substitution

Substitutionsprogramme, wie z.B. der Ersatz von Kochstrom bzw. elektrische Wärme-, Warmwasser- oder Kältebereitstellung durch Gaseinsatz, können sowohl unter ökologischen als auch unter betriebswirtschaftlichen Gesichtspunkten interessant sein. Zum einen werden die mit Umwandlungsverlusten verbundene Stromerzeugung und die damit verbundenen höheren Emissionen vermieden und zum anderen können in diesem Falle die vermiedenen Kosten der Erzeugung (bzw. des Strombezugs) in der Spitzenlast sehr hoch sein. Zudem kann über den Gasabsatz ein Deckungsbeitrag bzw. ein Überschuß auf der Gasseite erwirtschaftet werden.

5 Verifikation

5.1 Antragstellung und Bewilligung der Emissionsgutschrift

Die Ermittlung der Emissionsgutschriften für die die vermiedenen CO_2-Emissionen durch DSM-Projekte ist eine anspruchsvolle Aufgabe, die nur in einem mehrstufigen Prozeß bearbeitet werden kann. Im Vergleich zu dem Gutschriftenverfahren von Erzeugungstechnologien ergibt sich vor allem die besondere Schwierigkeit, daß die Wirkung der DSM-Programm weder in einer ex post-, aber vor allem bei einer ex ante-Betrachtung nicht mit derselben Genauigkeit bestimmt werden kann. Die Ursachen hierin liegen in folgenden Punkten begründet:

- Es liegen bislang nur beschränkt Erfahrungen mit DSM-Programmen vor.

- Die Erfahrungen in einem Land sind nicht unbedingt übertragbar auf ein anderes Land.

- Im gewerblichen und industriellen Bereich handelt es sich um eine Vielzahl von unterschiedlichen Technologien (sowohl der bislang angewandten, als auch der neu anzuwendenden).

- Das Verhalten der Anwender kann bezüglich des Investitionsverhalten als auch der Nutzung der Einspartechnologie von Land zu Land unterschiedlich sein.

- Neben der allgemeinen wirtschaftlichen Entwicklung können die konjunkturelle Situation oder auch sektorale Veränderungen Einfluß auf die Wirkung des DSM-Programms haben.

- Die Wirkung der DSM-Maßnahmen hängt vom richtigen Zeitpunkt der Einführung, von der Qualtität des Marketings sowie des Anreizsystems ab.

Diese Aspekte führen zwangsläufig dazu, daß Emissionsgutschriften **nicht auf der Basis von Projektplanungen** vergeben werden können, sondern daß eine Emissionsgutschrift nur in einem **mehrstufigen Prozeß** erlangt werden können.

Für die Erzielung von Emissionsgutschriften wird folgendes **Anerkennungsverfahren** vorgeschlagen:

In **Phase 1** reicht der Antragsteller die Beschreibung des DSM-Projektes ein, das er im Gastland durchführen möchte. In diesem Antrag müssen folgende Aspekte behandelt werden:

- Alle wichtigen Kenngrößen des DSM-Projektes (siehe Phase 4) müssen aufgeführt werden.

- Die energiewirtschaftlichen Rahmendaten des Gastlandes sowie die zu erwartende Energieeinsparung sowie die Wirkungen auf den Kraftwerkseinsatz und die CO_2-Emissionen müssen in Form einer nachvollziehbaren Machbarkeitsstudie beschrieben sein.

- Der Antragsteller muß ein Gast-EVU oder einen Kooperationspartner im Gastland vorweisen können.

- Bereits bei Einreichung des Antrags muß der Antragssteller ein Evaluierungskonzept vorlegen, das geeignet ist, die geplanten Energieeinsparungen und die damit zusammenhängenden CO_2-Emissionen zu quantifizieren.

- Die Dauer für die Umsetzung der DSM-Maßnahme sowie die Dauer der zu erwartenden Wirkung müssen beschrieben werden.

- Das Projekt muß ökologisch unbedenklich sein. Im Zweifelsfall ist ein Gutachten bei einer unabhängigen internationalen Organisation einzuholen.

- Der Antragsteller sollte Erfahrungen im eigenen Versorgungsgebiet bzw. Land vorweisen können.

In **Phase 2** wird der gestellte Antrag zunächst durch eine nationale Organisation geprüft und dann einer internationalen Organisation zur Bestätigung vorgelegt. Die Prüfung erstreckt sich jedoch nur auf die **prinizipielle Eignung** des Projektes zur Erlangung einer Emissionsgutschrift. Eine Zusicherung für eine bestimmte CO_2-Gutschrift kann in dieser Projektphase **nicht** erfolgen. Weiterhin können Auflagen bezüglich der Projektdurchführung oder zur Konzeption der Evaluation gemacht werden. Beispielsweise sollte bereits in dieser Phase festgelegt werden, welche Institution die Evaluation übernimmt und welche Schritte im Evaluationsverfahren dokumentiert sein müssen.

Für die Evaluation müssen unabhängige Ingenieurbüros und einschlägige wissenschaftliche Institute beauftragt werden, die aus einer von der internationalen Anerkennungsbehörde vorgelegten Liste von erfahrenen Contractoren ausgewählt werden müssen.

Nach dieser Vorprüfung kann zwischen folgenden drei Fällen unterschieden werden:

- Der Antragsteller erhält "grünes Licht". Dies bedeutet, daß er eine Emissionsgutschrift im Rahmen seiner ex post **nachgewiesenen** Energieeinsparung erwarten kann.

- Der Antragssteller bekommt bestimmte Auflagen für die Projektdurchführung. Er kann nur dann mit einer Emissionsgutschrift rechnen, wenn er die Auflagen erfüllt.

- Der Antragsteller erhält einen ablehnenden Bescheid. Dies heißt nicht, daß er das Projekt nicht durchführen darf. Es bedeutet jedoch, daß er keine Emissionsgutschrift erwarten kann.

In **Phase 3** wird das JI-Projekt durchgeführt. Dabei ist darauf zu achten, daß bestimmte Parameter bereits vor Beginn der konkreten DSM-Maßnahme im Rahmen des Evaluationkonzeptes ermittelt und dokumentiert werden müssen. Während der **Projektdurchführungen** müssen **alle wesentlichen Projektsschritte erfaßt und dokumentiert** werden.

Phase 4 besteht aus der konkreten **Beantragung eines Emissionskredits** durch die JI-Partner. Die Antragstellung erfolgt unmittelbar nach Abschluß der Projektumsetzung, bei mehrjährigen LCP-Projekten nach dem Abschluß einer ersten Evaluierungsphase nach 2 Jahren. Auf der Basis der ex post ermittelten Einsparung wird der Anspruch auf eine entsprechende Emissionsgutschrift erhoben. Die Emissionsgutschrift erfolgt jährlich und im Regelfall über die (zu definierende) Nutzungsdauer der eingesetzten Technologien.

In **Phase 5** wird der Antrag geprüft und über den **Emissionskredit** entschieden Hierbei bedient sich die internationale Organisation einer unabhängigen Expertengruppe, die die Evaluationsergebnisse und Berechnungen überprüft, bei Unsicherheit entsprechende Abschläge vornimmt und letztlich die Höhe der Emissionsgutschrift vorschlägt. Die internationale Organisation bewilligt auf der Basis dieser Empfehlungen einen entsprechenden Emissionskredit für den Investor des JI-Projektes. Der Emissionskredit entspricht der für das jeweilige Jahr errechneten CO_2-Einsparung. Die Kosten des Prüfverfahren werden aus einem Fonds bezahlt der von den Antragstellern im Rahmen der JI-Projekte zu speisen ist.

Es wird vorgeschlagen, nach einer Frist von etwa fünf Jahren für jedes Projekt eine **Nachuntersuchung** vorzunehmen. Bei dieser Analyse soll festgestellt werden, ob die von dem Antragsteller ermittelten und von der Expertengruppe geprüften Annahmen auch über einen längeren Zeitraum Gültigkeit haben. Bei betrügerischer Einflußnahme oder bei sehr starken Abweichungen vom Antrag sollte eine entsprechende Korrektur der Gutschrift vorgenommen werden.

5.2 Berichtswesen

Im folgenden soll auf die notwendigen Angaben eingegangen werden, die im Zusammenhang mit der Antragstellung in Phase 1 und 4 vom Antragsteller aufbereitet und bereitgestellt werden müssen.

- Der Antragsteller muß darstellen, welche alte Technologien durch welche neuen Technologien ersetzt werden sollen. Die zu erwartende Leistungseinsparung ist ebenso zu dokumentieren wie die anzunehmenden Nutzungsstunden pro Jahr vor und nach der Durchführung des JI-Programms.[29]

- Die voraussichtliche Entwicklung des Technologieeinsatzes (ohne JI-Maßnahme) im Zeitablauf ist darzustellen. In einer base-line ist darzustellen, wie hoch der Energieverbrauch (CO_2-Emissionen) in dem für das JI-Projekt betrachten Bereich ohne JI-Maßnahmen zu erwarten ist (base-line).

- In Phase 1 ist die voraussichtliche Energieeinsparung (vermiedenen CO_2-Emissionen), in Phase 4 die anhand von Evaluierungsergebnissen nachgewiesene Einsparung (vermiedenen CO_2-Emissionen) darzulegen. Hierzu sind Teilnehmerzahlen, durchschnittliche Leistungs- und Arbeitseinsparung pro Teilnehmer, Mitnehmer- und Mitgeberquoten sowie mögliche weitere Nebeneffekte des Programms (Rebound- oder Snapback-Effekte, Marktveränderungen) in Phase 1 ex ante und in Phase 4 ex post zu dokumentieren.

- Aus dem Zeitplan für die Umsetzung des Projektes ist in Phase 1 die zu erwartende Einsparung (vermiedene CO_2-Emissionen) im Zeitablauf und in Phase 4 die tatsächlichen Projektfortschritte darzulegen.

- Über die zu belegende durchschnittliche Nutzungsdauer der eingesetzten Technologien ist die zu erwartende langfristige Einsparwirkung (vermiedene CO_2-Emissionen) aufzuzeigen.

- Vergleichbare Referenzprojekte sind vom Antragsteller anzugeben und im Hinblick auf die Übertragbarkeit zu interpretieren.

- Über eine Kosten-Nutzen-Betrachtung ist darzustellen, welche Verteilungswirkungen durch die JI-Maßnahme zu erwarten ist. Hierzu sind Technik- und Umsetzungskosten sowie vermiedene Kosten zu erfassen und in geeigneter Weise gegenüber zu stellen.

- Der Berechnung der vermiedenen CO_2-Emissionen müssen realistische Annahmen über die Veränderung des Kraftwerkseinsatzes bei Durchführung der Einsparmaßnahme zugrunde liegen. Die Berechnungsgrundlagen werden in

---

[29] Hier können sich wesentliche Unterschiede bei der Einführung bedarfsabhängig gesteuerter Anlagen ergeben (z.B. Lüftungs- oder Lichtsteuerung).

diesem Punkt bereits in Phase 1 festgelegt. Der Wirkungsgrad des Referenzkraftwerks sowie die Leitungsverluste müssen dargestellt werden. Es muß dargelegt werden, in welchem Zeitraum die getroffenen Annahmen gelten. Bei einer Veränderung des Kraftwerksparks bzw. des Referenzkraftwerks sind die vermiedenen CO_2-Emissionen neu zu bestimmen.

6 Zusammenfassung der Ergebnisse

1. Ohne Zweifel gibt es in den Schwellen- und Entwicklungsländern sowie in den Ländern Osteuropas Energieeinsparpotentiale, die noch geringere spezifische Kosten aufweisen als die in Deutschland erschließbaren Einsparpotentiale. Die mit der Realisierung von Einsparpotentialen verknüpften CO_2-Emissionsminderungen sind daher bei gleichem Primärenergieeinsatz im Regelfall höher als in Deutschland oder in anderen Industrieländern, da die Anlagenwirkungsgrade (Heizkessel bzw. Kraftwerke) niedriger sind. Insofern spricht a priori viel dafür, durch gemeinsame Klimaschutzaktivitäten im Rahmen von JI kostenminimale Lösungen zum beiderseitigen Nutzen von Projektpartnern (Vertragsstaaten) zu suchen.

Anhand des hier untersuchten DSM-Programms zur effizienten Beleuchtung in Haushalten läßt sich darüberhinaus zeigen, daß es im Rahmen von JI DSM-Programme gibt, die die auf der Vertragsstaatenkonferenz in Berlin festgelegten Kriterien für die AIJ-Phase erfüllen können. Wichtige Kriterien sind zum Beispiel:

- Kompatibilität mit den Umwelt- und Entwicklungszielen der gastgebenden Staaten
- reale, meßbare Langzeitemissionsminderung
- zusätzliche Finanzierung

Die genannten Kriterien reichen jedoch nicht aus, um einen JI-Mechanismus ökonomisch zu begründen. Vor allem müssen die Randbedingungen und Nutzen/Kosten-Verhältnisse präzisiert werden, unter denen es im jeweiligen ökonomischen Interesse von Projektpartnern in Annex-I- bzw. Nicht-Annex-I-Ländern ist, JI-Maßnahmen umzusetzen.

2. Eine entscheidende Voraussetzung für die Praktikabilität von DSM-JI-Maßnahmen ist, daß eine international überprüfbare Verifikation der vermiedenen CO_2-Emissionen möglich ist. Dies wirft bei DSM-Projekten besondere Probleme auf.

Das untersuchte Energiesparlampenprogramm zeigt, daß die durch ein DSM-JI-Programm erzielten Reduktion der CO_2-Emissionen im Gastland unter den hierfür spezifischen technologischen und energiewirtschaftlichen Randbedingungen mit hinreichender Genauigkeit ermittelt werden kann. Vor allem kann dabei an die pragmatischen Lösungsansätze und vorliegenden Erfahrungen mit nationalen Regulierungsverfahren (z.B. in den USA, aber auch zunehmend in der Bundesrepublik) angeknüpft werden.

Allerdings kommen für die Verifikation im internationalen Maßstab vor allem Expertenschätzungen und Hochrechungen in Frage, weil Messungen zu langwierig, in vielen Fällen unpraktikabel und bei kleineren Kunden generell zu teuer wären. In Einzelfällen, zum Beispiel bei großen bilateralen Energiesparprojekten in der Industrie, sollten allerdings auch Messungen berücksichtigt werden, um einen Mißbrauch auszuschließen.

In Ländern, wie in den USA, mit langjährigen Erfahrungen mit einer LCP-orientierten Anreizregulierung sind standardisierte Test-, Schätz- und Evaluierungsmethoden zur Bewertung der komplexen monetären Auswirkungen von LCP-Programmen entwickelt worden. Die dabei angewandten monetären Nutzen-Kosten-Tests sind in ihrem Komplexitätsgrad vergleichbar mit den im Rahmen von JI anzuwendenen Verfahren.

Bei DSM-JI-Programmen muß generell mit "weicheren" Daten als beim Projekttyp "Kraftwerke" operiert werden. Andererseits können jedoch, ohne die Anreizwirkung zu stark zu senken, Abschläge wegen der Unsicherheit von Daten berücksichtigt werden. Denn die Nachteile von DSM-Projekttypen bei der Verifikation gegenüber angebotsorientierten JI-Projekten werden durch die wirtschaftlichen sowie industrie- und entwicklungspolitischen Vorteile von Effizienzmaßnahmen im Regelfall deutlich überkompensiert.

3. Für die Simulation von DSM-JI-Maßnahmen sollten von vornherein die wirtschaftlichen Auswirkungen auf beide Partner (Partnerländer) in die Prüfung der Operationalisierbarkeit mit einbezogen werden. Während bei Kraftwerken die zusätzliche Anreizwirkung eines JI-Emissionskredits für den Investor evident ist und viele Erfahrungen mit Joint Ventures bereits vorliegen, muß für DSM-Programme zunächst einmal gezeigt werden, unter welchen wirtschaftlichen Voraussetzungen und Rahmenbedingungen derartige Kooperationslösungen zwischen zwei Partner-EVUs zustande kommen und welche Anreize bzw. Hemmnisse für die Durchführung von LCP-Programmen bestehen. DSM-Programme sind nämlich mit entgangenen Erlösen für das EVU im Gastland verbunden und evaluierte Erfahrungen über die gemeinsame Umsetzung liegen bisher noch kaum vor. Eine wichtige Rolle spielt beim hier diskutierten Simulationsfall die Frage, ob durch die Kreditierung ein zusätzlicher ökonomischer Anreiz entsteht, bestehende Hemmnisse durch gemeinsame DSM-JI-Programme besser zu überwinden.

Die Einbeziehung der wirtschaftlichen Effekte in Simulationsbeispiele für DSM-JI-Maßnahmen ist aber auch aus einem anderen Grund sinnvoll: Energiesparmaßnahmen sind aus der Perspektive der Gastländer häufig "Least-Cost"- bzw. "No Regret-"Optionen. Das heißt sie sollten ohnehin durchgeführt werden, auch wenn es keine aktive Klimaschutzpolitik und keine

Emissionsreduktionspflichten gibt. Allerdings handelt es sich bei „No Regret"-Optionen häufig um „eigentlich wirtschaftliche, aber gehemmte Potentiale" Dies bedeutet, daß ihre Erschließung im marktwirtschaftlichen Selbstlauf nicht automatisch erfolgt, sondern daß sich ihre volkswirtschaftlichen Vorteile nur im Zuge eines gezielten Hemmnisabbaus erschließen lassen. Diese Voraussetzungen werden insbesondere noch lange Zeit für Nicht-Annex-I-Länder gelten. DSM-JI-Maßnahmen zwischen Nicht-Annex-I- und Annex-I-Ländern kommen daher nur zustande, wenn Nicht-Annex-I-Länder ohne bindende Emissionsreduktionspflichten von der volks- und betriebswirtschaftlichen Vorteilhaftigkeit von DSM-JI-Maßnahmen in ihren Ländern durch Pilotprogramme überzeugt werden können.

4. Mit dem hier simulierten DSM-JI-Programm läßt sich die Effizienz der Haushaltsbeleuchtung in Poznan deutlich steigern und - da das Programm kosteneffizient ist - gleichzeitig eine beträchtliche Reduktion der Stromrechnung für die teilnehmenden Haushalte erreichen. Die durch dieses Programm erzielten spezifischen Kosten pro eingesparte kWh sind geringer, als die Kosten der Alternativen: eine Stromerzeugung in einem neu zu bauenden polnischen Kohlekraftwerk oder in einem bereits bestehenden konventionellen Steinkohlekraftwerk. Es ist wahrscheinlich, daß der wirtschaftliche Vorteil eines vergleichbaren DSM-JI-Programms in einem Entwicklungsland eher noch größer sein wird als in Polen.

Anhand von Kosten-Nutzen-Analysen kann gezeigt werden, daß die gleichwohl bestehenden Hemmnisse für die Umsetzung von DSM-JI-Programmen vor allem bei den fehlenden wirtschaftlichen Anreizen und mangelnden energiewirtschaftlichen Rahmenbedingungen im Gastland liegen. Interessanterweise unterscheiden sich aber diese Hemmnisse nur wenig von den Schwierigkeiten bei der flächenhaften Umsetzung von LCP-Projekten in Deutschland oder anderen Industrieländern.

5. Vor allem zeigt sich, daß die einfache ökonomische Fragestellung "Wo kann mit knappen Kapital die größte CO_2-Einsparung erzielt werden?" am eigentlichen Kern eines DSM-JI-Projekts vorbeigeht und zu den Realisierungschancen von JI keine Aussage erlaubt.. Denn mit der Umsetzung eines DSM-Programms sind eine Reihe von komplexen ökonomischen Auswirkungen auf der gesellschaftlichen, volkswirtschaftlichen und betriebswirtschaftlichen Ebene im Gastland bzw. im Land des investierenden EVU verbunden, die eine Bewertung einer Maßnahme allein unter dem vereinfachten Blickwinkel der geringsten Investitionskosten pro eingesparte Tonne Kohlendioxid als vollständig unzureichend erscheinen lassen.

Die CO_2-Vermeidungskosten können allenfalls als ein zusätzliches Kritierium herangezogen werden, wenn der prinzipielle Entschluß zur Durchführung von LCP-Programmen als JI-Maßnahme zwischen zwei Partnern bereits gefaßt ist und nur noch die Entscheidung zwischen unterschiedlichen Programmvarianten ansteht. In solchen direkten Vergleichsfällen könnte auch in einem internationalen Verifikationsverfahren die Höhe der CO_2-Vermeidungskosten mit dafür ausschlagebend sein, eine bestimmte Variante auszuwählen.

Im Rahmen dieses Projektes wurde eine aus der nationalen Regulierungs- und Evaluierungspraxis abgeleitete Bewertungsmethode verwendet, die es erlaubt, die Kosten von Energiedienstleistungen in systematischer Weise und unter Einbeziehung der Lastwirkungen von NEGAWatt-Programmen mit den vermiedenen Kosten des Energieversorgungssystems inklusive der externen Kosten[30] zu vergleichen.

Die Erfahrungen mit möglichen Kooperationspartnern wie dem Energieversorger Energetyka Poznanska bestätigen die Erkenntnis, daß DSM-Programme zu ungewohnten Umverteilungswirkungen innerhalb der Energiewirtschaft eines Landes führen, die Widerstände der betroffenen Akteure hervorrufen können. Im vorliegenden Simulationsfall stieß das vorgeschlagene Programm unter den derzeitigen energiewirtschaftlichen Randbedingungen in Polen auf Ablehnung, weil es einerseits den Absatz des Energieversorgungsunternehmens reduziert und andererseits zu einer geringeren Auslastung der polnischen Kraftwerksanlagen und Kohlegruben geführt hätte. Der hohe volkswirtschaftliche bzw. gesellschaftliche Vorteil, der durch das Programm erzielt werden könnte, traten angesichts dieser dominanten kohle- und industriepolitischen Ziele in den Hintergrund.

Derartige Hemmnisse treten jedoch auch auf nationaler Ebene auf und sind kein Spezifikum von JI-Maßnahmen. Im Gegenteil: Durch einen etablierten JI-Mechanismus mit Kreditierung würden sich neue Chancen ergeben, diese Hemmnisse in den beteiligten Partnerländern eher zu überwinden

6. Grundsätzlich erscheint ein JI-Mechanismus daher als geeignet, die aus Gründen des kosteneffektiven Klimaschutzes erwünschte beschleunigte Markteinführung von Energiesparprogrammen (insbesondere DSM/LCP/IRP-Programme und Contracting-Aktivitäten) weltweit zu fördern. Denn die **bisher vorhandenen Hemmnisse** zur Umsetzung von selbständigen nationalen LCP-Programmen (fehlende Rahmenbedingungen für eine Umkehr der

[30] Hierbei werden externe Kosten durch CO2-Belastung sowie durch konventionelle Schadstoffe (SO2, NOx, Staub) unterschieden.

Anreizstruktur) können bei einer **gemeinsamen Durchführung** in Rahmen von JI-Programmen leichter überwunden werden.

Die besondere Anreizwirkung eines internationalen JI-Mechanismuss für eine beschleunigte Umsetzung von LCP-Programmen ergibt sich einerseits daraus, daß **die Kosten** eines im nationalen Rahmen zwar prinzipiell kosteneffektiven, aber an nationalen Hemmnissen gescheiterten LCP-Programms im Rahmen von JI auf zwei internationale Partner verteilt und durch die Kreditierung teilweise kompensiert werden können. Im hier simulierten Fall, werden zum Beispiel die Technikkosten (für ein für die Kunden in Polen kostenloses Direktinstallationsprogramm) von den Stadtwerken Hannover getragen und von SWH im Rahmen einer (in dieser Studie angenommenen) Steuergutschrift sogar überkompensiert. Insofern besteht für SWH ein Anreiz zur Durchführung der JI-Maßnahme. EP muß nur noch die Programmkosten und die entgangenen Deckungsbeiträge durch die Energieeinsparung über eine marginale gewinnneutrale Preisanhebung finanzieren.

Der besondere Nutzen dieses Programms zur CO_2-Vermeidung ergibt sich andererseits dadurch, daß auf Grund der schlechteren Kraftwerkswirkungsgrade durch jede eingesparte Kilowattstunde in Polen cet. par. mehr CO_2 vermieden werden können, die Programmkosten geringer und die Teilnehmerraten in Polen wegen der bisher geringeren Marktdurchdringung höher ausfallen werden als in der Bundesrepublik. Unter diesen Voraussetzungen und Randbedingungen ist es also gerechtfertigt davon zu sprechen, daß **der klimapolitische Gesamtnutzen** (die CO_2-Vermeidung) dieses LCP-Programms durch seine Realisierung im Rahmen eines JI-Mechanismus größer ist als wenn das Programm nur in Deutschland durchgeführt worden wäre. Mit der Summe aller Investitionen (Technikkosten/SWH plus Programmkosten/EP) konnten mehr und billiger CO_2-Emissionen vermieden werden als bei einem entsprechenden Programm in der Bundesrepublik.

7. Damit sind aber die in der Unternehmenspraxis und für die Praktikabilität von JI-Maßnahmen relevanten Nutzen/Kosten-Verhältnisse noch nicht erfaßt. Zunächst kann prinzipiell festgestellt werden, daß den Kosten die ein DSM-Programm verursacht, auf der anderen Seite ein Nutzen gegenüber steht. Dieser besteht nicht nur aus "vermiedenen Tonnen CO_2". In dem betrachteten Fall steht den Kosten (Einspartechnik und Umsetzungskosten) ein volkswirtschaftlicher Nutzen (vermiedene Stromkosten) gegenüber, der deutlich höher ist als die Kosten. Mit anderen Worten: Die Kosten pro eingesparter kWh sind niedriger als die entsprechenden Strombeschaffungskosten (vermiedene Grenzkosten der Erzeugung und Verteilung). Bei einer Durchführung des DSM-

Programm sinken somit die Kosten für die erbrachte Energiedienstleistung "Beleuchtung". Dementsprechend ergibt sich aus volkswirtschaftlicher Sicht ein ökonomischer Vorteil des Einsparprogramms gegenüber der Beschaffung aus einem Kohlekraftwerk. Volkswirtschaftlich gesehen handelt es sich also um "negative Kosten", das heißt es fällt ein zusätzlicher Ertrag ab.

Darüber hinaus wird durch das Einsparprogramm generell die Umwelt entlastet: die Emissionen an Stickoxiden, Schwefeldioxid und Staub nehmen ab. Faßt man diesen Aspekt zusammen mit dem Nettonutzen des Einsparprogramms, so kann man von einem gesellschaftlichen Vorteil auf der nationalen Ebene sprechen. Zusätzlich werden durch die Maßnahme auch jene Kohlendioxidemissonen vermieden, die durch die unkritische Anwendung des Indikators "C02-Vermeidungskosten" häufig zum alleinigen Entscheidungskriterium hochstilisiert werden.

Die Differenz zwischen den vermiedenen Kosten der Strombeschaffung sowie den externen Kosten (konventionelle Schadstoffe und Klimagase) einerseits und den Programmkosten (Technik- und Umsetzungskosten) andererseits, wird als gesellschaftlicher Vorteil auf globaler Ebene bezeichnet.

Erst auf dieser differenzierten Nutzen/Kosten-Analyseebene können auch die Verteilungsfragen und möglichen Interessenkollisionen zwischen den Partnern genauer untersucht werden. Zum Beispiel hätte im vorliegenden Fall SWH ein Interesse daran, daß gegen ein bestehendes ineffizientes Referenz-Kohlekraftwerk gerechnet und damit die CO_2-Gutschrift für die vermiedenen CO_2-Emissionen mit 1237 g CO_2/pro eingesparte kWh (statt mit 770 g CO_2/kWh bei einem neuen Kraftwerk) bewertet wird. Für EP bedeutet dies andererseits, daß nur die kurzfristigen, statt den langfristigen Grenzkosten als vermiedene Kosten berücksichtigt werden würden. Hier sind offenbar Ausgleichzahlungen zwischen den Partnern zum beiderseitigen Nutzen möglich und notwendig (dies gilt umso mehr, wenn die vermiedenen "externen Kosten" einbezogen werden).

8. Es wäre ein verhängnisvoller Trugschluß, wenn aus den Nutzen/Kosten-Verhältnissen der untersuchten LCP-JI-Maßnahme gefolgert würde, daß deutsche EVU besser im Ausland als im eigenen Versorgungsgebiet investieren sollten. Zwar ergibt sich in unserem Rechenbeispiel für die Stadtwerke Hannover insofern durch das JI-Mechanismus ein Anreiz, weil die Investitionskosten für das Energiesparlampenprogramm in Polen durch eine entsprechende nationale Steuergutschrift überkompensiert werden kann. Wenn die Höhe der Gutschrift allerdings für eine Überkompensation nicht ausreicht, müßten SWH am in Polen realisierten volkswirtschaftlichen Vorteil des Programms beteiligt werden. Um in den Genuß einer entsprechenden Emissionsgutschrift und/oder zusätzlicher Transferzahlungen durch das

Empfänger-EVU zu kommen, müssen zwei elementare Voraussetzungen vorliegen:

a) das Investor-EVU braucht ein Gast-EVU, das zu einem entsprechenden Arrangement bereit ist

b) das Gast-EVU braucht Know-how, wie ein entsprechendes Programm mit möglichst großer Kosten- und CO_2-Vermeidungseffizienz durchführt werden kann.

Beide Voraussetzungen können nur geschaffen werden, wenn das Investor-EVU sich durch LCP-Programme im eigenen Versorgungsgebiet auf entsprechende praktische Erfahrungen stützen kann.

9. Bislang existieren nur wenige DSM-Programmtypen und geeigente Effizienztechnologien, die eine für die Kreditierung hinreichend genau quantifizierbare Energieeinsparung und CO_2-Emissionsminderung erlauben. Diese Situation würde sich allerdings mit fortschreitender Erfahrung bei der Durchführung von LCP-Projekten vor allem auch in den Annex-I-Ländern selbst verbessern.

Im Interesse des internationalen Klimaschutzes wäre daher besonders wünschenswert und als Know-how Basis für umfassende DSM-JI-Aktivitäten auch unverzichtbar, die in den Industrieländern möglichen LCP-Potentiale möglichst umfassend zu erschließen. Diese können zum Beispiel in Deutschland mit einer gesamten Leistungseinsparung von etwa 18.000 GW abgeschätzt werden, was etwa einem Viertel der benötigten Kraftwerkskapazität entspricht (Hennicke/Seifried 1994).

Die Erschließung dieses Potentials wäre mit einem erheblichen volkswirtschaftlichen Vorteil verbunden: Die volkswirtschaftliche Stromrechnung würde bei unveränderten stromspezifischen Dienstleistungen um 10 Mrd. DM pro Jahr sinken. Würde durch derartige umfassende Programme in Annex-I-Ländern demonstriert, daß selbst auf dem relativ hohem Effizienzniveau eines Industrielandes noch erhebliche volkswirtschaftliche und klimapolitische Vorteile aus DSM-Programmen möglich sind, wäre dies gerade auch für Entwickungsländer ein überzeugendes Argument, sich an freiwilligen JI-Aktivitäten zusammen mit Annex-I-Ländern aktiv zu beteiligen.

Die Intensivierung einer DSM-Strategie in den Industrieländern würde also für die Länder der Dritten Welt direkt oder durch die Durchführung von DSM-JI-Aktivitäten indirekt einen hohen Nutzen erbringen: Zum einen ließen sich aus den Erfahrungen mit der Umsetzung von LCP-Programmen wichtige Erkenntnisse für die Umsetzung in anderen Ländern ziehen. Zum anderen würde im Rahmen eines etablierten JI-Mechanismus für EVU in den

Industrieländern ein zusätzlicher Anreiz geschaffen, die durch eigene LCP-Programme gewonnenen Erfahrungen auf andere Länder und insbesondere auch auf Entwicklungsländer zu übertragen.

Literatur

Anderson, Robert, J.: Joint Implementation of Climate Change Measures.The World Bank. Environment Department Papers, No 005, March 1995.

Boyle, Stewart/Ledbetter, Marc/Sturm, Russell: Efficient Residential Lighting in Poland: An Innovative IFC/GEF Project. 3rd European Conference on Energy-Efficent Lighting.

Climate Network Europe: Joint Implementation from a European NGO Perspective. Brussels 1994.

Der Fischer Weltalmanach 1996. Frankfurt am Main 1995.

Deutsch-Polnische Kommission für nachbarschaftliche Zusammenarbeit auf dem Gebiet des Umweltschutzes: Kraftwerke und Tagebaue beiderseits der deutsch-polnischen Grenze. Berlin, Warschau 1995.

Energetyka Poznanska S.A.: Annual Report 1994.

FEWE, Polish Foundation for Energy Efficiency, Warsaw, November 1993. CFL Market Profile. Report prepared for International Finance Corporation.

FEWE, Polish Foundation for Energy Efficiency, Warsaw, November 1993. Poland Lighting Project. Report prepared for International Finance Corporation.

Gadgil, A.J./Sastry, A.: Stalled on the road to the market. Lessons from a project promoting lighting efficiency in India, Energy Policiy, 2/1994.

GEF 1996 (Gobal Environment Facility): Quarterly Operational Report, Washington DC, USA, April 1996.

Hennicke, P./Seifried, D.: Endbericht "Least-Cost Planning" im Augtrag der "Gruppe Energie 2010", Wuppertal/Freiburg, 1994.

Herold, Anke: Joint Implementation im Klimaschutz. Analyse der ersten Projekte. Robin Wood Bonn 1995.

Loske, R.: Kompensationsmaßnahmen in der nationalen und internationalen Klimapolitik, in: Energiewirtschaftliche Tagesfragen, Heft 5/1993.

Luhmann, H.J. u.a. Praktische Durchführung von Joint Implementation im Bereich fossiler Kraftwerke. Zwischenbericht im Auftrag des Bundesministeriums für Umwelt, Wuppertal-Institut für Klima, Umwelt, Energie GmbH, Mai 1995.

Luhmann, H.J/Weizsäcker E.U.: Chancen der politischen Umsetzung von JI-Projekten, in : Energiewirtschaftliche Tagesfragen, Heft 6/1996.

Marnay, C./ Shukman I./ Johansen, S.: An Environmentally Driven Power Supply Expansion Plan for Poland, in : Fourth International Energy Efficiency & DSM Conference, Berlin, October 1995.

Michaelowa, A.: Internationale Kompensationsmöglichkeiten zur CO2-Reduktion unter Berücksichtigung steuerlicher Anreize und ordnungsrechtlicher Maßnahmen. HWWA-Institut für Wirtschaftsforschung Hamburg 1995, HWWA-Report Nr. 152.

Oberthür, S./Ott, H.: Stand und Perspektiven der internationalen Klimapolitik, in : IPG 4/1995, S. 399-415.

RCG/Hagler, Bailly: Demand Management in Poland, Assessment and Pilot Program. Report prepared for US Agency for International Development.

Rentz,O./Jattke, A./Lüth, O., Schöttle H./Wietschel, M.: Strategies for Reducing Emissions and Depositions in Central and Eastern European Countries. An Integrated Analysis for International Strategies. Institute for Industrial Production (IIP) - University of Karlsruhe, 1995.

Sathaye, J. u.a.: Economic analysis of Ilumex. A Project to promote energy-efficient residential lighting in Mexico, in Energy Policy, February 1994.

ThemaNord: Joint Implementation as a Measure to Curb Climate Change. Nordic perspectives and prioroties. A report prepared by the ad hoc group on climate strategie in the energy sector under the Nordic Council of Ministers, Strockholm, Oslo 1995.

Anhang: Umfassende Kosten-Nutzen-Analysen für das DSM-Projekt

A1 Überblick und Problemaufriß

Im Hauptteil wurde darauf hingewiesen, daß eine Bewertung von JI-Projekten unter dem Aspekt der aufzubringenden Investitionskosten pro Tonne CO_2 zu falschen Schlüssen bzw. zu irrelevanten Ergebnissen führen kann.

Die entscheidenden - nur durch umfassende Kosten/Nutzen-Analysen zu beantwortenden - Fragen sind:

Welcher Nutzen steht der Investition auf der volkswirtschaftlichen und gesellschaftlichen Ebene im Gastland gegenüber? Welchen volkswirtschaftlichen und gesellschaftlichen Nutzen hätte dasselbe Projekt bei einer Investition im Inland?

Wie wirkt sich die Investition bzw. das Projekt auf die betriebswirtschaftliche Bilanz des Partnerunternehmens im Gastland und auf die Bilanz des agierenden Unternehmens im Vergleich zu möglichen Alternativen aus?

Hat das Energieversorgungsunternehmen im Gastland die Möglichkeit, entgangene Erlöse durch Preiserhöhungen zu kompensieren?

Welche Interessengruppen im Gastland werden durch das Programm berührt? Wie verteilt sich der Nutzen durch das JI-Projekt?

Bevor in den folgenden Abschnitt eine quantitative Analyse vorgenommen wird, sollen im folgenden zunächst die prinzipiellen ökonomischen Wirkungen des Einsparprogramms in qualitativer Form dargestellt werden. Dabei werden folgende Ebenen unterschieden:

die globale Ebene,

die gesellschaftliche Ebene,

die volkswirtschaftliche Betrachtungsebene,

die betriebswirtschaftliche Betrachtungsebene aus Sicht von EP (kurz- und langfristig) sowie aus Sicht der Stadtwerke Hannover,

die Kunden-Perspektive,

Betrachtung aus der Sicht der Vorlieferanten von EP.

Zunächst kann prinzipiell festgestellt werden, daß den Kosten die ein DSM-Programm verursacht, auf der anderen Seite ein Nutzen gegenüber steht. Dieser besteht nicht nur aus einer Angabe in Form von "vermiedenen Tonnen CO_2". In dem betrachteten Fall steht den Kosten (Einspartechnik und Umsetzungskosten) ein volkswirtschaftlicher Nutzen gegenüber, der deutlich höher ist als die Kosten (siehe Abb. A1). Mit anderen Worten: die Kosten pro eingesparter kWh sind niedriger als die entsprechenden Strombeschaffungskosten (vermiedene Grenzkosten der Erzeugung und Verteilung) mit Hilfe eines Kraftwerks. Bei einer Durchführung des DSM-Programm sinken somit die Kosten für die erbrachte Energiedienstleistung "Beleuchtung". Dementsprechend ergibt sich aus volkswirtschaftlicher Sicht ein ökonomischer Vorteil des Einsparprogramms gegenüber der Beschaffung über ein konventionelles Kohlekraftwerk. Volkswirtschaftlich gesehen handelt es sich also um "negative Kosten", das heißt es fällt ein zusätzlicher Ertrag ab.

Darüber hinaus wird durch das Einsparprogramm die Umwelt entlastet: die Emissionen an Stickoxiden, Schwefeldioxid und Staub nehmen ab. Faßt man diesen Aspekt zusammen mit dem Nettonutzen des Einsparprogramms, so kann man von einem gesellschaftlichen[31] Vorteil auf der nationalen Ebene sprechen.

Zusätzlich werden durch die Maßnahme auch Kohlendioxidemissonen vermieden. Da die Wirkung einer steigenden Kohlendioxidkonzentration globaler Art ist, fällt der Nutzen der Maßnahme auch nicht direkt auf der nationalen Ebene an. Im Zusammenhang mit einer internationalen Klimavereinbarung könnte der Wert der vermiedenen CO_2-Emissionen festgelegt werden und einzelnen Maßnahmen gutgeschrieben werden. Die Differenz zwischen den vermiedenen Kosten der Strombeschaffung sowie den externen Kosten (konventionelle Schadstoffe und Klimagase) einerseits und den Programmkosten (Technik- und Umsetzungskosten) andererseits, wird hier als gesellschaftlicher Vorteil auf globaler Ebene bezeichnet.

[31] Im Unterschied zu einer volkswirtschaftlichen Betrachtungsweise werden bei einer gesellschaftlichen Betrachtungsweise zusätzlich die externen Kosten der zu betrachtenden Alternativen in die Kalkulation einbezogen.

Abbildung A1: Kosten-Nutzen-Vergleich für ein DSM-Projekt aus volks- bzw. gesellschaftlicher Perspektive

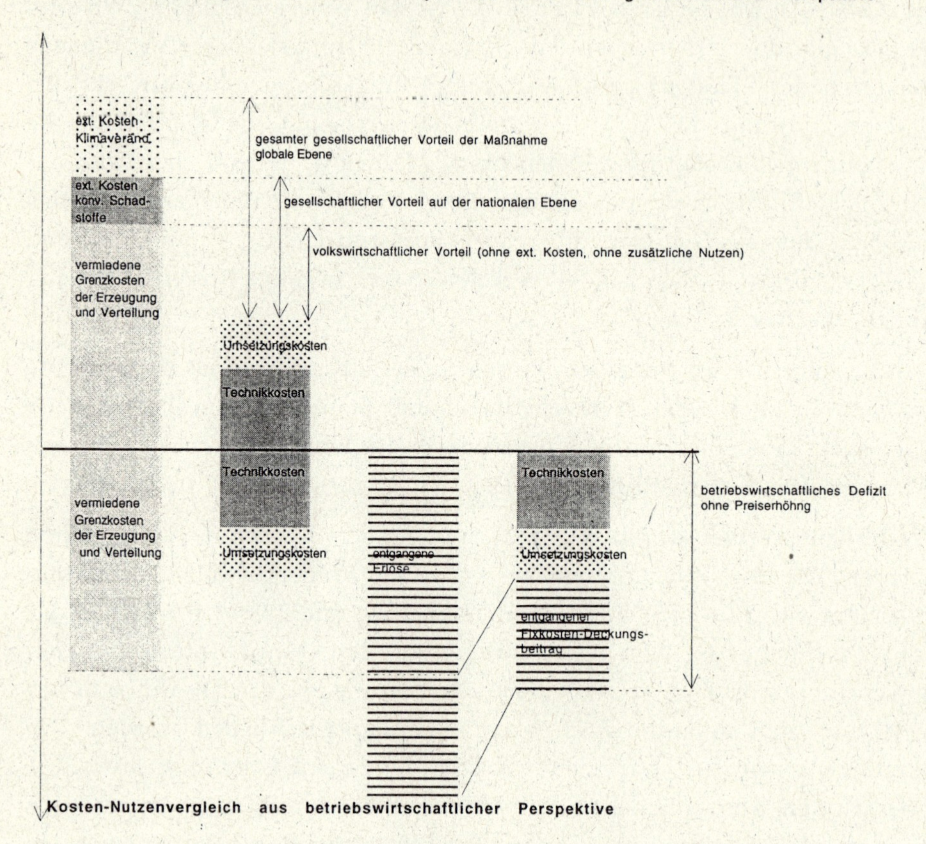

Bei der Durchführung des oben beschriebenen JI-Projektes würden die Stadtwerke Hannover die Technikkosten übernehmen und als Gegenleistung die Gutschrift erhalten, die für die Vermeidung von CO_2-Emissionen festgelegt wurde. Im Versorgungsgebiet von EP würde ein volkswirtschaftlicher Vorteil durch die kostengünstigere Versorgung mit Energiedienstleistungen entstehen sowie ein zusätzlicher Vorteil durch vermiedene externe Kosten. Der volkswirtschaftliche Vorteil des Programms wird für Poznan dadurch erhöht, daß die Stadtwerke Hannover die Technikkosten für das Lampenprogramm übernehmen.

Dennoch ist dieses Programm für den Energieversorger der Region, EP, nur dann in betriebswirtschaftlicher Hinsicht rentabel, wenn EP eine Umlagefinanzierung aller Kosten und entgangenen Deckungsbeiträge über die Preise vornehmen kann, so daß sein Gewinn zumindest nicht sinkt. Er muß zwar nur die Umsetzungskosten und die Prämien für das Programm tragen, doch geht sein Absatz entsprechend der Einsparung zurück. Sofern seine Abgabepreise über den Kosten der Strombeschaffung liegen, wird das Unternehmen durch die Durchführung des Programms ein Defizit erwirtschaften. Dieses Defizit setzt sich aus den entgangenen Fixkosten-Deckungsbeiträgen sowie den Umsetzungskosten (einschließlich Prämien) zusammen.

Der Versuch, die volkswirtschaftliche Rentabilität von CO_2-Vermeidungsmaßnahmen allein durch ein einfaches Verhältnis von Investitionen und vermiedenen Tonnen CO_2 darzustellen, muß also vor diesem Hintergrund scheitern. Zum einen, weil es andere wesentliche Nutzenaspekte außer Betracht läßt, und zum anderen weil die **Verteilung von Kosten und Nutzen** auf den unterschiedlichen Ebenen nicht betrachtet wird.

So ist zwar zu erwarten, daß das vorgeschlagene Programm für Haushalte in Polen mit geringeren Investitionen und höheren CO_2-Einsparungen durchgeführt werden kann als in Hannover. Es macht jedoch einen wesentlichen Unterschied für die Bewertung aus volkswirtschaftlicher Sicht oder aus Sicht der Kunden, ob dieses Programm im Versorgungsgebiet der Stadtwerke Hannover oder in Poznan durchgeführt wird, weil dabei jeweils die spezifischen Kosten/Nutzen-Verhältnisse in Hannover bzw. in Poznan zu berücksichtigt werden müssen. Im folgenden werden Kosten und Nutzen auf den verschiedenen Ebenen quantifiziert und zusammengestellt.

A2 Kosten-Nutzenbetrachtung

2.1 Volkswirtschaftliche Ebene

Aus dem Vergleich der Kosten der Einsparmaßnahme mit den langfristig vermiedenen Kosten der Erzeugung errechnet sich der volkswirtschaftliche Vorteil des Programms über die gesamte Nutzungsdauer. Geht man von langfristig vermiedenen Grenzkosten der Strombeschaffung aus, die weiter oben mit 7,5 US-Cents errechnet wurden so ergibt sich für das vorgeschlagene DSM-Programm über die betrachtete Laufzeit von acht Jahren ein volkswirtschaftlicher Vorteil von netto 14,4 Mio. US-Dollar. In diesem Betrag sind also die Investitionen, die durch EP, die Stadtwerke Hannover und die Kunden investiert wurden, bereits berücksichtigt (siehe Abb. 2b)

Wird von einer volkswirtschaftlichen Situation ausgegangen, in der über längere Frist (z.B. 10 Jahre) eine Überkapazität an Kraftwerken sicher absehbar ist, so mag es gerechtfertigt sein, die Kosten des DSM-Programms an den kurzfristig vermiedenen Grenzkosten zu messen. In diesem Falle würde der volkswirtschaftliche Vorteil 1,3 Millionen US-Dollar betragen. Mit anderen Worten: das Einsparprogramm ist sogar kostengünstiger als die reinen Betriebskosten eines bestehenden Kohlekraftwerks (siehe Abb. 2a).

2.2 Gesellschaftliche Ebene

Weiter oben wurde gezeigt, daß bei der üblichen Kennziffer $/Tonne CO_2 nur die Kosten der Umweltbelastung durch CO_2-Emissionen in die Betrachtung einfließen. Tatsächlich spielen jedoch auch die externen Kosten der konventionellen Schadstoffe (NO_x, SO_2, Staub) eine wichtige Rolle für die Bewertung von Maßnahmen. Für das dargestellte DSM-Programm wurde im Basisfall mit folgendem Datensatz gerechnet:

Tab. A1: Vermiedene externe Kosten im Basisfall

Monetarisierung der Schadstoffkosten mit Datensatz GEMIS 2				
	Durchschnitts	externe Kosten	spez. externe Kosten	
	bestehende Anlagen			
	g/kWhel	DM/t Schadsto	DM/kWh el	US$/kWh el
SO2	12,6	5000	0,0631	0,0421
NOx	3,1	4400	0,0137	0,0092
Staub	-*	1000	0,0110	0,0073
CO2	1237	50	0,0619	0,0412
Summe konventionelle Schadstoffe			0,0878	0,0585
* keine Angaben verfügbar, es wurde mit dem Grenzwert für neue Anlagen übernommen				

Wendet man die in der Tabelle zusammengestellten externen Kosten auf das DSM-Programm an, so errechnen sich vermiedene externe Kosten von insgesamt 27 Millionen US-Dollar. Davon entfallen rund 11 Millionen US-Dollar auf die CO2-Emissionen und 16 Millionen US-Dollar auf konventionelle Schadstoffe.

Die konventionellen Schadstoffe ziehen in der Regel lokale und regionale Auswirkungen nach sich[32]. Deshalb ist es unter volkswirtschaftlichen Aspekten nicht unwichtig, ob die Emissionen in der eigenen Volkswirtschaft oder in einer anderen Volkswirtschaft vermieden werden. Dies soll keineswegs als Plädoyer verstanden werden, nur Projekte durchzuführen, die direkt der eigenen Wirtschaft zugute kommen. Eine klar abgegrenzte ökonomische Nutzen-Kosten-Bewertung von Maßnahmen verlangt jedoch, daß diese räumlichen Verteilungsaspekt klar herausgearbeitet werden.

Im Varianten-Fall gehen wir davon aus, daß die Stromeinsparung den Zubau eines neuen Kraftwerks verhindert. Die zugrundegelegten Daten sind in der Tabelle A2 zusammengestellt:

Tabelle A2: Vermiedene externe Kosten "Variante" (Zubau eines modernen Kohle-Kraftwerks unterstellt)

Monetarisierung der Schadstoffkosten mit Datensatz GEMIS 2.0				
	Grenzwert Neubau	externe Kosten	spez. externe Kosten	
	g/GJ PE	DM/t Schadsto	DM/kWh el	US$/kWh el
SO2	650	5000	0,026	0,01733333
NOx	35	4400	0,001232	0,00082133
Staub	1370	1000	0,01096	0,00730667
CO2	0	50	0,03849485	0,02566323
Summe konventionelle Schadstoffe			0,038192	0,02546133

[32] Wie die Beispiele Waldsterben und Versauerung der Seen zeigen, verursachen konventionelle Schadstoffe jedoch auch überregionale Schäden.

Aufgrund des besseren Wirkungsgrades des Kraftwerkes sowie der Maßnahmen zur Rauchgasreinigung sind die spezifischen externen Kosten in diesem Fall deutlich niedriger. Die externen Kosten aus konventionellen Schadstoffen betragen bezogen auf die Strommenge, die durch die DSM-Maßnahme vermieden werden, rund 14 Millionen US-Dollar. Sie entfallen jeweils hälftig auf die Schäden durch CO2-Emissionen und die Schäden durch konventionelle Schadstoffe (siehe Abbildungen 2a und 2b im Hauptteil).

2.3 Betriebswirtschaftliche Ebene

Die Umsetzung von JI-Projekten durch private Akteure setzt entsprechende Anreize für die Investoren voraus. Würde beispielsweise unterstellt, daß ein Investor sich für jede eingesparte Tonne CO_2 eine Steuergutschrift in Höhe der ermittelten externen Kosten für CO_2-Emissionen gutschreiben kann, so wäre die betrachtete Maßnahme für die **Stadtwerke Hannover** sehr attraktiv: Im Basisfall stünden einer Investition von 4,6 Mio. US-Dollar eine CO_2-Gutschrift von 12 Millionen US-Dollar gegenüber. Bei der betrachteten Variante liegt der Wert bei 7 Millionen US-Dollar.

Allerdings wäre unter entsprechenden Rahmenbedingungen (Überwälzbarkeit der Kosten) für die Stadtwerke Hannover die Durchführung eines vergleichbaren Einsparprogramms im eigenen Versorgungsgebiet attraktiver als sich nur durch Übernahme der Investitionskosten an einem Programm in Poznan zu beteiligen: Trotz einer etwas geringeren CO_2-Einsparung würde dann die Kosteneinsparung auf der Erzeugungsseite und die Reduktion der externen Kosten als Nutzen des Programms für die Stadt Hannover anfallen.

Wirtschaftlichkeit aus Sicht EP

Bei der Ermittlung der Wirtschaftlichkeit aus Sicht des Weiterverteilers Poznan werden die entgangenen Erlöse, die Investitionskosten für die Technologien (in diesem Fall von den Stadtwerken Hannover getragen), die Kosten für die Umsetzungsprogramme (incl. Zuschüsse und Transferleistungen), die vermiedenen langfristigen Grenzkosten der Strombeschaffung und -verteilung berücksichtigt. Aus der Bilanzierung der einzelnen Einnahmen- und Ausgabenposten kann die Wirkung der Maßnahmen auf die Ertragssituation des Unternehmens ermittelt werden.

Im Basisfall wurde unterstellt, daß für die Stromversorgung kein neues Kraftwerk gebaut werden muß und durch die Stromeinsparung lediglich die variablen Kosten eingespart werden. Auf der Basis dieser Annahme ergäbe sich für EP ein betriebswirtschaftliches Defizit von 16 Mio. US-Dollar über den gesamten Betrachtungszeitraum.

Bei der betrachteten Variante wurde hingegen angenommen, daß durch die Stromeinsparung entsprechende Kraftwerkskapazitäten nicht benötigt werden und ein Zubau dieser Kapazitäten vermieden werden kann, wenn EP gezielte Stromsparprogramme durchführt. In diesem Fall beträgt das betriebswirtschaftliche Defizit für EP 2,7 Mio US-Dollar über den gesamten Betrachtungszeitraum.

Dieses relativ geringe Defizit erklärt sich im wesentlichen aus zwei Aspekten:

- Die vermiedenen Beschaffungskosten für den Strom liegen etwas höher als die Abgabepreise an die Kunden. Dadurch kommt es bei der Einsparung nicht zu der Situation, daß Fixkosten-Deckungsbeiträge durch den sinkenden Absatz wegfallen.

- Ein beträchtlicher Teil der Investitionen für das Einsparprogramm wird durch die Stadtwerke Hannover getragen.

Kompensation für den Weiterverteiler: Preiserhöhung

Ergibt sich aus Sicht des Weiterverteilers bei der Durchführung des JI-Projektes ein Defizit (was nichts über den volkswirtschaftlichen Vorteil der Einsparmaßnahme aussagt), so wird diejenige Preiserhöhung für den Bereich der Haushaltskunden errechnet, die die Gewinneinbußen bzw. den Verlust des Weiterverteilers bei der Durchführung des Programms kompensiert. Der Gewinn von EP bliebe dabei also unverändert (**gewinneutrale Preiserhöhung**). Eine solche Preiserhöhung würde im Basisfall 0,14 US-Cents betragen, in der Variantenrechnung hingegen 0,025 US-Cents.

Um den **Anreiz** zur Teilnahme an JI-Programme zu erhöhen müßte das Gast-EVU an dem volkswirtschaftlichen Vorteil von Einsparprogrammen beteiligt werden. So könnte z.B. der volkswirtschaftliche Gewinn, der durch das Einsparprogramm erzielt werden kann, zwischen den Kunden und Energetyka Poznanska in einem bestimmten Verhältnis (z.B. 80 zu 20) aufgeteilt wird. In diesem Fall würden Energetyka Poznanska mit einem zusätzlichen Gewinn von 2,9 Millionen US-Dollar bedacht werden (bei Zugrundelegung der langfristigen Grenzkosten).

Weiter unten wird noch einmal im Detail gezeigt, daß die durch das DSM-Programm verursachte Defizit durch relativ geringe Preiserhöhungen (denen erheblich sinkende Rechnungen der Kunden gegenüberstehen) kompensiert werden können und letztlich durch eine solche Strategie alle beteiligten

Gruppen wesentliche Vorteile erlangen können. Dies setzt jedoch voraus, daß die gesetzlichen Rahmenbedingung und die Praxis der Energie- und Preisaufsicht des Gastlandes eine entsprechende Preiserhöhung zuläßt und diese Erhöhung auch gegenüber den Kunden vermittelt werden kann.

Wie bereits weiter oben dargestellt, führt der Bau von Einsparkraftwerken zu einem hohen volkswirtschaftlichen und gesellschaftlichen Vorteil. Die Verteilungseffekte des Einsparkraftwerkes sind jedoch sehr ungleich: Die Kunden gewinnen ein Mehrfaches des volkswirtschaftlichen Vorteils, während sich beim Stromversorger Gewinnausfälle bzw. Defizite kumulieren. Eine Darstellung der Gesamtwirkung wird in Abb. xx und xx gegeben.

2.4 Auswirkungen auf die Kunden von EP

In die Wirtschaftlichkeitsrechnung aus der Sicht des Kunden gehen folgende Aspekte ein: auf der Basis der derzeit gültigen Stromtarife (-preise) werden die jährlich eingesparten Stromkosten den Aufwendungen der Kunden für die Stromeinsparung gegenübergestellt und über die gesamte Nutzungsdauer der Technologie ermittelt. Hierbei werden Zuschüsse (z.B. Prämien) bzw. Transferleistungen (Direktabgabe von Lampen) von Seiten der Stadtwerke berücksichtigt.

Für die **Teilnehmer** an dem DSM-Programm (85 % der Haushaltskunden) würden sich die Rechnungen im bei Zugrundelegung der **langfristigen Grenzkosten** (Variante) um insgesamt 21,6 Millionen US-Dollar senken. Wird eine gewinneutrale Preiserhöhung unterstellt, so reduziert sich der Vorteil der Teilnehmer auf 19,3 Millionen US-Dollar, während die **Nichtteilnehmer** insgesamt rund 400.000 US-Dollar mehr bezahlen müßten. Pro teilnehmenden Haushalt ergibt sich über die Nutzungsdauer der Technologie ein wirtschaftlicher Nettovorteil von 40 US-Dollar.

Darüber hinaus findet eine **Entlastung der Umwelt** statt, die letztendlich allen Kunden und Bewohnern der Stadt und des Umlandes zugute kommt.

2.5 Auswirkung auf weitere Betroffene

Die Durchführung eines LCP-Programmes führt (ohne eine gewinneutrale Preiserhöhung) nicht nur beim Gast-EVU zu Absatzeinbußen und Defiziten. Letztlich führen die Maßnahmen kurz- und mittelfristig zu einer schlechteren Auslastung der vorhandenen Kraftwerke sowie zu Liefereinbußen des Bergbaus.

Das Unternehmen EP hat von Seiten des Ministeriums die Vorgabe, soviel Kohle wie möglich "durch die Netze zu schicken". Diese Vorgabe ist vor dem

Hintergrund zu sehen, daß die polnische Steinkohlewirtschaft nicht ausgelastet ist und einen gewichtigen politischen Faktor darstellt. Erschwerend kommt hinzu, daß der Minister für Industrie und Handel aus dem Kraftwerkssektor stammt und sein Stellvertreter Direktor der Kohlegruben war. Angesichts dieser Rahmenbedingungen war es nicht überraschend, daß EP nach Rücksprache im Ministerium derzeit kein Interesse an dem vorgeschlagenen JI-Projekte hatte.

III.4*
Die Umsetzung von Joint Implementation in der Zementindustrie am Beispiel der Sanierung bzw. des Ersatzes eines Zementwerkes in der Tschechischen Republik

---

* Dieses Kapitel wurde in Zusammenarbeit mit der Heidelberger Zement AG, Herrn H.S. Erhard und Dr. A. Scheuer erstellt.

1 Einleitung

Die Zementherstellung ist ein Prozeß der Grundstoffindustrie, dessen CO_2-Emissionen quantitativ sehr bedeutsam sind und deren Bedeutung durch die dynamische Marktentwicklung in den potentiellen JI-Gaststaaten weiter ansteigen wird. CO_2-Emissionen entstehen bei der Zementherstellung aus zwei verschiedenen Quellen. **Prozeßbedingtes CO_2** wird bei der chemischen Reaktion aus dem eingesetzten Kalkstein freigesetzt ("Entsäuerung")[1]. Zum anderen wird aus der Verbrennung der eingesetzten Energieträger entsprechend ihrem C-Gehalt CO_2 freigesetzt. Diese **energiebedingten CO_2-Emissionen** entstehen unmittelbar in den Zementwerken bei der Klinkerherstellung und mittelbar in den Kraftwerken zur Stromerzeugung.[2]

Die prozeßbedingten CO_2-Emissionen aus der Zementherstellung betrugen im Jahr 1992 weltweit etwa 627 Mio. Tonnen (WRI et al., 1996). Die regionale Verteilung (Tabelle III.4.1) zeigt einen deutlichen Schwerpunkt der prozeßbedingten CO_2-Emissionen aus der Zementherstellung in Asien und Europa.

Region	%
Afrika	4,3
Europa	25,8
Nord-, Lateinamerika	9,0
Südamerika	4,4
Asien	53,6
Ozeanien	0,4

Tabelle III.4.1 Regionale Verteilung der prozeßbedingten CO_2 Emissionen aus der Zementherstellung. (WRI et al., 1996)

Auf Länderebene ist die VR China mit 24,2% der gesamten prozeßbedingten CO_2-Emissionen mit Abstand der weltweit größte Emittient gefolgt von Japan (7,2%), den USA (5,6%), Rußland (5,4%) und Indien (4%) (ibid).

Nach dem derzeitigen besten verfügbaren Stand der Technik beträgt das Verhältnis von energie- zu prozeßbedingten CO_2-Emissionen etwa 1:2.

1 $CaCO_3$ + Energie --> $CaO + CO_2$

2 Entgegen dieser Betrachtungsweise rechnen andere Autoren nur die prozeßbedingten CO_2-Emissionen der Zementherstellung zu. (vgl. z.B. IPCC 1995, WRI 1996). Dies ist u.E. jedoch nicht gerechtfertigt, da das Zementwerk, wie in Kap. 2 ausführlich dargestellt, als Gesamtsystem verstanden werden muß. Maßnahmen zur CO_2-Reduktion können hinsichtlich ihrer Wirkungen auf die prozeßbedingten bzw. energiebedingten CO_2-Emissionen nur sehr schwer voneinander abgegrenzt werden (vgl. auch Kap. 4).

Weltweit betrachtet streut der spezifische Energieverbrauch bei der Zementherstellung jedoch regional sehr. Damit liegen die dem Zementherstellungsprozeß insgesamt zuzurechnenden CO_2-Emissionen um vermutlich mindestens 50% höher als statistisch ausgewiesen. Die gesamten weltweit aus der Zementherstellung resultierenden CO_2-Emissionen bewegen sich damit mindestens in der Größenordnung der gesamten deutschen CO_2-Emissionen (ca. 950 Mio t im Jahr 1992, Umweltbundesamt 1994). In einigen der Hauptproduzentenländern, die nicht nach dem besten verfügbaren Stand der Technik produzieren, dürfte der energiebedingte Anteil jedoch wesentlich höher liegen.

Für die emissionsminimale Zementherstellung und -verwendung nach dem Stand der Technik ist die Kombination von effizienter Prozeßtechnik mit betrieblich-prozeduralem Know-how ausschlaggebend. Dabei werden die zusätzlich zu realisierenden technologischen Minderungspotentiale als vergleichsweise gering eingeschätzt. Die Potentiale im Bereich der Optimierung und effizienteren Betriebsweise von Zementwerken sind demgegenüber quantitativ erheblich bedeutsamer. In der Entwicklung und Umsetzung dieses speziellen Betreiber-Know-hows ist die deutsche Zementindustrie neben Japan[3] weltweit führend. Durch Joint Implementation von Projekten im Bereich Zement könnte insbesondere die Verbreitung dieses Know-hows gefördert werden.

Im folgenden werden in Kapitel 2 die verschiedenen Optionen der Minderung der CO_2-Emissionen systematisch dargestellt und in ihrer Bedeutung gewichtet. Dabei wird die Perspektive von Zement auf Beton geweitet, um Effekte einer Homogenisierung der Produktqualität und eines nachfrageabhängigen Produktstrukturwandels auf die CO_2-Emissionen mit abbilden zu können. Nach einer allgemeinen Darstellung der Referenzfallproblematik im Zementfall in Kapitel 3, werden in Kapitel 4 einige Grundaussagen zur Bestimmung der vermiedenen Emissionen gemacht. In Kapitel 5 werden zwei Simulationsprojekte in der tschechischen Republik dargestellt. Folgerungen bezüglich der Antragstellung, notwendiger Berichtspflichten und des Monitoring sowie mögliche Verallgemeinerungen aus den Simulationen werden in Kapitel 6 und 7 behandelt.

3 Vgl. z.B. UNIDO, 1994.

2 Identifizierung und Darstellung der Prozesse mit zusätzlichem Minderungspotential

Zement ist ein hydraulisches Bindemittel. Darunter versteht man ein anorganisches nichtmetallisches Pulver, das mit Wasser angemacht wird, nach dem Anmachen selbständig erhärtet und nach dem Erhärten, auch unter Wasser, dauerhaft fest bleibt (Locher, 1983). Die wesentlichen Zielgrößen der Zementherstellung sind jedoch die Festigkeit und die Dauerhaftigkeit des Betons, einer Mischung aus Zement, Wasser und Zuschlagstoffen (z.B. Sand, Kies, Splitt).

Hauptbestandteil des Portlandzements ist der Portlandzementklinker. Weitere Bestandteile können sein, der Hüttensand, d.h. glasig erstarrte, granulierte Hochofenschlacke für Eisenportland- und Hochofenzemente, natürliche Puzzolane, z.B. Traß, künstliche Puzzolane, wie z.B. Flugasche, sowie anorganische mineralische Stoffe, z.B. Kalkstein. Des weiteren enthalten alle Zemente zum Regeln des Erstarrens Gipsstein ($Ca\,SO_4$ ($2H_2O$) und/oder Anhydritstein ($Ca\,SO_4$) bis zu einem je nach Zusammensetzung und Mahlfeinheit festgelegten Höchstgehalt an SO_3. Hüttensand, Puzzolan, Traß und Flugasche werden häufig auch als Zumahlstoffe bezeichnet.

Die prozeßbedingten CO_2-Emissionen betragen weltweit ca. 0,53 t CO_2/t Portlandzementklinker. Die energiebedingten CO_2-Emissionen hängen demgegenüber vom Energieverbrauch des jeweiligen Zementwerkes ab. In Deutschland liegt der energiebedingte CO_2-Emissionsfaktor bei rd. 0,25 t CO_2/t Zement.

Die CO_2-Bilanz der Zementherstellung wird durch den Klinkeranteil der unterschiedlichen Zementarten maßgeblich beeinflußt. In der Optimierung des Klinkeranteils im Zement liegt deshalb ein erhebliches CO_2-Minderungspotential, da hierdurch die prozeßbedingten CO_2-Emissionen spezifisch gesenkt werden können. Dieses Potential ist aber nicht nur technologiebedingt sondern auch nachfrageabhängig.

Im Hinblick auf eine wirksame CO_2-Minderung kommt es schlußendlich nicht nur darauf an, einen Zement mit möglichst geringem Energieaufwand herzustellen, sondern nach den gleichen Kriterien, einen **Beton mit gleicher Leistungsfähigkeit**. Hier gibt es weltweit noch sehr große regionale Unterschiede, die sich im Zement-/Energiebedarf je m^3 Beton gleicher Leistungsfähigkeit ausdrücken. Maßnahmen, die zu erhöhter Gleichmäßigkeit bzw. zur absoluten Verbesserung der Zementeigenschaften führen, haben deshalb aufgrund des geringen Zement- bzw. Energiebedarfs im Beton zwangsläufig auch einen positiven Effekt auf die CO_2-Emissionen.

Die für eine Vielzahl von Projektkategorien gegebene CO_2-Minderungsoption des "fuel switch", bei der kohlenstoffreiche durch kohlenstoffarme Primärenergieträger ersetzt werden (z.B. Subsitution von Kohle durch Gas), ist für die Zementindustrie aus Wirtschaftlichkeitsüberlegungen heraus auszuschließen. Als "typischer" Energieträger wird überwiegend Kohle eingesetzt. Ein Wechsel zu anderen fossilen Primärenergieträgern führt (sofern keine Preisverzerrungen vorliegen) zu nicht mehr arstellbaren Einbußen der Wettbewerbsfähigkeit.

Aus den oben angeführten Zusammenhängen ergeben sich folgende Ansatzpunkte für Maßnahmen zur Reduktion von CO_2-Emissionen:

- **Betriebs- und Prozeßführung** (Energiebedingte CO_2-Emission sinkt. Zementqualität wird gleichmäßiger, Niveau der Zementqualität steigt, Zementverbrauch sinkt, dadurch nochmals verringerte energie- und prozeßbedingte CO_2-Emission).
- **Prozeßtechnik** (Energiebedingte CO_2-Emission sinkt, optimierte Betriebs- und Prozeßführung wird erleichtert bzw. ermöglicht).
- **Einsatz von Sekundärbrennstoffen** (Substitution von Primärbrennstoffen).
- **Produktstrukturwandel** (Energie- und prozeßbedingte CO_2-Emission sinkt).

2.1 Betriebs- und Prozeßführung

Die betriebliche und organisatorische Optimierung von Zementwerken birgt ein gewaltiges Energieeinspar- und damit CO_2-Minderungspotential. Dies gilt insbesondere für Entwicklungs- und Schwellenländer. Durch Maßnahmen in diesem Bereich lassen sich die energiebedingten CO_2-Emissionen bereits bei der **Herstellung des Zements** um bis zu 20 % senken. In der Regel ist dies ohne oder mit geringen Investitionsaufwendungen zu erreichen.

In Verbindung mit einer optimierten Prozeßtechnik wird des weiteren die Zementqualität auf hohem Niveau vergleichmäßigt. Dies ist die wesentliche Voraussetzung dafür, den **Zementverbrauch** bei der Herstellung eines Betons gleicher Leistungsfähigkeit merkbar senken zu können. Aufgrund der Erfahrungen in den neuen Bundesländern sowie früheren Comecon-Staaten können hiermit die durch Beton verursachten prozeß- und energiebedingten CO_2-Emissionen nochmals um bis zu 25 % gesenkt werden. Erreichbar ist dies mit geringen bis mittleren Investitionsaufwendungen. Allerdings ist ein sehr großer Aufwand an **Know how** und **unternehmerischer Präsenz** erforderlich.

In aller Regel kann dieses Know how nur von **Anlagenbetreibern** gestellt werden, die ein Zementwerk als vernetztes System verstehen, in dem Anlagen- und Verfahrenstechnik, Roh- und Brennstoffvielfalt, Umweltschutzmaßnahmen, Marktanforderungen und der Ausbildungsstand der Mitarbeiter wesentliche Randbedingungen unterschiedlicher Wichtung darstellen. Daraus leitet sich ab, daß Organisation und Betrieb des Zementwerks als „Maßanzug" der speziellen Werkssituation angepaßt werden müssen. Selbst Modernisierungsmaßnahmen an vorhandenen Anlagen können demnach nicht nach allgemein gültigen Auslegungsregeln geplant werden. Dies ist auch ein Grund dafür, daß „turn-key"-Projekte mit modernster Technik immer wieder zu unbefriedigenden betrieblichen Ergebnissen führen.

Auf der anderen Seite können kompetente Anlagenbetreiber, die ständig vor Ort präsent sind, im Rahmen von JI auf diesem Gebiet wesentliche Beiträge zur Absenkung der CO_2-Emissionen liefern. Hierzu gehören insbesondere Dienstleistungen in den Bereichen:

- Potentialanalysen;
- Optimierung der Betriebsführung;
- Aus- und Weiterbildung;
- Herstellorientierte Qualitätssicherung;
- Anwendungsorientierte Qualitätssicherung;
- Umweltschutz;
- Unterstützung bei Vorbereitung, Planung, Inbetriebnahme und Optimierung von Produktionsanlagen;
- Kontinuierliche Sammlung, Koordinierung und Bereitstellung von verfahrens- und betriebstechnischem Know how;
- Messungen an Betriebsanlagen;
- Beratung der Werke bei Aufbau und Organisation von Instandhaltungsabteilungen;
- Aufbau von Wartungs- und Inspektionssystemen in den Werken;
- Produktivitätscontrolling nach Reparaturaufwand und Störanfälligkeit.

2.2 Prozeßtechnik

Je nach Ausgangssituation lassen sich durch eine geänderte Prozeßtechnik bis zu 50 % der energiebedingten CO_2-Emissionen absenken. Die dafür notwendigen Maßnahmen erfordern mittlere bis hohe Investitionsaufwendungen. Optimal ausgelegte und betriebene Zementwerke benötigen in der Regel etwa 3 bis 3,2 GJ Brennstoffenergie je t Portlandzementklinker und ca. 90 - 100 kWh elektrische Energie je t Portlandzement. Je weiter ein bestehendes Zementwerk von diesen „Idealzahlen" entfernt ist, um so höher ist das Optimierungspotential. Nachfolgend werden die weltweit eingesetzten Prozeßtechniken aufgelistet und bewertet.

2.2.1 Brenntechnik

Das Herzstück eines Zementwerkes ist der Ofen, in dem der Portlandzementklinker gebrannt wird. Traditionell werden hierfür verschiedene Verfahren angewendet. Weltweit verbreitet sind lange Naß- oder Trockenöfen, Öfen mit Rost- und Zyklonvorwärmer, Vorcalcinieröfen und Schachtöfen.

In den letzten Jahren wurden durch den Einsatz der Vorcalciniertechnik beachtliche verfahrens- und produktionstechnische Fortschritte erzielt (Erhard und Scheuer, 1993). In Ländern mit steigendem Zementabsatz etablierte sich die Vorcalciniertechnik durch den Neubau von kompletten Ofenlinien. Dabei standen insbesondere Kapazitätserweiterungen im Vordergrund. In den meisten traditionellen Industrieländern stagnierte demgegenüber der Zementabsatz. Der Bau von Neuanlagen und damit auch die Einführung der Vorcalciniertechnik verliefen daher nur zögerlich.

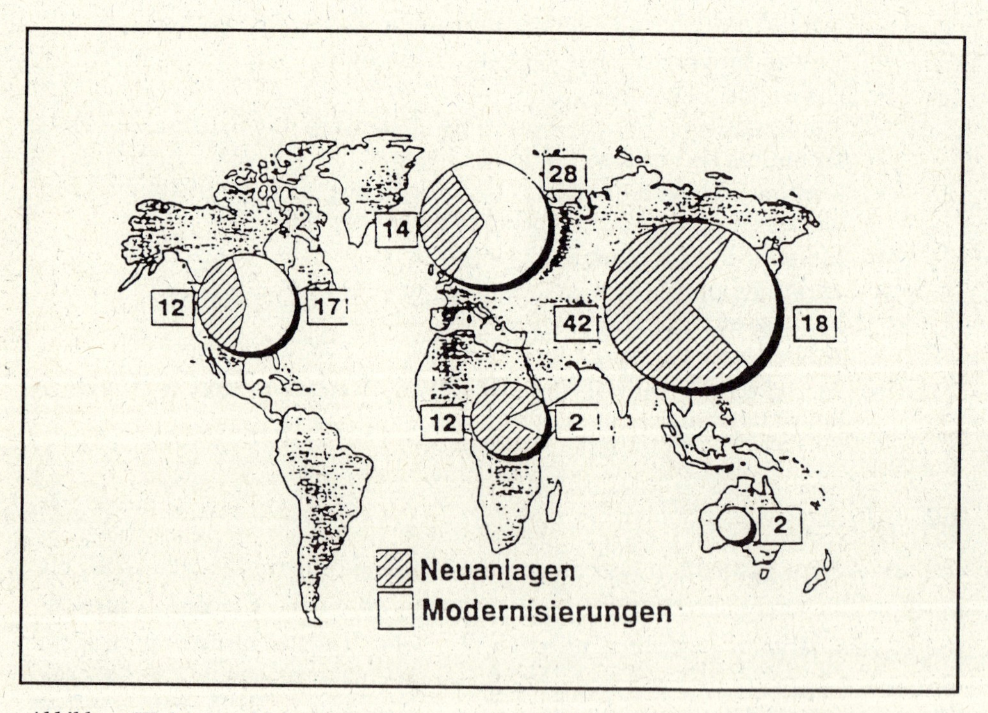

Abbildung III.4.1 Anzahl der in den letzten 8 Jahren in den verschiedenen Regionen der Welt gebauten Ofenlinien (Engebnis einer Umfrage bei namhaften europäischen und nordamerikanischen Anlagenbauern)

Abbildung III.4.1 zeigt die Anzahl der 1985-1992 von namhaften europäischen und nordamerikanischen Anlagenbauern in den verschiedenen Regionen gebauten Ofenlinien. Demnach haben insbesondere Zementhersteller in Asien und Afrika umfangreiche Investitionsprogramme abgewickelt. In Europa und Amerika sind überwiegend bestehende Anlagen modernisiert worden.

Der Brennstoffenergiebedarf des Naßverfahrens ist im optimierten und ungetörten Normalbetrieb mit ca. 6000 kJ/kg Klinker gegenüber dem Trockenverfahren vergleichsweise hoch (Tabelle III.4.2). Lange Trockenöfen mit Einbauten liegen unter diesen Randbedingungen z.B. bei ca. 4500 kJ/kg Klinker, Lepolöfen und Schachtöfen bei ca. 3500 kJ/kg Klinker und kurze Trockenöfen mit 4stufigem Zyklonvorwärmer bei ca. 3300 kJ/kg Klinker. Moderne Vorcalcinieröfen mit 6stufigem Vorwärmer verbrauchen demgegenüber nur ca. 3000 kJ/kg Klinker. Die fühlbare Wärme im Drehofenabgas solcher Öfen reicht allerdings nur noch zum Trocknen von ca. 6 % Feuchte im Rohmaterial.

Brennverfahren	Brennstoffenergiebedarf (kJ/kg Klinker)
Langer Naßofen	6000
Schachtofen	3500
Lepolofen	3500
Langer Trockenofen mit Einbauten	4500
Kurzer Trockenofen mit 4stufigem Zyklonvorwärmer	3300
Vorcalcinierofen mit 6stufigem Zyklonvorwärmer	3000

Tabelle III.4.2 Brennstoffenergiebedarf unterschiedlicher Brennverfahren.

Das Optimierungspotential beim Naßverfahren ist mit Abstand am größten. Hier können durch Umbau oder Neubau mit hohem Investitionsaufwand bis zu 2,5 GJ/t Klinker an Energie eingespart werden. Bei langen Trockenöfen ist das Einsparpotential mit bis zu 1,5 GJ/t Klinker ebenfalls relativ hoch; der Investitionsbedarf ist hier mittelgroß bis groß. Bei den übrigen Ofentypen ist das Einsparpotential demgegenüber verhältnismäßig klein. Ein detaillierterer Vergleich der Minderungspotentiale verschiedener Ofentypen findet sich im Anhang.

2.2.2 Zerkleinerungstechnik

Tabelle III.4.3 zeigt beispielhaft die Aufteilung der elektrischen Energie auf die Verfahrensschritte der Zementherstellung. Danach sind die Mahlanlagen für Rohmaterial und Zement mit insgesamt rund 62 % die größten Verbraucher elektrischer Energie in einem Zementwerk mit Klinkerherstellung, gefolgt von den Ofenanlagen mit rund 22 %. Die Bemühungen zur Einsparung elektrischer Energie sind daher insbesondere auf diese Bereiche gerichtet.

Verfahrensschritte	Elektr. Energiebedarf in %
Tagebau- und Mischbettbetrieb	5
Rohstoffmahlung	24
Rohmehlhomogenisierung	6
Brennen und Kühlen des Klinkers	22
Zementmahlung	38
Fördern, Verpacken, Verladen	5

Tabelle III.4.3 Aufteilung der elektrischen Energie auf die Verfahrensschritte der Zementherstellung.

Daneben tragen jedoch eine Reihe anderer innovativer Einrichtungen zur Einsparung elektrischer Energie bei. Hierzu gehören alle Maßnahmen und Einrichtungen des Energiemanagements, energiearme Transporteinrichtungen, druckverlustarme strömungstechnische Anlagenteile und Staubabscheider, energieextensive Homogenisieranlagen sowie Motoren und Energieübertragungseinrichtungen mit hohem Wirkungsgrad (Scheuer und Ellerbrock, 1992; Ellerbrock und Mathiak 1993).

Incl. aller Nebenaggregate sind zum Mahlen von Rohmaterial in einem modernen Portlandzementwerk rd. 25 kWh/t Zement erforderlich und zum Mahlen von Zement-Einsatzstoffen im Mittel rund 40 kWh/t Zement. Der größte Teil der zum Betrieb der Mühlen aufgewendeten Energie geht als Wärme verloren. In der Vergangenheit zielten daher zahlreiche Maßnahmen zur Erreichung der o.g. Zielwerte darauf ab, diese Verluste soweit wie möglich zu begrenzen. Dabei kam es vor allem auf eine zweckmäßige Wahl des Mahlverfahrens und der optimalen Einstellgrößen von Mühle und Sichter an. Größere Investitionen rechneten sich jedoch in der Regel nur, wenn gleichzeitig die Kapazität einer bestehenden Anlage erhöht und/oder ältere Kleinanlagen dafür stillgelegt wurden. Ein detailierterer Vergleich der Minderungspotentiale verschiedener eingesetzter Mühlentypen findet sich im Anhang.

2.2.3 Wärmenutzung

Außerhalb Europas werden bei bestehenden Ofenanlagen häufig die Abgase der Öfen und die Abluft der Klinkerkühler ungenutzt an die Umgebung abgeleitet. Die Abgase und teilweise auch die Abluft können jedoch zur Trocknung von Rohmaterial, Hüttensand und Kohle genutzt werden. Darüber hinaus kann das Ofenmehl schon auf bis zu 80 °C aufgewärmt werden. In Extremfällen können hierdurch mehr als 1 GJ/t Klinker Brennstoffenergie eingespart werden. Bisher wird die Trocknungsenergie häufig noch durch gesonderte Heißgaserzeuger dargestellt. Maßnahmen zur Umstellung der Trocknung erfordern einen mittleren bis hohen Investitionsbedarf, da sie häufig auch den Austausch der Rohmühlen erfordern. Im Fall von Neubauten ist der Aufwand demgegenüber eher gering.

Soweit die Ofen- und Kühlerabgase nicht vollständig in Trocknungsanlagen verwertet werden können, kann ein Teil des Wärmeinhalts auch noch zur Aufwärmung von Heißwasser, z.B. für Sozial- oder Bürogebäude oder für ein Fernwärmenetz genutzt werden. Dafür muß es jedoch einen Abnehmer in unmittelbarer Umgebung geben. Erschwerend wirkt sich ferner aus, daß die Zementöfen häufig in der Zeit großen Heißwasserbedarfs, z.B. in den Wintermonaten, zu längeren Reparaturen abgestellt werden.

Eine andere Möglichkeit besteht darin, einen Teil der Abgasenthalpie in elektrische Energie umzuwandeln (Erhard und Scheuer, 1993). Diese Technik ist in Asien, insbesondere in Japan, weit verbreitet. Vier Voraussetzungen waren und sind hierfür ausschlaggebend:

- Die Feuchtigkeit des Rohmaterials liegt unter 5 %, erhebliche Abgasenthalpien können nicht zur Trocknung genutzt werden.
- Die durchschnittliche Klinkerkapazität der Zementwerke liegt bei ca. 9000 t/d.
- Die kontinuierliche Stromversorgung gemäß Produktionsplan ist zu akzeptablen Bedingungen nicht restlos gesichert.
- Die Strompreise liegen im Weltvergleich sehr hoch.

Schon wenn eine der Voraussetzungen nicht gegeben ist, wenn z.B. die Klinkerkapazität bei nur 3000 - 4000 t/d oder darunter liegen, ist die Nachrüstung einer Stromerzeugung aufgrund der erforderlichen kostenintensiven Anpassungsarbeiten mit hohem Investitionsaufwand verbunden, da praktisch die gesamte Ofenanlage nach dem Wärmetauscher umgebaut werden muß. Günstiger sieht es für den Neubau einer Anlage oder einer Teilanlage aus. Hier kann die Stromerzeugung von vornherein berücksichtigt werden. Das gleiche gilt für die Kühlerabluft allein.

2.3 Einsatz von Sekundärbrennstoffen

Der Einsatz von Sekundärbrennstoffen in Zementwerken führt unter der Berücksichtigung des Treibhauspotentials (global warming potential, GWP) zu einer Reduktion der brennstoffbedingten CO_2-Emissionen. Ökobilanzen für Kunststoffe (vgl. auch Kapitel 5) zeigen z.B., daß mit der Verfeuerung von 1 kg

Kunststoff im Zementofen gegenüber anderen Nutzungsarten (Müllverbrennung, Hochofen, Hydrierung, Konversion oder Monoverbrennung) zwischen 0,7 bis 1,9 kg CO_2/kg Kunststoff eingespart werden (VDZ, 1996). Für andere Sekundärbrennstoffe sehen die Vergleiche ähnlich oder im Falle biogener Reststoffe noch besser aus.

Sekundärbrennstoffe können sowohl bei der primärseitigen Hauptfeuerung als auch in der Sekundärfeuerung zur Calcinierung des Rohmehles eingesetzt werden. Wegen der aus Qualitätsgründen erforderlichen hohen Brennguttemperaturen von ca. 1450 °C und des erforderlichen Sauerstoffüberschusses stehen in der Hauptfeuerung mit rd. 2000 °C ideale Verbrennungsbedingungen zur Verfügung. In der Sekundärfeuerung können, da die zur Calcinierung erforderlichen Temperaturen nicht so hoch sein müssen, auch heizwertärmere bzw. stückige Brennstoffe eingesetzt werden. Das Einsatzpotential ist insgesamt beträchtlich, da z.B. auch in energiesparenden Wärmetauscherofenanlagen noch über 50 % der Brennstoffenergie durch Sekundärbrennstoffe abgedeckt werden können. Tabelle III.4.4 enthält eine Zusammenstellung von festen, flüssigen und gasförmigen Sekundärbrennstoffen.

Feste Sekundärbrennstoffe	Flüssige Sekundärbrennstoffe	Gasförmige Sekundärbrennstoffe
z.B. Papierabfälle, Abfälle der Papierindustrie,	z.B. Teer,	z.B. Deponiegas,
Holzabfälle (Rinde, Holz-späne, Sägespäne),	Säureharz,	Pyrolysegas
Graphitstaub, Holzkohle, Kunststoffabfälle,	Altöl,	
Gummiabfälle, Altreifen, Batteriekästen,	Petrochemische Abfälle,	
Bleicherde, aktivierter Bentonit,	Ölschlamm,	
Reisspreu, Olivenkerne, Kokosnußschalen,	Chemieabfälle,	
Hausmüll, BRAM,	Lösungsmittelabfälle,	
Shredder, Ölhaltige Erde, Klärschlamm,	Destillationsrückstände,	
	Wachssuspensionen,	
	Asphaltschlamm,	
	Abfälle der Farbenindustrie (Lackrückstände),	

Tabelle III.4.4 Sekundärbrennstoffe für die Herstellung von Portlandzement-Klinker(keine abschließende Aufstellung).

Die Abgaszusammensetzung unterscheidet sich bei der Verbrennung von Sekundärbrennstoffen nicht von der aus der Verbrennung normaler Rohstoffe (Bardua 1996). Leichtflüchtige Schwermetalle wie Quecksilber oder Thallium können allerdings direkt über die Abgase in die Umwelt gelangen, sofern die Ofenanlage nicht von einem Teil der Staubkreisläufe über einen Aderlaß entlastet wird. Je nach eingesetztem Sekundärbrennstoff kann auch der Schwermetallgehalt im Zement selbst erheblich variieren. Bei der Verwendung im Beton können, z.B. über Auslaugung, wieder Schwermetalle in geringen Anteilen freigesetzt werden. In der Regel bewegen sich die Werte jedoch um Zehnerpotenzen unterhalb der Grenzwerte der deutschen Trinkwasserverordnung, den schärfsten Grenzwerten, die es auf diesem Gebiet gibt (Sprung u.a. 1994). Hochchlorierte und -schwermetallhaltige Einsatzstoffe sind daher nur eingeschränkt einsetzbar bzw. zu meiden (Weiler, 1996). Diese generellen Einschränkungen bezüglich des Einsatzes von Sekundärbrennstoffen beziehen sich nicht direkt auf die Eignung der Option "Sekundärbrennstoffeinsatz" als JI-Projekt, da sie keine Treibhausgasrelevanz haben. Sie sind jedoch indirekt relevant, da sie im Zusammenhang mit den Bewertungskriterien der umwelt- und sozioökonomischen Nebeneffekte von JI-Projekten gesehen werden müssen.[4]. Den Bedenken kann allerdings über die Forderung des Betriebs einer Staubausschleusung sowie der Begrenzung der Schwermetallgehalte in Sekundärbrennstoffen Rechnung getragen werden.

Die Möglichkeit des Einsatzes von Sekundärbrennstoffen ist darüber hinaus generell von der Erfüllung einer Vielzahl vom Projekt unabhängiger und jeweils landesspezifischer Randbedingungen abhängig. Wie relevant die Option des Sekundärbrennstoffeinsatzes in potentiellen JI-Gastländern aufgrund der langfristig zu sichernden Verfügbarkeit der Stoffe überhaupt ist, kann also nicht generell beantwortet werden. Eine allgemeingültige Empfehlung kann jedoch für den Einsatz biogener Reststoffe gegeben werden, da eine ansonsten zu erwartende Emission von Methan vermieden und lediglich CO_2 emittiert wird (niedrigeres Treibhauspotential (GWP)). Diese Option wird auch derzeit vielfach schon genutzt.

Praktische Grenzen des Einsatzes von Sekundärbrennstoffen ergeben sich in potentiellen Gastländern insbesondere durch:

- Verfügbarkeit des Sekundärbrennstoffes
- Genehmigungsrechtliche Auflagen
- Produktqualität
- Verfahrensführung
- zusätzliche Umweltbelastung
- Sicherheit am Arbeitsplatz
- mangelnde Akzeptanz bei Behörden, Anrainern, Kunden
- Aufwand durch Investitionen und Betriebskosten
- politische Prioritäten für alternative Verwendungen geeigneter Sekundärbrennstoffe

---

4 Zu den Kriterien zur Bewertung der Eignung von Projekten im Rahmen von JI vgl. Teil II, Kapitel 3.

2.4 Produktstrukturwandel

Der Einsatz von Zumahlstoffen bei der Zementmahlung anstelle von Klinker kann zu einer deutlichen Einsparung an Brennstoffenergie und elektrischer Energie bei der Klinkererzeugung führen. Da jedoch die hydraulische bzw. puzzolanische Aktivität von Zumahlstoffen im allgemeinen geringer ist als die des Klinkers oder im Fall von Füllern praktisch ganz fehlt, müssen Zemente mit Zumahlstoffen generell feiner gemahlen werden als ein Portlandzement derselben Festigkeitsklasse. Dadurch steigt der elektrische Energiebedarf beim Mahlen deutlich an und der Durchsatz der Mühle geht merkbar zurück. Außerdem fallen zusätzliche Anschaffungs- und Transportkosten an. Schlußendlich sind für einen Beton gleicher Leistungsfähigkeit teilweise höhere Zementmengen erforderlich als mit einem reinen Portlandzement, wodurch die Vorteile aus der Energieeinsparung teilweise kompensiert werden (Scheuer und Ellerbrock, 1992).

Aus den Tabellen III.4.5 und III.4.6 geht hervor, daß ein Portlandkalksteinzement mit einem Kalksteinanteil von 15 M.-% im Mittel nur rund 87 % des gesamten Primärenergieaufwandes zur Herstellung eines Portlandzements gleicher Festigkeitsklasse, ein Flugaschehüttenzement mit 15 M.-% Flugasche und 15 M.-% Hüttensand nur rund 72 % und ein Hüttenzement mit 50 M.-% Hüttensand nur rund 54 % erfordert. Außerdem gehen die prozeßbedingten CO_2-Emissionen auf 84 %, 68 % bzw. 47 % des PZ 35 F zurück.

		Rohstoffaufwand und Schonung an Deponieraum bezogen auf 1 t Zement				
		PZ 35 F		PKZ 35 F	FAHZ 35 F	HOZ 35 F
Klinkeranteil	kg	950		800	650	450
Rohmaterial (erf.)	kg	1482		1248	1040	702
Zumahlstoff						
- Kalkstein				150		
- Gips (nat.)		50	0			
- REA-Gips		0	50	50	50	50
- Sk-Flugasche					150	
- Hüttensand					150	500
Primärrohstoff (ges.)	kg	1532	1482	1398	1040	702
Sekundärrohstoff (ges.)	kg	0	50	50	350	550
Rohstoff (gesamt)	kg	1532	1532	1448	1390	1252
Primärrohstoff bez. auf PZ 35 F	%	100	95	91	68	46
Deponieraumersparnis in m^3		--		–	0,25	0,37

Tabelle III.4.5 Rohstoffaufwand und Schonung an Deponieraum je Tonne Zement.

	Energieaufwand für die Zementherstellung bezogen auf 1 t Zement			
	PZ 35 F	PKZ 35 F	FAHZ 35 F	HOZ 35 F
Klinkeranteil %	95	80	65	45
Brennstoffwärme kWh	918	772	628	435
Elektr. Energie kWh	100	111	104	113
Energieaufwand gesamt kWh	1018	883	732	548
Energiebedingte CO_2-Emission bez. auf PZ 35 F %	100	87	72	54
Prozeßbedingte CO_2-Emission bez. auf PZ 35 F %	100	84	68	47

Tabelle III.4.6 Aufwand an Energie für die Herstellung einer Tonne Zement.

Insgesamt führt daher die Nutzung von Zumahlstoffen bei der Herstellung von Zement zu einer beachtlichen Energieeinsparung. Die Einsatzmenge und damit das Sparpotential sind allerdings durch die Anforderungen des Marktes an die bautechnischen Eigenschaften der Zemente und vor allem des Betons begrenzt (Schmidt und Xeller, 1993). Außerdem stehen die Zumahlstoffe mit puzzolanischer Aktivität, wie z.B. granulierte Hochofenschlacke, häufig nicht in ausreichender Menge zur Verfügung. Darüber hinaus hängt die erfolgreiche Markteinführung bzw. -behauptung solcher "emissionsärmeren" Zementsorten von der Akzeptanz und einem geänderten Kaufverhalten der Nachfrager ab.

2.5 Vergleichende Betrachtung des CO_2-Minderungspotentials

Tabelle III.4.7 enthält typische Werte für die CO_2-Emission bei Anwendung einer oder mehrerer CO_2-Minderungsmaßnahmen. Parameter ist die jeweilige Brenntechnik im Zementwerk. Die größten CO_2-Absenkungen können demnach durch eine optimale Betriebs- und Prozeßführung (0,09-0,62 t CO_2/t Zement), durch Produktstrukturwandel (0,13-0,55 t CO_2/t Zement) und durch Sekundärbrennstoffe (0,14-0,28 t CO_2/t Zement) erzielt werden. Eine Veränderung der Brenntechnik wirkt sich nur bei langen Naßöfen (0,28 t CO_2/t Zement) und bei langen Trockenöfen (0,14 t CO_2/t Zement) deutlich aus.

JI-Maßnahmen sollten sich an der 6. Spalte, 2. bis 7. Zeile, Fußnote 1 von Tabelle III.4.7 orientieren. Der Abstand der jeweiligen Ausgangssituation (Referenzfall) von diesen Werten kennzeichnet das erzielbare Minderungspotential. Die Ausgangssituation ist dabei auch im Hinblick auf die Zementqualität (Gleichmäßigkeit, Niveau) zu bewerten. Hierfür sollte ein typischer Standardbeton (z.B. B25) herangezogen werden. Der in der Praxis erforderliche Zementverbrauch pro m^3 Beton im Vergleich zur Bundesrepublik Deutschland ist dann ein Maß für das zusätzliche Minderungspotential durch Reduzierung des Zementverbrauchs. Letzteres ist in Tabelle III.4.9 in der 1. Zeile berücksichtigt worden.

	Langer Naßofen		Schachtofen		Lepolofen		Langer Trockenofen		Zyklonvorwärmerofen (4-6 Stufen)	
1. Ausgangssituation (Klinkeranteil 95 %)	1,29 - 1,72		1,00 - 1,52		1,00 - 1,33		1,11 - 1,48		0,94 - 1,25	
2. Optimale Betriebs- und Prozeßführung incl. Qualitätsverbesserung	1,13		0,90		0,90		0,99		0,85	
3. Optimale Prozeßtechnik (Ersatz- oder Neubau)	0,85		0,85		0,85		0,85		0,85	
4. 50 % Sekundärbrennstoffe	0,85[1]	0,71[2]	0,74[1]	0,71[2]	0,74[1]	0,71[2]	0,78[1]	0,71[2]	0,71[1]	0,71[2]
5. Produktstrukturwandel										
a) PKZ	0,97[1]	0,61[2]	0,77[1]	0,61[2]	0,77[1]	0,61[2]	0,85[1]	0,61[2]	0,72[1]	0,61[2]
b) FAHZ	0,79[1]	0,51[2]	0,63[1]	0,51[2]	0,63[1]	0,51[2]	0,69[1]	0,51[2]	0,59[1]	0,51[2]
c) HOZ	0,58[1]	0,38[2]	0,45[1]	0,381[2]	0,45[1]	0,38[2]	0,50[1]	0,38[2]	0,42[1]	0,38[2]

1) Jeweils bezogen auf die optimale Betriebs- und Prozeßführung der jeweiligen Ofenanlage
2) Anwendung aller Maßnahmen (Idealzustand)

Tabelle III.4.7 Vergleichende Betrachtung der CO_2-Emission in t CO_2 pro t Zement.

Die obengenannte Ideallinie ist insbesondere auch im Hinblick auf die im jeweiligen Land verfügbaren Zumahlstoffe hin zu bewerten. Puzzolanisch aktive Zumahlstoffe, wie Hüttensand oder geeignete Flugasche, sind häufig nicht verfügbar. Folglich kommt die Herstellung von FAHZ oder HOZ weltweit nur in sehr begrenztem Umfang in Betracht.

2.6 Stand der Technik in Deutschland

Zur deutschen Zementindustrie gehören 41 Unternehmen mit 70 Werken. Die Beschäftigtenzahl betrug 1995 knapp 12.500, der Gesamtumsatz lag bei etwa 5,6 Mrd. DM. Gemessen an der Bruttowertschöpfung der zementherstellenden Unternehmen betragen die Energiekosten derzeit rund 38 %. Ihr Anteil am Nettoproduktionswert beläuft sich auf ca. 26 %. Daher sind der rationelle Energieeinsatz und die Senkung der Brennstoffenergiekosten seit jeher von großer Bedeutung.

Die Verringerung des Brennstoffenergieverbrauchs der deutschen Zementindustrie in den letzten 40 Jahren ist in Abbildung III.4.2 dargestellt. Heute wird die eingesetzte Brennstoffenergie zu über 70 % ausgenutzt. Diese Effizienzsteigerung ist das Ergebnis kontinuierlicher Verbesserungen der Verfahrenstechnik, die unabhängig von den aktuellen Brennstoffkosten durchgeführt wurden. Abbildung III.4.2 zeigt, daß heute ein technischer Stand erreicht ist, bei dem eine weitere Verringerung des Brennstoffenergieverbrauchs an technische Grenzen stößt. Aus diesem Grund konzentrieren sich heute die Bemühungen der deutschen Zementindustrie verstärkt auf den Einsatz von Sekundärbrennstoffen. In 1994 wurden 10,1 % der insgesamt verbrauchten Brennstoffenergie durch Sekundärbrennstoffe abgedeckt. Langfristig soll dieser Anteil noch deutlich gesteigert werden.

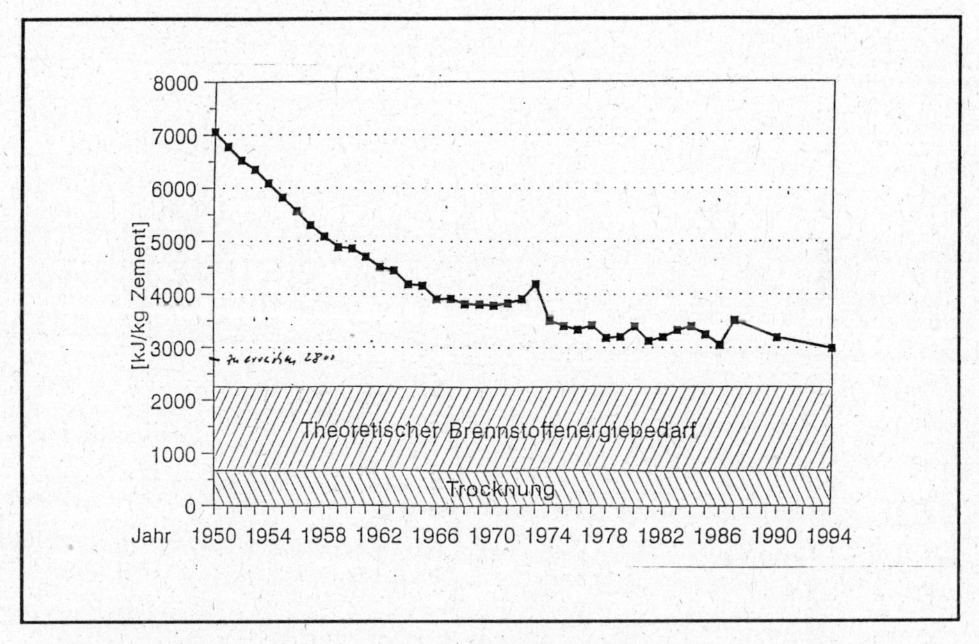

Abbildung III.4.2 Massenbezogener Brennstoffenergieverbrauch (bis 1987 alte Bundesländer, danach gesamte Bundesrepublik).

Der stetige Anstieg des elektrischen Energieverbrauchs ist auf die ständig zunehmenden Anforderungen an die Produktqualität und an den Umweltschutz zurückzuführen (Abbildung III.4.3). Inzwischen konnte dieser Trend durch effizientere Verfahren zur Zementmahlung gestoppt werden.

Im März 1995 hat sich die deutsche Zementindustrie in der Selbstverpflichtung der deutschen Wirtschaft zum Klimaschutz bereiterklärt, ihren spezifischen Brennstoffenergieverbrauch von 3510 kJ/kg Zement im Jahr 1987 auf 2800 kJ/kg Zement im Jahr 2005, d.h. um 20 %, weiter zu reduzieren (Verein Deutscher Zementwerke, 1996).

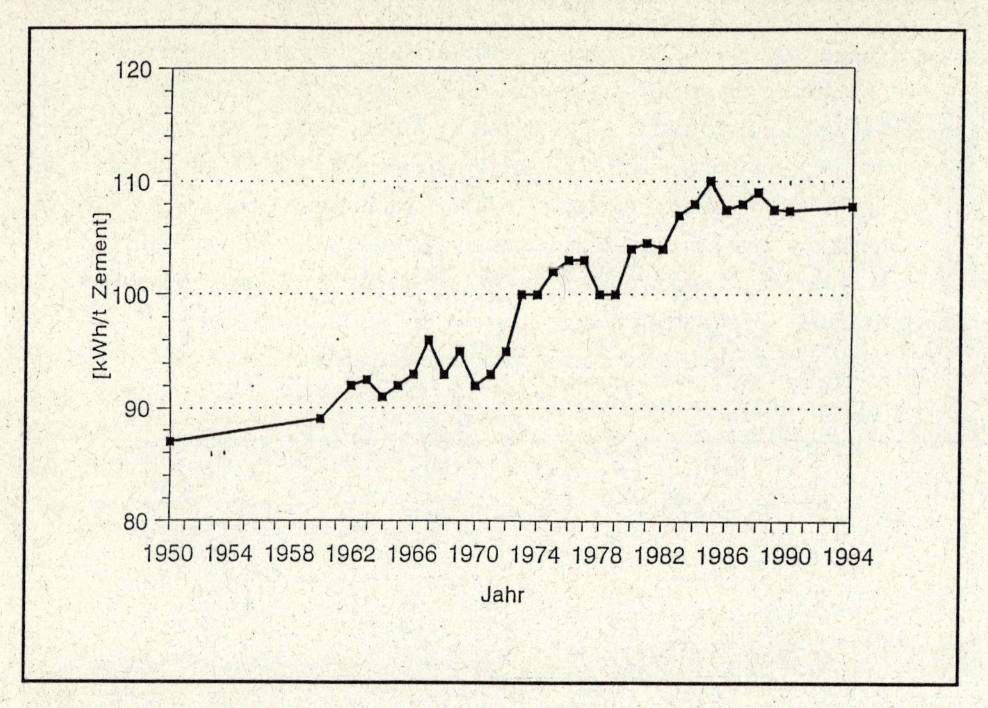

Abbildung III.4.3 Spezifischer elektrischer Energieverbrauch (ab 1990 alte und neue Bundesländer.

3 Referenzfallbestimmung

Die glaubwürdige und praktikable Bestimmung des Referenzfalles ist die entscheidende Vorraussetzung sowohl für die Anerkennung eines JI-Projektes als auch Grundlage für die Berechnung der vermiedenen Emissionen.[5] Die Referenzfallbestimmung für JI-Projekte in der Zementindustrie wird von einigen grundlegenden Charakteristiken geprägt, die im folgenden kurz dargestellt werden, bevor verschiedene alternative Optionen der Referenzfallbestimmung diskutiert und bewertet werden.

Zement ist ein sehr transportintensives Gut. Infolgedessen wird Zement in der Regel für einen **regionalen Absatzmarkt** hergestellt. Soweit Transport oder Vertrieb des Zementes nicht direkt oder indirekt subventioniert werden, ist der Importanteil in den jeweiligen Märkten eher gering. Daher gibt es in praktisch jedem Land Zementwerke (Jansen und Vleuten, 1995). Weiterhin sind Zementwerke sehr standortabhängig bzw. an die jeweiligen Gegebenheiten angepaßt. Sie können somit vereinfachend als **voneinander unabhängige Einheiten** betrachtet werden. Probleme, die typischerweise in Netzverbünden auftreten wie z.B. Auslastungsverschiebungen im Kraftwerksbereich, gibt es nicht.

Der Zementverbrauch hängt von der wirtschaftlichen Entwicklung des jeweiligen Landes und dem Zustand der Infrastruktur ab. In Schwellenländern wie z.B. China und Indien ist der Pro-Kopf-Verbrauch von Zement zwar sehr gering, in diesen beiden Ländern wurden allerdings in 1995 bereits ca. 36 % der Zementproduktion der Welt erzeugt und verbraucht. In Ländern mit aufstrebender Wirtschaft, unterentwickelter Infrastruktur und niedrigem Pro-Kopf-Verbrauch von Zement ist das Neubaupotential im Sinne der Schaffung zusätzlicher Produktionskapazitäten sehr groß. Eine solche Situation wird im folgenden unterstellt, wenn von einem **Zubau in Wachstumsmärkten** gesprochen wird. Überwiegend sind damit Länder in Asien und Afrika angesprochen (siehe auch Abbildung III.4.1). Ein **Sanierungs- und Optimierungspotential** bzw. der Ersatz bereits existierender Zementwerke an bestehenden Standorten

---

[5] In der Literatur diskutiert wird hauptsächlich das Problem der "Zusätzlichkeit" von JI-Maßnahmen in einem kostenbezogenen Ansatz (vgl. z.B. Burg,) Diese Problematik findet sich in unserer kostenunabhängigen Betrachtungsweise inhaltlich in der Bestimmbarkeit des Referenzfalls wider. Kann der Referenzfall einer potentiellen JI-Maßnahme bestimmt werden, so ist die Maßnahme "zusätzlich". Interessant und direkt übertragbar ist insbesondere der Ansatz von Burg (1994) der die Sinnhaftigkeit der 100%igen Sicherheit der finanziellen Zusätzlichkeit von Maßnahmen für deren Zulässigkeit bezweifelt, da damit große Treibhausgasvermeidungspotentiale verschenkt werden, die mit geringen finanziellen Mitteln zu realisieren wären, bzw. no-regrets Maßnahmen nicht für JI geeignet wären, die aufgrund anderer Hemmnisse nicht durchgeführt werden.

(im folgenden **Ersatzbau** genannt) ist demgegenüber hauptsächlich in Ländern mit stagnierendem Zementabsatz und ungünstigen Energieverbräuchen gegeben (Tabelle III.4.8).

	Anteil Naß-verfahren (%)	Zuschlagstoffe (secondary constituents) (%)	spezifischer Wärmeverbrauch. (MJ/t clinker)	Elektrizitäts-verbrauch (kWh/t cement)
OECD				
USA[a]	35	nv	4250	138
Deutschland	5	21	3610	104
Niederland	0	46	3710	96
Japan	3	nv	2970	103
Afrika				
Ägypten	53	nv	4840	90
Nigeria	43	nv	nv	nv
Zimbabwe	0	nv	nv	nv
Asien				
Indien[b]	40	nv	4780	126
China[c]	61	nv	5510	106
Indonesien	20	5	3766	nv
Latein Amerika				
Costa Rica	0	7	3580	132
Argentinien	35	10	4290	128
Brasilien	22	21	4160	125
Kolumbien	80	nv	5860	122
Transition econ.				
ehem. UdSSR	81	28	6301	107
Polen	60	18	5565	nv

a Daten aus 1985.
b Beinhaltet nicht die geschätzte Anzahl von 180 Mini-Zementwerken (6 % der Gesamtkapazität).
c Beinhaltet nicht die geschätzte Anzahl von 6000 Mini-Zementwerken (85 % der Gesamtkapazität).
nv nicht verfügbar
Quelle: Vleuten, 1995

Tabelle III.4.8 Überblick des spezifischen Energieverbrauchs in der Zementindustrie nach Regionen (1990).

Bei der Betrachtung der empfohlenen und alternativen Formen der Referenzfallbestimmung werden zur Beurteilung insbesondere die folgenden Kriterien angewendet:

- Auswirkungen auf die Kosteneffizienz des Instrumentes JI,[6]
- Dynamische Komponente,[7]

6 Im projektbezogenen Ansatz kann nur eine sektorenspezifische Kosteneffizienz betrachtet werden, da keine gesamtwirtschaftlichen Referenzszenarios ermittelt werden. Es werden nur Kosten und Emissionen von Projekten innerhalb des Zementbereichs verglichen. Kosteneffizienz bedeutet hier also, ob über die Methode der Referenzfallbestimmung sichergestellt werden kann, daß die Emissionen tatsächlich dort vermieden werden, wo dies in der Zementindustrie am günstigsten ist (pro investierter Geldeinheit die maximal mögliche Emissionsvermeidung erfolgt).

7 Beurteilt werden soll insbesondere, ob über die Referenzfallbestimmung sichergestellt bzw. induziert werden kann, daß der jeweil neueste Stand der Technik in JI-Projekten zur Anwendung kommt. "Stand der Technik" wird dabei nicht nur als Prozeßtechnik verstanden, sondern als Kombination aus Technik und Know-how.

- Spiegelung der standortspezifischen Bedingungen,
- Datenverfügbarkeit und -sicherheit.

3.1 Empfohlene Form der Referenzfallbestimmung.

Aus Tabelle III.4.7 wird ersichtlich, daß auch mit moderner Prozeßtechnik teilweise sehr hohe spezifische CO_2-Emissionen[8] resultieren können. Andererseits sind mit vermeintlich ineffizienter Prozeßtechnik relativ geringe spezifische CO_2-Emissionen erzielbar. Neben den oben angeführten allgemeinen Charakteristiken muß sich insbesondere diese Erkenntnis auf die Festlegung des Referenzfalls auswirken: Aus den technischen Komponenten eines vorhandenen Zementwerkes läßt sich nicht definitiv auf dessen CO_2-Emissionen schließen. Diese werden auf Grundlage der Anlagentechnik im wesentlichen durch die Betriebs- und Prozeßführung bestimmt. Eine verallgemeinerte Referenzfallzuordnung, wie sie im Falle des fossilen Kraftwerkes entwickelt und vorgenommen wurde,[9] ist somit nicht möglich. Der Referenzfall sollte daher idealerweise in jedem Einzelfall neu hergeleitet werden, um die dem JI-Projekt zuzurechnenden vermiedenen CO_2-Emissionen bestimmen zu können.[10] Insgesamt ergibt sich daraus die im folgenden näher erläuterte Klassifizierung von JI-Projekten und Zuordnung von Referenz-Projekten (Tabelle III.4.9):

Marktdynamik	JI-Projekt Klasse	Referenzfall
Stagnierender Markt	Ersatzbau	Altanlage
	Sanierung/Optimierung	Altanlage
Wachstumsmarkt	Zubau	Feasibility Studie
	Ersatzbau	Altanlage
	Sanierung/Optimierung	Altanlage

Tabelle III.4.9 Klassifizierung von JI-Projekten in der Zementindustrie und Zuordnung von Referenzfällen.

8 Nach unserer Betrachtungsweise beinhalten die spezifischen CO_2-Emissionen der Zementherstellung sowohl prozeß- als auch energiebedingte CO_2-Emissionen.

9 Vgl. Filtermodell in Teil III.1. "Fossiles Kraftwerk".

10 Eine derartige Vorgehensweise zur Bestimmung der "Zusätzlichkeit" eines JI-Projektes wird auch von Burg (1994) vorgeschlagen und als praktikabel erachtet, da ein potentieller Investor i.d.R. ohnehin eine Wirtschaftlichkeitsbetrachtung aufstellen wird. Eine Empfehlung und Diskussion dieser Vorgehensweise mittels Feasibility Studien für fünf JI-Pilotprojekte im Energiebereich findet sich auch beim Nordic Council (1996).

3.1.1 Altanlage (Sanierung/Optimierung und Ersatzbau)

Im Falle einer Sanierung, Optimierung oder des Baus eines Ersatzwerkes[11] sollten die spezifischen CO_2-Emissionen des vorhandenen Zementwerks im Drittland als Referenzfall für die Bewertung von JI-Projekten dienen. Eine Durchschnittsbildung z.B. über die letzten drei Jahre vor Beginn des JI-Projektes ist sinnvoll, um Schwankungen herauszumitteln.

Diese Vorgehensweise hat zum Vorteil, daß die Kosteneffizienz[12] des Instrumentes JI nicht durch Pauschalierungen beeinträchtigt wird. Im Falle eines Vergleichs der Höhe der vermiedenen Emissionen bei alternativen JI-Projekten wird für das "schmutzigste" (d.h. prozeßtechnisch sowie betriebs- und prozessführungsbezogen ineffizienteste) Zementwerk gegenüber dem jeweiligen JI-Projekt die prozentual höchste Verringerung der vermiedenen spezifischen CO_2-Emissionen ausgewiesen. Es werden keine systembedingten Mitnahmeeffekte durch die Ausgestaltung der Referenzfallbestimmung induziert. Es ist jedoch ein gewisses Maß an Mitnahmeeffekten zu erwarten, da eine genaue Abgrenzung der Motive (wirtschaftliche, marktpolitische) für die jeweilige Maßnahme nicht möglich ist.

Die dynamische Komponente ist ebenfalls erfüllt, da die vermiedenen Emissionen nur dann maximiert werden, wenn die dem Stand der Technik entsprechende Variante für das Projekt gewählt wird. Weiterhin werden die standortbezogenen Randbedingungen vollständig berücksichtigt.

Als Nachteil muß demgegenüber gelten, daß für den Referenzfall je nach Dokumentationspraxis des Altanlagenbetreibers häufig keine vertrauenswürdigen und überprüfbaren Zahlen vorliegen.

3.1.2 Fallstudien (Zubau)

Im Fall eines Zubaus in einem Wachstumsmarkt sollten Fallstudien im Rahmen von Machbarkeitsstudien als Referenz für die Bewertung von JI-Projekten dienen. Alle Verbesserungen gegenüber rein wirtschaftlich begründeten Maßnahmen, die zu einer weiteren Energieeinsparung führen, sind positiv im Sinne von JI zu bewerten.

[11] Dies gilt auch für den Fall eines Neubaus an einem anderen Standort, sofern der alte Standort, z.B. wegen Erschöpfung der Rohstoffvorkommen, geschlossen wird.

[12] Mit gewissen Beeinträchtigungen der Kosteneffizienz muß generell gerechnet werden, da davon ausgegangen werden kann, daß andere, Marktüberlegungen immer prioritär sein werden. Die Entscheidung, ob eine JI-Maßnahme durchgeführt wird, wird sicherlich nach der Entscheidung für einen bestimmten Standort fallen und nur in Ausnahmefällen der alleinige Grund für eine Maßnahme sein.

Vorteile dieser Vorgehensweise sind, daß die Kosteneffizienz nicht beeinträchtigt wird und sich die JI-Förderung auf den Anteil der Investition beschränkt, der zu einer zusätzlichen Energieeinsparung führt. Die dynamische Komponente ist ebenfalls erfüllt (vgl. Altanlage). Weiterhin sind die verschiedenen Szenarien jeweils vollständig an die örtlichen Rahmenbedingungen angepaßt.

Als Nachteil der Vorgehensweise könnte gesehen werden, daß die Transaktionskosten sehr hoch sind, da die Ausarbeitung von Fallstudien sehr aufwendig ist.[13] Allerdings würden sich die entstehenden Kosten nicht auf die gesamte Studie beziehen, sondern nur auf die durch die JI-Variante(n) verursachten Mehrkosten. Weiterhin würden Kosten der Qualitätskontrolle (extern durch unabhängige Dritte) entstehen.

3.2 Referenzfallbestimmung mittels Durchschnittswerten

Als alternative Vorgehensweise könnte erwogen werden, vereinfachend den Referenzfall über eine landesbezogene Durchschnittsbildung festzulegen. Damit wäre der Referenzfall von vornherein entschieden und müßte nicht in jedem Einzelfall erneut ermittelt werden. Dies würde die Praktikabilität erhöhen, gleichzeitig jedoch die genaue Abbildung der jeweiligen Situation beeinträchtigen sowie den an das Instrument JI gekoppelte Vorteil der kosteneffizienten Minderung von CO_2-Emissionen beeinträchtigen bzw. den Anreiz für JI insgesamt vermindern. Von daher ist, u.E, auf eine Durchschnittsbildung nur als zweitbeste Lösung zurückzugreifen.

3.2.1 Zementindustrie des investierenden Staates

Die durchschnittlichen spezifischen CO2-Emissionen der Zementindustrie des investierenden Staates könnten als Referenz für die Bewertung von JI-Projekten dienen.

Die dynamische Komponente ist berücksichtigt, wenn die "Referenzlinie" über die Bildung gleitender Durchschnitte nicht statisch ist sondern jährlich fortgeschrieben wird. Weiterhin liegen relativ sichere statistische Daten vor.

Die Kosteneffizienz ist bei einer Durchschnittsbildung generell nicht mehr gewährleistet. Die Energieeinsparung wird nicht unbedingt dort realisiert, wo sie auch finanziell am rentabelsten ausfällt. Darüber hinaus werden mit zu-

13 Michaelowa (1995) z.B. schätzt die bei der projektbezogenen Referenzfallbestimmung anfallenden Transaktionskosten (allerdings allgemein gegenüber der Bestimmung einer szenarienbasierten "baseline") als relativ gering ein und empfiehlt in bestimmten Fällen ebenfalls den Rückgriff auf Durchschnittsbildung.

nehmend besserer Referenzlinie CO_2-Einsparungen in Projekten in den gastgebenden Staaten eventuell nicht mehr genügend gefördert, um noch rentabel realisiert werden zu können. Dies ist für solche Projekte der Fall, deren spezifische Emissionen unter denen, die dem Durchschnitt des investierenden Staates entsprechen, liegen und damit aus Gesichtspunkten der globalen CO_2-Minimierung heraus (bei gleichen oder geringeren Vermeidungskosten pro t CO_2) am stärksten gefördert werden sollten. Die Einsparung von Potentialen, die unterhalb des Durchschnittes des investierenden Staates liegen, wird nicht gefördert. Die Förderung entspricht also nicht mehr den tatsächlich vermiedenen Emissionen. Letztendlich werden regionale Besonderheiten, wie z.B. unterschiedliche Rohmaterialien, überhaupt nicht berücksichtigt.

3.2.2 Zementindustrie des gastgebenden Staates

Der durchschnittliche Energieverbrauch der Zementindustrie im gastgebenden Staat dient als Referenzlinie für die Bewertung von JI-Projekten.

Vorteile dieser Vorgehensweise sind, daß die regionalen Besonderheiten, wie z.B. unterschiedliche Rohmaterialfeuchten oder Marktanforderungen, zumindest teilweise berücksichtigt werden. Die dynamische Komponente ist ebenfalls erfüllt, wenn die Referenzlinie nicht statisch ist, sondern mit jeder Sanierung oder jedem Ersatz-/Zubau im gastgebenden Staat fortgeschrieben wird.

Als Nachteil ist zu bedenken, daß die Investition nicht zwangsläufig dort realisiert wird, wo auch die Energieeinsparung am rentabelsten ausfällt. Generell gelten alle bzgl. der Durchschnittsbildung auf der Grundlage der Daten des investierenden Staates zur Kosteneffizienz gemachten Aussagen, allerdings in schwächerer Form. Weiterhin liegen oftmals keine vertrauenswürdigen und nachprüfbaren Zahlen vor.

4 Bestimmung der vermiedenen Emissionen

Über die glaubwürdige Bestimmung des Referenzfalles hinaus hängt die Berechnung der vermiedenen Emissionen im Zementfall von der Definition der Bezugsgröße ab. Bezugsgrößen können sein 't Zementklinker', 't Zement' oder 't Beton'. Eine Unterscheidung in die Minderung energie- sowie prozeßbedingter CO_2-Emissionen könnte eine Zuordnung zu Zementklinker (Effizienzmaßnahmen) und Zement (Maßnahmen zur Vergleichmäßigung der Zementqualität) nahelegen. Jedoch ist die Reduktion der energie- und prozeßbedingten CO_2-Emissionen nicht scharf voneinander abzugrenzen. So führt beispielsweise eine Vielzahl von Maßnahmen zur Steigerung der Energieeffizienz über die Verbesserung der Zementqualität (und damit über die Verringerung des benötigten Klinkeranteils im Zement) indirekt auch zu einer Reduktion der prozeßbedingten Emissionen (Tabelle III.4.10).

Projekt im Bereich	Auswirkungen auf CO_2-Emissionen	
	energiebedingte	prozeßbedingte
(1) Betriebs- und Prozeßführung	- sinken direkt über Effizienzsteigerungen - sinken indirekt über gleichmäßigere Zement-qualität (Anteil von t ZK/t Z bzw. t Z/t Bsinkt)	- sinken über gleich-mäßigere Zementqualität (Zementqualität steigt, d.h. Anteil t Zementklinker pro t Zement bzw. t Zement pro t Beton sinkt)
(2) Prozeßtechnik	- sinken direkt über Effizienzsteigerungen - sinken indirekt über Erleichterung/Ermöglichun g der Optimierung von (1)	- sinken indirekt über Erleichterung/Ermöglichung der Optimierung von (1)
(3) Sekundärbrennstoffe	- sinken direkt über Substitution	--
(4) Produktstrukturwandel	- sinken indirekt über geringeren Anteil an t ZK/t Z bzw. t Z/t B	- sinken direkt über verbesserte Rezepturen (Anteil von t ZK/t Z bzw. t Z/t B sinkt)

Tabelle III.4.10 Zuordnung der Minderung energie- und prozeßbedingter CO_2-Emissionen zu den Minderungsoptionen.

Daher wird als Bezugsgröße zunächst 't Zement' gewählt. Damit werden die Wirkungen einer gleichmäßigeren Zementqualität jedoch nicht vollständig abgebildet. Um die Minderung der energie- und prozeßbedingten CO_2-Emissionen, die aus einer Verringerung des Zementanteils im Beton resultieren, mitzuerfassen, ist die Bezugsgröße 't Beton' zu wählen.

Aus der Darstellung des Zementherstellungsprozesses (Kapitel 2) läßt sich für Projekte in den Bereichen (1) und (2) (Tabelle III.4.10) die folgende Berechnung der vermiedenen Emissionen ableiten (Gleichung 1)[14]. Dabei wird als Bezugsgröße die Produktionsmenge 't Zement' gewählt:[15]

$\Delta E_{absolut}$ in $[tCO_2/a]$ = (CO_2-Emissionen im Referenzfall **minus** CO_2-Emissionen im JI-Fall) (Gleichung 1)

= [(Eingesetzte Primärbrennstoffe* EF_P
+ Nettofremdstrombezug* $EF_Ø$)
+ K* Anteil Zementklinker * t Zement]$_{Ref}$

minus

[(Eingesetzte Primärbrennstoffe* EF_P
+ Nettofremdstrombezug* $EF_Ø$)
+ K* Anteil Zementklinker * t Zement]$_{JI}$

mit

CO_2-Emissionen	=	(energiebedingte CO_2-Emissionen + prozeßbedingte CO_2-Emissionen)
energiebedingte CO_2-Emissionen	=	(Eingesetzte Primärbrennstoffe* EF_P + Nettofremdstrombezug* $EF_Ø$)
prozeßbedingte CO_2-Emissionen	=	K* Anteil Zementklinker * t Zement; (K=0,53 tCO_2/tZK)
EF_P	=	CO_2-Emissionsfaktor des eingesetzten Primärbrennstoffs
$EF_Ø$	=	durchschnittlicher oder marginaler CO_2-Emissions faktor des Kraftwerkspark im gastgebenden Staat

Wobei sich alle absoluten Mengenangaben auf Jahresverbrauch bzw. -produktion beziehen.

Der Einsatz fossiler Primärenergieträger bei der Zementherstellung kann durch den Einsatz von Sekundärbrennstoffen im Verbrennungsprozeß substituiert werden. Ob bzw. in welchem Maße diese Substitution in einem über die Zementherstellung hinausgehenden Systemzusammenhang zu einer Minderung von CO_2-Emissionen führt, geht über die projektbezogene Ebene hinaus und wird daher im folgenden etwas eingehender betrachtet.

In einer streng projektbezogenen Betrachtungsweise entsprechen die CO_2-Emissionen des Einsatzes von Sekundärbrennstoffen denen der substituierten Primärbrennstoffmenge. Es werden also keine CO_2-Emissionen im Zement-

[14] Nach den Richtlinien des IPCC (1994: Vol. 3, 2.4-2) werden der Zementherstellung nur die prozeßbedingten CO_2-Emissionen zugerechnet. Demnach vereinfacht sich die Berchnung auf $E_{CO_2} = 0.5071$ t CO_2 / t Klinker bzw., wenn zuverlässige Informationen über die Klinkerproduktion nicht verfügbar sind, auf $E_{CO_2} = 0.4985$ t CO_2 / t Zement.

[15] Probleme der Berechnung können entstehen, wenn bestimmte CO_2-relevante Prozesse, wie z.B. die Mahlvorgänge für die Zuschlagstoffe aus dem Zementwerk ausgelagert werden.

werk vermieden. Die der substituierten Primärbrennstoffmenge entsprechenden CO_2-Emssionen könnten somit nicht im Rahmen von JI angerechnet werden.

Für eine über die Projektebene hinaus gehende Nettobilanzierung der CO_2-Emissionsentwicklung durch den Einsatz von Sekundärbrennstoffen müßten deren wahrscheinliche alternativen Verwendungen wie z.B. Müllverbrennung und Deponierung berücksichtigt werden. Im Vergleich zur Müllverbrennung ist der Zementproduktionsprozess aufgrund der wesentlich höheren Wirkungsgrade vorteilhaft. Bei der Deponierung ist das Ergebnis komplizierter, da zwischen verrottenden und anderen Stoffen[16] unterschieden werden muß. Bezogen auf verrottende (biogene) Reststoffe ist der Zementprozess vorteilhaft, da Methan-Emissionen vermieden werden und statt dessen CO_2 emittiert wird (niedrigeres GWP).

Eine nochmals umfassendere Betrachtung unter Berücksichtigung der Vorketten kann im Rahmen einer Ökobilanz erfolgen. Auch hier können alternativen Verwendungen wie z.B. Müllverbrennung, Deponierung, Recycling, Wiedereinspeisung in eine Kreislaufwirtschaft usw. hinsichtlich ihrer Klimarelevanz betrachtet werden.[17] Eine solche Prüfung ist aufwendig, wird jedoch in Deutschland in Reaktion auf die Anforderungen aus dem im Herbst 1996 in Kraft getretenen Kreislaufwirtschafts-und Abfallgesetz[18] schon jetzt durchgeführt (FZI, 1996). Als "Referenzszenario" wird dabei angenommen, daß ein bestimmtes Güterbündel (Strom, chemische Rohstoffe, Zement) produziert wird. Vor diesem Hintergrund wird analysiert, an welcher Stelle potentielle Sekundärbrennstoffe am effizientesten eingesetzt werden können (Müllverbrennungsanlage, Deponierung, Zementherstellung, verschiedene andere Prozesse in der Chemieindustrie). Im Ergebnis zeigt sich, daß aufgrund der hohen Wirkungsgrade die Verwendung als Sekundärbrennstoffe im Zementherstellungsprozess gegenüber einer stofflichen oder rein energetischen Verwertung bzw. Deponierung eindeutig vorteilhaft ist (FZI, 1996).[19,20]

---

16 Bei Kunststoffen besteht bei der Deponierung z.B. das Problem der Selbstentzündung.

17 Zur generellen Problematik und Klimarelevanz der Verbrennung bzw. Deponierung von Müll vgl. z.B. Schenkel et al, 1990, DPU 1996.

18 Das Kreislaufwirtschafts- und Abfallgesetz schreibt die Prioritätenhierarchie "Vermeiden vor Verwerten vor Beseitigung" fest. Ebenso hat die stoffliche Verwertung Priorität vor der thermischen Verwertung, sofern nicht deren Vorteilhaftigkeit nachgewiesen werden kann. Zur Kontroverse um das Kreislaufwirtschafts- und Abfallgesetz vgl. z.B. (Merkel 1996, Müller 1996, Hansmeier und Linscheidt 1996).

19 Eine Präsentation der Ergebnisse dieser Ökobilanzierung fand am 24.10.1996 im Forschungszentrum der Zementindustrie statt. Die Veröffentlichung der Ergebnisse wird nach Durchlaufen eines Validierungsverfahrens durch den TÜV für Ende 1996 erwartet.

20 Die aus der Ökobilanzierung resultierende Vorteilhaftigkeit in der CO_2-Bilanz ist jedoch noch keine Garantie für die Anerkennung jeglicher Projekte mit Einsatz von Sekundärbrennstoffen im Rahmen von Joint Implementation. Es muß vielmehr gezeigt werden, daß die

Bei JI-Projekten mit Einsatz von Sekundärbrennstoffen ist Gleichung 1 entsprechend anzupassen (Gleichung 2):

$$
\begin{aligned}
\Delta E_{absolut} \text{ in } [tCO_2/a] \; &= [(\text{Eingesetzte Primärbrennstoffe}*EF_P \qquad \text{(Gleichung 2)} \\
&+ \text{Nettofremdstrombezug}*EF_{\varnothing}\,) \\
&+ K * \text{Anteil Zementklinker} * \text{t Zement}]_{Ref} \\
&\textbf{minus} \\
&[(\text{Eingesetzte Primärbrennstoffe}*EF_P \\
&+ \text{Eingesetzte Sekundärbrennstoffe}*EF_{sek} \\
&+ \text{Nettofremdstrombezug}*EF_{\varnothing}\,) \\
&+ K * \text{Anteil Zementklinker} * \text{t Zement}]_{JI}
\end{aligned}
$$

Werden bereits in der Referenzanlage Sekundärbrennstoffe eingesetzt, so sind diese mit dem entsprechenden Emissionsfaktor auch im die Referenzanlage beschreibenden Term von Gleichung 2 zu berücksichtigen. Die Ermittlung des spezifischen Emissionsfaktors ist schwieriger als bei Primärbrennstoffen aber prinzipiell möglich.[21]

Um die Verminderung der prozeß- und energiebedingten CO_2-Emissionen aufgrund einer Homogenisierung der Zementqualität vollständig abbilden zu können, ist der Betrachtungsrahmen zu erweitern. Die Bereitstellung einer gleichmäßigeren Qualität einer bestimmten Zementsorte führt dazu, daß der Zementanteil im Beton verringert werden kann. Die entsprechende Bezugsgröße ist in 't Beton' zu ändern. Die auf diesen Effekt zurückzuführende Verringerung der CO_2-Emissionen kann einfach über eine Multiplikation von Gleichung 1 bzw 2 mit der Veränderung des Anteils (t Zement pro t Beton) erfaßt werden.[22]

Die für die Berechnung der vermiedenen Emissionen notwendigen Angaben über (t Zementklinker/t Zement) bzw. (t Zement/t Beton) sind über die Klassifikation der Zement- bzw. Betonarten und die Beschreibung der jeweiligen Produktqualitäten allgemein bekannt und zugänglich.

Die Berechnungsmethode unterscheidet sich im Falle der Sanierung, des Ersatzbaus sowie des Zubaus nicht. Für den Zubau von Produktionskapazi-

---

aus dem Einsatz von Sekundärbrennstoffen resultierende Minderung zusätzlich ist, d.h. ohne die JI-Förderung nicht stattgefunden hätte.

21 So kann etwa die Qualität des Sekundärbrennstoffes verbindlich vereinbart und damit überprüfbar gemacht werden (zertifizierter Brennstoff). Dies war, z.B., die Grundlage für ein in Deutschland durchgeführtes Verfahren zur Genehmigung des Einsatzes von Sekundärbrennstoffen.

22 Es entsteht jedoch die Frage, wem diese CO_2-Emissionsvermeidung angerechnet wird.

täten in Wachstumsmärkten existiert keine Altanlage als Referenzfall. Hier müßten für die benötigten Parameter der Berechnung der vermiedenen Emissionen landesweite Durchschnitten des gastgebenden Staates bzw. die durchschnittlichen Werte typischerweise gebauter Neuanlagen angenommen werden.

Ein Problem bei der Bestimmung der vermiedenen Emissionen tritt auf, wenn die Sanierung mit einer gleichzeitigen Kapazitätsausweitung einhergeht. Dieser Fall dürfte ab einem bestimmten Alter der Altanlage typisch sein. Für diesen Fall ist generell zu entscheiden, ob die spezifischen vermiedenen Emissionen pro Bezugsgröße auf die gesamte Produktion bezogen werden oder eine Beschränkung der Anrechnung der Minderung auf die Produktionskapazität der Altanlage erfolgt. Diese Entscheidung könnte von der Situation auf dem jeweiligen Zementmarkt mitbeeinflußt werden: Für stagnierende Märkte müßte im Prinzip geprüft werden, ob weitere Altanlagen eventuell stillgelegt oder verdrängt werden. Diese wären mit den jeweiligen Produktionskapazitäten in die Bestimmung der vermiedenen Emissionen einzubeziehen. Diese Vorgehensweise ist jedoch insbesondere vor dem Hintergrund der Verdrängung von Altanlagen vom Markt nicht praktikabel. Da angenommen werden kann, daß auf Grund der Kapazitätsausweitung stillgelegte oder verdrängte Anlagen ineffizienter betrieben werden und /oder eine schlechtere Zementqualität produzieren, ist es gerechtfertigt, die spezifischen vermiedenen CO_2-Emissionen auch auf die über die Kapazität der Referenzanlage hinausgehende Produktionsmenge zu beziehen. Es zeigt sich jedoch, daß im Falle der Kapazitätsausweitung die Berechnung der vermiedenen Emissionen nicht absolut sondern spezifisch erfolgen muß. In Wachstumsmärkten könnte unterstellt werden, daß die Sanierung mit Kapazitätsausweitung theoretisch einer Sanierung mit konstanter Kapazität zuzüglich eines Zubaus (im Rahmen der Kapazitätsausweitung) entspricht. In diesem Falle wäre die Produktionskapazität der Altanlage für die vermiedenen Emissionen zugrundezulegen. [23]

---

23 Sofern der Zubau von Zementwerken in Wachstumsmärkten aus den später in Kapitel 7 dargelegten Gründen von JI ausgeschlossen wird. Andernfalls ist die gesamte Kapazität des JI-Zementwerkes auf die spezifischen CO_2-Emissionen der Altanlage zu beziehen.

5. Simulationsbeschreibung

5.1 Tschechische Zementindustrie

Die tschechische Zementindustrie wurde in der Zeit der kommunistischen Planwirtschaft bis 1990 zentral von einem Staatskombinat geführt. Diese zentrale Leitung war verantwortlich für die Sicherung der Zementversorgung der CSSR. Sie plante Produktion und Investitionen. Die Betriebsführung war auf möglichst hohe Planerfüllung ausgerichtet. Energie wurde zu staatlich gelenkten Preisen zugeteilt, die weit unter dem europäischen Preisniveau lagen. Fast alle Werke waren hinsichtlich ihrer anlagentechnischen Standards und Möglichkeiten weit hinter dem internationalen Stand der Technik, dies galt vor allem hinsichtlich der anlagentechnischen Voraussetzungen zur Energieeinsparung bei Wärme und Strom. In hohem Maße wurden energieaufwendige Verfahren mit sehr hohem spezifischen Arbeitsbedarf eingesetzt.

Auf Grund schlechter Verfügbarkeit der Anlagen, d.h. häufiger Ausfälle und Produktionsstillstände wegen mangelhafter Ersatzteilversorgung bzw. schlechte Materialqualität, ergaben sich zusätzlich erhebliche Energieverluste.

Ganz wesentlich zum hohen Energieverbrauch trug das mangelnde verfahrenstechnische Know how bei Bedienungsmannschaften und technischem Führungspersonal bei. Das Management eines Zementwerks war hauptsächlich auf Instandhaltungsleistungen zur Durchführung von Reparaturen ausgerichtet. Ziel war, Stillstände so schnell wie möglich zu beheben, um den Produktionsplan wieder zu erreichen. Der verfahrenstechnischen Optimierung mit dem Ziel, die Qualität des Zementes zu verbessern, den spezifischen Strom- und Wärmebedarf zu senken, Emissionen zu vermeiden bzw. zu minimieren und gleichmäßigen Betrieb mit hoher Produktivität der Belegschaft, war kein vorrangiges Unternehmensziel. Die Belegschaftsstärke lag beim ca. 6-7fachen eines vergleichbaren Zementwerkes in EU-Ländern.

Ein weiteres, wesentliches Merkmal der tschechischen Zementindustrie war der Kapitalmangel für Investitionen. Wegen der geringen Rentabilität der Werke, den hohen Kosten durch Energieverbrauch und Reparaturmaterial und der vergleichsweise niedrigen Verkaufspreisen für Zement wurden keine Spielräume für Investitionen erwirtschaftet. Die zentrale Verteilung von Finanzmitteln für Investitionen führte im allgemeinen zu einer Bevorzugung anderer Industrien bzw. des militärischen Bereiches. Die mangelnde Zuteilung von Investitionsmitteln für die Zementindustrie führte zu einem zunehmenden Verschleiß der Anlagen und einer entsprechenden Überalterung. Die Mehrzahl der Werke betreibt Anlagen aus den 60er Jahren, teilweise sind sogar Öfen aus der Vorkriegszeit in Betrieb.

Es gab zwar immer wieder umfangreiche Neubauplanungen, die jedoch aus Finanzgründen häufig nicht realisiert werden konnten.

5.1.1 Tschechischer Zementmarkt

Der tschechische Zementmarkt war in der planwirtschaftlichen Zeit bis 1989 durch eine stetige Zunahme des Verbrauchs gekennzeichnet. Die Produktion in der Tschechischen Republik, die wegen der geringen Exportmengen bis 1990 in etwa dem Inlandsverbrauch entsprach, stieg von ca. 3 Mio. t in 1960 kontinuierlich auf 6,88 Mio. t 1988 an, stagnierte 1989, um dann nach der politischen Wende 1990/91 drastisch abzusinken (Abbildung III.4.4).

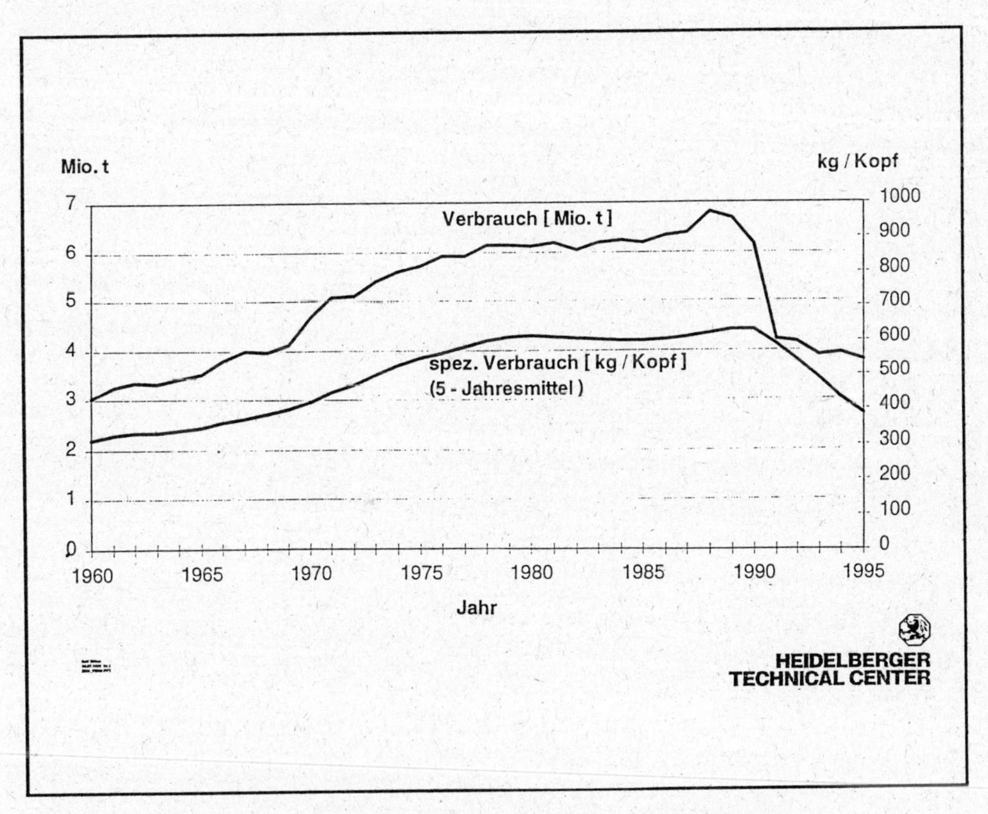

Abbildung III.4.4 Zementverbrauch Tschechische Republik von 1960 bis 1995.

Der enorme Einbruch im Zementverbrauch ab 1991 hat mehrere Gründe

- drastischer Rückgang im Wohnungsbau;
- Wegfall des militärbedingten Zementverbrauchs;
- geringere Bauinvestitionen im Infrastrukturbereich;
- geringerer spezifischer Zementverbrauch pro t Beton durch abgemagerte Rezepturen;
- Zementpreis nicht mehr subventioniert.

Der spezifische Zementverbrauch pro Einwohner, in den 80er Jahren bei ca. 600 kg/Einwohner, liegt derzeit bei ca. 370 kg, ein Niveau, das für mitteleuropäische Verhältnisse sehr niedrig ist. Ein Vergleich[24] mit den beiden westlichen Nachbarn Deutschland und Österreich zeigt, daß die spezifischen Zementverbräuche in diesen Ländern bei ca. 450 - 500 kg bzw. über 600 kg liegen (Tabelle III.4.11).

Land	1989	1990	1991	1992	1993	1994
Belgien	517	547	555	572	563	590
Dänemark	266	258	238	241	200	223
Deutschland	416	429	415	457	458	507
Frankreich	441	446	423	376	339	348
Großbritannien	320	293	243	215	213	223
Italien	734	748	751	784	656	610
Niederlande	341	376	348	344	319	400
Norwegen	346	314	285	274	277	267
Österreich	620	646	647	669	661	699
Schweden	275	278	306	204	166	159
Schweiz	863	820	729	658	623	652
Spanien	650	704	738	666	583	601
Türkei	418	415	424	443	494	438
Japan	638	667	697	669	635	693
GUS (UdSSR)	489	475	448	380		
USA	332	316	285	299	309	331
CSFR	649	598				
Tschechische Republik			410	404	377	382
Slowakische Republik			415	394	366	242
Ungarn	400	370	260	250	240	290
Polen	423	294	277	273	255	279

Tabelle III.4.11 Internationaler spezifischer Zementverbrauch (kg/pro Kopf) von 1989-1994.

24 Ein internationaler Vergleich der Entwicklungen in der Zementindustrie findet sich z.B. in Cembureau, 1996.

Der große Nachholbedarf im gesamten Baubereich der Tschechischen Republik, vor allem auch im öffentlichen Hoch- und Tiefbau sowie im Wohnungsbau, wird erwartungsgemäß in den nächsten Jahren zu einer deutlichen Verbrauchssteigerung führen. Dies kann man anhand der vergleichsweisen Entwicklung in den neuen Bundesländern erkennen, die im Vergleich zu den alten Bundesländern 1994 einen teilweise doppelt so hohen Pro-Kopf-Verbrauch aufweisen (Tabelle III.4.12).

Land	**1990**	**1991**	**1992**	**1993**	**1994**
Schleswig-Holstein	361	350	264	388	410
Hamburg	262	289	267	261	279
Niedersachsen	419	447	466	432	458
Bremen	237	263	263	214	251
Nordrhein-Westfalen	337	350	361	348	363
Hessen	393	431	441	392	403
Rheinland-Pfalz	524	553	606	552	594
Saarland	280	277	298	307	293
Baden-Württemberg	500	520	523	475	490
Bayern	605	635	680	620	676
Berlin/Brandenburg	230	270	351	426	543
Mecklenburg-Vorpommern		220	373	616	805
Sachsen-Anhalt		299	416	626	725
Thüringen		308	442	564	660
Sachsen		233	381	481	656
Alle Länder	**429**	**415**	**457**	**458**	**507**

Tabelle III.4.12 Spezifischer Zementverbrauch pro Kopf in den deutschen Bundesländern von 1990-1994 (kg/a/Kopf).

Absatzprognosen für die nächsten 10 Jahre, basierend auf Hochrechnungen des zu erwartenden Bruttosozialprodukts und der Entwicklungskennzahlen in der Bauwirtschaft, lassen einen Pro-Kopf-Verbrauch von ca. 450 bis 500 kg erwarten, bei etwa gleichbleibender Bevölkerungszahl von ca. 10,3 Mio. Bürger.

Wegen der hohen Frachtkostenbelastung ist Zement ein Produkt, daß nicht über weite Entfernungen transportiert werden kann. Währungsdisparitäten, Subventionen von Energiekosten oder Frachten (Bahn, LKW) oder ein hohes Preisniveau im Inland können jedoch dazu führen, daß ein Inlandsmarkt attraktiv für Importe wird. Die Tschechische Republik spürt diese Entwicklung bereits seit ca. 2 Jahren als Nachbar zur Slowakischen Republik. Wegen der Abwertung der slowakischen gegenüber der tschechischen Krone werden

Zementimporte in die Tschechische Republik, vor allem im mährischen Grenzgebiet, zunehmend attraktiv. Sie dürften jedoch mittel- und langfristig keinen nennenswerten Anteil am tschechischen Inlandsmarkt erreichen. Importe aus anderen Ländern, wie Polen oder GUS-Staaten, sind derzeit nicht wahrscheinlich.

Demgegenüber hat die Tschechische Republik seit 1991 in erheblichem Umfang Zement in die Bundesrepublik Deutschland bzw. nach Österreich exportiert. Die oben beschriebenen Gründe stimulierten den Export enorm. Da mittlerweile die Energiepreise in der tschechischen Republik bei Wärme internationales Niveau erreicht haben und auch der Strompreis deutlich angezogen hat sowie der Kostenfaktor Personal wegen starker Lohnsteigerungen die Kostenrechnung belastet, wird der Export, der bereits jetzt rückläufig ist, sich im Zuge des sich verbessernden Inlandsmarktes weiter zurückentwickeln.

Der tschechische Zementmarkt zeichnet sich dadurch aus, daß, im Gegensatz zu vielen anderen europäischen Ländern, der Anteil an Zumahlungen, d.h. Hochofenschlacke, Flugaschen etc. sehr hoch ist. Der Klinkeranteil in Durchschnitt aller Sorten liegt bei ca. 67 %, ein vergleichsweise sehr niedriger Wert. Nennenswerte Änderungen sind nicht zu erwarten, so lange die tschechische Hüttenindustrie weiter existiert und die Anzahl der mit Granulieranlagen versehenen Hochöfen nicht nennenswert reduziert wird. Für die Herstellung von Zement und/oder Beton geeignete Flugaschen werden im Zusammenhang mit der Modernisierung der tschechischen Kohlekraftwerke verstärkt anfallen. Auch dies führt nicht zu einer Erhöhung des Klinkeranteils im Zement.

5.1.2 Tschechische Zementwerke

1994 produzierten 9 tschechische Zementwerke Zementklinker. Abbildung III.4.5 zeigt die regionale Verteilung der Werke in der tschechischen Republik, Abbildung III.4.6 die Aufteilung der Produktionskapazitäten auf die einzelnen Werke. Zwei Werke verwenden das energetisch sehr ineffektive Naßverfahren. Die übrigen Zementwerke arbeiten mit dem Trockenverfahren unter Einsatz mehrstufiger Wärmetauscher zur Rohmehlcalcinierung.

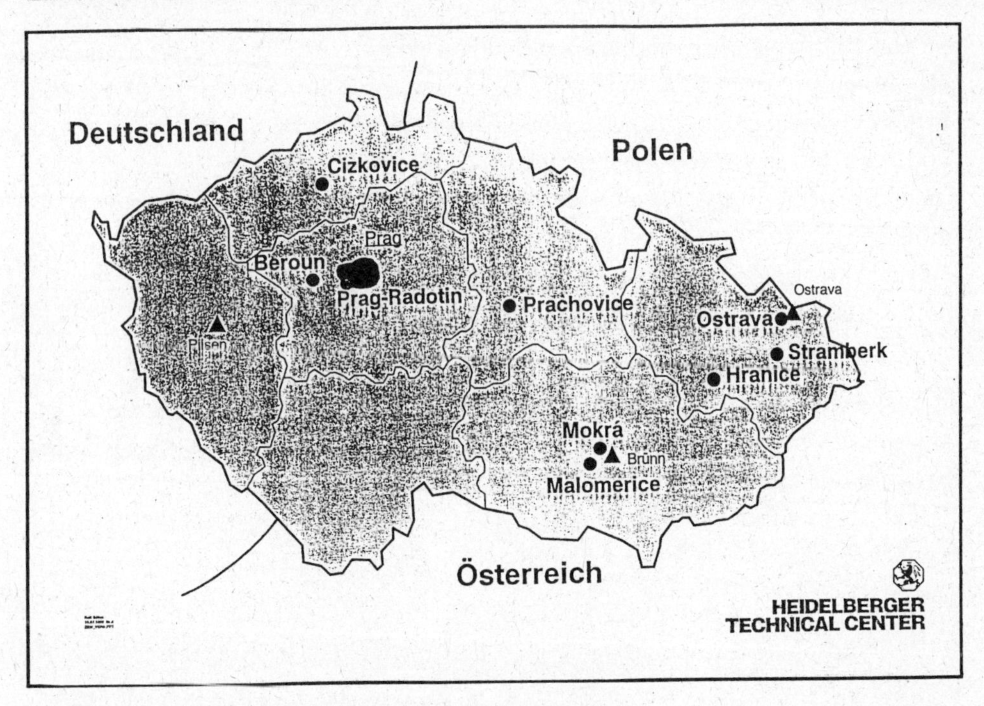

Abbildung III.4.5 Zementwerke in der Tschechischen Republik.

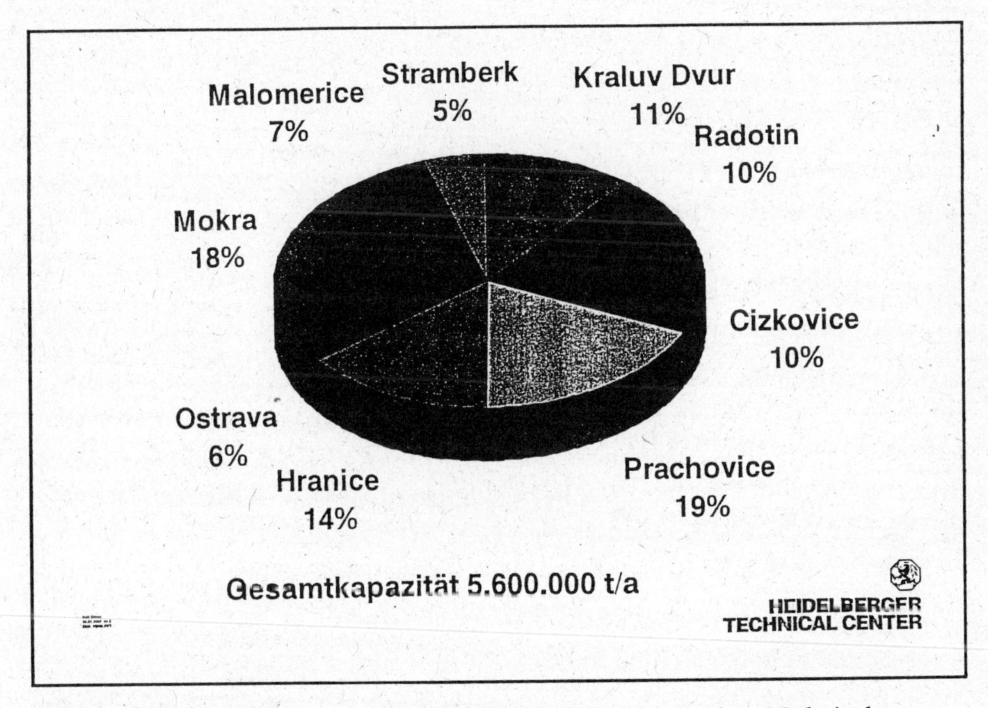

Abbildung III.4.6 Aufteilung der Produktionskapazitäten auf die einzelnen Werke in der tschechischen Republik

Die Wärmeverbräuche der Werke lagen Anfang der 90er Jahre um durchschnittlich ca. 20 - 25 % über den Vergleichswerten deutscher Öfen gleicher Produktionskapazität. Der Stromverbrauch der Werke lag um 30 - 40 % höher, vor allem bedingt durch pneumatische Transporte, schlechtes Energiemanagement im Werk, hohe Ausfallrate der Produktionsanlagen, veraltete Elektromotoren mit niedrigem Wirkungsgrad, überholte Gebläsetechnologie, hohen Falschluftmengen an den Anlagen und dem hohen Wärmebedarf, die zur höheren spezifischen Abgasmengen führten.

Die Werke zeichneten sich durch hohe Belegschaftsstärken aus. Das Werksmanagement wies schwache Ingenieurkompetenz im Bereich Energiemanagement und Verfahrenstechnik auf. Demgegenüber war der Handwerkerstamm, vor allem im Schlosser- und Starkstrom-Elektrikerbereich, gut. Fachkompetenz in modernen Meß-, Regelungs- und Automatisierungstechniken war mangels verfügbarer Hard- und Software kaum vorhanden.

5.1.3 Verfügbare Brennstoffe

Die für die Klinkerherstellung verfügbaren Brennstoffe hängen weitgehendst vom nationalen Brennstoffmarkt ab. In der Tschechischen Republik wurde bis vor wenigen Jahren in erster Linie mit russischem Erdgas oder schwerem Heizöl gefeuert. Obwohl in der Tschechischen Republik große Braun- und Steinkohlevorkommen abgebaut werden, hat der Einsatz von gemahlener Kohle im Zementherstellungsprozeß keine Tradition.

Im Gegensatz zu einem Kraftwerk, das der Erzeugung von Wärme und Strom dient, ist der Klinkerbrennprozeß ein Stoffumwandlungsvorgang. Vorteilhaft ist, daß dazu auch niedrigwertigere Brennstoffe verwendet werden können, beispielsweise Kohlen verschiedener Provenienz, deren mineralische Rückstandsasche in den Zementklinker im Ofen eingebunden wird.

Dadurch können „edlere" Brennstoffe wie Erdgas, sowie leichte und schwere Heizöle für hochwertigere Applikationen verwendet werden. In Mitteleuropa hat der Einsatz von Kohle zur Befeuerung von Zementklinkerdrehöfen absolute Priorität. Nur in den früheren sozialistischen Ländern wie der Tschechischen Republik, der Slowakischen Republik, Ungarn, Rumänien etc. wird weitgehend noch mit Erdgas und schwerem Heizöl gefeuert.

Dem Einsatz von sekundären Brennstoffen, wie Altöl, Altreifen, Recycling-Kunststoffe, Altholz, Gummischnitzel etc. kommt ebenfalls große Bedeutung zu. Der Einsatz dieser Brennstoffe, die bei optimal geführten Ofenanlagen die staub- und gasförmigen Emissionen nicht erhöhen, führen in der gesamtökologischen Betrachtung sogar zu einer quantitativen Verminderung des

CO_2-Ausstoßes, da diese Sekundärstoffe, werden sie deponiert oder in Müllverbrennungsanlagen verfeuert, zusätzliche CO_2-Emissionen erzeugen, während sie im Zementdrehofen primäre Brennstoffe bei einem Feuerungswirkungsgrad von über 70 % substituieren. Voraussetzung für den Einsatz ist jedoch die gesetzliche Verpflichtung zur stofflichen und thermischen Wiederverwertung von sekundären Brennstoffen einerseits und einem funktionierenden Sammel- und frachtoptimalen Verteilungsmarkt andererseits. Wegen der notwendigen Investitionen und aufwendiger Handlings- bzw. Aufbereitungsanlagen ist eine Verwertungsgebühr für den Einsatz dieser Stoffe im Zementwerk notwendig.

Viele europäische Zementwerke erreichen mittlerweile eine Einsatzquote an sekundären Brennstoffen von über 50 % des Gesamtwärmebedarfs. In der Tschechischen Republik sind sekundäre Brennstoffe demgegenüber erst in kleinen Anfängen (Altreifen) eingesetzt. Ziel ist es, diesen Anteil zukünftig deutlich zu erhöhen.

5.1.4 Einsetzbare Zuschlagstoffe

Der Einsatz von Zumahlstoffen bei der Herstellung von Zement ist ein wesentlicher, CO_2-relevanter Faktor. Dabei können sowohl latent hydraulische, als auch nichthydraulische Zumahlstoffe eingesetzt werden, wie

- Kalkstein
- Flugaschen
- granulierte Hochofenschlacken (Hüttensande)
- Traß

Während normaler Portlandzement einen Klinkergehalt von ca. 95 % aufweist, sinkt der Klinkergehalt bei verschiedenen Hochofenzementen bis auf ca. 50 % ab. Grundsätzlich zeichnet sich die Tschechische Republik, verglichen mit Deutschland, durch eine deutlich höhere Zuschlagsstoffmenge bei der Mahlung von Zementen aus. Eine Änderung dieser günstigen Situation ist solange nicht zu erwarten, wie die tschechische Hüttenindustrie ihre Hochöfen zur Herstellung von Roheisen im bisherigen Umfang weiterbetreibt.

5.2 Die Joint ventures

5.2.1 Unternehmensstrategie der Heidelberger Zement AG

Die Entscheidung, sich nach der politischen Wende in Osteuropa an einem oder mehreren Zementwerken eines früheren Comecon-Staats zu beteiligen, ist risikoreich. Im wesentlichen wurden folgende Auswahlkriterien („harte" und „weiche" Faktoren) hinsichtlich der aktuellen Situation und der künftigen Erwartungen überprüft:

- politische Stabilität in der Übergangsphase und danach
- volkswirtschaftliche Entwicklung und Szenarien (GDP, Industrieproduktion, Beschäftigung etc.)
- Währungs- und Inflationsrisiko
- Steuergesetzgebung
- Rahmenbedingungen des Privatisierungsverfahrens
- nationale und regionale Marktsituation für Zement (Szenarien für Menge, Preis, Export, Import)
- Entwicklungstrends im Bauwesen (Wohnungsbau, Industriebau, öffentlicher Hoch-, Tiefbau, Infrastrukturbau)
- spezifischer Pro-Kopf-Zementverbrauch
- Wettbewerber und nationale/regionale Produktionskapazitäten
- Rohstoffvorrat für Zementherstellung (Kalk, Mergel, Ton, Sand)
- Entwicklung in den Hauptkostenarten
- Personal
- Energie
- Reparaturmaterial
- Finanzsituation des Zielwerkes (GuV, Bilanz, Ergebnisrechnung)
- Beteiligungshöhe (Mehrheitsbeteiligung möglich ?)
- Akquisitionspreis der Anteile und mittel/langfristiger Finanzbedarf für Sanierung der Anlagen, Investitionen und Umweltschutzaufwendungen
- Return on Investment
- Managementqualität

Diese Prüfkriterien führten zu möglichen Strategien zur Entwicklung des Werkes und seiner Produkte:

Variante a: Technisch-betriebliche Optimierung ohne umfangreiche Sachanlageninvestitionen (Neuanlagen), sondern mit Modernisierungsreparaturen und umfangreicher Know how-Übertragung

Variante b: Modernisierung der vorhandenen Werkssubstanz mit mittleren Investitionsaufwand unter Beschaffung wesentlicher Anlagenteile.

Variante c: Neubau der wesentlichen Produktionsanlagen mit hohem Sachanlagenaufwand und Finanzbedarf

Diese zentralen Überlegungen, die im Rahmen umfangreicher Studien überprüft wurden, führten zur Entscheidung, bei den Zementunternehmen Kraluv Dvur (KDC) und Pragocement (PGC) eine Mehrheitsbeteiligung einzugehen.

Mit diesem Entschluß wurden die Weichen gestellt, beide Werke im Rahmen strategischer Entwicklungspläne auf ein mitteleuropäisches Niveau hinsichtlich Anlagenstandard, Emissionstechnik, Produktqualität und Ertragskraft zu bringen. Dies gilt vor allem auch für die Minimierung des spezifischen Energieverbrauchs zur Herstellung von Zement, der wesentlicher Kosten-, Emissions- und Wettbewerbsfaktor ist.

Der mit dem Eintritt der Heidelberger Zement AG verbundene Zufluß an

- Manware
- Org.ware
- Finanzkraft
- Know how in Verfahrenstechnik, Investitionen, Marktentwicklung, Produktverbesserung, Finanzierung, Beschaffung, Umweltschutz

war Grundlage für eine erhebliche Verbesserung auch der Emissionssituation der Werke. Dies gilt neben Staubemissionen und Staubinhaltsstoffen vor allem für die gasförmigen Emissionen CO_2, NO_X und SO_2, die durch deutliche Reduzierung des spezifischen Stromverbrauches pro Tonne Zement um ca. 18 % und des spezifischen Wärmebedarfs um ca. 21 % vom Anfangswert 1990/1991 sowie einer Reihe verfahrenstechnischer Verbesserungen zu großen erheblichen spezifischen Minderungen führten. Diese Verbesserung im Energieverbrauch bei gleichzeitiger Leistungssteigerung der Produktionsanlagen wäre ohne Eintritt der Heidelberger Zement AG in die beiden Firmen nicht möglich gewesen, da weder die Finanzmittel, noch das Know how zur Verfügung gestanden hätte.

5.2.2 Optionen für Joint Implementation

CO_2-Minderungsmaßnahmen im Rahmen der Joint Implementation-Betrachtung sollten im wesentlichen auf 2 Strategien basieren.

Strategie 1: Ist die Anlagensubstanz eines Werkes grundsätzlich sowohl hinsichtlich der Kapazität ausreichend, als der angewandten Technologie akzeptabel, so kann eine grundlegende und umfangreiche mechanische, elektrische und verfahrenstechnische Anlagenoptimierung, verbunden mit verschiedenen Modernisierungsinvestitionen und Großreparaturen, zu einer erheblichen Verbesserung des Emissionssituation auf Grund deutlich niedrigerer spezifischer Energieverbräuche führen. Diese Strategie war bei Pragocement möglich.

Strategie 2: Sind die Voraussetzungen für Strategie 1 nicht erfüllt, da entweder eine deutliche Produktionskapazitätserweiterung notwendig ist oder die vorhandene Anlagensubstanz nicht mehr renovierbar ist, ergibt sich die Notwendigkeit einer Großinvestition in Form eines weitgehend neuen

Zementwerks. Diese Strategie war für den Fall Kraluv Dvur (KDC) notwendig, auch wenn zwischenzeitlich mit Continuous Improvement-Maßnahmen und kleineren Investitionen Optimierungsmaßnahmen durchgeführt wurden.

Auf Grund des umfangreichen, weltweit eingesetzten Know how's zur energie- und emissionssparenden Produktion von Zement setzt die Heidelberger Zement AG in fast allen Akquisitionsfällen auf eine umfangreiche Modernisierung vorhandener Anlagen, d.h. Strategie 1.

5.2.3 Pragocement (PGC)

Das Zementwerk der Pragocement AG liegt am südwestlichen Stadtrand von Prag im Vorort Radotin. Das Werk besitzt einen eigenen Steinbruch direkt neben den Produktionsanlagen, zusätzlich wird Kalkstein von nahegelegenen Brüchen zugefahren.

Optimierungsergebnisse

Die Rohmühlen, Luftstrommühlen von KHD, Baujahr 1961, zeigten 1991 eine durchschnittliche Leistung von 46,9 t/h bei einem spezifischen Strombedarf von 35,2 kWh/t (Tabelle III.4.13).1995 erreichten die Mühlen 58,5 t/h bei 24,2 kWh/t (Stromeinsparung 32,2 %).

		1991	1995	Verbesserung (%)
Rohmühlen	kWh/t	35,2	24,2	32
	t/h	46,9	58,5	24
Öfen	kWh/t	32	30,8	4
	t/h	710	880	24
	kJ/kg	4180	3470	17
			Ziel 1996: 3340	21
Zementmühlen	kWh/t	43,0	36,4	15
	t/h	41,0	51,2	25
Schlacketrocknung	kJ/kg	420	0	100
Gesamtwerk				
spez. Stromverbr.	kWh/t Zem.	136	111	18
spez. Wärmeverbr.	kJ/kg Zem.	2938	2330	21

Tabelle III.4.13 Optimierungsergebnisse (PGC).

Die zwei Öfen, 4stufige Wärmetauscheranlagen Typ KHD, Baujahr 1961, erreichten 1990 ca. 710 t/d bei einem spezifischen Wärmebedarf von ca. 4.180 KJ/kg Klinker und einem spezifischen Strombedarf von ca. 32 kWh/t. Als Brennstoff wurden Erdgas und schweres Heizöl eingesetzt. 1995 lagen die Öfen bei 880 t/d bei einem Wärmebedarf von 3.470 kJ/kg (Wärmeeinsparung 17 %). Ziel für 1996 sind 3.340 kJ/kg, d.h. mitteleuropäischer Standard. Dies entspricht einer Gesamteinsparung von ca. 21 % des früheren Wärmebedarfes.

Die Zementmühlen, Kugelmühlen Typ KHD/Prerov Baujahr 61, 3,6 x 9 m, erreichten bei der Referenzsorte PZ 45 F 41,0 t/h einen spezifischen Strombedarf von ca. 43 kWh/t. 1995 lagen die Kennzahlen bei 51,2 t/h und 36,4 kWh/t. Dies entspricht einer Stromeinsparung von 15 %.

Durch den Umbau der Zementmühlen auf Sichterumlaufmühlen, die Einführung einer ausgefeilten Produktions- und Qualitätssteuerung und die nachhaltige Aus- und Weiterbildung des Personals im Hinblick auf eine herstell- und anwendungsorientierte Qualitätssicherung produziert das Werk inzwischen Zementqualitäten auf westeuropäischem Standard sowohl im Hinblick auf Gleichmäßigkeit als auch im Hinblick auf das Niveau. Der Zement aus diesem Werk ist daher insbesondere für die industrielle Herstellung von Beton in Fertigteilwerken und Transportbetonwerken geeignet, in denen bezüglich Zement deutlich abgemagerte Rezepturen produziert werden. Im Sinne von JI ergibt sich hieraus nochmals eine Minderung des energie- und prozeßbedingten CO_2's in der Größenordnung von rd. 25 %.

Optimierungsmaßnahmen

Die Entscheidung zur Modernisierung und Optimierung der Produktionsanlagen nach Strategie 1 war das Ergebnis umfangreicher Studien über die technisch-betriebliche Situation und Kostensituation des Werkes. Dabei wurde eine konzerninterne Benchmarking-Methode angewendet, die weltweit ähnliche Produktionsanlagen miteinander vergleicht. Eine entsprechende Abweichungsanalyse von möglichen Ziel - zu derzeitigen Ist-Werten führte zum Optimierungspotential. Auf der Grundlage dieser Stärken-/ Schwächenanalyse wurden Szenerien entwickelt , die schließlich zu einer Abschätzung einer technisch und wirtschaftlich optimalen Lösung und des damit verbundenen Investitions- bzw. Finanzbedarfes führten. Anschließend wurde ein Maßnahmenkatalog entwickelt, der, ausgehend von der Zieldefinition, über eine Zeitachse die notwendigen Aktionen beschreibt.

Im wesentlichen handelte es sich dabei um

- verfahrenstechnische Untersuchungen, vor allem im Energiebereich
- Optimierung verschiedener Betriebsparameter, die den Energieverbrauch beeinflussen
- grundlegende Reparaturen, verbunden mit technischen Verbesserungsmaßnahmen an den Hauptproduktionsanlagen Mühlen, Öfen und Kühlern

- Definition und gezielte Verbesserung konzeptioneller Anlagenschwachstellen, die zu Engpässen führten bzw. energetisch ungünstig waren.
- Einbau modernster energiesparender Brenner, Dichtungen, Gebläse etc.
- grundlegende Erneuerung der Meß- und Leittechnik sowie der Steuerungstechnik der Anlagen
- Installation moderner Abgasanalysegeräte (O_2, CO, NO_x, SO_2) zur Feuerungsoptimierung
- Erarbeitung einer Abwärmenutzungsstrategie, d.h. Anhebung des Wärmewirkungsgrads des Werkes durch Einsatz von Abwärme für Rohmaterial- und Schlackentrocknung, Warmwassererzeugung, Ölheizung und/oder Stromerzeugung
- Einsatz sekundärer Brenn- und Hilfsstoffe mit CO_2-Relevanz (z.B. Altöl, Kunststoffe etc.)
- grundlegende Break down-Analyse der einzelnen Produktionsanlagen mit Implementierung eines modernen rechnergestützten Inspektions-, Wartungs- und Instandhaltungssystems
- intensive Aus- und Weiterbildung von Führungs- und Betriebspersonal vor allem im Bereich energiesparende Verfahrenstechniken
- Produktqualitätsoptimierung mit dem Ziel von Energieeinsparung durch Maximierung von Zumahlstoffen.

5.2.4 Zementwerk Kraluv Dvur (KDC)

Das Zementwerk KDC bezieht sein Rohmaterial vom 6 km entfernten Steinbruch „Teufelstreppe" per Bahn. Im Steinbruch wird hochwertiger Kalkstein für die Kalkherstellung gewonnen. Das Zementwerk übernimmt das Rohmaterial, das für Kalkherstellung wegen zu geringem Kalkgehaltes nicht verwendbar ist. Somit ergibt sich eine 100 %ige Ausnutzung der Lagerstätte ohne Abfall, der auf Halde gekippt wird. Dies ist eine optimale Konstellation mit dem Ergebnis weitreichender Ressourcenschonung.

Bisherige Optimierungsergebnisse

Vier Rohmühlen, Typ Prerov, Baujahr 1962/1964 produzierten das Rohmehl mit einer spezifischen Leistung von ca. 34 t/h und einem spezifischen Strombedarf von knapp 38 kWh/t (Tabelle III.4.14). 1995 erreichte das Werk 44 t/h bei 29 kWh/t.

		1991	1995	Verbesserung (%)
Rohmühlen	kWh/t	38	29	24
	t/h	34	44	29
Öfen	kWh/t	54	39	28
	t/h	300	430	43
	kJ/kg	5000	3700	26
				21
Zementmühlen	kWh/t	53	49	9
	t/h	12,5	12,8	2
Gesamtwerk				
spez. Stromverbr.	kWh/t Zem.	165	147	11
spez. Wärmeverbr.	kJ/kg Zem.	2759	3075	-11

Tabelle III.4.14 Bisherige Optimierungsergebnisse (KDC).

Der Ofenbetrieb besteht aus 5 kleinen Drehöfen mit je 4stufigen Vorwärmer, Trockenverfahren, Typ Polysius/Prerov. 3 der Öfen sind Baujahr 1962 bis 1964, 2 sind Vorkriegsmodelle (1923). Die Öfen wurden bei der Übernahme mit einer Tagesleistung von 300 t/Tag bei einem spezifischen Wärmebedarf von knapp 5.000 kJ/kg und einem Strombedarf von knapp 54 kWh/t gefahren. Die Kennzahlen 1995 liegen bei 430 t/h, 3.700 kJ/kg und 39 kWh/t.

Trotz dieser positiven Entwicklung sind die Öfen viel zu klein und völlig überaltert, um einen langfristigen Betrieb zu ermöglichen. Die Produktion der 5 alten Öfen kann durch einen neuen Ofen mit ca. 3.500 t/d ersetzt werden. Stand der Technik sind Öfen bis über 8.000 t/d.

Die Zementmahlung arbeitet mit insgesamt 10 Zementmühlen, davon 8 Durchlaufmühlen ohne Sichter, Baujahr 1923 sowie 2 weitere Durchlaufmühlen, Baujahr 1962. Der Stromverbrauch lag beim Referenztyp PZ 45 F 1991 bei ca. 57 kWh/t Zement. Wegen der völlig unzulänglichen 70jährigen Anlagentechnik sind keinerlei nennenswerte Verbesserungsmaßnahmen möglich.

Bau einer Ersatzanlage

Vor der Entscheidung zur Beteiligung am Zementunternehmen KDC war klar, daß eine Modernisierung der vorhandenen Produktionsanlagen des Zementwerks nicht mehr in Frage kommt. Die Anlagen sind teilweise Vorkriegstechnik, die letzte umfangreiche Modernisierung wurde in den 60er Jahren durchgeführt. KDC ist das anlagentechnisch älteste Zementwerk der Tschechischen Republik.

Ziel ist es, eine günstige Absatzentwicklung und Erlössituation vorausgesetzt, eine komplette Neuanlage zur Herstellung von Zement in der Nähe des vorhanden Steinbruchs „Teufelstreppe“, 6 km vom jetzigen Zementwerk entfernt, zu errichten und die jetzigen Produktionsanlagen in Kraluv Dvur weitgehendst stillzulegen. Damit soll einerseits der künftigen Zementbedarfsentwicklung in der Tschechischen Republik, vor allem im Großraum Prag, Rechnung getragen werden, andererseits sollen die auf Grund der veralteten Anlagen ungünstigen Emissions- und Immissionsverhältnisse in der Kessellage Kraluv Dvur/Beroun entscheidend verbessert werden. Darüber hinaus soll sichergestellt werden, daß im Steinbruch Teufelstreppe nicht nur der hochwertige Kalk (> 95 % $CaCO_3$) zur Herstellung von Brandkalkprodukten verwendet werden wird, sondern auch sämtliche Kalke < 95 % $CaCO_3$ (ca. 50 % der gesamten Kalklagerstätte) mit verwendet werden können.

Damit würde auch sichergestellt, daß keine Abraumhalden entstehen, die bei reiner Kalkherstellung ohne Zementwerk zwangsläufig in erheblichem Umfang notwendig wären.

Für den Bau eines neuen Zementwerkes sind wichtige Kriterien zu prüfen:

- künftige Marktentwicklung in der Region
- Wettbewerbssituation
- Lage des Standortes zum Markt
- künftige Produktionskapazitätsbedarf
- Altersstruktur der jetzigen Produktionsanlagen
- Produktionskapazität der vorhandenen Produktionsanlagen
- Optimierbarkeit der jetzigen Verfahrens- und Anlagentechnik
- Steinbruchgenehmigungssituation (langfristig gesichert?)
- künftige Herstellkostenentwicklung
- Umweltschutzsituation, Emissionsprognosen
- Finanzbedarf, Rentabilität der Investition

Die Prüfung dieser Kriterien führte im Fall KDC zum Ergebnis, daß eine Modernisierung der vorhandenen Anlagen weder wirtschaftlich sinnvoll noch technisch möglich ist und damit die Marktanforderungen der Zukunft nicht erfüllt werden könnten. Somit konnte die Verpflichtung gegenüber der tschechischen Regierung bzw. dem National Property Fund eingegangen werden, anstelle des völlig veralteten Zementwerkes Kraluv Dvur ein komplettes neues Werk unter Einsatz des modernsten Standes der Technik zu bauen.

Hauptziel der Neuanlageninvestition ist es, die mittel- und langfristige Versorgung des Marktes mit qualitativ hochwertigen, preiswerten, in den Herstellkosten niedrigen Zementen mit umweltschonenden Produktionsverfahren sicherzustellen.

Daraus leiten sich folgende Maßnahmen ab:

- Definition der künftig vorgesehenen Produkte
- Produkte mit minimalem Klinkereinsatz
- Anlagen mit minimalem Energieverbrauch
- Anlagen- und Verfahrenstechnik mit möglichst hohem Sekundärstoffeinsatz
- optimale, flexible Verfahrenstechnik
- Abgasverlustminimierung und weitgehende Abgaswärmenutzung
- emissionsarmer Betrieb mit hoher Verfügbarkeit

Die Neuanlage in KDC, ausgelegt auf eine Produktion von ca. 1 Mio. t Klinker/Jahr bei hoher Anlagenflexibilität, wird folgende Rahmenbedingungen erfüllen:

- Emissionslimits gemäß deutschem Standard für Staub, NO_X, SO_2
- spezifischer Wärmebedarf pro kg Klinker 2.920 kJ/kg Klinker
- spezifischer Kraftbedarf pro t Zement: ca. 80 kWh/t

Im wesentlichen werden diese optimalen Werte erreicht durch:

- Einsatz modernster Mischbetten zur Rohmaterialhomogenisierung nach dem Steinbruch
- Betrieb einer energiesparenden Walzenschüsselmühle neuster Bauart zur Rohmehlherstellung
- Betrieb eines flexiblen 5stufigen Wärmetauscherofens mit modernster Vorkalzinierung, maximalem Sekundärbrennstoffeinsatz und Abwärme-verwertung (Trocknung, Stromerzeugung)
- Einsatz der Gutbettwalzenmühlentechnologie im Bereich der Zementmahlung

5.3 Bestimmung der vermiedenen Emissionen

Tabelle III.4.15 enthält eine grobe Abschätzung der spez. CO_2-Emissionen in den konkreten Fällen. Unter Berücksichtigung der Verbesserung der Betriebsdaten gem. Tabelle III.4.13 sowie der in PGC realisierten deutlichen Qualitätsverbesserung auf deutsches Niveau folgt hier eine CO_2-Minderung von 0,3 t CO_2 pro t Zement. 0,24 t CO_2/t Zement sind auf die Qualitätsverbesserung und 0,06 t CO_2/t Zement auf die Energieeinsparung zurückzuführen.

Durch den Ersatzbau in KDC können bis zu 0,59 t CO_2/t Zement vermindert werden. Die Verbesserung setzt sich zusammen aus 0,13 t CO_2/t Zement für Energieeinsparungen durch optimale Betriebs- und Prozeßführung, 0,37 t CO_2/t Zement für den Ersatzbau der Anlage und 0,09 t CO_2/t Zement für den Einsatz von 50 % Sekundärbrennstoffen. Im Fall von KDC wäre eine Qualitätssteigerung ohne den Neubau als Voraussetzung nicht möglich. Die qualitätsbedingte CO_2-Absenkung beträgt 0,24 t CO_2/t Zement .

	PGC	KDC
1. Ausgangssituation (Klinkeranteil 67 %)	0,97	1,10
2. Optimale Betriebs- und Prozeßführung incl. Qualitätsverbesserung	0,67	0,97
3. Optimale Prozeßtechnik (Ersatzbau)	–	0,60
4. 50 % Sekundärbrennstoffe	--[1]	0,51
5. Produktstrukturwandel	--[2]	--[2]
[1] Bisher keine konkrete Anwendung; [2] Keine weiteren Zumahlstoffe verfügbar		

Tabelle III.4.15 CO_2-Emissionen in den konkreten Fällen (t CO_2/t Zement).

6. Antragstellung, Berichtspflichten und Monitoring

Die in Kapitel 3 aufgeführten Parameter für die Bestimmung der vermiedenen Emissionen eines Zementwerks sind auch Grundlage für die Erarbeitung von Formularen für die Antragstellung und für die Berichterstattung. Sie müssen ebenfalls bei der Festlegung derjenigen Informationen berücksichtigt werden, die der laufenden oder stichprobenartigen Verifikation bedürfen.

6.1 Antragstellung

Die Bewertung eines Antrags auf Anerkennung eines Projekts als JI-Projekt durch die Bundesregierung (bzw. durch ein internationales Organ[25]) in einem zukünftigen JI-Programm beruht im wesentlichen auf einem Vergleich zwischen den Emissionen der geplanten JI-Maßnahme im Vergleich zu der existierenden Referenzanlage. Im Gegensatz z.B. zum fossilen Kraftwerk wird für die ex ante Abschätzung der vermiedenen CO_2-Emissionen des JI-Projektes im Zementfall keine Simulation des Referenzfalls benötigt. Für das Referenzzementwerk wird nicht zwischen ex ante und ex post-Emissionen unterschieden. Vielmehr werden die typischen Emissionen über eine Durchschnittsbildung der letzten drei Betriebsjahre ermittelt und verbindlich festgelegt (vgl. Kapitel 3). Eine positive Differenz der (voraussichtlichen) Emissionen des JI-Zementwerks zu den Emissionen der Altanlage begründet die JI-Eignung des Projekts und gestattet zugleich eine erste Abschätzung der zu erzielenden JI-Kompensation. Diese Schätzung erlaubt es dem Antragsteller, die Wirtschaftlichkeit des geplanten Projekts zu kalkulieren.

Die Gestaltung der Antragsformulare muß aufgrund der verbindlichen Festlegung der CO_2-Emissionen des Referenzfalles sicherstellen, daß der Antragsteller alle diejenigen Angaben zur Verfügung stellt, die von der *JI-Anerkennungsstelle* zur Beurteilung dieser Angabe benötigt werden.

Zusätzlich zu den im Grundformular zu machenden allgemeinen Angaben[26] sind deshalb projekttyp-spezifische Informationen vom Antragsteller zu erbringen. Dazu gehören die technischen Daten des geplanten JI-Zementwerks

---

25 Die Ausführungen in diesem Kapitel stehen in engem Zusammenhang zu Teil IV der Studie. Alle im folgenden vorhandenen Hinweise auf nationale und internationale Organe bzw. Institutionen, Antrags- und Berichtsformate sowie Monitoring- und Verifikationsmechanismen sind in Teil IV im Detail betrachtet worden.

26 Dies ist das für Teil IV entworfene Grundformular für all Projekttypen. Andernfalls müßte in jedem Arbeitspaket für alle Projekttypen auch das Grundformular wieder neu eingeführt werden.

sowie der Altanlage, also jeweils die eingesetzte Prozeßtechnik sowie insbesondere Angaben zur Betriebs- und Prozeßführung, über deren Optimierung ein Großteil der Minderungen im Bereich energiebedingter CO_2-Emissionen erreicht werden kann. Für die konkrete Berechnung der Emissionen sind Art, Menge und Qualität (spezifische CO_2-Emissionsfaktoren) der eingesetzten Primärbrennstoffe, der Nettofremdstrombezug sowie Angaben zum durchschnittlichen CO_2-Emissionsfaktor des Kraftwerksparks des gastgebenden Staates, sowie die Menge bzw. Anteil, Sortenreinheit, Massenströme und CO_2-Emissionsfaktoren eingesetzter Sekundärbrennstoffe zu dokumentieren Erforderlich sind schließlich auch Angaben bezüglich der Zugschlagstoffe sowie der Menge und der Qualität des hergestellten Zementes, Anteile des Zementklinkers im Zement bzw. des Zementes in den Betonsorten.

Gegenüber dem Antragsteller ist in einem Leitfaden zum Formular deutlich zu machen, daß diesen Angaben höchste Bedeutung zukommt. Denn die spezifischen Emissionen des Referenz-Zementwerks sind nach der Antragstellung festgelegt und könnten in schwerwiegenden, begründeten Fällen nur noch im Einvernehmen mit der *JI-Anerkennungsstelle* geändert werden. Da die Daten Vergangenheitswerte einer existierenden Anlage sind, kann angenommen werden, daß eine Änderung der Angaben nur in seltenen Ausnahmefällen durch den Antragsteller eingefordert wird. Aufgrund dieser Festlegung der Emissionen des Referenzfalles, die in der Antragsphase für die gesamte Geltungsdauer des Projektes erfolgt, ist durch die *Anerkennungsstelle* der Antrag sehr sorgfältig zu prüfen. Jedoch scheinen im Vergleich zu den anderen Simulationsprojekten die Manipulationsmöglichkeiten bei der Referenzfallbestimmung geringer zu sein.

6.2 Berichterstattung

Nach der Inbetriebnahme eines JI-Projekts sind die tatsächlichen Emissionen bzw. die emissionsbestimmenden Parameter des Zementwerks zu messen. Sie sind in jährlichen Berichten an die Bundesregierung zu übermitteln. Diese Parameter sind im wesentlichen die auch im Antrag anzugebenden Daten des Primär- und Sekundärbrennstoffeinsatzes, der Zuschlagstoffe sowie des Nettofremdstrombezugs. Diese Angaben sind zu ergänzen durch die Dokumentation von evtuellen Änderungen in der Produktpalette des Zementwerkes. In diesem Falle können sich die vermiedenen Emissionen erheblich ändern. Diese Angaben werden sodann von der *JI Monitoringstelle* verwendet, um die tatsächliche Differenz zu den festgelegten Emissionen des Referenzfall-Zementwerks ex post zu bestimmen. Erst auf Grundlage dieser Informationen kann durch die Bundesregierung die angestrebte (wahrscheinlich jährliche) Kompensation gewährt werden.[27]

Aufgrund der ökonomischen und ökologischen Relevanz der JI-Kompensation ist auf die Realitätsnähe der übermittelten Daten besonderer Wert zu legen. Einer Verfälschung durch unabsichtliche Fehlmessung ist u.a. dadurch vorzubeugen, daß die emittierte Menge an Kohlendioxid mit Hilfe verschiedener, sich ergänzender Methoden ermittelt wird. Auch eine absichtliche Verfälschung wird durch diese Plausibilitätskontrolle erschwert, jedoch nicht unmöglich gemacht. Um strategischem Verhalten der privaten Teilnehmer vorzubeugen, sind deshalb bestimmte Formen der Verifikation zu entwickeln, die möglichst durch ein internationales Organ durchgeführt werden sollten.

Die zu berichtenden Basis-Informationen werden beim gewöhnlichen Betrieb des Zementwerks routinemäßig dokumentiert oder erhoben wie z.B. die eingesetzte Menge und verwendeten Qualitäten der Primärbrennstoffe sowie der Nettofremdstrombezug und können der jährlichen Bilanz entnommen werden. Andere, JI-spezifische Informationen wie die emittierte CO_2-Menge, müssen speziell für die Bedürfnisse eines JI-Programms eruiert werden. Eine besondere Schwierigkeit ergibt sich aus der Bewertung des großen Anteils des Nettofremdstrombezuges an der geamten eingesetzten Energie. Für die Umrechnung in CO_2-Emissionen wird ein jeweils landesspezifischer Emissionsfaktor benötigt, der die durchschnittlichen CO_2-Emissionen des Kraftwerkparks widerspiegelt. Die CO_2-Bewertung der Strommenge erscheint als eine der mit Unsicherheiten behafteten Bereiche der Emissionsberechnng ist daher detailiert zu dokumentieren.

Die tatsächlichen Emissionen des JI-Zementwerks sollten von der *JI-Monitoringstelle* mit Hilfe verschiedener Methoden ermittelt werden, um eine Plausibilitätskontrolle zu ermöglichen. Diese Methoden sind im einzelnen:

- die Berechnung anhand der (meßtechnisch erfaßten) jährlich verbrauchten Menge an Primär- und Sekundärbrennstoffen unter Berücksichtigung der spezifischen Emissionsfaktoren;
- die rechnerische Simulation der CO_2-Emissionen (auf der Basis von CO_2-Flußbildern);
- Die Messung des Abgasstroms sowie dessen CO_2-Konzentration mit Hilfe eines Volumenstromzählers sowie eines Rauchgasanalysegeräts.

27 Wie diese Kompensation aussehen könnte oder sollte war nicht Gegenstand des vorliegenden Forschungsvorhabens. Aus Gesprächen ist jedoch deutlich geworden, daß hier generell ein verstärkter Forschungs- und Informationsbedarf besteht, bevor sich Unternehmen im Rahmen von JI engagieren.

Diese Meßmethoden erfordern von den Betreibern bestimmte Maßnahmen, deren Vollzug zusammen mit anderen Informationen in dem jährlichen Bericht übermittelt werden muß:

- Die Betreiber sind verpflichtet, ein Rauchgasanalysegerät zu installieren, welches die emittierten CO_2-Mengen indirekt durch Messung des Sauerstoffanteils ermittelt[28]. Die Ergebnisse dieser Messungen sind kontinuierlich zu dokumentieren und auf Verlangen zur Einsicht bereit zu halten. Im Jahresbericht ist die Gesamtmenge der Kohlendioxid-Emissionen anzugeben.
- Die Betreiber müssen zweitens verpflichtet werden, über Arten Mengen und Qualitäten der verwendeten Primär- und Sekundärbrennstoffe genau Buch zu führen (inkl. spezifischem Emissionsfaktor). Diese Daten können bei Bedarf mit anderen Unterlagen abgeglichen werden, also z.B. durch Einsicht in die Lieferverträge etc., evtl. können auch elektronische Wägesysteme vorgeschrieben werden. Bei nicht leitungsgebundenen Brennstoffen wie Öl und Kohle sind von jeder Charge Stichproben zu nehmen, deren Analyse dokumentiert wird.

Diese letzte Forderung ist notwendig, da die Unterschiede in der Brennstoffqualität, insbesondere auch bei Sekundärbrennstoffen, beträchtlich sein können und deshalb große Manipulationsmöglichkeiten existieren. Denn der mittlere Heizwert und der spezifische Emissionsfaktor dieser Brennstoffe können sich über die Zeit oder beim Wechsel der Förder- bzw. Bezugsstätte stark ändern. Diese Unterschiede haben einen unmittelbaren Einfluß auf die resultierenden CO_2-Emissionen. Daher ist eine (quantitative) Angabe der Menge der eingesetzten Brennstoffe nicht ausreichend, sondern muß durch eine Analyse der Qualität ergänzt werden. Daher wird empfohlen eine Qualitätskontrolle mit entsprechenden Rückstellproben vorzuschreiben[29]. Insbesondere der Einsatz von Sekundärbrennstoffen muß vor dem Hintergrund der in Kapitel 2.3 diskutierten Problemstellungen und möglicher Beschränkungen genau dokumentiert werden. Darüberhinaus ergibt sich die Schwierigkeit, daß die Menge der eingesetzte Sekundärbrennstoffe nicht über die Rauchgasanalyse kontrolliert werden kann, die nur die gesamten Emissionen ausweist.

6.3 Verifikation

Trotz der hier vorgeschlagenen Methoden zur Plausibilitätskontrolle ist mit mißbräuchlichem Verhalten der privaten Teilnehmer eines JI-Projekts zu rechnen. Die Möglichkeit der Verifikation gewisser Parameter durch

---

28 Ein solcher Rauchgasanalyse-Computer wird von verschiedenen Firmen angeboten.

29 Des weiteren wäre zu überlegen, ob bei vorsätzlicher Fehlinformation über die Qualität des verwendeten Brennstoffs unter compliance-Gesichtspunkten eine Pönale in Form eines Abschlags erhoben werden soll.

unabhängige Organe ist deshalb unerläßlich. Mögliche Formen einer solchen Überprüfung von Angaben sind:

- die Verifikation durch die Behörden des gastgebenden Staates;
- die Verifikation durch, vom Betreiber beauftragte, unabhängige Dritte (private zertifizierte Sachverständige, wissenschaftliche Institute etc.[30]);
- die Verifikation durch von der Bundesrepublik beauftragte oder bundeseigene Organe;
- die Verifikation mit Hilfe unabhängiger, durch internationale Organe eingesetzter professioneller Expertengruppen.

In jedem Fall sollten die eingesetzten Verifikationsorgane die Befugnis zu stichprobenartigen Kontrollen der durch die Betreiber gemachten Angaben besitzen[31]. Diese Stichproben müssen nicht regelmäßig erfolgen, doch müssen sie eine gewisse Wahrscheinlichkeit besitzen, um erfolgreich zu sein. Verifikationsbedürftig erscheinen dabei nach den Erfahrungen im Simulationsprojekt "Zementwerk" insbesondere folgende Parameter:

- Überprüfung der Angaben bezüglich der verwendeten Brennstoffe durch Einblick in die Lieferverträge und anderer Unterlagen (evtl. auch Kontrolle der Wägesysteme);
- die Überprüfung der Menge und des für die CO_2-Bewertung des Nettofremdstrombezugs benutzten Emissionsfaktors
- Überprüfung der Funktionsfähigkeit des Rauchgasanalyse-Meßgeräts (einschließlich der Kontrolle des Abgasstroms) und Abgleich der übermittelten mit den dokumentierten Daten;
- Überprüfung des gesamten Kontrollsystems für die betriebsbezogenen Parameter;
- Überprüfung des zur Zeit der Inspektion verwendeten Primär- und Sekundärbrennstoffs durch Ziehung einer Probe und anschließender Kontrolle im Labor.

Dieser Verifikationsbedarf erfordert einen umfassenden Einblick in den betrieblichen Ablauf eines Zementwerks und in dessen Buchführung. Die Kooperation der Unternehmensleitung ist zu diesem Zweck unbedingt erforderlich. Dies dürfte kein Problem darstellen, wenn das JI-Projekt aufgrund einer freiwilligen Verpflichtung extern durch lizensierte Sachverständige oder ein wissenschaftliches Institut o.ä. kontrolliert wird. Auch bei der Verifikation durch die Behörden des gastgebenden Staates ist mit der - notfalls erzwungenen - Kooperation des Betreibers zu rechnen, das gleiche gilt für die Inspektion durch internationale Expertengruppen. Für die Verifikation durch Organe der Bundesrepublik oder durch die Bundesregierung beauftragte

30 Evtl. nach dem Muster der Verifikation der Selbstverpflichtung der deutschen Wirtschaft durch das RWI

31 Die Möglichkeit unangemeldeter Inspektionen sollte - obwohl bisher lediglich im Bereich der Rüstungskontrolle üblich - erwogen werden, doch wird sich dies nur in Absprache mit dem gastgebenden Staat und in engem Vorgehen mit dessen Organen durchführen lassen.

Organe ist eine Vereinbarung über die Ausübung dieser Kontrollbefugnisse mit der Regierung des gastgebenden Staates die Voraussetzung.

6.4 Monitoring und Verifikation nach dem Muster der Selbstverpflichtung der Deutschen Zementindustrie

Für die Berichterstattung und Verifikation ist zu prüfen, ob sich eine Anlehnung an das Monitoring der deutschen Wirtschaft im Rahmen ihrer Selbstverpflichtungserklärung zur Verminderung der energiebedingten CO_2-Emissionen (BDI 1996) anbietet.[32] Die deutsche Zementindustrie hat sich in ihrer Erklärung vom März 1995 zu diesem Monitoring und einer Offenlegung der relevanten Daten bereiterklärt. Sie beteiligt sich deshalb an dem vom BDI koordinierten und vom Rheinisch-Westfälischen Institut für Wirtschaftsforschung begleiteten Monitoringsystem.

In Abstimmung mit den anderen beteiligten Industriebranchen werden die Monitoringberichte jährlich erstellt. Die Ergebnisse enthalten auch alle Produktions- und Konjunkturschwankungen sowie betrieblichen Einflüsse. Letztere beeinflussen die erreichbare Energieeinsparung in der Zementindustrie ganz erheblich. Auf deren Einbeziehung sollte daher keinesfalls verzichtet werden. Bezogen auf die Zementindustrie werden die erforderlichen Daten (thermische und elektrische Energieverbräuche, spezifisch und absolut) bei den deutschen Zementunternehmen abgefragt und vom Forschungsinstitut der Zementindustrie gesammelt, ausgewertet, auf Plausibilität überprüft und in anonymisierter Form in einem Bericht zusammengestellt. Es ist akzeptiert worden, daß zur Überprüfung sowie zur Zusammenstellung der Monitoringberichte der verschiedenen Industriebranchen eine neutrale Institution (RWI) beauftragt wird.

Die **Einbeziehung der JI-Projekte in das deutsche Monitoring** zum Zwecke der Selbstkontrolle würde eine Vergrößerung der Grundgesamtheit der betrachteten Werke bedeuten. Da die Monitoring-Institution bereits vorhanden ist, wären im Hinblick auf JI lediglich noch zusätzliche Angaben und Auswertungen für das Einzelprojekt erforderlich, die jedoch weitgehend auf dem Datenerhebungsblatt für das einzelne Zementwerk basieren würden. Die Angaben der Monitoring-Institution wären entsprechend der in Kapitel 6.3 bzw. Teil IV skizzierten Vorgehensweisen zu verifizieren.

---

32 Zur allgemeinen Einschätzung des ersten Vorschlages der Selbstverpflichtung der deutschen Industrie zur Klimavorsorge von 1995 vgl. z.B. Fischedick et al. 1995. Im Februar 1996 wurde eine überarbeitete Fassung dieser Selbstverpflichtungen präsentiert.

Die Dauer der Anrechnung könnte sich an der Nutzungs- bzw. Restnutzungszeit einer Anlage orientieren.[33] Die Begrenzung auf eine kürzere Anrechnungsperiode wird bei diesem Vorgehen als problematisch angesehen, es sei denn, die Anlage wird stillgelegt. Argumentiert wird, daß sich die deutsche Zementindustrie bei kurzen Anrechnungszeiträumen zur Aufrechterhaltung der Selbstverpflichtung regelmäßig an neuen Zementunternehmen beteiligen müßte, nur um das einmal erreichte Niveau der Energieeinsparung zu halten. Die Frage der Anrechnungsdauer ist jedoch aufs engste mit der Frage der Ausgestaltung des zu etablierenden JI-Anreizsystems verknüpft. Die Existenz eines solchen Systems wurde in dieser Studie ohne nähere Spezifikation vorausgesetzt und nicht weiter betrachtet. Neben der Verknüpfung mit industriellen Selbstverpflichtungen sind eine Vielzahl anderer Vorgehensweisen denkbar, wie etwa steuerliche Anreizmechanismen. Erst in Abhängigkeit von der Ausgestaltung potentieller Anreizsysteme kann die Frage der Anrechnungsdauer vertieft behandelt werden.[34]

Insgesamt bietet das vorgeschlagene Monitoring einige interessante Ansatzpunkte wie z.B. bezüglich der zu berichtenden Parameter sowie konkreter Vorschläge für eine als praktikabel erachtete institutionelle Ausgestaltung. Die im Rahmen von JI, wie in den Kapiteln 6.1 bis 6.3 beschrieben, als notwendig erachtete Angabentiefe für den Nachweis und die Anerkennung der tatsächlich vermiedenen CO_2-Emissionen wird jedoch noch nicht erreicht. Eine Ausweitung bzw. Anpassung dieses Monitoringsystems bezüglich der dort dargestellten Informationsdichte wird als notwendig und auch prinzipiell machbar erachtet. Darüber hinaus beziehen sich die hier gemachten Vorschläge hauptsächlich auf die Selbstkontrolle der beteiligten Unternehmen. Dies wird als sinnvoll erachtet, entbindet aber nicht von der Notwendigkeit eines wie in den Kapiteln 6.1 bis 6.3 und Teil IV beschriebenen unabhängigen Systems.

---

33 Zum Problem der Bestimmung der (Rest-)Nutzungsdauer vgl. auch Kapitel 7.1.

34 Denkbar wäre z.B. auch die Berechnung der Anrechnungsdauer im Rahmen einer Amortisationsrechnung unter Einbezug des JI-Kredits.

7 JI-Eignung und Übertragbarkeit der Ergebnisse

In der vorliegenden Studie ist deutlich geworden, daß der Zementherstellungsprozess grundsätzlich für Projekte im Rahmen von Joint Implementation geeignet ist. Das CO_2-Vermeidungspotential der vier abgeleiteten Ansatzbereiche für Maßnahmen wurde als groß identifiziert. Weiterhin konnte gezeigt werden, daß eine Zuordnung bestimmter Referenzfälle zu den potentiellen JI-Projekten möglich ist. Die Zuordnung beruht dabei auf einer Einordnung der denkbaren Projekte in Maßnahmen der Sanierung/Optimierung und des Ersatzes bestehender Zementwerke sowie des Zubaus zusätzlicher Werke. Die vermiedenen Emissionen können für alle Bereiche nach einem gegebenenfalls leicht zu modifizierendem Grundschema berechnet werden. Die Glaubwürdigkeit der für diese Berechnung bereitzustellenden Daten, kann über Vorgaben hinsichtlich der Berichtspflichten sowie geeigneter Kontrollverfahren hinreichend sichergestellt werden.

Die Beurteilung der grundsätzlichen Eignung von Maßnahmen im Zementherstellungsprozeß beruht zu einem großen Teil auf den Ergebnissen der beiden simulierten Fallbeispiele in Tschechien. Der Begriff "Simulation" ist insofern mißverständlich, als es sich um zwei konkret durchgeführte Vorhaben der Heidelberger Zement AG handelt.[35]

Die Übertragbarkeit der Ergebnisse dieser Untersuchung wird im folgenden auf zwei Aspekte bezogen:

- Übertragbarkeit auf die Zementindustrie im allgemeinen
- Übertragbarkeit auf andere Produktionsprozesse der Grundstoffindustrie

Bezüglich des erstgenannten Aspektes wurden viele Fragestellungen schon im vorangehenden Text behandelt. Insbesondere die Fragen der Antragstellung, des Berichtswesens und des Monitorings wurden in Kapitel 6 detailiert behandelt und werden hier nicht weiter verfolgt.

---

[35] Die Problematik, daß es sich somit nicht um JI-Projekte im eigentlichen Sinne handelt, da die Zusätzlichkeit der Maßnahmen nicht gewährleistet ist, ist den Autoren bewußt. Nichtdestotrotz sind die abgeleiteten Ergebnisse grundsätzlich im JI-Zusammenhang gültig. Die Zusätzlichkeit einzelner Maßnahmen ist durch die Referenzfallbestimmung zu belegen, was wie in Kapitel 3 diskutiert wurde für eine Einzelfallbetrachtung spricht bzw. diese sogar bedingt. Solange kein Kreditierungsmechanismus existiert (Pilotphase), besteht dieses Abgrenzungsproblem konkret durchgeführter Projekte jedoch generell.

7.1 Übertragbarkeit auf die Zementindustrie im allgemeinen

Die vorhergehenden Ausführungen zu den beiden Zementwerken in Tschechien einerseits und zu den CO_2-Minderungspotentialen bei der Zementherstellung im allgemeinen haben deutlich gemacht, daß sehr spezielle Charakteristiken der Zementindustrie dazu führen, daß der Referenzfall in dieser Industrie möglichen JI-Projekten eindeutig zugeordnet werden kann (Kapitel 3). Unter Umständen kann ein Rückgriff auf eine 'second best-Lösung' des Durchschnitts der spezifischen CO_2-Emissionen des gastegebenden Staates notwendig sein.

Als entscheidende Besonderheit erwies sich, daß hohe spezifische und auch kostengünstige Minderungspotentiale erst durch eine Kombination von Know-how und Investition realisiert werden können.

Übertragbarkeit der Bestimmung des Referenzfalls

Potentielle JI-Projekte wurden den Kategorien Ersatzbau und Sanierung bzw. Optimierung sowie den Zubau zusätzlicher Produktionskapazitäten zugeordnet.

Aufgrund des Regionalbezuges wird der Referenzfall eindeutig als die bestehende, **zu sanierende bzw. optimierende (Alt-)Anlage** definiert. Dies gilt sowohl für Wachstumsmärkte als auch für Regionen mit stagnierenden Märkten. Für die Sanierung bzw. Optimierung war insbesondere die Prozess- und Betriebsführung wichtig, für die zwar nur geringe Investitionen aber ein spezielles Know-how erforderlich sind. Daher sollen an dieser Stelle einige Überlegungen zur Rolle des Know How-Transfers gemacht werden.

Es gibt in der öffentlichen Debatte zu JI die Tendenz, JI-Projekte als Transfer von 'moderner Technik' zu stilisieren. Dies hat zur Folge, daß es sich im wesentlichen um Überlegungen zum Transfer von Investionsmitteln, d.h. Kapital, handelt. Dies führt zu einem Transfer von technischem Fortschritt, da dieser in der Anlagentechnik gleichsam inkorporiert ist. Damit könnte sich eine Kooperation im Rahmen von JI im wesentlichen auf eine Kapitalzuführung beschränken, sei es z.B. in Form eines (projektfinanzierenden) Darlehns oder einer (zusätzlichen) Beteiligung am Eigenkapital einer Projektgesellschaft. Durch die Erfahrungen in den beiden Simulationsstudien zu JI-Projekten im Zementbereich wird die Bedeutung der Geschäftsform des **Joint Venture mit Know how -Transfer** hervorgehoben. Hierdurch wird es ermöglicht, ein zusätzliches Minderungspotential zu erschließen. "Investiert" wird zunächst im uneigentlichen Sinne in Form eines Know how-Transfers vor allem zum sachgerechten und effizienten Betrieb der Anlage hin. Der Know how-Transfer geht dabei weit über das Betriebs- und Sanierungs-Know how hinaus. Die Übertragung von betriebswirtschaftlichem Absatz- und Marketing-Know-how könnte einen wesentlichen Einfluß auf die Realisierung des nachfrageabhängigen CO_2-Minderungspotentials haben. Dieses Zusammenspiel von moderner Prozeßtechnik und dem was hier Geschäftstechnik genannt wird, ist also entscheidend für die Emissionsminderung.

Problematisch an der Annahme des Weiterbetriebs der Altanlage im

bestehenden wie auch zu der zu erwartenden Konkurrenz sowie die standortspezifischen Rahmenbedingungen (Rohstoffe) bewertet werden. Die abschließende Festlegung der Nutzungsdauer der Referenzanlage zu Projektbeginn bzw. mit der Projektgenehmigung ist unter Berücksichtigung des Investorenschutzes unabdingbar.[36]

In stagnierenden Märkten konzentrieren sich Neubauten auf **Ersatzbauten**. Dies wird vor allem dann der Fall sein, wenn die vorhandene Anlage bereits so alt ist, daß eine Sanierung nicht mehr sinnvoll erscheint, da seit Bau der Anlage erhebliche Technologieschübe erfolgten (vgl. KDC in Tschechien). Da Zement, wie erwähnt, aufgrund der sehr hohen Transportkosten i.d.R. nur auf

fall eindeutig als die Altanlage definiert werden. Der Ersatzbau ist somit in bezug auf die Referenzfallbestimmung analog zur Sanierung von Zementwerken zu behandeln.

Der **Zubau** von Zementanlagen ist regional klar eingrenzbar. Er ist charakteristisch für Wachstumsmärkte. Die in Wachstumsregionen zugebauten neuen Zementanlagen werden überwiegend nach dem Stand der Technik errichtet. Die konkrete technische Ausgestaltung des jeweils neu gebauten Zementwerkes richtet sich nach den landes- bzw. regionalspezifischen Rahmenbedingungen. Sofern davon ausgegangen werden darf, daß nach dem Stand der Technik erstellte Anlagen in ihrer Betriebsphase auch zu bestmöglichen Wirkungsgraden betrieben werden, könnte geschlossen werden

36 Als pragmatische Lösung könnte eine Bildung von Altersklassen und definitive Zuordnung von Restnutzungsdauern überdacht werden.

daß der Zubau von Zementwerken keine geeignete Form eines JI-Projekts ist, d.h. generell nicht durch JI gefördert werden sollte, da Referenzfall und JI-Fall von der eingesetzten Technik her identisch wären.

Ob die optimale Betriebs- und Prozeßführung jedoch vorausgestzt werden kann, ist nicht sicher. Die Zweifel daran sind mit generellen Erfahrungen zu sogenannten turn-key Projekten begründet. Aus der Untersuchung ergab sich weiterhin, daß das spezifisch größte und kostengünstigste CO_2-Minderungspotential in der Optimierung der Betriebs- und Prozeßführung liegt. Sofern man davon ausgeht, daß die Bedingungen, die zu den genannten Potentialen im Bereich von Ersatzbau und Sanierung führen, zumindest auch teilweise im Bereich des Zubaus vorliegen, so entfällt die Voraussetzung für den Ausschluß. In diesem Falle müßte für die ermittelten CO_2-Emissionen des Referenzfalls ein Abschlag von mindestens etwa 1000 kJ/kg Klinker (entsprechend 100 kg CO_2/t Klinker) vom "Stand der Technik" angesetzt werden.[37] Hinzuzurechnen wäre aber noch der Effekt aus der Qualitätsvergleichmäßigung. Zusammen ergibt sich in diesen Fällen also auch für den Zubau ein spezifisches Vermeidungspotential in erheblicher Höhe.

Wann dieser Fall jedoch vorliegt, ist schwer zu entscheiden. Es ist im Laufe des Forschungsvorhabens nicht gelungen, generalisierende Aussagen dazu zu machen. Selbst die individuelle Feststellung mit Hilfe einer Feasibility-Studie scheint nicht generell möglich zu sein, da ergänzend eine Analyse des Knowhows sowie der Interessen der möglichen Ersteller von Feasibility-Studien untersucht werden müßte.

Übertragbarkeit der Berechnung der vermiedenen Emissionen

Die **CO_2-Emissionen des Referenzfalls** sind auf der Grundlage der Betriebsdokumentation sowie anderer verifizierbarer Angaben zu bestimmen. In der Regel wird gerade in den typischen Gastländern für JI-Maßnahmen die Dokumentation etlicher Parameter entweder nicht vorliegen oder möglicherweise wenig zuverlässig sein. Dies betrift im Hinblick auf CO_2 vor allem die Qualität der eingesetzten Primär- und Sekundärbrennstoffe, d.h. die der Berechnung zugrundeliegenden Emissionsfaktoren. Um Schwankungen herauszumitteln, wurde empfohlen, die durchschnittlichen spezifischen CO_2-Emissionen der letzten drei Betriebsjahre der Berechnung zugrundezulegen. Die Werte für die **CO_2-Emissionen des JI-Zementwerkes** müssen während des Betriebs nachprüfbar dokumentiert werden. Insgesamt werden Angaben zu einer relativ begrenzten Anzahl von Parametern für die Berechnung der ver-

[37] Diese Angaben bezüglich des Mindestabschlages wurden aus den Minderungspotentialen durch Betriebs- und Prozeßführung geschlossen.

miedenen Emissionen benötigt. Das Berechnungsschema ist insbesondere entsprechend der eingesetzten Sekundärbrennstoffe leicht zu modifizieren

Bezogen auf das Problem der **Kapazitätsausweitung** wurde geschlossen, daß die spezifischen vermiedenen CO_2-Emissionen auch auf die über die Kapazität der Referenzanlage hinausgehende Produktionsmenge bezogen werden sollten. In Wachstumsmärkten könnte unterstellt werden, daß die Sanierung mit Kapazitätsausweitung theoretisch einer Sanierung mit konstanter Kapazität zuzüglich eines Zubaus (im Rahmen der Kapazitätsausweitung) entspricht. In diesem Falle wäre die Produktionskapazität der Altanlage für die vermiedenen Emissionen zugrundezulegen.

7.2 Übertragbarkeit auf andere Produktionsprozesse der Grundstoffindustrie

Ein nicht übertragbares Charakteristikum der Zementherstellung sind die prozeßbedingten CO_2-Emissionen bzw. deren dominierender Anteil an den gesamten dem Herstellungsprozeß zuzuordnenden CO_2-Emissionen. Darüber hinaus steht der Zementherstellungsprozeß für einen energieintensiven Prozess der Grundstoffindustrie. Der Versuch, die Frage der Übertragbarkeit zu beurteilen, beschränkt sich im folgenden auf sehr allgemeine Aussagen, da "die Grundstoffindustrie" viel zu heterogen für allgemeingültige Aussagen ist. In einer genaueren Analyse der Übertragbarkeit wäre jeweils branchenspezifisch zu untersuchen, ob die zu beobachtenden Größen dieselben sind bzw. wo Unterschiede bestehen und ob diese für die JI-bezogenen Fragestellungen relevant sind. Mit "Zement" ist in der vorliegenden Untersuchung ein Prozeß ausgewählt worden, bei dem die Höhe der spezifischen CO_2-Emissionen (pro t Produkt) nicht typisch im Sinne von "durchschnittlich" ist. Die spezifischen Emissionen liegen vermutlich an der Spitze aller energieintensiven Prozesse.

Zur (energieintensiven) Grundstoffindustrie werden hier, über die deutsche Energiebilanz hinausgehend, die in Tabelle III.4.15 aufgelisteten Sektoren gezählt. Die Energieumwandlungsprozesse (mit Ausnahme der Stromerzeugung, die Gegenstand einer eigenen Simulation ist) werden mitbetrachtet. Weiterhin werden die Bergbauprozesse (für Minerale wie auch für Energieträger) besonders betont, da sie in den potentiellen gastgebenden Staaten eine starke Bedeutung haben.

Prozesse der Rohstoffförderung	Prozesse der Umwandlung
- Förderung von Energieträgern	-Eisen und Stahl
- Förderung mineralischer Rohstoffe, incl processing	- Herstellung von Kalk und anderen Baustoffen
	- Papier- und Pappeerzeugung
	- Zellstoff
	- Glas
	- Aluminium, Kupfer u.a. Nicht-Eisenmetalle
	- Raffinerien
	- andere

Tabelle III.4.15: Prozesse der Grundstoffindustrie

Übertragbarkeit der Bestimmung des Referenzfalls

Die für die Ableitung des Referenzfalls im Zementbeispiel gefundenen Charakteristiken sind nur teilweise auf andere Grundstoffindustrien zu übertragen. So besteht zwar ebenfalls i.d.R. kein Netzverbund und teilweise eine vergleichbare Standortabhängigkeit (Ressourcen), es kann jedoch nicht von einer so starken regionalen Abgegrenztheit ausgegangen werden. I.d.R. sind gerade die Grundstoffindustrien in den gastgebenden Staaten Export orientiert und stehen damit in vielfältigen Austauschbeziehungen. Aufgrund der Größe dieser Industrien wird jedoch eine Orientierung an Feasibility Studien bei der Beurteilung potentieller JI-Projekte möglich sein, da diese ohnehin im Rahmen von Wirtschaftlichkeitsbetrachtung von Projekten durchgeführt werden. Eine Ausweitung um eine "JI-Variante" stellt keine unmögliche Mehrbelastung bzw. Erhöhung der Transaktionskosten dar, auch wenn Verfahren der Verifikation hinzukommen. Eine Orientierung an Durchschnittswerten des gastgebenden Staates für den allgemeinen Referenzfall als zweit- bzw. drittbeste Lösung ist sicherlich immer möglich.

Bezüglich der Übertragbarkeit der Realisierung von Minderungspotentialen durch Know how-Transfers kann davon ausgegangen werden, daß in anderen energieintensiven Industriezweigen, die sich ebenfalls durch eine weitgestreute Anlagenstruktur auszeichnen, eine ähnliche Vorgehensweise zu erwarten ist. Ein besonderes Problem besteht allerdings generell darin, zu belegen, daß das Eingehen von Engagements zur Sanierung/Optimierung additiv zur üblichen Geschäftstätigkeit ist. Hierzu könnte die Entwicklung von Indikatoren für die Knappheit des Sanierungs-know hows, verbunden mit spezifischen Länderrisiken hilfreich sein.

Übertragbarkeit der Berechnung der vermiedenen Emissionen

Die Berechnung der vermiedenen Emissionen kann sich an dem in Kapitel 3 entwickelten Grundschema orientieren. Dieses Grundschema ist gegebenenfalls hinsichtlich zusätzlicher bzw. unterschiedlicher Parameter, die vom jeweiligen Produktionsprozess abhängen und branchenspezifisch identifiziert werden müssen, zu ergänzen. Dies kann anhand von CO_2-Flußbilder bzw. Prozessablaufschemata geschehen.

Die Problematik der Bestimmung der CO_2-Emissionsfaktoren ist hinsichtlich einiger Grundparameter wie etwa des Einsatzes von Primärbrennstoffen und des Nettofremdstrombezuges gleich sein. Der Einsatz von Sekundärbrennstoffen ist außer im Zementherstellungsprozess sonst nicht üblich (evtl. jedoch Restmüllverbrennung in der chemischen Industrie). Diesbezüglich ergeben sich also evtl. Vereinfachungen.

Übertragbarkeit des Berichts- und Kontrollwesens

Mit dem im Monitoring-System für die Selbstverpflichtung der deutschen Industrie entwickelten Berichtswesen steht ein Berichtsformat zur Verfügung, das im Prinzip für alle energieintensiven Industrien anwendbar ist. Jedoch gelten die in Kapitel 6 gemachten Anmerkungen zu notwendigen Ergänzungen und Anpassungen im Hinblick auf JI genauso für alle anderen Branchen. Die Angaben sind insbesondere hinsichtlich der Emissionsfaktoren, Massenströme etc. zu erweitern. Hinsichtlich prozessspezifischer Parameter sind geeignete Meß- und Kontrollverfahren zu entwickeln. Bezüglich der institutionellen Ausgestaltung ergibt sich kein Änderungsbedarf.

Literatur

Bardua, Sven (1996) Vom staubigen Gewerbe zum Ressourcensparer, In: *Frankfurter Allgemeine Zeitung,,* Vol. , Nr. 193 vom 20.8.1996, S. T1.

BDI - Bundesverband der Deutschen Industrie (1995) CO_2-Monitoring. Konzept für die Erstellung von regelmäßigen Fortschrittsberichten zur transparenten und nachvollziehbaren Verifikation der Erklärung der deutschen Wirtschaft zur Klimavorsorge vom 10. März 1995, Köln: BDI.

Burg, Tsjalle van der (1994) Economic Aspects. In: Kuik, Onno; Peters, Paul und Nico Schrijver (eds.) Joint Implementation to Curb Climate Change. Dordrecht, Boston, London: KluwerAcademic Publishers.

Cembureau (ed.) (1996) European Annual Review N° 17/1994. Cement Industry & Market Data. Brüssel: Cembureau.

DPU - Deutsche Projekt Union (ed.) (1996) "Öko-Dumping auf dem Vormarsch? Verwertungs- und Beseitigungswege von besonders überwachungsbedürftigen Abfällen und Reststoffen aus Deutschland". Kurzfassung. Essen: DPU.

Ellerbrock, H.-G., und Mathiak, H.: Zerkleinerungstechnik und Energiewirtschaft. *ZKG* 1993

Erhard, H.S., und Scheuer, A. (1993): Brenntechnik und Wärmewirtschaft. *ZKG* 46 (1993) No. 12, S. 743 - 754.

Fischedick, Manfred; Kristof, Kora; Rahmesohl, Stefan; Thomas, Stefan (1995) "Erklärung der deutschen Wirtschaft zur Klimavorsorge": Königsweg oder Mogelpackung?, Wuppertal Paper Nr. 39, Wuppertal: Wuppertal Institut.

FIZ - Forschungsinstitut der Zementindustrie, Diskussion im FIZ am 24.10.1996.

Hansmeier, Karl-Heinrich, Linscheidt, Bodo (1996), 'Das Kreislaufwirtschaftsgesetz - Neuorientierung der deutschen Abfallpolitik?', *Wirtschaftsdienst*, Vol. 76, No. 11, pp. 561-564.

IPCC, UNEP, OECD, IEA (eds.) (1995) IPCC Guidelines for National Greenhouse Gas Inventories: Volume 2 (Workbook) and Volume 3 (Reference Manual). Bracknell (UK): IPCC WG I Technical Support Unit.

Jansen, Jaap and Frank van der Vleuten (1995), Joint Implementation in the Cement Industry. In: Jepma, C. J. (ed.) *The Feasibility of Joint Implementation*. (Dordrecht, Boston, London: Kluver Academic Publishers), pp. S. 299 - 313.

Locher, W. (1983), Zement. *Uhlmanns Enzyklopädie*, Band 24, S. 545 - 573.

Merkel, Angela (1996), 'Die Weichen in die richtige Richtung gestellt', *Wirtschaftsdienst*, Vol. 76, No. 11, pp. 555-557.

Michaelowa, Axel (1995) Internationale Kompensationsmöglichkeiten zur CO_2-Reduktion unter Berücksichtigung steuerlicher Anreize und ordnungsrechtlicher Maßnahmen. HWWA-Report Nr. 152. Hamburg: HWWA.

Müller, Michael (1996), 'Das Regelwerk ist lückenhaft und unübersichtlich', *Wirtschaftsdienst*, Vol. 76, No. 11, pp. 557-561.

Nordic Council (ed.) (1996) *Joint Implementation of Committments to Mitigate Climate Change- analysis of 5 selected energy projects in Eastern Europe*, TemaNord 1996:573, Copenhagen: Nordic Council.

Schenkel, W.; Barniske, L.; Pautz, D. und Glatzel, W.-D. (1990) Müll als CO_2-neutrale Energieressource? *VGB Kraftwerkstechnik*, Jg 70, H.7 S. 596-601.

Scheuer, A., und Ellerbrock, H.-G. (1992): Möglichkeiten der Energieeinsparung bei der Zementherstellung. *ZKG* 45 (1992) Nr. 5, S. 222 - 230.

Schmidt, M., und Xeller, H. (1993) Interner Bericht. Heidelberger Zement AG, Leimen und Heidelberg, unveröffentlicht.

Umweltbundesamt (Hrsg.) (1994) Jahresbericht 1994, Berlin: UBA

UNIDO (ed.) (1994) Cement Industry. Handy Manual. Output of a Seminar on Energy Conservation in Cement Industry sponsored by the UNIDO and MITI, Japan.

Verein Deutscher Zementwerke e.V. (1996): Aktualisierte Erklärung der deutschen Zementindustrie zur Klimavorsorge. Düsseldorf, 27.03.1996.

Weiler (DPU) (1996) Persönliche Mitteilung.

World Resources Institute (WRI), UNEP, UNDP, World Bank (eds.) (1996) World Resources 1996-97, New York, Oxford: Oxford University Press.

Anhang 1: Zu Kapitel 2 "Identifizierung und Darstellung der Prozesse mit zusätzlichem Minderungspotential"

Im Bereich der Prozeßtechnik können die Minderungsoptionen im Rahmen der Brenntechnik und der Zerkleinerungstechnik weiter differenziert werden.

1 Brenntechnik

Langer Naßofen

Weltweit wird immer noch ein erheblicher Teil des Zementklinkers auf der Basis naß aufbereiteter Rohmaterialien hergestellt. Das ist eine Folge der geschichtlichen Entwicklung der Energiepreise und der Verfahrenstechnik der Zementherstellung. Darüber hinaus spielt aber auch die Feuchte der verfügbaren Rohmaterialien eine wesentliche Rolle.

Theoretisch können bestehende Naßanlagen auf moderne Vorcalciniertechnik mit trockner Aufbereitung umgestellt werden. Jedoch kostet die Umrüstung im Bereich der Rohmaterialaufbereitung mehr als im Bereich des Ofens (Tabelle III.4.A1-1). Deshalb wird man versuchen, die bestehende Naßaufbereitung weiter zu nutzen und den Ofen als zusätzlichen Heißgaserzeuger zu nutzen.

Bezeichnung	Anteil der Investitionskosten in %	
Rohmaterialaufbereitung, davon	60	
- Rohmateriallagerung		33
- Rohmühle		17
- Rohmehllagerung		10
Ofenanlage	40	

Tabelle III.4.A1-1 Relative Investitionskosten für den Bau eines Klinkerwerks.

Grundsätzlich ist die Modernisierung einer Ofenlinie oder die komplette Umstellung eines Werkes vom Naß- auf das Trockenverfahren unrentabel, wenn damit nicht gleichzeitig andere Kostenvorteile erzielt werden. Das kann eine deutliche Produktionssteigerung in Verbindung mit steigendem Absatz, die Stillegung von Altanlagen und/oder der vermehrte Einsatz von Sekundärroh- und Sekundärbrennstoffen sein.

Neuanlagen werden demgegenüber auch bei sehr feuchtem Rohmaterial noch mit trocken arbeitender Aufbereitung ausgerüstet, die, wenn nötig, mit einem zusätzlichen Heißgaserzeuger versorgt wird. In diesem Fall spielt der hohe Anteil der Investitionskosten für die Rohmaterialaufbereitung keine Rolle.

Schachtofen

Bei Bedarf kleiner Ofendurchsätze von z.B. 300 t/d hat der Schachtofen auf absehbare Zeit noch deutliche Vorteile, sowohl im Energiebedarf, als auch hinsichtlich der Betriebssicherheit. Aus diesem Grund finden vor allem in China und Indien, wo der Zementtransport über größere Entfernungen auch heute noch sehr schwierig ist, weitere Entwicklungsarbeiten in der Schachtofentechnologie statt. Optimierungsarbeiten zielen insbesondere darauf ab, den Vorwärm-, Brenn- und Kühlbereich zu stabilisieren und dadurch die Energieverluste zum Teil beträchtlich abzusenken. Moderne Schachtofentechnologie und eine optimierte Betriebs- und Prozeßführung können hierzu wesentliche Beiträge liefern.

Lepolofen

Für den Lepolofen stehen schon seit Jahrzehnten ausgereifte und bewährte Aggregate zur Verfügung. Aufgrund ihrer systembedingten Nachteile haben sie ihre frühere Bedeutung nicht halten können. Mittelfristig ist daher zu erwarten, daß die Anzahl der Lepolöfen weltweit weiter zurückgehen wird, vor allem im Zusammenhang mit Rationalisierungsmaßnahmen, also der Konzentration von Produktionskapazität auf große Einheiten.

Langer Trockenofen

Lange Trockenöfen haben analog zu den Lepolöfen ihre einstige Bedeutung für den Neubau von Ofenanlagen praktisch vollständig verloren. Bestehende Öfen können gekürzt werden und mit Vorwärmer und Klinkerkühlern nachgerüstet werden. Hierfür sind bedeutende investive Mittel erforderlich.

Kurzer Trockenofen mit Zyklonvorwärmer

Den niedrigsten Wärmeverbrauch und den höchsten Klinkerdurchsatz erreichen Ofensysteme, die mit trockenem Rohmehl über einen mehrstufigen Zyklonvorwärmer beschickt werden. Neben der reinen Wärmewirtschaft sind für deren Auslegung auch die Investitions- und sonstigen Betriebskosten zu beachten. In der Regel sind moderne Ofensysteme deshalb mit wenigstens 4 und höchstens 6 Vorwärmestufen ausgerüstet. Ein erhöhter Mahltrocknungsbedarf bzw. Bedarfsspitzen werden in solchen Anlagen mit einem zusätzlichen Heißgaserzeuger oder mit einem Brenngutbypaß unter Umgehung der obersten Zyklonstufe abgedeckt.

Zwischen Zyklonvorwärmer und Drehofen ist bei modernen Ofensystemen der Calcinator angeordnet. In diesem soll mit Hilfe einer Zweitfeuerung das vorgewärmte Rohmehl soweit entsäuern, daß der nachgeschaltete Drehofen im wesentlichen nur noch für die eigentliche Klinkermineralbildung benötigt wird. Die Einführung der Vorcalcinierung veränderte die Verfahrenstechnik der Klinkerherstellung maßgeblich. Brennstoffwärme wird jedoch mit der Vorcalcinierung nicht eingespart. Im Gegenteil, manche Anlage hätte einen höheren spezifischen Wärmebedarf, wäre nicht gleichzeitig auch der Durchsatz gestiegen. Die Vorteile moderner Vorcalcinieranlagen liegen vielmehr in niedrigeren spezifischen Investitions- und Betriebskosten, hoher Produktionskapazität, verbesserter Prozeßführung und zusätzlichen Möglichkeiten zur Emissionsminderung.

2 Zerkleinerungstechnik

Rohmühlen

Für Naßöfen werden zur Aufbereitung der Rohmaterialien üblicherweise Kugelmühlen, die naß arbeiten, verwandt. In allen übrigen Fällen muß das Rohmaterial nicht nur feingemahlen, sondern auch bis auf etwa 0,5 % Restfeuchte getrocknet werden. Die Energiekosten für die Trocknung sind bei normaler Rohmaterialfeuchte denen der Mahlung etwa gleich. Unter anderen Bedingungen können die Energiekosten für die Trocknung diejenigen für die Mahlung übersteigen. Es ist deshalb wichtig, die beim Brennprozeß anfallende Abwärme für die Trocknung zu nutzen. Der Mahlung und meist gleichzeitigen Trocknung des Rohmaterials dienen Kugelmühlen oder Wälzmühlen.

Wälzmühlen sind insbesondere dort geeignet, wo Materialien mit leichter bis mittelschwerer Mahlbarkeit, mit grober Aufgabestückgröße und hoher Feuchtigkeit bei Verwertung niedrig temperierter Gase zur Vermahlung gelangen. Sie eignen sich weniger für Materialien oder Zuschlagsstoffe, bei denen mit einem hohen Verschleiß an den Mahlwerkzeugen zu rechnen ist. Das würde neben hohen Kosten für Ersatzteile und Wartungszeiten eine niedrige Betriebsbereitschaft der Anlage zur Folge haben. Heute werden diese Nachteile der Wälzmühle durch den Betrieb eines externen Mahlkreislaufes und regelmäßige Aufschweißung von Verschleißmaterial weitgehend kompensiert.

Moderne Wälzmühlen verbrauchen rd. 20 % weniger elektrische Energie als Kugelmühlen, d.h. rd. 6 kWh/t Zement. Des weiteren kommen sie im Gegensatz zu Kugelmühlen häufig ohne zusätzlichen Heißgaserzeuger bzw. Trockner aus, wodurch auch der Feuerungswirkungsgrad des Werkes steigt.

Der Austausch der Kugelmühlen gegen Wälzmühlen ist allerdings sehr kapitalintensiv und rechnet sich nicht über Energieeinsparungen. Demgegenüber können durch betriebliche Optimierungen an bestehenden Anlagen teilweise beträchtliche Einsparungen erzielt werden.

Im Fall von trockenen Rohmaterialien kommen für Neuanlagen des weiteren Gutbettwalzenmühlen in Betracht, die etwa so viel Strom verbrauchen wie Wälzmühlen.

Zementmühlen

Die Energieausnutzung beim Mahlen von Zement wird einerseits durch die physikalischen Vorgänge bei der Zerkleinerung, zum anderen durch die Anforderungen an die gleichbleibend hohe Zementqualität begrenzt. Darüber hinaus spielt die Mühlenbauart und die Anlagenschaltung eine wesentliche Rolle. Tabelle III.4.A1-2 gibt einen Überblick über die unterschiedliche Energieausnutzung der einzelnen Zementmühlentypen. Demnach verbraucht eine optimierte Durchlaufmühle am meisten elektrische Energie. Eine Kugelmühle mit Sichter verbraucht rd. 20 %, mit Vormahlung rd. 30 % und mit Hybridmahlung rd. 40 % weniger Energie. Die Fertigmahlung in einer Gutbettwalzenmühle verbraucht schlußendlich nur noch rd. 50 % der elektrischen Energie einer optimierten Durchlaufmühle. Das Optimierungspotential liegt somit zwischen rd. 10 und 25 kWh/t Zement. Allerdings sind alle Maßnahmen äußerst kapitalintensiv und bedeuten teilweise einen Quantensprung in der Komplexität der Technik.

Mühlentyp	Übertragungsfaktor
Kugelmühle	
Durchlaufmühle	1,15 - 1,35
Sichtermühle	0,95 - 1,05
Gutbettwalzenmühle	
Vormahlung	0,81 - 0,89
Hybridmahlung	0,71 - 0,79
Fertigmahlung	0,57 - 0,63

Tabelle III.4.A1-2 Übertragungsfaktoren der erforderlichen Mahlenergie unterschiedlicher Zementmühlen.

Nicht optimierte Zementmühlen bergen allerdings auch schon beträchtliche Optimierungspotentiale. Durch betriebliche Optimierungen können mit geringem Kapitalaufwand häufig schon bis zu 10 kWh/t Zement elektrische Energie eingespart werden.

Teil IV: Die organisatorische und institutionelle Ausgestaltung von Joint Implementation

1 Einleitung

In diesem letzten Teil der Untersuchung sollen die notwendigen organisatorischen und institutionellen Rahmenbedingungen eines JI-Mechanismus untersucht werden. Denn sowohl die Effizienz und Effektivität als auch die Glaubwürdigkeit von Joint Implementation hängen entscheidend davon ab, wie dem legitimen Kontrollbedürfnis der internationalen Gemeinschaft Rechnung getragen werden kann, ohne daß ein unnötiger bürokratischer Aufwand betrieben wird. Ziel ist es, die auf den ersten Blick widerstreitenden Forderungen nach effektiver Kontrolle und gleichzeitig niedrigen Transaktionskosten möglichst miteinander in Einklang zu bringen, so daß sie sich gegenseitig ergänzen.

Die Besonderheiten des Instruments der Gemeinsamen Umsetzung im Rahmen der Klimarahmenkonvention (FCCC)[1] führen dabei auch zu besonderen Herausforderungen. Denn nicht nur liegt JI im Schnittpunkt von Ökonomie und Ökologie und führt demnach sehr unterschiedliche Gruppen aus Wirtschaft und Umwelt mit unterschiedlichen professionellen "Kulturen" zusammen, sondern die Einbeziehung privater Unternehmen (und evtl. NGOs) verleiht dem Instrument auch eine zusätzliche Komplexität. Aufgabe der institutionellen Ausgestaltung ist daher auch eine Reduktion dieser Komplexität und die Rückführung auf überschaubare Verhältnisse.

Als weiterer komplizierender Faktor sind die Anforderungen an die institutionelle Struktur eines JI-Mechanismus höher als bei anderen Verträgen, da eine stärkere Überwachung der Implementierung erforderlich ist. Denn Joint Implementation-Projekte zeichnen sich durch die Besonderheit aus, daß die Interessen aller Beteiligten im wesentlichen gleichgerichtet sind[2]. Sowohl für die beteiligten Staaten wie auch für die privaten Unternehmen beider Staaten ist es nämlich im Regelfall von Vorteil, die Reduktionserfolge von JI-Projekten möglichst groß erscheinen zu lassen: Der investierende Staat hat den Vorteil, sich einen höheren "Emissionskredit" gutschreiben zu können, und dasselbe gilt für den privaten Investor. Der gastgebende Staat bzw. das beteiligte Unternehmen aus diesem Staat können sich entweder - bei einer Aufteilung der Emissionskredite - ebenfalls ungerechtfertigte Emissionsreduktionen gutschreiben lassen oder auch ihre Verhandlungsposition für gegenseitige Geschäfte attraktiver gestalten.

---

1 Zur Klimarahmenkonvention vgl. Oberthür (1993); Loske (1996); Ott (1996) und (1997).
2 S.a. Walker/Wirl (1994), S.16ff; Torvanger u.a. (1994), S.18f, S.62; Fischer u.a. (1995), S.76.

Aus dieser "potentiellen Interessenharmonie"[3] folgt, daß bei der Überprüfung der Einhaltung nicht primär auf die Eigenkontrolle der Teilnehmer an einem JI-Projekt vertraut werden kann. Eine Konstellation wie diese verlangt nach einer relativ strengen Kontrolle der Einhaltung durch Instanzen, welche die Interessen der Staatengemeinschaft gegenüber dem Partikularinteresse der an einem individuellen Projekt beteiligten Teilnehmer vertreten. Bei der organisatorischen und institutionellen Ausgestaltung eines Joint Implementation-Mechanismus sind diese strukturellen Bedingungen von JI entsprechend zu berücksichtigen.

Daher sollen in diesem Teil folgende organisatorische und institutionelle Elemente eines effektiven und effizienten JI-Mechanismus entwickelt werden:

- die erforderlichen Organe auf nationaler und internationaler Ebene;
- ein Berichtsverfahren auf internationaler Ebene im Verhältnis der Vertragsparteien zu den internationalen Organen;
- ein Verfahren der Verifikation für JI-Projekte;
- prozedurale Vorkehrungen der Antragstellung und der Berichterstattung für die privaten Teilnehmer eines JI-Projekts, soweit sie nicht im Rahmen der Simulationsprojekte behandelt worden sind und
- Verfahren der Konfliktlösung für Streitigkeiten zwischen den privaten Projektteilnehmern, zwischen privaten Unternehmen und Staaten sowie zwischen den beteiligten Vertragsparteien der FCCC.

---

3 WBGU (1994), S.31; Roland und Haugland sprechen von "perverse incentives", vgl. Roland/Haugland (1995), S.365.

2 Institutionelle Elemente eines JI-Mechanismus

Die Ausgestaltung eines JI-Mechanismus im Rahmen der FCCC kann nicht abstrakt erfolgen, sondern muß sowohl die Erwartungen der Vertragsparteien an Joint Implementation berücksichtigen, als auch die bisher durch staatliche Repräsentanten, Interessenvertreter und Wissenschaftler erfolgten Vorschläge. Deshalb soll im folgenden zunächst ein Überblick über diese Erwartungen und über die zur Verfügung stehenden Optionen der Ausgestaltung gegeben werden. Anschließend werden die institutionellen Minimalerfordernisse internationaler Kooperation zur Gemeinsamen Umsetzung entwickelt[4]. Zum Schluß sollen die Elemente eines innerstaatlichen JI-Mechanismus skizziert werden, allerdings beschränkt auf die Bundesrepublik Deutschland.

2.1 Optionen zur Ausgestaltung eines JI-Mechanismus

Die bisher veröffentlichten Vorschläge für die organisatorische und institutionelle Ausgestaltung eines JI-Mechanismus zeichnen sich noch nicht durch einen hohen Grad an Bestimmtheit aus[5]. Dies ist auch verständlich, da immer noch sehr große Unsicherheiten über die endgültige Konzeption von Joint Implementation bestehen, die organisatorische Ausgestaltung aber zum großen Teil von dem unterliegenden Konzept abhängig ist. Die Bandbreite der vorstellbaren Konzepte eines JI-Mechanismus reicht dabei von einem extrem marktwirtschaftlichen Modell mit lediglich einer "Nachtwächterfunktion" für staatliche und internationale Organe[6] bis hin zu einer umfassend zuständigen supranationalen Behörde, welche die potentiellen Teilnehmer eines JI-Projekts zusammenführt, Informationen empfängt, verarbeitet, die Kredite festsetzt und die ordnungsgemäße Implementierung von Projekten laufend überprüft[7].

Der Hauptgrund für die unterschiedlichen Konzepte eines JI-Mechanismus liegt in den teilweise sehr disparaten Zielen und Zwecken, die mit diesem Instrument verbunden werden:

---

4 S.a. Schärer (1997).

5 Vgl. schon Hanisch u.a. (1993), S.15ff; s.a. Ghosh u.a. (1994), S.27f; Torvanger u.a. (1994), S.6ff; WBGU (1994), S.31f; Michaelowa (1995), S.101f, 111f. Etwas detaillierter jetzt Watt u.a. (1995) und Carter/Andrasko (1996).

6 Das sog. "frontier saloon"-Modell, vgl. Mintzer (1994), S.7.

7 Das sog. "one-stop-shop"-Modell nach Mintzer, ebda., S.8; vgl.a. Wexler u.a. (1995), S.111ff.

- Als Hauptziel von JI wird zumeist die Kosteneffizienz genannt[8], um auf ökonomisch rationale Art und Weise durch die Reduktion von Treibhausgasen die Ziele der FCCC zu erreichen. Da der Klimawandel kein "Hot-spot"-Problem ist[9], sollten Maßnahmen nach dieser Logik grundsätzlich dort getroffen werden, wo die Grenzkosten für die Reduktion einer bestimmten Menge an Treibhausgasen am niedrigsten sind[10].

- JI soll Entwicklungsländern den Weg zu einer "nachhaltigen Entwicklung" (sustainable development) erleichtern, indem staatliches oder privates Kapital der Industrieländer zur Verbesserung menschlicher und technologischer Ressourcen in diesen Ländern beiträgt[11]. Durch Joint Implementation sollen ferner bestimmte indirekte Nebennutzen erzeugt werden, wie z.B. die Verringerung von Luftverschmutzung durch SO_2 oder NO_x in den Ballungsräumen von Entwicklungsländern[12]. Für viele Staaten ist dieser beabsichtigte Nebeneffekt vermutlich sogar der Hauptgrund für die Teilnahme an klimawirksamen Maßnahmen[13].

- Ein Mechanismus der Joint Implementation von Verpflichtungen aus der FCCC soll privates Kapital mobilisieren[14]. Da gerade in Zeiten wirtschaftlicher und finanzieller Engpässe die Ressourcen von Regierungen begrenzt sind, soll privaten Anlegern eine sinnvolle Möglichkeit der Investition in klimarelevanten Strukturwandel gegeben werden.

- Joint Implementation soll einen Beitrag leisten zum internationalen "burden sharing". Dieses Prinzip der Gerechtigkeit ist formuliert in Art.3.1 FCCC und wird ausgedrückt durch die Formulierung, daß die Vertragsparteien entsprechend ihrer "gemeinsamen aber unterschiedlichen Verantwortlichkeiten" (common but differentiated responsibilities) das Klima schützen sollen[15]. Es wird demnach erwartet, daß von Industriestaaten und Entwicklungsländern jeweils verschieden hohe Kosten für die Bekämpfung des Klimawandels getragen werden.

---

8 Vgl. z.B. Heintz u.a. (1994), S.161.
9 Loske (1993), S.314.
10 Zur Kritik an ausschließlich am Kriterium der Kosteneffizienz ausgerichteten Überlegungen vgl. jedoch Jones (1994), S.110 und Loske/Oberthür (1994), S.49f.
11 Dazu z.B. die Beiträge in Ghosh/Puri (1994) und Maya/Gupta (1996); kritisch zu diesem Ziel die Position von Nauru in den Verhandlungen des INC, vgl. Paper Nr.13 (o.J.), S.57ff.
12 Wexler u.a. (1995), S.111ff, 112f. Dieser Nutzen kann allerdings auch durch andere Finanzierungsmechanismen erreicht werden.
13 Dies gilt z.B. für die VR China, vgl. Perlack/Russel/Shen (1993), S.79ff, 87.
14 Wexler u.a. (1995), S.112.
15 Vgl. Yamin (1994).

Diesen unterschiedlichen Erwartungen entsprechen jeweils bestimmte Vorstellungen der institutionellen und organisatorischen Ausgestaltung von Joint Implementation. Während die Gesichtspunkte der möglichst kosteneffizienten Allokation globaler Ressourcen und der Mobilisierung privaten Kapitals vermutlich eher durch ein marktwirtschaftliches Modell bedient würden, verlangen die Forderungen nach Unterstützung der Entwicklungsländer und nach internationaler Lastenteilung eine größere Kontrolle durch staatliche und internationale Organe.

Dabei gilt es natürlich zu bedenken, daß die Transaktionskosten sich in Grenzen halten müssen müssen[16]. Die genaue Bewertung ist schwierig: Während bei einem zwischenstaatlichen Ansatz vor allem die Kosten für die Aufrechterhaltung einer Verwaltung anfallen, kann ein streng marktwirtschaftlich organisierter Mechanismus die anfänglichen Suchkosten für die potentiellen Teilnehmer erhöhen. Entscheidend für die Bewertung der Kosteneffizienz ist die Zeitperspektive[17]: Während ein über den Markt operierendes Modell kurzfristig eher weniger kostenintensiv sein mag, würde ein zwischenstaatliches Modell langfristig effektiver arbeiten. Dies liegt erstens daran, daß die Transaktionskosten für eine Vielzahl von Projekten mit steigender Anzahl geringer werden würden. Dies betrifft nicht nur die reinen Suchkosten, sondern auch die Vermeidung von Fehlinvestitionen durch überschaubare Projektkriterien und regelmäßige Evaluation von durchgeführten Projekten. Zweitens könnte auch das individuelle Risiko durch das "poolen" von Investitionsmitteln vermindert werden[18].

Die Entwicklung der organisatorischen und institutionellen Ausgestaltung eines JI-Mechanismus darf sich letztlich nicht nur an theoretischen Überlegungen orientieren, sondern muß die realen Gegebenheiten der internationalen Klimapolitik als Ausgangspunkt nehmen. Zwar gibt es in den Klimaverhandlungen auch gewichtige Befürworter eines eher marktwirtschaftlichen Ansatzes, doch überwiegen die Vertreter einer gemäßigt zwischenstaatlichen Konzeption von Joint Implementation[19]. Auch die JI-Pilotphase der USA (USIJI) ist relativ komplex institutionalisiert[20]. Dies weist darauf hin, daß - zumindest zu Beginn eines JI-Mechanismus - die Regierungen eine bestim-

---

16 Sehr hohe Transaktionskosten für JI erwartet Fritsche (1994), S.20f; s.a. Michaelowa (1996), S.236; s.a. Collamer/Rose (1996).

17 Jones (1994), S.109ff, 110, 120; s.a. Mintzer, (1994), S.9f.

18 Jones, ebda., regt allerdings an, die Kanalisierung der finanziellen Ressourcen nicht über eine zentrale Instanz abzuwickeln, da dies für potentielle Investoren abschreckend wirken könnte.

19 Dazu gehören neben den Niederlanden und Norwegen vor allem die Entwicklungsländer, vgl. z.B. Ghosh u.a. (1994), S.27ff.

20 C. Jepma kritisiert gerade die zu komplizierte Struktur des USIJI in einem Interview in Energiewirtschaftliche Tagesfragen (1996), S.346ff, 348.

mende Kontrolle ausüben werden. Es wird daher im folgenden davon ausgegangen, daß die Vertragsparteien der FCCC in einem zukünftigen JI-Mechanismus eine gewichtige Rolle spielen werden und daß die Anfangsphase von Joint Implementation einem eher staatenorientierten Modell folgen wird. Dabei sind mehrere Formen der staatlichen und privaten Projektbeteiligung und -durchführung denkbar:

Beispielsweise können Vertragsstaaten der FCCC[21] in bilaterale Beziehung treten, in deren Rahmen Projekte zur Treibhausgasminderung unter Beteiligung privater Unternehmen direkt gefördert werden[22]. So wird von Norwegen aufgrund vertraglicher Vereinbarung (im Rahmen der Weltbank) je ein Projekt in Polen[23] mit 1 Mio. US-$ und in Mexiko[24] mit 3 Mio. US-$ kofinanziert. Nach diesem Modell wäre es auch möglich, daß mehrere Staaten ihre Ressourcen bündeln und gemeinsam über eine multilaterale Entwicklungsbank Projekte in Drittstaaten finanzieren und durchführen. Im Rahmen der GEF hat sich für das Projektmanagement ein von der International Finance Corporation (IFC) entwickeltes Modell der *Investment Project Syndication*[25] herausgebildet.

Nach diesem Investitionsmodell schließen potentielle staatliche Geldgeber eine Vereinbarung (Memorandum of Understanding) mit einer multinationalen Entwicklungsbank, wie z.B. der Weltbank oder der Internationale Finance Corporation, und mit dem gastgebenden Staat über bestimmte Investitionsvorhaben. Ein privates bzw. staatliches oder halbstaatliches Unternehmen des gastgebenden Staates offeriert sodann mittels eines „Product Placement Memorandum" eine Investitionsmöglichkeit für private Investoren aus dem investierenden Staat. Inhalt dieses Memorandums ist eine Beschreibung des Projekts einschließlich der erwarteten Reduktionen von Treibhausgasen, die Angabe der Anteilswerte und die allgemeinen Bedingungen der Offerte.

Zwischen dem durchführenden und dem investierenden Unternehmen wird sodann ein „Legal Agreement" geschlossen, in dem die Rechte und Pflichten der Teilnehmer festgelegt sind. Diese Vereinbarung könnte gleichzeitig auch Grundlage für die Vorlage an die zuständige Behörde zur vorläufigen Festsetzung der Emissionskredite sein. Diese staatliche Behörde würde demnach schon in der Anfangsphase eine Evaluierung des Projekts

21 Bzw. eines Klimaprotokolls, also etwa eines von der dritten Vertragsstaatenkonferenz im Dezember 1997 beschlossenen "Kyoto-Protokolls".

22 Von Mintzer wird dies etwas abwertend als "simplistisches Konzept" von JI bezeichnet, vgl. Mintzer (1994), S.3.

23 Coal to Gas Conversion, WB Project No. 8563, vgl. Global Environment Facility (GEF), Quarterly Operational Report, April 1996, S.66.

24 Electric Power End-use Efficiency (ILUMEX), Project No. 7492, vgl. ebda., S.64.

25 Vgl. Anderson (1995), S.15f.

durchführen, da von deren Einschätzung die Anerkennung der Investition als JI-Projekt abhängig ist. Über die Bündelung und Weiterleitung der Finanzmittel wäre zudem ein internationales Organ direkt an der Auswahl der geeigneten Projekte beteiligt.

Eine erweiterte Form zwischenstaatlicher Kooperation wäre über einen multilateralen Fonds denkbar[26]: Staaten, die JI-Aktivitäten finanzieren wollen, zahlen in einen internationalen Fonds ein, und gastgebende Vertragsparteien bieten dem Fonds Kompensationsprojekte in ihrem Herrschaftsbereich an. Auf diese Weise kann das internationale Organ eine Auswahl unter Projekten treffen und verschiedene Investitionen „poolen". Das Risiko für den einzelnen Einzahler wird geringer, und er erhält eine anteilige Emissionsgutschrift gemäß seiner Einlage. Bei diesem Modell liegen demnach Auswahl und Durchführung von JI-Projekten überwiegend bei einem internationalen Organ, das nach den vereinbarten Kriterien und Standards über Projekte entscheidet. Die Gutschrift der Emissionsreduktionen müßte von einem Organ im Rahmen der FCCC vorgenommen werden. Dieses Modell wird allerdings in der Anfangsphase eines JI-Mechanismus vermutlich kaum realisiert werden.

Im Rahmen des oben angesprochenen staatenorientierten Ansatzes können jedoch auch privatwirtschaftlich initiierte Projekte durchgeführt werden. Eine solche JI-Kooperation von Unternehmen zur Reduktion von Treibhausgasemissionen könnte z.B. die Form eines Joint Venture annehmen, bei denen sog. "Contractual"- und „Equity-Joint Ventures" unterschieden werden[27]: Während bei „Contractual- Joint Ventures" die kooperierenden Unternehmen lediglich vertragliche Beziehungen aufnehmen, wird im Fall des „Equity-Joint Venture" ein gemeinsames Unternehmen gegründet. Grundlage der Kooperation ist in jedem Fall ein Joint-Venture-Vertrag (neben separaten Liefer- und Leistungsverträgen oder auch einem Gesellschaftsvertrag), der die Festlegung der gemeinsamen Ziele, die Aufteilung von Gewinnen und Verlusten, Berichtspflichten u.ä. enthält.

---

26 S. z.B. WBGU (1994), S.32f.
27 Vgl. dazu ausführlich Rentz (1995).

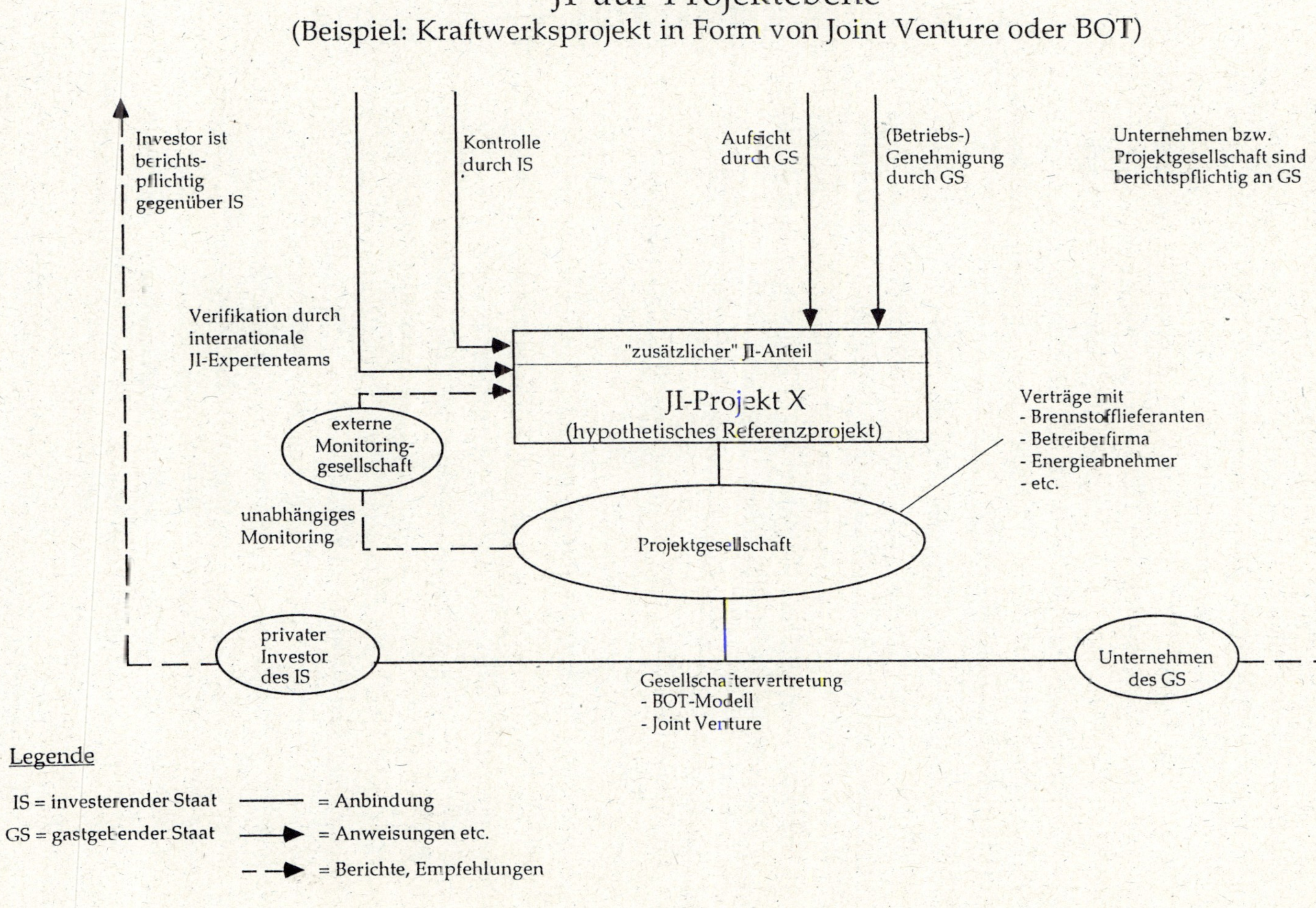

Abb.IV.1: JI-Projektebene

Privatwirtschaftliche Projekte können auch nach den Prinzipien von BOT (build, operate, transfer)-Projekten gestaltet sein[28]. Nach diesem Konzept einigen sich in einem „Project Implementation Agreement" (Umbrella Agreement) die Gesellschafter einer „Project Company", finanzierende Banken, Brennstofflieferanten und andere auf die Durchführung eines JI-Projekts in einem bestimmten Staat. Über ein „Operation & Maintenance Agreement" wird sodann ein fachlich kundiger Betreiber dieses Kraftwerks kontraktiert. Dies kann entweder der Hersteller der Anlage oder auch ein in diesem Staat ansässiges Energieversorgungsunternehmen sein. Nach einer bestimmten Frist (im Normalfall in Höhe der Abschreibungsfrist von 10-15 Jahren) geht das Kraftwerk in das Eigentum des belieferten Unternehmens oder des betreffenden Staates über.

Die Kontrollbehörden des gastgebenden Staates haben nach diesen Modellen die üblichen Genehmigungs- und Aufsichtfunktionen, die allerdings um die JI-Kriterien ergänzt werden müssen. Die Behörden des investierenden Staates erkennen bei diesem privatwirtschaftlichen Ansatz das Projekt als "JI-Projekt" an, üben gewisse Kontrollfunktionen aus und vergeben die kompensatorischen Vorteile an das Unternehmen.

2.2 Ein Modell für die Ausgestaltung eines JI-Mechanismus

2.2.1 Allgemeine Überlegungen und Prämissen

Die Vorschläge für die organisatorische und institutionelle Ausgestaltung von Joint Implementation sollen sich auf die "Startphase" beziehen, also auf die Anfangsphase eines projektförmigen Modells der Gemeinsamen Umsetzung. Eine solche "Startphase" von JI könnte im Jahre 2000 oder 2005 beginnen, abhängig von dem Inkrafttreten der rechtlich verbindlichen Reduktionsziele[29]. Die Vereinbarung erfolgt entweder im Rahmen der FCCC oder auch im Rahmen eines im Dezember 1997 in Kyoto (Japan) abgeschlossenen Klimaprotokolls. In diesem Fall empfiehlt es sich für die Verhandlungen, gleichzeitig mit der Vereinbarung über rechtlich verbindliche Reduktionsziele die Möglichkeit der Gemeinsamen Umsetzung vorzusehen. Über einen sog. "marker"[30], also eine Programmnorm, wird sodann einem Organ der Auftrag erteilt, die Modalitäten eines JI-Mechanismus zu entwickeln.

28 Dazu David/Fernando (1995), S.669ff.
29 Vgl.a. Yamin (1995) zum Verhältnis von JI und neuen Verpflichtungen.
30 So der Begriff von Patrick Széll, dem Rechtsberater der britischen Verhandlungsdelegation, vgl. Széll (1995), S.97ff, 99.

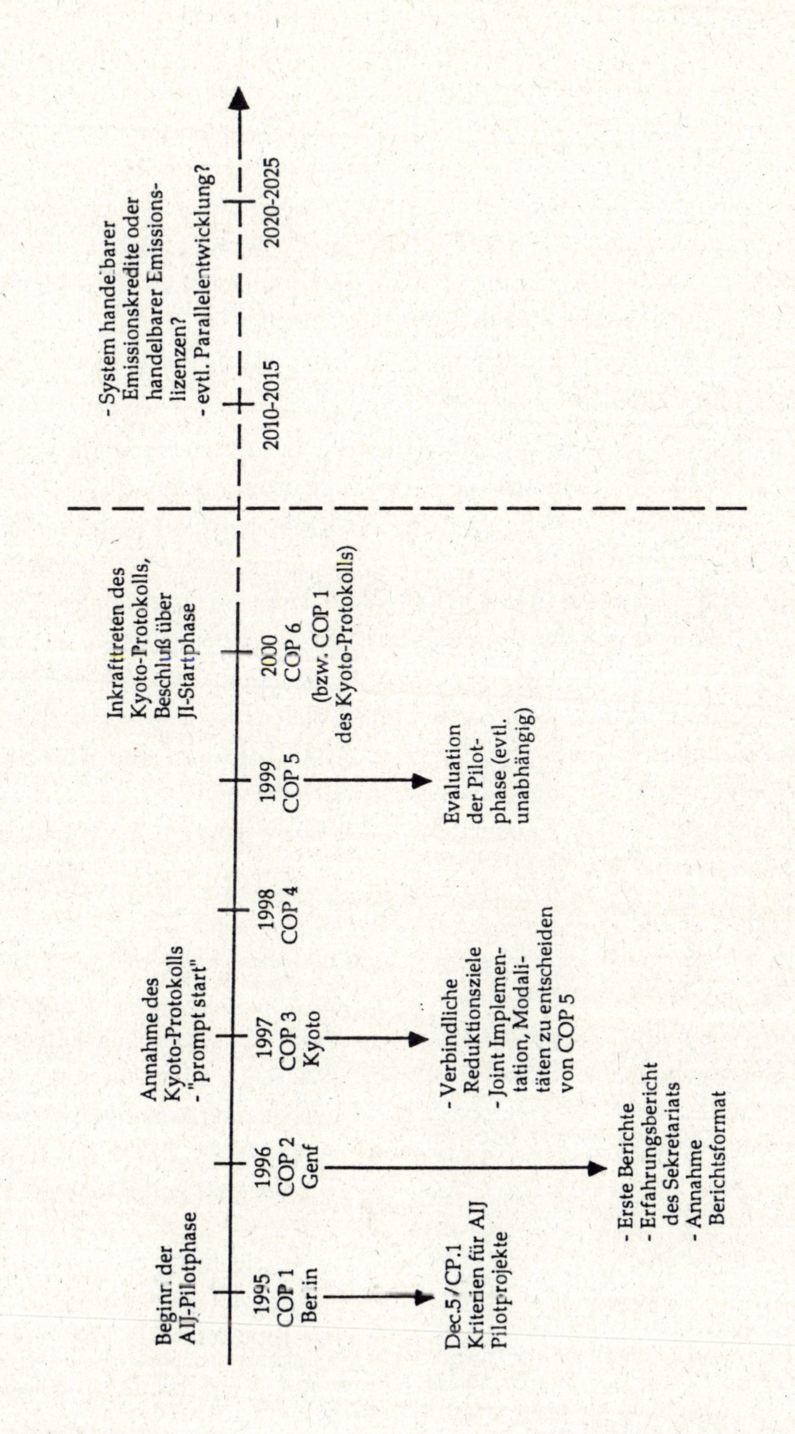

Abb. IV.2: Grafik "Evolution JI"

Diese Aufgabe könnte z.B. die "Ad hoc Group on the Berlin Mandate" (AGBM) übernehmen, in deren Rahmen das Klimaprotokoll zur Zeit verhandelt wird[31]. Ähnlich wie im Falle der FCCC das Intergovernmental Negotiating Committee (INC) mittels eines "prompt start"-Beschlusses neue Aufgaben bekam[32], könnte diese Gruppe nach der Annahme des Protokolls durch die Vertragsparteien unter einem neuen Mandat weiterbestehen, also zur Vorbereitung der ersten Konferenz der Vertragsparteien zum "Kyoto-Protokoll". Das Klimaprotokoll wird selbst unter günstigsten Voraussetzungen erst nach ca. 2-3 Jahren in Kraft treten und dieser Zeitpunkt fällt mit dem Ende der AIJ-Pilotphase zusammen. Daher kann nach der Evaluierung der Pilotphase durch COP 5 im Jahre 1999 ein Beschluß über den JI-Mechanismus spätestens 1999 oder 2000 gefaßt werden.

Das Ziel der vorliegenden Untersuchung ist daher, für diese erste Phase eines JI-Mechanismus Vorschläge für die organisatorische und institutionelle Ausgestaltung zu machen. Diese Vorschläge sollen realitätsnah und pragmatisch sein, um eine möglichst große Chance der Verwirklichung zu bieten. Diese Prämisse der Realitätsnähe kann in bestimmten Fällen in Konflikt kommen mit den Vorstellungen einer "idealen" Ausgestaltung, die sich an einer eher theoretischen Analyse orientiert[33]. Doch soll in einem solchen Konfliktfall das Ideal der Umsetzbarkeit untergeordnet werden. Denn in dem multilateralen Kooperationsprozeß der letzten beiden Jahrzehnte hat sich gezeigt, daß große und - scheinbar - perfekte Entwürfe wenig Chancen auf Verwirklichung haben. Der letzte - und relativ erfolglose - Versuch einer umfassenden Kodifikation im Völkerrecht war die Dritte Seerechtskonvention[34].

Die erfolgreichen umweltpolitischen und umweltrechtlichen Kooperationen der letzten Jahre bedienten sich dagegen alle eines "piecemeal-approaches", nämlich der schrittweisen Evolution politischer und völkerrechtlicher Mechanismen[35] -. Nicht zuletzt die FCCC selbst ist ein Beispiel für diese Form internationaler Zusammenarbeit[36]. Dies bedeutet konkret, daß die Startphase eines JI-Mechanismus die Rahmenbedingungen dafür schaffen muß, daß sich der projektförmige[37] Ansatz von Joint Implementation entfalten

31 Zu diesem Organ als Ergebnis der ersten Konferenz der Vertragsparteien s. Oberthür/Ott, (1995a); Oberthür/Ott (1995b), S.144ff; Quennet-Thielen (1996), S.75ff; Krägenow (1995); Loske (1996); Ott (1997).

32 Zum "prompt start" im Rahmen der FCCC vgl. Bodansky (1993), S.451ff, 552f.

33 Vgl.a. Schärer (1995), S.257 zur Praxisrelevanz theoretischer ökonomischer Überlegungen.

34 Nach einem zehn Jahre dauernden Verhandlungsmarathon brauchte dieser Vertrag noch einmal 14 Jahre, um in Kraft zu treten.

35 Vgl. z.B. umfassend Gehring (1994).

36 Dazu Ott (1996a), S.61ff.

37 S.o., Teil I.

kann[38]. Verfahren und Institutionen müssen demgemäß einen dynamischen und flexiblen Charakter besitzen, um einen institutionalisierten Lernprozeß der Vertragsparteien im Hinblick auf dieses neuartige Instrument zu erlauben. Diese Prämissen sprechen für einen eher sparsamen institutionellen Aufbau in der Startphase. Diesen Organen sollten wenige, aber durchführbare Aufgaben zugewiesen werden, um im Bereich der Auswahl geeigneter Projekte, des Berichtswesens, des Monitoring, der Verifikation und der Konfliktlösung zu allseits akzeptierten Verfahren und Institutionen zu gelangen.

2.2.2 Ein Zweikreissystem: Der Aufbau eines JI-Mechanismus im Überblick

Der hier skizzierte Aufbau eines JI-Mechanismus soll sich an den oben erörterten Prämissen orientieren: Er soll effektiv und kostengünstig sein, unnötige Bürokratie vermeiden, den Vertragsparteien der FCCC oder des Klimaprotokolls eine gewissen Kontrolle einräumen aber gleichzeitig sicherstellen, daß die Interessen der Weltgemeinschaft gegenüber den Partikularinteressen von Unternehmen und Staaten effektiv wahrgenommen werden. Diese Anforderungen werden u.E. am besten von einem "Zweikreissystem" erfüllt. Dies bedeutet, daß bei einem privatwirtschaftlich initiierten JI-Projekt so gut wie keine direkte Verbindung zwischen der Projektebene und der Ebene internationaler Zusammenarbeit besteht[39], sondern daß stets eine Vermittlung durch die staatliche Ebene erfolgt.

Die Trennung in zwei getrennte Regelungskreise führt dazu, daß auch zwei getrennte Verantwortungsebenen für Joint Implementation bestehen: Die Vertragsparteien sind verantwortlich für die ordnungsgemäße Abwicklung eines JI-Projekts, für das sie die Anrechnung auf ihre Reduktionspflichten anstreben[40]. Dies gilt natürlich zunächst für die staatlicherseits durchgeführten JI-Projekte, doch auch für primär privatwirtschaftlich durchgeführte Maßnahmen. Nach dieser Konzeption erfolgt die "Anerkennung" des Projekts als eines JI-Projekts durch die jeweiligen staatlichen Organe des "investierenden" Staates, also desjenigen Staates, der auch die kompensatorischen Vorteile für die in JI-Projekten engagierten Unternehmen verleiht[41]. In diesem Stadium eines JI-Projekts sind die internationalen Organe nicht involviert.

---

38 So auch der Nordic Council (1995), S.39.

39 Abgesehen von der Verifikation durch internationale JI-Expertenteams, dazu unten Kap.IV.3.1.1.

40 Vgl. die Verfahrensschritte eines JI-Projekts in Anhang A1.

41 Die Ausgestaltung eines innerstaatlichen Anreizsystems war nicht Bestandteil des Forschungsauftrags und die Formulierung ist deshalb absichtlich unbestimmt. Zu einigen Überlegungen hinsichtlich solcher Anreize vgl. z.B. Michaelowa (1995), S.75ff.

Ein "Zweikreissystem" eines JI-Mechanismus

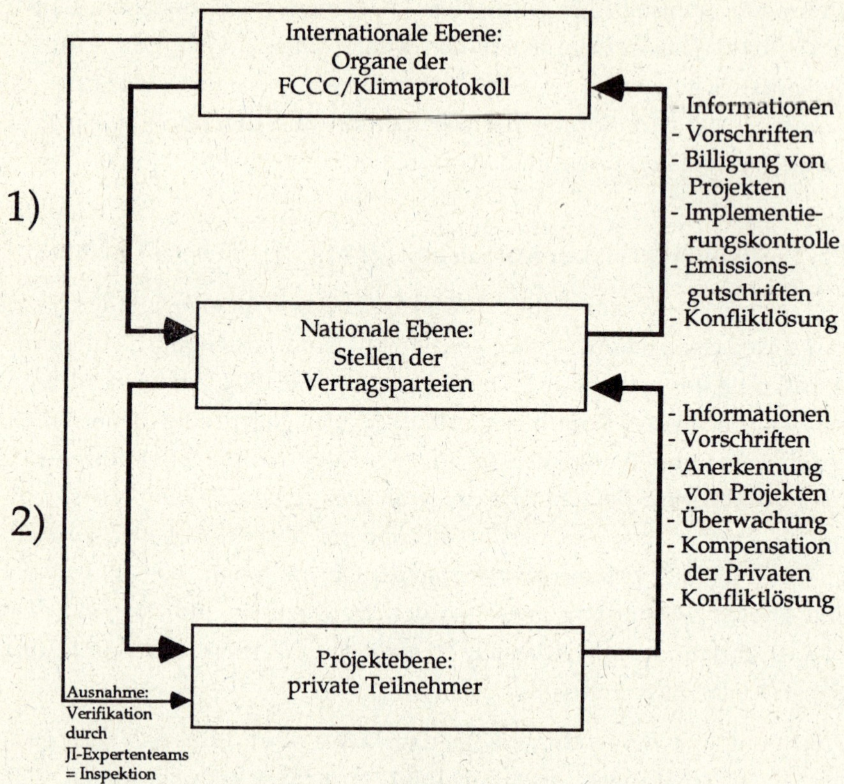

Abb. IV.3: Zweikreissystem

Die internationale Ebene wird erst in dem Augenblick berührt, wo ein Projekt die Anerkennung als "JI-Projekt" des investierenden Staaten erhalten hat und als solches an die internationalen Organe gemeldet wird. Diese Organe haben sodann anhand des vorgelegten Berichts darüber zu entscheiden, ob sie das vom investierenden Staat vorgelegte Projekt als geeignetes JI-Projekt bestätigen. Den internationalen Organen obliegt es auch, ex post über die Anerkennung bzw. Anrechnung der erzielten Treibhausgasreduktionen zu entscheiden.

Ein Vorteil dieser Regelung ist die Kostenersparnis. Denn es steht zu erwarten, daß das Verhältnis der eingereichten zu den anerkannten JI-Projekten bei mindestens 1:10 liegen wird. Die nationale Ebene wirkt demnach wie ein Filter. Die internationalen Organe werden auf diese Weise nicht unnötig belastet, was mit einer entsprechend großen Ausstattung verbunden wäre. Zudem werden bei diesem Modell die Kosten für die Anerkennung internalisiert, so daß die höchsten Kosten für die Staaten mit einer großen

Anzahl an JI-Projekten anfallen. Dies ist sachgerecht, da sie sich zur Erfüllung ihrer Reduktionsverpflichtungen dieses Instruments stärker als andere bedienen. Diese Internalisierung hat ferner den Vorteil, daß keine Streitigkeiten auf internationaler Ebene über die Kostentragung anfallen, die die Verhandlungen unnötig belasten könnten.

Neben Kostenfaktoren sprechen auch Zeitfaktoren für ein Anerkennungsverfahren auf primär nationaler Ebene. Denn eine zweite Verfahrensebene würde die Planung erheblich verlangsamen, was sich als unüberwindliches Hemmnis für internationale Investitionen auswirken könnte, die ja gerade durch Joint Implementation gefördert werden sollen. Es stünde dennoch im Ermessen jedes Staates, die internationale Billigung eines Projekts auch zur Voraussetzung für die endgültige innerstaatliche Anerkennung zu machen, oder diese Zusage unabhängig davon zu erteilen.

Bei der Wahl des innerstaatlichen Verfahrens wird letztlich zwischen der Zeitersparnis für den privaten Projektträger und dem Sicherheitsbedürfnis des Staates abzuwägen sein. Denn die Entscheidung für ein "Zweikreissystem" ist gleichzeitig eine Entscheidung über die Risikoverteilung: Der investierende Staat kann nicht sicher sein, daß das von ihm anerkannte Projekt eines privaten Investors auch auf internationaler Ebene anerkannt und auf seine Reduktionspflichten angerechnet wird[42]. Er wird demnach evtl. zur Kompensation des Unternehmens gezwungen sein, obwohl die erhofften Vorteile ausbleiben. Er kann allerdings das Risiko eines solchen Fehlschlags verringern indem die nationalen Anerkennungsvorschriften möglichst weitgehend den internationalen Vorgaben angepaßt werden. Dieses Modell bewirkt demnach eine verbesserte Kohärenz der jeweiligen nationalen Anerkennungsbedingungen. Ein weiterer Vorteil dieser Konstruktion ist der Anreiz für Staaten, die ordnungsgemäße Durchführung eines JI-Projekts durch die privaten Investoren sicherzustellen. Dies kann durch sorgfältige Auswahl, aber auch durch eine gesteigerte Kontrolldichte erreicht werden[43].

In der folgenden Abbildung soll der Aufbau eines solchen JI-Mechanismus im Überblick dargestellt werden. Die einzelnen innerstaatlichen und internationalen Organe werden in den folgenden Kapiteln, zusammen mit ihren spezifischen Funktionen beschrieben.

---

42 Er kann jedoch die innerstaatliche Kompensation davon abhängig machen. Dies würde allerdings zu einer erheblichen Unsicherheit für den privaten Investor führen.

43 Dazu unten, Kap.IV.3.1.2.

Aufbau eines JI-Mechanismus

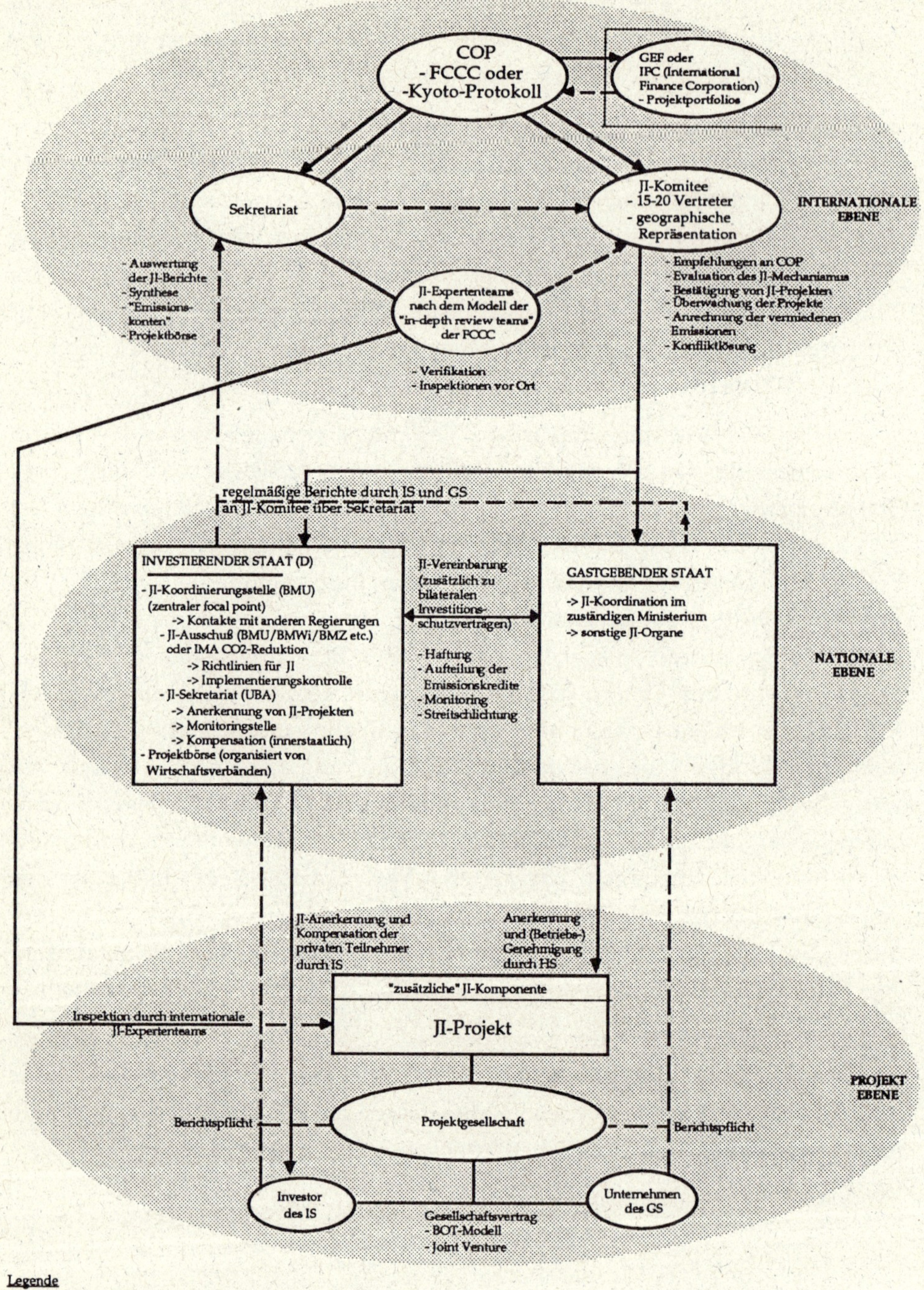

Abb.IV.4: Aufbau eines globalen JI-Mechanismus

2.2.3 Ein JI-Mechanismus auf zwischenstaatlicher Ebene

Entsprechend den oben angegebenen Prämissen und gemäß dem soeben skizzierten "Zweikreissystem" ist die zwischenstaatliche Ausgestaltung eines JI-Mechanismus zu entwickeln. Für diesen Zweck sollen in einer pragmatischen Vorgehensweise sowohl die Erfahrungen in anderen Umweltregimen genutzt, als auch die ganz spezifischen Rahmenbedingungen der FCCC berücksichtigt werden. Denn die im Klimaregime bereits etablierten Verfahren, Organe und auch die sich in den Organen herausbildenden Praktiken haben einen entscheidenden Einfluß auf die zukünftige Gestaltung eines JI-Mechanismus.

Da die Prüfung und Anerkennung von Projekten als JI-geeignet primär durch die innerstaatlichen Organe durchgeführt werden soll, ist die zwischenstaatliche Ebene entlastet. Dennoch ist noch eine ganze Reihe wichtiger Aufgaben und Funktionen durch die Organe des Klimaregimes zu erfüllen[44]:

- Informationsservice für private Unternehmen und Vertragsparteien über JI;
- Vermittlung zwischen potentiellen Investor- und Gaststaaten (Internationale Projektbörse);
- Erstellen der grundlegenden Regeln eines JI-Mechanismus, einschließlich der Kriterien für die Anerkennung von JI-Projekten, für die Referenzfallbestimmung, die JI-Anrechnungszeit von Projekten, der Anrechnung der vermiedenen Emissionen etc.;
- Evaluation der Effektivität des JI-Mechanismus in regelmäßigen Abständen und u.U. Anpassung der Regeln;
- Annahme für alle Vertragsparteien gültiger, standardisierter Berichtspflichten;
- Annahme, Evaluation und Aufbereitung nationaler JI-Berichte;
- evtl. die Bestätigung der in nationalen JI-Berichten unterbreiteten Projekte als prinzipiell JI-geeignet;
- Verifikation der Angaben über die Durchführung von JI-Projekten und evtl. Inspektion der JI-Projekte;
- Entscheidung über die Anrechnung der durch JI-Projekte erzielten Emissionsminderungen auf die Reduktionspflichten der Vertragsstaaten;

44 Vgl.a. die Verfahrensschritte eines JI-Projekts in Anhang A1.

- Lösung auftretender Konflikt- und Streitfälle zwischen Vertragsparteien.

Als Folge des oben entwickelten Gebots "institutioneller Sparsamkeit" liegt es nahe, so viele Funktionen wie möglich bereits bestehenden Organen anzuvertrauen. Diese Strategie des "Neuen-Weins-in-alten-Schläuchen" hätte auch den Vorteil, auf bereits eingespielte Verfahren der Kooperation und vielleicht auf personelle Kontinuität zurückgreifen zu können. Allerdings stehen diesem Vorgehen auch die nicht minder bedeutsamen Gebote der Effizienz und Effektivität gegenüber. Demzufolge sollte nicht versucht werden, den bestehenden Organen der FCCC (oder ähnlichen Organen im Rahmen eines Klimaprotokolls) Aufgaben zuzuweisen, die sie aufgrund ihrer Größe, ihrer Struktur oder ihrer sonstigen Funktionen nicht erfüllen können. Es gilt demnach, eine Balance zwischen den Forderungen nach institutioneller Sparsamkeit und der richtigen Funktionszuweisung zu finden.

Als erste Prämisse ist deshalb festzuhalten, daß der JI-Mechanismus in der Startphase auf jeden Fall im Rahmen des Klimaregimes etabliert werden wird, daß also keine neue Organisation neben der FCCC errichtet werden muß[45]. Diesem Postulat folgt sogleich, daß als entscheidende Instanz eines solchen Mechanismus die Konferenz der Vertragsparteien als "höchstes Organ" ("supreme body", Art.7.2 FCCC) stehen sollte. Dies kann die Konferenz der Vertragsparteien der Klimarahmenkonvention sein oder, falls der JI-Mechanismus im Rahmen eines Klimaprotokolls verankert werden sollte, die entsprechende Konferenz der Vertragsparteien dieses Protokolls[46]. Mit dieser Zuweisung höchster Entscheidungsbefugnis an ein Organ der Vertragsparteien ist gleichzeitig eine Absage an sog. "Spezialisten-" oder "Bürokratielösungen" verbunden[47]. Denn die Entwicklung des JI-Mechanismus und die Aufsicht über dessen Implementierung müssen in der Hand der Vertragsparteien liegen und möglichst im Konsens erfolgen, um die Reibungsflächen und Konfliktmöglichkeiten gering zu halten[48].

---

45 Anders der bisherige Ansatz der UNCTAD bei der Ausarbeitung eines Mechanismus handelbarer Lizenzen: Hier wird im Regelfall von einer Parallelorganisation ausgegangen.

46 Über den Namen dieses Organs besteht noch keine Gewißheit, es könnte z.B. "Meeting of the Parties" (MOP) wie unter dem Montrealer Protokoll genannt werden, um es von der COP der FCCC abzuheben. Das höchste Organ unter der Genfer Konvention über weitreichende, grenzüberschreitende Luftverschmutzung (1979) wird "Executive Body" genannt.

47 Anders der WBGU, der das Sekretariat der FCCC mit der Förderung eines "umfassenden JI-Marktes" betrauen will, vgl. WBGU (1994), S.32.

48 Zum verfahrensorienterten Ansatz des modernen Umweltvölkerrechts und zur Rolle der Institutionalisierung vgl. demnächst Ott (1996c).

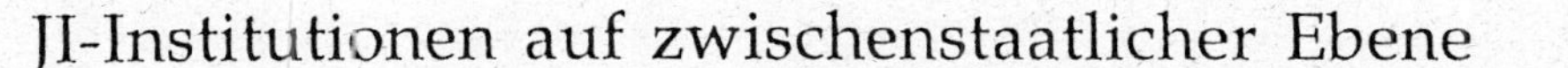

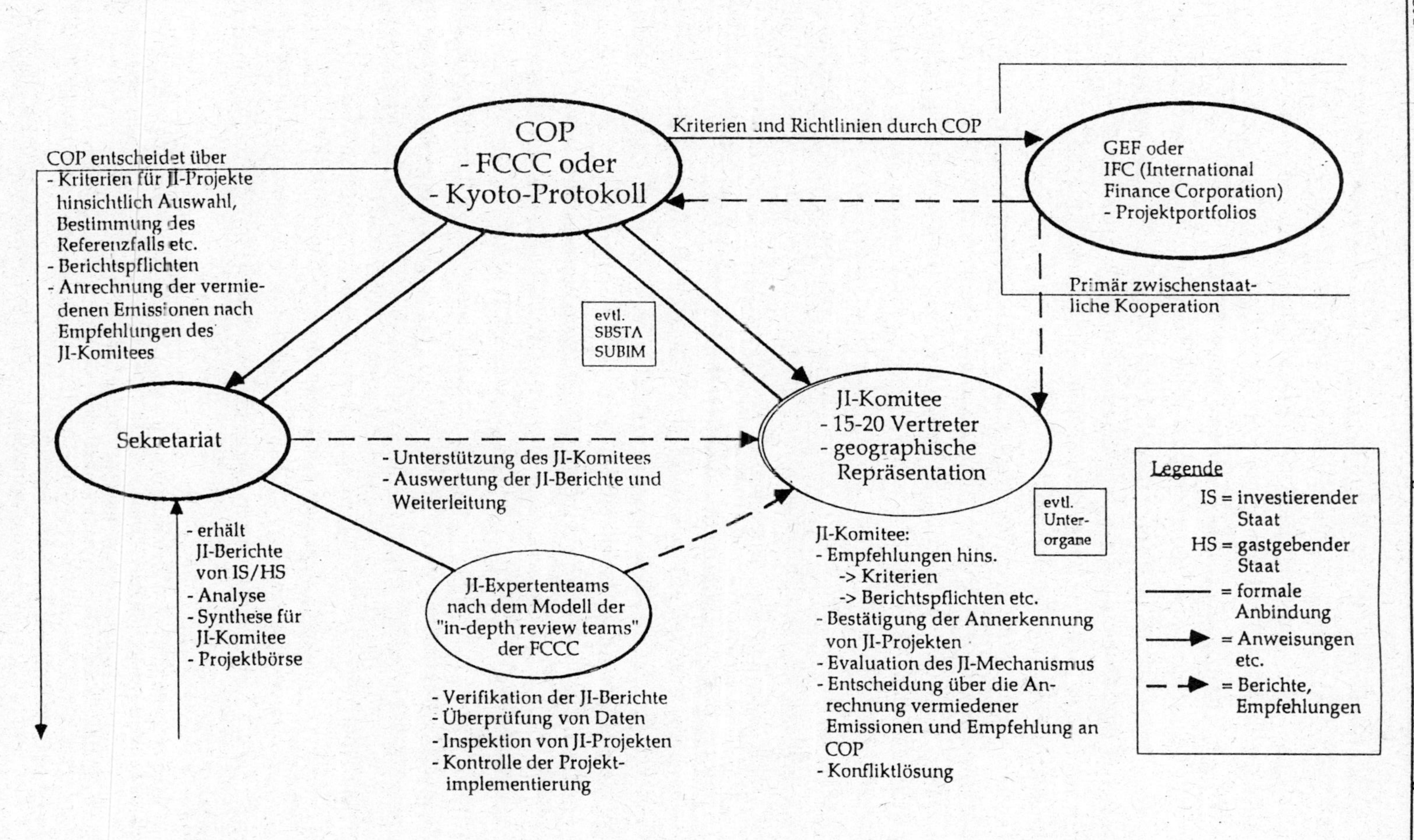

Abb. IV.5 : Die zwischenstaatliche Ebene eines JI-Mechanismus

Der Konferenz der Vertragsparteien als höchstem Organ eines JI-Mechanismus obliegt das Erstellen der grundlegenden Regelungen für Joint Implementation, die Evaluation der Effektivität des Mechanismus und die Aufsicht über die Implementierung dieser Regelungen. Die Konferenz der Vertragsparteien sollte ferner die letzte Entscheidung über die Behandlung von Konfliktfällen zwischen zwei oder mehr Vertragspartcien bzw. zwischen einer Vertragspartei und den anderen Parteien haben[49]. Zur Durchführung dieser Aufgaben kann sie sich verschiedener Unterorgane bedienen. Dies ist zunächst das Sekretariat für die administrativen Funktionen, für die Entgegennahme und Auswertung von Berichten, für die Registrierung von JI-Projekten und die "Buchführung" von Emissionskrediten sowie für die Zusammenstellung von Verifikationsteams etc.[50]. Eine weitere wichtige Aufgabe wäre die Bereitstellung von Informationen für Vertragsparteien, private Unternehmen, NGOs und andere Interessenten; diese Funktion könnte z.B. durch das vom FCCC-Sekretariat betriebene elektronische Informationssystem CC:INFO übernommen werden[51]. Dieses System kann ohne weiteres zu einer "internationalen Projektbörse" entwickelt werden, die zwischen potentiellen Investoren und Kooperationspartnern vermittelt[52].

Hier gilt das Gebot institutioneller Sparsamkeit unbedingt, und ein zusätzliches JI-Sekretariat ist unnötig[53]. Problematisch könnte allerdings die Tatsache sein, daß das Sekretariat der FCCC und auch eines Klimaprotokolls aus dem allgemeinen Haushalt finanziert, Joint Implementation zunächst jedoch lediglich von einer kleineren Anzahl von Vertragsparteien praktiziert werden wird. Die Kosten würden auf diese Weise ungerecht verteilt und es wäre zu überlegen, ob nicht für jedes registrierte Projekt eine "JI-Gebühr" von dem jeweiligen Vertragsstaat erhoben werden könnte, die auf die allgemeinen Haushaltszuwendungen aufgeschlagen wird. Mit zunehmnder Teilnahme an einem JI-Mechanismus würde sich dieses Problem allerdings von selbst lösen.

Die Konferenz der Vertragsparteien könnte sich ferner eines Unterorgans zur effektiven Aufsicht über den JI-Mechanismus bedienen. Dafür käme, wie zum Teil vorgeschlagen, der Subsidiary Body for Implementation (SBI) in Frage bzw. ein ähnliches Organ unter einem Klimaprotokoll. In diesem Fall

---

49 Zur Konfliktlösung vgl. unten, Kap.IV.4.

50 Es ist anzunehmen, daß das Sekretariat der FCCC auch Funktionen im Rahmen eines Klimaprotokolls zugewiesen bekäme.

51 Vgl. http://www.unfccc.de; ferner besteht eine von der International Utility Efficiency Partnership des Edison Electric Institute unterhaltene Website unter http://www.ji.org.

52 So auch der Vorschlag von Michaelowa (1995), S.101f.

53 Ein "internationales JI-Sekretariat" wird dagegen vom Lawrence Berkeley Laboratory in einer Studie für das EPA vorgeschlagen, vgl. Watt u.a. (1995), S.39ff, 44ff. Für ein spezialisiertes Sekretariat auch Torvanger u.a. (1994), S.61.

überwiegt allerdings das Gebot der Effektivität, und es empfiehlt sich die Einrichtung eines Spezialorgans. Denn der SBI ist, wie die Konferenz der Vertragsparteien, ein Plenarorgan, in dem alle Vertragsparteien vertreten sind. Die Größe dieses Organs behindert nicht nur die Effektivität der Arbeit insgesamt, wie es sich seit der ersten Konferenz der Vertragsparteien gezeigt hat, sondern läßt es auch ungeeignet scheinen für die einem JI-Organ zu übertragenden Aufgaben. Denn diese Aufgaben umfassen nicht nur die Erarbeitung von Beschlußvorlagen für die Konferenz der Vertragsparteien hinsichtlich der Ausgestaltung des JI-Mechanismus, sondern vor allem auch die allgemeine Aufsicht über die Implementierung von JI-Projekten und die Entscheidung über die Anrechnung der vermiedenen Emissionen.

Diese Aufgaben könnten besser von einem repräsentativen Organ übernommen werden, das durch eine überschaubare Anzahl von Vertretern der Vertragsparteien gebildet wird. Daher sollte ein solches "JI-Komitee" aus nicht mehr als 15 oder 20 Vertretern bestehen, die nach einem rotierenden Verfahren wechseln[54]. Diese Größe scheint angemessen, um sowohl eine gewisse Repräsentanz sicherzustellen, als auch effektiv über einzelne Projekte beraten zu können; für spezielle Fragen könnten durch das Komitee Unterausschüsse gebildet werden. Die Mitglieder dieses Organs sollten, wie inzwischen in internationalen Umweltverträgen üblich, als Vertreter der fünf verschiedenen Regionen bestimmt werden[55].

Alternativ könnte auch auf diejenige Zusammensetzung zurückgegriffen werden, die für den Exekutivrat des Multilateralen Fonds im Rahmen des Montrealer Protokolls (1987) verwendet wird: Dieses Organ setzt sich aus je sieben Vertretern von Entwicklungsländern und sieben Vertretern von Industrieländern zusammen[56]. Die Zusammensetzung aus den Gruppen "investierender" und "gastgebender" Staaten für ein JI-Komitee ist jedoch nicht so offensichtlich geeignet, wie es auf den ersten Blick scheint[57]. Denn erstens kann es vorkommen, daß ein (typischer) investierender (Industrie-) Staat auch als gastgebender Staat für andere Vertragsparteien bzw. deren Unternehmen in Frage kommt. Zweitens könnte diese Festlegung politisch schwierig sein, da bei den Entwicklungsländern als (typischen) gastgebenden

---

54 Ein "Kommittee" zur Implementierungskontrolle empfehlen auch Torvanger u.a. (1994), S.61.

55 Dies sind die fünf regionalen Gruppen, die aufgrund der Resolution zur Errichtung von UNEP dessen Exekutivrat bilden, vgl. Institutional and Financial Arrangements for International Environmental Co-operation, UN G.A. Res. 2997 (XXVII) vom 15. Dezember 1972, UN Doc. A/8730 (1972): Afrika, Asien, Osteuropa und ehemalige Sowjetunion, Lateinamerika sowie "Westeuropa und andere", (USA, Kanada, Japan, Australien, Neuseeland u.a.).

56 Vgl. dazu Ott (1991), S.188ff, 197ff.

57 Eine hälftige Besetzung des "JI-Sekretariats" durch Industrie- und Entwicklungsländer wird z.B. vorgeschlagen von Watt u.a. (1995), S.47.

Staaten eine solche feste Rollenverteilung vermutlich auf wenig Akzeptanz stieße. Sie ist auch tatsächlich nicht sachgerecht, denn die Rollen in einem JI-Mechanismus sind nicht so eindeutig verteilt wie etwa im Bereich internationaler Entwicklungsbanken oder auch der in Umweltverträgen verankerten Finanzmechanismen. Demnach ist eine Zusammensetzung entsprechend der fünf regionalen Gruppen vorzuziehen, wie sie auch im Klimaregime praktiziert wird.

Die Aufgaben dieses JI-Komitees bestehen zum Teil in der Zuarbeit für die Konferenz der Vertragsparteien hinsichtlich

- der Regeln eines JI-Mechanismus für die Auswahl von JI-Projekten, der JI-Anrechnungszeit, der Anrechnung der vermiedenen Emissionen etc.;
- der Annahme standardisierter Berichtspflichten[58];
- der Verifikation und Inspektion von JI-Projekten bzw. der Koordination der JI-Verifikationsteams[59] und
- der Lösung von Konflikten zwischen den Vertragsparteien.

Eine weitere Aufgabe des Komitees könnte die Ex-ante-Beurteilung der eingereichten JI-Projekte im Hinblick auf ihre prinzipielle Eignung und die Anerkennung der vermiedenen Emissionen darstellen. Wie oben schon ausgeführt, obliegt nach dem Zweikreissystem die Anerkennung von Projekten als JI-geeignet den nationalen Anerkennungsstellen[60]. Offen ist dabei, ob nach der Anerkennung auf nationaler Ebene das JI-Komitee eine Form der "Bestätigung" erteilen sollte, um auch auf internationaler Ebene die prinzipielle Eignung eines Projekts Ex-ante festzustellen[61]. Es muß jedoch in jedem Fall durch das JI-Komitee eine Ex-post-Beurteilung des Projekts erfolgen, um die vermiedenen Emissionen dem investierenden Staat zuzurechnen[62]. Die prinzipielle Eignung des Projekts ergibt sich aus der Bestimmung des Referenzfalls, der Beachtung von Monitoring- und Verifikationsvorschriften usw. Diese Funktion der Evaluation ist dem JI-Komitee eigen und die Empfehlungen dieses Organs können von der Konferenz der Vertragsparteien lediglich nachvollzogen werden.

Dies gilt natürlich auch für die Anerkennung der vermiedenen Emissionen und die Erteilung der "Gutschrift" auf das "Emissionskonto" des

---

58 Dazu unten, Kap.IV.3.1.1.

59 Dazu unten, Kap.IV.3.1.2.

60 Zu dieser Anerkennungsstelle s. unten, Kap.IV.2.2.4.

61 Vgl. z.B. Michaelowa (1995), S.102f: internationales clearing house als Anerkennungsstelle; Watt u.a. (1995), S.42 wollen dagegen die Vertragsparteien allein über die Definition eines JI-Projekts entscheiden lassen.

62 Der Begriff "ex post" bezieht sich nicht auf das Ende des Projekts, sondern auf eine Evaluation des Projekts während der Laufzeit.

Vertragsstaates, welches vom Sekretariat geführt wird. Zu diesem Zweck begutachtet das Komitee die von den Vertragsparteien übermittelten JI-Berichte, entweder unmittelbar oder aufbereitet durch Mitarbeiter des Sekretariats. Letzteres macht insbesondere dann Sinn, wenn die Projektinformationen mit anderswo zugänglichen Daten abgeglichen werden sollen. Eine wichtige Rolle bei der Evaluation der Projekte könnten auch sog. "JI-Expertenteams" bilden, die dem Sekretariat angebunden sind[63]. Die den "in depth review-teams" der FCCC nachgebildeten Gruppen könnten aus Vertretern der Vertragsparteien, sowie Experten und Mitarbeitern des Sekretariats bestehen und dem JI-Komitee berichten. Sie könnten sich in den gastgebenden Staaten einen Überblick über die JI-Projekte verschaffen und auch - im Einverständnis mit den Behörden dieses Staates - eine Inspektion einzelner Projekte vornehmen[64]. Die Entscheidung über die Anerkennung eines Projekts und der durch das Projekt vermiedenen Emissionen obliegt danach dem Komitee. Zusätzlich könnte die Zuerkennung von JI-Emissionskrediten von der (pauschalen) Akzeptanz durch die Konferenz der Vertragsparteien abhängig gemacht werden; dies hätte eine legitimierende Funktion, die der weitreichenden Bedeutung einer solchen Entscheidung angemessen wäre.

Ein weiteres Organ mit Aufgaben im institutionellen Gefüge eines JI-Mechanismus könnte ein Implementierungs-Komitee bilden, welches im Rahmen von Art.13 FCCC oder auch unter einem Klimaprotokoll entwickelt wird[65]. Dem Gebot institutioneller Sparsamkeit folgend sollte diese Aufgabe jedoch vom JI-Komitee selbst übernommen werden[66]. Schließlich könnten bestimmte Funktionen eines JI-Mechanismus auch von Organen außerhalb der FCCC übernommen werden. Als Beispiel sei hier die Aufgabe genannt, verschiedene finanzielle Einlagen von Staaten oder Privaten zu "poolen" oder auch die Zusammenfassung von Projekten in Portfolios, um das Risiko von Investitionen zu mindern. Diese Funktion könnte sich nach einiger Zeit zu einem "JI-Clearing House" oder auch einer "JI-Credits Bank" entwickeln[67].

Zum Teil wird eine solche Funktion heute schon von der Global Environment Facility (GEF) der Weltbank im Rahmen eines Kooperationsabkommens mit Norwegen wahrgenommen[68]. Allerdings ist die

---

63 Vgl.a. Watt u.a. (1995), S.42ff über die Bildung von "verification teams".
64 Zur Verifikation s.u., Kap.IV.3.1.2.
65 Vgl. dazu Ott (1996b).
66 Diskussion bei der Konfliktlösung, Kap.IV.4.
67 Vgl. die Überlegungen von Hanisch u.a. (1993), S.15ff; Michaelowa (1995), S.102.
68 Vgl. das Cofinancing Agreement between Kingdom of Norway and International Bank for Reconstruction and Development as Trustee of the Global Environment Facility, Dated March 24, 1993.

GEF nicht die optimale durchführende Organisation für diese Funktion, da sie bereits interimsweise den Finanziellen Mechanismus der FCCC verwaltet[69]. Aus Sicht der Entwicklungsländer und auch aus prinzipiellen Erwägungen heraus sollte eine Verquickung von Joint Implementation und Finanziellem Mechanismus jedoch vermieden werden[70]. Die International Finance Corporation (IFC) ist daher möglicherweise die bessere Wahl, zumal diese Organisation auch über einige Erfahrung im Umgang mit privaten Mitteln verfügt. Es erscheint jedoch wenig wahrscheinlich, daß sich eine solche Funktion der IFC bereits in der Startphase eines JI-Mechanismus etablieren läßt.

2.2.4 Innerstaatliche Elemente eines JI-Mechanismus

Die Durchführung von JI-Projekten erfordert ein Zusammenwirken vieler Akteure in den beteiligten Staaten und auf internationaler Ebene. An einem JI-Vorhaben sind mindestens ein investierendes Unternehmen, das Land des Investors, der gastgebende Staat und ein Unternehmen in diesem Staat sowie zumindest ein internationales Organ unmittelbar beteiligt. Innerhalb dieses Beziehungsgeflechtes bedarf es deshalb auf innerstaatlicher Ebene eines zentralen "Focal Points" zur Koordination internationaler und nationaler Aktivitäten. Diese Funktion sollte von dem in der Sache führenden Bundesministerium wahrgenommen werden, also dem Bundesministerium für Umwelt, Naturschutz und Reaktorsicherheit (im folgenden BMU oder Umweltministerium). Es böte sich an, zu diesem Zweck die für die AIJ-Pilotphase eingerichtete "Koordinierungsstelle für gemeinsam umgesetzte Aktivitäten"[71] in eine Koordinierungsstelle für Gemeinsame Umsetzung umzuwidmen und entsprechend auszustatten[72].

Die vielfältigen Aufgaben im Rahmen eines innerstaatlichen JI-Mechanismus können jedoch nicht allein vom BMU übernommen werden, dies wäre auch nicht sachgerecht. Diese Aufgaben sind im einzelnen[73]:

- Information von Unternehmen über die Möglichkeiten der Gemeinsamen Umsetzung;
- Vermittlung von Projektpartnern (Projektbörse);

69 Dec.9/CP.1, UN Doc. FCCC/CP/1995/7/Add.1.
70 Dies führt dazu, daß die GEF trotz großer Kompetenz in der Diskussion über JI sehr zurückhaltend ist; vgl.a. Dec.5/CP.1, UN Doc. FCCC/CP/1995/7/Add.1 über die Trennung in der AIJ-Pilotphase.
71 Dazu Jochem (1996), S.24f.
72 Zur Koordinierungsstelle vgl. a. BMU (1996), vgl.a. Joint Implementation Quarterly, vol.2 no.1, April 1996, S.2 und Jochem (1996).
73 S. die Verfahrensschritte für JI-Projekte, Anhang A1.

- Aufstellen von Richtlinien für die Anerkenung und Bewertung von JI-Projekten und regelmäßige Anpassung an geänderte internationale Vorgaben;
- Ex-ante-Evaluation von Projektanträgen im Hinblick auf ihre JI-Eignung und Festlegung des Referenzfalls;
- Vereinbarung mit dem potentiellen Gaststaat über die Gemeinsame Umsetzung von Projekten und Abschluß eines entsprechenden Vertrages;
- Anerkennung eines Projekts als "JI-geeignet";
- Monitoring und evtl. Verifikation von Projekten während der Laufzeit bzw. der JI-Anrechnungszeit;
- Ex-post-Evaluation und Berechnung der durch ein Projekt vermiedenen Emissionen.

Die beiden ersten Aufgaben der Information und der Vermittlung sind nicht im eigentlichen Sinne staatliche Aufgaben und können daher von der Wirtschaft bzw. ihren Verbänden, also beispielsweise durch den BDI, eingerichtet werden. Vereinbarungen mit potentiellen Gaststaaten werden durch die Bundesregierung abgeschlossen und durch das BMU ausgehandelt. Die weiteren Aufgaben würden jedoch das BMU überfordern und legen die Einrichtung von zumindest zwei Stellen nahe, derer sich das BMU bedient. Es bedarf daher voraussichtlich

- eines Organs mit Normierungskompetenz für die Erstellung von Richtlinien und für die Gesamtbewertung des deutschen JI-Programms und
- eines Vollzugsorgans, das während der Startphase von JI auf nationaler Ebene JI-Projekte genehmigt, deren Durchführung überwacht und ggf. die anzurechnenden "Emissionskredite" gutschreibt.

Zur Erarbeitung von Richtlinien für das innerstaatliche JI-Programm sollte ein kollegiales Gremium eingerichtet werden, in dem die maßgeblichen Ministerien und anderen Behörden vertreten sind. Dies ist sinnvoll, da durch Joint Implementation die Geschäftsbereiche einer Reihe von Bundesministerien berührt sein können[74].

---

74 Außer Deutschland und Australien haben alle Staaten mit einer AIJ-Pilotphase derartige interministerielle Gremien eingerichtet, vgl. den Bericht von Arquit-Niederberger (1996), S.29f für die Schweizer Bundesregierung.

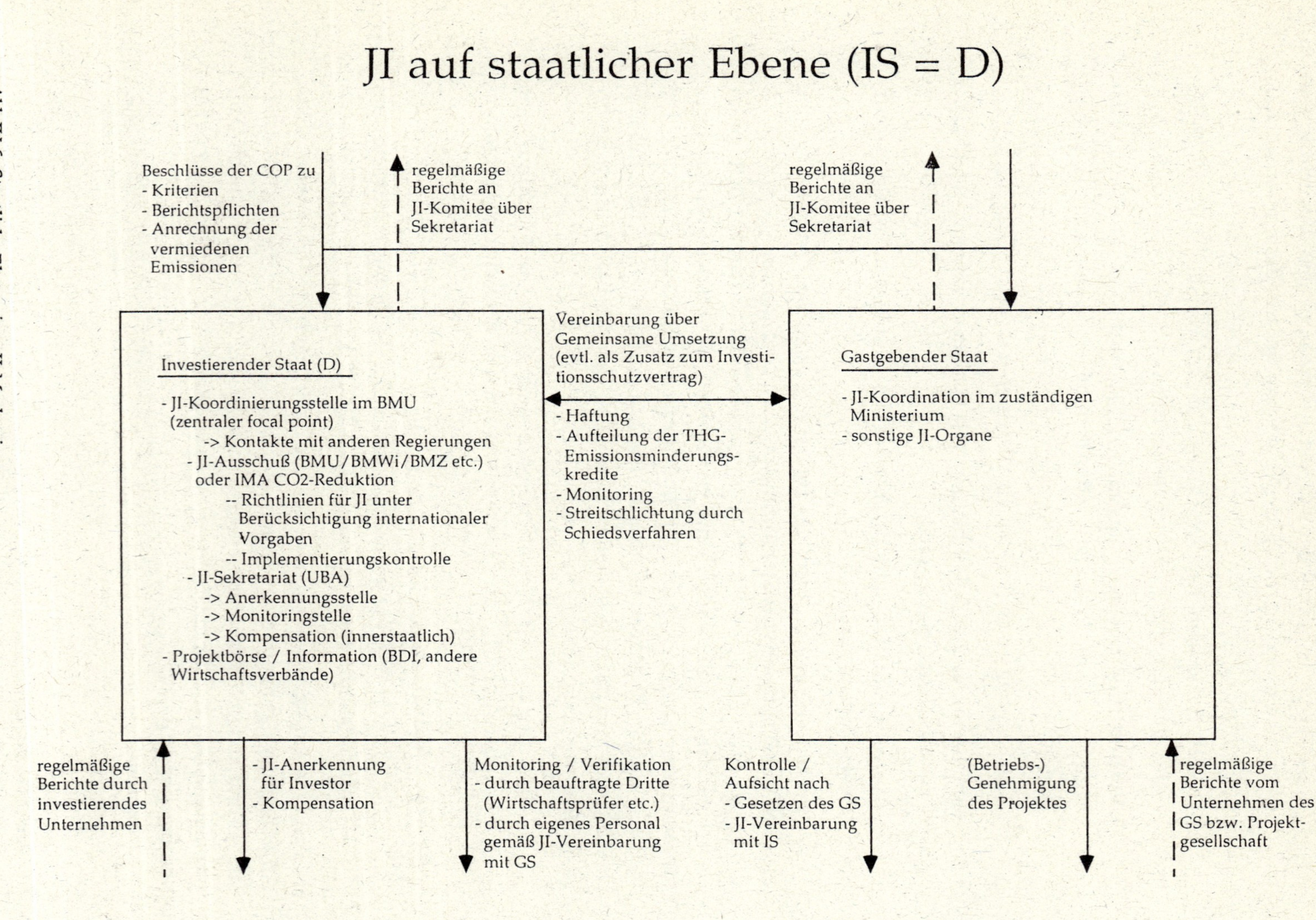

Abb.IV.6: Staatliche Ebene eines JI-Mechanismus

Mitglieder in einem solchen Gremium sollten daher aus den Bereichen der Entwicklungszusammenarbeit, des Umwelt- und Klimaschutzes sowie der Wirtschaft kommen und technische Sachverständige in das Verfahren integrieren. In die engere Wahl einer Beteiligung am Prüfverfahren gelangen demzufolge die Bundesminister für Wirtschaft (BMWi), für Umwelt, Naturschutz und Reaktorsicherheit (BMU), für wirtschaftliche Zusammenarbeit und Entwicklung (BMZ) sowie Vertreter aus den verschiedensten Institutionen wie dem Bundesamt für Wirtschaft (BAW), dem Bundesausfuhramt (BAFA), der Deutschen Investitions- und Entwicklungsgesellschaft (DEG), der Kreditanstalt für Wiederaufbau (KfW), der (Gesellschaft für Technische Zusammenarbeit (GTZ) und der Sachverständigen der Technischen Überwachungsvereine sowie der Wirtschaftsprüfervereine.

Eine Möglichkeit wäre z.B., nach dem Vorbild des Interministeriellen Einfuhrausschusses (gemäß § 12 Außenwirtschaftsgesetz), der beim BAW angesiedelt ist, einen JI-Projektausschuß zu bilden, der aus BMU, BMWi sowie BMZ besteht. Eine weitere Möglichkeit besteht darin, die zur Erarbeitung des Klimaschutzprogramms gegründete Interministerielle Arbeitsgruppe (IMA) "CO_2-Reduktion" für die Ausgestaltung des JI-Programms zu nutzen[75]. Diese Arbeitsgruppe wurde mit Kabinettsbeschluß vom 13. Juni 1990 gegründet und umfaßt Vertreter des Auswärtigen Amtes, des Bundesministeriums der Finanzen (BMF), des BMWi, des Bundesministeriums für Bildung, Wissenschaft, Forschung und Technologie (BMBF), des Bundesministeriums für Raumordnung, Bauwesen und Städtebau (BMBau), des Bundesministeriums für Verkehr (BMV), des Bundesministeriums für Ernährung, Landwirtschaft und Forsten (BML), des Bundesministeriums für Arbeit und Sozialordnung (BMA) und des BMZ unter der Federführung des BMU[76]. Der Vorteil dieses Gremiums besteht darin, daß ein schon bestehendes und fachlich qualifiziertes Organ genutzt werden kann. Ein potentieller Nachteil ist die Größe dieser Arbeitsgruppe, die mehr als die durch JI-Maßnahmen berührten Ministerien umfaßt.

Der Ausschuß sollte das deutsche JI-Programm gestalten und - im Rahmen der internationalen Vorgaben, aber durchaus darüber hinausgehend - Richtlinien zur Anerkennung von JI-Projekten erarbeiten. Diese Richtlinien stellen eine bindende Anweisung für die Anerkennungsbehörde dar, jedoch keine für und gegen jedermann wirkende Rechtsnorm. In Unterausschüssen könnten die weiteren Beteiligten die Detailarbeit leisten. Der nur beratend tätige

---

75 S. dazu Schafhausen (1996), S.237ff, 240.

76 Vgl. Bundestag-Drucks. 12/8557, Anhang 1, S.153ff.

Ausschuß ohne Exekutivkompetenz muß allerdings durch eine Vollzugsbehörde mit Außenwirkung ergänzt werden.

Das staatenorientierte Modell von JI impliziert ein integratives Abwicklungsverfahren durch ein fachübergreifendes nationales Vollzugsorgan, welches Projektanträge privater Investoren prüft (evtl. auch selbst aquiriert) und anhand der vom JI-Projektausschuß bzw. der IMA-CO_2-Reduktion vorgegebenen Kriterien JI-Vorhaben auswählt, genehmigt und deren Durchführung überwacht. Zur innerstaatlichen Koordinationsstelle und somit zur federführenden Behörde sollte eine bundesweit zuständige Bundesoberbehörde ernannt werden. Denn die Anerkennung eines JI-Projekts bedarf der rechtsverbindlichen Form eines Verwaltungsaktes gemäß § 35 VwVfG, damit das Unternehmen eine gewisse Rechtssicherheit erlangt. Folglich setzt die Anerkennung eine Ermächtigungsgrundlage (ein Gesetz) und ein behördliches Tätigwerden voraus. Wird durch einen nach der Ex-post-Evaluierung erteilten Kompensationsbescheid die Voraussetzung für eine Anrechnung auf die Steuerschuld oder eine andere wirtschaftsfördernde Maßnahme geschaffen, erfolgt also eine Subventionierung des Unternehmens, ist eine hoheitliche Regelung durch eine Verwaltungsbehörde ohnehin notwendig: Der Staat betätigt sich hier im Bereich der Wirtschaftslenkung.

Diese Gründe sprechen dafür, das Umweltbundesamt (UBA) als "JI-Sekretariat" und Vollzugsbehörde einzurichten. Das Umweltbundesamt ist eine bundesweit zuständige Behörde mit Sitz in Berlin und mehreren Außenstellen im gesamten Bundesgebiet[77]. Als Bundesoberbehörde können dem UBA hoheitliche Exekutivbefugnisse, insbesondere das Recht zum Erlaß von Verwaltungsakten eingeräumt werden. Hinsichtlich personeller, organisatorischer, finanzieller und auch fachlicher Entscheidungen ist das UBA im Rahmen der übertragenen Aufgaben und Weisungen frei, d.h. selbständige Behörde. Die Dienstaufsicht und, falls nicht Aufgaben aus einem anderen Geschäftsbereich erledigt werden, auch das fachliche Weisungsrecht obliegen dem BMU.

Der Aufgabenbereich des UBA umfaßt die wissenschaftliche Unterstützung des BMU, insbesondere bei der Erarbeitung von Rechts- und Verwaltungsvorschriften auf dem Gebiet des Immissionsschutzes und der Abfallwirtschaft, die Unterstützung bei der Umweltverträglichkeitsprüfung von Maßnahmen des Bundes, die Aufklärung der Öffentlichkeit in Umweltfragen, Erledigung von Umwelt-Forschungsaufgaben, Aufbau und Führung des Informationssystems zur Umweltplanung (UMPLIS) sowie einer zentralen Umweltdokumentation.

---

77 Das UBA gelangte durch die Zuständigkeitsanpassungs-Verordnung vom 26.11.1986 (BGBl. I S. 2089) in den Geschäftsbereich des BMU.

Verschiedene Abteilungen befassen sich mit internationalen Fragestellungen des Klimaschutzes, dem Schutz der Erdatmosphäre und den Grundsatzfragen umweltverträglicher Technik und des Technologietransfers.

Das UBA mit den oben beschriebenen Tätigkeitsfeldern stellt bei den JI-Vorhaben die sachnächste Prüfinstanz dar, denn die Zielsetzung solcher Kompensationsmaßnahmen und das Schwergewicht der behördlichen Betätigung liegt im Umwelt- bzw. Klimaschutz. Ferner erfordert die Antragsprüfung eine spezielle technische Umweltverträglichkeitsprüfung und die Bestimmung der Treibhausgasemissionen. Hierbei hat eine Ex-ante-Schätzung der voraussichtlichen Emissionsminderung zu erfolgen sowie eine Berechnung der tatsächlichen Reduktionsmengen ex-post. Zur umfassenden Prüfung der technischen Konzeption des Vorhabens sind schließlich weitere technische Daten zu erheben. Erforderliche Wirtschaftlichkeitsanalysen können durch kompetente Fachleute, beispielsweise Wirtschaftsprüfer, im Auftragswege erfolgen.

Unter Einbeziehung des Gastlandes könnte z.B. durch das UBA auch eine Umweltverträglichkeitsprüfung von JI-Projekten erfolgen. Außerdem ist unter Berücksichtigung der regionalen Gegebenheiten die soziokulturelle Verträglichkeit des Projektes festzustellen. Das Vorhaben muß mit der Entwicklungsplanung und den Rechtsvorschriften des Gastlandes vereinbar sein. Diese Prüfung kann nur in enger Zusammenarbeit mit dem betroffenen Staat erfolgen, wobei das UBA als Bündelungsbehörde die Kompetenzen des BMZ, der KfW, der DEG sowie der GTZ auf dem Gebiet der Entwicklungszusammenarbeit nutzen könnte.

Andere Bundesoberbehörden, wie z.B. das BAW, kommen als "JI-Sekretariat" nicht in Frage[78]. Denn die heutigen Aufgaben des BAW erstrecken sich zwar bis in den Energiesektor hinein[79], der Aufgabenschwerpunkt liegt jedoch deutlich im Bereich der Wirtschaftsförderung insbesondere der gewerblichen Wirtschaft. Das wirtschaftsfördernde Bonussystem, welches als Motivation für die privaten Investoren und die am Klimaschutz beteiligten Staaten in Erwägung gezogen wird, ist jedoch lediglich ein Nebenaspekt bei der Antragsprüfung[80]. Zu beachten ist freilich, daß u. U. die fachtechnische und juristische Prüfung der Genehmigungspflichtigkeit

78 So aber der Bundesverband der Deutschen Industrie (BDI): Stellungnahme zur öffentlichen Anhörung der von der SPD in die Enquete-Kommission "Schutz der Erdatmosphäre" entsandten Bundestagsmitglieder und wissenschaftlichen Sachverständigen zum Thema "Kompensation" am 10. Dezember 1992 in Bonn.

79 Z.B. fördert das BAW erneuerbare Energien durch Investitionskostenzuschüsse nach Maßgabe der Förderrichtlinien zur Nutzung erneuerbarer Energien vom 01.08.1995.

80 Außerdem ist zu bedenken, daß das BAW seit der Errichtung des BAFA im Jahre 1992 nicht mehr im Ausfuhr- bzw. Exportkontrollbereich zuständig ist.

einer Technologieausfuhr im Rahmen eines JI-Projektes durch das Bundesausfuhramt (BAFA) aufgrund des Kriegswaffenkontrollgesetzes und der Außenwirtschaftsverordnung zu prüfen ist.

3 Verfahrenselemente von Joint Implementation

3.1 Zwischenstaatliche Verfahren

3.1.1 Berichtspflichten der Vertragsparteien an die internationalen Organe[81]

Die Kontrolle der Einhaltung internationaler Vertragspflichten durch regelmäßige Berichte hat eine lange Tradition im Völkerrecht[82]. In fast allen Fällen bilden Berichtspflichten die Grundlage für ein Überprüfungsverfahren auch im Umweltvölkerrecht[83]. Die Klimarahmenkonvention macht hiervon keine Ausnahme[84]. In Abwesenheit spezifischer Verpflichtungen zur Reduktion von Treibhausgasen sind die Berichtspflichten sogar eines der wichtigsten Elemente der FCCC. Denn möglichst realistische Informationen über die Quellen und Senken von Treibhausgasen und über die getroffenen Maßnahmen der Vertragsparteien sind Voraussetzung für die Entwicklung effektiver Reduktionsverpflichtungen[85]. Zweitens sind diese Berichte erforderlich für die Evaluierung der allgemeinen Effektivität der Konvention, und sie bilden, drittens, eine Basis für die Feststellung der individuellen Einhaltung der Verpflichtungen. Die allgemeinen Berichtspflichten der FCCC sind deshalb auch Ansatzpunkt für eine staatliche Berichtspflicht im Rahmen eines JI-Mechanismus.

In der Klimarahmenkonvention sind die Berichtspflichten lediglich in Ansätzen vertraglich festgelegt. Im Einklang mit dem prozeßorientierten Ansatz

81 Nach Fertigstellung des Manuskripts für die Drucklegung ist durch das Unterorgan für wissenschaftliche und technologische Beratung (SBSTA 5) ein Berichtsformat für die AIJ-Pilotphase angenommen worden (FCCC/SBSTA/1997/L.1). Daher sind die Ausführungen zum Teil überholt. Sie sind allerdings dem Sekretariat vorab zugänglich gemacht worden und konnten - zusammen mit den Berichtsformaten für private Projektteilnehmer im Anhang A2 - für die Gestaltung der AIJ-Berichtsformate genutzt werden, vgl. FCCC/SBSTA/1996/15 v. 12. Nov. 1996: AIJ Uniform reporting format, Note by the Secretariat.

82 Vgl. dazu Sand (1990), S.33f.

83 S. Osloer Konvention (1972), Art.8, 9, 11; Pariser Konvention (1974), Art.12.2, 17; Washingtoner Artenschutzkonvention (CITES) (1973), Art.VIII.7; Bonner Konvention (1979), Art.VI.3; Barcelona Konvention (1976), Art.20; Wiener Konvention (1985), Art.5; Montrealer Protokoll (1987), Art.7, 9.3; Basler Konvention (1989), Art.13; Konvention über biologische Vielfalt (1992), Art.26; vgl.a. Sachariev (1991), S.39ff.

84 Dazu allg. Ott (1996b).

85 Zu den Vorgaben der ersten Konferenz der Vertragsparteien vgl. ausführlich Krägenow (1995); vgl.a. Oberthür/Ott (1995a), S.144ff; Oberthür/Ott (1995b), S.399ff. Die Verhandlungen in der Arbeitsgruppe (AGBM) sind dargestellt bei Oberthür/Singer (1996).

der modernen Umweltregime[86] ist in der Konvention nur der Rahmen festgeschrieben worden, während die konkrete Ausarbeitung eines Berichtssystems durch die Organe des Regimes erfolgt. Vertraglich bestimmt ist zum Beispiel, daß die in Annex I aufgeführten Vertragsparteien[87] die ersten Berichte innerhalb von sechs Monaten nach dem Inkrafttreten der Konvention für die jeweilige Vertragspartei zu übermitteln hatten[88] und welche Informationen diese Berichte enthalten müssen[89]. Die Leitlinien für die Harmonisierung der Berichte waren schon Anfang 1994 durch das Intergovernmental Negotiating Committee (INC) angenommen worden, ebenso wie ein Verfahren für die Evaluierung dieser Berichte[90]. Von COP 1 wurden diese Verfahren für die nachfolgenden Überprüfungen übernommen[91]. Die zweite Konferenz der Vertragsparteien (COP 2) beschloß auch Leitlinien für die Berichterstattung der nicht in Annex I aufgeführten Staaten[92].

Der Rhythmus für die nachfolgenden nationalen Berichte der in Annex I aufgeführten Industriestaaten wurde von der ersten Vertragsstaatenkonferenz festgelegt[93]. Demnach ist ein zweiter, umfassender nationaler Bericht zum 15. April 1997 zu erstellen, während die Informationen über Quellen und Senken von Treibhausgasen, die sog. Treibhausgasinventare, jeweils zum 15. April jedes Jahres zu übermitteln sind. Verantwortliches Organ für die Überprüfung der nationalen Berichte ist die Konferenz der Vertragsparteien als "höchstes beschlußfassendes Organ" (Art.4.2(b) und Art.7.2) mit Unterstützung des Subsidiary Body for Implementation (SBI) (Art.10.2). Die eigentliche Überprüfung der Berichte wird jedoch durch kleine Expertengruppen, sog. "expert review teams", vorgenommen, die auf Grundlage eines Beschlusses der ersten Konferenz der Vertragsparteien vom Sekretariat zusammengestellt werden[94]. Die Zusammensetzung und Arbeitsweise dieser Teams kann als wichtiger Präzedenzfall für die Überprüfung von Verpflichtungen im Rahmen eines JI-Mechanismus angesehen werden[95].

---

86 Für eine Darstellung dieses Ansatzes vgl. Gehring (1990), S.35-56; Oberthür (1993).

87 Das sind die westlichen Industriestaaten der OECD (minus Mexiko, Tschechien und Ungarn) inkl. der EG und die Staaten mit "Ökonomien im Übergang", also die Staaten des ehemaligen COMECON und die Nachfolgestaaten der UdSSR.

88 Art.12.5 FCCC, für Entwicklungsländer beträgt die Frist drei Jahre nach Inkrafttreten, die nicht näher spezifizierten "least developed countries" können nach ihrem Ermessen berichten.

89 Gem. Art.12.1, 12.2, 12.3 und 4.2(b) FCCC; dazu Kinley (1994), S.141ff.

90 UN Doc. A/AC.237/63/Add.1; vgl. Oberthür/Ott (1995a), S.144ff, 149.

91 Dec.2/CP.1, UN Doc. FCCC/CP/1995/7/Add.1.

92 UN Doc. FCCC/CP/1996/L.12 vom 17. Juli 1996.

93 Dec.3/CP.1, UN Doc. FCCC/CP/1995/7/Add.1.

94 Dec.2/CP.1, UN Doc. FCCC/CP/1995/7/Add.1; vgl.a. den Bericht des Sekretariats für COP 2, UN Doc. FCCC/CP/1996/13.

Besonders relevant für ein Berichtssystem im Rahmen eines zukünftigen JI-Mechanismus ist das durch die Organe der Klimarahmenkonvention für die AIJ-Pilotphase entwickelte Berichtsverfahren[96]. Die erste Konferenz der Vertragsparteien hatte angeregt ("encouraged"), daß die Parteien an die COP berichten sollten[97] und daß diese Berichte von den regelmäßig zu erstattenden nationalen Berichten getrennt sein sollten[98]. Der Subsidiary Body for Scientific and Technological Advice (SBSTA) wurde angewiesen, in Zusammenarbeit mit dem SBI einen Berichtsrahmen zu entwickeln. Durch das Sekretariat wurde Anfang 1996 ein Bericht mit Optionen für den Berichtsrahmen erstellt[99], nachdem die Niederlande, Norwegen, die USA und Deutschland jeweils eigene Vorschläge für die Berichterstattung unterbreitet hatten[100]. Auf der Grundlage des Sekretariats-Berichts nahm der SBSTA auf seiner zweiten Sitzung im März/April 1996 einen Berichtsrahmen an[101], der von der zweiten Konferenz der Vertragsparteien im Juli 1996 unverändert akzeptiert wurde[102].

Folgende Vorgaben gelten demnach für die Berichterstattung der Vertragsparteien während der AIJ-Pilotphase:

<u>Wer</u> soll berichten?

- Jede nationale Regierung, die an AIJ-Aktivitäten beteiligt ist;
- auf Projektbasis ("project-by-project basis");
- selbständig
- *wenn sich die teilnehmenden Vertragsparteien nicht darauf einigen, einen gemeinsamen Bericht zu verfassen*

P/1996/13.

96 Vgl. ausführlich Kap.IV.3.1.2.

96 Vgl. dazu Hadj-Sadok (ng1996, S.6ff.

97 Die fehlende Pflicht zur Berichterstattung kann sich negativ auf die Entwicklung des JI-Regimes auswirken, da es das Mißtrauen skeptischer Vertragsparteien fördert und Unsicherheit darüber schafft, ob auch die fehlgeschlagenen Pilotprojekte berichtet werden.

98 Dec.5/CP.1, UN Doc. FCCC/CP/1995/7/Add.1.

99 UN Doc. FCCC/SBSTA/1996/5.

100 UN Doc. FCCC/SBSTA/1995/Misc.1 und UN Doc. FCCC/SBSTA/1996/Misc.1.

101 UN Doc. FCCC/SBSTA/1996/8, para. 69ff und Anlage IV.

102 UN Doc. FCCC/CP/1996/L.7 vom 16. Juli 1996. Die durch das Sekretariat erfolgte Auswertung der für COP 2 unterbreiteten Berichte machte allerdings deutlich, daß nur wenige Parteien sich an die Vorgaben des SBSTA gehalten hatten, vgl. UN Doc. FCCC/CP/1996/14 /Add.1, Tabelle 3.

Rhythmus?

- Berichte können jederzeit eingereicht werden und sollten danach, falls möglich, jedes Jahr auf den neuesten Stand gebracht werden.

Inhalt? Die Berichte sollten enthalten:

- Eine Beschreibung des Projekts, insbesondere

  - *Projekttyp;*
  - *Teilnehmer am Projekt;*
  - *vertragliche Gestaltung;*
  - *tatsächliche Kosten (soweit möglich);*
  - *technische Daten;*
  - *langfristige Nachhaltigkeit des Projekts;*
  - *Standort;*
  - *Laufzeit und*
  - *gemeinsam vereinbarte Bewertungsverfahren.*

- Genehmigung/Zustimmung/Bestätigung durch die beteiligten Regierungen.

- Die Vereinbarkeit mit und Unterstützung von nationalen umwelt- und entwicklungspolitischen Prioritäten und Strategien.

- Nutzen des AIJ-Projekts.

- Eine Kalkulation des Beitrags des AIJ-Projekts zur tatsächlichen, meßbaren und langfristigen Umweltvorteilen in Bezug auf die Abschwächung von Klimaänderungen, die ohne die Aktivitäten nicht entstanden wären.

- Die Additivität im Hinblick auf die finanziellen Verpflichtungen der Vertragsparteien in Annex II, soweit es Transfers im Rahmen des Finanzmechanismus der FCCC und öffentliche Entwicklungshilfe betrifft.

- Der Beitrag des Projekts zum "capacity building", zum Transfer von umweltverträglicher Technologie und von Know-how, insbesondere für Entwicklungsländer.

- Zusätzliche Bemerkungen, einschließlich der praktischen Erfahrungen, der technischen Schwierigkeiten, der Auswirkungen oder anderer Hindernisse.

Dieser Berichtsrahmen wird - einschließlich evtl. Änderungen - voraussichtlich die Grundlage für ein Berichtsformat im Rahmen eines JI-Mechanismus in der Startphase bilden. Es ist auch prinzipiell als Basis gut geeignet, bedarf jedoch natürlicherweise einiger Ergänzungen.

Eine erste Forderung nach Verbesserung des Berichtsformats betrifft die Detailliertheit der Angaben, denn das AIJ-Format ist sehr allgemein gehalten und erlaubt daher eine große Vielfalt möglicher Formen der Berichterstattung[103]. Eine zweite, unmittelbar einsichtige Änderung betrifft den Berichtsumfang, denn das bisherige AIJ-Berichtsformat ist zu sehr projektorientiert. Das bedeutet, daß ein JI-Bericht an die Konferenz der Vertragsparteien bzw. an das JI-Komitee aus zwei Teilen bestehen sollte: Ein aggregierter Berichtsteil über das nationale JI-Programm und über die durch die Aktivitäten bewirkten Emissionsminderungen sowie ein projektbezogener Teil mit Beschreibungen der einzelnen Projekte.

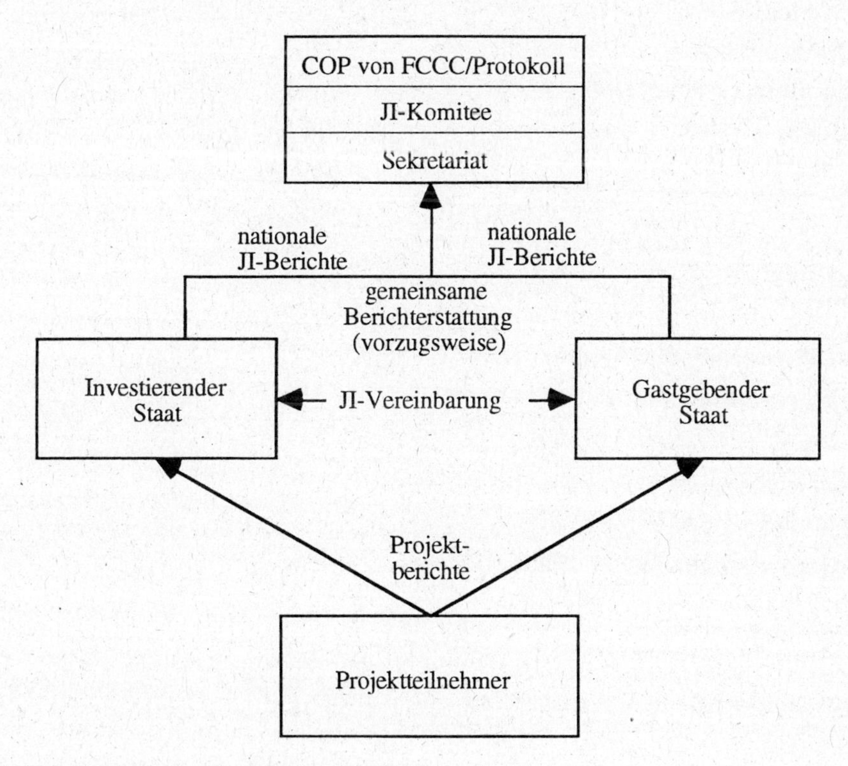

Abb.IV.7: Berichtswesen im Rahmen eines JI-Mechanismus

Der aggregierte Teil des regelmäßigen JI-Berichts sollte eine Beschreibung des nationalen JI-Programms enthalten, einschließlich der Organe, der

1, Tabelle 3.

103 Vgl. die Kritik von Arquit-Niederberger (1996) in ihrem Bericht für die Schweizer Bundesregierung, S.30f.

verwendeten Kriterien, der Referenzfallbestimmung, der Verfahren der Anerkennung und der kompensatorischen Regelungen. Erforderlich ist ferner ein Überblick über die anerkannten JI-Projekte und deren voraussichtliche Emissionsminderungen sowie über die nationalen Verfahren der Überwachung. Die komplette Beschreibung des JI-Programms ist lediglich für den Anfangsbericht erforderlich, in den nachfolgenden Berichten brauchen nur die Änderungen nachgereicht zu werden. Allerdings sollte mindestens alle fünf Jahre ein ausführlicher Gesamtbericht fällig sein. Für diesen Teil des Berichts sollte durch die internationalen Organe, also z.B. durch das JI-Komitee, ein Formular entwickelt werden, welches einen schnellen Überblick über die nationalen JI-Projekte erlaubt[104].

In einem zweiten Teil des JI-Berichts sollte schließlich ausführlicher auf die Einzelprojekte eingegangen werden. Grundlage einer solchen Beschreibung ist dabei regelmäßig die nach der nationalen Anerkennung eines JI-Projekts erfolgte Meldung an das JI-Komitee[105]. Für die Projektbeschreibungen sollte der Grundsatz gelten, daß ausschließlich durch die nationalen JI-Sekretariate erstellte Berichte übermittelt werden sollten, nicht die Berichte der privaten Projektträger selbst[106]. Auf diese Weise soll im Sinne des Zweikreissystems sichergestellt werden, daß eine sachgerechte Kontrolle und Begleitung der Projekte durch die nationalen Regierungen erfolgt[107]. Außerdem ist nur auf diese Weise gewährleistet, daß die Berichte ein gewisses Mindestmaß an Kohärenz aufweisen. Die nationalen JI-Berichte sollten, abgesehen von den als vertraulich eingestuften Angaben, im Prinzip die gleichen Informationen enthalten, wie sie den nationalen Behörden von den Projektteilnehmern übermittelt worden sind.

Dies bedeutet, daß vor allem auch detaillierte Informationen über die verwendete Methode der Referenzfallbestimmung und über die Bestimmung des Referenzfalls der konkreten JI-Projekte gegeben werden müssen. Denn im Verlauf der verschiedenen Simulationsprojekte hat sich gezeigt, daß die

---

104 In Bezug auf diesen aggregierten Teil sind die Vorschläge der USA an den SBSTA hilfreich, vgl. UN Doc. FCCC/SBSTA/1996/MISC.1, der schließlich abgelieferte Bericht ist jedoch stark an Einzelprojekten orientiert, vgl. Activities Implemented Jointly: First Report to the Secretariat of the United Nations Framework Convention on Climate Change; submitted by the Government of the United States, July 1996 (DOE/PO-0048).

105 Vgl. oben, Kap.IV.2.2.3 und IV.2.2.4. Falls keine Bestätigung der anerkannten Projekte durch die internationalen Organe vereinbart wird, könnte in den regelmäßigen nationalen Berichten die Meldung über das Projekt erfolgen.

106 So haben die Niederlande z.B. in ihrem Bericht an SBSTA zu dessen erster Sitzung die Berichte der privaten Projektteilnehmer weitergeleitet, vgl. UN Doc. FCCC/SBSTA/1995/Misc.1.

107 Dies soll jedoch nicht bedeuten, daß Private von der Berichterstattung an das JI-Komitee ausgeschlossen seien. Doch sollten die Eigenbeschreibungen nicht Teil des nationalen JI-Berichts sein.

größten Unsicherheiten in der Bestimmung der vermiedenen Emissionen durch ein Projekt nicht in der exakten Quantifizierung der tatsächlichen Emissionen bestehen, sondern in der Bestimmung des Referenzfalls. Hier können kleinere Abweichungen zu erheblichen Fehlinterpretationen führen, und auch die Gefahr der Manipulation ist besonders groß[108]. Die Beurteilung eines Projekts und der durch ein Projekt vermiedenen Emissionen ist deshalb ohne vollständige Angaben über den Referenzfall nicht möglich.

Ferner sind der Projektbeschreibung detaillierte Angaben über das Monitoring des Projekts und über die (nationale) Verifikation beizufügen[109]. Da nicht zu erwarten ist, daß diese Verfahren in naher Zukunft standardisiert werden, muß hier auf die Kontrolle der Vertragsparteien vertraut werden. Doch sollten die Angaben mit den stichprobenartigen Kontrollen der internationalen JI-Verifikationsteams verglichen werden. Allerdings ist zu erwarten, daß die nationalen Kontrollen hinreichend sorgfältig sein werden, denn die Gewährung des Emissionskredits ist von der Akzeptanz der vermiedenen Emissionen durch die internationalen Organe abhängig.

Der Berichtsrhythmus für diese nationalen JI-Berichte sollte mindestens jährlich sein. Die Anerkennung der durch JI-Projekte vermiedenen Emissionen auf die Reduktionsverpflichtungen eines Vertragsstaates kann nur auf Grundlage vollständiger und wahrheitsgemäßer Berichterstattung erfolgen. Daher sollte der Berichtsrhythmus im Prinzip auch mindestens dem Zeitraum entsprechen, für den JI-Kreditierungen vorgenommen werden, um Diskussionen über eine nachträgliche Aberkennung von Gutschriften zu vermeiden. Denn eine solche Ex-post-Entziehung bereits gewährter Vorteile ist unter den Bedingungen der internationalen Diplomatie sehr schwierig. Sofern deshalb eine regelmäßige Gutschrift vermiedener Emissionen in einem jährlichen Rhythmus erfolgen soll, so muß ebenfalls jährlich berichtet werden. Doch auch für den Fall, daß eine Kreditierung von vermiedenen Emissionen erst am Ende der vereinbarten JI-Anerkennungszeit erfolgen sollte, empfiehlt sich eine jährliche Berichtspflicht zur kontinuierlichen Kontrolle der Implementierung.

Obwohl auch die allgemeinen nationalen Berichte im Rahmen der FCCC jährlich erfolgen, sollte die JI-Kommunikation getrennt davon gehalten werden[110]. Dies ist einerseits bedingt durch die Tatsache, daß die JI-Berichte an

---

108 Vgl. Kap.III.1.

109 Zur Verifikation s.u., Kap.IV.3.1.2.

110 Anders die Ansicht der USA hinsichtlich der AIJ-Berichte, vgl. UN Doc. FCCC/SBSTA/1996/MISC.1.

ein besonderes Organ, nämlich an das JI-Komitee gerichtet sind[111]. Eine Berichterstattung innerhalb der regelmäßigen nationalen Berichte über nationale Treibhausgasinventare bzw. nationale Politiken und Maßnahmen wäre deshalb wenig hilfreich. Doch gibt es auch inhaltliche Gründe, denn die jährlichen nationalen Berichte sind nach dem Beschluß von COP 1 weniger umfangreich und brauchen nur noch Informationen über Quellen und Senken zu enthalten[112]. Es empfiehlt sich daher, die nationalen JI-Berichte in einem jährlichen Rhythmus, unabhängig von den allgemeinen nationalen Berichten an das JI-Komitee übermitteln zu lassen.

3.1.2 Verifikationsverfahren

Die Berichterstattung durch Projektteilnehmer und nationale Stellen ist nur der erste Schritt einer Implementierungskontrolle. In einem zweiten Verfahrensschritt müssen die durch die Berichte erlangten Informationen geprüft werden. Zu dieser Prüfung gehören die Kontrolle der inneren Kohärenz ebenso wie der Abgleich mit anderen Informationsquellen und die Überprüfung "vor Ort" durch Inspektion der Projekte. Dieses Prüfungserfordernis gilt prinzipiell für alle internationalen Organisationen, Verträge und andere Formen der zwischenstaatlichen Kooperation, doch sind sich alle Kommentatoren darüber einig, daß ein JI-Mechanismus aufgrund der gleichgerichteten Interessen aller Teilnehmer eine vergleichsweise höhere Kontrolldichte benötigt[113].

Aber auch unabhängig von dieser "potentiellen Interessenharmonie"[114] ist eine glaubwürdige Verifikation der erzielten Emissionsminderungen erforderlich. Denn selbst bei einer simplifizierenden Betrachtung der Netto-Reduktionseffekte werden die vor Projektbeginn durchgeführten Ex-ante-Schätzungen sich vermutlich in allen Fällen als falsch herausstellen[115]. Die Schätzungen können durchaus zu niedrig liegen, daher haben auch die Teilnehmer eines JI-Projekts Interesse an einer sorgfältigen Verifikation ihrer Projekte. Aufgrund der vorgenannten Interessenharmonie bedarf es jedoch auf jeden Fall einer unabhängigen Kontrolle der durchgeführten JI-Projekte[116]. Die Betonung liegt dabei auf unabhängig - also unabhängig

---

111 Abgesehen davon, daß der JI-Mechanismus auch unter einem (Kyoto-) Protokoll vereinbart werden könnte und schon deshalb die Berichterstattung getrennt erfolgen muß.

112 Dec.3/CP.1, UN Doc. FCCC/CP/1995/7/Add.1.

113 Vgl. nur Torvanger u.a. (1994), S .62; Walker/Wirl (1994), S.16ff; Fischer u.a. (1995), S.76; WBGU (1994), S.31; Michaelowa (1995), S.103f.

114 WBGU (1994), S.31.

115 So Anderson (1995), S.14; vgl.a. die Vereinbarung zwischen Norwegen und der Weltbank (1996), S.8.

116 Fischer u.a. (1995), S.71; Michaelowa (1995), S.103f.

sowohl von den privaten Projektträgern oder -teilnehmern als auch von den an einem Projekt beteiligten Vertragsparteien. In dem oben skizzierten "Zweikreissystem" eines JI-Mechanismus hat die Selbstkontrolle der Projektteilnehmer jedoch ebenfalls ihren Platz. Dies bedeutet, daß

- auf der Projektebene eine Kontrolle der Emissionen durch die Projektteilnehmer selbst erfolgen wird;
- die Projektteilnehmer zusätzlich eine externe, unabhängige Institution mit der Wahrnehmung der Verifikation beauftragen sollten[117];
- die Behörden des gastgebenden Staates neben ihrer im Rahmen der allgemeinen Gesetze bestehenden Aufsichtspflicht auch JI-spezifische Kontrollen vornehmen sollten und
- die Behörden des investierenden Staates eine Vereinbarung über die Kontrolle der Projekte mit dem gastgebenden Staat abschließen sollten.

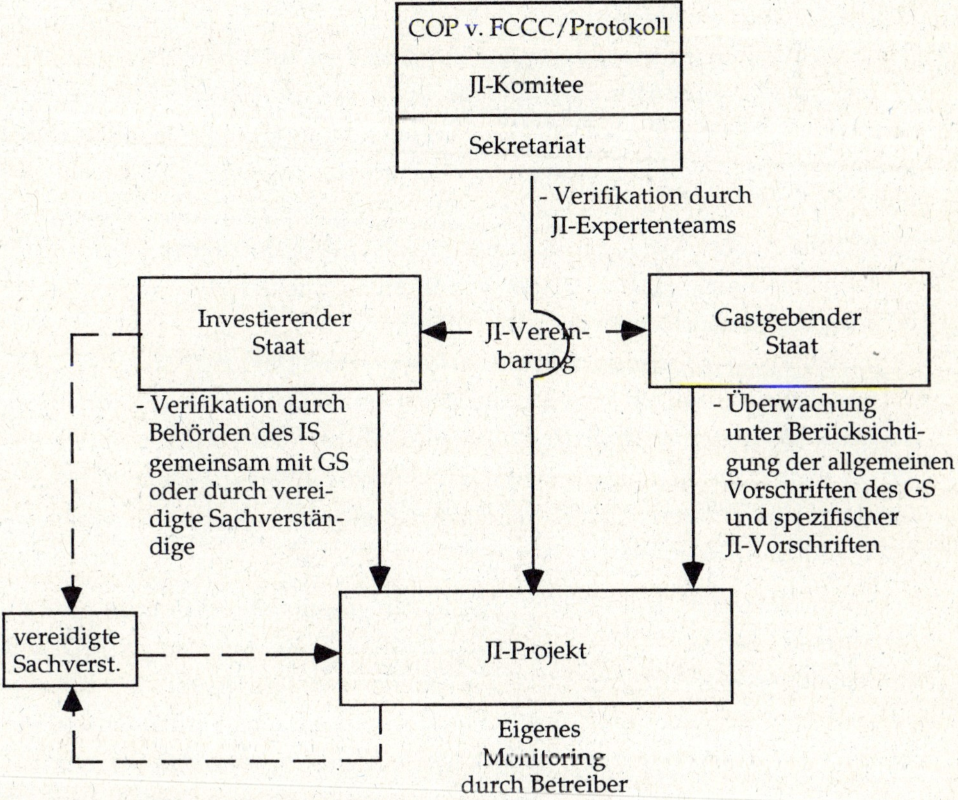

Abb.IV.8: Monitoring/Verifikation im Rahmen eines JI-Mechanismus

117 Nach dem Muster des CO_2-Monitoring im Rahmen der Selbstverpflichtungserklärung der deutschen Industrie, welches vom RWI durchgeführt wird.

Die Verifikation durch vom Betreiber beauftragte unabhängige Dritte ist im Grundsatz nicht als Ersatz für die anderweitige Kontrolle gedacht, sondern als Ergänzung. Wird die Überwachung jedoch von vereidigten Sachverständigen, also etwa Wirtschaftsprüfern, durchgeführt, könnte dies zumindest ausreichen, um die Verifikation durch die Behörden des investierenden Staates zu ersetzen. Andernfalls käme auch eine Beauftragung dieser Sachverständigen durch den investierenden Staat in Betracht. Für die Zwecke der Verifikation böte sich jedoch auch eine Kooperation mit den Behörden des gastgebenden Staates an: Im Austausch gegen einen Technologie- und Know-how-Transfer könnten Vertreter des investierenden Staates bzw. von diesem beauftragte Dritte auf dem Territorium des gastgebenden Staates Kontrollen der JI-Projekte durchführen. Eine derartige Befugnis sollte in einer JI-Vereinbarung zwischen diesen beiden Staaten verankert werden, evtl. als Zusatzvereinbarung zu einem bereits bestehenden Investitionsschutzvertrag[118].

Alle genannten Verfahren der Verifikation können jedoch nicht die Kontrolle durch internationale Organe ersetzen. Dies ist daher der einzige Fall, in dem das Zweikreisprinzip durchbrochen wird: Für die Zwecke der Verifikation sollten innerhalb der FCCC (bzw. eines Klimaprotokolls) durch das Sekretariat kleine JI-Expertenteams eingesetzt werden. Das Vorbild für diese Teams könnten die durch das Intergovernmental Negotiating Committee schon 1994 im Rahmen der "in-depth review procedure" eingesetzten Teams sein[119]. Dieses Verfahren ist mit der Hilfe von Experten der OECD entwickelt worden, in Anlehnung an die im Rahmen dieser Organisation operierenden Inspektionsteams zur Überprüfung nationaler Wirtschaftsberichte[120]. Diese Konstruktion ist deshalb sehr vorteilhaft, da auch die beteiligten Wirtschaftskreise diese Form der Verifikation kennen und deshalb akzeptieren können. Das zunächst übergangsweise erprobte Verfahren ist auf der ersten Vertragsstaatenkonferenz in Berlin 1995 endgültig angenommen worden[121].

Die im Rahmen der FCCC eingesetzten Teams des In-depth-review-Verfahrens bestehen (wie auch die Inspektionsteams der OECD) im Normalfall aus fünf Mitgliedern: drei Vertreter von Vertragsparteien, die von diesen nominiert und durch das Sekretariat zusammengestellt werden, ein Experte einer internationalen Organisation und ein Vertreter des Sekretariats.

118 Dazu unten, Kap.IV.4.

119 UN Doc. A/AC.237/76, Dec.10/1; vgl. Ott (1996b), S.737ff; Oberthür/Ott (1995a), S.144ff, 149.

120 Vgl. Corfee Morlot/Schwengels (1994), S.75ff.

121 Dec.2/CP.1, UN Doc. FCCC/CP/1995/7/Add.1.

Diese relativ große Zahl ist vermutlich erforderlich, um die Menge an Daten bewältigen zu können, die bei der Evaluierung nationaler Klimaschutzprogramme anfallen[122]. Entsprechend kleiner könnten daher die JI-Expertenteams ausfallen, da sie lediglich für die Verifikation bestimmter JI-Projekte zuständig sind. Ein Team könnte z.B. aus drei Mitgliedern bestehen, darunter zwei Vertreter der Vertragsparteieien und einem Vertreter einer internationalen Organisation oder auch einer Nichtregierungs-Organisation (NGO). Die an einem Projekt beteiligten Staaten sollten keine Vertreter in diese Teams entsenden können, um von vornherein eine unzulässige Beeinflussung auszuschließen.

Die Aufgabe dieser JI-Expertenteams ist die Kontrolle der von den Vertragsparteien vorgelegten Berichte über JI-Projekte[123] sowie die Inspektion bestimmter Projekte. Es ist vermutlich eine Frage der Kosten, ob alle Projekte regelmäßig kontrolliert werden können, oder ob eine stichprobenartige Kontrolle ausreichen muß. Zu Beginn einer JI-Startphase wird eine flächendeckende und regelmäßige Verifikation aller Projekte ohne Schwierigkeiten möglich sein und sollte auch durchgeführt werden. In einer späteren Phase mit evtl. mehreren tausend Projekten wird eine Stichprobenkontrolle angebrachter sein. Dennoch muß eine Inspektion immer eine gewisse Wahrscheinlichkeit besitzen, um die Projektträger und auch die beteiligten Regierungen zu einer sorgfältigen und wahrheitsgemäßen Erfassung der für die Berechnung der vermiedenen Emissionen relevanten Daten anzuhalten. Die JI-Expertenteams liefern sodann ihre Berichte an das JI-Komitee, das die endgültige Bewertung eines Projekts vornimmt[124].

Inhaltlich ist die Verifikation abhängig von dem jeweiligen Projekttyp, für den jeweils alle zu berichtenden Parameter überprüft werden müssen; so wird beipielsweise bei der Verifikation eines fossil betriebenen oder eines solarthermischen Kraftwerks eine komplette Energie- und Massenbilanz erstellt werden müssen[125]. Außerdem sind die verwendeten Meßinstrumente auf ihre Funktionsfähigkeit zu überprüfen. Die Simulationsstudien haben deutlich gezeigt, daß es auch bei der Modernisierung von Kraftwerken nicht ausreicht, lediglich eine Ex-ante-Verifikation des Ist-Zustandes vor und nach einer Modernisierung mit der Begründung durchzuführen, ein unter betriebswirtschaftlichen Kriterien operierendes Unternehmen werde die fortschrittliche Technik auch optimal betreiben[126]. Gerade bei

---

122 Das Team hält sich im Regelfall eine Woche in dem jeweiligen Vertragsstaat auf.
123 S. Kap.IV.3.1.1.
124 S. Kap.IV.2.2.3.
125 Vgl. die Simulationsstudien, Kap.III.1.6; III.2.4; III.3.5 und III.4.6.
126 So aber Fischer u.a. (1995), S.73.

Kraftwerksprojekten, die in "gestörten" Energiemärkten betrieben werden, haben die Betreiber ein Interesse und auch die Möglichkeit suboptimalen Betriebs, durch die der Nutzungsgrad eines Kraftwerks und damit auch die spezifischen Emissionen entscheidend verändert werden können. Es ist demnach sicherzustellen, daß eine Verifikation bzw. Inspektion von Projekten nicht nur zu Beginn oder nach dem Abschluß eines Projektes erfolgt, sondern auch während der Laufzeit.

Der Umfang und die Kontrolldichte der Verifikation eines JI-Projekts sollte nicht abhängig sein von der Größe des Projekts bzw. von der erzielten Emissionsreduktion[127]. Hier kann nicht argumentiert werden, auf zusätzliche Verifikation müsse verzichtet werden, wenn deren Kosten die erzielbaren Effizienzgewinne übersteigen. In diesem Fall ist nicht auf die Kontrolle des Projekts zu verzichten, sondern das Projekt ist a priori nicht JI-geeignet. Denn die grundsätzliche Verifizierbarkeit der tatsächlichen Treibhausgas-Emissionen ist ein wichtiges Kriterium zur Bestimmung der Eignung eines Projekts für Joint Implementation[128].

3.2 Innerstaatliches Verfahren

3.2.1 Vorschläge für ein JI-Antragsformular

Als Teil der einzelnen Simulationsstudien wurde in unserem Projektplan auch die Entwicklung "eines Formblatts" zur Antragstellung bei einer JI-Genehmigungsstelle angeboten. Aus dieser Formulierung wird nicht deutlich, ob ein solches Antragsformular für jeden Projekttyp erforderlich ist oder ob für alle Projekttypen ein einheitliches Formular gelten soll. Hier muß, wie auch bei den Berichtsformaten, zwischen den Anforderungen der Praktikabilität und der Anleitungsfunktion für die Antragsteller eines JI-Projekts vermittelt werden: Praktikabilitätserwägungen sprechen für ein einheitliches Antragsformular, wie es auch z.B. von Japan verwendet wird[129]. Denn der Aufwand in der Erstellung mehrerer Formulare würde sich nicht nur zu Beginn der Durchführung eines JI-Programmes ergeben, es müßten auch anschließend für jeden neu hinzukommenden Projekttyp (bzw. jede neue Projektkategorie) neue Formulare angefertigt werden.

---

127 So aber Fischer u.a. (1995), S.73 und Michaelowa (1995), S.104.
128 S. oben, Kap.II.3.
129 Japan Programme for Activities Implemented Jointly Under the Pilot Phase; Manual for AIJ Pilot Project Proposals in the Japan AIJ Pilot Program; Evaluation Guidelines for Approving AIJ Projects; AIJ Project Application Form; Manuskripte (o.J.); vgl. a Joint Implementation Quarterly (JIQ) vol.1, Nr.2, S.4; JIQ vol.1, Nr.3, S.3; JIQ vol.2, Nr.2, S.4.

Die Anleitungsfunktion eines Antragsformulars spricht dagegen für eine speziellere Ausführung der Formulare. Auf diese Weise wird der Antragsteller beim Ausfüllen "an die Hand genommen" und es wird sichergestellt, daß die für die Genehmigung erforderlichen Daten zügig übermittelt werden. Andernfalls ist mit einer erheblich längeren Bearbeitungszeit zu rechnen, da der Antrag voraussichtlich mehrmals zwischen der Genehmigungsstelle und dem Antragsteller hin und her geschickt würde. In jedem Fall muß sichergestellt sein, daß es die vom Antragsteller zur Verfügung zu stellenden Informationen der JI-Anerkennungsstelle ermöglichen, über die voraussichtliche Eignung eines beantragten JI-Projekts zu entscheiden. Vermittelnd könnte, wiederum wie bei den zu entwickelnden Berichtsformaten, auf ein einheitliches Formular mit den Grunddaten eines Projekts zurückgegriffen werden, die jeweils bei Bedarf durch spezielle Anhänge für die verschiedenen Projekttypen ergänzt werden. Ein solches Vorgehen soll im folgenden zugrundegelegt werden, kann jedoch im Verlauf der Diskussion durchaus geändert werden. Als Alternative bzw. Ergänzung dieser projekttyp-spezifischen Anhänge wird drittens ein standardisierter Anhang entwickelt, der für alle Projekttypen geeignet ist und für den Fall genutzt werden soll, daß für einen Projekttyp kein geeignetes Formular zur Verfügung steht.

Aus Gründen der Vereinfachung für die Projektteilnehmer ist es empfehlenswert, die Formulare sowohl in Deutsch als auch in Englisch vorliegen zu haben. Im Zwischenbericht unserer Untersuchung waren lediglich englische Anträge verwendet worden. Dieses im Zwischenbericht erarbeitete Formular ist als Ausgangspunkt gut verwendbar, muß jedoch um einige Angaben ergänzt werden. Dies betrifft die allgemeinen Angaben zu den Projektteilnehmern (Finanzierung, Beteiligungsverhältnisse, vertragliche Ausgestaltung etc.), Angaben zu den Auswirkungen des Projekts (außer Umwelt-) und zum Monitoring, vor allem aber auch die Angaben zum Projekt und zu den treibhausgasrelevanten Daten.

Die folgenden Angaben sind die grundlegenden Bestandteile eines Grundformulars für JI-Anträge an die Anerkennungsbehörde[130]:

1. Bezeichnung des Projekts

2. Projektbeteiligte:

- Firmen und andere Institutionen (Internationale Organisationen, NGOs etc.)

130 Vgl. das Muster in Anhang A2.1.

- verantwortliche Kontaktpersonen der Teilnehmer (Name, Funktion, Adresse, Tel., Fax, e-mail etc.)
- Sitz- (Heimat-)Staaten der (privaten oder öffentlichen) Projektbeteiligten
  - *Datum der Ratifizierung von FCCC/Klimaprotokoll*[131]
  - *Genehmigung/Zustimmung/Bestätigung durch die beteiligten Regierungen*[132]
- Kooperationsform[133]
- Finanzierung des Projekts
  - *Teilfinanzierung oder sonstige Beteiligung multinationaler Entwicklungsbanken*[134]
- Unterauftragnehmer/Zulieferer[135]
- Risiko-Management[136]

3. Kurzbeschreibung des Projekts (in eigenen Worten)

- Projektkategorie/Projekttyp[137]
- Summe der geplanten Investitionsaufwendungen
- vom Projekt erfaßte Treibhausgase[138]
- Referenzfall (kurz)
- erwartete Treibhausgas-Minderung (absolut und in CO_2-Äquivalenten)[139]
- spezifische Vermeidungskosten
- Prefeasibility-Studie (als Anhang beizufügen)

4. Umweltbezogene Informationen: Umweltwirkungen des Projekts

---

131 Möglicherweise wird der JI-Mechanismus unter dem in Kyoto 1997 abzuschließenden Klimaprotokoll errichtet. Dies ist abhängig von dem politischen Prozeß und kann hier nicht vorausgesehen werden.

132 Vgl. Decision 5/CP.1, FCCC/CP/1995/7/Add.1.

133 Z.B. Joint Venture, BOT etc.

134 Vgl. Decision 5/CP.1, FCCC/CP/1995/7/Add.1 - wichtig zur Feststellung der Zusätzlichkeit der Maßnahme.

135 Diese Angabe ist auch nützlich für die Überprüfung von Angaben des Betreibers hinsichtlich Menge und Qualität des verwendeten Brennstoffs etc.

136 Bestehen eines Investitionsschutzvertrages mit dem gastgebenden Staat; Versicherungen und/oder andere Vorkehrungen gegen Krieg und politische Wirren, Währungsrisiken, Unmöglichkeit oder fehlerhafte Leistung der Vertragspartner etc.

137 "Projektkategorie" bezieht sich auf die vom IPCC identifizierten Sektoren (energy efficiency, renewable energy, fuel switching, forest preservation, afforestation, fugitive gas capture, industrial processes, solvents, agriculture, waste disposal, bunker fuels), während unter "Projekttyp" die in dieser Untersuchung verwendete Typisierung verwendet werden sollte (beifügen).

138 Hier wird, im Einklang mit dem deutschen AIJ-Programm, von einem "comprehensive approach" ausgegangen.

139 Hier nur für schnelle Information, ausführlicher hinten.

- Umweltverträglichkeitsprüfung (UVP)[140]
- Luftschadstoffe außer CO_2 (SO_2, NO_x etc.)
- andere Schadstoffe
- Biodiversität (z.B. bei Forstprojekten)
- sonstige Umweltwirkungen

5. Wirkungen für den gastgebenden Staat (außer Umwelt)

- Vereinbarkeit mit nationalen Entwicklungs- und Umweltstrategien[141]
- *bzw. "reasonableness"-Kriterium (von der Genehmigungsbehörde auszufüllen)*
- Technologietransfer
- Capacity-Building und Know-how[142]
- Lokale ökonomische und soziale Wirkungen (inkl. Beschäftigungseffekte)
- Auswirkung auf die Handelsbilanz[143]
- sonstige wirtschaftliche und soziale Auswirkungen des Projekts

6. Datum, Unterschrift der autorisierten Vertreter

Die folgenden Angaben sind den jeweiligen Projekttypen eigen und könnten daher in einem speziellen Anhang erfaßt werden. Als Beispiel die erforderlichen Daten für ein Projekt des Typs "fossile Kraftwerke"[144]:

1. Allgemeine Projektdaten für den Projekttyp "fossile Kraftwerke"

- Standort des Projekts (Karte als Anhang beifügen)
- Projektstart
- geplantes Projektende bzw. (festgelegte) JI-Anrechnungsdauer
- (angenommener) Referenzfall[145]

---

140 Hier ist zu überlegen, ob nicht die UVP-Vorgaben der Weltbank vorgeschrieben werden sollen.

141 Es ist nicht klar, ob diese Angaben von den privaten Antragstellern erbracht werden können. Evtl. mussen sie von der deutschen Genehmigungsbehörde eruiert werden. In diesem Fall könnte in dem Formular Platz geschaffen werden für diese Angaben.

142 Über das spezifische Know-how des Projekts hinaus.

143 Z.B. Verbesserung der Handelsbilanz durch vermiedene Brennstoffeinfuhren.

144 Vgl. das Muster im Anhang A2.3.

145 Zu diesem Zeitpunkt kann nicht vorausgesagt werden, ob für bestimmte Projekttypen feste Referenzfälle vorgeschrieben werden oder ob der Referenzfall jeweils individuell vereinbart wird. Diese Angabe bezieht sich daher sowohl auf feste als auch auf individuell vereinbarte Referenzfälle.

- *Überprüfung und ggf. Anpassung des Referenzfalls*[146]

2. Beschreibung des geplanten Kraftwerks-Projekts

- Nennleistung
- Nettostromerzeugung
- Dampfparameter (Dampfdruck, -temperatur, Kondensatordruck)
- Brennstoffeinsatz
- *Art des Brennstoffs*
- *Brennstoffqualität (unterer Heizwert)*
- *spezifischer Emissionsfaktor*
- Einsatzmodus
- *Betriebsstunden*
- *Vollaststunden*
- *Starthäufigkeit (Heißstart/Kaltstart)*
- Betriebsbedingungen
- *Außenlufttemperatur (im jährlichen Mittel)*
- *Verfügbarkeit/Temperatur von Kühlwasser (im jährlichen Mittel)*
- Treibhausgasemissionen (CO_2 und andere)
- Rauchgaskonzentrationen[147] (in mg/m^3) für SO_2, NO_x, CO, Staub

3. Beschreibung des Referenzfall- Kraftwerks

- Standort (wie JI-Projekt)
- Nennleistung
- Nettostromerzeugung
- Dampfparameter (Dampfdruck, -temperatur, Kondensatordruck)
- Brennstoffeinsatz
- *Art des Brennstoffs*
- *Brennstoffqualität (unterer Heizwert)*
- *spezifischer Emissionsfaktor*
- Einsatzmodus
- *Betriebsstunden*
- *Vollaststunden*
- *Starthäufigkeit (Heißstart/Kaltstart)*
- Betriebsbedingungen (wie JI-Projekt)
- *Außenlufttemperatur (im jährlichen Mittel)*

---

146 Es kann notwendig sein, eine regelmäßige Überprüfung und evtl. Anpassung des Referenzfalls international oder national festzulegen. Auch die individuell vereinbarten Referenzfälle können evtl. eine Anpassung erfordern.

147 Es wird davon ausgegangen, daß JI-Kraftwerke nur mit Rauchgasreinigung anerkannt werden können.

- *Verfügbarkeit/Temperatur von Kühlwasser (im jährlichen Mittel)*
- Treibhausgasemissionen (CO_2 und andere)
- REA/$DeNO_x$

4. Vermiedene Emissionen

- vermiedene Emissionen (absolut und in CO_2-Äquivalenten[148]) per annum und über die des Projekts
- *Angabe der verwendeten Methode und der Parameter*
- (vereinbarte) Aufteilung der erzielten Treibhausgas-Minderungen[149]
- voraussehbare Kosten der vermiedenen Treibhausgas-Emissionen (US-$/t)[150]
- Evtl. Leakage-Probleme im Zusammenhang mit dem geplanten Projekt? (Wirkungen des Projekts auf Treibhausgas-Emissionen außerhalb des Projektgebietes)[151]

5. Monitoring des Projekts

- beauftragcs Institut für freiwilliges externes Monitoring?[152]
- kontinuierliche (fixe) Überprüfung bestimmter Parameter?

Als Ergänzung zu den projekttyp-spezifischen Antragsformularen ist zusätzlich ein einheitliches Antragsformular sinnvoll. Ein solches Formular verzichtet auf das Abfragen spezieller Daten und beschränkt sich auf generelle Fragenkategorien. Es sollte, zusätzlich zu den im Grundformular anzugebenen Basisdaten, folgende allgemein gefaßte Angaben enthalten[153]:

1. Allgemeine Projektdaten

- Standort des Projekts (Karte als Anhang beifügen)
- Projektkategorie/Projekttyp[154]

---

148 Bei der Angabe in Äquivalenten sind die Umrechnungsfaktoren beizufügen (bzw. die IPCC Treibhauspotentiale zu benutzen).

149 Zur Zeit ist noch nicht voraussehbar, ob die erzielten Reduktionserfolge in einem im Rahmen der FCCC zu vereinbarenden JI-Mechanismus zwischen den Vertragsparteien aufgeteilt werden können, oder ob die erreichte Minderung allein dem investierenden Staat gutgeschrieben wird.

150 Nur informatorisch; Angabe in metrischen Tonnen.

151 Diese Frage sollte nach bestem Wissen und Gewissen beantwortet werden, ähnlich auch im japanischen AIJ-Antragsformular.

152 Hier ist die Angabe erwünscht, durch welche Einrichtung der Betreiber evtl. ein freiwilliges externes Monitoring durchführen läßt.

153 Vgl. das Muster in Anhang A2.2.

154 "Projektkategorie" bezieht sich auf die vom IPCC identifizierten Sektoren (energy efficiency, renewable energy, fuel switching, forest preservation, afforestation, fugitive gas

- Projektstart
- geplantes Projektende bzw. (festgelegte) JI-Anrechnungsdauer
- (angenommener) Referenzfall[155]
- *Überprüfung und Anpassung des Referenzfalls*[156]

2. Beschreibung des geplanten JI-Projekts

- technische Daten
- Einsatz- bzw. Betriebsbedingungen
- Treibhausgasemissionen (CO_2 und andere)
- *Angabe der verwendeten Methode und der Parameter*

3. Beschreibung des Referenzfall-Projekts

- technische Daten
- Einsatz- bzw. Betriebsbedingungen
- Treibhausgasemissionen (CO_2 und andere)
- *Angabe der verwendeten Methode und der Parameter*

4. vermiedene Emissionen (absolut und in CO_2-Äquivalenten[157]) per annum und über die Laufzeit (JI-Anrechnungszeit) des Projekts

- *Angabe der verwendeten Methode und der Parameter*
- (vereinbarte) Aufteilung der erzielten Treibhausgas-Minderungen[158]
- voraussehbare Kosten der vermiedenen Treibhausgas-Emissionen (US-$/t)[159]

capture, industrial processes, solvents, agriculture, waste disposal, bunker fuels), während unter "Projekttyp" die in dieser Untersuchung verwendete Typisierung verwendet werden sollte (beifügen).

155 Zu diesem Zeitpunkt kann nicht vorausgesagt werden, ob für bestimmte Projekttypen feste Referenzfälle vorgeschrieben werden oder ob der Referenzfall jeweils individuell vereinbart wird. Diese Angabe bezieht sich daher sowohl auf feste als auch auf individuell vereinbarte Referenzfälle.

156 Es kann notwendig sein, eine regelmäßige Überprüfung und evtl. Anpassung des Referenzfalls international oder national festzulegen.

157 Bei der Angabe in Äquivalenten sind die Umrechnungsfaktoren beizufügen (bzw. die IPCC Treibhauspotentiale zu benutzen).

158 Zur Zeit ist noch nicht voraussehbar, ob die erzielten Reduktionserfolge in einem im Rahmen der FCCC zu vereinbarenden JI-Mechanismus zwischen den Vertragsparteien aufgeteilt werden können, oder ob die erreichte Minderung allein dem investierenden Staat gutgeschrieben wird.

159 Nur informatorisch; Angabe in metrischen Tonnen.

- Evtl. Leakage-Probleme im Zusammenhang mit dem geplanten Projekt? (Wirkungen des Projekts auf Treibhausgas-Emissionen außerhalb des Projektgebietes)[160]

5. Monitoring des Projekts

- beauftrages Institut für freiwilliges externes Monitoring?[161]
- kontinuierliche (fixe) Überprüfung bestimmter Parameter?

3.2.2 JI-Berichtsformate für Private über laufende Projekte

Nach dem Beginn eines Projektes bzw. nach der Inbetriebnahme muß eine laufende Beobachtung durchgeführt werden. Im Rahmen eines Zweikreissystems eines JI-Mechanismus muß die Berichterstattung auf zwei Ebenen erfolgen: Neben der Berichterstattung durch die Vertragsparteien der Klimarahmenkonvention an die Konferenz der Vertragsparteien bzw. an ein von der COP beauftragtes Organ wie das JI-Komitee müssen auch die privaten Teilnehmer eines JI-Projekts an die jeweiligen nationalen Regierungen berichten. Wie auf der internationalen Ebene ist für die Berichterstattung der privaten Projektteilnehmer eine weitgehende Standardisierung der Berichte sinnvoll, da dies die Auswertung vereinfacht und die Transaktionskosten senkt[162]. Die Standardisierung erleichtert es zudem den jeweiligen privaten Teilnehmern eines Projektes, die wesentlichen Informationen zu erkennen und zu übermitteln.

Aus diesem Grund ist es auch empfehlenswert, die Berichtsformate so detailliert wie möglich vorzugeben. Dies stellt eine effizientere Bearbeitung durch die privaten Teilnehmer sicher, da die Anforderungen genau definiert sind und der Bearbeiter durch die Aufgabe "geführt" wird. Es soll daher möglichst ein einheitliches Format für die regelmäßigen Berichte der Teilnehmer eines JI-Projekts an die Bundesregierung entwickelt werden. Dabei ist es sinnvoll, ähnlich wie im Falle der Antragsformulare, für jeden Projekttyp dem Grundformular einen projekttyp-spezifischen Anhang beizufügen, in dem die für die Evaluierung eines Projekts erforderlichen Informationen detailliert erfaßt werden können.

---

160 Diese Frage sollte nach bestem Wissen und Gewissen beantwortet werden, ähnlich auch im japanischen AIJ-Antragsformular.

161 Hier ist die Angabe erwünscht, durch welche Einrichtung der Betreiber evtl. ein freiwilliges externes Monitoring durchführen läßt.

162 Zu den Berichtspflichten auf internationaler Ebene s. oben, Kap.IV.3.1.1.

Diese Formate sollten ebenfalls gleichlautend in Deutsch und Englisch vorliegen, um auch den internationalen Projektteilnehmern die gemeinsame Berichterstattung zu ermöglichen. Das von SBSTA im März 1996 angenommene Berichtsformat für Activities Implemented Jointly sieht eine gemeinsame Berichterstattung durch die an einem JI-Projekt beteiligten Staaten vor[163]. Dies wird vermutlich unter einer JI-Startphase ebenfalls möglich sein und ist in jedem Fall positiv zu bewerten. Deshalb sollte der Grundsatz der gemeinsamen Berichterstattung auch für die privaten Teilnehmer eines Projektes gelten.

Das hier zu entwickelnde Berichtsformat muß verschiedene wichtige Funktionen erfüllen. Es sollte

- die Selbstkontrolle der an einem Projekt beteiligten privaten Projektteilnehmer ermöglichen;
- eine Grundlage für die unter einer JI-Startphase evtl. zu erwerbenden Vorteile für private Teilnehmer bieten (Stichworte: "Emissionskredite"/Kompensation);
- ein Baustein für das Monitoring der privaten Teilnehmer eines JI-Projekts durch die innerstaatliche Kontrollbehörde und andere staatliche Projektteilnehmer sein;
- der Bundesregierung die Evaluierung der verschiedenen Projekte bzw. Projekttypen erlauben;
- als Basis für die von der Bundesrepublik an die internationalen Organe zu leistenden Berichte dienen können und
- Vertrauen auf nationaler und internationaler Ebene bilden.

Weitere Anforderungen an ein solches Berichtsformat sind Transparenz und Vergleichbarkeit sowie größtmögliche Kosteneffizienz[164]. Deshalb sollte es die wesentlichen und mit vertretbarem Aufwand feststellbaren Indikatoren für die Überwachung und Evaluierung eines Projektes enthalten. Ein standardisiertes Berichtsformat für alle Projekttypen entspräche am ehesten diesen Anforderungen. Allerdings kommt es bei einzelnen Projekttypen zu spezifischen Besonderheiten, die eine gesonderte Informationsübermittlung erforderlich machen. Die widerstreitenden Anforderungen der größtmöglichen Standardisierung und der projektspezifischen Anforderungen sind nicht einfach auflösbar. Deshalb sollen, wie oben angedeutet, zusätzlich zu dem Grund-

---

163 UN Doc. FCCC/SBSTA/1996/8 und Annex IV.

164 Der Gesichtspunkt der Kosteneffizienz ist zwar lediglich ein Nebenaspekt, aber dennoch nicht zu vernachlässigen.

formular für alle Projekttypen besondere Ergänzungen als Anlage beigefügt werden.

Grundlage dieser Formate sind die in den Simulationsstudien mit den Projektpartnern gemachten Erfahrungen für einzelne Projekttypen. Bei der Erarbeitung dieser Berichtsformate sind allerdings auch die bisherigen im Rahmen der AIJ-Pilotphase verwendeten und vorgeschlagenen Formate im Auge behalten worden, da sie für die Weiterentwicklung des nationalen Berichtsformats Bedeutung haben. Dies sind u.a. das vom SBSTA angenommene Format zur Berichterstattung der Vertragsparteien, die Vorschläge der USA und der Bundesrepublik Deutschland zur Ausgestaltung der Berichtsformate an den SBSTA[165] und das von den USA in ihrem Bericht an das Sekretariat verwendete Format[166]. Ferner sind das vom Bundesverband der Deutschen Industrie im Rahmen der Selbstverpflichtungserklärung entwickelte "CO_2-Monitoring" und die von der japanischen Regierung im Antragsformular für AIJ-Projekte verwendeten Berichtserfordernisse[167] berücksichtigt worden.

Die hier erarbeiteten Berichtsformate für private Teilnehmer eines JI-Projekts sind relativ detailliert und orientieren sich an den auch schon im Antragsformular verwendeten und anzugebenden Daten. Denn eine ausführliche Berichterstattung an die Bundesregierung ist unbedingt geboten, sie ist unverzichtbarer Bestandteil für eine gewissenhafte Evaluierung der Projekte. Den möglichen Befürchtungen der privaten Teilnehmer hinsichtlich der Vertraulichkeit der übermittelten Informationen muß dadurch Rechnung getragen werden, daß sensible Daten (vor allem zu den internen finanziellen Arrangements) den internationalen Organen lediglich im Rahmen der vereinbarten internationalen Berichtspflichten zugänglich gemacht werden. Diese Daten sind ebenfalls nicht für die Öffentlichkeit bestimmt.

Die folgenden Angaben sind Bestandteile des standardisierten Grundformulars für JI-Berichtsformate. Es ist für die in regelmäßigem Abstand zu erstattenden Berichte jeweils neu auszufüllen, um Veränderungen hinsichtlich der nicht-emissionsbezogenen Parameter zu registrieren[168]:

---

nachlässigen.

[165] FCCC/SBSTA/1996/MISC.1 vom 18. Dez. 1995.

[166] Vgl. Activities Implemented Jointly: First Report to the Secretariat of the United Nations Framework Convention on Climate Change; submitted by the Government of the United States, July 1996 (DOE/PO-0048).

[167] Japan Programme for Activities Implemented Jointly Under the Pilot Phase; Manual for AIJ Pilot Project Proposals in the Japan AIJ Pilot Program; Evaluation Guidelines for Approving AIJ Projects; Manuskripte (o.J.); vgl. a Joint Implementation Quarterly (JIQ) vol.1, Nr.2, S.4; JIQ vol.1, Nr.3, S.3; JIQ vol.2, Nr.2, S.4.

[168] Vgl. das Muster eines Grundformulars für Berichte in Anhang A2.5.

1. Bezeichnung des Projekts

- Projektnummer laut Genehmigungsbescheid (mit Datum)

2. Projektteilnehmer:

- direkt am Projekt beteiligte Firmen und andere Institutionen (Internationale Organisationen, NGOs etc.) inkl. Kontaktpersonen
- Sitz- (Heimat-)Staaten der privaten Projektteilnehmer
- Finanzierung des Projekts/Beteiligungsverhältnisse (nur bei Veränderungen)
- Unterauftragnehmer
- vertragliche Ausgestaltung der Kooperation (nur bei Veränderungen auszufüllen)

3. Änderungen hinsichtlich der Implementierung des Projekts

- zeitlich/finanziell/antragsgemäß?
- Projektstart
- geplantes Projektende bzw. (festgelegte) JI-Anrechnungsdauer

4. Umweltwirkungen (soweit Veränderungen gegenüber den im Antrag übermittelten Informationen erfolgt sind)

5. Wirkungen für den gastgebenden Staat (soweit Veränderungen gegenüber den im Antrag übermittelten Informationen erfolgt sind).

Weitere Informationen sind spezifisch für die jeweiligen Projekttypen da sie das emissionsbezogene Monitoring betreffen und daher auf einem gesonderten Formblatt auszufüllen. Diese Daten ergeben sich in Anlehnung an die abgefragten Informationen im Antragsformular. Als Beispiel im folgenden die für den Projekttyp "fossiles Kraftwerk" erforderlichen Angaben, sie sollen sicherstellen, daß die Energie- und Massenströme korrekt und vollständig erfaßt werden[169]:

1. Nettostromerzeugung

- verwendete Meßmethoden

2. Brennstoffeinsatz

- Art des Brennstoffs

---

169 Vgl. das Muster für den Projekttyp "fossil betriebenes Kraftwerk" in Anhang A.2.6 und Muster für weitere Projekttypen dort.

- Brennstoffmenge
- Brennstoffqualität
- spezifischer CO_2-Emissionsfaktor etc.

3. Einsatzmodus
- Betriebsstunden
- Vollaststunden
- Starthäufigkeit

4. Kühlsystembezogene Daten

5. Messung der Emissionen von
- Treibhausgasen (CO_2, Methan, N_2O u.a.)
- sonstige Schadstoffe im Rauchgasstrom[170].

Diese Daten sind möglichst in monatlichem Abstand zu dokumentieren und in einem regelmäßigen, vorher festgelegten Berichtszeitraum an die JI-Monitoringstelle der Bundesregierung zu übermitteln. Dieser Zeitraum sollte sich an dem Zeitraum orientieren, für den eine Kompensation beabsichtigt ist.

[170] Für die JI-Anlage wird angenommen, daß eine Rauchgasreinigung verbindlich vorgeschrieben ist.

4 Überlegungen zur Konfliktlösung im Rahmen eines JI-Mechanismus

Regelungen zur Konfliktlösung sind in einem JI-Mechanismus ähnlich bedeutsam wie die Verfahren zum Monitoring und zur Verifikation von JI-Projekten. Denn so wie sich Joint Implementation auf der Projektebene durch die "potentielle Interessenharmonie" aller Beteiligten auszeichnet[171], so ist ein JI-Mechanismus auch durch seine besonders komplexe Interessen- und Konfliktstruktur gekennzeichnet. Eine Ursache für diese Komplexität liegt darin, daß in einem JI-Mechanismus nicht nur Staaten miteinander oder mit internationalen Organen kooperieren, sondern im Regelfall auch private Unternehmen oder sonstige private Projektträger in ein JI-Projekt eingebunden sind. Konflikte und Streitigkeiten können sich deshalb ergeben

- zwischen der Projektgesellschaft bzw. den Projektträgern und privaten Dritten im Gaststaat (Zulieferer, Betreiber, Abnehmer, Geldgeber etc.);
- zwischen den privaten Projektteilnehmern untereinander;
- zwischen einem privaten Projektträger des investierenden Staates und den Behörden oder der Regierung des gastgebenden Staates;
- zwischen den Regierungen der beteiligten Staaten, also im einfachsten Fall zwischen zwei, evtl. auch mehr Konfliktparteien;
- zwischen der Regierung des an einem Projekt beteiligten Staates und einer in das Projekt eingebundenen internationalen Organisation (GEF/IFC etc.);
- zwischen der Regierung eines Staates und den Regierungen anderer Vertragsstaaten der FCCC und
- zwischen den Regierungen der an einem Projekt beteiligten Staaten und den Organen der FCCC bzw. eines Klimaprotokolls, also zwischen den beteiligten Staaten und dem Rest der Vertragsparteien.

Diese komplexe Struktur eines JI-Mechanismus wäre allein schon eine hinreichende Ursache vieler Konflikte auf unterschiedlichen Ebenen, doch wird die Komplexität noch verstärkt durch einen Aspekt von Joint Implementation, der sich in keinem anderen Regelungsgebiet so findet: Da sich in einem JI-Mechanismus die Vertragsstaaten der FCCC oder eines Klimaprotokolls privater Unternehmen zur Erfüllung ihrer völkerrechtlichen

---

171 WBGU (1994), S.31.

Verpflichtungen bedienen, hängt die Vertragstreue der Staaten von der ordnungsgemäßen Durchführung der JI-Projekte durch die privaten Projektteilnehmer ab. Mit anderen Worten kann die Schlecht- oder Nichtleistung eines Unternehmens die Einhaltung völkerrechtlicher Verpflichtungen des jeweiligen Staates erschweren oder sogar unmöglich machen.

Dies gilt natürlich nur dann, wenn die zur Reduktion von Treibhausgasen verbindlich verpflichteten Staaten so "hart" an der Grenze der Nichterfüllung "fahren", daß sie für die Einhaltung ihrer Verpflichtungen auf die im Ausland mittels JI erzielten Reduktionen angewiesen sind. Doch auch wenn die Problemschärfe in dieser Form vermutlich nur selten existiert, wird an diesem Beispiel das Interesse zumindest der investierenden Staaten an der ordnungsgemäßen Durchführung von JI-Projekten deutlich. Auf der materiellen Ebene könnte dieses Problem durch die Einführung von "Emissionskonten" entschärft werden[172]. Nach diesem Konzept würden die Vertragsstaaten imstande sein, die in einem Jahr erzielten "Überschüsse" an Treibhausgasreduktionen auf ein "Konto" zu überweisen, von dem sie in anderen Jahren bei Bedarf "abheben" können. Auch die durch Joint Implementation erzielten Reduktionserfolge würden auf einem solchen Emissionskonto gutgeschrieben. Im Falle eines Ausfalls von zu kreditierenden Emissionsreduktionen durch den Fehlschlag eines JI-Projekts könnte von diesem Konto ausgeglichen werden[173].

Doch auch auf der Verfahrensebene sind verschiedene Vorkehrungen erforderlich, um die Risiken des Fehlschlags von JI-Projekten zu neutralisieren oder zu kompensieren. Es müssen demnach für Konflikte auf den jeweiligen Ebenen und zwischen den verschiedenen Ebenen Verfahren für die Regelung von Streitigkeiten gefunden werden. Aufgrund der soeben geschilderten Interessenlage reicht es nicht aus, den regulären Mechanismen internationaler Streitschlichtung zu vertrauen, sondern es sind zusätzlich besondere Verfahren erforderlich. Entsprechend der oben entwickelten Grundsätze eines "Zweikreissystems" für Joint Implementation[174] sollen dabei Konflikte bzw. die Foren der Konfliktlösung nicht über die jeweils angrenzende Ebene hinausgehen.

Eine erste Ebene möglicher Konflikte bilden Streitigkeiten zwischen privaten Rechtssubjekten untereinander. Soweit es Konflikte zwischen

---

172 Vgl. dazu jetzt Dudek (1996); in den USA bestehen schon länger Erfahrungen mit diesem Konzept, zum amerikanischen "Emission Banking" vgl. schon Schärer (1982).

173 Auch eine "Versicherung" gegen den Ausfall von JI-Reduktionen wäre denkbar, soll hier aber nicht weiter verfolgt werden.

174 S. oben, Kap.IV.2.2.2.

Projekteilnehmern und sonstigen Dritten betrifft, gelten die allgemein für Auslandsinvestitionen geltenden Regeln, nach denen entweder das Recht des Gaststaates anwendbar und die Organe der dortigen Rechtspflege zuständig sind oder über besondere Verträge Schiedsvereinbarungen getroffen worden sind. Dasselbe gilt im Prinzip auch für die Projektpartner untereinander: Hier wird in den meisten Fällen ein Vertrag vorliegen, demzufolge die Schiedsverfahren der Internationalen Handelskammer angewendet werden. Teilweise wird auch ein bestimmtes Rechtssystem als verbindlich vereinbart, in vielen Fällen das britische mit der örtlichen Zuständigkeit der Londoner Gerichte.

Es fragt sich jedoch, ob im Rahmen eines JI-Mechanismus die Austragung von Konflikten den privaten Projektteilnehmern überlassen werden kann. Denn hier werden in jedem Fall Erwägungen und Probleme eine Rolle spielen, die über die privatrechtliche Sphäre hinausgehen. Sollte sich ein JI-Projekt wirklich in einem kritischen Stadium befinden und der investierende Staat wäre auf die erfolgreiche Durchführung angewiesen, sind bei einer rein privatrechtlichen Lösung diplomatische Verstimmungen zwischen den beteiligten Staaten unausweichlich. Deshalb wäre es sinnvoll, durch eine Vereinbarung zwischen dem investierenden und dem gastgebenden Staat besondere Schiedsgerichte mit der Regelung auch der rein privatrechtlichen Rechtsstreitigkeiten zu betrauen[175]. Diese Schiedsgerichte könnten auch für Konflikte der beteiligten Unternehmen mit den Behörden oder der Regierung des gastgebenden Staates zuständig sein. Noch weitergehend könnten diese Schiedsstellen eine Erstzuständigkeit für Streitigkeiten zwischen den beteiligten Regierungen bekommen.

Eine derartige JI-Vereinbarung zwischen den an einem JI-Projekt beteiligten Staaten wäre nicht besonders aufwendig, denn sie könnte als Zusatzvereinbarung zu den in großer Zahl vorhandenen bilateralen Investitionsförderungs- und Investitionsschutzverträgen geschlossen werden. So hat allein die Bundesrepublik 68 dieser Verträge mit Staaten der Dritten Welt und mit Staaten des ehemaligen COMECON abgeschlossen, mit 21 weiteren Staaten bestehen unterzeichnete Verträge, die zum größten Teil vorläufig anwendbar sind[176]. Weltweit sind seit den 50er Jahren über 400 dieser Verträge abgeschlossen worden, zusätzlich zu multilateralen Verträgen[177]. Die von der Bundesrepublik abgeschlossenen bilateralen Investitionsschutzverträge umschließen fast alle in Frage kommenden potentiellen Gaststaaten für Joint Implementation. Dies ist nicht erstaunlich,

---

[175] Eine ähnliche Anregung findet sich bei Schrijver (1995), S.237.

[176] Vgl. Bundesministerium für Wirtschaft (1995), S.22ff.

[177] Peters (1991), S.93.

da diese Staaten die interessantesten Wirtschafts- und Investitionsstandorte für die deutsche Industrie sind.

Investitionsschutzverträge enthalten typischerweise neben der Garantie der Inländerbehandlung, der Meistbegünstigungsklausel, dem Schutz vor Enteignung und der Garantie des freien Kapitaltransfers auch Vereinbarungen über internationale Schiedsgerichtsbarkeit. Diese Vereinbarungen erstreckten sich nicht nur auf Streitigkeiten zwischen den Vertragsparteien, also den Staaten, sondern auch auf Rechtsstreitigkeiten zwischen den investierenden Unternehmen eines Staates und den Behörden eines Gaststaates[178]. Den durch diese Verträge etablierten Schiedsgerichten gehören i.d.R. je ein Vertreter der beiden Staaten, sowie ein unabhängiger Obmann anderer Nationalität an. In vielen Fällen ist auch das multilaterale Übereinkommen zur Beilegung von Investitionsstreitigkeiten zwischen Staaten und Angehörigen anderer Staaten (ICSID)[179] anwendbar.

Eine Zusatzvereinbarung über Joint Implementation zu diesen Investitionsschutzverträgen hätte den Vorteil, daß lediglich die JI-spezifischen Fragestellungen geklärt werden müßten, auch würde durch das "Gebrauchen von Bekanntem" die Akzeptanz erhöht. Die Zusatzvereinbarungen könnten, ebenso wie die Grundverträge selbst, standardisiert werden, so daß sich nach einer Anlaufphase der Aufwand in Grenzen halten würde. Der Abschluß solcher JI-Vereinbarungen würde sich auch nach der Annahme eines JI-Mechanismus empfehlen, nicht nur - wie bereits von den USA praktiziert[180] - im Rahmen der AIJ-Pilotphase. Denn über die "JI-Agreements" ließen sich neben der Streitschlichtung noch weitere wichtige Fragen regeln, z.B. Vereinbarungen über die Haftung sowie über ein evtl. gemeinsames Monitoring von JI-Projekten[181] oder über die Aufteilung der erzielten Treibhausgasminderungen, falls dies nicht durch die Organe der FCCC festgelegt wird.

Für die zwischenstaatlichen Streitigkeiten sind weitere Verfahren erforderlich. Selbst die Konflikte zwischen den an einem Projekt beteiligten Regierungen, im Prinzip regelbar über die oben genannten bilateralen JI-Vereinbarungen, könnten eines erweiterten Forums bedürfen. Konflikte zwischen den beteiligten Staaten und dritten Vertragsparteien sind über diese bilateralen Verfahren natürlich überhaupt nicht lösbar. Es bietet sich daher an,

---

178 Vgl. Peters (1991), S.95.

179 Vom 18. März 1965, BGBl. 1969 II, S.369; UNTS 575, S.159.

180 Vgl. das Statement of Intent for Bilateral, Sustainable Development, Cooperation and Joint Implementation of Measures to Reduce Emissions of Greenhouse Gases between the Government of the United States of America and the Government of the Republic of Costa Rica vom 30. Sept. 1994.

181 Vgl. oben, Kap.IV.3.1.2.

spezielle Verfahren und Foren der Konfliktlösung im Rahmen der Klimarahmenkonvention auch für einen JI-Mechanismus zu nutzen.

Ein Verfahren zur Beilegung von Streitigkeiten enthält Art.14 FCCC[182]. Es sieht, in Anlehnung an Art.33 der UN-Charta, ein gestuftes Verfahren unter immer stärkerer Einbeziehung Dritter vor. Neben der Lösung von Konflikten durch Verhandlungen, nach weitverbreiteter Ansicht die wirkungsvollste Methode der Streitbeilegung[183], sollen die Vertragsparteien der FCCC einen Anhang mit einem Schiedsverfahren annehmen. Außerdem kann jeder Staat aus Anlaß des Beitritts zur FCCC erklären, daß er die Jurisdiktion des Internationalen Gerichtshofes (IGH) oder eines Schiedsgerichts im Verhältnis zu jedem anderen Staat, der die gleiche Erklärung abgegeben hat, als verbindlich akzeptiert[184]. Art.14.6 sieht ferner die Bildung einer Vergleichskommission mit Zustimmung aller Beteiligten vor, deren Spruch für die Parteien unverbindlich ist.

Soweit bekannt hat es jedoch noch nie einen Fall gegeben, in dem im Rahmen eines Umweltvertrages eine dieser Klauseln zur Streitbeilegung angewendet worden ist. Auch die Nutzung von Art.14 FCCC zur Lösung von Konflikten über Joint Implementation erscheint daher nicht besonders erfolgversprechend. Im Gegensatz zu privaten Unternehmen, die ihre Rechtsstreite ohne Zögern vor nationalen Gerichten oder internationalen Schiedstellen austragen, besteht für Staaten eine große Hemmschwelle bezüglich der Nutzung gerichtlicher Streitschlichtung. Daher haben sich im modernen Umweltvölkerrecht, wie z.B. im Montrealer Protokoll (1987) oder auch im zweiten Schwefelprotokoll (1994), neue "Nichteinhaltungs-Verfahren" der Konfliktlösung entwickelt, die auch im Rahmen eines JI-Mechanismus Anwendung finden könnten. Kennzeichen dieser Verfahren ist einerseits die politische Natur der zur Konfliktlösung eingesetzten Organe und der diplomatische Charakter der Verfahren, andererseits aber auch die Verbindlichkeit der letztendlich getroffenen Entscheidungen[185].

Das Nichteinhaltungs-Verfahren des Montrealer Protokolls (1987)[186] kann von einem betroffenen Staat selbst, von einer anderen Vertragspartei oder von dem Sekretariat des Ozonregimes eingeleitet werden. Prinzipiell können alle Fragen Gegenstand des Verfahrens sein. Bleiben erste Bemühungen der

---

182 Ein dem GATT-Panelverfahren ähnliches Schlichtungsverfahren im Rahmen des Art.14 wird angeregt von Michaelowa (1995), S.114ff.

183 Sohn (1983), S.1122.

184 Eine solche Erklärung ist bisher nur von den Solomon Islands abgegeben worden, vgl. UN Doc. FCCC/1996/Inf.1, S.15.

185 Vgl. dazu Gehring (1990); Koskenniemi (1992), Werksman (1996a) und demnächst ausführlich Ott (1996c).

186 Vgl. Ott (1991), S.203; Gehring (1994); Ott (1996c).

Beilegung eines Konflikts erfolglos, wird ein aus zehn Mitgliedern bestehendes "Implementierungs-Komitee" eingeschaltet. Dieses Komitee begutachtet den Fall, verschafft sich weitere Informationen und gibt eine Empfehlung zur Behandlung des Konflikts an die Konferenz der Vertragsparteien, falls bis zu diesem Zeitpunkt keine Einigung erfolgt ist. Die Konferenz der Vertragsparteien bestimmt sodann über die zu treffenden Maßnahmen. Diese Maßnahmen können in der Unterstützung für die betroffene Vertragspartei bestehen, sie können aber auch Sanktionscharakter haben. Eine erste schwere Belastungsprobe hat dieses Verfahren erfolgreich bestanden, als es um die Verletzung der Vorschriften zum Verbot von ozonzerstörenden Stoffen durch Russland und andere Staaten des ehemaligen COMECON Ende 1995 ging. Dabei bewährte sich eine Kombination aus diplomatischem Takt, also der weitestgehenden Gesichtswahrung für alle Parteien, und aus einer gewissen konsequenten Härte in den abschließenden Beratungen der Konferenz der Vertragsparteien[187].

In der Klimarahmenkonvention ließ sich ein solches Verfahren bisher nicht verankern[188]. Art.13 FCCC bestimmt lediglich, daß die Vertragsparteien ein Verfahren zur "Lösung von Fragen bei der Durchführung" prüfen sollen. Dies ist auf der ersten Konferenz der Vertragsparteien geschehen, und es wurde eine besondere Arbeitsgruppe eingesetzt, um ein solches Verfahren zu entwickeln[189]. Es erscheint jedoch unwahrscheinlich, daß es im Rahmen der FCCC jemals angewendet werden wird, da aufgrund der sehr weichen Verpflichtungen kein Bedarf für diese Form der Konfliktlösung besteht. Allerdings könnte das in der Arbeitsgruppe entwickelte Verfahren in einem Klimaprotokoll eingesetzt werden, bzw. doch in der FCCC, falls verbindliche Reduktionsverpflichtungen als Änderung der Konvention angenommen werden sollten.

Ein dem Nichteinhaltungs-Verfahren des Montrealer Protokolls (1987) ähnliches Verfahren scheint auch für die Lösung von Konflikten in einem JI-Mechanismus gut geeignet. Denn es ist - zusätzlich zu den oben genannten Vorteilen - multilateral ausgestaltet und kann somit über den engen bilateralen Kreis hinaus schlichtend wirken. Ferner ist es nicht im eigentlichen Sinne juristisch, sondern kann sich durchaus selbst rechtsbildend betätigen und die Regelungen des Mechanismus weiterentwickeln, falls dies erforderlich erscheint. Weiterhin können bei der Entscheidungsfindung neben Juristen und anderen Konfliktexperten auch technische Experten und

187 S. Werksman (1996b).
188 Dazu Ott (1996a).
189 Dec.20/CP.1, UN Doc. FCCC/CP/1995/7/Add.1, Einsetzung der "Ad Hoc Group on Article 13".

andere Fachleute mitwirken. Dies wird für die Lösung von JI-spezifischen Konflikten ein Vorteil sein, da es vielfach um technische und ökonomische Fragestellungen gehen wird. Die eher politische Natur des Verfahrens mit der Beteiligung aller Konfliktparteien beugt den im Regelfall starken Ängsten um die Souveränität vor, die gerade von Entwicklungsländern gegenüber Joint Implementation geltend gemacht werden.

Schließlich stellt sich die Frage, durch welche Organe ein solches Nichteinhaltungs-Verfahren im Rahmen eines JI-Mechanismus angewendet werden sollte. Nicht in Frage steht, daß die höchste Entscheidungsgewalt bei der Konferenz der Vertragsparteien liegen muß[190]. Als vorbereitendes Organ einer Entscheidung der COP käme einerseits das JI-Komitee in Betracht, andererseits könnte die Konfliktlösung auch einem im Rahmen von Art.13 oder unter einem Klimaprotokoll gebildeten Implementierungs-Komitee anvertraut werden. Die letztere Lösung hätte den Vorteil, daß auf die Erfahrung der Mitglieder dieses Organs bei der Konfliktlösung gebaut werden könnte. Auch wäre vorteilhaft, daß keine zwei Organe mit vielleicht unterschiedlicher Spruchpraxis entstehen könnten.

Es spricht jedoch u.E. mehr dafür, dem JI-Komitee auch die Konfliktlösung für Joint Implementation im Rahmen eines Nichteinhaltungs- oder Implementierungsverfahrens zu übertragen[191]. Diese Funktionsübertragung ist sachgerecht, da die Mitglieder dieses Komitees in jedem Fall Experten sein werden, so daß der technische und ökonomische Sachverstand vorausgesetzt werden kann. Auch ist die Größe dieses Organs kein Hindernis für die Übernahme von Funktionen im Rahmen der Konfliktlösung, im Zweifelsfall muß durch das Komitee ein Unterausschuß für die Fragen der Konfliktlösung gebildet werden. Eine solche Lösung hat sowohl den Reiz der Funktionalität als auch den Vorteil relativ geringer Kosten der Umsetzung.

---

190 Vgl. oben, Kap.IV.2.2.3.
191 Vgl. oben, Kap.IV.2.2.3.

5 Literatur

Anderson, Robert J. (1995): Joint Implementation of Climate Change Measures, The World Bank, Environment Department Papers, Paper No.005, March 1995.

Arquit-Niederberger, Anne (1996): Activities Implemented Jointly. Review of Issues for the Pilot Phase, Bern, July 1996.

Bodansky, Daniel (1993): The United Nations Framework Convention on Climate Change: A Commentary, in: 18 Yale J. of Int'l Law, S.451ff.

Brauch, Hans Günter (Hrsg.) (1996): Klimapolitik. Naturwissenschaftliche Grundlagen, internationale Regimebildung und Konflikte, ökonomische Analysen sowie nationale Problemerkennung und Politikumsetzung; Heidelberg .

Bundesministerium für Umwelt, Naturschutz und Reaktorsicherheit (1996): Gemeinsam umgesetzte Aktivitäten zur globalen Klimavorsorge („Activities Implemented Jointly" - AIJ), Bonn.

Bundesministerium für Wirtschaft (1995): Maßnahmen zur Förderung deutscher Direktinvestitionen im Ausland (ohne Osteuropa), Stand Februar 1995.

Carter, Lisa/Andrasko, Kenneth/van der Gaast, Wytze (1996): Technical Issues in JI/AIJ Projects: A Survey and Potential Responses, in: UNEP, AIJ/JI Critical Issues. Discussion Papers Prepared for the Open Forum on New Partnerships to Reduce the Buildup of Greenhouse Gases, San Jose, Costa Rica 29-31 October 1996, S.13ff.

Collamer, Nathan/Rose, Adam (1996): The Changing Role of Transaction Costs in the Evolution of Joint Implementation, Manuskript, The Pennsylvania State University, October 1996.

Corfee Morlot, Jan/Schwengels, Paul (1994): Verification, Evaluation and Monitoring and other thoughts on Annex I Party national communications, in: Katscher, W./Stein, G./Lanchbery, J./Salt, J. (Eds.): Greenhouse Gas Verification - Why, How and How Much? Proceedings of a Workshop, Konferenzen des Forschungszentrums Jülich, Band 14/1994, S.75ff.

David, A.K./Fernando, P.N. (1995): The BOT option. Conflicts and compromises, in: Energy Policy, S.669ff.

Dudek, Daniel J. (1996): Emission Budgets: Creating Rewards, Lowering Costs and Ensuring Results; paper presented an the Climate Change Analysis Workshop, Springfield, Virginia June 6-7 1996.

Fischer, W./Hoffmann, H-J./Katscher, W./Kotte, U./Lauppe, W D./Stein, G. (1995): Vereinbarungen zum Klimaschutz - das Verifikationsproblem; Monographien des Forschungszentrums Jülich, Band 22/1995.

Fritsche, Uwe (1994): The Problems of Monitoring and Verification of Joint Implementation, in: Joint Implementation from a European NGO Perspective, Climate Network Europe - July 1994, S.20ff.

Gehring, Thomas (1990): International Environmental Regimes: Dynamic Sectoral Legal Systems; in: 1 Yearbook of International Environmental Law, S.35ff.

Gehring, Thomas (1994): Dynamic International Regimes. Institutions for International Environmental Governance, Frankfurt a.M.

Gehring, Thomas/Oberthür, Sebastian (1997): Internationale Umweltregime. Umweltschutz durch Verhandlungen und Verträge; Opladen (Leske & Budrich).

Ghosh, Prodipto/Puri, Jyotsna (Hrsg.) (1994): Joint Implementation of Climate Change Commitments. Opportunities and Apprehensions, Tata Energy Research Institute.

Ghosh, Prodipto/Mittal, Mamta/Puri, Jyotsna/Soni, Preeti (1994): Perspectives of Developing Countries on Joint Implementation: An Economists Approach, in: Ghosh, Prodipto/Puri, Jyotsna (Hrsg.), Joint Implementation of Climate Change Commitments. Opportunities and Apprehensions, Tata Energy Research Institute, S.27ff.

Greiner, Sandra V. (1996): Joint Implementation in der Klimapolitik aus Sicht der Public Choice-Theorie, HWWA-Report Nr. 159, Hamburg.

Hadj-Sadok, Tahar (1996): Activities Implemented Jointly, Pilot Phase, Framework for Reporting, in: Center for Clean Air Policy in cooperation with SEVEn, Joint Implementation Projects in Central and Eastern Europe. Description of ongoing & new projects, S.6ff.

Hanisch, Ted/Selrod, Rolf/Torvanger, Asbjørn/AAheim, Asbjørn (1993): Study to develop Practical Guidelines for "Joint Implementation" under the UN Framework convention on Climate Change, CICERO Report 1993:2.

Heintz/Kuik/Peters/Schrijver/Vellinga (1994): Summary and Conclusions on Joint Implementation: Making it Work, in: Kuik/Peters/Schrijver (Hrsg.), Joint Implementation to Curb Climate Change. Legal and Economical Aspects, Dordrecht/Boston/London.

Jepma, Catrinus C. (Ed.) (1995): The Feasibility of Joint Implementation, Dordrecht/Boston/London (1995).

Jochem, Annette (1996): Germany's Position on Joint Implementation, in: Center for Clean Air Policy in cooperation with SEVEn, Joint Implementation Projects in Central and Eastern Europe. Description of ongoing & new projects, 1996, S.24f.

Jones, Tom (1994): Operational Criteria for Joint Implementation, in: OECD/IEA, The Economics of Climate Change. Proceedings of an OECD/IEA Conference; OECD, S.109ff.

Kinley, R.J. (1994): The Communication and Review of Information under the United Nations Framework Convention on Climate Change, in: Katscher, W./Stein, G./Lanchbery, J./Salt, J. (Hrsg.), Greenhouse Gas Verification - Why, How and How Much?; Proceedings of a workshop, Konferenzen des Forschungszentrums Jülich, Vol.14/1994, S.141ff.

Koskenniemi, Martti (1992): Breach of Treaty or Non-Compliance? Reflections on the Enforcement of the Montreal Protocol, in: 3 Yearbook of International Environmental Law, S.122ff.

Krägenow, Timm (1995): Verhandlungspoker um Klimaschutz: Beobachtungen und Ergebnisse der Vertragsstaaten-Konferenz zur Klimarahmenkonvention in Berlin, Freiburg.

Loske, Reinhard (1993): Grenzen und Möglichkeiten von Kompensationsmaßnahmen in der nationalen und internationalen Klimapolitik, Energiewirtschaftliche Tagesfragen, H.5/1993, S.313ff.

Loske, Reinhard/Oberthür, Sebastian (1994): Joint Implementation under the Climate Change Convention, 6 International Environmental Affairs (1994), S.45ff.

Loske, Reinhard (1996): Klimapolitik. Im Spannungsfeld von Kurzzeitinteressen und Langzeiterfordernissen, Marburg.

Luhmann, Jochen (1996): Die relative Eignung von Projekttypen für Joint Implementation, in: Rentz/Wietschel/Fichtner/Ardone (Hrsg.), Joint Implementation in Deutschland. Stand und Perspektiven aus Sicht von Politik, Industrie und Forschung, Frankfurt a.M..

Maya, R.S./Gupta, J. (Hrsg.) (1996): Joint Implementation: Carbon Colonies or Business Opportunities. Weighing the odds in an information vacuum, Southern Centre for Energy and Environment.

Michaelowa, Axel (1995): Internationale Kompensationsmöglichkeiten zur CO_2-Reduktion unter Berücksichtigung steuerlicher Anreize und ordnungsrechtlicher Maßnahmen, BMWi Studienreihe Nr.87 (März 1995).

Michaelowa, Axel (1996): Internationale Kompensation von Treibhausgasemissionen - Ergebnisse der Berliner Konferenz und erste praktikable Ansätze, in: Hamburger Jahrbuch für Wirtschafts- und Gesellschaftspolitik 41 (1996), S.235ff.

Mintzer, Irving (1994): Institutional Options and Operational Challenges in the Management of a Joint Implementation Regime, Paper written for the International Workshop on Joint Implementation, Southampton, Bermuda, 9.-11. Jan. 1994.

Nordic Council (1995): Joint Implementation as a Measure to Curb Climate Change - Nordic perspectives and priorities. A report prepared by the ad hoc group on climate strategies in the energy sector under the Nordic Council of Ministers, Stockholm/Oslo, February 1995 (TemaNord 1995:534).

Nordic Council (1996): Joint Implementation of Commitments to Mitigate Climate Change - analysis of 5 selected energy projects in Eastern Europe, Copenhagen (TemaNord 1996:573).

Oberthür, Sebastian (1993): Politik im Treibhaus. Die Entstehung des internationalen Klimaregimes; Berlin.

Oberthür, Sebastian/Ott, Hermann (1995a): UN/Convention on Climate Change. The First Conference of the Parties, in: 25 Environmental Policy & Law, S.144ff.

Oberthür, Sebastian/Ott, Hermann (1995b): Stand und Perspektiven der internationalen Klimapolitik, in: Internationale Politik und Gesellschaft 4/1995, S.399ff.

Oberthür, Sebastian/Singer, Stephan (1996): Zwischenhoch oder Beginn einer Schönwetterperiode? Die internationalen Klimaverhandlungen ein Jahr nach Berlin, WWF Umweltstiftung Deutschland, Juni 1996.

Ott, Hermann (1991): The New Montreal Protocol: A Small Step for the Protection of the Ozone Layer, a Big Step for International Law and Relations, in: 24 Verfassung und Recht in Übersee (VRÜ), S.188ff.

Ott, Hermann (1994): Tenth Session of the INC/FCCC: Results and Options for the First Conference of the Parties, in: Environmental Law Network International Newsletter; No.2/1994, S.3ff.

Ott, Hermann (1996a): Völkerrechtliche Aspekte der Klimarahmenkonvention, in: Brauch, Hans Günter (Hrsg.), Klimapolitik. Naturwissenschaftliche Grundlagen, internationale Regimebildung und Konflikte, ökonomische Analysen sowie nationale Problemerkennung und Politikumsetzung; Heidelberg, S.61ff.

Ott, Hermann (1996b): Elements of a Supervisory Procedure for the Climate Regime, in: Zeitschrift für ausländisches öffentliches Recht und Völkerrecht 56/3 (ZaöRV) (1996), S.732-749.

Ott, Hermann (1996c): Umweltregime im Völkerrecht. Eine Untersuchung zu neuen Formen internationaler institutionalisierter Kooperation am Beispiel der Verträge zum Schutz der Ozonschicht und zur Kontrolle grenzüberschreitender Abfallverbringungen, Diss. Berlin.

Ott, Hermann (1997): Das internationale Regime zum Schutz des Klimas, in: Gehring, Thomas/Oberthür, Sebastian, Internationale Umweltregime. Umweltschutz durch Verhandlungen und Verträge; Opladen (Leske & Budrich).

Perlack, Robert D./Russel, Milton/Shen, Zhongmin (1993): Reducing greenhouse gas emissions in China. Institutional, legal and cultural constraints and opportunities, in: Global Environmental Change, March 1993, S.79ff.

Peters, Paul (1991): Dispute Settlement Arrangements in Investment Treaties, in: 22 Netherlands Yearbook of International Law (1991), S.91ff.

Quennet-Thielen, Cornelia (1996): Stand der internationalen Klimaverhandlungen nach dem Klimagipfel in Berlin, in: Brauch, Hans Günter (Hrsg.), Klimapolitik. Naturwissenschaftliche Grundlagen, internationale Regimebildung und Konflikte, ökonomische Analysen sowie nationale Problemerkennung und Politikumsetzung; Heidelberg, S.75ff.

Rentz, Henning (1995): Kompensationen im Klimaschutz - Ein erster Schritt zu einem nachhaltigem Schutz der Erdatmosphäre, Berlin.

Rentz, O./Wietschel, M./Fichtner, W./Ardone, A. (Hrsg.) (1996): Joint Implementation in Deutschland. Stand und Perspektiven aus Sicht von Politik, Industrie und Forschung, Frankfurt a.M..

Roland, Kjell/Haugland, Torleif (1995): Joint Implementation - difficult to implement?, in: Jepma, Catrinus C. (Hrsg.), The Feasibility of Joint Implementation, Dordrecht/Boston/London, S.359ff.

Sachariev, Kamen (1991), Promoting Compliance with International Environmental Legal Standards: Reflections on Monitoring and Reporting Procedures; 2 Yearbook of International Environmental Law, S.21-52.

Sand, Peter H. (1990): Lessons Learned in Global Environmental Governance; Washington (World Resources Institute) 1990.

Schärer, Bernd (1982): Ökonomische Wege zur Bekämpfung der Luftverschmutzung in den Vereinigten Staaten - Offset Policy, Bubble Policy, Emission Banking, in: ZfU, S.137ff.

Schärer, Bernd (1995): Ökonomische Instrumente - zur Rolle von Abgaben, Kompensationen und Subventionen in der deutschen Luftreinhaltepolitik, in: Staub - Reinhaltung der Luft, S.253ff.

Schärer, Bernd (1997): Joint Implementation gemäß der Klimarahmenkonvention - Diskussion zur Gestaltung im internationalen Bereich, in: Elektrizitätswirtschaft Heft 1-2/1997, S.9ff.

Schafhausen, Franzjosef (1996): Klimavorsorgepolitik der Bundesregierung, in: Brauch, Hans Günter (Hrsg.), Klimapolitik. Naturwissenschaftliche Grundlagen, internationale Regimebildung und Konflikte, ökonomische Analysen sowie nationale Problemerkennung und Politikumsetzung, Heidelberg, S.237ff.

Schrijver, Nico (1995): Joint Implementation from an International Law Perspective, in: Jepma, Catrinus C. (Ed.) The Feasibility of Joint Implementation, Dordrecht/Boston/London, S.133ff.

Sohn, Louis B. (1983): The Future of Dispute Settlement, in: MacDonald, R.St.J./Johnston, D.M. (Hrsg.): The Structure and Process of International Law. Essays in Legal Philosophy, Doctrine and Theory; The Hague, S.1121ff.

Széll, Patrick (1995): The Development of Multilateral Mechanisms for Monitoring Compliance, in: Winfried Lang (Hrsg.), Sustainable Development and International Law; London/Amsterdam, S.97ff.

Torvanger, A./Fuglestvedt, J.S./Hagem, C./Ringius, L./Selrod, R./Aaheim, H.A. (1994): Joint Implementation Under the Climate Convention: Phases, Options and Incentives, CICERO Report 1994:6.

Walker, I.O./Wirl, Franz (1994): How effective would Joint Implementation be in stabilising CO_2 emissions?, in: OPEC Bulletin November/December 1994, S.16ff.

Watt, E./Sathaye, J./de Buen, O./Masera, O./Gelil, I.A./Ravindranath, N.H./Zhou, D./Li, J./Intarapravich, D. (1995): The institutional needs of Joint Implementation Projects, Lawrence Berkeley Laboratory, October 1995.

WBGU (1994): Wissenschaftlicher Beirat der Bundesregierung Globale Umweltveränderungen: Welt im Wandel: Die Gefährdung der Böden, Jahresgutachten.

Werksman, Jacob (1996a): Designing a Compliance System for the United Nations Framework Convention on Climate Change, in: Cameron, James/Werksman, Jacob/Roderick, Peter (Hrsg.), Improving Compliance with International Environmental Law, London, S.84.

Werksman, Jacob (1996b): Compliance and Transition: Russia's Non-Compliance Tests the Ozone Regime, in: Zeitschrift für ausländisches öffentliches Recht und Völkerrecht (ZaöRV), S.750ff.

Wexler, Pamela/Mintzer, Irving/Miller, Alan/Eoff, Dennis (1995): Joint Implementation: institutional options and implications, in: Jepma, Catrinus C. (Hrsg.) The Feasibility of Joint Implementation, Dordrecht/Boston/London, S.111ff.

Yamin, Farhana (1994): Principles of Equity in International Environmental Agreements with Special Reference to the Climate Change Convention, FIELD Working Paper (Draft), 18 July 1994.

Yamin, Farhana (1995): Additional commitments and joint Implementation: the post-Berlin landscape, in: Michael Grubb/Dean Anderson (Hrsg.), The Emerging International Regime for Climate Change: Structures and Options after Berlin, London (Royal Institute for International Affairs), S.59.

Zollinger, Peter/Dower, Roger (1996): Private Financing for Global Environmental Initiatives: Can the Climate Convention's "Joint Implementation" Pave the Way?, World Resources Institute, Washington D.C., October 1996.

Anhang

A1: Verfahrensschritte eines JI-Projekts in einem staatenorientierten Modell von Joint Implementation

JIP = Joint Implementation Projekt
IS = investierender Staat
GS = gastgebender Staat

	Vorgang	Akteure (Klammer: in Deutschland)
	1. Stufe: Antragsverfahren - ex ante-Evaluation und Anerkennung des JI-Projekts	
1	•Auswahl eines potentiellen JI-Projekts (JIP)	*Private Unternehmen/ Investoren/staatliche Akteure/ Developer/NGOs (im folgenden: Projektteilnehmer) *Vermittlung durch JI-Clearing House im IS (D: BDI etc.) oder *internationale Projektbörse
2	•Kontakt herstellen mit *Partnerunternehmen im GS *zuständiger staatlicher Stelle im GS •Austausch von ersten Informationen	*Projektteilnehmer *JI-Stelle im GS, evtl. über *JI-Clearing House im IS
3	•Zusammenstellen von Basis-Informationen über das JIP •Austausch von Daten •Verhandlungen •Prefeasibility-Studie •Bezug von Antragsmaterialien (Formularen)	*Projektteilnehmer *Unternehmen im GS *Beratungsunternehmen *JI-Stelle im GS *JI-Anerkennungsstelle im IS (D: UBA)
4	•Erste Projektvorschläge •Verhandlungen mit Projektpartnern und Regierungen •Finanzierungsvereinbarung	*Projektteilnehmer *JI-Stelle im GS/Ministerium *JI-Anerkennungsstelle im IS und Ministerium (D: UBA/ BMU/BMWi etc.)
5	•Antragstellung im IS anhand der vereinheitlichten Formulare	*Projektteilnehmer *Banken und Kreditversicherer

6	•Prüfung des Antrags im Hinblick auf die JI-Eignung -> anhand national formulierter Kriterien -> nach internationalen Vorgaben •Festlegung des Referenzfalls und •<u>ex ante</u>-Evaluation des THG-Minderungspotentials	*JI-Anerkennungsstelle im IS (D: UBA & TÜV etc.) *JI-Bewertungsausschuß der Ministerien (D: JI-Ausschuß oder IMA-CO_2) *COP der FCCC/des Kyoto-Protokolls nach Empfehlungen von JI-Komitee, SBSTA und SUBIM
7	•Kontaktaufnahme der beteiligten Staaten •Weitergabe der Projektanträge an die zuständige Stelle im GS •Austausch von Daten und Informationen	*Zuständiges Ministerium im IS (D: BMU) *Zuständiges Ministerium im GS
8	•Stellungnahme des GS zum geplanten JIP im Hinblick auf: -> nationale entwicklungs- und umweltpolititische Strategien -> nationale Gesetzgebung -> Auswirkungen auf Umwelt, Wirtschaft, Soziales -> überörtliche Planungen -> allg. Risiko bei der Durchführung -> Technologie-/Know-how Transfer	*JI-Stelle im GS *zuständiges Ministerium im GS * durchführendes Unternehmen im GS (projektrelevante Daten)
9	•Abgleichung des Antrags mit der Stellungnahme -> evtl. Änderungen und Ergänzungen	*Projektteilnehmer *JI-Anerkennungsstelle (D: UBA) *JI-Stelle im GS
10	•Vorlage des endgültigen Antrags bei den Behörden von IS und GS	*Projektteilnehmer
11	•(betriebliche) Genehmigung im GS und Anerkennung als JIP	*örtliche Behörden *Regierung/JI-Stelle im GS
12	•(evtl. vorläufige) Anerkennung des Projekts als JI-geeignet (unter Vorbehalt der Nachprüfung) mit Nebenbedingungen, Auflagen etc. •Festlegung der JIP-Laufzeit bzw. des Anerkennungszeitraums	*JI-Anerkennungsstelle (D:UBA) im Zusammenwirken mit *Regierung des IS (D: BMU)

13	•Abschluß einer völkerrechtlichen "Vereinbarung über Gemeinsame Umsetzung", evtl. als Ergänzung zu bestehenden Investitionsschutzabkommen (bei erstmaliger JI-Kooperation) -> Klärung von Haftungsfragen bei Abweichungen vom geplanten Projektverlauf -> Aufteilung der THG-Emissions-Reduktionen -> Vereinbarung über Monitoring und -> Schiedsgerichtsbarkeit	*Regierungen von IS und GS im Zusammenwirken mit *JI-Anerkennungsstellen und mit dem *internationalen JI-Komitee unter FCCC/ Kyoto-Protokoll
14	•endgültige (privatrechtliche) Vereinbarung über das geplante Projekt •evtl. Gründung einer Projektgesellschaft o.ä. •Schiedsvereinbarung •etc.	*Projektteilnehmer IS und GS *Finanziers

	Vorgang	**Akteure** (Klammer: in Deutschland)
	2. Stufe: Implementierung des Projekts - Monitoring, Verifikation und laufende ex post-Evaluation **(nicht notwendig in zeitlicher Reihenfolge)**	
1	•Anzeige der Fertigstellung der Anlage	*Projektteilnehmer: Investor im IS und Unternehmen im GS bzw. Projektgesellschaft an *JI-Anerkennungsstelle
2	•Meldung der Inbetriebnahme bzw. Beginn der JIP-Laufzeit an die internationalen JI-Organe und •Weitergabe der Basisdaten des Antrags	*Regierungen IS (D: BMU) und GS über das *FCCC-Sekretariat an das *JI-Komitee
3	•Sammlung der betriebsbezogenen und emissionsbezogenen Daten •jährliche Berichte über das Projekt anhand der vereinheitlichten Berichtsformate •evtl. Zusammenfassung in gemeinsame Projektberichte	*Unternehmen des IS und des GS bzw. *Projektgesellschaft über das *Unternehmen des IS *freiwilliges externes Monitoring durch Dritte
4	•Prüfung der jährlichen Projektberichte	*JI-Monitoringstelle im IS (D: UBA i.V.m. anderen Stellen) *JI-Stelle des GS
5	•nationale JI-Berichte an die internationalen Organe der FCCC/Kyoto-Protokoll -> möglichst jährlich -> getrennt von Nationalberichten gem. Art.12 FCCC	*Regierung IS (D: BMU) und GS nach Vorarbeit durch die *JI-Monitoring-Stellen (D: UBA) an das *FCCC Sekretariat
6	•Prüfung der nationalen Berichte	*JI-Komitee mit Unterstützung des *FCCC Sekretariats, gibt Empfehlung an *COP der FCCC bzw. des Kyoto-Protokolls

7	•Entscheidung über die Anerkennung der nationalen JI-Berichte und •ggf. Zuweisung der ermittelten THG-Emissionskredite an IS nach der JI-Vereinbarung zwischen IS und GS	*JI-Komitee *FCCC Sekretariat für die "Buchführung" über die anzurechnenden verminderten Emissionen
8	•Gewährung der Kompensationsvorteile an das Unternehmen des IS (abhängig von der Anerkennung der THG-Minderung durch das JI-Komitee)	*JI-Anerkennungsstelle (D: UBA)
9	•Evaluation des JI-Mechanismus sowie •Anpassung der Kriterien oder des Berichtsformats	*COP der FCCC bzw. des Kyoto-Protokolls nach Empfehlung durch das *JI-Komitee
10	•Verifikation der JI-Projekte einschließlich •Inspektion der Projektanlagen	*beauftragte Institute im Rahmen des freiwilligen externen Monitoring *Behörden des GS im Rahmen ihrer Aufsichtspflicht *von dem IS beauftragte Prüfer (gem. bilateraler JI-Vereinbarung mit dem GS) *internationale JI-Expertenteams nach Vorbild der "in-depth-review teams"
11	•Streitschlichtung zwischen den Projektträgern oder •zwischen beteiligten Unternehmen und dem GS	*ICC-Schiedsverfahren *Schiedsgerichte (zwei Vertreter aus beteiligten Staaten, ein Unabhängiger), eingesetzt durch JI-Vereinbarung i.V.m. dem Übk. über Investitionsstreitigkeiten v. 18. März 1965 *spezielles Panel, eingerichtet durch COP im Rahmen des JI-Mechanismus
12	•Konfliktlösung zwischen beteiligten Staaten	*JI-Komitee im Rahmen eines besonderen Verfahrens oder *ein im Rahmen von Art.13 FCCC (bzw. Kyoto-Protokoll) eingerichtetes Organ des allg. Nichteinhaltungsverfahrens

A2: Formulare eines innerstaatlichen JI-Programms

A2.1: Antrag Grundformular

GEMEINSAME UMSETZUNG IN DEUTSCHLAND ANTRAGSFORMULAR FÜR JI-PROJEKTE

Grundformular

Projektbezeichnung:		
Antragsteller		
Name:		
Kontaktperson (inkl. Funktion):		
Adresse:		
Telefon:	FAX:	E-mail:
Kooperationspartner des Gastlandes		
Name:		
Kontaktperson (inkl. Funktion):		
Adresse:		
Telefon:	FAX:	E-mail:
Staat des Kooperationspartners:	Status unter FCCC:	Ratifikationsdatum FCCC / Klimaprotokoll:
Kooperationsform[1]:		
Weitere mit Eigenkapital am Projekt beteiligte Firmen oder Institutionen:		
Genehmigung / Zustimmung / Bestätigung durch die Regierung des Gastlandes: O Ja (Bescheinigung als Anlage) O Nein O In Bearbeitung		

Unterauftragnehmer / Zulieferer:	
Finanzierung des Projekts: - davon Beiträge multinationaler Entwicklungsbanken: - davon staatliche Zuwendungen:	
Risiko-Management[2]:	
Projektbezogene Daten	
Kurzbeschreibung des Projekts (in eigenen Worten):	
Projektkategorie[3]:	Projekttyp[4]:
Vom Projekt erfaßte Treibhausgase[5]: O $CO2$ O Methan O N_2O O Sonstige: __________ __________ __________ __________	
Preafeasibilitystudie (als Anhang beifügen):	
Referenzfall (kurz):	
Erwartete Treibhausgasreduktion[6]: pro Jahr: ____________________ über die JI-Anrechnungszeit: ______________________	
Spezifische Vermeidungskosten:	
Summe der geplanten Investitionsaufwendungen:	

Umweltbezogene Daten
Umweltverträglichkeitsprüfung (UVP)[7]:
Luftschadstoffe (außer CO2):
Sonstige Schadstoffe:
Biodiversität (z.B. bei Forstprojekten):
Sonstige Umweltwirkungen:
Gastlandbezogene Daten
Vereinbarkeit des Projekts mit nationalen Entwicklungs- und Umweltstrategien[8]:
Technologietransfer:
Capacity-Building und Know-how[9]:
Lokale ökonomische und soziale Wirkungen (inkl. Beschäftigungseffekte):
Auswirkungen auf die Handelsbilanz[10]:

Sonstige wirtschaftliche und soziale Auswirkungen des Projekts:	
Unterschriften der autorisierten Vertreter:	
_______________ Datum	_______________ Datum
_______________ Unterschrift (Antragsteller)	_______________ Unterschrift (des Kooperationspartners, falls gemeinsamer Antrag)

---

1 Z.B. Joint Venture, BOT etc.

2 Versicherungen und/oder andere Vorkehrungen gegen Krieg und politische Wirren, Währungsrisiken, Unmöglichkeit oder fehlerhafte Leistung der Vertragspartner etc.

3 Bezieht sich auf die vom IPCC identifizierten Sektoren: energy efficiency, renewable energy, fuel switching, forest preservation, afforestation, fugitive gas capture, industrial processes, solvents, agriculture, waste disposal, bunker fuels

4 Bezieht sich auf die Typisierung dieser Studie.

5 Es wird von einem "comprehensive approach" ausgegangen.

6 Nur Kurzinformation, ausführlicher hinten.

7 *Es ist zu überlegen, ob nicht die UVP-Vorgaben der Weltbank vorgeschrieben werden sollen.*

8 *Eventuell werden diese Daten von der deutschen Genehmigungsbehörde intern erhoben. Dann müßten diese Angaben hier Platz finden.*

9 Über das spezifische Know-how des Projekts hinaus.

10 Z.B. Verbesserung der Handelsbilanz durch vermiedene Brennstoffeinfuhren.

A2.2: Antrag unbestimmter Projekttyp

GEMEINSAME UMSETZUNG IN DEUTSCHLAND
ANTRAGSFORMULAR FÜR JI-PROJEKTE

ANHANG: UNBESTIMMTER PROJEKTTYP

Projektstandort (Karte als Anhang beifügen):	
Projektstart:	Geplantes Projektende bzw. (festgelegte) JI-Anrechnungsdauer:
Referenzfall[1]:	
Überprüfung und ggf. Anpassung des Referenzfalls:	
Geplantes JI-Projekt	
Technische Daten:	
Einsatz- bzw. Betriebsbedingungen:	
Treibhausgasemissionen: Pro Jahr: ____________________ Über die JI-Anrechnungszeit: ____________________	

Verwendete Parameter für die Berechnung:
Verwendete Methode für die Berechnung:
Referenzprojekt
Technische Daten:
Einsatz- bzw. Betriebsbedingungen:
Treibhausgasemissionen: Pro Jahr: ________________ Über die JI-Anrechnungszeit: ________________
Verwendete Parameter für die Berechnung:

Verwendete Methode für die Berechnung:

Vermiedene Emissionen:

	CO_2	Methan	N_2O	Sonstige	CO_2-Äquivalent[2]
Jahr:					

(Vereinbarte) Aufteilung der erzielten THG-Minderung[3]:

Voraussehbare Kosten der vermiedenen THG-Emissionen ($/ CO_2)[4]:

Leakage-Probleme im Zusammenhang mit dem geplanten Projekt[5]:

Monitoring

Beauftragtes Institut für freiwilliges externes Monitoring[6]:

Kontinuierliche Überprüfung bestimmter Parameter:

Anmerkungen:

1 Die Angaben beziehen sich sowohl auf feste als auch auf individuell vereinbarte Referenzfälle.

2 Bei der Angabe in Äquivalenten sind die Umrechnungsfaktoren beizufügen (bzw. die IPCC Treibhauspotentiale zu benutzen).

3 Zur Zeit ist noch nicht voraussehbar, ob die erzielten Reduktionserfolge in einem im Rahmen der FCCC zu vereinbarenden JI-Mechanismus zwischen den Vertragsparteien aufgeteilt werden können, oder ob die erreichte Minderung allein dem investierenden Staat gutgeschrieben wird.

[4] Nur informatorisch.

[5] Der Antragsteller hat Angaben beizufügen, aus denen sich evtl. Sekundäreffekte des geplanten Projekts ergeben. Beantwortung nach bestem Wissen und Gewissen.

[6] Hier ist die Angabe erwünscht, durch welche Einrichtung der Betreiber evtl. ein freiwilliges externes Monitoring durchführen läßt.

A2.3: Antrag fossiles Kraftwerk

GEMEINSAME UMSETZUNG IN DEUTSCHLAND
ANTRAGSFORMULAR FÜR JI-PROJEKTE

ANHANG

PROJEKTTYP: FOSSIL BETRIEBENES KRAFTWERK

Projektstandort (Karte als Anhang beifügen):		
Projektstart:	geplantes Projektende bzw. (festgelegte) JI-Anrechnungsdauer:	
Kraftwerkstyp:		
Referenzfall[1]:		
Überprüfung und ggf. Anpassung des Referenzfalls:		
Geplantes Kraftwerks-Projekt		
Nennleistung (MW): Brutto: Netto:	Nettostromerzeugung (MWh_{el}/a)[2]:	
Dampfparameter		
Dampfdruck (bar):	Dampftemperatur (°C):	
Kondensatordruck (bar):		
Brennstoffeinsatz:		
Spezifischer Brennstoffverbrauch (MWh/MWh_{el}):		
Brennstoffmenge (t bzw. m^3/a):	Art des Brennstoffs:	
Brennstoffqualität (unterer Heizwert) (MWh/t bzw. MWh/m^3):	Spezifischer CO_2-Emissionsfaktor (kg CO_2/MWh)[3]: Elementaranalyse:	
Einsatzmodus		
Betriebsstunden (h/a):	Vollaststunden (h/a):	Starthäufigkeit (Heißstart / Kaltstart):
Kühlsystembezogene Daten		
Kühlsystem:	Kühlwasser- bzw. -luftmenge m^3/a):	Kühlwasser- bzw. -lufttemperatur (°C):
Außenlufttemperatur (im jährlichen Mittel):		

Wärmeverlust beim Anfahren (MWh)[4]:
- Kaltstart
- Warmstart

Zeitlicher Abstand zwischen Großinstandsetzungen:

Abnutzungsverhalten (Wirkungsgradverschlechterungen) zwischen zwei Großinstandsetzungen (%-Punkte):

Treibhausgasemissionen (t/a):

	CO_2	Methan	N_2O	Sonstige	CO_2-Äquivalent[5]
Pro Jahr:					
Über die JI-Anrechnungszeit:					

Rauchgaskonzentration (mg/m^3)[6] im Jahresmittel:

	SO_2	NO_x	CO	Staub	CO_2
Jahr:					

Rauchgasmenge pro Jahr (m^3/a): ______________________________

Typ der REA / DeNOx:

Referenzfall-Kraftwerk

Nennleistung (MW): Brutto: Netto:	Nettostromerzeugung (MWh_{el}/a):

Dampfparameter

Dampfdruck (bar):	Dampftemperatur (°C):
Kondensatordruck (bar):	

Brennstoffeinsatz

Spezifischer Brennstoffverbrauch (MWh/MWh_{el}):

Brennstoffmenge (t bzw. m^3/a):	Art des Brennstoffs:
Brennstoffqualität (unterer Heizwert) (MWh/t bzw. MWh/m^3):	Spezifischer CO_2-Emissionsfaktor (kg CO_2/MWh)[7]: Elementaranalyse

Einsatzmodus

Betriebsstunden (h/a):	Vollaststunden (h/a):	Starthäufigkeit (Heißstart / Kaltstart):

Kühlsystembezogene Daten

Kühlsystem:	Kühlwasser- bzw. -luftmenge (m^3/a):	Kühlwasser- bzw. -lufttemperatur (°C):

Außenlufttemperatur (im jährlichen Mittel):

Wärmeverlust beim Anfahren (MWh)[8]:
- Kaltstart
- Warmstart

Zeitlicher Abstand zwischen Großinstandsetzungen:

Abnutzungsverhalten (Wirkungsgradverschlechterungen) zwischen zwei Großinstandsetzungen:

Treibhausgasemissionen (t/a):

	CO_2	Methan	N_2O	Sonstige	CO_2-Äquivalent[9]
Pro Jahr:					
Über die JI-Anrechnungszeit:					

Rauchgaskonzentration (mg/m^3) im Jahresmittel:

	SO_2	NO_x	CO	Staub	CO_2
Jahr:					

Rauchgasmenge pro Jahr (m^3/a): ____________________

Typ der REA / DeNOx:

Vermiedene Emissionen (t/a):

	CO_2	Methan	N_2O	Sonstige	CO_2-Äquivalent[10]
Jahr:					

Verwendete Parameter für die Berechnung:

Verwendete Methode für die Berechnung:

(Vereinbarte) Aufteilung der erzielten THG-Minderung[11]:

Voraussehbare Kosten der vermiedenen THG-Emissionen (\$/t CO_2)[12]:

Leakage-Probleme im Zusammenhang mit dem geplanten Projekt[13]:

Monitoring

Beauftragtes Institut für freiwilliges externes Monitoring[14]:

Kontinuierliche Überprüfung bestimmter Parameter:

Anmerkungen:

[1] Die Angaben beziehen sich sowohl auf feste als auch auf individuell vereinbarte Referenzfälle.

[2] Bei KWK-Anlagen wären entsprechende Daten auch für die Wärmeerzeugung notwendig.

[3] Bezogen auf den Energieinhalt des Brennstoffs.

[4] Als äquivalenter Brennstoffverbrauch.

[5] Bei der Angabe in Äquivalenten sind die Umrechnungsfaktoren beizufügen (bzw. die IPCC Treibhauspotentiale zu benutzen).

[6] Für die JI-Anlage wird angenommen, daß eine Rauchgasreinigung verbindlich vorgeschrieben ist.

[7] Bezogen auf den Energieinhalt des Brennstoffs (unterer Heizwert).

[8] Als äquivalenter Brennstoffverbrauch.

[9] Bei der Angabe in Äquivalenten sind die Umrechnungsfaktoren beizufügen (bzw. die IPCC Treibhauspotentiale zu benutzen).

[10] Bei der Angabe in Äquivalenten sind die Umrechnungsfaktoren beizufügen (bzw. die IPCC Treibhauspotentiale zu benutzen).

[11] Zur Zeit ist noch nicht voraussehbar, ob die erzielten Reduktionserfolge in einem im Rahmen der FCCC zu vereinbarenden JI-Mechanismus zwischen den Vertragsparteien aufgeteilt werden können, oder ob die erreichte Minderung allein dem investierenden Staat gutgeschrieben wird.

[12] Nur informatorisch.

[13] Der Antragsteller hat Angaben beizufügen, aus denen sich evtl. Sekundäreffekte des geplanten Projckts ergeben. Beantwortung nach bestem Wissen und Gewissen.

[14] Hier ist die Angabe erwünscht, durch welche Einrichtung der Betreiber evtl. ein freiwilliges externes Monitoring durchführen läßt.

A2.4: Antrag solarthermisches Kraftwerk

GEMEINSAME UMSETZUNG IN DEUTSCHLAND
ANTRAGSFORMULAR FÜR JI-PROJEKTE

ANHANG

PROJEKTTYP: SOLARTHERMISCHES KRAFTWERK

Projektstandort JI-Projekt (Karte als Anhang beifügen):

Evtl. Projektstandort Referenz-Projekt:

Projektstart:	Geplantes Projektende bzw. (festgelegte) JI-Anrechnungsdauer:

Solarthermischer Kraftwerkstyp:

Referenzfall[1]:

Überprüfung und ggf. Anpassung des Referenzfalls:

Geplantes Kraftwerks-Projekt

Nennleistung (MW): Brutto: Netto:	Nettostromerzeugung (MWh_{el}/a)[2]:

Daten nichtsolarer Anlagenteil

Dampfparameter

Dampfdruck (bar):	Dampftemperatur (°C):

Kondensatordruck (bar):

Brennstoffeinsatz:

Spezifischer Brennstoffverbrauch (MWh/MWh_{el}):

Brennstoffmenge (t bzw. m^3/a):	Art des Brennstoffs:
Brennstoffqualität (unterer Heizwert) (MWh/t bzw. MWh/m^3):	spezifischer CO_2-Emissionsfaktor (kg CO_2/MWh)[3]: Elementaranalyse:

Einsatzmodus

Betriebsstunden (h/a):	Vollaststunden (h/a):	Starthäufigkeit (Heißstart / Kaltstart):

Kühlsystembezogene Daten		
Kühlsystem:	Kühlwasser- bzw. -luftmenge (m^3/a):	Kühlwasser- bzw. -lufttemperatur (°C):
Außenlufttemperatur (im jährlichen Mittel) (°C):		
Wärmeverlust beim Anfahren (MWh)[4]: - Kaltstart - Warmstart		
Zeitlicher Abstand zwischen Großinstandsetzungen:		
Abnutzungsverhalten (Wirkungsgradverschlechterungen) zwischen zwei Großinstandsetzungen (%-Punkte):		

Daten solarer Anlagenteil	
Jahressumme erzeugter solarer Nutzwärme (MWh/a):	Kollektorfläche (m^2):
Jahresnutzungsgrad des Solarsystems (inkl. Speicher):	Speicherkapazität (Vollaststunden) (h):
Globalstrahlung horizontal ($kWh/m^2/a$) (Jahresumme):	Direkteinstrahlung normal (normal direct insolation) ($kWh/m^2/a$) (Jahressumme): Bestimmungsmethode:
Wasserbedarf solarer Anlagenteil (m^3/a):	

Emissionen

Treibhausgasemissionen (t/a):

	CO_2	Methan	N_2O	Sonstige	CO_2-Äquivalent[5]
Pro Jahr:					
Über die JI-Anrechnungszeit:					

Rauchgaskonzentration (mg/m^3)[6] im Jahresmittel:

	SO_2	NO_x	CO	Staub	CO_2
Jahr					

Rauchgasmenge (m^3/a): ______________________

Typ der REA / DeNOx:

Referenzfall-Kraftwerk		
Nennleistung (MW): Brutto: Netto:	Nettostromerzeugung(MWh_{el}/a):	
Daten nichtsolarer Anlagenteil		
Dampfparameter		
Dampfdruck (bar):	Dampftemperatur (°C):	
Kondensatordruck (bar):		
Brennstoffeinsatz:		
Spezifischer Brennstoffverbrauch (MWh/MWh_{el}):		
Brennstoffmenge (t bzw. m^3/a):	Art des Brennstoffs:	
Brennstoffqualität (unterer Heizwert) (MWh/t bzw. MWh/m^3):	Spezifischer CO_2-Emissionsfaktor (kg CO_2/MWh)[7]: Elementaranalyse	
Einsatzmodus		
Betriebsstunden (h/a):	Vollaststunden (h/a):	Starthäufigkeit (Heißstart / Kaltstart):
Kühlsystembezogene Daten		
Kühlsystem:	Kühlwasser- bzw. -luftmenge (m^3/a):	Kühlwasser- bzw. -lufttemperatur (°C):
Außenlufttemperatur (im jährlichen Mittel) (°C):		
Wärmeverlust beim Anfahren (MWh)[8]: - Kaltstart - Warmstart		
Zeitlicher Abstand zwischen Großinstandsetzungen:		
Abnutzungsverhalten (Wirkungsgradverschlechterungen) zwischen zwei Großinstandsetzungen:		
Daten solarer Anlagenteil (wenn vorhanden)		
Jahressumme erzeugter solarer Nutzwärme (MWh/a):	Kollektorfläche (m^2):	
Jahresnutzungsgrad des Solarsystems (inkl. Speicher):	Speicherkapazität (Vollaststunden) (h):	
Globalstrahlung horizontal (kWh/m^2/a) (Jahressumme):	Direkteinstrahlung normal (normal direct insolation) (kWh/m^2/a) (Jahressumme): Bestimmungsmethode:	
Wasserbedarf solarer Anlagenteil (m^3/a):		

Treibhausgasemissionen (t/a):

	CO_2	Methan	N_2O	Sonstige	CO_2-Äquivalent[9]
Pro Jahr:					
Über die JI-Anrechnungszeit:					

Rauchgaskonzentration (mg/m^3) im Jahresmittel:

	SO_2	NO_x	CO	Staub	CO_2
Rauchgaskonzentration:					

Rauchgasmenge pro Jahr (m^3/a): ____________________

Typ der REA / DeNOx:

Vermiedene Emissionen (t/a):

	CO_2	Methan	N_2O	Sonstige	CO_2-Aquivalent[10]
Jahr:					

Verwendete Parameter für die Berechnung:

Verwendete Methode für die Berechnung:

(Vereinbarte) Aufteilung der Anrechnung der erzielten THG-Minderung[11]:

Voraussehbare Kosten der vermiedenen THG-Emissionen (\$/t CO_2)[12]:

Leakage-Probleme im Zusammenhang mit dem geplanten Projekt[13]:
Monitoring
Beauftragtes Institut für freiwilliges externes Monitoring[14]:
Kontinuierliche Überprüfung bestimmter Parameter:

Anmerkungen:

[1] Die Angaben beziehen sich sowohl auf feste als auch auf individuell vereinbarte Referenzfälle.

[2] Bei KWK-Anlagen wären entsprechende Daten auch für die Wärmeerzeugung notwendig.

[3] Bezogen auf den Energieinhalt des Brennstoffs.

[4] Als äquivalenter Brennstoffverbrauch.

[5] Bei der Angabe in Äquivalenten sind die Umrechnungsfaktoren beizufügen (bzw. die IPCC Treibhauspotentiale zu benutzen).

[6] Für die JI-Anlage wird angenommen, daß eine Rauchgasreinigung verbindlich vorgeschrieben ist.

[7] Bezogen auf den Energieinhalt des Brennstoffs (unterer Heizwert).

[8] Als äquivalenter Brennstoffverbrauch.

[9] Bei der Angabe in Äquivalenten sind die Umrechnungsfaktoren beizufügen (bzw. die IPCC Treibhauspotentiale zu benutzen).

[10] Bei der Angabe in Äquivalenten sind die Umrechnungsfaktoren beizufügen (bzw. die IPCC Treibhauspotentiale zu benutzen).

[11] Zur Zeit ist noch nicht voraussehbar, ob die erzielten Reduktionserfolge in einem im Rahmen der FCCC zu vereinbarenden JI-Mechanismus zwischen den Vertragsparteien aufgeteilt werden können, oder ob die erreichte Minderung allein dem investierenden Staat gutgeschrieben wird.

[12] Nur informatorisch.

[13] Der Antragsteller hat Angaben beizufügen, aus denen sich evtl. Sekundäreffekte des geplanten Projekts ergeben. Beantwortung nach bestem Wissen und Gewissen.

14 Hier ist die Angabe erwünscht, durch welche Einrichtung der Betreiber evtl. ein freiwilliges externes Monitoring durchführen läßt.

A2.5: Berichtsformat Grundformular

GEMEINSAME UMSETZUNG IN DEUTSCHLAND
BERICHTSFORMULAR FÜR JI-PROJEKTE

Grundformular

Projektbezeichnung:		
Lfd. Nummer des Anerkennungsbescheides:		
Berichtszeitraum:		
Projektträger		
Name:		
Adresse:		
Telefon:	FAX:	E-mail:
Kooperationspartner des Gastlandes		
Name:		
Kontaktperson (inkl. Funktion):		
Adresse:		
Telefon:	FAX:	E-mail:
Staat des Kooperationspartners:	Status unter FCCC:	Ratifikationsdatum FCCC / Klimaprotokoll[1]:
Änderungen zum Antrag		
Änderungen gegenüber den im Antrag übermittelten Informationen hinsichtlich der Implementierung?		

Änderungen gegenüber den im Antrag übermittelten Informationen hinsichtlich der Umweltwirkungen?
Änderungen gegenüber den im Antrag übermittelten Informationen hinsichtlich der ökonomisch-sozialen Wirkungen für den gastgebenden Staat bzw. dessen Bevölkerung?

---

[1] *Diese Angabe ist abhängig davon, ob der JI-Mechanismus unter der FCCC oder unter dem in Kyoto zu beschließenden Klimaprotokoll errichtet wird.*

A2.6: Berichtsformat fossiles Kraftwerk

GEMEINSAME UMSETZUNG IN DEUTSCHLAND
BERICHTSFORMULAR FÜR JI-PROJEKTE

ANHANG

PROJEKTTYP: FOSSILES KRAFTWERK

Emissionsbezogenes Monitoring		
Projektbezeichnung		
Lfd. Nummer des Anerkenungsbescheides		
Berichtszeitraum		
Nettostromerzeugung (MWh_{el}/im Berichtszeitraum)[1]		
Meßmethoden (zur Erfassung der Elektrizitätserzeugung)		
Brennstoffeinsatz		
Art des verwendeten Brennstoffs		
Brennstoffqualität[2] (unterer Heizwert) (MWh/t bzw. MWh/m^3) (im Mittel des Berichtszeitraums)		Menge des verwendeten Brennstoffs (t bzw. m^3/ im Berichtszeitraum)
Spezifischer CO_2-Emissionsfaktor ($kg CO_2/MWh$)[3] Elementaranalyse		
Spezifischer Brennstoffverbrauch (MWh/MWh_{el})		
Meßmethoden (zur Erfassung der Brennstoffmenge etc.)		
Einsatzmodus		
Betriebsstunden (h/ im Berichtszeitraum)	Vollaststunden (h/ im Berichtszeitraum)	Starthäufigkeit über den Berichtszeitraum(Heißstart / Kaltstart)

Kühlsystembezogene Daten	
Kühlwasser- bzw. -luftmenge (m^3/ im Berichtszeitraum)	Temperatur des Kühlwassers (°C) (im Mittel)
Außenlufttemperatur (°C) (im Mittel)	
Wärmeverlust beim Anfahren (MWh)[4] - Kaltstart - Warmstart	
Großinstandsetzung im Berichtszeitraum	
Abnutzungsverhalten (Wirkungsgradverschlechterungen) zwischen den Großinstandsetzungen (%-Punkte)	
Meßmethoden für Emissionen (verwendetes Rauchgasanalyse-Meßgerät etc.)	

Emissionen

Treibhausgasemissionen (t/a)

	CO_2	Methan	N_2O	Sonstige	CO_2-Äquivalent[5]
Berichts-zeitraum					

Rauchgaskonzentration (mg/m^3)[6] im Mittel

	SO_2	NO_x	CO	Staub	CO_2
Berichts-zeitraum					

Rauchgasmenge im Berichtszeitraum (m^3): ______________________

Meßmethode (Rauchgasanalyse, Massenstrom)

[1] *Bei KWK-Anlagen wären entsprechende Daten auch für die Wärmeerzeugung notwendig.*

[2] Bei Brennstoffwechsel für jede Charge anzugeben.

[3] Bezogen auf den Energieinhalt des Brennstoffs.

[4] Als äquivalenter Brennstoffverbrauch.

[5] Bei der Angabe in Äquivalenten sind die Umrechnungsfaktoren beizufügen (bzw. die IPCC Treibhauspotentiale zu benutzen).

[6] *Für die JI-Anlage wird angenommen, daß eine Rauchgasreinigung verbindlich vorgeschrieben ist.*

A2.7: Berichtsformat solarthermisches Kraftwerk

Zusammenfassung

Inhaltsverzeichnis

I. Einleitung

Joint Implementation (JI) ist ein Instrument der internationalen Klimapolitik, dessen Weiterentwicklung eine wichtige Forderung der ersten Vertragsstaatenkonferenz zur Klimarahmenkonvention gewesen ist. Die Idee der "Gemeinsamen Umsetzung" von Klimaschutzpflichten beruht auf einer sehr einfachen Feststellung: Maßnahmen zur Minderung von Treibhausgasemissionen sowie zur Ausweitung und Erhaltung von Treibhausgassenken sind in verschiedenen Staaten ganz unterschiedlich kostenintensiv. Die Durchführung der Maßnahmen ist nicht zuletzt von der Verfügbarkeit von Kapital und Technologie sowie von der jeweiligen sozio-ökonomischen Situation abhängig. Da es für die Klimawirksamkeit von Treibhausgasen unerheblich ist, wo sie in die Atmosphäre entlassen oder aus dieser wieder absorbiert werden, liegt es unter wirtschaftlichen Gesichtspunkten nahe, die Emissionen dort zu vermindern und zu vermeiden, wo dies am kostengünstigsten erreicht werden kann. D.h.: Mit einer vorgegebenen Investitionssumme kann durch Joint Implementation prinzipiell ein höherer Klimaschutzeffekt erzielt werden, als wenn Staaten mit unterschiedlichen Vermeidungskosten gleiche proportionale Minderungsziele auf ihrem jeweiligen Territorium realisieren.

Grundsätzlich kann Joint Implementation als ein System der Kompensation klimapolitischer Verpflichtungen zwischen Staaten mit festen Emissionsbegrenzungen (staatenbezogener Ansatz) oder als ein Instrument zur gemeinsamen Umsetzung von spezifischen "Projekten" mit berechenbaren Emissionsminderungen (projektbezogener Ansatz) konzipiert werden. In der Klimarahmenkonvention (KRK) und den bisherigen Verhandlungen wurden weitergehende Randbedingungen oder Begriffsbestimmungen noch nicht vorgegeben. So ist in Artikel 4.2.a der KRK lediglich vereinbart, daß Annex-I-Staaten (OECD- und MOE-Staaten) Politiken und Maßnahmen zur Minderung von Treibhausgasemissionen "gemeinsam mit anderen Vertragsstaaten durchführen" können. D.h. sie können JI-Maßnahmen untereinander (staatenbezogener Ansatz) oder gemeinsam mit Nicht-Annex-I-Staaten (projektbezogener Ansatz) durchführen.

Angesichts der fehlenden Präzision der Vertragsbestimmungen, die unterschiedliche Auslegungen zuläßt, wurde das Wuppertal Institut für Klima, Umwelt, Energie GmbH im Rahmen des Umweltforschungsplanes des Bundesministers für Umwelt, Naturschutz und Reaktorsicherheit, vertreten durch das Umweltbundesamt, beauftragt, ein Forschungsvorhaben zu den operationellen Aspekten des JI-Konzeptes durchzuführen.

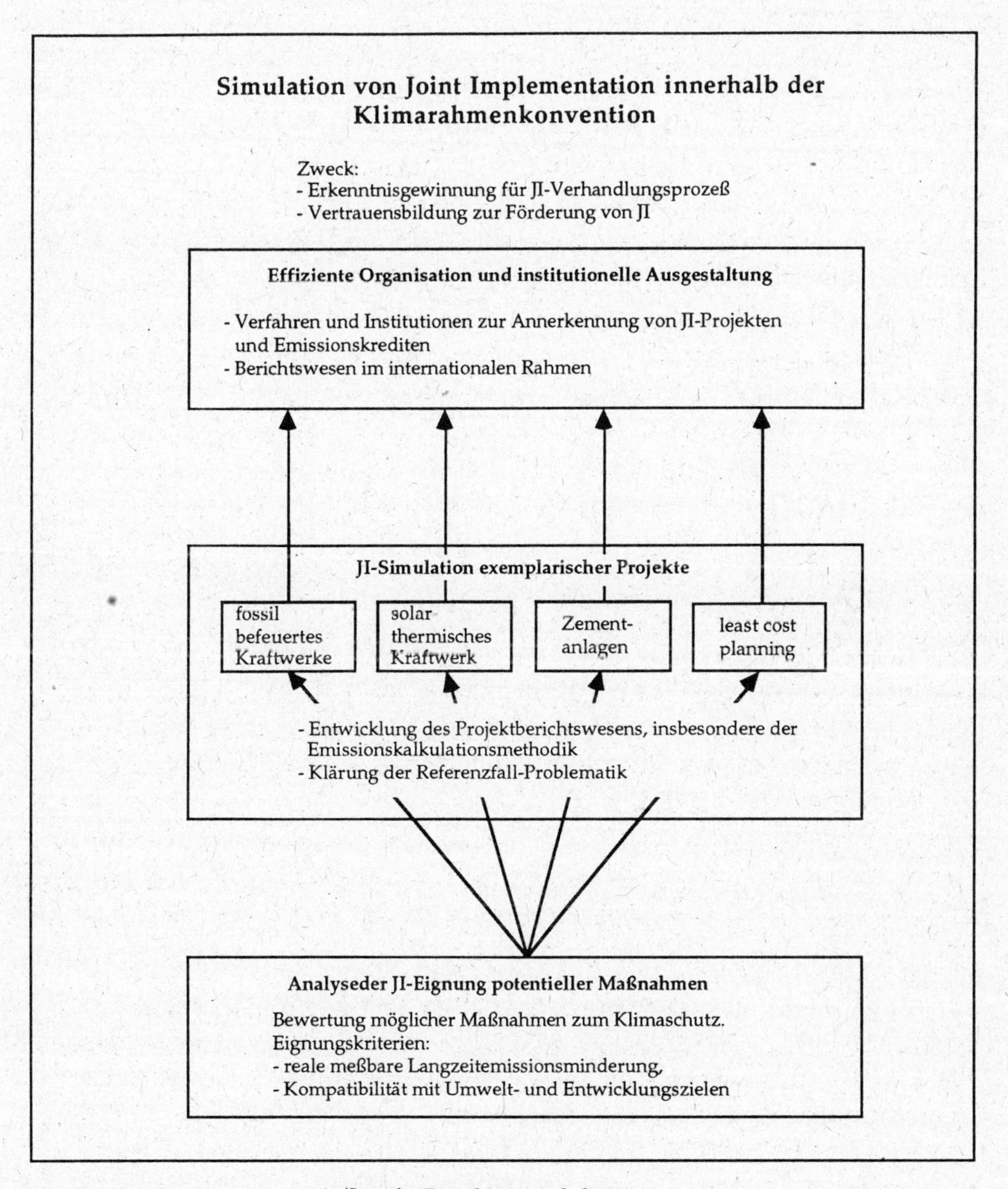

Aufbau des Forschungsvorhabens

Das Konzept der Studie ist in der vorausgehenden Abbildung dargestellt. Im ersten Schritt gilt es, die grundsätzlich zur Verminderung der Emission von Treibhausgasen und zur Sicherung und Stärkung von Senken geeigneten Maßnahmen im Hinblick auf ihre Eignung für JI im projektbezogenen Ansatz zu untersuchen. Zweck dieser Analyse ist es, ein klares Bild von der prinzipiellen Natur möglicher JI-Projekte zu zeichnen. Darauf aufbauend sollen besonders geeignete (exemplarische) JI-Projekte (fossil befeuertes Kraftwerk, solarthermisches Kraftwerk, Zementwerk, Integrierte Ressourcen Planung) simuliert werden. Der Zweck dieses Schrittes ist die weitere Konkretisierung von JI auf der Projektebene. Dabei kommt es vor allem auf die Entwicklung eines Projektberichtswesens, insbesondere auf die Feststellung der faktischen Emissionen sowie die Kalkulation der vermiedenen Emissionen an. Für letzteres ist die Bestimmung des Referenzfalls von entscheidender Bedeutung. Beide Arbeitsschritte sollen Erkenntnisse für Standardisierung und Schematisierung der JI-Verfahrensabläufe bringen. Auf dieser Basis soll dann in einem weiteren Schritt der international notwendige JI-Mechanismus entworfen werden. Dabei geht es vor allem um eine effiziente Organisation und institutionelle Ausgestaltung von JI sowie um die Beschreibung der notwendigen Aufgaben, d.h. die Anerkennung von Projekten und Emissionskrediten und deren Überwachung.Im folgenden werden die Ergebnisse dieses Forschungsvorhabens knapp zusammengefaßt. Lediglich Teil 4 der Untersuchung ist in Teil B ausführlich wiedergegeben.

II. Zusammenfassung Teil 2: Zur Eignung von Projekten für JI

In Kapitel 2 wird die Frage gestellt, welche Arten von Projekten für den projektbezogenen Ansatz von Joint Implementation geeignet sind. Dazu wurden Maßnahmen für die Reduktion von Treibhausgasen zu Projekttypen zusammengefaßt, Kriterien der JI-Eignung diskutiert – wobei besonders Wert auf die Bestimmbarkeit des Referenzfalls gelegt wurde – und schließlich die JI-Eignung der Projekttypen eingeschätzt. Auf diese Weise wurde eine "Landschaft" relativ geeigneter Projekttypen entworfen. Diese Übersicht über die Projektlandschaft soll helfen, Unsicherheiten abzubauen und Transparenz herzustellen. Dies vermag den späteren Vollzug von JI zu fördern.

Die Gliederung der Projekttypen wurde aus der Differenzierung zwischen energiebedingten und nicht-energiebedingten Treibhausgas-Emissionen hergeleitet, die für das Berichtswesen unter der Klimarahmenkonvention (KRK) konstitutiv ist. Die energiebedingten Emissionen wurden in Anlehnung an die in Deutschland übliche Form der Energiebilanz weiter untergliedert. Dadurch konnten neben der technischen Ähnlichkeit soziale Aspekte berücksichtigt werden, die mitentscheidend sind, wenn es um die glaubwürdige Bestimmung der vermiedenen Emissionen geht.

Die resultierende Gliederung ist in der folgenden Abbildung dargestellt.

GEMEINSAME UMSETZUNG IN DEUTSCHLAND
BERICHTSFORMULAR FÜR JI-PROJEKTE

ANHANG

PROJEKTTYP: SOLARTHERMISCHES KRAFTWERK

<table>
<tr><th colspan="3">Emissionsbezogenes Monitoring</th></tr>
<tr><td colspan="3">Projektbezeichnung</td></tr>
<tr><td colspan="3">Lfd. Nummer des Anerkenungsbeschcides</td></tr>
<tr><td colspan="3">Berichtszeitraum</td></tr>
<tr><td colspan="3"></td></tr>
<tr><td colspan="3">Nettostromerzeugung (MWh_{el}/im Berichtszeitraum)[1]</td></tr>
<tr><td colspan="3">Meßmethoden (zur Erfassung der Elektrizitätserzeugung)</td></tr>
<tr><th colspan="3">Daten nichtsolarer Anlagenteil</th></tr>
<tr><th colspan="3">Brennstoffeinsatz</th></tr>
<tr><td colspan="3">Art des verwendeten Brennstoffs</td></tr>
<tr><td colspan="2">Brennstoffqualität (unterer Heizwert) (MWh/t bzw. MWh/m^3)
(im Mittel des Berichtszeitraums)[2]</td><td>Menge des verwendeten Brennstoffs (t bzw. m^3/ im Berichtszeitraum)</td></tr>
<tr><td colspan="3">Spezifischer CO_2-Emissionsfaktor
(kg CO_2/MWh)[3]

Elementaranalyse</td></tr>
<tr><td colspan="3">Meßmethoden (zur Erfassung der Brennstoffmenge etc.)</td></tr>
<tr><th colspan="3">Einsatzmodus</th></tr>
<tr><td>Betriebsstunden (h/ im Berichts-zeitraum)</td><td>Vollaststunden (h/ im Berichts-zeitraum)</td><td>Starthäufigkeit über den Berichtszeitraum (Heißstart / Kaltstart)</td></tr>
</table>

Kühlsystembezogene Daten	
Kühlwasser- bzw. -luftmenge (m^3/ im Berichtszeitraum)	Temperatur des Kühlwassers (°C) (im Mittel)
Außenlufttemperatur (im Mittel) (°C)	
Wärmeverlust beim Anfahren (MWh)[4] - Kaltstart - Warmstart	
Großinstandsetzung im Berichtszeitraum	
Abnutzungsverhalten (Wirkungsgradverschlechterungen) zwischen den Großinstandsetzungen (%-Punkte)	
Meßmethoden für Emissionen (verwendetes Rauchgasanalyse-Meßgerät etc.)	
Daten solarer Anlagenteil	
Direkteinstrahlung normal (kWh/m^2) (Summe über Berichtszeitraum)	
Globalstrahlung (kWh/m^2) (Summe über Berichtszeitraum)	
Solar erzeugte Nutzwärme (MWh) (Summe über Berichtszeitraum)	
Meßmethoden (Strahlungsmessung/Wärmemengenmessung)	

Emissionen

Treibhausgasemissionen (t/a):

	CO_2	Methan	N_2O	Sonstige	CO_2-Äquivalent[5]
Berichts-zeitraum					

Rauchgaskonzentration (mg/m^3)[6] im Mittel

	SO_2	NO_x	CO	Staub	CO_2
Berichts-zeitraum					

Rauchgasmenge im Berichtszeitraum (m^3): ______________________

Meßmethode (Rauchgasanalyse, Massenstrom)

---

[1] *Bei KWK-Anlagen wären entsprechende Daten auch für die Wärmeerzeugung notwendig.*

[2] Bei Brennstoffwechsel für jede Charge anzugeben.

[3] Bezogen auf den Energieinhalt des Brennstoffs.

[4] Als äquivalenter Brennstoffverbrauch.

[5] Bei der Angabe in Äquivalenten sind die Umrechnungsfaktoren beizufügen (bzw. die IPCC Treibhauspotentiale zu benutzen).

[6] *Für die JI-Anlage wird angenommen, daß eine Rauchgasreinigung verbindlich vorgeschrieben ist.*

A. Energiebedingte Emissionen
I. Energieintensive Grundprozesse
- 1.) Energiebereitstellung
  - •Energieträgergewinnung
  - •Umwandlung von Energieträgern
  - •Transport und Verteilung von Energie
- 2.) Grundstoffindustrie i.w.S.
  - •Gewinnung miner. Rohstoffe mit -processing
  - •Grundstoffbearbeitung
- 3.) Verkehr von Flottenbetreibern
  - •intern. Massenverkehr (Fracht- u. Personen)
  - •nationaler Massenverkehr (öff. und privat) und Infrastruktur

II. Energieanwendung in Produkten
- 1.) Gebäudekonditionierung
- 2.) Haushaltsprozesse
- 3.) Industrie (ohne Gebäude/Grundstoffe), Handel und Gewerbe
- 4.) öffentliche Einrichtungen
- 5.) Nationaler individueller Verkehr
- 6.) Fortbildung

B. Nicht energiebedingte Emissionen bzw. Senken
I.) Biotische Produktionsfelder
- 1.) Landwirtschaft (Methan, N_2O)
- 2.) Viehwirtschaft (Methan, NH_3)
- 3.) Forstwirtschaft (CO_2-Senken)
- 4.) Abfallwirtschaft (Methan)

II.) CO_2-Entsorgung sowie Fassung und Vernichtung anderer Treibhausgase

Gliederung der JI-Projekttypen

Die Kriterien zur Beurteilung der JI-Eignung von Projekttypen wurden aus dem Berliner AIJ-Beschluß (5/CP 1)und aus der internationalen (wissenschaftlichen) Diskussion hergeleitet. Entscheidend ist das Zentralkriterium des Berliner AIJ-Beschlusses, das des, wie es wörtlich heißt, "tatsächlichen, meßbaren langfristigen Umweltnutzens". Aus ihm wurden die folgenden drei Kriterien abgeleitet:

1. die Möglichkeit, den Referenzfall glaubwürdig und quantifizierbar zu bestimmen; ("Realität")
2. die Möglichkeit, die Emissionen des JI-Projekts (bzw. der in Senken und Speichern gebundenen Menge an Treibhausgasen) exakt zu quantifzieren ("Meßbarkeit"); sowie
3. die Höhe des Minderungspotentials bzw. die Klimawirksamkeit.

Mit Hilfe der beiden ersten Kriterien, die den ersten beiden Attributen des Zentralkriteriums entsprechen, wurde zwischen der Bestimmung des hypothetischen Referenzfalls einerseits und der Kontrolle der faktischen Emissionen realisierter JI-Anlagen andererseits unterschieden. Mit dem dritten Kriterium wird das spezifische Minderungspotential eines JI-Projekttyps angesprochen. Fehler und Irrtümer bei der Bestimmung der vermiedenen Emissionen können leichter hingenommen werden, wenn das Minderungspotential spezifisch und/oder absolut hoch ist. Ein Minderungseffekt wird in diesem Fall trotz eventueller Fehler regelmäßig erzielt. JI-geeignet sind damit insbesondere Maßnahmen, die auch im Falle von Fehlern, z.B. bei der Referenzfallbildung, zu einer tatsächlichen Emissionsminderung führen.

Zusätzlich wurden Kriterien berücksichtigt, die das ins Spiel bringen, was für verpflichtete Staaten und die internationale Gemeinschaft lediglich die ökologischen und ökonomischen "Nebeneffekte" sind. Für sie sind die erzielten bzw. ausgewiesenen Minderungen der Emission von Treibhausgasen das Hauptmotiv, sich an JI zu beteiligen. Nebeneffekte wie Beiträge zur regionalen Luftreinhaltung sind für unverpflichtete Staaten von besonderer Bedeutung, sie können das Hauptmotiv für ihre Beteiligung darstellen.

Die Bestimmung des Referenzfalls erweist sich als die zentrale Schwierigkeit von JI im projektbezogenen Ansatz. Diese wurde systematisch diskutiert, und auf dieser Basis wurden pragmatische Lösungsmöglichkeiten aufgezeigt. Diese Überlegungen stellen den Hintergrund für die Referenzfallbildung in den vier Simulationsstudien dar.

Die Diskussion der JI-Eignung der Projekttypen führte zu den folgenden zusammenfassenden Thesen:

- Bei einem ersten *Screening* auf einer hochaggregierten Ebene von Projekttypen zeigte sich ein unterschiedlicher Grad an JI-Eignung. Für bestimmte Projekttypen kann i.d.R. davon ausgegangen werden, daß sie ausnahmslos JI-geeignet sind (z.B. Energieträgerumwandlung), für andere ist bereits absehbar, daß sie sich für JI generell nicht eignen (z.B. Fortbildung), bei wiederum anderen, daß ihre Potentiale klein sind, da organisatorische Zugriffsmöglichkeiten kaum vorliegen (z.B. nationaler individueller Verkehr). Bei manchen Projekttypen ist das Ergebnis des *Screenings* indifferent, weil sich zeigte, daß tiefergehende Prüfungen erforderlich sind.
- Bisher in der JI-Diskussion angedachte bzw. bereits in der Erprobungsphase befindliche Projekte/Projekttypen erweisen sich zum Teil als nicht so minderungswirksam, wie ursprünglich erwartet wurde (z.B. Neubau eines kohlebefeuerten Kraftwerks in der Volksrepublik China).
- Es gibt eine breite Palette technologisch attraktiver Vermeidungsmöglichkeiten, die im JI-Zusammenhang zu Unrecht bisher nicht zur Sprache gebracht wurden, weil ihr typischer oder bevorzugter Anwendungsbereich bisher nicht unter dem Aspekt der JI-Eignung geprüft wurde (z.B. Gebäudesanierung; Transportflotten; Gewinnung von Rohstoffen).
- Es gibt erfolgversprechende JI-geeignete Projekttypen, die klimapolitisch gesehen Randbereiche betreffen und die vom absoluten Vermeidungsvolumen her relativ kleine Potentiale darstellen, deren Klimawirksamkeit aber

andererseits als sehr sicher einzuschätzen ist (Beispiel: Methanfassung beim Steinkohlebergbau).

- JI kann für bestimmte Projekttypen ein zentrales Instrument der Markteinführung darstellen und damit zusätzliche strategische Bedeutung erlangen.
- Die Projektsimulation hat sich als eine erfolgreiche Form erwiesen, um zu konstruktiven Lösungen in bisher offenen pragmatischen Fragen zu kommen.

III. Zusammenfassung Teil 3 : Simulation von JI-Projekten in vier ausgewählten Bereichen

Simuliert wurden die folgenden Fälle:

- Steinkohle-Kraftwerk in China – in Zusammenarbeit mit Siemens-KWU;
- Solarthermisches Kraftwerk in Marokko – in Zusammenarbeit mit der Deutschen Forschungsanstalt für Luft- und Raumfahrt e.V. (DLR);
- Sanierung bzw. Neubau eines Zementwerks in Tschechien – beide Fälle in Zusammenarbeit mit der Heidelberger Zement AG; sowie
- Demand-Side-Management-Projekt (energieeffiziente Lampen) in Polen – in Zusammenarbeit mit den Stadtwerken Hannover.

"Simulation" bedeutet in dieser Studie, daß in Kooperation mit Anbietern bzw. Betreibern Investitionsprojekte, für die der jeweilige Kooperationspartner gegenwärtig zumindest Feasibility-Studien für einen konkreten Standort vorliegen hat, theoretisch durchgespielt wurden. Im Einzelnen wurden in den Simulationsstudien jeweils folgende Fragen untersucht:

- Welche Optionen der Treibhausgasminderung gibt es in dem betrachteten Projektbereich generell?
- Welche für das Simulationsprojekt relevanten landesspezifischen Rahmenbedingungen sind zu beachten?
- Kann für das Projekt ein Referenzfall gebildet werden?
- Können die durch das Projekt vermiedenen Emissionen glaubwürdig ermittelt werden?
- Welche projektspezifischen Anforderungen ergeben sich aus dem Postulat der "glaubwürdigen Ermittlung" für die Dokumentation, das Antrags- und Berichtswesen sowie die Verifikation?
- Können die in der Simulationsstudie gesammelten Erfahrungen verallgemeinert werden?

1) JI im Bereich fossil befeuerter Kraftwerke

Bei der Stromerzeugung auf der Basis fossiler Brennstoffe kann im wesentlichen zwischen drei Möglichkeiten zur Minderung von Treibhausgasemissionen (in diesem Fall vor allem der CO_2-Emissionen) unterschieden werden. Dies sind die Ertüchtigung und Nachrüstung bestehender Kraftwerke, die Brennstoffsubstitution und der Kraftwerksneubau. Während der Nutzungsgrad, d.h. die Effizienz der Brennstoffausnutzung im jährlichen Mittel, durch eine Ertüchtigung um einige Prozentpunkte gesteigert werden kann, ist bei einer Brennstoffsubstitution (z.B. von Braunkohle zu Erdgas) bei gleichzeitiem Wechsel des Kraftwerkskonzeptes eine Verringerung des spezifischen CO_2-Ausstoßes um mehr als die Hälfte realisierbar. Eine hohe Steigerung des Wirkungsgrades - im Vergleich zu bestehenden Kraftwerken - ist schließlich durch den Neubau (im Rahmen des Ersatz- oder Zubaubedarfs) eines Kraftwerks möglich. Moderne Kraftwerke weisen heute Wirkungsgrade im Bereich von 40 bis 46 % (bei Kohlefeuerung) bzw. 52 bis 58 % (bei Erdgasfeuerung) auf. Je nach Brennstoffverfügbarkeit und sonstigen Randbedingungen liegen die erreichbaren spezifischen CO_2-Emissionen neuer Kraftwerke dabei zwischen 0,34 und etwa 0,99 kg CO_2/kWh.

Jede der drei Optionen bietet Ansatzpunkte für die Durchführung von JI-Projekten. Von entscheidender Bedeutung für die praktische Umsetzung derartiger Projekte ist dabei, ob die Emissionsminderungen von Treibhausgasen glaubwürdig quantifiziert werden können. Dementsprechend ist insbesondere zu klären, ob der Referenzfall glaubhaft sowie die vermiedenen Emissionen verläßlich und überprüfbar bestimmt werden können. Vor diesem Hintergrund wurde ein Verfahren zur Bestimmung des Referenzfalls entwickelt sowie Bestimmungs- und Überprüfungsverfahren der tatsächlich vermiedenen Emissionen aufgezeigt. Die zunächst theoretischen Überlegungen wurden dabei im Rahmen einer Simulationsstudie (Überprüfung der JI-Eignung des Neubaus eines Kohlekraftwerkes in der VR China) beispielhaft angewendet und bezüglich ihrer praktischen Anwendbarkeit verbessert.

Ein Verfahren zur Bestimmung des Referenzfalls wurde zunächst für den "Neubau eines Kraftwerks" entwickelt. Für eine glaubwürdige Bestimmung des Referenzfalls ist idealerweise das ausschlaggebende Kalkül eines Investors zugrundezulegen. Dieses Kalkül hängt neben wirtschaftlichen Randbedingungen häufig auch von anderen Faktoren ab und ist damit nur mit hohem Aufwand über Einzelfallprüfungen (und selbst dann nicht immer zweifelsfrei) zu ermitteln.. Derartige Einzelfallprüfungen können durch eine "Typisierung (Klassifizierung)" von Kraftwerken umgangen werden. Auf der Basis der für die meisten Länder vorliegenden (und auch zugänglichen) langfristigen Kraftwerksausbauplanung, in der die unter den jeweiligen Rahmenbedingungen geplanten Kraftwerkserrichtungen aufgeführt sind, lassen sich bestimmte Referenzfall-Kraftwerkstypen ableiten. Von Bedeutung ist dabei nur der Kraftwerkstyp und nicht das Detailkonzept der geplanten Anlagen. Hauptunterscheidungsmerkmal der Kraftwerkstypen ist die Brennstoffart, von der sowohl die Effizienz eines Kraftwerks als auch die Kohlenstoffintensität im wesentlichen abhängen. Von der Vielzahl der alternativ denkbaren Bestimmungsmöglichkeiten (z.B. mittlerer Wirkungsgrad des bestehenden Kraftwerksparks) stellt das kategorisierte Verfahren der Festlegung des Referenzfalls eine Lösung dar, die bei gleichzeitig akzeptablem Aufwand dem Kalkül des Investors am nächsten kommt.

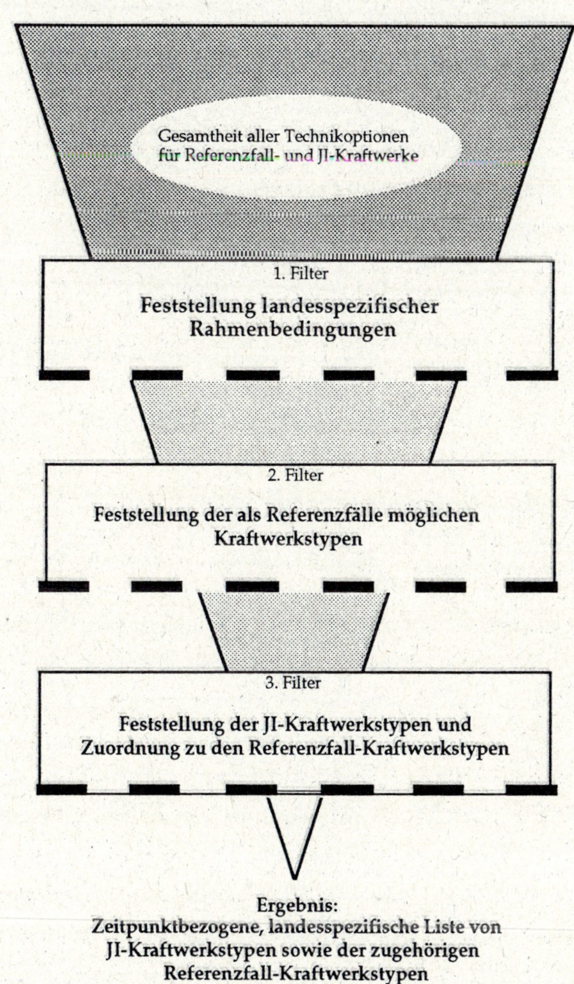

Entscheidungsverfahren zur Bestimmung von Referenzfall-Kraftwerkstypen sowie zugehöriger JI-fähiger Kraftwerkstypen.

Ausgehend von den Referenzfall-Kraftwerkstypen kann auch für die Zuordnung potentieller JI-Projekte ein vereinfachtes und kategorisiertes Verfahren zur Anwendung kommen. Im Rahmen eines Filtermodells (vgl. die Abb.) werden auf der Grundlage der landes- und regionenspezifischen Rahmenbedingungen (z.B. Brennstoffverfügbarkeit) zunächst die Kraftwerkstypen identifiziert, die im jeweiligen Land überhaupt errichtet und betrieben werden können. Zu diesen gehören selbstverständlich auch die zuvor aus der Kraftwerksausbauplanung ermittelten Referenzkraftwerkstypen. Aus dieser reduzierten (gefilterten) Liste von Kraftwerkstypen können den Referenzfallkraftwerkstypen dann unter der Maßgabe der Verminderung von Treibhausgasemissionen JI-geeignete Kraftwerkstypen zugeordnet werden. Damit liegen auf einfache Weise und typenbezogen potentielle Referenzfall-JI-Kraftwerkspaare fest.

Dieses Verfahren ermöglicht, daß bestimmte Konzepte bereits im Vorfeld durch eine Genehmigungsbehörde vergleichsweise einfach auszuschließen oder aber als JI-geeignet einzuordnen sind. Ist z.B. der Referenzfall-Kraftwerkstyp ein konventionelles Steinkohlekraftwerk, dann können in jedem Fall Kohlekraftwerke mit erhöhten Dampfparametern und auch GUD-Kraftwerke, die z.B. mit Erdgas befeuert werden, als JI-geeignet eingestuft werden. Indem jedes geplante Vorhaben einem Typ zugeordnet werden kann, ist mit Hilfe dieser "Typisierung" fossiler Kraftwerksprojekte, die nur regionenspezifisch und zeitlich begrenzt gültig (d.h. im Zeitverlauf anzupassen) ist, bereits sehr früh eine vereinfachte Beurteilung der JI-Eignung möglich. Steht der Referenzfall-Kraftwerkstyp fest, sind damit die möglichen JI-Projekte ebenfalls vorgegeben.

Neben der Beurteilung der prinzipiellen JI-Eignung und der Entscheidung bezüglich des Referenzfalles ist der zweite wesentliche Schritt, die Bestimmung der tatsächlich vermiedenen Emissionen zu operationalisieren. Dem Referenzfall-Kraftwerkstyp wird dabei zunächst ein sog. Auslegungswirkungsgrad zugeordnet. Er beschreibt die Effizienz dieses Kraftwerkstyps im Bestpunkt und bestimmt sich in der Regel aus dem Mittelwert der Wirkungsgrade der Kraftwerke gleichen Typs, die in den letzten 5 Jahren im betreffenden Land errichtet worden sind (u. U. zuzüglich eines Aufschlags zur Berücksichtigung des technischen Fortschrittes). Maßgeblich für die zu realiserende Emissionsdifferenz ist jedoch der Nutzungsgrad von JI- und Referenzfall-Kraftwerk. Ausgehend vom Auslegungswirkungsgrad kann dieser unter Berücksichtigung der Fahrweise (Auslastung, Starthäufigkeit etc.) der Anlage ermittelt werden.

Diese Vorgehensweise ermöglicht, daß die Emissionsdifferenz sowohl ex ante (vor Inbetriebnahme des JI-Kraftwerks) als auch ex post (in der Betriebsphase) bestimmt werden kann. Ex ante können die vermiedenen Emissionen auf der

Grundlage der zwischen Antragsteller und Genehmigungsbehörde im Vorfeld vereinbarten Betriebsweise des Kraftwerks durch eine Simulation bestimmt werden. Dadurch wird es für den Investor möglich, die Wirtschaftlichkeit der von ihm geplanten Maßnahme unter Berücksichtigung der durch die geschätzte Emissionsreduktion potentiell zu erzielenden Gutschrift (Credits) vorab einzuschätzen.

Bei der Ex-post-Bestimmung der vermiedenen Emissionen werden die CO_2-Emissionen des JI-Kraftwerks über die Ermittlung des Brennstoffverbrauchs im Jahresverlauf meßtechnisch erfaßt. Der diesbezüglich bestehenden Manipulationsgefahr kann durch eine rechnerische Überprüfung (Simulation) und soweit möglich durch eine zusätzliche Erfassung der CO_2-Emissionen über die CO_2-Konzentration im Rauchgaskanal abgeschwächt werden. Die korrespondierenden CO_2-Emissionen der Referenzanlage werden auch ex post auf der Grundlage der tatsächlichen Einsatzweise des JI-Kraftwerkes simulativ ermittelt. Eine Anpassung der Emissionen des Referenzfalls ist dabei nur dann notwendig, wenn die Fahrweise des JI-Kraftwerks im Einvernehmen mit der Genehmigungsbehörde über einen Grenzbereich hinaus verändert wird. Die berechneten Emissionen der Referenzanlage werden dann mit Hilfe einfacher Korrekturfaktoren entsprechend modifiziert.

Eine für die Wirtschaftlichkeit von JI-Maßnahmen wesentliche Frage ist der Geltungszeitraum für die Anrechnung der vermiedenen Emissionen. Um der fortschreitenden Entwicklung der Kraftwerkstechnik gerecht zu werden, sollte der Anrechnungszeitraum für JI-Vorhaben begrenzt werden. Eine sinnvolle Größenordnung ist hier durch die im Kraftwerksbereich übliche Amortisationszeit von 15 Jahren gegeben. Durch entsprechende Berichtspflichten und institutionelle Kontrollmechanismen sowie zusätzliche Stichprobenkontrollen (z.B. der Brennstoffqualität) kann in einem solchen Zeitrahmen zufriedenstellend gewährleistet werden, daß die tatsächliche Emissionsminderung überprüft werden kann.

In der vorliegenden Untersuchung wurde als Fallbeispiel die Errichtung eines 300 MW Steinkohle-Kraftwerks in China im JI-Rahmen näher betrachtet. Dabei wurde eine Verringerung des CO_2-Ausstoßes von jährlich 87.000t berechnet. Die im Rahmen von JI ausschöpfbare Wirkungs- bzw. Nutzungsgraddifferenz zwischen dem weltweiten Stand der Technik fossiler Kraftwerke und dem realisierbaren Standard China (gleicher Brennstoff vorausgesetzt) liegt bei etwa drei Prozentpunkten. Hieraus resultiert bei Kohlekraftwerken eine Minderung der CO_2-Emissionen um gut sechs Prozent. Im Simulationsfall wurde unterstellt, daß im JI-Rahmen, obwohl in China nicht vorgeschrieben, nur Kraftwerke mit

Rauchgas-reinigung (d.h. REA und Denox-Anlagen) zum Einsatz kommen können. Dies erhöht in China zugleich den Anreiz zur Durchführung von JI-Maßnahmen und deren Akzeptanz.

Die im Rahmen der JI-Diskussion vielfach geäußerten Erwartungen, daß sich durch JI-Maßnahmen im Kraftwerksbereich in China Wirkungsgradsteigerungen von mehr als 20 Prozentpunkte realisieren lassen konnte hier nicht bestätigt werden[1]. Vielmehr sind die im Rahmen eines projektbezogenen JI-Ansatzes erschließbaren Potentiale um eine Größenordnung geringer.

	Referenzfall-Kohle-KW	JI-Kohle-KW	Gas-GUD-KW
Leistung (MW)	300	300	300
Dampfparameter:			
Frischdampfdruck (bar)	167	250	
Frischdampftemp. (°C)	537	540	
Zwischenüberhitzung	einfach	einfach	
Kondensatordruck (bar)	0,05	0,04	0,04
Wirkungsgrad:			
mit REA/DENOX (%)	39,3	43,0	55,0
ohne REA/DENOX (%)	40,3	44,0	55,0
CO_2-Emissionen:			
mit REA/DENOX (kg/kWh)	0,840	0,767	0,345
ohne REA/DENOX (kg/kWh)	0,819	0,749	0,345
CO_2-Minderung bei 5.500 h/a[1]:			
beide Kraftwerke mit REA/DENOX (1000 t/a)		122	817
chin. Kraftwerk ohne REA/DENOX (1000 t/a)		87	782

1 Beim Übergang vom Referenzfall- zum JI-Kraftwerk; die CO_2-Minderungs-angabe bezieht sich auf eine beispielhafte Auslegung im unteren Grundlastbereich (dabei wird angenommen, daß das JI-Kraftwerk trotz seiner hohen Effizienz aufgrund der gegenüber der heimischen Technik höheren Flexibilität auch zum Lastausgleich beiträgt).

Vergleich zwischen Referenzfall- und JI-Kraftwerken in Hinblick auf Nutzungsgrad und vermiedene CO_2-Emissionen

1 Derartige Wirkungsgradverbesserungen sind auf den Ersatz von bestehenden Kraftwerken beschränkt. In einem Wachstumsmarkt wie der Volksrepublik China ist aber zum einen die Anzahl solcher Anlagen im Vergleich zu den geplanten Zubauten gering und zum anderen werden aufgrund der vorliegenden Leistungsdefizite kaum Anlagen frühzeitig stillgelegt.

Obwohl das Minderungspotential spezifisch vergleichsweise gering ist, hat es absolut gesehen im Wachstumsmarkt China ein beachtliches Volumen. Bei einer flächendeckenden Umsetzung von JI im Kraftwerksbereich in China ließen sich allein bis 2010 die CO_2-Emissionen um rund 80 Mio. t verringern.

Sehr viel höhere spezifische CO_2-Minderungen von etwa 50% wären hingegen bei einem Brennstoffwechsel hin zu Erdgas erreichbar, da dieser Brennstoff einen spezifisch deutlich niedrigeren Kohlenstoffgehalt hat als Kohle und mit seinem Einsatz zudem die Anwendung der effizienteren Gas- und Dampfturbinentechnik möglich wird. Im konkreten Simulationsfall in China war jedoch ein Brennstoffwechsel angesichts der eingeschränkten Brennstoffverfügbarkeit (nicht erschlossene Erdgasreserven) im Rahmen eines projektbezogenen JI-Ansatzes nicht realisierbar. Die zur Verwendung des vorhandenen Erdgases notwendigen Infrastrukturmaßnahmen transzendieren den vorherrschenden Ansatz projektbezogener Zusammenarbeit und wären nur im Rahmen eines umfassenderen Konzeptes integrierter Planung zu realisieren.

Die vorliegende Untersuchung hat gezeigt, daß der Projekttyp "fossiles Kraftwerk" grundsätzlich für Maßnahmen der gemeinsamen Umsetzung geeignet ist. Vor einer konkreten Realisierung eines solchen JI-Projektes sollten jedoch Kosten-/Nutzen-Analysen durchgeführt werden, bei denen der Projektnutzen (CO_2-Minderung, Credit) dem z.T. vergleichsweise hohen Aufwand gegenübergestellt wird (Indentifizierung des Referenzfalls, Bestimmung und Überprüfung der vermiedenen Emissionen).

Hinsichtlich der Übertragbarkeit auf andere Projekttypen, konnten folgende Erkenntnisse gewonnen werden. Die Übertragbarkeit der skizzierten Methodik ist grundsätzlich gegeben für andere Länder und Regionen, für Dampfkraftwerke mit anderen Brennstoffen, für alternative Kraftwerkssysteme auf fossiler Brennstoffbasis. Eine eingeschränkte Übertragbarkeit liegt für Anlagen vor, die erneuerbare Energien nutzen, sofern sie ein in weiten Teilen ausgeglichenes und in Grenzen steigendes Angebot nutzen (z.B. Biomasse-Kraftwerke). Keine Übertragbarkeit ist, insbesondere in bezug auf die Bestimmung des Referenzfalls. hingegen für Anlagen gegeben, die auf einem stark fluktuierenden Energieangebot basieren (z.B. Windenergie, Photovoltaik). Diese Stromerzeugungsoptionen ersetzen kein einzelnes Kraftwerk, sondern substituieren Strom aus dem Netzverbund aus allen Lastbereichen.

Die dargestellte Vorgehensweise kann grundsätzlich auch auf die Ertüchtiung und den Ersatzbau von Kraftwerken übertragen werden. Von wesentlicher Bedeutung ist dabei die Festlegung des Referenzfalls. Als Referenz sollte nur dann die bestehende Altanlage angesehen werden, wenn die Ertüchtigung (bzw. der konkrete Ersatz) vor Ende der üblichen Nutzungszeit des Kraftwerks (in der Regel liegt diese bei 35 Jahren) erfolgt. Für eine Übergangszeit und ungesättigte Strommärkte kann diese Regelung ausgesetzt werden, um insbesondere in Ländern wie z.B. China Anreize zum Ersatz deutlich veralteter Kraftwerke[2] zu geben. Ohne derartige Anreize würde es in China aufgrund der vorliegenden Deckungslücke zu keiner Kraftwerksstillegung kommen.

2) JI im Bereich solarthermischer Kraftwerke

Neben der Ertüchtigung fossiler Kraftwerke sowie einem Brennstoffwechsel (z.B. von Kohle zu Erdgas) kann im Bereich der Stromerzeugung vor allem auch durch den verstärkten Einsatz erneuerbarer Energien ein Beitrag zur Minderung der CO_2-Emissionen geleistet werden. In sonnenreichen Gegenden sind diesbezüglich insbesondere solarthermische Kraftwerke von Bedeutung. Diese Anlagen werden im allgemeinen als solar/fossile Hybridkraftwerke auf der Basis eines Dampfkraftprozesses ausgeführt, und es bestehen bereits langjährige Betriebserfahrungen. Solarthermische Kraftwerke sind in Kalifornien seit 1986 im kommerziellen Einsatz. Trotz der vorliegenden Erfahrungen und der in der Zwischenzeit erfolgten Weiterentwicklungen ist ihnen der Durchbruch in die Wirtschaftlichkeit generell noch nicht gelungen. In Abhängigkeit von den Rahmenbedingungen (z.B. Entwicklung der Energieträgerpreise) scheint es zumindest im Rahmen einer autonomen Entwicklung, d.h. ohne zusätzliche Maßnahmen wie z.B. JI, noch ein Zeitfenster von zehn bis fünfzehn Jahren zu geben, bis solarthermische Kraftwerke am Markt konkurrenzfähig werden.

Vor diesem Hintergrund erscheinen solarthermische Kraftwerke im besonderen Maße als JI-Projekte geeignet. Über JI könnte ein wesentlicher Beitrag zur schnelleren Technologie- und Markteinführung dieses Anlagentyps geleistet werden. Strategisch wäre dies weltweit von hoher Bedeutung. In vielen Szenariountersuchungen wird gerade von solarthermischen Kraftwerken ein hoher Beitrag zur globalen CO_2-Minderung erwartet. Aber auch aus industriepolitischer Sicht führt die Markteinführung solarthermischer Kraftwerke zu wichtigen Impulsen, zumal deutsche Firmen auf diesem Spezialmarkt eine starke Position haben.

Neben den klassischen solarthermischen Dampfkraftwerken auf Basis von Parabolrinnenkollektoren (Solar Electricity Generating System: SEGS) sind gerade in Deutschland hocheffiziente und kostengünstige Konzepte zur Einbindung

2 Allein in China bestehen Kraftwerke mit einer elektrischen Leistung von rund 25 GW, die bereits deutlich älter als 35 Jahre sind.

von Sonnenenergie in kombinierte Gas- und Dampfturbinen- sowie Kraft-Wärme-Kopplungsprozesse in der Entwicklung. Da diese Systeme derzeit noch nicht kommerziell verfügbar sind, wurde für das im Rahmen dieser Untersuchung betrachtete Simulationsbeispiel der Neubau einer SEGS-Anlage mit einer elektrischen Leistung von 80 MW als JI-Anlage als Alternative zu einem tatsächlich geplanten Kraftwerksbau ausgewählt. Als Standort mit hoher Einstrahlung und relativ hohen spezifischen Emissionen des bestehenden Kraftwerksparks wurde Marokko gewählt. Marokko kann mit seiner stetig steigenden Stromnachfrage und aufgrund fehlender eigener fossiler Energieressourcen für eine Vielzahl von Ländern aus dem Sonnengürtel der Erde als charakteristisch angesehen werden.

Wie beim Fallbeispiel "fossil befeuertes Kraftwerk" ist für die Quantifizierung der vermiedenen Emissionen die glaubwürdige Bestimmung der Referenzanlage das Schlüsselproblem. Darüber hinaus ist sicherzustellen, daß die gewählte Referenzanlage tatsächlich durch die JI-Anlage verdrängt wird. Die für das Fallbeispiel "fossil befeuertes Kraftwerk" entwickelte Vorgehensweise konnte grundsätzlich übernommen werden. Dementsprechend wird ein Referenzkraftwerkstyp bestimmt, der aus der gültigen Ausbauplanung des Landes abgeleitet werden kann. Dabei sollte es sich idealerweise um denjenigen Kraftwerkstyp handeln, der bei vergleichbarer Einsatzcharakteristik wie die JI-Anlage die höchsten spezifischen Emissionen aufweist und als sog. "least option" in der Ausbauplanung verzeichnet ist. Dies gewährleistet einen effizienten Mitteleinsatz und eine Minimierung der CO_2-Vermeidungskosten.

Bei der Anwendung der dargestellten Vorgehensweise auf das Fallbeispiel solarthermisches Kraftwerk war zu klären, inwieweit die Methodik auf andere Länder übertragbar ist und den technologischen Besonderheiten des Hybridkraftwerks Rechnung trägt. Die Übertragbarkeit auf Marokko erwies sich dabei als unproblematisch, da eine hinreichend genaue und nachvollziehbare Kraftwerksausbauplanung für Marokko vorliegt. Ebenso erwies sich die gewählte Vorgehensweise für die Charakteristik der hybriden Fahrweise des Solarkraftwerks als praktikabel. In der Grundauslegung ermöglicht die solare Einstrahlung eine Auslastung von rund 2.000 h/a, die durch Zufeuerung (z.B. von Schweröl) in der Praxis üblicherweise erhöht wird. Die Auslastung ließe sich darüber hinaus durch den Einsatz von thermischen Speichern bis auf 6.000 h/a steigern. Die fossile Zufeuerung führt, ausgehend von einer zunächst im reinen solaren Betrieb (bezogen auf die reine Umwandlung) CO_2-freien Stromerzeugung, zu einem Anstieg der spezifischen Emissionen mit zunehmender Auslastung

Dieser Effekt kann dazu beitragen, daß unter bestimmten Randbedingungen der spezifische CO_2-Ausstoß des Hybridkraftwerks (der im Mittellastbereich bereits über 0,5 kg CO_2/kWh liegen könnte) die entsprechenden Emissionen eines modernen Erdgas-GUD-Kraftwerks übersteigt. Gegenüber Kohlekraftwerken weisen solarthermische Kraftwerke aber auf jeden Fall Vorteile auf. Vor diesem Hintergrund erhöht sich die Bedeutung der Festlegung des Referenzkraftwerks sowohl für die Antragsphase als auch für die Betriebsphase. Den Besonderheiten der hybriden Fahrweise wird dabei insofern Rechnung getragen, als der Referenzfall unabhängig von der Auslastung des JI-Kraftwerks für den gesamten Vertragszeitraum als fix angesetzt wird, während die tatsächlichen Emissionen des JI-Kraftwerks meßtechnisch erfaßt und verifiziert werden.

Die zur Anrechnung kommende Emissionsdifferenz wird dann direkt (über die Auslastung) vom Kraftwerksbetreiber bestimmt. Er wird für sich die optimale Lösung finden müssen und einen Kompromiß wählen zwischen einer Erhöhung des Emissionskredits auf der einen und einer Erhöhung der Auslastung auf der anderen Seite.

Auf dieser Grundlage wurde im konkreten Simulationsfall als Referenzkraftwerkstyp ein Kohlekraftwerk identifiziert. In Marokko sind heute mehrere Kohlekraftwerke (Importkohlebasis) in der Planung. Der Auslegungswirkungsgrad dieses Kraftwerkstyps wurde (als Erfahrungswert der Kraftwerksbauten der letzten 5 Jahre) auf 37,9 % festgelegt. Im Vergleich zur JI-Anlage, für die eine Auslastung im Mittellastbereich unterstellt wurde, ermittelt sich eine jährliche Emissionsdifferenz von 210.000 t CO_2.

Hinsichtlichlich der Übertragbarkeit auf andere Formen der Nutzung erneuerbarer Energien konnten im Simulationsfall "solarthermisches Kraftwerk" folgende Erkenntnisse gewonnen werden:

(1) Die zuvor abgeleitete Methode der Bestimmung des Referenzfalls sowie das Kalkulationsschema zur Bestimmung der vermiedenen Emissionen können generell für alle netzgebundenen Formen der Stromerzeugung mit Hilfe erneuerbarer Energiesysteme in analoger Weise angewendet werden, wenn diese in ihrer Energieabgabe flexibel sind oder ein weitgehend ausgeglichenes Energieangebot aufweisen. Hierzu gehören insbesondere Wärmekraftwerke auf Biomassebasis (bei diesen ist zusätzliches Gewicht auf die vorgelagerte Prozeßkette von Biomassebereitstellung und Transport zu legen), geothermische Stromerzeugungsanlagen und die Wasserkraft.

(2) Eine Übertragung der gewählten methodischen Vorgehensweise ist demgegenüber nur eingeschränkt möglich bei der photovoltaischen und der windtechnischen Stromerzeugung. Aufgrund der fluktuierenden Charakteristik

des Stromangebots sind für die netzgebunden eingesetzten fluktuierenden Quellen als Referenzwert prinzipiell die spezifischen Emissionen der Stromerzeugung im Netzverbund zu berücksichtigen. Dies ist vergleichsweise aufwendig und ermöglicht zudem nur die Berücksichtigung der bestehenden Kraftwerke. Als pragmatischer Lösungsansatz bieten sich zwei Alternativen an: Entweder wählt die Anerkennungsbehörde einen konkreten Referenzkraftwerkstyp aus der Ausbauplanung (in bezug auf die erneuerbare Stromerzeugung sollte dies ein Mittellastkraftwerk sein), oder sie bildet einen Mittelwert aus den zum Neubau anstehenden Kraftwerken.

(3) Für die auf dezentraler Ebene zum Einsatz kommenden erneuerbaren Energien ist ein Systemvergleich erforderlich. In der Regel werden die durch eine schwankende Stromabgabe gekennzeichneten Technologien zur Aufrechterhaltung einer bestimmten Versorgungssicherheit in Kombinationen mit anderen Kleinkraftwerken (z.B. Dieselmotoren) betrieben. Der gesamte Anlagenverbund ist dann zu einer entsprechenden Referenzanlage in Beziehung zu setzen (als Referenz kann dabei z.B. das konventionelle Kleinkraftwerk in Ansatz gebracht werden). Die für solarthermische Kraftwerke angewendete Methodik der Bestimmung und Verifikation der vermiedenen Emissionen kann prinzipiell übertragen werden. Aufgrund der kleineren Leistungseinheiten ist jedoch fraglich, ob der vergleichsweise hohe Aufwand tragbar ist oder ob andere, einfachere Bestimmungs- und Prüfverfahren gefunden werden müssen.

(4) Die genannten Einschränkungen der Übertragbarkeit gelten gleichermaßen für die Wärmebereitstellung auf der Basis erneuerbarer Energien und die Bereitstellung von alternativen Brennstoffen (z.B. Rapsöl). Es muß sich jeweils zeigen, ob der Bestimmungsaufwand der Projektgröße angemessen gestaltet werden kann.

Im Ergebnis konnte mit der Simulationsstudie gezeigt werden, daß solarthermische Kraftwerke eine interessante Option für JI darstellen. Die erreichbare CO_2-Minderung ist hoch und kann unter anderen Randbedingungen (z.B. Einsatz der z. Zt. in Entwicklung befindlichen Technologien) noch verbessert werden. JI kann dabei einen wesentlichen Beitrag zur Markteinführung von Technologien leisten, die heute an der Schwelle der Wirtschaftlichkeit stehen und für den globalen Klimaschutz von strategischer Bedeutung sind. Dies gilt im besonderen Maße für solarthermsiche Kraftwerke, ist aber auch übertragbar auf andere "Hochtechnologien" (z.B. Brennstoffzellen).

3) JI im Bereich Zementwerke

In der vorliegenden Studie ist deutlich geworden, daß der Zementherstellungsprozeß grundsätzlich für Projekte im Rahmen von Joint Implementation geeignet ist.

Die Zementherstellung ist ein Prozeß der Grundstoffindustrie, dessen CO_2-Emissionen quantitativ sehr bedeutsam sind und deren Bedeutung durch die dynamische Marktentwicklung in den potentiellen JI-Gaststaaten weiter ansteigen wird. CO_2-Emissionen entstehen bei der Zementherstellung aus zwei verschiedenen Quellen, prozeßbedingt und energiebedingt. Die prozeßbedingten CO_2-Emissionen betragen weltweit ca. 0,53 t CO_2/t Portlandzementklinker. Die energiebedingten CO_2-Emissionen hängen demgegenüber vom Energieverbrauch des jeweiligen Zementwerkes ab. In Deutschland liegt der energiebedingte CO_2-Emissionsfaktor bei rd. 0,25 t CO_2/t Zement. Beide Emissionsquellen können Ansatzpunkte für Minderungsmaßnahmen sein. Meist sind sie nur gemeinsam zu beeinflussen.

Erhebliche Minderungspotentiale bestehen im Bereich der effizienten Betriebs- und Prozeßführung durch den Transfer von Know-how. Auch durch den Einsatz moderner Prozeßtechnik können CO_2-Emissionen reduziert werden. Eine für die Zementindustrie charakteristische Minderungsoption ist die Substitution von Primärbrenntsoffen durch Sekundärbrennstoffe. Die CO_2-Bilanz der Zementherstellung wird weiterhin durch den Klinkeranteil der unterschiedlichen Zementarten maßgeblich beeinflußt (Produktqualität). In der Optimierung des Klinkeranteils im Zement liegt deshalb ein erhebliches CO_2-Minderungspotential, das aber nicht nur technologiebedingt sondern auch nachfrageabhängig ist. Eine weitere Option im Rahmen der Beeinflussung der Produktqualität ist die Optimierung des Zementbedarfs je m^3 Beton gleicher Leistungsfähigkeit. Maßnahmen, die zu erhöhter Gleichmäßigkeit bzw. zur absoluten Verbesserung der Zementeigenschaften führen, haben deshalb aufgrund des geringeren Zementbedarfs im Beton zwangsläufig auch einen positiven Effekt auf die CO_2-Emissionen.

Die für eine Vielzahl von Projekttypen gegebene CO_2-Minderungsoption des "fuel switch", bei der kohlenstoffreiche durch kohlenstoffarme Primärenergieträger ersetzt werden (z.B. Subsitution von Kohle durch Gas), ist für die Zementindustrie aus Wirtschaftlichkeitsüberlegungen heraus auszuschließen. Als "typischer" Energieträger wird überwiegend Kohle eingesetzt. Ein Wechsel zu anderen fossilen Primärenergieträgern führt (sofern keine Preisverzerrungen vorliegen) zu nicht mehr tragbaren Einbußen der Wettbewerbsfähigkeit.

Die glaubwürdige und praktikable Bestimmung des Referenzfalles ist sowohl die entscheidende Vorraussetzung für die Anerkennung eines JI-Projektes als auch Grundlage für die Berechnung der vermiedenen Emissionen. Die Referenzfallbestimmung für JI-Projekte in der Zementindustrie wird von einigen grundlegenden Charakteristika geprägt. So ist Zement ein sehr transportkostenintensives Gut. Infolgedessen wird Zement in der Regel für einen regionalen Absatzmarkt hergestellt. Soweit Transport oder Vertrieb des Zementes nicht direkt oder indirekt subventioniert werden, ist der Importanteil in den jeweiligen Märkten eher gering. Weiterhin sind Zementwerke sehr standortabhängig bzw. an die jeweiligen Gegebenheiten angepaßt. Sie können somit vereinfachend als voneinander unabhängige Einheiten betrachtet werden. Probleme, die typischerweise in Netzverbünden auftreten wie z.B. Auslastungsverschiebungen im Kraftwerksbereich, gibt es nicht. In Abhängigkeit von der wirtschaftlichen Situation eines Landes kann zwischen dem Neubau zusätzlicher Zementproduktionskapazitäten (überwiegend Länder in Asien und Afrika) sowie der Sanierung und Optimierung bzw. den Ersatz bereits existierender Zementwerke an bestehenden Standorten (hauptsächlich in Ländern mit stagnierendem Zementabsatz und ungünstigen Energieverbräuchen) unterschieden werden.

Anhand der vier Kriterien 'Auswirkungen auf die Kosteneffizienz', 'dynamische Anpassung über die Zeit', 'Berücksichtigung standortspezifischer Bedingungen' sowie 'Datenverfügbarkeit und -sicherheit' wurden verschiedene Möglichkeiten der Referenzfallbildung bewertet. Im Ergebnis wird bei der Sanierung/Optimierung die Referenzfallbestimmung anhand der vorhandenen Altanlage sowie im Fall des Neubaus in Wachstumsmärkten eine Feasibility-Studie empfohlen.

Die Bestimmung der vermiedenen Emissionen wird als grundsätzlich machbar eingeschätzt. Es werden insbesondere Daten über die eingesetzten Primär- und Sekundärbrennstoffe, die Menge des Nettofremdstrombezuges und die jeweiligen Emissionsfaktoren benötigt. Es wurde eine einfache Gleichung zur Bestimmung der vermiedenen Emissionen entwickelt. Die Glaubwürdigkeit der für diese Berechnung bereitzustellenden Daten, kann über Vorgaben hinsichtlich der Berichtspflichten sowie geeigneter Kontrollverfahren hinreichend sichergestellt werden. Eine Übertragbarkeit der Ergebnisse auf andere energieintensive Prozesse der Grundstoffindustrie ist jedoch nur bedingt möglich. Für belastbare Aussagen sind weitere Simulationen notwendig.

Die Beurteilung der grundsätzlichen Eignung von Maßnahmen im Zementherstellungsprozeß beruht zu einem großen Teil auf den Ergebnissen der beiden simulierten Fallbeispiele (Pragocement AG und KDC) in Tschechien. Der Begriff

"Simulation" ist hier wörtlich zu nehmen, da es sich um zwei konkret durchgeführte Vorhaben der Heidelberger Zement AG handelt. Im Falle von Pragocement wurde eine Sanierung/Optimierung durchgeführt. Durch die realisierte deutliche Verbesserung bis auf deutsches Niveau erfolgte eine CO_2-Minderung von 0,3 t CO_2 pro t Zement. Davon sind 0,24 t CO_2/t Zement auf die Qualitätsverbesserung und 0,06 t CO_2/t Zement auf die Energieeinsparung zurückzuführen. Im Falle von KDC konnte aufgrund der veralteten Anlagentechnik (z.T. 70 Jahre alt) keine Sanierung mehr vorgenommen werden, es wurde ein Neubau nach bestem Stand der Technik konzipiert. Durch den Ersatzbau in KDC können bis zu 0,59 t CO_2/t Zement vermindert werden. Die Verbesserung setzt sich zusammen aus 0,13 t CO_2/t Zement durch Energieein-sparungen infolge optimierter Betriebs- und Prozeßführung, 0,37 t CO_2/t Zement für den Ersatzbau der Anlage und 0,09 t CO_2/t Zement für die 50 %ige Substitution von Primär- durch Sekundärbrennstoffe. Im Fall von KDC wäre eine Qualitätssteigerung ohne den Neubau als Voraussetzung nicht möglich. Die qualitätsbedingte CO_2-Absenkung beträgt 0,24 t CO_2/t Zement.

4) JI im Bereich Demandside Management

1. Ohne Zweifel gibt es in den Schwellen- und Entwicklungsländern sowie in den Ländern Osteuropas Energieeinsparpotentiale, die noch geringere spezifische Kosten aufweisen als die in Deutschland erschließbaren Einsparpotentiale. Die mit der Realisierung von Einsparpotentialen verknüpften CO_2-Emissionsminderungen sind daher bei gleichem Mitteleinsatz im Regelfall höher als in Deutschland oder in anderen Industrieländern, da die Anlagenwirkungsgrade (Heizkessel bzw. Kraftwerke) niedriger sind. Insofern spricht viel dafür, durch gemeinsame Klimaschutzaktivitäten im Rahmen von JI kostenminimale Lösungen zum beiderseitigen Nutzen von Projektpartnern (Vertragsstaaten) gerade auch im Bereich der Energieeinsparung zu suchen.

Anhand des hier untersuchten DSM-Programms zur effizienten Beleuchtung in Haushalten ließ sich darüber hinaus zeigen, daß es im Rahmen von JI DSM-Programme gibt, die die auf der Vertragsstaaten-konferenz in Berlin festgelegten Kriterien für die AIJ-Phase erfüllen können. Dies sind insbesondere:

- Kompatibilität mit den Umwelt- und Entwicklungszielen der gastgebenden Staaten
- tatsächliche, meßbare langfristige Eemissionsminderung
- zusätzliche Finanzierung.

Die genannten Kriterien reichen jedoch nicht aus, um einen JI-Mechanismus ökonomisch zu begründen. Vor allem müssen die Randbedingungen und Nutzen/Kosten-Verhältnisse präzisiert werden, unter denen es im jeweiligen ökonomischen Interesse von Projektpartnern in Annex-I- bzw. Nicht-Annex-I-Ländern ist, JI-Maßnahmen umzusetzen.

2. Eine entscheidende Voraussetzung für die Praktikabilität von DSM-JI-Maßnahmen ist, daß eine international überprüfbare Verifikation der vermiedenen CO_2-Emissionen möglich ist. Dies wirft bei DSM-Projekten besondere Probleme auf.

Das untersuchte Energiesparlampenprogramm zeigt, daß die durch ein DSM-JI-Programm erzielte Reduktion der CO_2-Emissionen im Gastland unter den hierfür spezifischen technologischen und energiewirtschaftlichen Randbedingungen mit hinreichender Genauigkeit ermittelt werden kann. Vor allem kann dabei an die pragmatischen Lösungsansätze und vorliegenden Erfahrungen mit nationalen Regulierungsverfahren (z.B. in den USA, aber auch zunehmend in Deutschland) im Rahmen von Least-Cost Planning angeknüpft werden.

Allerdings kommen für die Verifikation im internationalen Maßstab vor allem Expertenschätzungen und Hochrechungen in Frage, weil Messungen zu langwierig, in vielen Fällen unpraktikabel und bei kleineren Kunden generell zu teuer wären. In Einzelfällen, zum Beispiel bei großen bilateralen Energiesparprojekten in der Industrie, sollten allerdings auch Messungen berücksichtigt werden, um einen Mißbrauch auszuschließen.

In Ländern, wie in den USA, mit langjährigen Erfahrungen mit einer LCP-orientierten Anreizregulierung sind standardisierte Test-, Schätz- und Evalu-ierungsmethoden zur Bewertung der komplexen monetären Auswirkungen von LCP-Programmen entwickelt worden. Die dabei angewandten monetären Nutzen-Kosten-Tests sind in ihrem Komplexitätsgrad vergleichbar mit den im Rahmen von JI anzuwendenden Verfahren.

Bei DSM-JI-Programmen muß generell mit "weicheren" Daten als beim Projekttyp "Kraftwerke" operiert werden. Andererseits können jedoch, ohne die Anreizwirkung zu stark zu senken, Abschläge wegen der Unsicherheit von Daten berücksichtigt werden. Denn die Nachteile von DSM-Projekten bei der Verifikation gegenüber angebotsorientierten JI-Projekten werden durch die wirtschaftlichen sowie industrie- und entwicklungspolitischen Vorteile von Effizienzmaßnahmen im Regelfall deutlich überkompensiert.

3. Für die Simulation von DSM-JI-Maßnahmen sollten von vornherein die wirtschaftlichen Auswirkungen auf beide Partner (Partnerländer) in die Prüfung

der Durchführbarkeit einbezogen werden. Während bei Kraftwerken die zusätzliche Anreizwirkung eines JI-Emissionskredits für den Investor evident ist und viele Erfahrungen mit Joint Ventures bereits vorliegen, muß für DSM-Programme zunächst einmal gezeigt werden, unter welchen wirtschaftlichen Voraussetzungen und Rahmenbedingungen derartige Kooperationslösungen zwischen zwei Partner-EVU zustande kommen und welche Anreize bzw. Hemmnisse für die Durchführung von LCP-Programmen bestehen. DSM-Programme sind nämlich mit entgangenen Erlösen für das EVU im Gastland verbunden, und evaluierte Erfahrungen über die gemeinsame Umsetzung liegen bisher kaum vor. Eine wichtige Rolle spielt beim hier diskutierten Simulationsfall die Frage, ob durch die Kreditierung ein zusätzlicher ökonomischer Anreiz entsteht, bestehende Hemmnisse durch gemeinsame DSM-JI-Programme besser zu überwinden.

Die Einbeziehung der wirtschaftlichen Effekte in Simulationsbeispiele für DSM-JI-Maßnahmen ist aber auch aus einem anderen Grund sinnvoll: Energiesparmaßnahmen sind aus der Perspektive der Gastländer häufig "Least-Cost"- bzw. "No Regret-"Optionen. Das heißt sie sollten ohnehin durchgeführt werden, auch wenn es keine aktive Klimaschutzpolitik und keine Emissionsreduktionspflichten gibt. Allerdings handelt es sich bei „No Regret"-Optionen häufig um „eigentlich wirtschaftliche, aber gehemmte Potentiale". Dies bedeutet, daß ihre Erschließung im marktwirtschaftlichen Selbstlauf nicht automatisch erfolgt, sondern daß sich ihre volkswirtschaftlichen Vorteile nur im Zuge eines gezielten Hemmnisabbaus erschließen lassen. Diese Voraussetzungen werden insbesondere noch lange Zeit für Nicht-Annex-I-Länder gelten. DSM-JI-Maßnahmen zwischen Nicht-Annex-I- und Annex-I-Ländern kommen daher nur zustande, wenn Nicht-Annex-I-Länder, die keine bindende Verpflichtung zur Emissionsreduktion eingegangen sind, von der volks- und betriebswirtschaftlichen Vorteilhaftigkeit von DSM-JI-Maßnahmen in ihren Ländern durch Pilotprogramme überzeugt werden können.

4. Mit dem hier simulierten DSM-JI-Programm läßt sich die Effizienz der Haushaltsbeleuchtung in Poznan deutlich steigern und, da das Programm kosteneffizient ist, gleichzeitig eine beträchtliche Reduktion der Stromkosten für die teilnehmenden Haushalte erreichen. Die durch dieses Programm erzielten spezifischen Kosten pro eingesparte kWh sind geringer als die Kosten der Alternativen, also die eine Stromerzeugung in einem neu zu bauenden polnischen Kohlekraftwerk oder in einem bereits bestehenden konventionellen Steinkohlekraftwerk. Es ist wahrscheinlich, daß der wirtschaftliche Vorteil eines vergleichbaren DSM-JI-Programms in einem Entwicklungsland eher noch größer sein wird als in Polen.

Anhand von Kosten-Nutzen-Analysen kann gezeigt werden, daß die gleichwohl bestehenden Hemmnisse für die Umsetzung von DSM-JI-Programmen vor allem bei den fehlenden wirtschaftlichen Anreizen und mangelnden energiewirtschaftlichen Rahmenbedingungen im Gastland liegen. Interessanterweise unterscheiden sich aber diese Hemmnisse nur wenig von den Schwierigkeiten bei der flächenhaften Umsetzung von LCP-Projekten in Deutschland oder anderen Industrieländern.

Vor allem zeigt sich, daß die einfache ökonomische Fragestellung "Wo kann mit knappem Kapital die größte CO_2-Einsparung erzielt werden?" am eigentlichen Kern eines DSM-JI-Projekts vorbeigeht und zu den Realisierungschancen von JI keine Aussage erlaubt.. Denn mit der Umsetzung eines DSM-Programms sind eine Reihe von komplexen Auswirkungen auf der gesellschaftlichen, volkswirtschaftlichen und betriebswirtschaftlichen Ebene im Gastland bzw. im Land des investierenden EVU verbunden, die eine Bewertung einer Maßnahme allein unter dem vereinfachten Blickwinkel der geringsten Investitionskosten pro eingesparte Tonne Kohlendioxid als unzureichend erscheinen lassen.

Die CO_2-Vermeidungskosten können allenfalls als ein zusätzliches Kriterium herangezogen werden, wenn der prinzipielle Entschluß zur Durchführung von LCP-Programmen als JI-Maßnahme zwischen zwei Partnern bereits gefaßt ist und nur noch die Entscheidung zwischen unterschiedlichen Programmvarianten ansteht. In solchen direkten Vergleichsfällen könnte auch in einem internationalen Verifikationsverfahren die Höhe der CO_2-Vermeidungskosten mit dafür ausschlagebend sein, eine bestimmte Variante auszuwählen.

Im Rahmen dieser Simulation wurde eine aus der nationalen Regulierungs- und Evaluierungspraxis abgeleitete Bewertungsmethode verwendet, die es erlaubt, die Kosten von Energiedienstleistungen in systematischer Weise und unter Einbeziehung der Lastwirkungen von NEGAWatt-Programmen mit den vermiedenen Kosten des Energieversorgungssystems inklusive der externen Kosten[3] zu vergleichen.

Die Erfahrungen mit möglichen Kooperationspartnern wie dem Energieversorger Energetyka Poznanska bestätigen die Erkenntnis, daß DSM-Programme zu ungewohnten Umverteilungswirkungen innerhalb der Energiewirtschaft eines Landes führen, die Widerstände der betroffenen Akteure hervorrufen können. Im vorliegenden Simulationsfall stieß das vorgeschlagene Programm unter den derzeitigen energiewirtschaftlichen Randbedingungen in Polen auf Ablehnung, weil es einerseits den Absatz des Energieversorgungsunternehmens

3 Hierbei werden externe Kosten durch CO_2-Belastung sowie durch konventionelle Schadstoffe (SO_2, NO_X, Staub) unterschieden.

reduziert und andererseits zu einer geringeren Auslastung der polnischen Kraftwerksanlagen und Kohlegruben geführt hätte. Der hohe volkswirtschaftliche bzw. gesellschaftliche Vorteil, der durch das Programm erzielt werden könnte, traten angesichts dieser dominanten kohle- und industriepolitischen Ziele in den Hintergrund.

Derartige Hemmnisse treten jedoch auch auf nationaler Ebene auf und sind kein Spezifikum von JI-Maßnahmen. Durch einen etablierten JI-Mechanismus mit Kreditierung würden sich im Gegenteil neue Chancen ergeben, diese Hemmnisse in den beteiligten Partnerländern eher zu überwinden.

5. Grundsätzlich erscheint ein JI-Mechanismus daher als geeignet, die aus Gründen des kosteneffektiven Klimaschutzes erwünschte beschleunigte Markteinführung von Energiesparprogrammen (insbesondere DSM/LCP/IRP-Programme und Contracting-Aktivitäten) weltweit zu fördern. Denn die bisher vorhandenen Hemmnisse zur Umsetzung von selbständigen nationalen LCP-Programmen (fehlende Rahmenbedingungen für eine Umkehr der Anreizstruktur) können bei einer gemeinsamen Durchführung in Rahmen von JI-Programmen leichter überwunden werden.

Die besondere Anreizwirkung eines internationalen JI-Mechanismuss für eine beschleunigte Umsetzung von LCP-Programmen ergibt sich einerseits daraus, daß die Kosten eines im nationalen Rahmen zwar prinzipiell kosteneffektiven, aber an nationalen Hemmnissen gescheiterten LCP-Programms im Rahmen von JI auf zwei internationale Partner verteilt und durch die Kreditierung teilweise kompensiert werden können. Im hier simulierten Fall, werden zum Beispiel die Technikkosten (für ein für die Kunden in Polen kostenloses Direktinstallationsprogramm) von den Stadtwerken einer deutschen Stadt getragen und von diesen im Rahmen einer (angenommenen) Steuergutschrift sogar überkompensiert. Insofern besteht für Stadtwerke in Deutschland ein Anreiz zur Durchführung der JI-Maßnahme. Der polnische Partner muß nur noch die Programmkosten und die entgangenen Deckungsbeiträge durch die Energieeinsparung über eine marginale gewinnneutrale Preisanhebung finanzieren.

Der besondere Nutzen dieses Programms zur CO_2-Vermeidung ergibt sich andererseits dadurch, daß auf Grund der schlechteren Kraftwerkswirkungsgrade durch jede eingesparte Kilowattstunde in Polen ceteris paribus mehr CO_2-Emissionen vermieden werden können, die Programmkosten geringer und die Teilnehmerraten in Polen wegen der bisher geringeren Marktdurch-dringung höher ausfallen werden als in Deutschland. Unter diesen Voraussetzungen und Randbedingungen ist es also gerechtfertigt davon zu sprechen, daß *der klimapolitische Gesamtnutzen* (die CO_2-Vermeidung) dieses LCP-Programms durch seine Realisierung im Rahmen eines JI-Mechanismus größer ist als wenn das Programm nur in Deutschland durchgeführt worden wäre.

6. Damit sind aber die in der Unternehmenspraxis und für die Praktikabilität von JI-Maßnahmen relevanten Nutzen/Kosten-Verhältnisse noch nicht erfaßt. Zunächst kann prinzipiell festgestellt werden, daß den Kosten, die ein DSM-Programm verursacht, ein Nutzen gegenüber steht. Dieser besteht nicht nur aus "vermiedenen Tonnen CO_2". In dem betrachteten Fall steht den Kosten (Einspartechnik und Umsetzungskosten) ein volkswirtschaftlicher Nutzen (vermiedene Stromkosten) gegenüber, der deutlich höher ist als die Kosten. Die Kosten pro eingesparter kWh sind also niedriger als die entsprechenden Strombeschaffungskosten (vermiedene Grenzkosten der Erzeugung und Verteilung). Bei einer Durchführung des DSM-Programms sinken somit die Kosten für die erbrachte Energiedienstleistung "Beleuchtung". Dementsprechend ergibt sich aus volkswirtschaftlicher Sicht ein ökonomischer Vorteil des Einsparprogramms gegenüber der Beschaffung aus einem Kohlekraftwerk. Volkswirtschaftlich gesehen handelt es sich also um "negative Kosten", das heißt es fällt ein zusätzlicher Ertrag an.

Darüber hinaus wird durch das Einsparprogramm generell die Umwelt entlastet: die Emissionen an Stickoxiden, Schwefeldioxid und Staub nehmen ab. Faßt man diesen Aspekt mit dem Nettonutzen des Einsparprogramms zusammen, so kann man von einem gesellschaftlichen Vorteil auf der nationalen Ebene sprechen. Zusätzlich werden durch die Maßnahme auch jene CO_2-Emissonen vermieden, die durch die unkritische Anwendung des Indikators "$C0_2$-Vermeidungskosten" häufig zum alleinigen Entscheidungskriterium hochstilisiert werden.

Die Differenz zwischen den vermiedenen Kosten der Strombeschaffung sowie den externen Kosten (konventionelle Schadstoffe und Klimagase) einerseits und den Programmkosten (Technik- und Umsetzungskosten) andererseits, wird als gesellschaftlicher Vorteil auf globaler Ebene bezeichnet.

Erst auf der Ebene dieser differenzierten Nutzen/Kosten-Analyse können die Verteilungsfragen und möglichen Interessenkollisionen zwischen den Partnern genauer untersucht werden.

7. Es wäre ein Trugschluß, wenn aus den Nutzen/Kosten-Verhältnissen der untersuchten LCP-JI-Maßnahme gefolgert würde, daß deutsche EVU besser im Ausland als im eigenen Versorgungsgebiet investieren sollten. Zwar ergibt sich im Rechenbeispiel für die Stadtwerke in Deutschland durch den JI-Mechanismus ein Anreiz, weil die Investitionskosten für das Energiesparlampenprogramm in Polen durch eine entsprechende nationale Steuergutschrift überkompensiert

werden kann. Wenn die Höhe der Gutschrift allerdings für eine Überkompensation nicht ausreicht, müßten die deutschen Stadtwerke am in Polen realisierten volkswirtschaftlichen Vorteil des Programms beteiligt werden. Um in den Genuß einer entsprechenden Emissionsgutschrift und/oder zusätzlicher Transferzahlungen durch das Empfänger-EVU zu kommen, müssen zwei elementare Voraussetzungen vorliegen:

a) Das Investor-EVU braucht ein Gast-EVU, das zu einem entsprechenden Arrangement bereit ist, und

b) das Gast-EVU braucht Know-how, wie ein entsprechendes Programm mit möglichst großer Kosten- und CO_2-Vermeidungseffizienz durchführt werden kann.

Beide Voraussetzungen können nur geschaffen werden, wenn das Investor-EVU sich durch LCP-Programme im eigenen Versorgungsgebiet auf entsprechende praktische Erfahrungen stützen kann.

8. Bislang existieren nur wenige DSM-Programmtypen und geeigente Effizienztechnologien, die eine für die Kreditierung hinreichend genau quantifizierbare Energieeinsparung und CO_2-Emissionsminderung erlauben. Diese Situation würde sich allerdings mit fortschreitender Erfahrung bei der Durch-führung von LCP-Projekten vor allem auch in den Annex-I-Ländern selbst verbessern.

Im Interesse des internationalen Klimaschutzes wäre es daher besonders wünschenswert und als Know-how Basis für umfassende DSM-JI-Aktivitäten auch unverzichtbar, die LCP-Potentiale in den Industrieländern möglichst umfassend zu erschließen. Diese können zum Beispiel in Deutschland mit einer gesamten Leistungseinsparung von etwa 18.000 GW abgeschätzt werden, was etwa einem Viertel der benötigten Kraftwerkskapazität entspricht.

Die Erschließung dieses Potentials wäre mit einem erheblichen volkswirtschaftlichen Vorteil verbunden: Die volkswirtschaftliche Stromrechnung würde bei unveränderten stromspezifischen Dienstleistungen um 10 Mrd. DM pro Jahr sinken. Würde durch derartige umfassende Programme in Annex-I-Ländern demonstriert, daß selbst auf dem relativ hohem Effizienzniveau eines Industrielandes noch erhebliche volkswirtschaftliche und klimapolitische Vorteile aus DSM-Programmen möglich sind, wäre dies gerade auch für Entwicklungsländer ein überzeugendes Argument, sich an JI-Aktivitäten zusammen mit Annex-I-Ländern aktiv zu beteiligen.

Die Intensivierung einer DSM-Strategie in den Industrieländern würde also für die Länder der Dritten Welt direkt oder durch die Durchführung von DSM-JI-Aktivitäten indirekt einen hohen Nutzen erbringen: Zum einen ließen sich aus den Erfahrungen mit der Umsetzung von LCP-Programmen wichtige Erkenntnisse für die Umsetzung in anderen Ländern ziehen. Zum anderen würde im Rahmen eines etablierten JI-Mechanismus für EVU in den Industrie-ländern ein zusätzlicher Anreiz geschaffen, die durch eigene LCP-Programme gewonnenen Erfahrungen auf andere Länder und insbesondere auch auf Entwicklungsländer zu übertragen.

IV. Zusammenfassung Teil 4: Organisatorisch-institutionelle Rahmenbedingungen

Im letzten Teil der Untersuchung sind die notwendigen organisatorischen und institutionellen Rahmenbedingungen eines JI-Mechanismus untersucht worden. Denn sowohl die Effizienz und Effektivität als auch die Glaubwürdigkeit von Joint Implementation hängen entscheidend davon ab, wie dem legitimen Kontrollbedürfnis der internationalen Gemeinschaft Rechnung getragen werden kann, ohne daß ein unnötiger bürokratischer Aufwand betrieben wird. Ziel ist es, eine effektive Kontrolle bei gleichzeitig niedrigen Transaktionskosten zu realisieren.

Die Anforderungen an die institutionelle Struktur eines JI-Mechanismus sind hoch. Denn JI-Projekte zeichnen sich durch die Besonderheit aus, daß die Interessen aller Beteiligten im wesentlichen gleichgerichtet sind. Aus dieser "potentiellen Interessenharmonie" folgt, daß bei der Überprüfung der Einhaltung nicht primär auf die Eigenkontrolle der Teilnehmer an einem JI-Projekt vertraut werden kann. Eine Konstellation wie diese verlangt nach einer relativ strengen Kontrolle der Einhaltung durch Instanzen, welche die Interessen der Staatengemeinschaft gegenüber dem Partikularinteresse der Projektteilnehmer vertreten.

Es wurde davon ausgegangen, daß die Vertragsparteien der FCCC in einem zukünftigen JI-Mechanismus eine gewichtige Rolle spielen werden und daß die Anfangsphase von Joint Implementation einem eher staatenorientierten Modell folgen wird. Ziel dieses Teils der Untersuchung war es, für die Startphase eines JI-Mechanismus Vorschläge für die organisatorische und institutionelle Ausgestaltung zu machen. Diese Vorschläge sollten realitätsnah und pragmatisch sein, um eine möglichst große Chance der Verwirklichung zu bieten. Diese Anforderungen werden u.E. am besten von einem "Zweikreissystem" erfüllt.

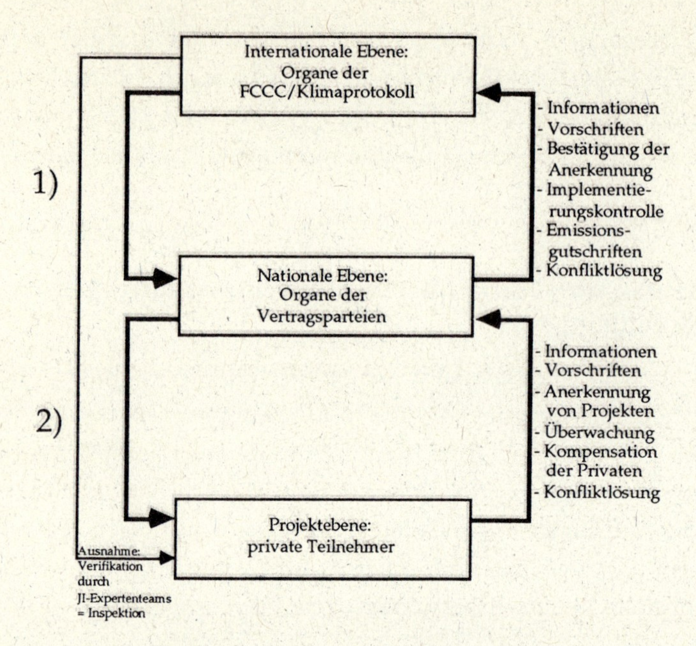

Das Zweikreissystem eines JI-Mechanismus

Dies bedeutet, daß bei einem privatwirtschaftlich initiierten JI-Projekt so gut wie keine direkte Verbindung zwischen der Projektebene und der Ebene internationaler Zusammenarbeit besteht, sondern daß stets eine Vermittlung durch die staatliche Ebene erfolgt.

Die Trennung in zwei getrennte Regelungskreise führt dazu, daß auch zwei getrennte Verantwortungsebenen für Joint Implementation bestehen: Die Vertragsparteien sind verantwortlich für die ordnungsgemäße Abwicklung eines JI-Projekts, für das sie die Anrechnung auf ihre Reduktionspflichten anstreben. Die internationale Ebene wird erst in dem Augenblick berührt, wo ein Projekt die Anerkennung als "JI-Projekt" des investierenden Staaten erhalten soll und als solches an die internationalen Organe gemeldet wird. Diese Organe haben sodann anhand des vorgelegten Berichts darüber zu entscheiden, ob sie das vom investierenden Staat vorgelegte Projekt als geeignetes JI-Projekt bestätigen. Den internationalen Organen obliegt es auch, ex post über die Anerkennung bzw. Anrechnung der erzielten Treibhausgasreduktionen zu entscheiden.

Da die primäre Prüfung und Anerkennung von Projekten als JI-geeignet durch die innerstaatlichen Organe durchgeführt werden soll, ist die zwischenstaatliche Ebene entlastet. Dies hat nicht nur eine signifikante Kosten- und Zeitersparnis zur Folge, sondern führt auch zu einem genuinen Eigeninteresse der beteiligten Staaten, die Implementierung der ihnen zugeordneten JI-Projekte effektiv zu überwachen.

Als Folge des Gebots "institutioneller Sparsamkeit" liegt es nahe, so viele Funktionen wie möglich den bereits bestehenden Organen der Klimarahmenkonvention (oder eines Protokolls) anzuvertrauen. Die entscheidende Instanz eines JI-Mechanismus sollte daher die Konferenz der Vertrags-parteien als das höchste Organ sein. Denn die Entwicklung des JI-Mechanismus und die Aufsicht über dessen Implementierung müssen in der Hand der Vertragsparteien liegen und möglichst im Konsens erfolgen, um die Reibungsflächen und Konfliktpotentiale gering zu halten.

Der Konferenz der Vertragsparteien als höchstem Organ eines JI-Mechanismus obliegt es daher, die grundlegenden Regelungen für Joint Implementation zu erstellen, die Effektivität des Mechanismus zu evaluieren und die Implementierung dieser Regelungen zu beaufsichtigen. Zur Durch-führung dieser Aufgaben kann sie sich verschiedener Unterorgane bedienen. Dies ist zunächst das Sekretariat für die administrativen Funktionen, für die Entgegennahme und Auswertung von Berichten, für die Registrierung von JI-Projekten und die "Buchführung" von Emissionskrediten sowie für die Zusammenstellung von Verifikationsteams.

Die Konferenz der Vertragsparteien könnte sich ferner eines Unterorgans zur effektiven Aufsicht über den JI-Mechanismus bedienen. Dessen Aufgaben umfassen nicht nur die Erarbeitung von Beschlußvorlagen für die Konferenz der Vertragsparteien hinsichtlich der Ausgestaltung des JI-Mechanismus, sondern auch die allgemeine Aufsicht über die Implementierung von JI-Projekten, die Vorbereitung von Entscheidungen über die Anrechnung der vermiedenen Emissionen und die Konfliktlösung im Rahmen eines besonderen multilateralen Verfahrens.

Diese Aufgaben sollten von einem repräsentativen Organ übernommen werden, das durch eine überschaubare Anzahl von Vertretern der Vertragsparteien gebildet wird. Empfehlenswert ist daher die Einrichtung eines "JI-Komitees", das aus nicht mehr als 15 oder 20 Vertretern besteht die nach einem rotierenden Verfahren wechseln. Eine wichtige Rolle bei der Unterstützung des JI-Komitees zur Evaluation von Projekten könnten ferner kleine sog. "JI-Expertenteams" bilden, die beim Sekretariat angebunden sind.

Die Durchführung von JI-Projekten erfordert ein Zusammenwirken vieler Akteure in den beteiligten Staaten und auf internationaler Ebene. Innerhalb dieses Beziehungsgeflechtes bedarf es deshalb auf der nationalen, innerstaatlichen Ebene eines zentralen "Focal Points" zur Koordination der nationalen Aktivitäten. Diese Funktion sollte vom Bundesministerium für Umwelt, Naturschutz und Reaktorsicherheit (BMU) wahrgenommen werden. Es wird daher empfohlen, zu diesem Zweck die für die AIJ-Pilotphase eingerichtete "Koordinierungsstelle für gemeinsam umgesetzte Aktivitäten" des BMU in eine Koordinierungsstelle für Gemeinsame Umsetzung umzuwidmen und entsprechend auszustatten

Die Fülle der anstehenden Aufgaben legen die Einrichtung von zumindest zwei weiteren Stellen nahe, derer sich das BMU bedienen kann. Mit der Erarbeitung von Richtlinien für das innerstaatliche JI-Programm sollte ein Gremium betraut werden, in dem die maßgeblichen Ministerien und anderen Behörden vertreten sind. Für diesen Zweck sollte die zur Durchführung des Klimaschutzprogramms gegründete Interministerielle Arbeitsgruppe (IMA) "CO_2-Reduktion" genutzt werden.

Das staatenorientierte Modell von JI erfordert ferner ein fachübergreifendes nationales Vollzugsorgan, welches Projektanträge privater Investoren prüft und anhand der von der IMA "CO_2-Reduktion" vorgegebenen Kriterien JI-Vorhaben auswählt, genehmigt und deren Durchführung überwacht. Zur federführenden Behörde wäre das Umweltbundesamt (UBA) als eine bundesweit zuständige Bundesoberbehörde besonders geeignet.

Neben den nationalen und internationalen institutionellen Vorkehrungen sind in der Untersuchung auch Verfahrenselemente eines JI-Mechanismus entwickelt worden. Diese umfassen auf internationaler Ebene Empfehlungen für die JI-Berichterstattung und ein Monitoring- bzw. Verifikationsverfahren. Die nationalen JI-Berichte an die Konferenz der Vertragsparteien bzw. an das JI-Komitee sollten neben einem aggregierten Berichtsteil über das nationale JI-Programm vor allem auch detaillierte Informationen über die verwendete Methode der Referenzfallbestimmung und über die Bestimmung des Referenzfalls der konkreten JI-Projekte enthalten. Denn im Verlauf der verschiedenen Simulationsprojekte hat sich gezeigt, daß die größten Unsicherheiten in der Bestimmung der vermiedenen Emissionen durch ein Projekt nicht in der exakten Quantifizierung der tatsächlichen Emissionen bestehen, sondern in der Bestimmung des Referenzfalls.

Die Berichterstattung durch die national zuständigen Stellen ist nur der erste Schritt einer Implementierungskontrolle. In einem zweiten Verfahrensschritt müssen die durch die Berichte erlangten Informationen geprüft werden. Zu dieser Prüfung durch das Sekretariat und das JI-Komitee gehören die Kontrolle der inneren Kohärenz der JI-Berichte ebenso wie der Abgleich mit anderen Informationsquellen und die Überprüfung "vor Ort" durch Inspektion der Projekte. Für diesen Zweck wird das ansonsten geltende Zweikreisprinzip eines JI-Mechanismus durchbrochen, und es wird empfohlen, zur Unterstützung des Sekretariats und des JI-Komitees kleine JI-Expertenteams einzurichten.

Diese Teams sollten aus drei Mitgliedern bestehen, zwei Vertretern der Vertragsparteieien und einem Vertreter einer internationalen Organisation oder auch einer Nichtregierungs-Organisation (NGO). Zu Beginn einer JI-Startphase ist eine flächendeckende und regelmäßige Verifikation der registrierten JI-Projekte anzustreben. In einer späteren Phase mit evtl. mehreren tausend Projekten wird lediglich eine Stichprobenkontrolle möglich sein, bzw. es könnte auf eine Überprüfung durch vereidigte Sachverständige zurückgegriffen werden.

Als Teil der einzelnen Simulationsstudien wurden in dieser Untersuchung auch Formblätter zur Antragstellung bei einer JI-Genehmigungsstelle und zur Berichterstattung an die nationalen Behörden entwickelt. Durch diese Formblätter soll sichergestellt sein, daß es die vom Antragsteller zur Verfügung zu stellenden Informationen der JI-Anerkennungsstelle ermöglichen, über die voraussichtliche Eignung eines beantragten JI-Projekts zu entscheiden.

Das Berichtsformat schließlich enthält die wesentlichen und mit vertretbarem Aufwand feststellbaren Indikatoren für die Überwachung und Evaluierung eines Projektes. Grundlage dieser Formate sind die in den Simulationsstudien mit den Projektpartnern für einzelne Projekttypen gemachten Erfahrungen. Bei der Erarbeitung dieser Berichtsformate sind allerdings auch die bisherigen, im Rahmen der AIJ-Pilotphase verwendeten und vorgeschlagenen Formate im Auge behalten worden.

Als letztes wurden in der vorliegenden Untersuchung Elemente der Konfliktlösung angesprochen. Regelungen zur Konfliktlösung sind in einem JI-Mechanismus ähnlich bedeutsam wie die Verfahren zum Monitoring und zur Verifikation von JI-Projekten. Denn so wie sich Joint Implementation auf der Projektebene einerseits durch die "potentielle Interessenharmonie" aller Beteiligten auszeichnet, so ist ein JI-Mechanismus andererseits durch seine besonders komplexe Interessen- und Konfliktstruktur gekennzeichnet.

Deshalb wird zunächst vorgeschlagen, durch eine JI-Vereinbarung zwischen dem investierenden und dem gastgebenden Staat besondere Schiedsgerichte mit der Regelung privatrechtlicher Rechtsstreitigkeiten zu betrauen. Diese Schiedsgerichte könnten auch für Konflikte der beteiligten Unternehmen mit den Behörden des gastgebenden Staates und für Streitigkeiten zwischen den beteiligten Regierungen zuständig sein. Eine derartige Vereinbarung zwischen den an einem JI-Projekt beteiligten Staaten wäre nicht besonders aufwendig, denn sie könnte als Zusatzvereinbarung zu den in großer Zahl vorhandenen bilateralen Investitionsförderungs- und Investitionsschutzverträgen geschlossen werden.

Für die zwischenstaatlichen Streitigkeiten sind allerdings weitere Verfahren erforderlich. Daher wird ein dem Nichteinhaltungs-Verfahren des Montrealer Protokolls (1987) ähnliches Verfahren auch für die Lösung von Konflikten in einem JI-Mechanismus empfohlen. Dieses ist multilateral ausgestaltet und kann somit über den engen Kreis der Projektbeteiligten hinaus schlichtend wirken. Ferner können bei Bedarf mit Hilfe eines solchen Verfahrens die Regelungen des JI-Mechanismus weiterentwickelt werden. Bei der Entscheidungsfindung sollten neben Juristen auch technische Experten und andere Fachleute mitwirken. Deshalb spricht vieles dafür, dem JI-Komitee auch die Konfliktlösung für Joint Implementation im Rahmen dieses multilateralen Verfahrens zu übertragen.